# 实用木材材积速查手册

高忠民 主编

金盾出版社

## 内 容 提 要

本手册依据国家和林业行业的现行标准编写，材积数据具有权威性和准确性。主要内容包括：原木木材材积、原条木木材材积、椽材材积、锯材材积。通过对木材市场进行调研和征求业内专家的意见，本手册将原木材积计算检量尺寸的范围进一步扩大，并增加了锯材的检量、材积计算和材积表的内容，以满足木材交易市场和相关工程的需要。

**图书在版编目(CIP)数据**

实用木材材积速查手册/高忠民主编．—北京：金盾出版社，2013.10
ISBN 978-7-5082-8684-6

Ⅰ.①实…　Ⅱ.①高…　Ⅲ.①材积表-手册　Ⅳ.①S758.62—62

中国版本图书馆 CIP 数据核字(2013)第 190741 号

**金盾出版社出版、总发行**
北京太平路 5 号(地铁万寿路站往南)
邮政编码：100036　电话：68214039　83219215
传真：68276683　网址：www.jdcbs.cn
封面印刷：北京印刷一厂
正文印刷：双峰印刷装订有限公司
装订：双峰印刷装订有限公司
各地新华书店经销
开本：787×1092 1/64　印张：8　字数：307 千字
2013 年 10 月第 1 版第 1 次印刷
印数：1～10 000 册　定价：20.00 元

# 前　言

木材材积计算手册是木材和林业产品的生产、经营、交易者必备的工具书,对其基本要求是材积数据必须具有权威性和准确性。实用木材材积速查手册严格执行国家和林业行业的现行标准。这些标准包括:

GB/T 15787—2006《原木检验术语》;

GB/T 144—2003《原木检验》;

LY/T 1511—2002《原木产品 标志 号印》;

GB/T 155—2006《原木缺陷》;

GB 4814—1984《原木材积表》;

GB/T 11716—2009《小径原木》;

LY/T 1506—2008《短原木》;

GB/T 5039—1999《杉原条》;

GB/T 4815—2009《杉原条材积表》;

LY/T 1293—1999《原条材积表》;

LY/T 1079—2006《小原条》;

LY/T 1158—2008《椽材》;

GB/T 4822—1999《锯材检验》;

GB/T 153—2009《针叶树锯材》;

GB/T 449—2009《锯材材积表》。

本书依据上述标准对国内各种实用木材的检量方法进行了全面系统的介绍,材积速查表均通过计算机计算和编制。材积数据小数部分的保留位数严格按照相关标准的规定。

通过对木材市场进行调研和征求业内专家的意见,此次编写将原木材积计算检量尺寸的范围进一步扩大,并增加了锯材的检量、材积计算和材积速查表的内容，以满足木材市场和相关工程的需要。

由于编者的水平有限，不当之处敬请读者批评指正。

作　者

# 目　录

# 1　原木木材材积

## 1.1　原　　木

### 1.1.1　计算依据和方法

依据GB 4814—1984《原木材积表》、GB/T 144—2003《原木检验》等标准，原木的材积是以检量尺寸，即检尺径、检尺长为基本参数，按相关标准的规定和计算公式通过计算得到的。

**检尺径**是指按标准的规定，经过进舍后的直径。

**检尺长**是指按标准的规定，经过进舍后的长度。

**原木**是指经过横截造材所形成的圆形木段。GB 4814—1984《原木材积表》适于所有树种的原木材积计算。

(1)检尺径自 4～12cm(检尺长 2～10m)的小径原木材积计算公式:

$$V=0.7854L(D+0.45L+0.2)^2\div 10000 \tag{1.1}$$

式中,$V$ 为材积($m^3$);$L$ 为检尺长(m);$D$ 为检尺径(cm)。

(2)检尺径自 14cm 以上(检尺长 2～10m)的原木材积计算公式:

$$V=0.7854L[D+0.5L+0.005L^2+0.000125L(14-L)^2 \cdot (D-10)]^2\div 10000 \tag{1.2}$$

式中,$V$ 为材积($m^3$);$L$ 为检尺长(m);$D$ 为检尺径(cm)。

(3)原木的检尺长、检尺径应按 GB/T 144—2003《原木检验》的规定检量。GB/T 144—2003《原木检验》代替 GB/T 144.1～144.3—1984 和 GB/T 144—1995 从 2004 年 5 月 1 日开始实施。

GB/T 144—2003《原木检验》标准是 GB/T 144—1995《原木检验》标准的修订版。此次修订采用了国际标准 ISO 4475:1989《针叶树和阔叶树原木明显缺陷检量》和国外先进标准 ГОСТ 2292—1988《原木打号印、分类、运输、检量方法和验收方法》,主要在尺寸检量和材质评定上加以修订。有关检尺径的修订内容包括：

**检尺径平均** 原标准规定以短径 26cm 为界限的长短径之差 2cm、4cm 平均，一律改为 2cm 平均。即长、短径之差自 2cm 以上，以其长短径的平均数经进舍后为检尺径；长短径之差小于 2cm，以短径经进舍后为检尺径。

**检尺径进级** 原标准规定以 2cm 为一个增进单位，改为检尺径不足 14cm，以 1cm 为一个增进单位，实际尺寸不足 1cm 时，足 0.5cm 增进，不足 0.5cm 舍去；检尺径自 14cm 以上（直径 13.5cm 可进为 14cm），以 2cm 为一个增进单位，实际尺寸不足 2cm 时，足 1cm 增进，不足 1cm 舍去。

由于 GB/T 144—2003《原木检验》标准规定原木检尺径不足 14cm，以 1cm 为一个增进单位，这样原木检尺径不足 14cm 时，就出现了检尺径值为单数的情况。在目前实施的 GB 4814—1984《原木材积表》标准中，已给出了检尺径 4～12cm 的材积计算公式。而检尺径为 13cm 时，如果按 GB 4814—1984《原木材积表》的标准，应有两种情况：分别为 12cm 或进级为 14cm。为了同时实施 GB/T 144—2003《原木检验》标准，本手册对于检尺径为 13cm 原木材积按以下两种情况计算：

①当直径≥12.5cm、不足 13cm 时，检尺径进级为 13cm，按 GB 4814—1984《原木材积表》标准中检尺径自 4～12cm 的小径原木材积公式(1.1)计算。

②当直径≥13cm、不足 13.5cm 时，检尺径为 13cm，按 GB 4814—1984《原木材积表》标准中检尺径自 14cm 以上的原木材积公式(1.2)计算。

**检尺长进级** 检尺长自 2～10m 按 0.1m 进级，实际尺寸不足 0.1m 时，足 5cm 增进，不足 5cm 舍去。长级公差允许 $^{+3}_{-1}$cm。

(4)GB 4814—1984《原木材积表》标准规定：检尺径 4～6cm 的原木材积数据保留四位小数，检尺径 8cm 以上的原木材积数据保留三位小数。

### 1.1.2 检尺径 4～13cm(检尺长 2～10m)的小径原木材积速查表

检尺径 4～13cm(检尺长 2～10m)的小径原木材积速查表见表 1-1。

表 1-1　检尺径 4～13cm(检尺长 2～10m)的小径原木材积速查表

| 检尺径 | | 检尺长/m | | | | | | | | |
|---|---|---|---|---|---|---|---|---|---|---|
| 直径/cm | 周长/cm | 2 | 2.1 | 2.2 | 2.3 | 2.4 | 2.5 | 2.6 | 2.7 | 2.8 |
| | | 材积/$m^3$ | | | | | | | | |
| 4 | 12.5664 | 0.0041 | 0.0044 | 0.0047 | 0.0050 | 0.0053 | 0.0056 | 0.0059 | 0.0062 | 0.0066 |
| 5 | 15.7080 | 0.0058 | 0.0062 | 0.0066 | 0.0070 | 0.0074 | 0.0079 | 0.0083 | 0.0087 | 0.0092 |
| 6 | 18.8496 | 0.0079 | 0.0084 | 0.0089 | 0.0095 | 0.0100 | 0.0105 | 0.0111 | 0.0117 | 0.0122 |
| 7 | 21.9911 | 0.0103 | 0.0109 | 0.0116 | 0.0123 | 0.0129 | 0.0136 | 0.0143 | 0.0150 | 0.0157 |
| 8 | 25.133 | 0.013 | 0.014 | 0.015 | 0.015 | 0.016 | 0.017 | 0.018 | 0.019 | 0.020 |
| 9 | 28.274 | 0.016 | 0.017 | 0.018 | 0.019 | 0.020 | 0.021 | 0.022 | 0.023 | 0.024 |
| 10 | 31.416 | 0.019 | 0.020 | 0.022 | 0.023 | 0.024 | 0.025 | 0.026 | 0.028 | 0.029 |
| 11 | 34.558 | 0.023 | 0.024 | 0.026 | 0.027 | 0.028 | 0.030 | 0.031 | 0.033 | 0.034 |
| 12 | 37.699 | 0.027 | 0.028 | 0.030 | 0.032 | 0.033 | 0.035 | 0.037 | 0.038 | 0.040 |
| 13 | 40.841 | 0.031 | 0.033 | 0.035 | 0.037 | 0.038 | 0.040 | 0.042 | 0.044 | 0.046 |
| 当直径≥13cm 且不足 13.5cm 时 | | | | | | | | | | |
| 13 | 40.841 | 0.031 | 0.033 | 0.035 | 0.037 | 0.039 | 0.041 | 0.043 | 0.045 | 0.047 |

（小径原木） **续表 1-1**

| 检尺径 | | 检尺长/m | | | | | | | | |
|---|---|---|---|---|---|---|---|---|---|---|
| 直径/cm | 周长/cm | 2.9 | 3 | 3.1 | 3.2 | 3.3 | 3.4 | 3.5 | 3.6 | 3.7 |
| | | 材积/m³ | | | | | | | | |
| 4 | 12.5664 | 0.0069 | 0.0073 | 0.0076 | 0.0080 | 0.0084 | 0.0088 | 0.0092 | 0.0096 | 0.0100 |
| 5 | 15.7080 | 0.0096 | 0.0101 | 0.0106 | 0.0111 | 0.0116 | 0.0121 | 0.0126 | 0.0132 | 0.0137 |
| 6 | 18.8496 | 0.0128 | 0.0134 | 0.0140 | 0.0147 | 0.0153 | 0.0160 | 0.0166 | 0.0173 | 0.0180 |
| 7 | 21.9911 | 0.0165 | 0.0172 | 0.0180 | 0.0188 | 0.0195 | 0.0204 | 0.0212 | 0.0220 | 0.0228 |
| 8 | 25.133 | 0.021 | 0.021 | 0.022 | 0.023 | 0.024 | 0.025 | 0.026 | 0.027 | 0.028 |
| 9 | 28.274 | 0.025 | 0.026 | 0.027 | 0.028 | 0.030 | 0.031 | 0.032 | 0.033 | 0.034 |
| 10 | 31.416 | 0.030 | 0.031 | 0.033 | 0.034 | 0.035 | 0.037 | 0.038 | 0.040 | 0.041 |
| 11 | 34.558 | 0.036 | 0.037 | 0.039 | 0.040 | 0.042 | 0.043 | 0.045 | 0.046 | 0.048 |
| 12 | 37.699 | 0.042 | 0.043 | 0.045 | 0.047 | 0.049 | 0.050 | 0.052 | 0.054 | 0.056 |
| 13 | 40.841 | 0.048 | 0.050 | 0.052 | 0.054 | 0.056 | 0.058 | 0.060 | 0.062 | 0.064 |
| 当直径≥13cm 且不足 13.5cm 时 | | | | | | | | | | |
| 13 | 40.841 | 0.049 | 0.051 | 0.053 | 0.055 | 0.057 | 0.059 | 0.061 | 0.064 | 0.066 |

续表 1-1　　（小径原木）

| 检尺径 | | 检尺长/m | | | | | | | | |
|---|---|---|---|---|---|---|---|---|---|---|
| 直径 /cm | 周长 /cm | 3.8 | 3.9 | 4 | 4.1 | 4.2 | 4.3 | 4.4 | 4.5 | 4.6 |
| | | 材积/m³ | | | | | | | | |
| 4 | 12.5664 | 0.0104 | 0.0109 | 0.0113 | 0.0118 | 0.0122 | 0.0127 | 0.0132 | 0.0137 | 0.0142 |
| 5 | 15.7080 | 0.0143 | 0.0148 | 0.0154 | 0.0160 | 0.0166 | 0.0172 | 0.0178 | 0.0184 | 0.0191 |
| 6 | 18.8496 | 0.0187 | 0.0194 | 0.0201 | 0.0208 | 0.0216 | 0.0223 | 0.0231 | 0.0239 | 0.0247 |
| 7 | 21.9911 | 0.0237 | 0.0246 | 0.0254 | 0.0263 | 0.0273 | 0.0282 | 0.0291 | 0.0301 | 0.0310 |
| 8 | 25.133 | 0.029 | 0.030 | 0.031 | 0.032 | 0.034 | 0.035 | 0.036 | 0.037 | 0.038 |
| 9 | 28.274 | 0.036 | 0.037 | 0.038 | 0.039 | 0.041 | 0.042 | 0.043 | 0.045 | 0.046 |
| 10 | 31.416 | 0.042 | 0.044 | 0.045 | 0.047 | 0.048 | 0.050 | 0.051 | 0.053 | 0.054 |
| 11 | 34.558 | 0.050 | 0.051 | 0.053 | 0.055 | 0.057 | 0.058 | 0.060 | 0.062 | 0.064 |
| 12 | 37.699 | 0.058 | 0.060 | 0.062 | 0.064 | 0.065 | 0.067 | 0.069 | 0.072 | 0.074 |
| 13 | 40.841 | 0.066 | 0.069 | 0.071 | 0.073 | 0.075 | 0.077 | 0.080 | 0.082 | 0.084 |
| 当直径≥13cm 且不足 13.5cm 时 | | | | | | | | | | |
| 13 | 40.841 | 0.068 | 0.071 | 0.073 | 0.075 | 0.078 | 0.080 | 0.082 | 0.085 | 0.087 |

（小径原木）

**续表 1-1**

| 检尺径 | | 检尺长/m | | | | | | | | |
|---|---|---|---|---|---|---|---|---|---|---|
| 直径 | 周长 | 4.7 | 4.8 | 4.9 | 5 | 5.1 | 5.2 | 5.3 | 5.4 | 5.5 |
| /cm | /cm | 材积/m³ | | | | | | | | |
| 4 | 12.5664 | 0.0147 | 0.152 | 0.158 | 0.0163 | 0.0169 | 0.0175 | 0.0181 | 0.0186 | 0.0192 |
| 5 | 15.7080 | 0.0198 | 0.0204 | 0.0211 | 0.0218 | 0.0225 | 0.0232 | 0.0239 | 0.0247 | 0.0254 |
| 6 | 18.8496 | 0.0255 | 0.0263 | 0.0272 | 0.0280 | 0.0289 | 0.0298 | 0.0307 | 0.0316 | 0.0325 |
| 7 | 21.9911 | 0.0320 | 0.0330 | 0.0340 | 0.0351 | 0.0361 | 0.0372 | 0.0382 | 0.0393 | 0.0404 |
| 8 | 25.133 | 0.039 | 0.040 | 0.042 | 0.043 | 0.044 | 0.045 | 0.047 | 0.048 | 0.049 |
| 9 | 28.274 | 0.047 | 0.049 | 0.050 | 0.051 | 0.053 | 0.054 | 0.056 | 0.057 | 0.059 |
| 10 | 31.416 | 0.056 | 0.058 | 0.059 | 0.061 | 0.063 | 0.064 | 0.066 | 0.068 | 0.069 |
| 11 | 34.558 | 0.065 | 0.067 | 0.069 | 0.071 | 0.073 | 0.075 | 0.077 | 0.079 | 0.081 |
| 12 | 37.699 | 0.076 | 0.078 | 0.080 | 0.082 | 0.084 | 0.086 | 0.089 | 0.091 | 0.093 |
| 13 | 40.841 | 0.087 | 0.089 | 0.091 | 0.094 | 0.096 | 0.099 | 0.101 | 0.104 | 0.106 |
| 当直径≥13cm 且不足 13.5cm 时 | | | | | | | | | | |
| 13 | 40.841 | 0.090 | 0.093 | 0.095 | 0.098 | 0.100 | 0.103 | 0.106 | 0.109 | 0.111 |

续表 1-1 （小径原木）

| 检尺径 | | 检尺长/m | | | | | | | | |
|---|---|---|---|---|---|---|---|---|---|---|
| 直径 | 周长 | 5.6 | 5.7 | 5.8 | 5.9 | 6 | 6.1 | 6.2 | 6.3 | 6.4 |
| /cm | /cm | 材积/$m^3$ | | | | | | | | |
| 4 | 12.5664 | 0.0199 | 0.0205 | 0.0211 | 0.0218 | 0.0224 | 0.0231 | 0.0238 | 0.0245 | 0.0252 |
| 5 | 15.7080 | 0.0262 | 0.0270 | 0.0278 | 0.0286 | 0.0294 | 0.0302 | 0.0311 | 0.0319 | 0.0328 |
| 6 | 18.8496 | 0.0334 | 0.0344 | 0.0354 | 0.0363 | 0.0373 | 0.0383 | 0.0394 | 0.0404 | 0.0414 |
| 7 | 21.9911 | 0.0416 | 0.0427 | 0.0438 | 0.0450 | 0.0462 | 0.0474 | 0.0486 | 0.0498 | 0.0511 |
| 8 | 25.133 | 0.051 | 0.052 | 0.053 | 0.055 | 0.056 | 0.057 | 0.059 | 0.060 | 0.062 |
| 9 | 28.274 | 0.060 | 0.062 | 0.064 | 0.065 | 0.067 | 0.068 | 0.070 | 0.072 | 0.073 |
| 10 | 31.416 | 0.071 | 0.073 | 0.075 | 0.077 | 0.078 | 0.080 | 0.082 | 0.084 | 0.086 |
| 11 | 34.558 | 0.083 | 0.085 | 0.087 | 0.089 | 0.091 | 0.093 | 0.095 | 0.097 | 0.100 |
| 12 | 37.699 | 0.095 | 0.098 | 0.100 | 0.102 | 0.105 | 0.107 | 0.109 | 0.112 | 0.114 |
| 13 | 40.841 | 0.109 | 0.111 | 0.114 | 0.116 | 0.119 | 0.122 | 0.125 | 0.127 | 0.130 |
| 当直径≥13cm 且不足 13.5cm 时 | | | | | | | | | | |
| 13 | 40.841 | 0.114 | 0.117 | 0.120 | 0.123 | 0.126 | 0.129 | 0.132 | 0.135 | 0.138 |

（小径原木）　　　　**续表 1-1**

| 检尺径 | | 检尺长/m | | | | | | | | |
|---|---|---|---|---|---|---|---|---|---|---|
| 直径 | 周长 | 6.5 | 6.6 | 6.7 | 6.8 | 6.9 | 7 | 7.1 | 7.2 | 7.3 |
| /cm | /cm | 材积/$m^3$ | | | | | | | | |
| 4 | 12.5664 | 0.0259 | 0.0266 | 0.0274 | 0.0281 | 0.0289 | 0.0297 | 0.0305 | 0.0313 | 0.0321 |
| 5 | 15.7080 | 0.0337 | 0.0346 | 0.0355 | 0.0364 | 0.0374 | 0.0383 | 0.0393 | 0.0403 | 0.0413 |
| 6 | 18.8496 | 0.0425 | 0.0436 | 0.0447 | 0.0458 | 0.0469 | 0.0481 | 0.0492 | 0.0504 | 0.0516 |
| 7 | 21.9911 | 0.0523 | 0.0536 | 0.0549 | 0.0562 | 0.0575 | 0.0589 | 0.0603 | 0.0616 | 0.0630 |
| 8 | 25.133 | 0.063 | 0.065 | 0.066 | 0.068 | 0.069 | 0.071 | 0.072 | 0.074 | 0.076 |
| 9 | 28.274 | 0.075 | 0.077 | 0.079 | 0.080 | 0.082 | 0.084 | 0.086 | 0.088 | 0.089 |
| 10 | 31.416 | 0.088 | 0.090 | 0.092 | 0.094 | 0.096 | 0.098 | 0.100 | 0.102 | 0.104 |
| 11 | 34.558 | 0.102 | 0.104 | 0.106 | 0.109 | 0.111 | 0.113 | 0.116 | 0.118 | 0.120 |
| 12 | 37.699 | 0.117 | 0.119 | 0.122 | 0.124 | 0.127 | 0.130 | 0.132 | 0.135 | 0.137 |
| 13 | 40.841 | 0.133 | 0.136 | 0.138 | 0.141 | 0.144 | 0.147 | 0.150 | 0.153 | 0.156 |
| 当直径≥13cm 且不足 13.5cm 时 | | | | | | | | | | |
| 13 | 40.841 | 0.141 | 0.144 | 0.147 | 0.150 | 0.153 | 0.157 | 0.160 | 0.163 | 0.166 |

续表 1-1　　（小径原木）

| 检尺径 | | 检尺长/m | | | | | | | | |
|---|---|---|---|---|---|---|---|---|---|---|
| 直径 /cm | 周长 /cm | 7.4 | 7.5 | 7.6 | 7.7 | 7.8 | 7.9 | 8 | 8.1 | 8.2 |
| | | 材积/m³ | | | | | | | | |
| 4 | 12.5664 | 0.0330 | 0.0338 | 0.0347 | 0.0355 | 0.0364 | 0.0373 | 0.0382 | 0.0392 | 0.0401 |
| 5 | 15.7080 | 0.0423 | 0.0433 | 0.0444 | 0.0454 | 0.0465 | 0.0476 | 0.0487 | 0.0498 | 0.0509 |
| 6 | 18.8496 | 0.0528 | 0.0540 | 0.0552 | 0.0565 | 0.0578 | 0.0590 | 0.0603 | 0.0617 | 0.0630 |
| 7 | 21.9911 | 0.0644 | 0.0659 | 0.0673 | 0.0688 | 0.0703 | 0.0718 | 0.0733 | 0.0748 | 0.0764 |
| 8 | 25.133 | 0.077 | 0.079 | 0.081 | 0.082 | 0.084 | 0.086 | 0.087 | 0.089 | 0.091 |
| 9 | 28.274 | 0.091 | 0.093 | 0.095 | 0.097 | 0.099 | 0.101 | 0.103 | 0.105 | 0.107 |
| 10 | 31.416 | 0.106 | 0.109 | 0.111 | 0.113 | 0.115 | 0.117 | 0.120 | 0.122 | 0.124 |
| 11 | 34.558 | 0.123 | 0.125 | 0.128 | 0.130 | 0.133 | 0.135 | 0.138 | 0.140 | 0.143 |
| 12 | 37.699 | 0.140 | 0.143 | 0.146 | 0.148 | 0.151 | 0.154 | 0.157 | 0.160 | 0.163 |
| 13 | 40.841 | 0.159 | 0.162 | 0.165 | 0.168 | 0.171 | 0.174 | 0.177 | 0.181 | 0.184 |
| 当直径≥13cm 且不足 13.5cm 时 | | | | | | | | | | |
| 13 | 40.841 | 0.170 | 0.173 | 0.177 | 0.180 | 0.184 | 0.187 | 0.191 | 0.194 | 0.198 |

（小径原木）

**续表 1-1**

| 检尺径 | | 检尺长/m | | | | | | | | |
|---|---|---|---|---|---|---|---|---|---|---|
| 直径/cm | 周长/cm | 8.3 | 8.4 | 8.5 | 8.6 | 8.7 | 8.8 | 8.9 | 9 | 9.1 |
| | | 材积/$m^3$ | | | | | | | | |
| 4 | 12.5664 | 0.0410 | 0.0420 | 0.0430 | 0.0440 | 0.0450 | 0.0460 | 0.0471 | 0.0481 | 0.0492 |
| 5 | 15.7080 | 0.0520 | 0.0532 | 0.0544 | 0.0556 | 0.0568 | 0.0580 | 0.0592 | 0.0605 | 0.0617 |
| 6 | 18.8496 | 0.0643 | 0.0657 | 0.0671 | 0.0685 | 0.0699 | 0.0713 | 0.0728 | 0.0743 | 0.0758 |
| 7 | 21.9911 | 0.0779 | 0.0795 | 0.0811 | 0.0828 | 0.0844 | 0.0861 | 0.0878 | 0.0895 | 0.0912 |
| 8 | 25.133 | 0.093 | 0.095 | 0.097 | 0.098 | 0.100 | 0.102 | 0.104 | 0.106 | 0.108 |
| 9 | 28.274 | 0.109 | 0.111 | 0.113 | 0.115 | 0.118 | 0.120 | 0.122 | 0.124 | 0.126 |
| 10 | 31.416 | 0.127 | 0.129 | 0.131 | 0.134 | 0.136 | 0.139 | 0.141 | 0.144 | 0.146 |
| 11 | 34.558 | 0.145 | 0.148 | 0.151 | 0.153 | 0.156 | 0.159 | 0.162 | 0.164 | 0.167 |
| 12 | 37.699 | 0.166 | 0.168 | 0.171 | 0.174 | 0.177 | 0.180 | 0.184 | 0.187 | 0.190 |
| 13 | 40.841 | 0.187 | 0.190 | 0.194 | 0.197 | 0.200 | 0.204 | 0.207 | 0.210 | 0.214 |
| 当直径≥13cm 且不足 13.5cm 时 | | | | | | | | | | |
| 13 | 40.841 | 0.202 | 0.206 | 0.209 | 0.213 | 0.217 | 0.221 | 0.225 | 0.229 | 0.233 |

续表 1-1　（小径原木）

| 检尺径 | | 检尺长/m | | | | | | | | |
|---|---|---|---|---|---|---|---|---|---|---|
| 直径/cm | 周长/cm | 9.2 | 9.3 | 9.4 | 9.5 | 9.6 | 9.7 | 9.8 | 9.9 | 10 |
| | | 材积/m$^3$ | | | | | | | | |
| 4 | 12.5664 | 0.0503 | 0.0514 | 0.0525 | 0.0536 | 0.0547 | 0.0559 | 0.0571 | 0.0582 | 0.0594 |
| 5 | 15.7080 | 0.0630 | 0.0643 | 0.0657 | 0.0670 | 0.0683 | 0.0697 | 0.0711 | 0.0725 | 0.0739 |
| 6 | 18.8496 | 0.0773 | 0.0788 | 0.0803 | 0.0819 | 0.0834 | 0.0850 | 0.0866 | 0.0883 | 0.0899 |
| 7 | 21.9911 | 0.0929 | 0.0947 | 0.0965 | 0.0982 | 0.1001 | 0.1019 | 0.1037 | 0.1056 | 0.1075 |
| 8 | 25.133 | 0.110 | 0.112 | 0.114 | 0.116 | 0.118 | 0.120 | 0.122 | 0.125 | 0.127 |
| 9 | 28.274 | 0.129 | 0.131 | 0.133 | 0.135 | 0.138 | 0.140 | 0.143 | 0.145 | 0.147 |
| 10 | 31.416 | 0.149 | 0.151 | 0.154 | 0.156 | 0.159 | 0.162 | 0.164 | 0.167 | 0.170 |
| 11 | 34.558 | 0.170 | 0.173 | 0.176 | 0.179 | 0.182 | 0.185 | 0.188 | 0.191 | 0.194 |
| 12 | 37.699 | 0.193 | 0.196 | 0.199 | 0.203 | 0.206 | 0.209 | 0.212 | 0.216 | 0.219 |
| 13 | 40.841 | 0.217 | 0.221 | 0.224 | 0.228 | 0.231 | 0.235 | 0.239 | 0.242 | 0.246 |
| 当直径≥13cm 且不足 13.5cm 时 | | | | | | | | | | |
| 13 | 40.841 | 0.237 | 0.241 | 0.245 | 0.249 | 0.253 | 0.258 | 0.262 | 0.266 | 0.271 |

### 1.1.3 检尺径 14～200cm(检尺长 2～10m)的原木材积速查表

检尺径 14～200cm(检尺长 2～10m)的原木材积速查表见表 1-2。

表 1-2 检尺径 14～200cm(检尺长 2～10m)的原木材积速查表

| 检尺径 | | 检尺长/m | | | | | | | | |
|---|---|---|---|---|---|---|---|---|---|---|
| 直径/cm | 周长/cm | 2 | 2.1 | 2.2 | 2.3 | 2.4 | 2.5 | 2.6 | 2.7 | 2.8 |
| | | 材积/m³ | | | | | | | | |
| 14 | 43.982 | 0.036 | 0.038 | 0.040 | 0.042 | 0.045 | 0.047 | 0.049 | 0.051 | 0.054 |
| 16 | 50.265 | 0.047 | 0.049 | 0.052 | 0.055 | 0.058 | 0.060 | 0.063 | 0.066 | 0.069 |
| 18 | 56.549 | 0.059 | 0.062 | 0.065 | 0.069 | 0.072 | 0.076 | 0.079 | 0.083 | 0.086 |
| 20 | 62.832 | 0.072 | 0.076 | 0.080 | 0.084 | 0.088 | 0.092 | 0.097 | 0.101 | 0.105 |
| 22 | 69.115 | 0.086 | 0.091 | 0.096 | 0.101 | 0.106 | 0.111 | 0.116 | 0.121 | 0.126 |
| 24 | 75.398 | 0.102 | 0.108 | 0.114 | 0.120 | 0.125 | 0.131 | 0.137 | 0.143 | 0.149 |
| 26 | 81.681 | 0.120 | 0.126 | 0.133 | 0.140 | 0.146 | 0.153 | 0.160 | 0.167 | 0.174 |
| 28 | 87.965 | 0.138 | 0.146 | 0.154 | 0.161 | 0.169 | 0.177 | 0.185 | 0.193 | 0.201 |
| 30 | 94.248 | 0.158 | 0.167 | 0.176 | 0.185 | 0.193 | 0.202 | 0.211 | 0.221 | 0.230 |
| 32 | 100.531 | 0.180 | 0.189 | 0.199 | 0.209 | 0.219 | 0.230 | 0.240 | 0.250 | 0.260 |
| 34 | 106.814 | 0.202 | 0.213 | 0.224 | 0.236 | 0.247 | 0.258 | 0.270 | 0.281 | 0.293 |

续表 1-2 （原木）

| 检尺径 | | 检尺长/m | | | | | | | | |
|---|---|---|---|---|---|---|---|---|---|---|
| 直径 | 周长 | 2 | 2.1 | 2.2 | 2.3 | 2.4 | 2.5 | 2.6 | 2.7 | 2.8 |
| /cm | /cm | 材积/$m^3$ | | | | | | | | |
| 36 | 113.097 | 0.226 | 0.239 | 0.251 | 0.264 | 0.276 | 0.289 | 0.302 | 0.314 | 0.327 |
| 38 | 119.381 | 0.252 | 0.265 | 0.279 | 0.293 | 0.307 | 0.321 | 0.335 | 0.349 | 0.364 |
| 40 | 125.664 | 0.278 | 0.294 | 0.309 | 0.324 | 0.340 | 0.355 | 0.371 | 0.386 | 0.402 |
| 42 | 131.947 | 0.306 | 0.323 | 0.340 | 0.357 | 0.374 | 0.391 | 0.408 | 0.425 | 0.442 |
| 44 | 138.230 | 0.336 | 0.354 | 0.372 | 0.391 | 0.409 | 0.428 | 0.447 | 0.465 | 0.484 |
| 46 | 144.513 | 0.367 | 0.387 | 0.406 | 0.427 | 0.447 | 0.467 | 0.487 | 0.508 | 0.528 |
| 48 | 150.796 | 0.399 | 0.420 | 0.442 | 0.464 | 0.486 | 0.508 | 0.530 | 0.552 | 0.574 |
| 50 | 157.080 | 0.432 | 0.456 | 0.479 | 0.503 | 0.526 | 0.550 | 0.574 | 0.598 | 0.622 |
| 52 | 163.363 | 0.467 | 0.492 | 0.518 | 0.543 | 0.569 | 0.594 | 0.620 | 0.646 | 0.672 |
| 54 | 169.646 | 0.503 | 0.530 | 0.558 | 0.585 | 0.613 | 0.640 | 0.668 | 0.696 | 0.724 |
| 56 | 175.929 | 0.541 | 0.570 | 0.599 | 0.629 | 0.658 | 0.688 | 0.718 | 0.747 | 0.777 |
| 58 | 182.212 | 0.580 | 0.611 | 0.642 | 0.674 | 0.705 | 0.737 | 0.769 | 0.801 | 0.833 |
| 60 | 188.496 | 0.620 | 0.653 | 0.687 | 0.720 | 0.754 | 0.788 | 0.822 | 0.856 | 0.890 |
| 62 | 194.779 | 0.661 | 0.697 | 0.733 | 0.768 | 0.804 | 0.841 | 0.877 | 0.913 | 0.950 |
| 64 | 201.062 | 0.704 | 0.742 | 0.780 | 0.818 | 0.857 | 0.895 | 0.934 | 0.972 | 1.011 |
| 66 | 207.345 | 0.749 | 0.789 | 0.829 | 0.870 | 0.910 | 0.951 | 0.992 | 1.033 | 1.074 |

续表 1-2

| 检尺径 | | 检尺长/m | | | | | | | | |
|---|---|---|---|---|---|---|---|---|---|---|
| 直径 | 周长 | 2 | 2.1 | 2.2 | 2.3 | 2.4 | 2.5 | 2.6 | 2.7 | 2.8 |
| /cm | /cm | 材积/m³ | | | | | | | | |
| 68 | 213.628 | 0.794 | 0.837 | 0.880 | 0.922 | 0.966 | 1.009 | 1.052 | 1.096 | 1.140 |
| 70 | 219.911 | 0.841 | 0.886 | 0.931 | 0.977 | 1.022 | 1.068 | 1.114 | 1.160 | 1.207 |
| 72 | 226.195 | 0.890 | 0.937 | 0.985 | 1.033 | 1.081 | 1.129 | 1.178 | 1.227 | 1.276 |
| 74 | 232.478 | 0.939 | 0.989 | 1.040 | 1.090 | 1.141 | 1.192 | 1.244 | 1.295 | 1.347 |
| 76 | 238.761 | 0.990 | 1.043 | 1.096 | 1.150 | 1.203 | 1.257 | 1.311 | 1.365 | 1.419 |
| 78 | 245.044 | 1.043 | 1.098 | 1.154 | 1.210 | 1.267 | 1.323 | 1.380 | 1.437 | 1.494 |
| 80 | 251.327 | 1.096 | 1.155 | 1.214 | 1.273 | 1.332 | 1.391 | 1.451 | 1.511 | 1.571 |
| 82 | 257.611 | 1.151 | 1.213 | 1.274 | 1.336 | 1.399 | 1.461 | 1.523 | 1.586 | 1.649 |
| 84 | 263.894 | 1.208 | 1.272 | 1.337 | 1.402 | 1.467 | 1.532 | 1.598 | 1.664 | 1.730 |
| 86 | 270.177 | 1.265 | 1.333 | 1.401 | 1.469 | 1.537 | 1.605 | 1.674 | 1.743 | 1.812 |
| 88 | 276.460 | 1.325 | 1.395 | 1.466 | 1.537 | 1.609 | 1.680 | 1.752 | 1.824 | 1.896 |
| 90 | 282.743 | 1.385 | 1.459 | 1.533 | 1.607 | 1.682 | 1.757 | 1.832 | 1.907 | 1.983 |
| 92 | 289.027 | 1.447 | 1.524 | 1.601 | 1.679 | 1.757 | 1.835 | 1.913 | 1.992 | 2.071 |
| 94 | 295.310 | 1.510 | 1.590 | 1.671 | 1.752 | 1.833 | 1.915 | 1.997 | 2.079 | 2.161 |
| 96 | 301.593 | 1.574 | 1.658 | 1.742 | 1.827 | 1.911 | 1.996 | 2.082 | 2.167 | 2.253 |
| 98 | 307.876 | 1.640 | 1.728 | 1.815 | 1.903 | 1.991 | 2.080 | 2.169 | 2.258 | 2.347 |

续表 1-2 （原木）

| 检尺径 | | 检尺长/m | | | | | | | | |
|---|---|---|---|---|---|---|---|---|---|---|
| 直径 | 周长 | 2 | 2.1 | 2.2 | 2.3 | 2.4 | 2.5 | 2.6 | 2.7 | 2.8 |
| /cm | /cm | 材积/m³ | | | | | | | | |
| 100 | 314.159 | 1.707 | 1.798 | 1.889 | 1.981 | 2.073 | 2.165 | 2.257 | 2.350 | 2.443 |
| 102 | 320.442 | 1.776 | 1.870 | 1.965 | 2.060 | 2.156 | 2.252 | 2.348 | 2.444 | 2.540 |
| 104 | 326.726 | 1.846 | 1.944 | 2.042 | 2.141 | 2.240 | 2.340 | 2.440 | 2.540 | 2.640 |
| 106 | 333.009 | 1.917 | 2.019 | 2.121 | 2.224 | 2.327 | 2.430 | 2.534 | 2.637 | 2.742 |
| 108 | 339.292 | 1.990 | 2.095 | 2.202 | 2.308 | 2.415 | 2.522 | 2.629 | 2.737 | 2.845 |
| 110 | 345.575 | 2.064 | 2.173 | 2.283 | 2.394 | 2.504 | 2.615 | 2.727 | 2.839 | 2.950 |
| 112 | 351.858 | 2.139 | 2.253 | 2.367 | 2.481 | 2.596 | 2.711 | 2.826 | 2.942 | 3.058 |
| 114 | 358.142 | 2.216 | 2.333 | 2.451 | 2.570 | 2.688 | 2.808 | 2.927 | 3.047 | 3.167 |
| 116 | 364.425 | 2.294 | 2.415 | 2.537 | 2.660 | 2.783 | 2.906 | 3.030 | 3.154 | 3.278 |
| 118 | 370.708 | 2.373 | 2.499 | 2.625 | 2.752 | 2.879 | 3.007 | 3.135 | 3.263 | 3.391 |
| 120 | 376.991 | 2.454 | 2.584 | 2.714 | 2.845 | 2.977 | 3.109 | 3.241 | 3.373 | 3.506 |
| 122 | 383.274 | 2.536 | 2.670 | 2.805 | 2.940 | 3.076 | 3.212 | 3.349 | 3.486 | 3.623 |
| 124 | 389.557 | 2.619 | 2.758 | 2.897 | 3.037 | 3.177 | 3.318 | 3.459 | 3.600 | 3.742 |
| 126 | 395.841 | 2.704 | 2.847 | 2.991 | 3.135 | 3.280 | 3.425 | 3.571 | 3.717 | 3.863 |
| 128 | 402.124 | 2.790 | 2.938 | 3.086 | 3.235 | 3.384 | 3.534 | 3.684 | 3.835 | 3.985 |
| 130 | 408.407 | 2.877 | 3.030 | 3.183 | 3.336 | 3.490 | 3.645 | 3.799 | 3.954 | 4.110 |

（原木）

续表 1-2

| 检尺径 | | 检尺长/m | | | | | | | | |
|---|---|---|---|---|---|---|---|---|---|---|
| 直径/cm | 周长/cm | 2 | 2.1 | 2.2 | 2.3 | 2.4 | 2.5 | 2.6 | 2.7 | 2.8 |
| | | 材积/m³ | | | | | | | | |
| 132 | 414.690 | 2.966 | 3.123 | 3.281 | 3.439 | 3.598 | 3.757 | 3.916 | 4.076 | 4.236 |
| 134 | 420.973 | 3.056 | 3.218 | 3.380 | 3.543 | 3.707 | 3.871 | 4.035 | 4.200 | 4.365 |
| 136 | 427.257 | 3.148 | 3.314 | 3.482 | 3.649 | 3.818 | 3.986 | 4.156 | 4.325 | 4.495 |
| 138 | 433.540 | 3.240 | 3.412 | 3.584 | 3.757 | 3.930 | 4.104 | 4.278 | 4.453 | 4.627 |
| 140 | 439.823 | 3.335 | 3.511 | 3.688 | 3.866 | 4.044 | 4.223 | 4.402 | 4.582 | 4.762 |
| 142 | 446.106 | 3.430 | 3.612 | 3.794 | 3.977 | 4.160 | 4.344 | 4.528 | 4.713 | 4.898 |
| 144 | 452.389 | 3.527 | 3.714 | 3.901 | 4.089 | 4.277 | 4.466 | 4.656 | 4.845 | 5.036 |
| 146 | 458.673 | 3.625 | 3.817 | 4.010 | 4.203 | 4.396 | 4.590 | 4.785 | 4.980 | 5.176 |
| 148 | 464.956 | 3.725 | 3.922 | 4.120 | 4.318 | 4.517 | 4.716 | 4.916 | 5.117 | 5.317 |
| 150 | 471.239 | 3.826 | 4.028 | 4.231 | 4.435 | 4.639 | 4.844 | 5.049 | 5.255 | 5.461 |
| 152 | 477.522 | 3.928 | 4.136 | 4.344 | 4.553 | 4.763 | 4.973 | 5.184 | 5.395 | 5.607 |
| 154 | 483.805 | 4.032 | 4.245 | 4.459 | 4.673 | 4.889 | 5.104 | 5.321 | 5.537 | 5.754 |
| 156 | 490.088 | 4.136 | 4.355 | 4.575 | 4.795 | 5.016 | 5.237 | 5.459 | 5.681 | 5.904 |
| 158 | 496.372 | 4.243 | 4.467 | 4.692 | 4.918 | 5.144 | 5.371 | 5.599 | 5.827 | 6.055 |
| 160 | 502.655 | 4.350 | 4.580 | 4.811 | 5.043 | 5.275 | 5.508 | 5.741 | 5.974 | 6.209 |
| 162 | 508.938 | 4.459 | 4.695 | 4.932 | 5.169 | 5.407 | 5.645 | 5.884 | 6.124 | 6.364 |

续表 1-2　　　　（原木）

| 检尺径 | | 检尺长/m | | | | | | | | |
|---|---|---|---|---|---|---|---|---|---|---|
| 直径 /cm | 周长 /cm | 2 | 2.1 | 2.2 | 2.3 | 2.4 | 2.5 | 2.6 | 2.7 | 2.8 |
| | | 材积/m³ | | | | | | | | |
| 164 | 515.221 | 4.570 | 4.811 | 5.054 | 5.297 | 5.541 | 5.785 | 6.030 | 6.275 | 6.521 |
| 166 | 521.504 | 4.681 | 4.929 | 5.177 | 5.426 | 5.676 | 5.926 | 6.177 | 6.428 | 6.680 |
| 168 | 527.788 | 4.795 | 5.048 | 5.302 | 5.557 | 5.813 | 6.069 | 6.326 | 6.583 | 6.841 |
| 170 | 534.071 | 4.909 | 5.168 | 5.429 | 5.690 | 5.951 | 6.214 | 6.477 | 6.740 | 7.004 |
| 172 | 540.354 | 5.025 | 5.290 | 5.557 | 5.824 | 6.092 | 6.360 | 6.629 | 6.899 | 7.169 |
| 174 | 546.637 | 5.142 | 5.413 | 5.686 | 5.959 | 6.233 | 6.508 | 6.783 | 7.059 | 7.336 |
| 176 | 552.920 | 5.260 | 5.538 | 5.817 | 6.097 | 6.377 | 6.658 | 6.939 | 7.222 | 7.504 |
| 178 | 559.203 | 5.380 | 5.664 | 5.949 | 6.235 | 6.522 | 6.809 | 7.097 | 7.386 | 7.675 |
| 180 | 565.487 | 5.501 | 5.792 | 6.083 | 6.376 | 6.669 | 6.962 | 7.257 | 7.552 | 7.847 |
| 182 | 571.770 | 5.624 | 5.921 | 6.219 | 6.517 | 6.817 | 7.117 | 7.418 | 7.720 | 8.022 |
| 184 | 578.053 | 5.747 | 6.051 | 6.356 | 6.661 | 6.967 | 7.274 | 7.581 | 7.890 | 8.198 |
| 186 | 584.336 | 5.873 | 6.183 | 6.494 | 6.806 | 7.119 | 7.432 | 7.746 | 8.061 | 8.376 |
| 188 | 590.619 | 5.999 | 6.316 | 6.634 | 6.952 | 7.272 | 7.592 | 7.913 | 8.235 | 8.557 |
| 190 | 596.903 | 6.127 | 6.451 | 6.775 | 7.101 | 7.427 | 7.754 | 8.082 | 8.410 | 8.739 |
| 192 | 603.186 | 6.256 | 6.587 | 6.918 | 7.250 | 7.583 | 7.917 | 8.252 | 8.587 | 8.923 |
| 194 | 609.469 | 6.387 | 6.724 | 7.062 | 7.401 | 7.741 | 8.082 | 8.424 | 8.766 | 9.109 |

续表 1-2

| 检尺径 | | 检尺长/m | | | | | | | | |
|---|---|---|---|---|---|---|---|---|---|---|
| 直径/cm | 周长/cm | 2 | 2.1 | 2.2 | 2.3 | 2.4 | 2.5 | 2.6 | 2.7 | 2.8 |
| | | 材积/m³ | | | | | | | | |
| 196 | 615.752 | 6.519 | 6.863 | 7.208 | 7.554 | 7.901 | 8.249 | 8.598 | 8.947 | 9.296 |
| 198 | 622.035 | 6.652 | 7.003 | 7.355 | 7.709 | 8.063 | 8.418 | 8.773 | 9.129 | 9.486 |
| 200 | 628.319 | 6.787 | 7.145 | 7.504 | 7.865 | 8.226 | 8.588 | 8.950 | 9.314 | 9.678 |

| 检尺径 | | 检尺长/m | | | | | | | | |
|---|---|---|---|---|---|---|---|---|---|---|
| 直径/cm | 周长/cm | 2.9 | 3 | 3.1 | 3.2 | 3.3 | 3.4 | 3.5 | 3.6 | 3.7 |
| | | 材积/m³ | | | | | | | | |
| 14 | 43.982 | 0.056 | 0.058 | 0.061 | 0.063 | 0.065 | 0.068 | 0.070 | 0.073 | 0.075 |
| 16 | 50.265 | 0.072 | 0.075 | 0.078 | 0.081 | 0.084 | 0.087 | 0.090 | 0.093 | 0.096 |
| 18 | 56.549 | 0.090 | 0.093 | 0.097 | 0.101 | 0.105 | 0.108 | 0.112 | 0.116 | 0.120 |
| 20 | 62.832 | 0.110 | 0.114 | 0.118 | 0.123 | 0.127 | 0.132 | 0.137 | 0.141 | 0.146 |
| 22 | 69.115 | 0.131 | 0.137 | 0.142 | 0.147 | 0.153 | 0.158 | 0.164 | 0.169 | 0.175 |
| 24 | 75.398 | 0.155 | 0.161 | 0.168 | 0.174 | 0.180 | 0.186 | 0.193 | 0.199 | 0.206 |
| 26 | 81.681 | 0.181 | 0.188 | 0.195 | 0.203 | 0.210 | 0.217 | 0.225 | 0.232 | 0.239 |
| 28 | 87.965 | 0.209 | 0.217 | 0.225 | 0.234 | 0.242 | 0.250 | 0.259 | 0.267 | 0.276 |
| 30 | 94.248 | 0.239 | 0.248 | 0.257 | 0.267 | 0.276 | 0.286 | 0.295 | 0.305 | 0.315 |

**续表 1-2** （原木）

| 检尺径 | | 检尺长/m | | | | | | | | |
|---|---|---|---|---|---|---|---|---|---|---|
| 直径 /cm | 周长 /cm | 2.9 | 3 | 3.1 | 3.2 | 3.3 | 3.4 | 3.5 | 3.6 | 3.7 |
| | | 材积/m³ | | | | | | | | |
| 32 | 100.531 | 0.271 | 0.281 | 0.292 | 0.302 | 0.313 | 0.324 | 0.334 | 0.345 | 0.356 |
| 34 | 106.814 | 0.305 | 0.316 | 0.328 | 0.340 | 0.352 | 0.364 | 0.376 | 0.388 | 0.400 |
| 36 | 113.097 | 0.340 | 0.353 | 0.366 | 0.380 | 0.393 | 0.406 | 0.420 | 0.433 | 0.446 |
| 38 | 119.381 | 0.378 | 0.393 | 0.407 | 0.422 | 0.436 | 0.451 | 0.466 | 0.481 | 0.495 |
| 40 | 125.664 | 0.418 | 0.434 | 0.450 | 0.466 | 0.482 | 0.498 | 0.514 | 0.531 | 0.547 |
| 42 | 131.947 | 0.460 | 0.477 | 0.495 | 0.512 | 0.530 | 0.548 | 0.565 | 0.583 | 0.601 |
| 44 | 138.230 | 0.503 | 0.522 | 0.542 | 0.561 | 0.580 | 0.599 | 0.619 | 0.638 | 0.658 |
| 46 | 144.513 | 0.549 | 0.570 | 0.591 | 0.612 | 0.633 | 0.654 | 0.675 | 0.696 | 0.717 |
| 48 | 150.796 | 0.597 | 0.619 | 0.642 | 0.665 | 0.687 | 0.710 | 0.733 | 0.756 | 0.779 |
| 50 | 157.080 | 0.647 | 0.671 | 0.695 | 0.720 | 0.744 | 0.769 | 0.794 | 0.819 | 0.844 |
| 52 | 163.363 | 0.698 | 0.724 | 0.751 | 0.777 | 0.804 | 0.830 | 0.857 | 0.884 | 0.911 |
| 54 | 169.646 | 0.752 | 0.780 | 0.808 | 0.837 | 0.865 | 0.894 | 0.923 | 0.951 | 0.980 |
| 56 | 175.929 | 0.808 | 0.838 | 0.868 | 0.899 | 0.929 | 0.960 | 0.991 | 1.021 | 1.052 |
| 58 | 182.212 | 0.865 | 0.898 | 0.930 | 0.963 | 0.995 | 1.028 | 1.061 | 1.094 | 1.127 |
| 60 | 188.496 | 0.925 | 0.959 | 0.994 | 1.029 | 1.064 | 1.099 | 1.134 | 1.169 | 1.204 |
| 62 | 194.779 | 0.987 | 1.023 | 1.060 | 1.097 | 1.134 | 1.172 | 1.209 | 1.246 | 1.284 |

（原木）

续表 1-2

| 检尺径 | | 检尺长/m | | | | | | | | |
|---|---|---|---|---|---|---|---|---|---|---|
| 直径/cm | 周长/cm | 2.9 | 3 | 3.1 | 3.2 | 3.3 | 3.4 | 3.5 | 3.6 | 3.7 |
| | | 材积/m³ | | | | | | | | |
| 64 | 201.062 | 1.050 | 1.089 | 1.129 | 1.168 | 1.207 | 1.247 | 1.287 | 1.326 | 1.366 |
| 66 | 207.345 | 1.116 | 1.157 | 1.199 | 1.241 | 1.283 | 1.325 | 1.367 | 1.409 | 1.451 |
| 68 | 213.628 | 1.183 | 1.227 | 1.272 | 1.316 | 1.360 | 1.405 | 1.449 | 1.494 | 1.539 |
| 70 | 219.911 | 1.253 | 1.300 | 1.346 | 1.393 | 1.440 | 1.487 | 1.534 | 1.581 | 1.629 |
| 72 | 226.195 | 1.325 | 1.374 | 1.423 | 1.473 | 1.522 | 1.572 | 1.621 | 1.671 | 1.721 |
| 74 | 232.478 | 1.398 | 1.450 | 1.502 | 1.554 | 1.606 | 1.659 | 1.711 | 1.764 | 1.816 |
| 76 | 238.761 | 1.474 | 1.528 | 1.583 | 1.638 | 1.693 | 1.748 | 1.803 | 1.859 | 1.914 |
| 78 | 245.044 | 1.551 | 1.609 | 1.666 | 1.724 | 1.782 | 1.840 | 1.898 | 1.956 | 2.014 |
| 80 | 251.327 | 1.631 | 1.691 | 1.752 | 1.812 | 1.873 | 1.934 | 1.995 | 2.056 | 2.117 |
| 82 | 257.611 | 1.712 | 1.776 | 1.839 | 1.903 | 1.966 | 2.030 | 2.094 | 2.158 | 2.222 |
| 84 | 263.894 | 1.796 | 1.862 | 1.929 | 1.995 | 2.062 | 2.129 | 2.196 | 2.263 | 2.330 |
| 86 | 270.177 | 1.881 | 1.951 | 2.021 | 2.090 | 2.160 | 2.230 | 2.300 | 2.371 | 2.441 |
| 88 | 276.460 | 1.969 | 2.042 | 2.114 | 2.187 | 2.260 | 2.334 | 2.407 | 2.480 | 2.554 |
| 90 | 282.743 | 2.058 | 2.134 | 2.210 | 2.287 | 2.363 | 2.439 | 2.516 | 2.593 | 2.669 |
| 92 | 289.027 | 2.150 | 2.229 | 2.309 | 2.388 | 2.468 | 2.548 | 2.627 | 2.707 | 2.788 |
| 94 | 295.310 | 2.243 | 2.326 | 2.409 | 2.492 | 2.575 | 2.658 | 2.741 | 2.825 | 2.908 |

续表 1-2 （原木）

| 检尺径 | | 检尺长/m | | | | | | | | |
|---|---|---|---|---|---|---|---|---|---|---|
| 直径 | 周长 | 2.9 | 3 | 3.1 | 3.2 | 3.3 | 3.4 | 3.5 | 3.6 | 3.7 |
| /cm | /cm | 材积/m³ | | | | | | | | |
| 96 | 301.593 | 2.339 | 2.425 | 2.511 | 2.598 | 2.684 | 2.771 | 2.858 | 2.945 | 3.032 |
| 98 | 307.876 | 2.436 | 2.526 | 2.616 | 2.706 | 2.796 | 2.886 | 2.976 | 3.067 | 3.157 |
| 100 | 314.159 | 2.536 | 2.629 | 2.722 | 2.816 | 2.910 | 3.004 | 3.098 | 3.192 | 3.286 |
| 102 | 320.442 | 2.637 | 2.734 | 2.831 | 2.928 | 3.026 | 3.123 | 3.221 | 3.319 | 3.417 |
| 104 | 326.726 | 2.740 | 2.841 | 2.942 | 3.043 | 3.144 | 3.246 | 3.347 | 3.449 | 3.550 |
| 106 | 333.009 | 2.846 | 2.950 | 3.055 | 3.160 | 3.265 | 3.370 | 3.475 | 3.581 | 3.686 |
| 108 | 339.292 | 2.953 | 3.062 | 3.170 | 3.279 | 3.388 | 3.497 | 3.606 | 3.716 | 3.825 |
| 110 | 345.575 | 3.063 | 3.175 | 3.288 | 3.400 | 3.513 | 3.626 | 3.740 | 3.853 | 3.966 |
| 112 | 351.858 | 3.174 | 3.290 | 3.407 | 3.524 | 3.641 | 3.758 | 3.875 | 3.992 | 4.110 |
| 114 | 358.142 | 3.287 | 3.408 | 3.529 | 3.650 | 3.771 | 3.892 | 4.013 | 4.135 | 4.256 |
| 116 | 364.425 | 3.403 | 3.527 | 3.652 | 3.777 | 3.903 | 4.028 | 4.154 | 4.279 | 4.405 |
| 118 | 370.708 | 3.520 | 3.649 | 3.778 | 3.908 | 4.037 | 4.167 | 4.297 | 4.426 | 4.556 |
| 120 | 376.991 | 3.639 | 3.773 | 3.906 | 4.040 | 4.174 | 4.308 | 4.442 | 4.576 | 4.710 |
| 122 | 383.274 | 3.761 | 3.898 | 4.036 | 4.174 | 4.313 | 4.451 | 4.590 | 4.728 | 4.867 |
| 124 | 389.557 | 3.884 | 4.026 | 4.168 | 4.311 | 4.454 | 4.597 | 4.740 | 4.883 | 5.026 |
| 126 | 395.841 | 4.009 | 4.156 | 4.303 | 4.450 | 4.597 | 4.745 | 4.892 | 5.040 | 5.188 |

续表 1-2

| 检尺径 | | 检尺长/m | | | | | | | | |
|---|---|---|---|---|---|---|---|---|---|---|
| 直径 | 周长 | 2.9 | 3 | 3.1 | 3.2 | 3.3 | 3.4 | 3.5 | 3.6 | 3.7 |
| /cm | /cm | 材积/m³ | | | | | | | | |
| 128 | 402.124 | 4.136 | 4.288 | 4.439 | 4.591 | 4.743 | 4.895 | 5.047 | 5.200 | 5.352 |
| 130 | 408.407 | 4.266 | 4.422 | 4.578 | 4.734 | 4.891 | 5.048 | 5.205 | 5.362 | 5.519 |
| 132 | 414.690 | 4.397 | 4.558 | 4.719 | 4.880 | 5.041 | 5.203 | 5.364 | 5.526 | 5.688 |
| 134 | 420.973 | 4.530 | 4.696 | 4.862 | 5.028 | 5.194 | 5.360 | 5.527 | 5.693 | 5.860 |
| 136 | 427.257 | 4.665 | 4.836 | 5.007 | 5.178 | 5.349 | 5.520 | 5.691 | 5.863 | 6.034 |
| 138 | 433.540 | 4.803 | 4.978 | 5.154 | 5.330 | 5.506 | 5.682 | 5.858 | 6.035 | 6.211 |
| 140 | 439.823 | 4.942 | 5.122 | 5.303 | 5.484 | 5.665 | 5.846 | 6.028 | 6.209 | 6.391 |
| 142 | 446.106 | 5.083 | 5.269 | 5.454 | 5.641 | 5.827 | 6.013 | 6.200 | 6.386 | 6.573 |
| 144 | 452.389 | 5.226 | 5.417 | 5.608 | 5.799 | 5.991 | 6.182 | 6.374 | 6.566 | 6.758 |
| 146 | 458.673 | 5.371 | 5.567 | 5.764 | 5.960 | 6.157 | 6.354 | 6.551 | 6.748 | 6.945 |
| 148 | 464.956 | 5.518 | 5.720 | 5.921 | 6.123 | 6.325 | 6.528 | 6.730 | 6.932 | 7.135 |
| 150 | 471.239 | 5.668 | 5.874 | 6.081 | 6.289 | 6.496 | 6.704 | 6.911 | 7.119 | 7.327 |
| 152 | 477.522 | 5.819 | 6.031 | 6.244 | 6.456 | 6.669 | 6.882 | 7.095 | 7.309 | 7.522 |
| 154 | 483.805 | 5.972 | 6.190 | 6.408 | 6.626 | 6.844 | 7.063 | 7.282 | 7.501 | 7.719 |
| 156 | 490.088 | 6.127 | 6.350 | 6.574 | 6.798 | 7.022 | 7.246 | 7.471 | 7.695 | 7.919 |
| 158 | 496.372 | 6.284 | 6.513 | 6.742 | 6.972 | 7.202 | 7.432 | 7.662 | 7.892 | 8.122 |

续表 1-2

（原木）

| 检尺径 | | 检尺长/m | | | | | | | | |
|---|---|---|---|---|---|---|---|---|---|---|
| 直径 | 周长 | 2.9 | 3 | 3.1 | 3.2 | 3.3 | 3.4 | 3.5 | 3.6 | 3.7 |
| /cm | /cm | 材积/$m^3$ | | | | | | | | |
| 160 | 502.655 | 6.443 | 6.678 | 6.913 | 7.148 | 7.384 | 7.620 | 7.855 | 8.091 | 8.327 |
| 162 | 508.938 | 6.604 | 6.845 | 7.086 | 7.327 | 7.568 | 7.810 | 8.051 | 8.293 | 8.535 |
| 164 | 515.221 | 6.767 | 7.014 | 7.261 | 7.508 | 7.755 | 8.002 | 8.250 | 8.498 | 8.745 |
| 166 | 521.504 | 6.932 | 7.185 | 7.438 | 7.691 | 7.944 | 8.197 | 8.451 | 8.704 | 8.958 |
| 168 | 527.788 | 7.099 | 7.358 | 7.617 | 7.876 | 8.135 | 8.395 | 8.654 | 8.914 | 9.173 |
| 170 | 534.071 | 7.268 | 7.533 | 7.798 | 8.063 | 8.329 | 8.594 | 8.860 | 9.126 | 9.391 |
| 172 | 540.354 | 7.439 | 7.710 | 7.981 | 8.253 | 8.524 | 8.796 | 9.068 | 9.340 | 9.612 |
| 174 | 546.637 | 7.612 | 7.890 | 8.167 | 8.445 | 8.722 | 9.000 | 9.279 | 9.557 | 9.835 |
| 176 | 552.920 | 7.787 | 8.071 | 8.355 | 8.639 | 8.923 | 9.207 | 9.492 | 9.776 | 10.060 |
| 178 | 559.203 | 7.964 | 8.254 | 8.544 | 8.835 | 9.125 | 9.416 | 9.707 | 9.998 | 10.289 |
| 180 | 565.487 | 8.143 | 8.440 | 8.736 | 9.033 | 9.330 | 9.627 | 9.925 | 10.222 | 10.519 |
| 182 | 571.770 | 8.324 | 8.627 | 8.930 | 9.234 | 9.537 | 9.841 | 10.145 | 10.449 | 10.753 |
| 184 | 578.053 | 8.507 | 8.817 | 9.126 | 9.437 | 9.747 | 10.057 | 10.368 | 10.678 | 10.988 |
| 186 | 584.336 | 8.692 | 9.008 | 9.325 | 9.641 | 9.958 | 10.275 | 10.593 | 10.910 | 11.227 |
| 188 | 590.619 | 8.879 | 9.202 | 9.525 | 9.849 | 10.172 | 10.496 | 10.820 | 11.144 | 11.468 |
| 190 | 596.903 | 9.068 | 9.398 | 9.728 | 10.058 | 10.389 | 10.719 | 11.050 | 11.381 | 11.711 |

（原木）

续表 1-2

| 检尺径 | | 检尺长/m | | | | | | | | |
|---|---|---|---|---|---|---|---|---|---|---|
| 直径 /cm | 周长 /cm | 2.9 | 3 | 3.1 | 3.2 | 3.3 | 3.4 | 3.5 | 3.6 | 3.7 |
| | | 材积/$m^3$ | | | | | | | | |
| 192 | 603.186 | 9.259 | 9.596 | 9.932 | 10.270 | 10.607 | 10.945 | 11.282 | 11.620 | 11.957 |
| 194 | 609.469 | 9.452 | 9.795 | 10.139 | 10.483 | 10.828 | 11.172 | 11.517 | 11.862 | 12.206 |
| 196 | 615.752 | 9.647 | 9.997 | 10.348 | 10.699 | 11.051 | 11.402 | 11.754 | 12.106 | 12.457 |
| 198 | 622.035 | 9.844 | 10.201 | 10.559 | 10.918 | 11.276 | 11.635 | 11.994 | 12.352 | 12.711 |
| 200 | 628.319 | 10.042 | 10.407 | 10.773 | 11.138 | 11.504 | 11.870 | 12.236 | 12.601 | 12.967 |

| 检尺径 | | 检尺长/m | | | | | | | | |
|---|---|---|---|---|---|---|---|---|---|---|
| 直径 /cm | 周长 /cm | 3.8 | 3.9 | 4 | 4.1 | 4.2 | 4.3 | 4.4 | 4.5 | 4.6 |
| | | 材积/$m^3$ | | | | | | | | |
| 14 | 43.982 | 0.078 | 0.081 | 0.083 | 0.086 | 0.089 | 0.091 | 0.094 | 0.097 | 0.100 |
| 16 | 50.265 | 0.100 | 0.103 | 0.106 | 0.109 | 0.113 | 0.116 | 0.120 | 0.123 | 0.126 |
| 18 | 56.549 | 0.124 | 0.128 | 0.132 | 0.136 | 0.140 | 0.144 | 0.148 | 0.152 | 0.156 |
| 20 | 62.832 | 0.151 | 0.155 | 0.160 | 0.165 | 0.170 | 0.175 | 0.180 | 0.185 | 0.190 |
| 22 | 69.115 | 0.180 | 0.186 | 0.191 | 0.197 | 0.203 | 0.209 | 0.214 | 0.220 | 0.226 |
| 24 | 75.398 | 0.212 | 0.219 | 0.225 | 0.232 | 0.239 | 0.245 | 0.252 | 0.259 | 0.266 |
| 26 | 81.681 | 0.247 | 0.254 | 0.262 | 0.270 | 0.277 | 0.285 | 0.293 | 0.301 | 0.308 |

续表 1-2 （原木）

| 检尺径 | | 检尺长/m | | | | | | | | |
|---|---|---|---|---|---|---|---|---|---|---|
| 直径 | 周长 | 3.8 | 3.9 | 4 | 4.1 | 4.2 | 4.3 | 4.4 | 4.5 | 4.6 |
| /cm | /cm | 材积/$m^3$ | | | | | | | | |
| 28 | 87.965 | 0.284 | 0.293 | 0.302 | 0.310 | 0.319 | 0.328 | 0.337 | 0.345 | 0.354 |
| 30 | 94.248 | 0.324 | 0.334 | 0.344 | 0.354 | 0.364 | 0.373 | 0.383 | 0.393 | 0.404 |
| 32 | 100.531 | 0.367 | 0.378 | 0.389 | 0.400 | 0.411 | 0.422 | 0.433 | 0.445 | 0.456 |
| 34 | 106.814 | 0.412 | 0.424 | 0.437 | 0.449 | 0.461 | 0.474 | 0.486 | 0.499 | 0.511 |
| 36 | 113.097 | 0.460 | 0.474 | 0.487 | 0.501 | 0.515 | 0.528 | 0.542 | 0.556 | 0.570 |
| 38 | 119.381 | 0.510 | 0.525 | 0.541 | 0.556 | 0.571 | 0.586 | 0.601 | 0.617 | 0.632 |
| 40 | 125.664 | 0.564 | 0.580 | 0.597 | 0.613 | 0.630 | 0.647 | 0.663 | 0.680 | 0.697 |
| 42 | 131.947 | 0.619 | 0.637 | 0.656 | 0.674 | 0.692 | 0.710 | 0.729 | 0.747 | 0.766 |
| 44 | 138.230 | 0.678 | 0.697 | 0.717 | 0.737 | 0.757 | 0.777 | 0.797 | 0.817 | 0.837 |
| 46 | 144.513 | 0.739 | 0.760 | 0.782 | 0.803 | 0.825 | 0.846 | 0.868 | 0.890 | 0.912 |
| 48 | 150.796 | 0.802 | 0.826 | 0.849 | 0.872 | 0.896 | 0.919 | 0.942 | 0.966 | 0.990 |
| 50 | 157.080 | 0.869 | 0.894 | 0.919 | 0.944 | 0.969 | 0.995 | 1.020 | 1.045 | 1.071 |
| 52 | 163.363 | 0.938 | 0.965 | 0.992 | 1.019 | 1.046 | 1.073 | 1.100 | 1.128 | 1.155 |
| 54 | 169.646 | 1.009 | 1.038 | 1.067 | 1.096 | 1.125 | 1.154 | 1.184 | 1.213 | 1.242 |
| 56 | 175.929 | 1.083 | 1.114 | 1.145 | 1.176 | 1.208 | 1.239 | 1.270 | 1.302 | 1.333 |
| 58 | 182.212 | 1.160 | 1.193 | 1.226 | 1.260 | 1.293 | 1.326 | 1.360 | 1.393 | 1.427 |

续表 1-2

| 检尺径 | | 检尺长/m | | | | | | | | |
|---|---|---|---|---|---|---|---|---|---|---|
| 直径/cm | 周长/cm | 3.8 | 3.9 | 4 | 4.1 | 4.2 | 4.3 | 4.4 | 4.5 | 4.6 |
| | | 材积/m³ | | | | | | | | |
| 60 | 188.496 | 1.239 | 1.275 | 1.310 | 1.346 | 1.381 | 1.417 | 1.452 | 1.488 | 1.524 |
| 62 | 194.779 | 1.321 | 1.359 | 1.397 | 1.435 | 1.472 | 1.510 | 1.548 | 1.586 | 1.624 |
| 64 | 201.062 | 1.406 | 1.446 | 1.486 | 1.526 | 1.566 | 1.607 | 1.647 | 1.687 | 1.728 |
| 66 | 207.345 | 1.493 | 1.536 | 1.578 | 1.621 | 1.663 | 1.706 | 1.749 | 1.791 | 1.834 |
| 68 | 213.628 | 1.583 | 1.628 | 1.673 | 1.718 | 1.763 | 1.808 | 1.854 | 1.899 | 1.944 |
| 70 | 219.911 | 1.676 | 1.723 | 1.771 | 1.818 | 1.866 | 1.914 | 1.961 | 2.009 | 2.057 |
| 72 | 226.195 | 1.771 | 1.821 | 1.871 | 1.922 | 1.972 | 2.022 | 2.072 | 2.123 | 2.173 |
| 74 | 232.478 | 1.869 | 1.922 | 1.975 | 2.027 | 2.080 | 2.133 | 2.186 | 2.239 | 2.292 |
| 76 | 238.761 | 1.969 | 2.025 | 2.081 | 2.136 | 2.192 | 2.248 | 2.303 | 2.359 | 2.415 |
| 78 | 245.044 | 2.073 | 2.131 | 2.189 | 2.248 | 2.306 | 2.365 | 2.424 | 2.482 | 2.541 |
| 80 | 251.327 | 2.178 | 2.240 | 2.301 | 2.362 | 2.424 | 2.485 | 2.547 | 2.608 | 2.670 |
| 82 | 257.611 | 2.287 | 2.351 | 2.415 | 2.480 | 2.544 | 2.608 | 2.673 | 2.737 | 2.802 |
| 84 | 263.894 | 2.398 | 2.465 | 2.532 | 2.600 | 2.667 | 2.735 | 2.802 | 2.870 | 2.937 |
| 86 | 270.177 | 2.511 | 2.582 | 2.652 | 2.723 | 2.793 | 2.864 | 2.934 | 3.005 | 3.076 |
| 88 | 276.460 | 2.627 | 2.701 | 2.775 | 2.848 | 2.922 | 2.996 | 3.070 | 3.144 | 3.217 |
| 90 | 282.743 | 2.746 | 2.823 | 2.900 | 2.977 | 3.054 | 3.131 | 3.208 | 3.285 | 3.362 |

| 检尺径 | | 检尺长/m | | | | | | | | |
|---|---|---|---|---|---|---|---|---|---|---|
| 直径/cm | 周长/cm | 3.8 | 3.9 | 4 | 4.1 | 4.2 | 4.3 | 4.4 | 4.5 | 4.6 |
| | | 材积/m³ | | | | | | | | |
| 92 | 289.027 | 2.868 | 2.948 | 3.028 | 3.109 | 3.189 | 3.269 | 3.350 | 3.430 | 3.510 |
| 94 | 295.310 | 2.992 | 3.076 | 3.159 | 3.243 | 3.327 | 3.410 | 3.494 | 3.578 | 3.662 |
| 96 | 301.593 | 3.119 | 3.206 | 3.293 | 3.380 | 3.467 | 3.555 | 3.642 | 3.729 | 3.816 |
| 98 | 307.876 | 3.248 | 3.339 | 3.429 | 3.520 | 3.611 | 3.702 | 3.792 | 3.883 | 3.974 |
| 100 | 314.159 | 3.380 | 3.474 | 3.569 | 3.663 | 3.757 | 3.852 | 3.946 | 4.040 | 4.135 |
| 102 | 320.442 | 3.515 | 3.613 | 3.711 | 3.809 | 3.907 | 4.005 | 4.103 | 4.201 | 4.299 |
| 104 | 326.726 | 3.652 | 3.754 | 3.855 | 3.957 | 4.059 | 4.161 | 4.263 | 4.364 | 4.466 |
| 106 | 333.009 | 3.792 | 3.897 | 4.003 | 4.109 | 4.214 | 4.320 | 4.425 | 4.531 | 4.636 |
| 108 | 339.292 | 3.934 | 4.044 | 4.153 | 4.263 | 4.372 | 4.482 | 4.591 | 4.701 | 4.810 |
| 110 | 345.575 | 4.080 | 4.193 | 4.306 | 4.420 | 4.533 | 4.647 | 4.760 | 4.874 | 4.987 |
| 112 | 351.858 | 4.227 | 4.345 | 4.462 | 4.580 | 4.697 | 4.815 | 4.932 | 5.050 | 5.167 |
| 114 | 358.142 | 4.378 | 4.499 | 4.621 | 4.743 | 4.864 | 4.986 | 5.107 | 5.229 | 5.350 |
| 116 | 364.425 | 4.531 | 4.657 | 4.782 | 4.908 | 5.034 | 5.160 | 5.285 | 5.411 | 5.536 |
| 118 | 370.708 | 4.686 | 4.816 | 4.947 | 5.077 | 5.207 | 5.337 | 5.466 | 5.596 | 5.726 |
| 120 | 376.991 | 4.845 | 4.979 | 5.113 | 5.248 | 5.382 | 5.516 | 5.651 | 5.785 | 5.919 |
| 122 | 383.274 | 5.006 | 5.144 | 5.283 | 5.422 | 5.561 | 5.699 | 5.838 | 5.976 | 6.115 |

续表 1-2

| 检尺径 | | 检尺长/m | | | | | | | | |
|---|---|---|---|---|---|---|---|---|---|---|
| 直径 | 周长 | 3.8 | 3.9 | 4 | 4.1 | 4.2 | 4.3 | 4.4 | 4.5 | 4.6 |
| /cm | /cm | 材积/m³ | | | | | | | | |
| 124 | 389.557 | 5.169 | 5.312 | 5.456 | 5.599 | 5.742 | 5.885 | 6.028 | 6.171 | 6.314 |
| 126 | 395.841 | 5.335 | 5.483 | 5.631 | 5.779 | 5.926 | 6.074 | 6.222 | 6.369 | 6.516 |
| 128 | 402.124 | 5.504 | 5.657 | 5.809 | 5.961 | 6.114 | 6.266 | 6.418 | 6.570 | 6.722 |
| 130 | 408.407 | 5.676 | 5.833 | 5.990 | 6.147 | 6.304 | 6.461 | 6.617 | 6.774 | 6.931 |
| 132 | 414.690 | 5.850 | 6.012 | 6.173 | 6.335 | 6.497 | 6.658 | 6.820 | 6.981 | 7.142 |
| 134 | 420.973 | 6.026 | 6.193 | 6.360 | 6.526 | 6.693 | 6.859 | 7.025 | 7.192 | 7.358 |
| 136 | 427.257 | 6.206 | 6.377 | 6.549 | 6.720 | 6.892 | 7.063 | 7.234 | 7.405 | 7.576 |
| 138 | 433.540 | 6.388 | 6.564 | 6.741 | 6.917 | 7.093 | 7.270 | 7.446 | 7.622 | 7.797 |
| 140 | 439.823 | 6.572 | 6.754 | 6.935 | 7.117 | 7.298 | 7.479 | 7.660 | 7.841 | 8.022 |
| 142 | 446.106 | 6.760 | 6.946 | 7.133 | 7.319 | 7.506 | 7.692 | 7.878 | 8.064 | 8.250 |
| 144 | 452.389 | 6.949 | 7.141 | 7.333 | 7.525 | 7.716 | 7.908 | 8.099 | 8.290 | 8.481 |
| 146 | 458.673 | 7.142 | 7.339 | 7.536 | 7.733 | 7.930 | 8.126 | 8.323 | 8.519 | 8.715 |
| 148 | 464.956 | 7.337 | 7.539 | 7.742 | 7.944 | 8.146 | 8.348 | 8.550 | 8.751 | 8.953 |
| 150 | 471.239 | 7.535 | 7.743 | 7.950 | 8.158 | 8.365 | 8.573 | 8.780 | 8.987 | 9.193 |
| 152 | 477.522 | 7.735 | 7.948 | 8.162 | 8.375 | 8.588 | 8.800 | 9.013 | 9.225 | 9.437 |
| 154 | 483.805 | 7.938 | 8.157 | 8.376 | 8.594 | 8.813 | 9.031 | 9.249 | 9.467 | 9.684 |

续表 1-2　(原木)

| 检尺径 | | 检尺长/m | | | | | | | | |
|---|---|---|---|---|---|---|---|---|---|---|
| 直径/cm | 周长/cm | 3.8 | 3.9 | 4 | 4.1 | 4.2 | 4.3 | 4.4 | 4.5 | 4.6 |
| | | 材积/$m^3$ | | | | | | | | |
| 156 | 490.088 | 8.144 | 8.368 | 8.592 | 8.817 | 9.041 | 9.264 | 9.488 | 9.711 | 9.934 |
| 158 | 496.372 | 8.352 | 8.582 | 8.812 | 9.042 | 9.271 | 9.501 | 9.730 | 9.959 | 10.188 |
| 160 | 502.655 | 8.563 | 8.799 | 9.034 | 9.270 | 9.505 | 9.740 | 9.975 | 10.210 | 10.444 |
| 162 | 508.938 | 8.776 | 9.018 | 9.260 | 9.501 | 9.742 | 9.983 | 10.224 | 10.464 | 10.704 |
| 164 | 515.221 | 8.993 | 9.240 | 9.487 | 9.735 | 9.982 | 10.228 | 10.475 | 10.721 | 10.967 |
| 166 | 521.504 | 9.211 | 9.465 | 9.718 | 9.971 | 10.224 | 10.477 | 10.729 | 10.982 | 11.233 |
| 168 | 527.788 | 9.433 | 9.692 | 9.952 | 10.211 | 10.470 | 10.728 | 10.987 | 11.245 | 11.503 |
| 170 | 534.071 | 9.657 | 9.922 | 10.188 | 10.453 | 10.718 | 10.983 | 11.247 | 11.511 | 11.775 |
| 172 | 540.354 | 9.884 | 10.155 | 10.427 | 10.698 | 10.969 | 11.240 | 11.511 | 11.781 | 12.051 |
| 174 | 546.637 | 10.113 | 10.391 | 10.669 | 10.946 | 11.224 | 11.501 | 11.777 | 12.054 | 12.330 |
| 176 | 552.920 | 10.345 | 10.629 | 10.913 | 11.197 | 11.481 | 11.764 | 12.047 | 12.330 | 12.612 |
| 178 | 559.203 | 10.579 | 10.870 | 11.160 | 11.451 | 11.741 | 12.030 | 12.320 | 12.609 | 12.897 |
| 180 | 565.487 | 10.817 | 11.114 | 11.411 | 11.707 | 12.004 | 12.300 | 12.596 | 12.891 | 13.186 |
| 182 | 571.770 | 11.056 | 11.360 | 11.663 | 11.967 | 12.270 | 12.572 | 12.874 | 13.176 | 13.478 |
| 184 | 578.053 | 11.299 | 11.609 | 11.919 | 12.229 | 12.538 | 12.847 | 13.156 | 13.465 | 13.773 |
| 186 | 584.336 | 11.544 | 11.861 | 12.177 | 12.494 | 12.810 | 13.126 | 13.441 | 13.756 | 14.071 |

续表 1-2

| 检尺径 | | 检尺长/m | | | | | | | | |
|---|---|---|---|---|---|---|---|---|---|---|
| 直径 /cm | 周长 /cm | 3.8 | 3.9 | 4 | 4.1 | 4.2 | 4.3 | 4.4 | 4.5 | 4.6 |
| | | 材积/$m^3$ | | | | | | | | |
| 188 | 590.619 | 11.792 | 12.115 | 12.439 | 12.762 | 13.085 | 13.407 | 13.729 | 14.051 | 14.372 |
| 190 | 596.903 | 12.042 | 12.372 | 12.702 | 13.032 | 13.362 | 13.691 | 14.020 | 14.348 | 14.676 |
| 192 | 603.186 | 12.295 | 12.632 | 12.969 | 13.306 | 13.642 | 13.979 | 14.314 | 14.649 | 14.984 |
| 194 | 609.469 | 12.550 | 12.895 | 13.239 | 13.582 | 13.926 | 14.269 | 14.611 | 14.953 | 15.295 |
| 196 | 615.752 | 12.809 | 13.160 | 13.511 | 13.862 | 14.212 | 14.562 | 14.911 | 15.260 | 15.609 |
| 198 | 622.035 | 13.070 | 13.428 | 13.786 | 14.144 | 14.501 | 14.858 | 15.215 | 15.571 | 15.926 |
| 200 | 628.319 | 13.333 | 13.698 | 14.064 | 14.429 | 14.793 | 15.157 | 15.521 | 15.884 | 16.247 |

| 检尺径 | | 检尺长/m | | | | | | | | |
|---|---|---|---|---|---|---|---|---|---|---|
| 直径 /cm | 周长 /cm | 4.7 | 4.8 | 4.9 | 5 | 5.1 | 5.2 | 5.3 | 5.4 | 5.5 |
| | | 材积/$m^3$ | | | | | | | | |
| 14 | 43.982 | 0.103 | 0.105 | 0.108 | 0.111 | 0.114 | 0.117 | 0.120 | 0.123 | 0.126 |
| 16 | 50.265 | 0.130 | 0.134 | 0.137 | 0.141 | 0.144 | 0.148 | 0.152 | 0.155 | 0.159 |
| 18 | 56.549 | 0.161 | 0.165 | 0.169 | 0.174 | 0.178 | 0.182 | 0.187 | 0.191 | 0.196 |
| 20 | 62.832 | 0.195 | 0.200 | 0.205 | 0.210 | 0.215 | 0.221 | 0.226 | 0.231 | 0.236 |
| 22 | 69.115 | 0.232 | 0.238 | 0.244 | 0.250 | 0.256 | 0.262 | 0.268 | 0.275 | 0.281 |

续表 1-2 （原木）

| 检尺径 | | 检尺长/m | | | | | | | | |
|---|---|---|---|---|---|---|---|---|---|---|
| 直径 /cm | 周长 /cm | 4.7 | 4.8 | 4.9 | 5 | 5.1 | 5.2 | 5.3 | 5.4 | 5.5 |
| | | 材积/m³ | | | | | | | | |
| 24 | 75.398 | 0.273 | 0.279 | 0.286 | 0.293 | 0.300 | 0.308 | 0.315 | 0.322 | 0.329 |
| 26 | 81.681 | 0.316 | 0.324 | 0.332 | 0.340 | 0.348 | 0.356 | 0.365 | 0.373 | 0.381 |
| 28 | 87.965 | 0.363 | 0.372 | 0.381 | 0.391 | 0.400 | 0.409 | 0.418 | 0.427 | 0.437 |
| 30 | 94.248 | 0.414 | 0.424 | 0.434 | 0.444 | 0.455 | 0.465 | 0.475 | 0.486 | 0.496 |
| 32 | 100.531 | 0.467 | 0.479 | 0.490 | 0.502 | 0.513 | 0.525 | 0.536 | 0.548 | 0.560 |
| 34 | 106.814 | 0.524 | 0.537 | 0.550 | 0.562 | 0.575 | 0.588 | 0.601 | 0.614 | 0.627 |
| 36 | 113.097 | 0.584 | 0.598 | 0.612 | 0.626 | 0.641 | 0.655 | 0.669 | 0.683 | 0.698 |
| 38 | 119.381 | 0.648 | 0.663 | 0.679 | 0.694 | 0.710 | 0.725 | 0.741 | 0.757 | 0.773 |
| 40 | 125.664 | 0.714 | 0.731 | 0.748 | 0.765 | 0.782 | 0.800 | 0.817 | 0.834 | 0.851 |
| 42 | 131.947 | 0.784 | 0.803 | 0.821 | 0.840 | 0.859 | 0.877 | 0.896 | 0.915 | 0.934 |
| 44 | 138.230 | 0.857 | 0.877 | 0.898 | 0.918 | 0.938 | 0.959 | 0.979 | 0.999 | 1.020 |
| 46 | 144.513 | 0.934 | 0.955 | 0.977 | 0.999 | 1.021 | 1.043 | 1.066 | 1.088 | 1.110 |
| 48 | 150.796 | 1.013 | 1.037 | 1.061 | 1.084 | 1.108 | 1.132 | 1.156 | 1.180 | 1.204 |
| 50 | 157.080 | 1.096 | 1.122 | 1.147 | 1.173 | 1.198 | 1.224 | 1.250 | 1.276 | 1.301 |
| 52 | 163.363 | 1.182 | 1.210 | 1.237 | 1.265 | 1.292 | 1.320 | 1.348 | 1.375 | 1.403 |
| 54 | 169.646 | 1.272 | 1.301 | 1.331 | 1.360 | 1.390 | 1.419 | 1.449 | 1.478 | 1.508 |

**续表 1-2**

| 检尺径 | | 检尺长/m | | | | | | | | |
|---|---|---|---|---|---|---|---|---|---|---|
| 直径 | 周长 | 4.7 | 4.8 | 4.9 | 5 | 5.1 | 5.2 | 5.3 | 5.4 | 5.5 |
| /cm | /cm | 材积/$m^3$ | | | | | | | | |
| 56 | 175.929 | 1.364 | 1.396 | 1.427 | 1.459 | 1.491 | 1.522 | 1.554 | 1.586 | 1.617 |
| 58 | 182.212 | 1.460 | 1.494 | 1.528 | 1.561 | 1.595 | 1.629 | 1.663 | 1.696 | 1.730 |
| 60 | 188.496 | 1.560 | 1.595 | 1.631 | 1.667 | 1.703 | 1.739 | 1.775 | 1.811 | 1.847 |
| 62 | 194.779 | 1.662 | 1.700 | 1.738 | 1.776 | 1.815 | 1.853 | 1.891 | 1.929 | 1.967 |
| 64 | 201.062 | 1.768 | 1.808 | 1.849 | 1.889 | 1.930 | 1.970 | 2.011 | 2.051 | 2.092 |
| 66 | 207.345 | 1.877 | 1.920 | 1.963 | 2.005 | 2.048 | 2.091 | 2.134 | 2.177 | 2.220 |
| 68 | 213.628 | 1.989 | 2.034 | 2.080 | 2.125 | 2.170 | 2.216 | 2.261 | 2.306 | 2.352 |
| 70 | 219.911 | 2.105 | 2.152 | 2.200 | 2.248 | 2.296 | 2.344 | 2.392 | 2.439 | 2.487 |
| 72 | 226.195 | 2.223 | 2.274 | 2.324 | 2.375 | 2.425 | 2.476 | 2.526 | 2.576 | 2.627 |
| 74 | 232.478 | 2.346 | 2.399 | 2.452 | 2.505 | 2.558 | 2.611 | 2.664 | 2.717 | 2.770 |
| 76 | 238.761 | 2.471 | 2.527 | 2.583 | 2.638 | 2.694 | 2.750 | 2.806 | 2.862 | 2.917 |
| 78 | 245.044 | 2.599 | 2.658 | 2.717 | 2.775 | 2.834 | 2.893 | 2.951 | 3.010 | 3.068 |
| 80 | 251.327 | 2.731 | 2.793 | 2.854 | 2.916 | 2.977 | 3.039 | 3.100 | 3.162 | 3.223 |
| 82 | 257.611 | 2.866 | 2.931 | 2.995 | 3.060 | 3.124 | 3.189 | 3.253 | 3.317 | 3.382 |
| 84 | 263.894 | 3.005 | 3.072 | 3.140 | 3.207 | 3.275 | 3.342 | 3.409 | 3.477 | 3.544 |
| 86 | 270.177 | 3.146 | 3.217 | 3.287 | 3.358 | 3.429 | 3.499 | 3.569 | 3.640 | 3.710 |

续表 1-2 （原木）

| 检尺径 | | 检尺长/m | | | | | | | | |
|---|---|---|---|---|---|---|---|---|---|---|
| 直径 | 周长 | 4.7 | 4.8 | 4.9 | 5 | 5.1 | 5.2 | 5.3 | 5.4 | 5.5 |
| /cm | /cm | 材积/$m^3$ | | | | | | | | |
| 88 | 276.460 | 3.291 | 3.365 | 3.439 | 3.512 | 3.586 | 3.660 | 3.733 | 3.807 | 3.880 |
| 90 | 282.743 | 3.439 | 3.516 | 3.593 | 3.670 | 3.747 | 3.824 | 3.901 | 3.977 | 4.054 |
| 92 | 289.027 | 3.591 | 3.671 | 3.751 | 3.831 | 3.912 | 3.992 | 4.072 | 4.152 | 4.232 |
| 94 | 295.310 | 3.745 | 3.829 | 3.913 | 3.996 | 4.080 | 4.163 | 4.247 | 4.330 | 4.413 |
| 96 | 301.593 | 3.903 | 3.990 | 4.077 | 4.164 | 4.251 | 4.338 | 4.425 | 4.512 | 4.598 |
| 98 | 307.876 | 4.064 | 4.155 | 4.246 | 4.336 | 4.427 | 4.517 | 4.607 | 4.697 | 4.787 |
| 100 | 314.159 | 4.229 | 4.323 | 4.417 | 4.511 | 4.605 | 4.699 | 4.793 | 4.887 | 4.980 |
| 102 | 320.442 | 4.397 | 4.494 | 4.592 | 4.690 | 4.787 | 4.885 | 4.982 | 5.080 | 5.177 |
| 104 | 326.726 | 4.568 | 4.669 | 4.771 | 4.872 | 4.973 | 5.074 | 5.175 | 5.276 | 5.377 |
| 106 | 333.009 | 4.742 | 4.847 | 4.952 | 5.058 | 5.163 | 5.267 | 5.372 | 5.477 | 5.581 |
| 108 | 339.292 | 4.919 | 5.028 | 5.138 | 5.247 | 5.355 | 5.464 | 5.573 | 5.681 | 5.789 |
| 110 | 345.575 | 5.100 | 5.213 | 5.326 | 5.439 | 5.552 | 5.664 | 5.777 | 5.889 | 6.001 |
| 112 | 351.858 | 5.284 | 5.401 | 5.518 | 5.635 | 5.752 | 5.868 | 5.985 | 6.101 | 6.217 |
| 114 | 358.142 | 5.471 | 5.592 | 5.714 | 5.834 | 5.955 | 6.076 | 6.196 | 6.316 | 6.437 |
| 116 | 364.425 | 5.662 | 5.787 | 5.912 | 6.037 | 6.162 | 6.287 | 6.411 | 6.536 | 6.660 |
| 118 | 370.708 | 5.856 | 5.985 | 6.114 | 6.244 | 6.373 | 6.502 | 6.630 | 6.759 | 6.887 |

续表 1-2

| 检尺径 | | 检尺长/m | | | | | | | | |
|---|---|---|---|---|---|---|---|---|---|---|
| 直径/cm | 周长/cm | 4.7 | 4.8 | 4.9 | 5 | 5.1 | 5.2 | 5.3 | 5.4 | 5.5 |
| | | 材积/m³ | | | | | | | | |
| 120 | 376.991 | 6.053 | 6.186 | 6.320 | 6.453 | 6.587 | 6.720 | 6.853 | 6.985 | 7.118 |
| 122 | 383.274 | 6.253 | 6.391 | 6.529 | 6.667 | 6.804 | 6.942 | 7.079 | 7.216 | 7.353 |
| 124 | 389.557 | 6.457 | 6.599 | 6.741 | 6.884 | 7.026 | 7.167 | 7.309 | 7.450 | 7.591 |
| 126 | 395.841 | 6.663 | 6.810 | 6.957 | 7.104 | 7.250 | 7.396 | 7.542 | 7.688 | 7.833 |
| 128 | 402.124 | 6.873 | 7.025 | 7.176 | 7.327 | 7.478 | 7.629 | 7.779 | 7.930 | 8.080 |
| 130 | 408.407 | 7.087 | 7.243 | 7.399 | 7.555 | 7.710 | 7.865 | 8.020 | 8.175 | 8.330 |
| 132 | 414.690 | 7.303 | 7.464 | 7.625 | 7.785 | 7.945 | 8.105 | 8.265 | 8.424 | 8.583 |
| 134 | 420.973 | 7.523 | 7.689 | 7.854 | 8.019 | 8.184 | 8.349 | 8.513 | 8.677 | 8.841 |
| 136 | 427.257 | 7.746 | 7.917 | 8.087 | 8.257 | 8.427 | 8.596 | 8.765 | 8.934 | 9.102 |
| 138 | 433.540 | 7.973 | 8.148 | 8.323 | 8.498 | 8.672 | 8.847 | 9.021 | 9.194 | 9.367 |
| 140 | 439.823 | 8.203 | 8.383 | 8.563 | 8.742 | 8.922 | 9.101 | 9.280 | 9.458 | 9.636 |
| 142 | 446.106 | 8.435 | 8.621 | 8.806 | 8.990 | 9.175 | 9.359 | 9.543 | 9.726 | 9.909 |
| 144 | 452.389 | 8.672 | 8.862 | 9.052 | 9.242 | 9.431 | 9.621 | 9.809 | 9.998 | 10.186 |
| 146 | 458.673 | 8.911 | 9.107 | 9.302 | 9.497 | 9.691 | 9.886 | 10.080 | 10.273 | 10.466 |
| 148 | 464.956 | 9.154 | 9.355 | 9.555 | 9.755 | 9.955 | 10.154 | 10.354 | 10.552 | 10.750 |
| 150 | 471.239 | 9.400 | 9.606 | 9.812 | 10.017 | 10.222 | 10.427 | 10.631 | 10.835 | 11.038 |

续表 1-2　　（原木）

| 检尺径 | | 检尺长/m | | | | | | | | |
|---|---|---|---|---|---|---|---|---|---|---|
| 直径 | 周长 | 4.7 | 4.8 | 4.9 | 5 | 5.1 | 5.2 | 5.3 | 5.4 | 5.5 |
| /cm | /cm | 材积/m³ | | | | | | | | |
| 152 | 477.522 | 9.649 | 9.860 | 10.072 | 10.282 | 10.493 | 10.703 | 10.912 | 11.122 | 11.330 |
| 154 | 483.805 | 9.901 | 10.118 | 10.335 | 10.551 | 10.767 | 10.982 | 11.197 | 11.412 | 11.626 |
| 156 | 490.088 | 10.157 | 10.380 | 10.602 | 10.823 | 11.045 | 11.266 | 11.486 | 11.706 | 11.925 |
| 158 | 496.372 | 10.416 | 10.644 | 10.872 | 11.099 | 11.326 | 11.552 | 11.778 | 12.004 | 12.229 |
| 160 | 502.655 | 10.678 | 10.912 | 11.145 | 11.378 | 11.611 | 11.843 | 12.074 | 12.305 | 12.536 |
| 162 | 508.938 | 10.944 | 11.183 | 11.422 | 11.661 | 11.899 | 12.137 | 12.374 | 12.610 | 12.847 |
| 164 | 515.221 | 11.213 | 11.458 | 11.703 | 11.947 | 12.191 | 12.434 | 12.677 | 12.919 | 13.161 |
| 166 | 521.504 | 11.485 | 11.736 | 11.986 | 12.237 | 12.486 | 12.735 | 12.984 | 13.232 | 13.480 |
| 168 | 527.788 | 11.760 | 12.017 | 12.274 | 12.530 | 12.785 | 13.040 | 13.295 | 13.549 | 13.802 |
| 170 | 534.071 | 12.039 | 12.302 | 12.564 | 12.826 | 13.088 | 13.349 | 13.609 | 13.869 | 14.128 |
| 172 | 540.354 | 12.321 | 12.590 | 12.858 | 13.126 | 13.394 | 13.661 | 13.927 | 14.193 | 14.458 |
| 174 | 546.637 | 12.606 | 12.881 | 13.155 | 13.430 | 13.703 | 13.976 | 14.249 | 14.521 | 14.792 |
| 176 | 552.920 | 12.894 | 13.175 | 13.456 | 13.737 | 14.016 | 14.296 | 14.574 | 14.852 | 15.129 |
| 178 | 559.203 | 13.186 | 13.473 | 13.760 | 14.047 | 14.333 | 14.618 | 14.903 | 15.187 | 15.471 |
| 180 | 565.487 | 13.480 | 13.774 | 14.068 | 14.361 | 14.653 | 14.945 | 15.236 | 15.526 | 15.816 |
| 182 | 571.770 | 13.779 | 14.079 | 14.379 | 14.678 | 14.977 | 15.275 | 15.572 | 15.869 | 16.165 |

续表 1-2

| 检尺径 | | 检尺长/m | | | | | | | | |
|---|---|---|---|---|---|---|---|---|---|---|
| 直径 | 周长 | 4.7 | 4.8 | 4.9 | 5 | 5.1 | 5.2 | 5.3 | 5.4 | 5.5 |
| /cm | /cm | 材积/m³ | | | | | | | | |
| 184 | 578.053 | 14.080 | 14.387 | 14.693 | 14.999 | 15.304 | 15.608 | 15.912 | 16.215 | 16.517 |
| 186 | 584.336 | 14.385 | 14.698 | 15.011 | 15.323 | 15.635 | 15.946 | 16.256 | 16.565 | 16.874 |
| 188 | 590.619 | 14.693 | 15.013 | 15.332 | 15.651 | 15.969 | 16.287 | 16.603 | 16.919 | 17.234 |
| 190 | 596.903 | 15.004 | 15.330 | 15.657 | 15.982 | 16.307 | 16.631 | 16.954 | 17.277 | 17.599 |
| 192 | 603.186 | 15.318 | 15.652 | 15.985 | 16.317 | 16.648 | 16.979 | 17.309 | 17.638 | 17.967 |
| 194 | 609.469 | 15.636 | 15.976 | 16.316 | 16.655 | 16.993 | 17.331 | 17.667 | 18.003 | 18.338 |
| 196 | 615.752 | 15.957 | 16.304 | 16.651 | 16.997 | 17.342 | 17.686 | 18.029 | 18.372 | 18.714 |
| 198 | 622.035 | 16.281 | 16.635 | 16.989 | 17.342 | 17.694 | 18.045 | 18.395 | 18.745 | 19.093 |
| 200 | 628.319 | 16.609 | 16.970 | 17.330 | 17.690 | 18.049 | 18.407 | 18.765 | 19.121 | 19.477 |

| 检尺径 | | 检尺长/m | | | | | | | | |
|---|---|---|---|---|---|---|---|---|---|---|
| 直径 | 周长 | 5.6 | 5.7 | 5.8 | 5.9 | 6 | 6.1 | 6.2 | 6.3 | 6.4 |
| /cm | /cm | 材积/m³ | | | | | | | | |
| 14 | 43.982 | 0.129 | 0.133 | 0.136 | 0.139 | 0.142 | 0.145 | 0.149 | 0.152 | 0.156 |
| 16 | 50.265 | 0.163 | 0.167 | 0.171 | 0.175 | 0.179 | 0.183 | 0.187 | 0.191 | 0.195 |
| 18 | 56.549 | 0.201 | 0.205 | 0.210 | 0.214 | 0.219 | 0.224 | 0.229 | 0.233 | 0.238 |

**续表 1-2** （原木）

| 检尺径 | | 检尺长/m | | | | | | | | |
|---|---|---|---|---|---|---|---|---|---|---|
| 直径 | 周长 | 5.6 | 5.7 | 5.8 | 5.9 | 6 | 6.1 | 6.2 | 6.3 | 6.4 |
| /cm | /cm | 材积/m³ | | | | | | | | |
| 20 | 62.832 | 0.242 | 0.247 | 0.253 | 0.258 | 0.264 | 0.269 | 0.275 | 0.281 | 0.286 |
| 22 | 69.115 | 0.287 | 0.293 | 0.300 | 0.306 | 0.313 | 0.319 | 0.326 | 0.332 | 0.339 |
| 24 | 75.398 | 0.336 | 0.343 | 0.351 | 0.358 | 0.366 | 0.373 | 0.380 | 0.388 | 0.396 |
| 26 | 81.681 | 0.389 | 0.397 | 0.406 | 0.414 | 0.423 | 0.431 | 0.440 | 0.448 | 0.457 |
| 28 | 87.965 | 0.446 | 0.455 | 0.465 | 0.474 | 0.484 | 0.493 | 0.503 | 0.513 | 0.522 |
| 30 | 94.248 | 0.507 | 0.517 | 0.528 | 0.539 | 0.549 | 0.560 | 0.571 | 0.582 | 0.592 |
| 32 | 100.531 | 0.571 | 0.583 | 0.595 | 0.607 | 0.619 | 0.631 | 0.643 | 0.655 | 0.667 |
| 34 | 106.814 | 0.640 | 0.653 | 0.666 | 0.679 | 0.692 | 0.706 | 0.719 | 0.732 | 0.746 |
| 36 | 113.097 | 0.712 | 0.727 | 0.741 | 0.756 | 0.770 | 0.785 | 0.799 | 0.814 | 0.829 |
| 38 | 119.381 | 0.788 | 0.804 | 0.820 | 0.836 | 0.852 | 0.868 | 0.884 | 0.900 | 0.916 |
| 40 | 125.664 | 0.869 | 0.886 | 0.903 | 0.921 | 0.938 | 0.956 | 0.973 | 0.991 | 1.008 |
| 42 | 131.947 | 0.953 | 0.971 | 0.990 | 1.009 | 1.028 | 1.047 | 1.067 | 1.086 | 1.105 |
| 44 | 138.230 | 1.040 | 1.061 | 1.082 | 1.102 | 1.123 | 1.143 | 1.164 | 1.185 | 1.206 |
| 46 | 144.513 | 1.132 | 1.154 | 1.177 | 1.199 | 1.221 | 1.244 | 1.266 | 1.288 | 1.311 |
| 48 | 150.796 | 1.228 | 1.252 | 1.276 | 1.300 | 1.324 | 1.348 | 1.372 | 1.396 | 1.421 |
| 50 | 157.080 | 1.327 | 1.353 | 1.379 | 1.405 | 1.431 | 1.457 | 1.483 | 1.509 | 1.535 |

续表 1-2

| 检尺径 | | 检尺长/m | | | | | | | | |
|---|---|---|---|---|---|---|---|---|---|---|
| 直径 | 周长 | 5.6 | 5.7 | 5.8 | 5.9 | 6 | 6.1 | 6.2 | 6.3 | 6.4 |
| /cm | /cm | 材积/m³ | | | | | | | | |
| 52 | 163.363 | 1.431 | 1.458 | 1.486 | 1.514 | 1.542 | 1.569 | 1.597 | 1.625 | 1.653 |
| 54 | 169.646 | 1.538 | 1.567 | 1.597 | 1.627 | 1.657 | 1.686 | 1.716 | 1.746 | 1.776 |
| 56 | 175.929 | 1.649 | 1.681 | 1.712 | 1.744 | 1.776 | 1.808 | 1.839 | 1.871 | 1.903 |
| 58 | 182.212 | 1.764 | 1.798 | 1.832 | 1.865 | 1.899 | 1.933 | 1.967 | 2.001 | 2.035 |
| 60 | 188.496 | 1.883 | 1.919 | 1.955 | 1.991 | 2.027 | 2.063 | 2.099 | 2.135 | 2.171 |
| 62 | 194.779 | 2.005 | 2.044 | 2.082 | 2.120 | 2.158 | 2.197 | 2.235 | 2.273 | 2.311 |
| 64 | 201.062 | 2.132 | 2.173 | 2.213 | 2.254 | 2.294 | 2.335 | 2.375 | 2.416 | 2.456 |
| 66 | 207.345 | 2.263 | 2.305 | 2.348 | 2.391 | 2.434 | 2.477 | 2.520 | 2.562 | 2.605 |
| 68 | 213.628 | 2.397 | 2.442 | 2.487 | 2.533 | 2.578 | 2.623 | 2.668 | 2.714 | 2.759 |
| 70 | 219.911 | 2.535 | 2.583 | 2.631 | 2.678 | 2.726 | 2.774 | 2.822 | 2.869 | 2.917 |
| 72 | 226.195 | 2.677 | 2.728 | 2.778 | 2.828 | 2.879 | 2.929 | 2.979 | 3.029 | 3.079 |
| 74 | 232.478 | 2.823 | 2.876 | 2.929 | 2.982 | 3.035 | 3.088 | 3.141 | 3.193 | 3.246 |
| 76 | 238.761 | 2.973 | 3.029 | 3.084 | 3.140 | 3.196 | 3.251 | 3.307 | 3.362 | 3.417 |
| 78 | 245.044 | 3.127 | 3.185 | 3.244 | 3.302 | 3.360 | 3.419 | 3.477 | 3.535 | 3.593 |
| 80 | 251.327 | 3.284 | 3.346 | 3.407 | 3.468 | 3.529 | 3.590 | 3.651 | 3.712 | 3.773 |
| 82 | 257.611 | 3.446 | 3.510 | 3.574 | 3.638 | 3.702 | 3.766 | 3.830 | 3.894 | 3.958 |

**续表 1-2** （原木）

| 检尺径 | | 检尺长/m | | | | | | | | |
|---|---|---|---|---|---|---|---|---|---|---|
| 直径 | 周长 | 5.6 | 5.7 | 5.8 | 5.9 | 6 | 6.1 | 6.2 | 6.3 | 6.4 |
| /cm | /cm | 材积/m³ | | | | | | | | |
| 84 | 263.894 | 3.611 | 3.678 | 3.745 | 3.812 | 3.879 | 3.946 | 4.013 | 4.080 | 4.146 |
| 86 | 270.177 | 3.780 | 3.851 | 3.921 | 3.991 | 4.061 | 4.131 | 4.200 | 4.270 | 4.340 |
| 88 | 276.460 | 3.953 | 4.027 | 4.100 | 4.173 | 4.246 | 4.319 | 4.392 | 4.465 | 4.537 |
| 90 | 282.743 | 4.130 | 4.207 | 4.283 | 4.360 | 4.436 | 4.512 | 4.588 | 4.664 | 4.739 |
| 92 | 289.027 | 4.311 | 4.391 | 4.471 | 4.550 | 4.629 | 4.709 | 4.788 | 4.867 | 4.946 |
| 94 | 295.310 | 4.496 | 4.579 | 4.662 | 4.745 | 4.827 | 4.910 | 4.992 | 5.075 | 5.157 |
| 96 | 301.593 | 4.685 | 4.771 | 4.857 | 4.943 | 5.029 | 5.115 | 5.201 | 5.287 | 5.372 |
| 98 | 307.876 | 4.877 | 4.967 | 5.057 | 5.146 | 5.235 | 5.325 | 5.414 | 5.503 | 5.592 |
| 100 | 314.159 | 5.073 | 5.167 | 5.260 | 5.353 | 5.446 | 5.538 | 5.631 | 5.723 | 5.816 |
| 102 | 320.442 | 5.274 | 5.371 | 5.467 | 5.564 | 5.660 | 5.756 | 5.853 | 5.948 | 6.044 |
| 104 | 326.726 | 5.478 | 5.578 | 5.679 | 5.779 | 5.879 | 5.979 | 6.078 | 6.178 | 6.277 |
| 106 | 333.009 | 5.686 | 5.790 | 5.894 | 5.998 | 6.101 | 6.205 | 6.308 | 6.411 | 6.514 |
| 108 | 339.292 | 5.898 | 6.006 | 6.113 | 6.221 | 6.328 | 6.436 | 6.543 | 6.649 | 6.756 |
| 110 | 345.575 | 6.113 | 6.225 | 6.337 | 6.448 | 6.559 | 6.670 | 6.781 | 6.892 | 7.002 |
| 112 | 351.858 | 6.333 | 6.449 | 6.564 | 6.679 | 6.794 | 6.909 | 7.024 | 7.138 | 7.252 |
| 114 | 358.142 | 6.556 | 6.676 | 6.795 | 6.915 | 7.034 | 7.152 | 7.271 | 7.389 | 7.507 |

续表 1-2

| 检尺径 | | 检尺长/m | | | | | | | | |
|---|---|---|---|---|---|---|---|---|---|---|
| 直径 | 周长 | 5.6 | 5.7 | 5.8 | 5.9 | 6 | 6.1 | 6.2 | 6.3 | 6.4 |
| /cm | /cm | 材积/m³ | | | | | | | | |
| 116 | 364.425 | 6.784 | 6.907 | 7.031 | 7.154 | 7.277 | 7.400 | 7.522 | 7.645 | 7.767 |
| 118 | 370.708 | 7.015 | 7.143 | 7.270 | 7.398 | 7.525 | 7.652 | 7.778 | 7.904 | 8.030 |
| 120 | 376.991 | 7.250 | 7.382 | 7.514 | 7.645 | 7.776 | 7.907 | 8.038 | 8.168 | 8.298 |
| 122 | 383.274 | 7.489 | 7.625 | 7.761 | 7.897 | 8.032 | 8.167 | 8.302 | 8.437 | 8.571 |
| 124 | 389.557 | 7.732 | 7.872 | 8.013 | 8.153 | 8.292 | 8.432 | 8.571 | 8.709 | 8.848 |
| 126 | 395.841 | 7.979 | 8.123 | 8.268 | 8.412 | 8.556 | 8.700 | 8.843 | 8.986 | 9.129 |
| 128 | 402.124 | 8.229 | 8.378 | 8.528 | 8.676 | 8.825 | 8.973 | 9.120 | 9.268 | 9.415 |
| 130 | 408.407 | 8.484 | 8.637 | 8.791 | 8.944 | 9.097 | 9.249 | 9.402 | 9.553 | 9.705 |
| 132 | 414.690 | 8.742 | 8.900 | 9.058 | 9.216 | 9.374 | 9.531 | 9.687 | 9.843 | 9.999 |
| 134 | 420.973 | 9.004 | 9.167 | 9.330 | 9.492 | 9.654 | 9.816 | 9.977 | 10.138 | 10.298 |
| 136 | 427.257 | 9.270 | 9.438 | 9.605 | 9.772 | 9.939 | 10.105 | 10.271 | 10.436 | 10.601 |
| 138 | 433.540 | 9.540 | 9.713 | 9.885 | 10.057 | 10.228 | 10.399 | 10.569 | 10.739 | 10.909 |
| 140 | 439.823 | 9.814 | 9.991 | 10.168 | 10.345 | 10.521 | 10.697 | 10.872 | 11.047 | 11.221 |
| 142 | 446.106 | 10.092 | 10.274 | 10.456 | 10.637 | 10.818 | 10.999 | 11.179 | 11.359 | 11.538 |
| 144 | 452.389 | 10.373 | 10.561 | 10.747 | 10.934 | 11.120 | 11.305 | 11.490 | 11.675 | 11.859 |
| 146 | 458.673 | 10.659 | 10.851 | 11.043 | 11.234 | 11.425 | 11.616 | 11.806 | 11.995 | 12.184 |

| 检尺径 | | 检尺长/m | | | | | | | | |
|---|---|---|---|---|---|---|---|---|---|---|
| 直径/cm | 周长/cm | 5.6 | 5.7 | 5.8 | 5.9 | 6 | 6.1 | 6.2 | 6.3 | 6.4 |
| | | 材积/$m^3$ | | | | | | | | |
| 148 | 464.956 | 10.948 | 11.146 | 11.342 | 11.539 | 11.735 | 11.930 | 12.125 | 12.320 | 12.514 |
| 150 | 471.239 | 11.241 | 11.444 | 11.646 | 11.848 | 12.049 | 12.249 | 12.449 | 12.649 | 12.848 |
| 152 | 477.522 | 11.539 | 11.746 | 11.954 | 12.160 | 12.367 | 12.572 | 12.778 | 12.982 | 13.186 |
| 154 | 483.805 | 11.839 | 12.053 | 12.265 | 12.477 | 12.689 | 12.900 | 13.110 | 13.320 | 13.529 |
| 156 | 490.088 | 12.144 | 12.363 | 12.581 | 12.798 | 13.015 | 13.231 | 13.447 | 13.662 | 13.876 |
| 158 | 496.372 | 12.453 | 12.677 | 12.900 | 13.123 | 13.345 | 13.567 | 13.788 | 14.008 | 14.228 |
| 160 | 502.655 | 12.766 | 12.995 | 13.224 | 13.452 | 13.680 | 13.907 | 14.133 | 14.359 | 14.584 |
| 162 | 508.938 | 13.082 | 13.317 | 13.551 | 13.785 | 14.018 | 14.251 | 14.483 | 14.714 | 14.945 |
| 164 | 515.221 | 13.402 | 13.643 | 13.883 | 14.122 | 14.361 | 14.599 | 14.837 | 15.074 | 15.310 |
| 166 | 521.504 | 13.727 | 13.973 | 14.219 | 14.464 | 14.708 | 14.952 | 15.195 | 15.437 | 15.679 |
| 168 | 527.788 | 14.055 | 14.307 | 14.558 | 14.809 | 15.059 | 15.309 | 15.557 | 15.805 | 16.053 |
| 170 | 534.071 | 14.387 | 14.645 | 14.902 | 15.159 | 15.414 | 15.670 | 15.924 | 16.178 | 16.431 |
| 172 | 540.354 | 14.723 | 14.986 | 15.250 | 15.512 | 15.774 | 16.035 | 16.295 | 16.555 | 16.813 |
| 174 | 546.637 | 15.062 | 15.332 | 15.601 | 15.870 | 16.137 | 16.404 | 16.670 | 16.936 | 17.200 |
| 176 | 552.920 | 15.406 | 15.682 | 15.957 | 16.231 | 16.505 | 16.778 | 17.050 | 17.321 | 17.592 |
| 178 | 559.203 | 15.753 | 16.035 | 16.317 | 16.597 | 16.877 | 17.156 | 17.434 | 17.711 | 17.987 |

续表 1-2

| 检尺径 | | 检尺长/m | | | | | | | | |
|---|---|---|---|---|---|---|---|---|---|---|
| 直径 | 周长 | 5.6 | 5.7 | 5.8 | 5.9 | 6 | 6.1 | 6.2 | 6.3 | 6.4 |
| /cm | /cm | 材积/m³ | | | | | | | | |
| 180 | 565.487 | 16.105 | 16.393 | 16.680 | 16.967 | 17.253 | 17.538 | 17.822 | 18.105 | 18.387 |
| 182 | 571.770 | 16.460 | 16.754 | 17.048 | 17.341 | 17.633 | 17.924 | 18.214 | 18.503 | 18.792 |
| 184 | 578.053 | 16.819 | 17.120 | 17.420 | 17.719 | 18.017 | 18.314 | 18.611 | 18.906 | 19.201 |
| 186 | 584.336 | 17.182 | 17.489 | 17.795 | 18.101 | 18.405 | 18.709 | 19.011 | 19.313 | 19.614 |
| 188 | 590.619 | 17.549 | 17.862 | 18.175 | 18.487 | 18.798 | 19.108 | 19.417 | 19.725 | 20.032 |
| 190 | 596.903 | 17.919 | 18.239 | 18.559 | 18.877 | 19.194 | 19.511 | 19.826 | 20.141 | 20.454 |
| 192 | 603.186 | 18.294 | 18.621 | 18.946 | 19.271 | 19.595 | 19.918 | 20.240 | 20.561 | 20.881 |
| 194 | 609.469 | 18.673 | 19.006 | 19.338 | 19.669 | 20.000 | 20.329 | 20.658 | 20.985 | 21.311 |
| 196 | 615.752 | 19.055 | 19.395 | 19.734 | 20.072 | 20.409 | 20.745 | 21.080 | 21.414 | 21.747 |
| 198 | 622.035 | 19.441 | 19.788 | 20.134 | 20.478 | 20.822 | 21.165 | 21.506 | 21.847 | 22.187 |
| 200 | 628.319 | 19.831 | 20.185 | 20.537 | 20.889 | 21.239 | 21.589 | 21.937 | 22.285 | 22.631 |

| 检尺径 | | 检尺长/m | | | | | | | | |
|---|---|---|---|---|---|---|---|---|---|---|
| 直径 | 周长 | 6.5 | 6.6 | 6.7 | 6.8 | 6.9 | 7 | 7.1 | 7.2 | 7.3 |
| /cm | /cm | 材积/m³ | | | | | | | | |
| 14 | 43.982 | 0.159 | 0.162 | 0.166 | 0.169 | 0.173 | 0.176 | 0.180 | 0.184 | 0.187 |

续表 1-2 （原木）

| 检尺径 | | 检尺长/m | | | | | | | | |
|---|---|---|---|---|---|---|---|---|---|---|
| 直径 | 周长 | 6.5 | 6.6 | 6.7 | 6.8 | 6.9 | 7 | 7.1 | 7.2 | 7.3 |
| /cm | /cm | 材积/m³ | | | | | | | | |
| 16 | 50.265 | 0.199 | 0.203 | 0.207 | 0.211 | 0.216 | 0.220 | 0.224 | 0.229 | 0.233 |
| 18 | 56.549 | 0.243 | 0.248 | 0.253 | 0.258 | 0.263 | 0.268 | 0.273 | 0.278 | 0.284 |
| 20 | 62.832 | 0.292 | 0.298 | 0.304 | 0.309 | 0.315 | 0.321 | 0.327 | 0.333 | 0.339 |
| 22 | 69.115 | 0.345 | 0.352 | 0.359 | 0.365 | 0.372 | 0.379 | 0.386 | 0.393 | 0.400 |
| 24 | 75.398 | 0.403 | 0.411 | 0.418 | 0.426 | 0.434 | 0.442 | 0.450 | 0.457 | 0.465 |
| 26 | 81.681 | 0.465 | 0.474 | 0.483 | 0.491 | 0.500 | 0.509 | 0.518 | 0.527 | 0.536 |
| 28 | 87.965 | 0.532 | 0.542 | 0.552 | 0.561 | 0.571 | 0.581 | 0.591 | 0.601 | 0.611 |
| 30 | 94.248 | 0.603 | 0.614 | 0.625 | 0.636 | 0.647 | 0.658 | 0.669 | 0.681 | 0.692 |
| 32 | 100.531 | 0.679 | 0.691 | 0.703 | 0.715 | 0.728 | 0.740 | 0.752 | 0.765 | 0.777 |
| 34 | 106.814 | 0.759 | 0.772 | 0.786 | 0.799 | 0.813 | 0.827 | 0.840 | 0.854 | 0.868 |
| 36 | 113.097 | 0.844 | 0.858 | 0.873 | 0.888 | 0.903 | 0.918 | 0.933 | 0.948 | 0.963 |
| 38 | 119.381 | 0.933 | 0.949 | 0.965 | 0.981 | 0.998 | 1.014 | 1.030 | 1.047 | 1.063 |
| 40 | 125.664 | 1.026 | 1.044 | 1.061 | 1.079 | 1.097 | 1.115 | 1.133 | 1.151 | 1.169 |
| 42 | 131.947 | 1.124 | 1.143 | 1.163 | 1.182 | 1.201 | 1.221 | 1.240 | 1.259 | 1.279 |
| 44 | 138.230 | 1.226 | 1.247 | 1.268 | 1.289 | 1.310 | 1.331 | 1.352 | 1.373 | 1.394 |
| 46 | 144.513 | 1.333 | 1.356 | 1.378 | 1.401 | 1.424 | 1.446 | 1.469 | 1.492 | 1.514 |

续表 1-2

| 检尺径 | | 检尺长/m | | | | | | | | |
|---|---|---|---|---|---|---|---|---|---|---|
| 直径 | 周长 | 6.5 | 6.6 | 6.7 | 6.8 | 6.9 | 7 | 7.1 | 7.2 | 7.3 |
| /cm | /cm | 材积/m³ | | | | | | | | |
| 48 | 150.796 | 1.445 | 1.469 | 1.493 | 1.518 | 1.542 | 1.566 | 1.591 | 1.615 | 1.639 |
| 50 | 157.080 | 1.561 | 1.587 | 1.613 | 1.639 | 1.665 | 1.691 | 1.717 | 1.743 | 1.770 |
| 52 | 163.363 | 1.681 | 1.709 | 1.737 | 1.765 | 1.793 | 1.821 | 1.849 | 1.877 | 1.905 |
| 54 | 169.646 | 1.806 | 1.835 | 1.865 | 1.895 | 1.925 | 1.955 | 1.985 | 2.015 | 2.045 |
| 56 | 175.929 | 1.935 | 1.967 | 1.999 | 2.030 | 2.062 | 2.094 | 2.126 | 2.158 | 2.190 |
| 58 | 182.212 | 2.069 | 2.102 | 2.136 | 2.170 | 2.204 | 2.238 | 2.272 | 2.306 | 2.340 |
| 60 | 188.496 | 2.207 | 2.243 | 2.279 | 2.315 | 2.351 | 2.387 | 2.423 | 2.459 | 2.495 |
| 62 | 194.779 | 2.349 | 2.388 | 2.426 | 2.464 | 2.502 | 2.540 | 2.578 | 2.617 | 2.655 |
| 64 | 201.062 | 2.496 | 2.537 | 2.577 | 2.618 | 2.658 | 2.699 | 2.739 | 2.779 | 2.820 |
| 66 | 207.345 | 2.648 | 2.691 | 2.734 | 2.776 | 2.819 | 2.862 | 2.904 | 2.947 | 2.990 |
| 68 | 213.628 | 2.804 | 2.849 | 2.894 | 2.939 | 2.984 | 3.029 | 3.075 | 3.119 | 3.164 |
| 70 | 219.911 | 2.965 | 3.012 | 3.060 | 3.107 | 3.155 | 3.202 | 3.250 | 3.297 | 3.344 |
| 72 | 226.195 | 3.129 | 3.180 | 3.230 | 3.280 | 3.330 | 3.380 | 3.429 | 3.479 | 3.529 |
| 74 | 232.478 | 3.299 | 3.352 | 3.404 | 3.457 | 3.509 | 3.562 | 3.614 | 3.667 | 3.719 |
| 76 | 238.761 | 3.473 | 3.528 | 3.583 | 3.639 | 3.694 | 3.749 | 3.804 | 3.859 | 3.914 |
| 78 | 245.044 | 3.651 | 3.709 | 3.767 | 3.825 | 3.883 | 3.940 | 3.998 | 4.056 | 4.113 |

续表 1-2 （原木）

| 检尺径 | | 检尺长/m | | | | | | | | |
|---|---|---|---|---|---|---|---|---|---|---|
| 直径 | 周长 | 6.5 | 6.6 | 6.7 | 6.8 | 6.9 | 7 | 7.1 | 7.2 | 7.3 |
| /cm | /cm | 材积/$m^3$ | | | | | | | | |
| 80 | 251.327 | 3.834 | 3.895 | 3.955 | 4.016 | 4.077 | 4.137 | 4.197 | 4.258 | 4.318 |
| 82 | 257.611 | 4.021 | 4.085 | 4.148 | 4.212 | 4.275 | 4.338 | 4.402 | 4.465 | 4.528 |
| 84 | 263.894 | 4.213 | 4.279 | 4.346 | 4.412 | 4.478 | 4.545 | 4.611 | 4.677 | 4.742 |
| 86 | 270.177 | 4.409 | 4.479 | 4.548 | 4.617 | 4.686 | 4.755 | 4.824 | 4.893 | 4.962 |
| 88 | 276.460 | 4.610 | 4.682 | 4.755 | 4.827 | 4.899 | 4.971 | 5.043 | 5.115 | 5.187 |
| 90 | 282.743 | 4.815 | 4.891 | 4.966 | 5.041 | 5.116 | 5.192 | 5.267 | 5.341 | 5.416 |
| 92 | 289.027 | 5.025 | 5.103 | 5.182 | 5.260 | 5.339 | 5.417 | 5.495 | 5.573 | 5.651 |
| 94 | 295.310 | 5.239 | 5.321 | 5.402 | 5.484 | 5.565 | 5.647 | 5.728 | 5.809 | 5.890 |
| 96 | 301.593 | 5.457 | 5.542 | 5.627 | 5.712 | 5.797 | 5.882 | 5.966 | 6.050 | 6.135 |
| 98 | 307.876 | 5.680 | 5.769 | 5.857 | 5.945 | 6.033 | 6.121 | 6.209 | 6.297 | 6.384 |
| 100 | 314.159 | 5.908 | 6.000 | 6.091 | 6.183 | 6.274 | 6.366 | 6.457 | 6.548 | 6.638 |
| 102 | 320.442 | 6.140 | 6.235 | 6.330 | 6.425 | 6.520 | 6.615 | 6.709 | 6.804 | 6.898 |
| 104 | 326.726 | 6.376 | 6.475 | 6.574 | 6.672 | 6.771 | 6.869 | 6.967 | 7.065 | 7.162 |
| 106 | 333.009 | 6.617 | 6.720 | 6.822 | 6.924 | 7.026 | 7.128 | 7.229 | 7.330 | 7.431 |
| 108 | 339.292 | 6.862 | 6.969 | 7.074 | 7.180 | 7.286 | 7.391 | 7.496 | 7.601 | 7.706 |
| 110 | 345.575 | 7.112 | 7.222 | 7.332 | 7.441 | 7.550 | 7.659 | 7.768 | 7.877 | 7.985 |

(原木)

**续表 1-2**

| 检尺径 | | 检尺长/m | | | | | | | | |
|---|---|---|---|---|---|---|---|---|---|---|
| 直径 | 周长 | 6.5 | 6.6 | 6.7 | 6.8 | 6.9 | 7 | 7.1 | 7.2 | 7.3 |
| /cm | /cm | 材积/m³ | | | | | | | | |
| 112 | 351.858 | 7.366 | 7.480 | 7.594 | 7.707 | 7.820 | 7.932 | 8.045 | 8.157 | 8.269 |
| 114 | 358.142 | 7.625 | 7.743 | 7.860 | 7.977 | 8.094 | 8.210 | 8.327 | 8.443 | 8.558 |
| 116 | 364.425 | 7.888 | 8.010 | 8.131 | 8.252 | 8.373 | 8.493 | 8.613 | 8.733 | 8.852 |
| 118 | 370.708 | 8.156 | 8.281 | 8.407 | 8.532 | 8.656 | 8.780 | 8.904 | 9.028 | 9.152 |
| 120 | 376.991 | 8.428 | 8.558 | 8.687 | 8.816 | 8.944 | 9.073 | 9.201 | 9.328 | 9.456 |
| 122 | 383.274 | 8.705 | 8.838 | 8.972 | 9.105 | 9.237 | 9.370 | 9.502 | 9.633 | 9.765 |
| 124 | 389.557 | 8.986 | 9.124 | 9.261 | 9.398 | 9.535 | 9.671 | 9.808 | 9.943 | 10.079 |
| 126 | 395.841 | 9.271 | 9.413 | 9.555 | 9.696 | 9.837 | 9.978 | 10.118 | 10.258 | 10.398 |
| 128 | 402.124 | 9.561 | 9.708 | 9.854 | 9.999 | 10.144 | 10.289 | 10.434 | 10.578 | 10.722 |
| 130 | 408.407 | 9.856 | 10.007 | 10.157 | 10.307 | 10.456 | 10.605 | 10.754 | 10.903 | 11.051 |
| 132 | 414.690 | 10.155 | 10.310 | 10.465 | 10.619 | 10.773 | 10.926 | 11.080 | 11.232 | 11.385 |
| 134 | 420.973 | 10.458 | 10.618 | 10.777 | 10.936 | 11.094 | 11.252 | 11.410 | 11.567 | 11.724 |
| 136 | 427.257 | 10.766 | 10.930 | 11.094 | 11.257 | 11.420 | 11.583 | 11.745 | 11.906 | 12.067 |
| 138 | 433.540 | 11.078 | 11.247 | 11.416 | 11.583 | 11.751 | 11.918 | 12.084 | 12.251 | 12.416 |
| 140 | 439.823 | 11.395 | 11.569 | 11.742 | 11.914 | 12.086 | 12.258 | 12.429 | 12.600 | 12.770 |

续表 1-2 （原木）

| 检尺径 | | 检尺长/m | | | | | | | | |
|---|---|---|---|---|---|---|---|---|---|---|
| 直径 | 周长 | 6.5 | 6.6 | 6.7 | 6.8 | 6.9 | 7 | 7.1 | 7.2 | 7.3 |
| /cm | /cm | 材积/$m^3$ | | | | | | | | |
| 142 | 446.106 | 11.716 | 11.895 | 12.072 | 12.250 | 12.426 | 12.603 | 12.779 | 12.954 | 13.129 |
| 144 | 452.389 | 12.042 | 12.225 | 12.408 | 12.590 | 12.771 | 12.952 | 13.133 | 13.313 | 13.493 |
| 146 | 458.673 | 12.372 | 12.560 | 12.748 | 12.935 | 13.121 | 13.307 | 13.492 | 13.677 | 13.861 |
| 148 | 464.956 | 12.707 | 12.900 | 13.092 | 13.284 | 13.475 | 13.666 | 13.856 | 14.046 | 14.235 |
| 150 | 471.239 | 13.046 | 13.244 | 13.441 | 13.638 | 13.834 | 14.030 | 14.225 | 14.420 | 14.614 |
| 152 | 477.522 | 13.390 | 13.593 | 13.795 | 13.997 | 14.198 | 14.399 | 14.599 | 14.798 | 14.997 |
| 154 | 483.805 | 13.738 | 13.946 | 14.153 | 14.360 | 14.567 | 14.772 | 14.977 | 15.182 | 15.386 |
| 156 | 490.088 | 14.090 | 14.304 | 14.516 | 14.728 | 14.940 | 15.151 | 15.361 | 15.570 | 15.779 |
| 158 | 496.372 | 14.447 | 14.666 | 14.884 | 15.101 | 15.318 | 15.534 | 15.749 | 15.964 | 16.178 |
| 160 | 502.655 | 14.809 | 15.033 | 15.256 | 15.478 | 15.700 | 15.922 | 16.142 | 16.362 | 16.581 |
| 162 | 508.938 | 15.175 | 15.404 | 15.633 | 15.860 | 16.088 | 16.314 | 16.540 | 16.765 | 16.990 |
| 164 | 515.221 | 15.545 | 15.780 | 16.014 | 16.247 | 16.480 | 16.712 | 16.943 | 17.174 | 17.403 |
| 166 | 521.504 | 15.920 | 16.160 | 16.400 | 16.639 | 16.877 | 17.114 | 17.351 | 17.587 | 17.822 |
| 168 | 527.788 | 16.299 | 16.545 | 16.790 | 17.035 | 17.278 | 17.521 | 17.763 | 18.005 | 18.245 |
| 170 | 534.071 | 16.683 | 16.935 | 17.185 | 17.435 | 17.684 | 17.933 | 18.180 | 18.427 | 18.673 |

续表 1-2

| 检尺径 | | 检尺长/m | | | | | | | | |
|---|---|---|---|---|---|---|---|---|---|---|
| 直径 | 周长 | 6.5 | 6.6 | 6.7 | 6.8 | 6.9 | 7 | 7.1 | 7.2 | 7.3 |
| /cm | /cm | 材积/m³ | | | | | | | | |
| 172 | 540.354 | 17.071 | 17.328 | 17.585 | 17.841 | 18.095 | 18.349 | 18.603 | 18.855 | 19.107 |
| 174 | 546.637 | 17.464 | 17.727 | 17.989 | 18.251 | 18.511 | 18.771 | 19.030 | 19.288 | 19.545 |
| 176 | 552.920 | 17.861 | 18.130 | 18.398 | 18.665 | 18.931 | 19.197 | 19.462 | 19.725 | 19.988 |
| 178 | 559.203 | 18.263 | 18.538 | 18.811 | 19.084 | 19.357 | 19.628 | 19.898 | 20.168 | 20.437 |
| 180 | 565.487 | 18.669 | 18.950 | 19.229 | 19.508 | 19.786 | 20.064 | 20.340 | 20.615 | 20.890 |
| 182 | 571.770 | 19.080 | 19.366 | 19.652 | 19.937 | 20.221 | 20.504 | 20.786 | 21.068 | 21.348 |
| 184 | 578.053 | 19.495 | 19.787 | 20.079 | 20.370 | 20.660 | 20.949 | 21.238 | 21.525 | 21.811 |
| 186 | 584.336 | 19.914 | 20.213 | 20.511 | 20.808 | 21.104 | 21.399 | 21.694 | 21.987 | 22.279 |
| 188 | 590.619 | 20.338 | 20.643 | 20.948 | 21.251 | 21.553 | 21.854 | 22.155 | 22.454 | 22.752 |
| 190 | 596.903 | 20.767 | 21.078 | 21.389 | 21.698 | 22.007 | 22.314 | 22.620 | 22.926 | 23.230 |
| 192 | 603.186 | 21.199 | 21.517 | 21.834 | 22.150 | 22.465 | 22.778 | 23.091 | 23.403 | 23.713 |
| 194 | 609.469 | 21.637 | 21.961 | 22.284 | 22.606 | 22.928 | 23.248 | 23.567 | 23.885 | 24.201 |
| 196 | 615.752 | 22.079 | 22.409 | 22.739 | 23.068 | 23.395 | 23.722 | 24.047 | 24.371 | 24.694 |
| 198 | 622.035 | 22.525 | 22.862 | 23.198 | 23.534 | 23.868 | 24.200 | 24.532 | 24.863 | 25.192 |
| 200 | 628.319 | 22.976 | 23.320 | 23.662 | 24.004 | 24.345 | 24.684 | 25.022 | 25.359 | 25.695 |

续表 1-2 （原木）

| 检尺径 | | 检尺长/m | | | | | | | | |
|---|---|---|---|---|---|---|---|---|---|---|
| 直径 /cm | 周长 /cm | 7.4 | 7.5 | 7.6 | 7.7 | 7.8 | 7.9 | 8 | 8.1 | 8.2 |
| | | 材积/$m^3$ | | | | | | | | |
| 14 | 43.982 | 0.191 | 0.195 | 0.199 | 0.203 | 0.206 | 0.210 | 0.214 | 0.218 | 0.222 |
| 16 | 50.265 | 0.238 | 0.242 | 0.247 | 0.251 | 0.256 | 0.260 | 0.265 | 0.270 | 0.274 |
| 18 | 56.549 | 0.289 | 0.294 | 0.300 | 0.305 | 0.310 | 0.316 | 0.321 | 0.327 | 0.332 |
| 20 | 62.832 | 0.345 | 0.351 | 0.358 | 0.364 | 0.370 | 0.376 | 0.383 | 0.389 | 0.395 |
| 22 | 69.115 | 0.407 | 0.414 | 0.421 | 0.428 | 0.435 | 0.442 | 0.450 | 0.457 | 0.464 |
| 24 | 75.398 | 0.473 | 0.481 | 0.489 | 0.497 | 0.506 | 0.514 | 0.522 | 0.530 | 0.539 |
| 26 | 81.681 | 0.545 | 0.554 | 0.563 | 0.572 | 0.581 | 0.591 | 0.600 | 0.609 | 0.618 |
| 28 | 87.965 | 0.621 | 0.632 | 0.642 | 0.652 | 0.662 | 0.673 | 0.683 | 0.693 | 0.704 |
| 30 | 94.248 | 0.703 | 0.714 | 0.726 | 0.737 | 0.748 | 0.760 | 0.771 | 0.783 | 0.795 |
| 32 | 100.531 | 0.790 | 0.802 | 0.815 | 0.827 | 0.840 | 0.853 | 0.865 | 0.878 | 0.891 |
| 34 | 106.814 | 0.881 | 0.895 | 0.909 | 0.923 | 0.937 | 0.951 | 0.965 | 0.979 | 0.993 |
| 36 | 113.097 | 0.978 | 0.993 | 1.008 | 1.024 | 1.039 | 1.054 | 1.069 | 1.085 | 1.100 |
| 38 | 119.381 | 1.080 | 1.096 | 1.113 | 1.129 | 1.146 | 1.163 | 1.180 | 1.196 | 1.213 |
| 40 | 125.664 | 1.186 | 1.204 | 1.223 | 1.241 | 1.259 | 1.277 | 1.295 | 1.313 | 1.332 |
| 42 | 131.947 | 1.298 | 1.318 | 1.337 | 1.357 | 1.377 | 1.396 | 1.416 | 1.436 | 1.456 |
| 44 | 138.230 | 1.415 | 1.436 | 1.457 | 1.479 | 1.500 | 1.521 | 1.542 | 1.564 | 1.585 |

续表 1-2

| 检尺径 | | 检尺长/m | | | | | | | | |
|---|---|---|---|---|---|---|---|---|---|---|
| 直径 /cm | 周长 /cm | 7.4 | 7.5 | 7.6 | 7.7 | 7.8 | 7.9 | 8 | 8.1 | 8.2 |
| | | 材积/m³ | | | | | | | | |
| 46 | 144.513 | 1.537 | 1.560 | 1.583 | 1.605 | 1.628 | 1.651 | 1.674 | 1.697 | 1.720 |
| 48 | 150.796 | 1.664 | 1.688 | 1.713 | 1.737 | 1.762 | 1.786 | 1.811 | 1.836 | 1.860 |
| 50 | 157.080 | 1.796 | 1.822 | 1.848 | 1.875 | 1.901 | 1.927 | 1.954 | 1.980 | 2.006 |
| 52 | 163.363 | 1.933 | 1.961 | 1.989 | 2.017 | 2.045 | 2.073 | 2.101 | 2.130 | 2.158 |
| 54 | 169.646 | 2.075 | 2.105 | 2.135 | 2.165 | 2.195 | 2.225 | 2.255 | 2.285 | 2.315 |
| 56 | 175.929 | 2.222 | 2.254 | 2.286 | 2.317 | 2.349 | 2.381 | 2.413 | 2.445 | 2.477 |
| 58 | 182.212 | 2.374 | 2.408 | 2.442 | 2.476 | 2.510 | 2.543 | 2.577 | 2.611 | 2.645 |
| 60 | 188.496 | 2.531 | 2.567 | 2.603 | 2.639 | 2.675 | 2.711 | 2.747 | 2.783 | 2.819 |
| 62 | 194.779 | 2.693 | 2.731 | 2.769 | 2.807 | 2.845 | 2.884 | 2.922 | 2.960 | 2.998 |
| 64 | 201.062 | 2.860 | 2.900 | 2.941 | 2.981 | 3.021 | 3.062 | 3.102 | 3.142 | 3.183 |
| 66 | 207.345 | 3.032 | 3.075 | 3.117 | 3.160 | 3.203 | 3.245 | 3.288 | 3.330 | 3.373 |
| 68 | 213.628 | 3.209 | 3.254 | 3.299 | 3.344 | 3.389 | 3.434 | 3.479 | 3.524 | 3.568 |
| 70 | 219.911 | 3.392 | 3.439 | 3.486 | 3.534 | 3.581 | 3.628 | 3.675 | 3.722 | 3.770 |
| 72 | 226.195 | 3.579 | 3.629 | 3.678 | 3.728 | 3.778 | 3.827 | 3.877 | 3.927 | 3.976 |
| 74 | 232.478 | 3.771 | 3.823 | 3.876 | 3.928 | 3.980 | 4.032 | 4.084 | 4.136 | 4.188 |
| 76 | 238.761 | 3.969 | 4.023 | 4.078 | 4.133 | 4.188 | 4.242 | 4.297 | 4.351 | 4.406 |

续表 1-2 （原木）

| 检尺径 | | 检尺长/m | | | | | | | | |
|---|---|---|---|---|---|---|---|---|---|---|
| 直径/cm | 周长/cm | 7.4 | 7.5 | 7.6 | 7.7 | 7.8 | 7.9 | 8 | 8.1 | 8.2 |
| | | 材积/m³ | | | | | | | | |
| 78 | 245.044 | 4.171 | 4.228 | 4.286 | 4.343 | 4.400 | 4.458 | 4.515 | 4.572 | 4.629 |
| 80 | 251.327 | 4.378 | 4.438 | 4.499 | 4.559 | 4.619 | 4.678 | 4.738 | 4.798 | 4.858 |
| 82 | 257.611 | 4.591 | 4.654 | 4.716 | 4.779 | 4.842 | 4.905 | 4.967 | 5.030 | 5.092 |
| 84 | 263.894 | 4.808 | 4.874 | 4.940 | 5.005 | 5.071 | 5.136 | 5.201 | 5.267 | 5.332 |
| 86 | 270.177 | 5.031 | 5.099 | 5.168 | 5.236 | 5.304 | 5.373 | 5.441 | 5.509 | 5.577 |
| 88 | 276.460 | 5.258 | 5.330 | 5.401 | 5.472 | 5.544 | 5.615 | 5.686 | 5.757 | 5.828 |
| 90 | 282.743 | 5.491 | 5.565 | 5.640 | 5.714 | 5.788 | 5.862 | 5.936 | 6.010 | 6.084 |
| 92 | 289.027 | 5.728 | 5.806 | 5.883 | 5.961 | 6.038 | 6.115 | 6.192 | 6.269 | 6.346 |
| 94 | 295.310 | 5.971 | 6.052 | 6.132 | 6.213 | 6.293 | 6.373 | 6.453 | 6.533 | 6.613 |
| 96 | 301.593 | 6.219 | 6.302 | 6.386 | 6.470 | 6.553 | 6.637 | 6.720 | 6.803 | 6.886 |
| 98 | 307.876 | 6.471 | 6.558 | 6.645 | 6.732 | 6.819 | 6.905 | 6.992 | 7.078 | 7.164 |
| 100 | 314.159 | 6.729 | 6.819 | 6.910 | 7.000 | 7.090 | 7.179 | 7.269 | 7.359 | 7.448 |
| 102 | 320.442 | 6.992 | 7.085 | 7.179 | 7.273 | 7.366 | 7.459 | 7.552 | 7.645 | 7.737 |
| 104 | 326.726 | 7.259 | 7.357 | 7.454 | 7.551 | 7.647 | 7.744 | 7.840 | 7.936 | 8.032 |
| 106 | 333.009 | 7.532 | 7.633 | 7.733 | 7.834 | 7.934 | 8.034 | 8.134 | 8.233 | 8.333 |
| 108 | 339.292 | 7.810 | 7.914 | 8.018 | 8.122 | 8.226 | 8.329 | 8.433 | 8.536 | 8.638 |

**续表 1-2**

| 检尺径 | | 检尺长/m | | | | | | | | |
|---|---|---|---|---|---|---|---|---|---|---|
| 直径/cm | 周长/cm | 7.4 | 7.5 | 7.6 | 7.7 | 7.8 | 7.9 | 8 | 8.1 | 8.2 |
| | | 材积/m³ | | | | | | | | |
| 110 | 345.575 | 8.093 | 8.201 | 8.308 | 8.416 | 8.523 | 8.630 | 8.737 | 8.843 | 8.950 |
| 112 | 351.858 | 8.381 | 8.492 | 8.604 | 8.715 | 8.826 | 8.936 | 9.047 | 9.157 | 9.267 |
| 114 | 358.142 | 8.674 | 8.789 | 8.904 | 9.019 | 9.133 | 9.248 | 9.362 | 9.476 | 9.589 |
| 116 | 364.425 | 8.972 | 9.091 | 9.210 | 9.328 | 9.446 | 9.564 | 9.682 | 9.800 | 9.917 |
| 118 | 370.708 | 9.275 | 9.398 | 9.520 | 9.643 | 9.765 | 9.887 | 10.008 | 10.130 | 10.251 |
| 120 | 376.991 | 9.583 | 9.710 | 9.836 | 9.962 | 10.088 | 10.214 | 10.339 | 10.465 | 10.590 |
| 122 | 383.274 | 9.896 | 10.027 | 10.157 | 10.287 | 10.417 | 10.547 | 10.676 | 10.805 | 10.934 |
| 124 | 389.557 | 10.214 | 10.349 | 10.483 | 10.618 | 10.751 | 10.885 | 11.018 | 11.151 | 11.284 |
| 126 | 395.841 | 10.537 | 10.676 | 10.815 | 10.953 | 11.091 | 11.228 | 11.366 | 11.503 | 11.640 |
| 128 | 402.124 | 10.865 | 11.008 | 11.151 | 11.293 | 11.436 | 11.577 | 11.719 | 11.860 | 12.001 |
| 130 | 408.407 | 11.198 | 11.346 | 11.493 | 11.639 | 11.786 | 11.931 | 12.077 | 12.222 | 12.367 |
| 132 | 414.690 | 11.537 | 11.688 | 11.839 | 11.990 | 12.141 | 12.291 | 12.441 | 12.590 | 12.739 |
| 134 | 420.973 | 11.880 | 12.036 | 12.191 | 12.347 | 12.501 | 12.656 | 12.810 | 12.963 | 13.117 |
| 136 | 427.257 | 12.228 | 12.389 | 12.548 | 12.708 | 12.867 | 13.026 | 13.184 | 13.342 | 13.500 |
| 138 | 433.540 | 12.582 | 12.746 | 12.911 | 13.075 | 13.238 | 13.401 | 13.564 | 13.726 | 13.888 |
| 140 | 439.823 | 12.940 | 13.109 | 13.278 | 13.447 | 13.615 | 13.782 | 13.949 | 14.116 | 14.282 |

续表 1-2 （原木）

| 检尺径 | | 检尺长/m | | | | | | | | |
|---|---|---|---|---|---|---|---|---|---|---|
| 直径 | 周长 | 7.4 | 7.5 | 7.6 | 7.7 | 7.8 | 7.9 | 8 | 8.1 | 8.2 |
| /cm | /cm | 材积/m³ | | | | | | | | |
| 142 | 446.106 | 13.303 | 13.477 | 13.651 | 13.824 | 13.996 | 14.168 | 14.340 | 14.511 | 14.682 |
| 144 | 452.389 | 13.672 | 13.850 | 14.028 | 14.206 | 14.383 | 14.560 | 14.736 | 14.912 | 15.087 |
| 146 | 458.673 | 14.045 | 14.228 | 14.411 | 14.593 | 14.775 | 14.957 | 15.137 | 15.318 | 15.498 |
| 148 | 464.956 | 14.424 | 14.612 | 14.799 | 14.986 | 15.173 | 15.359 | 15.544 | 15.729 | 15.914 |
| 150 | 471.239 | 14.807 | 15.000 | 15.192 | 15.384 | 15.575 | 15.766 | 15.957 | 16.146 | 16.336 |
| 152 | 477.522 | 15.196 | 15.393 | 15.591 | 15.787 | 15.983 | 16.179 | 16.374 | 16.569 | 16.763 |
| 154 | 483.805 | 15.589 | 15.792 | 15.994 | 16.196 | 16.397 | 16.597 | 16.797 | 16.997 | 17.196 |
| 156 | 490.088 | 15.988 | 16.196 | 16.403 | 16.609 | 16.815 | 17.021 | 17.226 | 17.430 | 17.634 |
| 158 | 496.372 | 16.391 | 16.604 | 16.817 | 17.028 | 17.239 | 17.450 | 17.659 | 17.869 | 18.078 |
| 160 | 502.655 | 16.800 | 17.018 | 17.235 | 17.452 | 17.668 | 17.884 | 18.099 | 18.313 | 18.527 |
| 162 | 508.938 | 17.214 | 17.437 | 17.660 | 17.881 | 18.103 | 18.323 | 18.543 | 18.763 | 18.982 |
| 164 | 515.221 | 17.632 | 17.861 | 18.089 | 18.316 | 18.542 | 18.768 | 18.993 | 19.218 | 19.442 |
| 166 | 521.504 | 18.056 | 18.290 | 18.523 | 18.756 | 18.987 | 19.218 | 19.449 | 19.678 | 19.908 |
| 168 | 527.788 | 18.485 | 18.724 | 18.963 | 19.200 | 19.437 | 19.674 | 19.909 | 20.144 | 20.379 |
| 170 | 534.071 | 18.919 | 19.163 | 19.407 | 19.651 | 19.893 | 20.135 | 20.376 | 20.616 | 20.856 |

续表 1-2

| 检尺径 | | 检尺长/m | | | | | | | | |
|---|---|---|---|---|---|---|---|---|---|---|
| 直径 | 周长 | 7.4 | 7.5 | 7.6 | 7.7 | 7.8 | 7.9 | 8 | 8.1 | 8.2 |
| /cm | /cm | 材积/m³ | | | | | | | | |
| 172 | 540.354 | 19.358 | 19.608 | 19.857 | 20.106 | 20.354 | 20.601 | 20.847 | 21.093 | 21.338 |
| 174 | 546.637 | 19.802 | 20.057 | 20.312 | 20.566 | 20.820 | 21.072 | 21.324 | 21.575 | 21.826 |
| 176 | 552.920 | 20.251 | 20.512 | 20.772 | 21.032 | 21.291 | 21.549 | 21.807 | 22.063 | 22.319 |
| 178 | 559.203 | 20.704 | 20.972 | 21.238 | 21.503 | 21.768 | 22.031 | 22.294 | 22.557 | 22.818 |
| 180 | 565.487 | 21.163 | 21.436 | 21.708 | 21.979 | 22.249 | 22.519 | 22.788 | 23.055 | 23.322 |
| 182 | 571.770 | 21.627 | 21.906 | 22.184 | 22.461 | 22.737 | 23.012 | 23.286 | 23.560 | 23.832 |
| 184 | 578.053 | 22.097 | 22.381 | 22.665 | 22.947 | 23.229 | 23.510 | 23.790 | 24.069 | 24.348 |
| 186 | 584.336 | 22.571 | 22.861 | 23.151 | 23.439 | 23.727 | 24.013 | 24.299 | 24.584 | 24.869 |
| 188 | 590.619 | 23.050 | 23.346 | 23.642 | 23.936 | 24.230 | 24.522 | 24.814 | 25.105 | 25.395 |
| 190 | 596.903 | 23.534 | 23.836 | 24.138 | 24.438 | 24.738 | 25.037 | 25.334 | 25.631 | 25.927 |
| 192 | 603.186 | 24.023 | 24.332 | 24.639 | 24.946 | 25.251 | 25.556 | 25.860 | 26.163 | 26.464 |
| 194 | 609.469 | 24.517 | 24.832 | 25.146 | 25.459 | 25.770 | 26.081 | 26.391 | 26.700 | 27.007 |
| 196 | 615.752 | 25.016 | 25.338 | 25.657 | 25.976 | 26.294 | 26.611 | 26.927 | 27.242 | 27.556 |
| 198 | 622.035 | 25.521 | 25.848 | 26.174 | 26.500 | 26.824 | 27.147 | 27.469 | 27.790 | 28.110 |
| 200 | 628.319 | 26.030 | 26.364 | 26.696 | 27.028 | 27.358 | 27.688 | 28.016 | 28.343 | 28.669 |

续表 1-2 （原木）

| 检尺径 | | 检尺长/m | | | | | | | | |
|---|---|---|---|---|---|---|---|---|---|---|
| 直径 /cm | 周长 /cm | 8.3 | 8.4 | 8.5 | 8.6 | 8.7 | 8.8 | 8.9 | 9 | 9.1 |
| | | 材积/m³ | | | | | | | | |
| 14 | 43.982 | 0.226 | 0.230 | 0.234 | 0.239 | 0.243 | 0.247 | 0.251 | 0.256 | 0.260 |
| 16 | 50.265 | 0.279 | 0.284 | 0.289 | 0.294 | 0.299 | 0.304 | 0.309 | 0.314 | 0.319 |
| 18 | 56.549 | 0.338 | 0.343 | 0.349 | 0.355 | 0.361 | 0.366 | 0.372 | 0.378 | 0.384 |
| 20 | 62.832 | 0.402 | 0.408 | 0.415 | 0.422 | 0.428 | 0.435 | 0.442 | 0.448 | 0.455 |
| 22 | 69.115 | 0.472 | 0.479 | 0.487 | 0.494 | 0.502 | 0.509 | 0.517 | 0.525 | 0.532 |
| 24 | 75.398 | 0.547 | 0.555 | 0.564 | 0.572 | 0.581 | 0.589 | 0.598 | 0.607 | 0.616 |
| 26 | 81.681 | 0.628 | 0.637 | 0.647 | 0.656 | 0.666 | 0.676 | 0.685 | 0.695 | 0.705 |
| 28 | 87.965 | 0.714 | 0.725 | 0.735 | 0.746 | 0.757 | 0.767 | 0.778 | 0.789 | 0.800 |
| 30 | 94.248 | 0.806 | 0.818 | 0.830 | 0.842 | 0.853 | 0.865 | 0.877 | 0.889 | 0.901 |
| 32 | 100.531 | 0.904 | 0.917 | 0.930 | 0.943 | 0.956 | 0.969 | 0.982 | 0.995 | 1.009 |
| 34 | 106.814 | 1.007 | 1.021 | 1.035 | 1.050 | 1.064 | 1.078 | 1.093 | 1.107 | 1.122 |
| 36 | 113.097 | 1.116 | 1.131 | 1.147 | 1.162 | 1.178 | 1.194 | 1.210 | 1.225 | 1.241 |
| 38 | 119.381 | 1.230 | 1.247 | 1.264 | 1.281 | 1.298 | 1.315 | 1.332 | 1.349 | 1.367 |
| 40 | 125.664 | 1.350 | 1.368 | 1.387 | 1.405 | 1.424 | 1.442 | 1.461 | 1.479 | 1.498 |
| 42 | 131.947 | 1.475 | 1.495 | 1.515 | 1.535 | 1.555 | 1.575 | 1.595 | 1.615 | 1.636 |
| 44 | 138.230 | 1.606 | 1.628 | 1.649 | 1.671 | 1.692 | 1.714 | 1.736 | 1.757 | 1.779 |

续表 1-2

| 检尺径 | | 检尺长/m | | | | | | | | |
|---|---|---|---|---|---|---|---|---|---|---|
| 直径 | 周长 | 8.3 | 8.4 | 8.5 | 8.6 | 8.7 | 8.8 | 8.9 | 9 | 9.1 |
| /cm | /cm | 材积/m³ | | | | | | | | |
| 46 | 144.513 | 1.743 | 1.766 | 1.789 | 1.812 | 1.835 | 1.859 | 1.882 | 1.905 | 1.929 |
| 48 | 150.796 | 1.885 | 1.910 | 1.935 | 1.959 | 1.984 | 2.009 | 2.034 | 2.059 | 2.084 |
| 50 | 157.080 | 2.033 | 2.059 | 2.086 | 2.112 | 2.139 | 2.166 | 2.192 | 2.219 | 2.246 |
| 52 | 163.363 | 2.186 | 2.214 | 2.243 | 2.271 | 2.300 | 2.328 | 2.356 | 2.385 | 2.414 |
| 54 | 169.646 | 2.345 | 2.375 | 2.405 | 2.436 | 2.466 | 2.496 | 2.526 | 2.557 | 2.587 |
| 56 | 175.929 | 2.509 | 2.542 | 2.574 | 2.606 | 2.638 | 2.670 | 2.702 | 2.735 | 2.767 |
| 58 | 182.212 | 2.680 | 2.714 | 2.748 | 2.782 | 2.816 | 2.850 | 2.884 | 2.918 | 2.953 |
| 60 | 188.496 | 2.855 | 2.891 | 2.927 | 2.963 | 3.000 | 3.036 | 3.072 | 3.108 | 3.144 |
| 62 | 194.779 | 3.036 | 3.074 | 3.113 | 3.151 | 3.189 | 3.227 | 3.266 | 3.304 | 3.342 |
| 64 | 201.062 | 3.223 | 3.263 | 3.304 | 3.344 | 3.384 | 3.425 | 3.465 | 3.506 | 3.546 |
| 66 | 207.345 | 3.415 | 3.458 | 3.500 | 3.543 | 3.586 | 3.628 | 3.671 | 3.713 | 3.756 |
| 68 | 213.628 | 3.613 | 3.658 | 3.703 | 3.748 | 3.792 | 3.837 | 3.882 | 3.927 | 3.972 |
| 70 | 219.911 | 3.817 | 3.864 | 3.911 | 3.958 | 4.005 | 4.052 | 4.100 | 4.147 | 4.194 |
| 72 | 226.195 | 4.026 | 4.075 | 4.125 | 4.174 | 4.224 | 4.273 | 4.323 | 4.372 | 4.422 |
| 74 | 232.478 | 4.240 | 4.292 | 4.344 | 4.396 | 4.448 | 4.500 | 4.552 | 4.604 | 4.656 |
| 76 | 238.761 | 4.460 | 4.515 | 4.569 | 4.624 | 4.678 | 4.733 | 4.787 | 4.842 | 4.896 |

续表 1-2 （原木）

| 检尺径 | | 检尺长/m | | | | | | | | |
|---|---|---|---|---|---|---|---|---|---|---|
| 直径 | 周长 | 8.3 | 8.4 | 8.5 | 8.6 | 8.7 | 8.8 | 8.9 | 9 | 9.1 |
| /cm | /cm | 材积/$m^3$ | | | | | | | | |
| 78 | 245.044 | 4.686 | 4.743 | 4.800 | 4.857 | 4.914 | 4.971 | 5.028 | 5.085 | 5.142 |
| 80 | 251.327 | 4.918 | 4.977 | 5.037 | 5.096 | 5.156 | 5.216 | 5.275 | 5.335 | 5.394 |
| 82 | 257.611 | 5.154 | 5.217 | 5.279 | 5.341 | 5.404 | 5.466 | 5.528 | 5.590 | 5.652 |
| 84 | 263.894 | 5.397 | 5.462 | 5.527 | 5.592 | 5.657 | 5.722 | 5.787 | 5.852 | 5.917 |
| 86 | 270.177 | 5.645 | 5.713 | 5.781 | 5.848 | 5.916 | 5.984 | 6.052 | 6.119 | 6.187 |
| 88 | 276.460 | 5.899 | 5.969 | 6.040 | 6.111 | 6.181 | 6.252 | 6.322 | 6.393 | 6.463 |
| 90 | 282.743 | 6.158 | 6.231 | 6.305 | 6.379 | 6.452 | 6.525 | 6.599 | 6.672 | 6.745 |
| 92 | 289.027 | 6.423 | 6.499 | 6.576 | 6.652 | 6.729 | 6.805 | 6.881 | 6.958 | 7.034 |
| 94 | 295.310 | 6.693 | 6.773 | 6.852 | 6.932 | 7.011 | 7.090 | 7.170 | 7.249 | 7.328 |
| 96 | 301.593 | 6.969 | 7.052 | 7.134 | 7.217 | 7.299 | 7.382 | 7.464 | 7.546 | 7.629 |
| 98 | 307.876 | 7.250 | 7.336 | 7.422 | 7.508 | 7.593 | 7.679 | 7.764 | 7.850 | 7.935 |
| 100 | 314.159 | 7.537 | 7.626 | 7.715 | 7.804 | 7.893 | 7.982 | 8.070 | 8.159 | 8.247 |
| 102 | 320.442 | 7.830 | 7.922 | 8.015 | 8.107 | 8.199 | 8.291 | 8.383 | 8.474 | 8.566 |
| 104 | 326.726 | 8.128 | 8.224 | 8.319 | 8.415 | 8.510 | 8.605 | 8.701 | 8.796 | 8.890 |
| 106 | 333.009 | 8.432 | 8.531 | 8.630 | 8.729 | 8.827 | 8.926 | 9.024 | 9.123 | 9.221 |
| 108 | 339.292 | 8.741 | 8.844 | 8.946 | 9.048 | 9.150 | 9.252 | 9.354 | 9.456 | 9.558 |

续表 1-2

| 检尺径 | | 检尺长/m | | | | | | | | |
|---|---|---|---|---|---|---|---|---|---|---|
| 直径/cm | 周长/cm | 8.3 | 8.4 | 8.5 | 8.6 | 8.7 | 8.8 | 8.9 | 9 | 9.1 |
| | | 材积/$m^3$ | | | | | | | | |
| 110 | 345.575 | 9.056 | 9.162 | 9.268 | 9.374 | 9.479 | 9.585 | 9.690 | 9.795 | 9.900 |
| 112 | 351.858 | 9.377 | 9.486 | 9.596 | 9.705 | 9.814 | 9.923 | 10.032 | 10.140 | 10.249 |
| 114 | 358.142 | 9.703 | 9.816 | 9.929 | 10.042 | 10.154 | 10.267 | 10.379 | 10.492 | 10.604 |
| 116 | 364.425 | 10.034 | 10.151 | 10.268 | 10.384 | 10.501 | 10.617 | 10.733 | 10.849 | 10.964 |
| 118 | 370.708 | 10.371 | 10.492 | 10.613 | 10.733 | 10.853 | 10.973 | 11.092 | 11.212 | 11.331 |
| 120 | 376.991 | 10.714 | 10.839 | 10.963 | 11.087 | 11.211 | 11.334 | 11.458 | 11.581 | 11.704 |
| 122 | 383.274 | 11.063 | 11.191 | 11.319 | 11.447 | 11.574 | 11.702 | 11.829 | 11.956 | 12.083 |
| 124 | 389.557 | 11.416 | 11.549 | 11.681 | 11.812 | 11.944 | 12.075 | 12.206 | 12.337 | 12.468 |
| 126 | 395.841 | 11.776 | 11.912 | 12.048 | 12.184 | 12.319 | 12.454 | 12.589 | 12.724 | 12.859 |
| 128 | 402.124 | 12.141 | 12.281 | 12.421 | 12.561 | 12.700 | 12.839 | 12.978 | 13.117 | 13.256 |
| 130 | 408.407 | 12.512 | 12.656 | 12.800 | 12.944 | 13.087 | 13.230 | 13.373 | 13.516 | 13.659 |
| 132 | 414.690 | 12.888 | 13.036 | 13.184 | 13.332 | 13.480 | 13.627 | 13.774 | 13.921 | 14.068 |
| 134 | 420.973 | 13.270 | 13.422 | 13.575 | 13.727 | 13.878 | 14.030 | 14.181 | 14.332 | 14.483 |
| 136 | 427.257 | 13.657 | 13.814 | 13.971 | 14.127 | 14.283 | 14.438 | 14.594 | 14.749 | 14.904 |
| 138 | 433.540 | 14.050 | 14.211 | 14.372 | 14.533 | 14.693 | 14.853 | 15.012 | 15.172 | 15.331 |
| 140 | 439.823 | 14.448 | 14.614 | 14.779 | 14.944 | 15.109 | 15.273 | 15.437 | 15.601 | 15.764 |

续表 1-2　　（原木）

| 检尺径 | | 检尺长/m | | | | | | | | |
|---|---|---|---|---|---|---|---|---|---|---|
| 直径 | 周长 | 8.3 | 8.4 | 8.5 | 8.6 | 8.7 | 8.8 | 8.9 | 9 | 9.1 |
| /cm | /cm | 材积/m³ | | | | | | | | |
| 142 | 446.106 | 14.853 | 15.023 | 15.192 | 15.362 | 15.531 | 15.699 | 15.868 | 16.036 | 16.203 |
| 144 | 452.389 | 15.262 | 15.437 | 15.611 | 15.785 | 15.958 | 16.131 | 16.304 | 16.476 | 16.649 |
| 146 | 458.673 | 15.677 | 15.856 | 16.035 | 16.214 | 16.391 | 16.569 | 16.746 | 16.923 | 17.100 |
| 148 | 464.956 | 16.098 | 16.282 | 16.465 | 16.648 | 16.831 | 17.013 | 17.195 | 17.376 | 17.557 |
| 150 | 471.239 | 16.525 | 16.713 | 16.901 | 17.088 | 17.276 | 17.462 | 17.649 | 17.835 | 18.020 |
| 152 | 477.522 | 16.956 | 17.150 | 17.342 | 17.535 | 17.726 | 17.918 | 18.109 | 18.299 | 18.490 |
| 154 | 483.805 | 17.394 | 17.592 | 17.789 | 17.986 | 18.183 | 18.379 | 18.575 | 18.770 | 18.965 |
| 156 | 490.088 | 17.837 | 18.040 | 18.242 | 18.444 | 18.645 | 18.846 | 19.047 | 19.247 | 19.447 |
| 158 | 496.372 | 18.286 | 18.493 | 18.701 | 18.907 | 19.113 | 19.319 | 19.525 | 19.730 | 19.934 |
| 160 | 502.655 | 18.740 | 18.953 | 19.165 | 19.376 | 19.587 | 19.798 | 20.008 | 20.218 | 20.428 |
| 162 | 508.938 | 19.200 | 19.417 | 19.635 | 19.851 | 20.067 | 20.283 | 20.498 | 20.713 | 20.927 |
| 164 | 515.221 | 19.665 | 19.888 | 20.110 | 20.332 | 20.553 | 20.774 | 20.994 | 21.213 | 21.433 |
| 166 | 521.504 | 20.136 | 20.364 | 20.591 | 20.818 | 21.044 | 21.270 | 21.495 | 21.720 | 21.944 |
| 168 | 527.788 | 20.613 | 20.846 | 21.078 | 21.310 | 21.542 | 21.772 | 22.003 | 22.233 | 22.462 |
| 170 | 534.071 | 21.095 | 21.333 | 21.571 | 21.808 | 22.045 | 22.281 | 22.516 | 22.751 | 22.986 |

**续表 1-2**

| 检尺径 | | 检尺长/m | | | | | | | | |
|---|---|---|---|---|---|---|---|---|---|---|
| 直径 | 周长 | 8.3 | 8.4 | 8.5 | 8.6 | 8.7 | 8.8 | 8.9 | 9 | 9.1 |
| /cm | /cm | 材积/m³ | | | | | | | | |
| 172 | 540.354 | 21.582 | 21.826 | 22.069 | 22.311 | 22.553 | 22.795 | 23.035 | 23.276 | 23.515 |
| 174 | 546.637 | 22.076 | 22.325 | 22.573 | 22.821 | 23.068 | 23.315 | 23.561 | 23.806 | 24.051 |
| 176 | 552.920 | 22.574 | 22.829 | 23.083 | 23.336 | 23.588 | 23.840 | 24.092 | 24.343 | 24.593 |
| 178 | 559.203 | 23.079 | 23.339 | 23.598 | 23.857 | 24.115 | 24.372 | 24.629 | 24.885 | 25.141 |
| 180 | 565.487 | 23.589 | 23.854 | 24.119 | 24.383 | 24.647 | 24.910 | 25.172 | 25.433 | 25.695 |
| 182 | 571.770 | 24.104 | 24.375 | 24.646 | 24.916 | 25.185 | 25.453 | 25.721 | 25.988 | 26.254 |
| 184 | 578.053 | 24.625 | 24.902 | 25.178 | 25.454 | 25.728 | 26.002 | 26.276 | 26.548 | 26.820 |
| 186 | 584.336 | 25.152 | 25.435 | 25.716 | 25.997 | 26.278 | 26.557 | 26.836 | 27.115 | 27.392 |
| 188 | 590.619 | 25.684 | 25.973 | 26.260 | 26.547 | 26.833 | 27.118 | 27.403 | 27.687 | 27.970 |
| 190 | 596.903 | 26.222 | 26.516 | 26.810 | 27.102 | 27.394 | 27.685 | 27.975 | 28.265 | 28.554 |
| 192 | 603.186 | 26.765 | 27.066 | 27.365 | 27.663 | 27.961 | 28.258 | 28.554 | 28.849 | 29.144 |
| 194 | 609.469 | 27.314 | 27.620 | 27.926 | 28.230 | 28.534 | 28.836 | 29.138 | 29.440 | 29.740 |
| 196 | 615.752 | 27.869 | 28.181 | 28.492 | 28.803 | 29.112 | 29.421 | 29.729 | 30.036 | 30.343 |
| 198 | 622.035 | 28.429 | 28.747 | 29.064 | 29.381 | 29.696 | 30.011 | 30.325 | 30.638 | 30.951 |
| 200 | 628.319 | 28.995 | 29.319 | 29.642 | 29.965 | 30.286 | 30.607 | 30.927 | 31.246 | 31.565 |

续表 1-2 （原木）

| 检尺径 | | 检尺长/m | | | | | | | | |
|---|---|---|---|---|---|---|---|---|---|---|
| 直径 | 周长 | 9.2 | 9.3 | 9.4 | 9.5 | 9.6 | 9.7 | 9.8 | 9.9 | 10 |
| /cm | /cm | 材积/m³ | | | | | | | | |
| 14 | 43.982 | 0.264 | 0.269 | 0.273 | 0.278 | 0.282 | 0.287 | 0.292 | 0.296 | 0.301 |
| 16 | 50.265 | 0.324 | 0.329 | 0.335 | 0.340 | 0.345 | 0.351 | 0.356 | 0.362 | 0.367 |
| 18 | 56.549 | 0.390 | 0.396 | 0.402 | 0.408 | 0.414 | 0.421 | 0.427 | 0.433 | 0.440 |
| 20 | 62.832 | 0.462 | 0.469 | 0.476 | 0.483 | 0.490 | 0.497 | 0.504 | 0.511 | 0.519 |
| 22 | 69.115 | 0.540 | 0.548 | 0.556 | 0.564 | 0.572 | 0.580 | 0.588 | 0.596 | 0.604 |
| 24 | 75.398 | 0.624 | 0.633 | 0.642 | 0.651 | 0.660 | 0.669 | 0.678 | 0.687 | 0.697 |
| 26 | 81.681 | 0.715 | 0.724 | 0.734 | 0.744 | 0.754 | 0.765 | 0.775 | 0.785 | 0.795 |
| 28 | 87.965 | 0.811 | 0.822 | 0.833 | 0.844 | 0.855 | 0.866 | 0.878 | 0.889 | 0.900 |
| 30 | 94.248 | 0.913 | 0.926 | 0.938 | 0.950 | 0.962 | 0.975 | 0.987 | 1.000 | 1.012 |
| 32 | 100.531 | 1.022 | 1.035 | 1.049 | 1.062 | 1.076 | 1.089 | 1.103 | 1.117 | 1.131 |
| 34 | 106.814 | 1.136 | 1.151 | 1.166 | 1.181 | 1.195 | 1.210 | 1.225 | 1.240 | 1.255 |
| 36 | 113.097 | 1.257 | 1.273 | 1.289 | 1.305 | 1.321 | 1.338 | 1.354 | 1.370 | 1.387 |
| 38 | 119.381 | 1.384 | 1.401 | 1.419 | 1.436 | 1.454 | 1.471 | 1.489 | 1.507 | 1.525 |
| 40 | 125.664 | 1.517 | 1.536 | 1.555 | 1.574 | 1.593 | 1.612 | 1.631 | 1.650 | 1.669 |
| 42 | 131.947 | 1.656 | 1.676 | 1.697 | 1.717 | 1.737 | 1.758 | 1.779 | 1.799 | 1.820 |
| 44 | 138.230 | 1.801 | 1.823 | 1.845 | 1.867 | 1.889 | 1.911 | 1.933 | 1.955 | 1.978 |

续表 1-2

| 检尺径 | | 检尺长/m | | | | | | | | |
|---|---|---|---|---|---|---|---|---|---|---|
| 直径 | 周长 | 9.2 | 9.3 | 9.4 | 9.5 | 9.6 | 9.7 | 9.8 | 9.9 | 10 |
| /cm | /cm | 材积/m³ | | | | | | | | |
| 46 | 144.513 | 1.952 | 1.976 | 1.999 | 2.023 | 2.046 | 2.070 | 2.094 | 2.118 | 2.142 |
| 48 | 150.796 | 2.109 | 2.135 | 2.160 | 2.185 | 2.210 | 2.236 | 2.261 | 2.287 | 2.312 |
| 50 | 157.080 | 2.273 | 2.300 | 2.327 | 2.354 | 2.381 | 2.408 | 2.435 | 2.462 | 2.489 |
| 52 | 163.363 | 2.442 | 2.471 | 2.500 | 2.528 | 2.557 | 2.586 | 2.615 | 2.644 | 2.673 |
| 54 | 169.646 | 2.618 | 2.648 | 2.679 | 2.709 | 2.740 | 2.771 | 2.802 | 2.832 | 2.863 |
| 56 | 175.929 | 2.799 | 2.832 | 2.864 | 2.897 | 2.929 | 2.962 | 2.995 | 3.027 | 3.060 |
| 58 | 182.212 | 2.987 | 3.021 | 3.056 | 3.090 | 3.125 | 3.159 | 3.194 | 3.229 | 3.263 |
| 60 | 188.496 | 3.181 | 3.217 | 3.254 | 3.290 | 3.327 | 3.363 | 3.400 | 3.436 | 3.473 |
| 62 | 194.779 | 3.381 | 3.419 | 3.458 | 3.496 | 3.535 | 3.573 | 3.612 | 3.651 | 3.690 |
| 64 | 201.062 | 3.587 | 3.627 | 3.668 | 3.708 | 3.749 | 3.790 | 3.831 | 3.872 | 3.912 |
| 66 | 207.345 | 3.799 | 3.841 | 3.884 | 3.927 | 3.970 | 4.013 | 4.056 | 4.099 | 4.142 |
| 68 | 213.628 | 4.017 | 4.062 | 4.107 | 4.152 | 4.197 | 4.242 | 4.287 | 4.333 | 4.378 |
| 70 | 219.911 | 4.241 | 4.288 | 4.336 | 4.383 | 4.430 | 4.478 | 4.525 | 4.573 | 4.620 |
| 72 | 226.195 | 4.471 | 4.521 | 4.571 | 4.620 | 4.670 | 4.720 | 4.770 | 4.820 | 4.869 |
| 74 | 232.478 | 4.708 | 4.760 | 4.812 | 4.864 | 4.916 | 4.968 | 5.020 | 5.073 | 5.125 |
| 76 | 238.761 | 4.950 | 5.005 | 5.059 | 5.114 | 5.168 | 5.223 | 5.278 | 5.332 | 5.387 |

续表 1-2 （原木）

| 检尺径 | | 检尺长/m | | | | | | | | |
|---|---|---|---|---|---|---|---|---|---|---|
| 直径 | 周长 | 9.2 | 9.3 | 9.4 | 9.5 | 9.6 | 9.7 | 9.8 | 9.9 | 10 |
| /cm | /cm | 材积/m³ | | | | | | | | |
| 78 | 245.044 | 5.199 | 5.256 | 5.313 | 5.370 | 5.427 | 5.484 | 5.541 | 5.599 | 5.656 |
| 80 | 251.327 | 5.454 | 5.513 | 5.573 | 5.632 | 5.692 | 5.752 | 5.811 | 5.871 | 5.931 |
| 82 | 257.611 | 5.715 | 5.777 | 5.839 | 5.901 | 5.963 | 6.026 | 6.088 | 6.150 | 6.213 |
| 84 | 263.894 | 5.981 | 6.046 | 6.111 | 6.176 | 6.241 | 6.306 | 6.371 | 6.436 | 6.501 |
| 86 | 270.177 | 6.254 | 6.322 | 6.390 | 6.457 | 6.525 | 6.593 | 6.660 | 6.728 | 6.796 |
| 88 | 276.460 | 6.534 | 6.604 | 6.674 | 6.745 | 6.815 | 6.886 | 6.956 | 7.027 | 7.097 |
| 90 | 282.743 | 6.819 | 6.892 | 6.965 | 7.038 | 7.112 | 7.185 | 7.258 | 7.332 | 7.405 |
| 92 | 289.027 | 7.110 | 7.186 | 7.262 | 7.338 | 7.415 | 7.491 | 7.567 | 7.643 | 7.719 |
| 94 | 295.310 | 7.407 | 7.486 | 7.566 | 7.645 | 7.724 | 7.803 | 7.882 | 7.961 | 8.040 |
| 96 | 301.593 | 7.711 | 7.793 | 7.875 | 7.957 | 8.039 | 8.121 | 8.204 | 8.286 | 8.368 |
| 98 | 307.876 | 8.020 | 8.105 | 8.191 | 8.276 | 8.361 | 8.446 | 8.531 | 8.617 | 8.702 |
| 100 | 314.159 | 8.336 | 8.424 | 8.513 | 8.601 | 8.689 | 8.778 | 8.866 | 8.954 | 9.043 |
| 102 | 320.442 | 8.658 | 8.749 | 8.841 | 8.932 | 9.024 | 9.115 | 9.207 | 9.298 | 9.390 |
| 104 | 326.726 | 8.985 | 9.080 | 9.175 | 9.270 | 9.364 | 9.459 | 9.554 | 9.649 | 9.743 |
| 106 | 333.009 | 9.319 | 9.417 | 9.515 | 9.613 | 9.711 | 9.809 | 9.907 | 10.005 | 10.103 |
| 108 | 339.292 | 9.659 | 9.761 | 9.862 | 9.964 | 10.065 | 10.166 | 10.268 | 10.369 | 10.470 |

续表 1-2

| 检尺径 | | 检尺长/m | | | | | | | | |
|---|---|---|---|---|---|---|---|---|---|---|
| 直径 | 周长 | 9.2 | 9.3 | 9.4 | 9.5 | 9.6 | 9.7 | 9.8 | 9.9 | 10 |
| /cm | /cm | 材积/$m^3$ | | | | | | | | |
| 110 | 345.575 | 10.005 | 10.110 | 10.215 | 10.320 | 10.425 | 10.529 | 10.634 | 10.739 | 10.843 |
| 112 | 351.858 | 10.357 | 10.466 | 10.574 | 10.682 | 10.791 | 10.899 | 11.007 | 11.115 | 11.223 |
| 114 | 358.142 | 10.716 | 10.828 | 10.939 | 11.051 | 11.163 | 11.275 | 11.386 | 11.498 | 11.610 |
| 116 | 364.425 | 11.080 | 11.196 | 11.311 | 11.426 | 11.542 | 11.657 | 11.772 | 11.887 | 12.002 |
| 118 | 370.708 | 11.451 | 11.570 | 11.689 | 11.808 | 11.927 | 12.045 | 12.164 | 12.283 | 12.402 |
| 120 | 376.991 | 11.827 | 11.950 | 12.073 | 12.195 | 12.318 | 12.440 | 12.563 | 12.685 | 12.808 |
| 122 | 383.274 | 12.210 | 12.336 | 12.463 | 12.589 | 12.715 | 12.842 | 12.968 | 13.094 | 13.220 |
| 124 | 389.557 | 12.598 | 12.729 | 12.859 | 12.989 | 13.119 | 13.249 | 13.379 | 13.509 | 13.639 |
| 126 | 395.841 | 12.993 | 13.127 | 13.262 | 13.396 | 13.530 | 13.663 | 13.797 | 13.931 | 14.065 |
| 128 | 402.124 | 13.394 | 13.532 | 13.670 | 13.808 | 13.946 | 14.084 | 14.222 | 14.359 | 14.497 |
| 130 | 408.407 | 13.801 | 13.943 | 14.085 | 14.227 | 14.369 | 14.511 | 14.652 | 14.794 | 14.935 |
| 132 | 414.690 | 14.214 | 14.360 | 14.506 | 14.652 | 14.798 | 14.944 | 15.090 | 15.235 | 15.381 |
| 134 | 420.973 | 14.633 | 14.784 | 14.934 | 15.084 | 15.234 | 15.383 | 15.533 | 15.683 | 15.832 |
| 136 | 427.257 | 15.059 | 15.213 | 15.367 | 15.521 | 15.675 | 15.829 | 15.983 | 16.137 | 16.291 |
| 138 | 433.540 | 15.490 | 15.649 | 15.807 | 15.965 | 16.124 | 16.282 | 16.440 | 16.598 | 16.755 |
| 140 | 439.823 | 15.927 | 16.090 | 16.253 | 16.416 | 16.578 | 16.740 | 16.903 | 17.065 | 17.227 |

续表 1-2　　　　（原木）

| 检尺径 | | 检尺长/m | | | | | | | | |
|---|---|---|---|---|---|---|---|---|---|---|
| 直径 /cm | 周长 /cm | 9.2 | 9.3 | 9.4 | 9.5 | 9.6 | 9.7 | 9.8 | 9.9 | 10 |
| | | 材积/m³ | | | | | | | | |
| 142 | 446.106 | 16.371 | 16.538 | 16.705 | 16.872 | 17.039 | 17.205 | 17.372 | 17.538 | 17.705 |
| 144 | 452.389 | 16.820 | 16.992 | 17.164 | 17.335 | 17.506 | 17.677 | 17.848 | 18.018 | 18.189 |
| 146 | 458.673 | 17.276 | 17.452 | 17.628 | 17.804 | 17.979 | 18.155 | 18.330 | 18.505 | 18.680 |
| 148 | 464.956 | 17.738 | 17.919 | 18.099 | 18.279 | 18.459 | 18.639 | 18.818 | 18.998 | 19.177 |
| 150 | 471.239 | 18.206 | 18.391 | 18.576 | 18.761 | 18.945 | 19.129 | 19.313 | 19.497 | 19.681 |
| 152 | 477.522 | 18.680 | 18.870 | 19.059 | 19.248 | 19.437 | 19.626 | 19.815 | 20.003 | 20.192 |
| 154 | 483.805 | 19.160 | 19.354 | 19.548 | 19.742 | 19.936 | 20.129 | 20.323 | 20.516 | 20.709 |
| 156 | 490.088 | 19.646 | 19.845 | 20.044 | 20.243 | 20.441 | 20.639 | 20.837 | 21.035 | 21.232 |
| 158 | 496.372 | 20.138 | 20.342 | 20.546 | 20.749 | 20.952 | 21.155 | 21.358 | 21.560 | 21.763 |
| 160 | 502.655 | 20.637 | 20.845 | 21.054 | 21.262 | 21.470 | 21.677 | 21.885 | 22.092 | 22.299 |
| 162 | 508.938 | 21.141 | 21.355 | 21.568 | 21.781 | 21.994 | 22.206 | 22.418 | 22.631 | 22.842 |
| 164 | 515.221 | 21.652 | 21.870 | 22.088 | 22.306 | 22.524 | 22.741 | 22.958 | 23.175 | 23.392 |
| 166 | 521.504 | 22.168 | 22.392 | 22.615 | 22.838 | 23.060 | 23.283 | 23.505 | 23.727 | 23.949 |
| 168 | 527.788 | 22.691 | 22.920 | 23.148 | 23.376 | 23.603 | 23.831 | 24.058 | 24.285 | 24.511 |
| 170 | 534.071 | 23.220 | 23.453 | 23.687 | 23.920 | 24.152 | 24.385 | 24.617 | 24.849 | 25.081 |

**续表 1-2**

| 检尺径 | | 检尺长/m | | | | | | | | |
|---|---|---|---|---|---|---|---|---|---|---|
| 直径 | 周长 | 9.2 | 9.3 | 9.4 | 9.5 | 9.6 | 9.7 | 9.8 | 9.9 | 10 |
| /cm | /cm | 材积/m³ | | | | | | | | |
| 172 | 540.354 | 23.755 | 23.994 | 24.232 | 24.470 | 24.708 | 24.945 | 25.183 | 25.420 | 25.657 |
| 174 | 546.637 | 24.296 | 24.540 | 24.783 | 25.027 | 25.270 | 25.512 | 25.755 | 25.997 | 26.239 |
| 176 | 552.920 | 24.843 | 25.092 | 25.341 | 25.590 | 25.838 | 26.086 | 26.333 | 26.581 | 26.828 |
| 178 | 559.203 | 25.396 | 25.651 | 25.905 | 26.159 | 26.412 | 26.665 | 26.918 | 27.171 | 27.424 |
| 180 | 565.487 | 25.955 | 26.215 | 26.475 | 26.734 | 26.993 | 27.252 | 27.510 | 27.768 | 28.026 |
| 182 | 571.770 | 26.520 | 26.786 | 27.051 | 27.316 | 27.580 | 27.844 | 28.108 | 28.371 | 28.634 |
| 184 | 578.053 | 27.092 | 27.363 | 27.634 | 27.904 | 28.173 | 28.443 | 28.712 | 28.981 | 29.249 |
| 186 | 584.336 | 27.669 | 27.946 | 28.222 | 28.498 | 28.773 | 29.048 | 29.323 | 29.597 | 29.871 |
| 188 | 590.619 | 28.253 | 28.535 | 28.817 | 29.098 | 29.379 | 29.660 | 29.940 | 30.220 | 30.499 |
| 190 | 596.903 | 28.843 | 29.131 | 29.418 | 29.705 | 29.991 | 30.278 | 30.563 | 30.849 | 31.134 |
| 192 | 603.186 | 29.439 | 29.732 | 30.025 | 30.318 | 30.610 | 30.902 | 31.193 | 31.484 | 31.775 |
| 194 | 609.469 | 30.040 | 30.340 | 30.639 | 30.937 | 31.235 | 31.533 | 31.830 | 32.126 | 32.423 |
| 196 | 615.752 | 30.648 | 30.954 | 31.258 | 31.563 | 31.866 | 32.170 | 32.472 | 32.775 | 33.077 |
| 198 | 622.035 | 31.263 | 31.574 | 31.884 | 32.194 | 32.504 | 32.813 | 33.122 | 33.430 | 33.738 |
| 200 | 628.319 | 31.883 | 32.200 | 32.516 | 32.832 | 33.148 | 33.463 | 33.777 | 34.092 | 34.406 |

## 1.2 短原木

### 1.2.1 计算依据和方法

**短原木**指造材过程中剩余长度不足2m的圆形木段。

LY/T 1506—2008《短原木》代替LY/T 1506—1999《短原木》。从2008年12月1日开始实施。新标准与LY/T 1506—1999相比主要变化包括：适用范围扩大为全国短原木生产和流通领域；检尺长由原来的1.0～1.9m改为0.5～1.9m；检尺径由原来自14cm以上改为自8cm以上等。

(1)短原木材积计算按GB/T 4814—1984《原木材积表》附录A中A.1规定计算：

$$V=0.8L(D+0.5L)^2\div10000 \tag{1.3}$$

式中，$V$为材积($m^3$)；$L$为检尺长(m)；$D$为检尺径(cm)。

(2)短原木尺寸检量按GB/T 144—2003规定。

**检尺长进级** 自0.5～1.9m按0.1m进级，实际尺寸不足0.1m，足5cm

增进，不足 5cm 舍去。长级公差允许$^{+3}_{-1}$cm。

**检尺径进级** 自 8cm 以上，不足 14cm，按 1cm 进级，实际尺寸不足 1cm 时，足 0.5cm 增进，不足 0.5cm 舍去；自 14cm 以上，按 2cm 进级，实际尺寸足 1cm 增进，不足 1cm 舍去。

### 1.2.2 检尺径 8～100cm(检尺长 0.5～1.9m)的短原木材积速查表

检尺径 8～100cm(检尺长 0.5～1.9m)的短原木材积速查表见表 1-3。

**表 1-3 检尺径 8～100cm(检尺长 0.5～1.9m)的短原木材积速查表**

| 检尺径 | | 检尺长/m | | | | | | | |
|---|---|---|---|---|---|---|---|---|---|
| 直径/cm | 周长/m | 0.5 | 0.6 | 0.7 | 0.8 | 0.9 | 1.0 | 1.1 | 1.2 |
| | | 材积/$m^3$ | | | | | | | |
| 8 | 25.133 | 0.003 | 0.003 | 0.004 | 0.005 | 0.005 | 0.006 | 0.006 | 0.007 |
| 9 | 28.274 | 0.003 | 0.004 | 0.005 | 0.006 | 0.006 | 0.007 | 0.008 | 0.009 |
| 10 | 31.416 | 0.004 | 0.005 | 0.006 | 0.007 | 0.008 | 0.009 | 0.010 | 0.011 |
| 11 | 34.558 | 0.005 | 0.006 | 0.007 | 0.008 | 0.009 | 0.011 | 0.012 | 0.013 |
| 12 | 37.699 | 0.006 | 0.007 | 0.009 | 0.010 | 0.011 | 0.013 | 0.014 | 0.015 |
| 13 | 40.841 | 0.007 | 0.008 | 0.010 | 0.011 | 0.013 | 0.015 | 0.016 | 0.018 |
| 14 | 43.982 | 0.008 | 0.010 | 0.012 | 0.013 | 0.015 | 0.017 | 0.019 | 0.020 |

续表 1-3　　（短原木）

| 检尺径 | | 检尺长/m | | | | | | | |
|---|---|---|---|---|---|---|---|---|---|
| 直径/cm | 周长/m | 0.5 | 0.6 | 0.7 | 0.8 | 0.9 | 1.0 | 1.1 | 1.2 |
| | | 材积/$m^3$ | | | | | | | |
| 16 | 50.265 | 0.011 | 0.013 | 0.015 | 0.017 | 0.019 | 0.022 | 0.024 | 0.026 |
| 18 | 56.549 | 0.013 | 0.016 | 0.019 | 0.022 | 0.025 | 0.027 | 0.030 | 0.033 |
| 20 | 62.832 | 0.016 | 0.020 | 0.023 | 0.027 | 0.030 | 0.034 | 0.037 | 0.041 |
| 22 | 69.115 | 0.020 | 0.024 | 0.028 | 0.032 | 0.036 | 0.041 | 0.045 | 0.049 |
| 24 | 75.398 | 0.024 | 0.028 | 0.033 | 0.038 | 0.043 | 0.048 | 0.053 | 0.058 |
| 26 | 81.681 | 0.028 | 0.033 | 0.039 | 0.045 | 0.050 | 0.056 | 0.062 | 0.068 |
| 28 | 87.965 | 0.032 | 0.038 | 0.045 | 0.052 | 0.058 | 0.065 | 0.072 | 0.079 |
| 30 | 94.248 | 0.037 | 0.044 | 0.052 | 0.059 | 0.067 | 0.074 | 0.082 | 0.090 |
| 32 | 100.531 | 0.042 | 0.050 | 0.059 | 0.067 | 0.076 | 0.085 | 0.093 | 0.102 |
| 34 | 106.814 | 0.047 | 0.056 | 0.066 | 0.076 | 0.085 | 0.095 | 0.105 | 0.115 |
| 36 | 113.097 | 0.053 | 0.063 | 0.074 | 0.085 | 0.096 | 0.107 | 0.118 | 0.129 |
| 38 | 119.381 | 0.059 | 0.070 | 0.082 | 0.094 | 0.106 | 0.119 | 0.131 | 0.143 |
| 40 | 125.664 | 0.065 | 0.078 | 0.091 | 0.104 | 0.118 | 0.131 | 0.145 | 0.158 |
| 42 | 131.947 | 0.071 | 0.086 | 0.100 | 0.115 | 0.130 | 0.145 | 0.159 | 0.174 |
| 44 | 138.230 | 0.078 | 0.094 | 0.110 | 0.126 | 0.142 | 0.158 | 0.175 | 0.191 |

（短原木）

**续表 1-3**

| 检尺径 | | 检尺长/m | | | | | | | |
|---|---|---|---|---|---|---|---|---|---|
| 直径/cm | 周长/m | 0.5 | 0.6 | 0.7 | 0.8 | 0.9 | 1.0 | 1.1 | 1.2 |
| | | 材积/m³ | | | | | | | |
| 46 | 144.513 | 0.086 | 0.103 | 0.120 | 0.138 | 0.155 | 0.173 | 0.191 | 0.208 |
| 48 | 150.796 | 0.093 | 0.112 | 0.131 | 0.150 | 0.169 | 0.188 | 0.207 | 0.227 |
| 50 | 157.080 | 0.101 | 0.121 | 0.142 | 0.163 | 0.183 | 0.204 | 0.225 | 0.246 |
| 52 | 163.363 | 0.109 | 0.131 | 0.153 | 0.176 | 0.198 | 0.221 | 0.243 | 0.266 |
| 54 | 169.646 | 0.118 | 0.142 | 0.165 | 0.189 | 0.213 | 0.238 | 0.262 | 0.286 |
| 56 | 175.929 | 0.127 | 0.152 | 0.178 | 0.204 | 0.229 | 0.255 | 0.281 | 0.308 |
| 58 | 182.212 | 0.136 | 0.163 | 0.191 | 0.218 | 0.246 | 0.274 | 0.302 | 0.330 |
| 60 | 188.496 | 0.145 | 0.175 | 0.204 | 0.233 | 0.263 | 0.293 | 0.323 | 0.353 |
| 62 | 194.779 | 0.155 | 0.186 | 0.218 | 0.249 | 0.281 | 0.313 | 0.344 | 0.376 |
| 64 | 201.062 | 0.165 | 0.198 | 0.232 | 0.265 | 0.299 | 0.333 | 0.367 | 0.401 |
| 66 | 207.345 | 0.176 | 0.211 | 0.247 | 0.282 | 0.318 | 0.354 | 0.390 | 0.426 |
| 68 | 213.628 | 0.186 | 0.224 | 0.262 | 0.299 | 0.337 | 0.375 | 0.414 | 0.452 |
| 70 | 219.911 | 0.197 | 0.237 | 0.277 | 0.317 | 0.357 | 0.398 | 0.438 | 0.478 |
| 72 | 226.195 | 0.209 | 0.251 | 0.293 | 0.335 | 0.378 | 0.421 | 0.463 | 0.506 |
| 74 | 232.478 | 0.221 | 0.265 | 0.310 | 0.354 | 0.399 | 0.444 | 0.489 | 0.534 |

续表 1-3　　（短原木）

| 检尺径 | | 检尺长/m | | | | | | | |
|---|---|---|---|---|---|---|---|---|---|
| 直径/cm | 周长/m | 0.5 | 0.6 | 0.7 | 0.8 | 0.9 | 1.0 | 1.1 | 1.2 |
| | | 材积/$m^3$ | | | | | | | |
| 76 | 238.761 | 0.233 | 0.279 | 0.326 | 0.374 | 0.421 | 0.468 | 0.516 | 0.563 |
| 78 | 245.044 | 0.245 | 0.294 | 0.344 | 0.393 | 0.443 | 0.493 | 0.543 | 0.593 |
| 80 | 251.327 | 0.258 | 0.310 | 0.362 | 0.414 | 0.466 | 0.518 | 0.571 | 0.624 |
| 82 | 257.611 | 0.271 | 0.325 | 0.380 | 0.435 | 0.489 | 0.545 | 0.600 | 0.655 |
| 84 | 263.894 | 0.284 | 0.341 | 0.398 | 0.456 | 0.513 | 0.571 | 0.629 | 0.687 |
| 86 | 270.177 | 0.298 | 0.357 | 0.418 | 0.478 | 0.538 | 0.599 | 0.659 | 0.720 |
| 88 | 276.460 | 0.312 | 0.374 | 0.437 | 0.500 | 0.563 | 0.627 | 0.690 | 0.754 |
| 90 | 282.743 | 0.326 | 0.391 | 0.457 | 0.523 | 0.589 | 0.655 | 0.722 | 0.788 |
| 92 | 289.027 | 0.340 | 0.409 | 0.478 | 0.546 | 0.615 | 0.685 | 0.754 | 0.823 |
| 94 | 295.310 | 0.355 | 0.427 | 0.499 | 0.570 | 0.642 | 0.714 | 0.787 | 0.859 |
| 96 | 301.593 | 0.371 | 0.445 | 0.520 | 0.595 | 0.670 | 0.745 | 0.820 | 0.896 |
| 98 | 307.876 | 0.386 | 0.464 | 0.542 | 0.620 | 0.698 | 0.776 | 0.855 | 0.933 |
| 100 | 314.159 | 0.402 | 0.483 | 0.564 | 0.645 | 0.726 | 0.808 | 0.890 | 0.972 |

（短原木）

**续表 1-3**

| 检尺径 | | 检尺长/m | | | | | | |
|---|---|---|---|---|---|---|---|---|
| 直径/cm | 周长/m | 1.3 | 1.4 | 1.5 | 1.6 | 1.7 | 1.8 | 1.9 |
| | | 材积/$m^3$ | | | | | | |
| 8 | 25.133 | 0.008 | 0.008 | 0.009 | 0.010 | 0.011 | 0.011 | 0.012 |
| 9 | 28.274 | 0.010 | 0.011 | 0.011 | 0.012 | 0.013 | 0.014 | 0.015 |
| 10 | 31.416 | 0.012 | 0.013 | 0.014 | 0.015 | 0.016 | 0.017 | 0.018 |
| 11 | 34.558 | 0.014 | 0.015 | 0.017 | 0.018 | 0.019 | 0.020 | 0.022 |
| 12 | 37.699 | 0.017 | 0.018 | 0.020 | 0.021 | 0.022 | 0.024 | 0.025 |
| 13 | 40.841 | 0.019 | 0.021 | 0.023 | 0.024 | 0.026 | 0.028 | 0.030 |
| 14 | 43.982 | 0.022 | 0.024 | 0.026 | 0.028 | 0.030 | 0.032 | 0.034 |
| 16 | 50.265 | 0.029 | 0.031 | 0.034 | 0.036 | 0.039 | 0.041 | 0.044 |
| 18 | 56.549 | 0.036 | 0.039 | 0.042 | 0.045 | 0.048 | 0.051 | 0.055 |
| 20 | 62.832 | 0.044 | 0.048 | 0.052 | 0.055 | 0.059 | 0.063 | 0.067 |
| 22 | 69.115 | 0.053 | 0.058 | 0.062 | 0.067 | 0.071 | 0.076 | 0.080 |
| 24 | 75.398 | 0.063 | 0.068 | 0.074 | 0.079 | 0.084 | 0.089 | 0.095 |
| 26 | 81.681 | 0.074 | 0.080 | 0.086 | 0.092 | 0.098 | 0.104 | 0.110 |
| 28 | 87.965 | 0.085 | 0.092 | 0.099 | 0.106 | 0.113 | 0.120 | 0.127 |
| 30 | 94.248 | 0.098 | 0.106 | 0.113 | 0.121 | 0.129 | 0.137 | 0.146 |
| 32 | 100.531 | 0.111 | 0.120 | 0.129 | 0.138 | 0.147 | 0.156 | 0.165 |
| 34 | 106.814 | 0.125 | 0.135 | 0.145 | 0.155 | 0.165 | 0.175 | 0.186 |

续表 1-3 （短原木）

| 检尺径 | | 检尺长/m | | | | | | |
|---|---|---|---|---|---|---|---|---|
| 直径/cm | 周长/m | 1.3 | 1.4 | 1.5 | 1.6 | 1.7 | 1.8 | 1.9 |
| | | 材积/$m^3$ | | | | | | |
| 36 | 113.097 | 0.140 | 0.151 | 0.162 | 0.173 | 0.185 | 0.196 | 0.208 |
| 38 | 119.381 | 0.155 | 0.168 | 0.180 | 0.193 | 0.205 | 0.218 | 0.231 |
| 40 | 125.664 | 0.172 | 0.186 | 0.199 | 0.213 | 0.227 | 0.241 | 0.255 |
| 42 | 131.947 | 0.189 | 0.204 | 0.219 | 0.234 | 0.250 | 0.265 | 0.280 |
| 44 | 138.230 | 0.207 | 0.224 | 0.240 | 0.257 | 0.274 | 0.290 | 0.307 |
| 46 | 144.513 | 0.226 | 0.244 | 0.262 | 0.280 | 0.299 | 0.317 | 0.335 |
| 48 | 150.796 | 0.246 | 0.266 | 0.285 | 0.305 | 0.325 | 0.344 | 0.364 |
| 50 | 157.080 | 0.267 | 0.288 | 0.309 | 0.330 | 0.352 | 0.373 | 0.395 |
| 52 | 163.363 | 0.288 | 0.311 | 0.334 | 0.357 | 0.380 | 0.403 | 0.426 |
| 54 | 169.646 | 0.311 | 0.335 | 0.360 | 0.384 | 0.409 | 0.434 | 0.459 |
| 56 | 175.929 | 0.334 | 0.360 | 0.386 | 0.413 | 0.440 | 0.466 | 0.493 |
| 58 | 182.212 | 0.358 | 0.386 | 0.414 | 0.443 | 0.471 | 0.500 | 0.528 |
| 60 | 188.496 | 0.383 | 0.413 | 0.443 | 0.473 | 0.504 | 0.534 | 0.565 |
| 62 | 194.779 | 0.408 | 0.440 | 0.473 | 0.505 | 0.537 | 0.570 | 0.602 |
| 64 | 201.062 | 0.435 | 0.469 | 0.503 | 0.537 | 0.572 | 0.607 | 0.641 |
| 66 | 207.345 | 0.462 | 0.498 | 0.535 | 0.571 | 0.608 | 0.644 | 0.681 |
| 68 | 213.628 | 0.490 | 0.529 | 0.567 | 0.606 | 0.645 | 0.684 | 0.723 |

（短原木）

续表 1-3

| 检尺径 | | 检尺长/m | | | | | | |
|---|---|---|---|---|---|---|---|---|
| 直径/cm | 周长/m | 1.3 | 1.4 | 1.5 | 1.6 | 1.7 | 1.8 | 1.9 |
| | | 材积/m³ | | | | | | |
| 70 | 219.911 | 0.519 | 0.560 | 0.601 | 0.642 | 0.683 | 0.724 | 0.765 |
| 72 | 226.195 | 0.549 | 0.592 | 0.635 | 0.678 | 0.722 | 0.765 | 0.809 |
| 74 | 232.478 | 0.580 | 0.625 | 0.671 | 0.716 | 0.762 | 0.808 | 0.854 |
| 76 | 238.761 | 0.611 | 0.659 | 0.707 | 0.755 | 0.803 | 0.852 | 0.900 |
| 78 | 245.044 | 0.643 | 0.694 | 0.744 | 0.795 | 0.846 | 0.896 | 0.947 |
| 80 | 251.327 | 0.676 | 0.729 | 0.782 | 0.836 | 0.889 | 0.942 | 0.996 |
| 82 | 257.611 | 0.710 | 0.766 | 0.822 | 0.878 | 0.934 | 0.990 | 1.046 |
| 84 | 263.894 | 0.745 | 0.803 | 0.862 | 0.920 | 0.979 | 1.038 | 1.097 |
| 86 | 270.177 | 0.781 | 0.842 | 0.903 | 0.964 | 1.026 | 1.087 | 1.149 |
| 88 | 276.460 | 0.817 | 0.881 | 0.945 | 1.009 | 1.074 | 1.138 | 1.203 |
| 90 | 282.743 | 0.855 | 0.921 | 0.988 | 1.055 | 1.123 | 1.190 | 1.257 |
| 92 | 289.027 | 0.893 | 0.962 | 1.032 | 1.102 | 1.172 | 1.243 | 1.313 |
| 94 | 295.310 | 0.932 | 1.004 | 1.077 | 1.150 | 1.224 | 1.297 | 1.370 |
| 96 | 301.593 | 0.971 | 1.047 | 1.123 | 1.199 | 1.276 | 1.352 | 1.429 |
| 98 | 307.876 | 1.012 | 1.091 | 1.170 | 1.249 | 1.329 | 1.408 | 1.488 |
| 100 | 314.159 | 1.054 | 1.136 | 1.218 | 1.301 | 1.383 | 1.466 | 1.549 |

## 1.3 长原木

### 1.3.1 计算依据和方法

依据 GB 4814—1984《原木材积表》附录 A，检尺长超出原木材积表所列范围（2～10m）而又不符合原条木标准的特殊用途圆材，其材积按下式计算：

$$V=0.8L(D+0.5L)^2\div 10000 \tag{1.4}$$

式中，$V$ 为材积（$m^3$）；$L$ 为检尺长（m）；$D$ 为检尺径（cm）。

圆材的检尺长、检尺径按 GB/T 144—2003 的规定检量。

**检尺径进级** 检尺径不足 14cm，按 1cm 进级，实际尺寸不足 1cm 时，足 0.5cm 增进，不足 0.5cm 舍去；自 14cm 以上，按 2cm 进级，实际尺寸不足 2cm 时，足 1cm 增进，不足 1cm 舍去。

**检尺长进级** 检尺长范围及长级公差由供需双方商定。本手册检尺长自10.1～30m，按0.1m进级，实际尺寸不足0.1m时，足5cm增进，不足5cm舍去。

### 1.3.2 检尺径4～250cm(检尺长10.1～30m)的长原木材积速查表

检尺径4～250cm（检尺长10.1～30m）的长原木材积速查表见表1-4。

表1-4 检尺径4～250cm(检尺长10.1～30m)的长原木材积速查表

| 检尺径 | | 检尺长/m | | | | | | | | |
|---|---|---|---|---|---|---|---|---|---|---|
| 直径 /cm | 周长 /cm | 10.1 | 10.2 | 10.3 | 10.4 | 10.5 | 10.6 | 10.7 | 10.8 | 10.9 |
| | | 材积/m³ | | | | | | | | |
| 4 | 12.5664 | 0.0662 | 0.0676 | 0.0690 | 0.0704 | 0.0719 | 0.0733 | 0.0748 | 0.0763 | 0.0779 |
| 5 | 15.7080 | 0.0816 | 0.0832 | 0.0849 | 0.0866 | 0.0883 | 0.0900 | 0.0917 | 0.0935 | 0.0952 |
| 6 | 18.8496 | 0.0987 | 0.1005 | 0.1024 | 0.1044 | 0.1063 | 0.1083 | 0.1103 | 0.1123 | 0.1143 |
| 7 | 21.9911 | 0.1173 | 0.1195 | 0.1216 | 0.1238 | 0.1261 | 0.1283 | 0.1306 | 0.1328 | 0.1352 |
| 8 | 25.133 | 0.138 | 0.140 | 0.142 | 0.145 | 0.147 | 0.150 | 0.153 | 0.155 | 0.158 |
| 9 | 28.274 | 0.160 | 0.162 | 0.165 | 0.168 | 0.171 | 0.173 | 0.176 | 0.179 | 0.182 |

**续表 1-4** （长原木）

| 检尺径 | | 检尺长/m | | | | | | | | |
|---|---|---|---|---|---|---|---|---|---|---|
| 直径 | 周长 | 10.1 | 10.2 | 10.3 | 10.4 | 10.5 | 10.6 | 10.7 | 10.8 | 10.9 |
| /cm | /cm | 材积/m³ | | | | | | | | |
| 10 | 31.416 | 0.183 | 0.186 | 0.189 | 0.192 | 0.195 | 0.199 | 0.202 | 0.205 | 0.208 |
| 11 | 34.558 | 0.208 | 0.212 | 0.215 | 0.218 | 0.222 | 0.225 | 0.229 | 0.232 | 0.236 |
| 12 | 37.699 | 0.235 | 0.239 | 0.242 | 0.246 | 0.250 | 0.254 | 0.258 | 0.262 | 0.266 |
| 13 | 40.841 | 0.263 | 0.267 | 0.271 | 0.276 | 0.280 | 0.284 | 0.288 | 0.293 | 0.297 |
| 14 | 43.982 | 0.293 | 0.298 | 0.302 | 0.307 | 0.311 | 0.316 | 0.321 | 0.325 | 0.330 |
| 16 | 50.265 | 0.358 | 0.363 | 0.369 | 0.374 | 0.379 | 0.385 | 0.390 | 0.396 | 0.401 |
| 18 | 56.549 | 0.429 | 0.435 | 0.442 | 0.448 | 0.454 | 0.460 | 0.467 | 0.473 | 0.480 |
| 20 | 62.832 | 0.507 | 0.514 | 0.521 | 0.528 | 0.536 | 0.543 | 0.550 | 0.557 | 0.565 |
| 22 | 69.115 | 0.591 | 0.599 | 0.607 | 0.616 | 0.624 | 0.632 | 0.640 | 0.649 | 0.657 |
| 24 | 75.398 | 0.682 | 0.691 | 0.700 | 0.709 | 0.719 | 0.728 | 0.737 | 0.747 | 0.756 |
| 26 | 81.681 | 0.779 | 0.789 | 0.800 | 0.810 | 0.820 | 0.831 | 0.841 | 0.852 | 0.862 |
| 28 | 87.965 | 0.883 | 0.894 | 0.906 | 0.917 | 0.929 | 0.940 | 0.952 | 0.964 | 0.976 |
| 30 | 94.248 | 0.993 | 1.005 | 1.018 | 1.031 | 1.044 | 1.057 | 1.070 | 1.083 | 1.096 |
| 32 | 100.531 | 1.109 | 1.123 | 1.137 | 1.151 | 1.166 | 1.180 | 1.194 | 1.209 | 1.223 |
| 34 | 106.814 | 1.232 | 1.248 | 1.263 | 1.278 | 1.294 | 1.310 | 1.325 | 1.341 | 1.357 |
| 36 | 113.097 | 1.362 | 1.378 | 1.395 | 1.412 | 1.429 | 1.446 | 1.464 | 1.481 | 1.498 |
| 38 | 119.381 | 1.497 | 1.516 | 1.534 | 1.553 | 1.571 | 1.590 | 1.609 | 1.627 | 1.646 |

（长原木）

**续表 1-4**

| 检尺径 | | 检尺长/m | | | | | | | | |
|---|---|---|---|---|---|---|---|---|---|---|
| 直径 | 周长 | 10.1 | 10.2 | 10.3 | 10.4 | 10.5 | 10.6 | 10.7 | 10.8 | 10.9 |
| /cm | /cm | 材积/m³ | | | | | | | | |
| 40 | 125.664 | 1.640 | 1.660 | 1.680 | 1.700 | 1.720 | 1.740 | 1.760 | 1.781 | 1.801 |
| 42 | 131.947 | 1.789 | 1.810 | 1.832 | 1.854 | 1.875 | 1.897 | 1.919 | 1.941 | 1.963 |
| 44 | 138.230 | 1.944 | 1.967 | 1.991 | 2.014 | 2.037 | 2.061 | 2.085 | 2.108 | 2.132 |
| 46 | 144.513 | 2.106 | 2.131 | 2.156 | 2.181 | 2.206 | 2.232 | 2.257 | 2.283 | 2.308 |
| 48 | 150.796 | 2.274 | 2.301 | 2.328 | 2.355 | 2.382 | 2.409 | 2.436 | 2.464 | 2.491 |
| 50 | 157.080 | 2.449 | 2.477 | 2.506 | 2.535 | 2.564 | 2.593 | 2.622 | 2.652 | 2.681 |
| 52 | 163.363 | 2.630 | 2.660 | 2.691 | 2.722 | 2.753 | 2.784 | 2.815 | 2.847 | 2.878 |
| 54 | 169.646 | 2.817 | 2.850 | 2.883 | 2.916 | 2.949 | 2.982 | 3.015 | 3.049 | 3.082 |
| 56 | 175.929 | 3.011 | 3.046 | 3.081 | 3.116 | 3.151 | 3.187 | 3.222 | 3.257 | 3.293 |
| 58 | 182.212 | 3.212 | 3.249 | 3.286 | 3.323 | 3.360 | 3.398 | 3.435 | 3.473 | 3.511 |
| 60 | 188.496 | 3.419 | 3.458 | 3.497 | 3.537 | 3.576 | 3.616 | 3.656 | 3.695 | 3.735 |
| 62 | 194.779 | 3.633 | 3.674 | 3.716 | 3.757 | 3.799 | 3.841 | 3.883 | 3.925 | 3.967 |
| 64 | 201.062 | 3.852 | 3.896 | 3.940 | 3.984 | 4.028 | 4.073 | 4.117 | 4.161 | 4.206 |
| 66 | 207.345 | 4.079 | 4.125 | 4.171 | 4.218 | 4.264 | 4.311 | 4.358 | 4.405 | 4.452 |
| 68 | 213.628 | 4.312 | 4.360 | 4.409 | 4.458 | 4.507 | 4.556 | 4.605 | 4.655 | 4.704 |
| 70 | 219.911 | 4.551 | 4.602 | 4.654 | 4.705 | 4.757 | 4.808 | 4.860 | 4.912 | 4.964 |
| 72 | 226.195 | 4.797 | 4.851 | 4.905 | 4.959 | 5.013 | 5.067 | 5.121 | 5.176 | 5.231 |

续表 1-4 （长原木）

| 检尺径 | | 检尺长/m | | | | | | | | |
|---|---|---|---|---|---|---|---|---|---|---|
| 直径 | 周长 | 10.1 | 10.2 | 10.3 | 10.4 | 10.5 | 10.6 | 10.7 | 10.8 | 10.9 |
| /cm | /cm | 材积/m³ | | | | | | | | |
| 74 | 232.478 | 5.049 | 5.106 | 5.162 | 5.219 | 5.276 | 5.333 | 5.390 | 5.447 | 5.504 |
| 76 | 238.761 | 5.308 | 5.367 | 5.426 | 5.486 | 5.545 | 5.605 | 5.665 | 5.725 | 5.785 |
| 78 | 245.044 | 5.573 | 5.635 | 5.697 | 5.759 | 5.822 | 5.884 | 5.947 | 6.010 | 6.073 |
| 80 | 251.327 | 5.845 | 5.909 | 5.974 | 6.040 | 6.105 | 6.170 | 6.236 | 6.301 | 6.367 |
| 82 | 257.611 | 6.123 | 6.191 | 6.258 | 6.326 | 6.395 | 6.463 | 6.531 | 6.600 | 6.669 |
| 84 | 263.894 | 6.407 | 6.478 | 6.549 | 6.620 | 6.691 | 6.762 | 6.834 | 6.905 | 6.977 |
| 86 | 270.177 | 6.698 | 6.772 | 6.846 | 6.920 | 6.994 | 7.069 | 7.143 | 7.218 | 7.293 |
| 88 | 276.460 | 6.996 | 7.073 | 7.150 | 7.227 | 7.304 | 7.382 | 7.459 | 7.537 | 7.615 |
| 90 | 282.743 | 7.300 | 7.380 | 7.460 | 7.540 | 7.621 | 7.702 | 7.782 | 7.863 | 7.945 |
| 92 | 289.027 | 7.610 | 7.694 | 7.777 | 7.861 | 7.944 | 8.028 | 8.112 | 8.197 | 8.281 |
| 94 | 295.310 | 7.927 | 8.014 | 8.101 | 8.187 | 8.274 | 8.362 | 8.449 | 8.537 | 8.624 |
| 96 | 301.593 | 8.251 | 8.341 | 8.431 | 8.521 | 8.611 | 8.702 | 8.793 | 8.884 | 8.975 |
| 98 | 307.876 | 8.580 | 8.674 | 8.767 | 8.861 | 8.955 | 9.049 | 9.143 | 9.238 | 9.332 |
| 100 | 314.159 | 8.917 | 9.014 | 9.111 | 9.208 | 9.305 | 9.403 | 9.500 | 9.598 | 9.696 |
| 102 | 320.442 | 9.259 | 9.360 | 9.460 | 9.561 | 9.662 | 9.763 | 9.865 | 9.966 | 10.068 |
| 104 | 326.726 | 9.609 | 9.713 | 9.817 | 9.921 | 10.026 | 10.131 | 10.236 | 10.341 | 10.446 |
| 106 | 333.009 | 9.964 | 10.072 | 10.180 | 10.288 | 10.396 | 10.505 | 10.613 | 10.722 | 10.831 |

**续表 1-4**

| 检尺径 | | 检尺长/m | | | | | | | | |
|---|---|---|---|---|---|---|---|---|---|---|
| 直径 | 周长 | 10.1 | 10.2 | 10.3 | 10.4 | 10.5 | 10.6 | 10.7 | 10.8 | 10.9 |
| /cm | /cm | 材积/$m^3$ | | | | | | | | |
| 108 | 339.292 | 10.326 | 10.438 | 10.550 | 10.661 | 10.773 | 10.886 | 10.998 | 11.111 | 11.223 |
| 110 | 345.575 | 10.695 | 10.810 | 10.926 | 11.042 | 11.157 | 11.273 | 11.390 | 11.506 | 11.623 |
| 112 | 351.858 | 11.070 | 11.189 | 11.309 | 11.428 | 11.548 | 11.668 | 11.788 | 11.908 | 12.029 |
| 114 | 358.142 | 11.452 | 11.575 | 11.698 | 11.822 | 11.945 | 12.069 | 12.193 | 12.317 | 12.442 |
| 116 | 364.425 | 11.840 | 11.967 | 12.094 | 12.222 | 12.349 | 12.477 | 12.605 | 12.734 | 12.862 |
| 118 | 370.708 | 12.234 | 12.365 | 12.497 | 12.628 | 12.760 | 12.892 | 13.024 | 13.157 | 13.289 |
| 120 | 376.991 | 12.635 | 12.770 | 12.906 | 13.042 | 13.178 | 13.314 | 13.450 | 13.587 | 13.723 |
| 122 | 383.274 | 13.042 | 13.182 | 13.322 | 13.462 | 13.602 | 13.742 | 13.883 | 14.023 | 14.164 |
| 124 | 389.557 | 13.456 | 13.600 | 13.744 | 13.888 | 14.033 | 14.177 | 14.322 | 14.467 | 14.612 |
| 126 | 395.841 | 13.877 | 14.025 | 14.173 | 14.322 | 14.470 | 14.619 | 14.768 | 14.918 | 15.067 |
| 128 | 402.124 | 14.303 | 14.456 | 14.609 | 14.762 | 14.915 | 15.068 | 15.222 | 15.375 | 15.529 |
| 130 | 408.407 | 14.737 | 14.894 | 15.051 | 15.208 | 15.366 | 15.524 | 15.682 | 15.840 | 15.998 |
| 132 | 414.690 | 15.176 | 15.338 | 15.500 | 15.661 | 15.824 | 15.986 | 16.148 | 16.311 | 16.474 |
| 134 | 420.973 | 15.623 | 15.789 | 15.955 | 16.121 | 16.288 | 16.455 | 16.622 | 16.790 | 16.957 |
| 136 | 427.257 | 16.075 | 16.246 | 16.417 | 16.588 | 16.759 | 16.931 | 17.103 | 17.275 | 17.447 |
| 138 | 433.540 | 16.534 | 16.710 | 16.885 | 17.061 | 17.237 | 17.414 | 17.590 | 17.767 | 17.944 |
| 140 | 439.823 | 17.000 | 17.180 | 17.360 | 17.541 | 17.722 | 17.903 | 18.084 | 18.266 | 18.448 |

续表 1-4 （长原木）

| 检尺径 | | 检尺长/m | | | | | | | | |
|---|---|---|---|---|---|---|---|---|---|---|
| 直径 | 周长 | 10.1 | 10.2 | 10.3 | 10.4 | 10.5 | 10.6 | 10.7 | 10.8 | 10.9 |
| /cm | /cm | 材积/m³ | | | | | | | | |
| 142 | 446.106 | 17.472 | 17.657 | 17.842 | 18.028 | 18.213 | 18.399 | 18.585 | 18.772 | 18.959 |
| 144 | 452.389 | 17.950 | 18.140 | 18.330 | 18.521 | 18.711 | 18.902 | 19.093 | 19.285 | 19.476 |
| 146 | 458.673 | 18.435 | 18.630 | 18.825 | 19.021 | 19.216 | 19.412 | 19.608 | 19.805 | 20.001 |
| 148 | 464.956 | 18.927 | 19.127 | 19.327 | 19.527 | 19.728 | 19.929 | 20.130 | 20.331 | 20.533 |
| 150 | 471.239 | 19.425 | 19.630 | 19.835 | 20.040 | 20.246 | 20.452 | 20.658 | 20.865 | 21.072 |
| 152 | 477.522 | 19.929 | 20.139 | 20.350 | 20.560 | 20.771 | 20.982 | 21.194 | 21.405 | 21.617 |
| 154 | 483.805 | 20.440 | 20.655 | 20.871 | 21.087 | 21.303 | 21.519 | 21.736 | 21.953 | 22.170 |
| 156 | 490.088 | 20.957 | 21.178 | 21.399 | 21.620 | 21.841 | 22.063 | 22.285 | 22.507 | 22.730 |
| 158 | 496.372 | 21.481 | 21.707 | 21.933 | 22.160 | 22.386 | 22.614 | 22.841 | 23.068 | 23.296 |
| 160 | 502.655 | 22.011 | 22.243 | 22.474 | 22.706 | 22.938 | 23.171 | 23.404 | 23.637 | 23.870 |
| 162 | 508.938 | 22.548 | 22.785 | 23.022 | 23.259 | 23.497 | 23.735 | 23.973 | 24.212 | 24.450 |
| 164 | 515.221 | 23.091 | 23.333 | 23.576 | 23.819 | 24.062 | 24.306 | 24.550 | 24.794 | 25.038 |
| 166 | 521.504 | 23.641 | 23.889 | 24.137 | 24.385 | 24.634 | 24.883 | 25.133 | 25.383 | 25.633 |
| 168 | 527.788 | 24.197 | 24.450 | 24.704 | 24.959 | 25.213 | 25.468 | 25.723 | 25.978 | 26.234 |
| 170 | 534.071 | 24.759 | 25.019 | 25.278 | 25.538 | 25.799 | 26.059 | 26.320 | 26.581 | 26.843 |
| 172 | 540.354 | 25.328 | 25.593 | 25.859 | 26.125 | 26.391 | 26.657 | 26.924 | 27.191 | 27.458 |
| 174 | 546.637 | 25.904 | 26.175 | 26.446 | 26.718 | 26.990 | 27.262 | 27.534 | 27.807 | 28.080 |

（长原木）

续表 1-4

| 检尺径 | | 检尺长/m | | | | | | | | |
|---|---|---|---|---|---|---|---|---|---|---|
| 直径 | 周长 | 10.1 | 10.2 | 10.3 | 10.4 | 10.5 | 10.6 | 10.7 | 10.8 | 10.9 |
| /cm | /cm | 材积/m³ | | | | | | | | |
| 176 | 552.920 | 26.486 | 26.763 | 27.040 | 27.317 | 27.595 | 27.873 | 28.152 | 28.431 | 28.710 |
| 178 | 559.203 | 27.074 | 27.357 | 27.640 | 27.924 | 28.208 | 28.492 | 28.776 | 29.061 | 29.346 |
| 180 | 565.487 | 27.669 | 27.958 | 28.247 | 28.537 | 28.827 | 29.117 | 29.408 | 29.698 | 29.990 |
| 182 | 571.770 | 28.270 | 28.565 | 28.861 | 29.156 | 29.453 | 29.749 | 30.046 | 30.343 | 30.640 |
| 184 | 578.053 | 28.878 | 29.179 | 29.481 | 29.783 | 30.085 | 30.388 | 30.691 | 30.994 | 31.297 |
| 186 | 584.336 | 29.492 | 29.800 | 30.108 | 30.416 | 30.724 | 31.033 | 31.342 | 31.652 | 31.962 |
| 188 | 590.619 | 30.113 | 30.427 | 30.741 | 31.055 | 31.370 | 31.685 | 32.001 | 32.317 | 32.633 |
| 190 | 596.903 | 30.740 | 31.060 | 31.381 | 31.702 | 32.023 | 32.344 | 32.666 | 32.989 | 33.311 |
| 192 | 603.186 | 31.374 | 31.700 | 32.027 | 32.355 | 32.682 | 33.010 | 33.339 | 33.667 | 33.996 |
| 194 | 609.469 | 32.014 | 32.347 | 32.680 | 33.014 | 33.348 | 33.683 | 34.018 | 34.353 | 34.688 |
| 196 | 615.752 | 32.660 | 33.000 | 33.340 | 33.681 | 34.021 | 34.362 | 34.704 | 35.046 | 35.388 |
| 198 | 622.035 | 33.313 | 33.660 | 34.006 | 34.353 | 34.701 | 35.049 | 35.397 | 35.745 | 36.094 |
| 200 | 628.319 | 33.973 | 34.326 | 34.679 | 35.033 | 35.387 | 35.742 | 36.096 | 36.451 | 36.807 |
| 202 | 634.602 | 34.639 | 34.999 | 35.359 | 35.719 | 36.080 | 36.441 | 36.696 | 37.165 | 37.527 |
| 204 | 640.885 | 35.311 | 35.678 | 36.045 | 36.412 | 36.780 | 37.148 | 37.409 | 37.885 | 38.254 |
| 206 | 647.168 | 35.990 | 36.364 | 36.737 | 37.112 | 37.486 | 37.861 | 38.128 | 38.612 | 38.988 |
| 208 | 653.451 | 36.675 | 37.056 | 37.437 | 37.818 | 38.199 | 38.581 | 38.854 | 39.346 | 39.729 |

续表 1-4 （长原木）

| 检尺径 | | 检尺长/m | | | | | | | | |
|---|---|---|---|---|---|---|---|---|---|---|
| 直径 | 周长 | 10.1 | 10.2 | 10.3 | 10.4 | 10.5 | 10.6 | 10.7 | 10.8 | 10.9 |
| /cm | /cm | 材积/$m^3$ | | | | | | | | |
| 210 | 659.734 | 37.367 | 37.755 | 38.143 | 38.531 | 38.919 | 39.308 | 39.587 | 40.087 | 40.477 |
| 212 | 666.018 | 38.065 | 38.460 | 38.855 | 39.250 | 39.646 | 40.042 | 40.327 | 40.835 | 41.232 |
| 214 | 672.301 | 38.770 | 39.172 | 39.574 | 39.976 | 40.379 | 40.782 | 41.073 | 41.590 | 41.994 |
| 216 | 678.584 | 39.481 | 39.890 | 40.300 | 40.709 | 41.119 | 41.530 | 41.827 | 42.352 | 42.763 |
| 218 | 684.867 | 40.199 | 40.615 | 41.032 | 41.449 | 41.866 | 42.284 | 42.587 | 43.120 | 43.539 |
| 220 | 691.150 | 40.923 | 41.347 | 41.771 | 42.195 | 42.620 | 43.045 | 43.354 | 43.896 | 44.322 |
| 222 | 697.434 | 41.654 | 42.085 | 42.516 | 42.948 | 43.380 | 43.812 | 44.128 | 44.678 | 45.112 |
| 224 | 703.717 | 42.391 | 42.829 | 43.268 | 43.707 | 44.147 | 44.587 | 44.909 | 45.467 | 45.908 |
| 226 | 710.000 | 43.134 | 43.580 | 44.027 | 44.473 | 44.920 | 45.368 | 45.697 | 46.264 | 46.712 |
| 228 | 716.283 | 43.884 | 44.338 | 44.792 | 45.246 | 45.701 | 46.156 | 46.491 | 47.067 | 47.523 |
| 230 | 722.566 | 44.641 | 45.102 | 45.564 | 46.025 | 46.488 | 46.950 | 47.293 | 47.877 | 48.341 |
| 232 | 728.849 | 45.404 | 45.873 | 46.342 | 46.812 | 47.282 | 47.752 | 48.101 | 48.694 | 49.166 |
| 234 | 735.133 | 46.173 | 46.650 | 47.127 | 47.604 | 48.082 | 48.560 | 48.916 | 49.518 | 49.997 |
| 236 | 741.416 | 46.949 | 47.433 | 47.918 | 48.404 | 48.889 | 49.375 | 49.738 | 50.349 | 50.836 |
| 238 | 747.699 | 47.731 | 48.224 | 48.716 | 49.210 | 49.703 | 50.197 | 50.567 | 51.186 | 51.682 |
| 240 | 753.982 | 48.520 | 49.020 | 49.521 | 50.022 | 50.524 | 51.026 | 51.402 | 52.031 | 52.534 |
| 242 | 760.265 | 49.315 | 49.824 | 50.332 | 50.842 | 51.351 | 51.861 | 52.245 | 52.883 | 53.394 |

（长原木）

续表 1-4

| 检尺径 | | 检尺长/m | | | | | | | | |
|---|---|---|---|---|---|---|---|---|---|---|
| 直径/cm | 周长/cm | 10.1 | 10.2 | 10.3 | 10.4 | 10.5 | 10.6 | 10.7 | 10.8 | 10.9 |
| | | 材积/m³ | | | | | | | | |
| 244 | 766.549 | 50.117 | 50.633 | 51.150 | 51.668 | 52.185 | 52.704 | 53.094 | 53.741 | 54.260 |
| 246 | 772.832 | 50.925 | 51.450 | 51.975 | 52.500 | 53.026 | 53.553 | 53.950 | 54.606 | 55.134 |
| 248 | 779.115 | 51.740 | 52.273 | 52.806 | 53.340 | 53.874 | 54.408 | 54.813 | 55.479 | 56.015 |
| 250 | 785.398 | 52.561 | 53.102 | 53.644 | 54.186 | 54.728 | 55.271 | 55.683 | 56.358 | 56.902 |

| 检尺径 | | 检尺长/m | | | | | | | | |
|---|---|---|---|---|---|---|---|---|---|---|
| 直径/cm | 周长/cm | 11 | 11.1 | 11.2 | 11.3 | 11.4 | 11.5 | 11.6 | 11.7 | 11.8 |
| | | 材积/m³ | | | | | | | | |
| 4 | 12.5664 | 0.0794 | 0.0810 | 0.0826 | 0.0842 | 0.0858 | 0.0875 | 0.0891 | 0.0908 | 0.0925 |
| 5 | 15.7080 | 0.0970 | 0.0988 | 0.1007 | 0.1025 | 0.1044 | 0.1063 | 0.1082 | 0.1102 | 0.1122 |
| 6 | 18.8496 | 0.1164 | 0.1185 | 0.1206 | 0.1227 | 0.1248 | 0.1270 | 0.1292 | 0.1314 | 0.1337 |
| 7 | 21.9911 | 0.1375 | 0.1399 | 0.1422 | 0.1447 | 0.1471 | 0.1496 | 0.1520 | 0.1546 | 0.1571 |
| 8 | 25.133 | 0.160 | 0.163 | 0.166 | 0.168 | 0.171 | 0.174 | 0.177 | 0.180 | 0.182 |
| 9 | 28.274 | 0.185 | 0.188 | 0.191 | 0.194 | 0.197 | 0.200 | 0.203 | 0.206 | 0.210 |
| 10 | 31.416 | 0.211 | 0.215 | 0.218 | 0.221 | 0.225 | 0.228 | 0.232 | 0.235 | 0.239 |
| 11 | 34.558 | 0.240 | 0.243 | 0.247 | 0.251 | 0.254 | 0.258 | 0.262 | 0.266 | 0.270 |
| 12 | 37.699 | 0.270 | 0.274 | 0.278 | 0.282 | 0.286 | 0.290 | 0.294 | 0.298 | 0.302 |

续表 1-4 （长原木）

| 检尺径 | | 检尺长/m | | | | | | | | |
|---|---|---|---|---|---|---|---|---|---|---|
| 直径 | 周长 | 11 | 11.1 | 11.2 | 11.3 | 11.4 | 11.5 | 11.6 | 11.7 | 11.8 |
| /cm | /cm | 材积/m³ | | | | | | | | |
| 13 | 40.841 | 0.301 | 0.306 | 0.310 | 0.314 | 0.319 | 0.323 | 0.328 | 0.333 | 0.337 |
| 14 | 43.982 | 0.335 | 0.339 | 0.344 | 0.349 | 0.354 | 0.359 | 0.364 | 0.369 | 0.374 |
| 16 | 50.265 | 0.407 | 0.412 | 0.418 | 0.424 | 0.429 | 0.435 | 0.441 | 0.447 | 0.453 |
| 18 | 56.549 | 0.486 | 0.492 | 0.499 | 0.506 | 0.512 | 0.519 | 0.526 | 0.532 | 0.539 |
| 20 | 62.832 | 0.572 | 0.580 | 0.587 | 0.595 | 0.602 | 0.610 | 0.618 | 0.625 | 0.633 |
| 22 | 69.115 | 0.666 | 0.674 | 0.683 | 0.691 | 0.700 | 0.708 | 0.717 | 0.726 | 0.735 |
| 24 | 75.398 | 0.766 | 0.775 | 0.785 | 0.795 | 0.804 | 0.814 | 0.824 | 0.834 | 0.844 |
| 26 | 81.681 | 0.873 | 0.884 | 0.895 | 0.906 | 0.916 | 0.927 | 0.938 | 0.949 | 0.961 |
| 28 | 87.965 | 0.988 | 1.000 | 1.012 | 1.024 | 1.036 | 1.048 | 1.060 | 1.072 | 1.085 |
| 30 | 94.248 | 1.109 | 1.122 | 1.136 | 1.149 | 1.162 | 1.176 | 1.189 | 1.203 | 1.217 |
| 32 | 100.531 | 1.238 | 1.252 | 1.267 | 1.281 | 1.296 | 1.311 | 1.326 | 1.341 | 1.356 |
| 34 | 106.814 | 1.373 | 1.389 | 1.405 | 1.421 | 1.437 | 1.454 | 1.470 | 1.486 | 1.503 |
| 36 | 113.097 | 1.516 | 1.533 | 1.551 | 1.568 | 1.586 | 1.604 | 1.621 | 1.639 | 1.657 |
| 38 | 119.381 | 1.665 | 1.684 | 1.703 | 1.722 | 1.742 | 1.761 | 1.780 | 1.800 | 1.819 |
| 40 | 125.664 | 1.822 | 1.842 | 1.863 | 1.884 | 1.905 | 1.926 | 1.947 | 1.968 | 1.989 |
| 42 | 131.947 | 1.986 | 2.008 | 2.030 | 2.053 | 2.075 | 2.098 | 2.120 | 2.143 | 2.166 |
| 44 | 138.230 | 2.156 | 2.180 | 2.204 | 2.228 | 2.253 | 2.277 | 2.301 | 2.326 | 2.351 |

续表 1-4

| 检尺径 | | 检尺长/m | | | | | | | | |
|---|---|---|---|---|---|---|---|---|---|---|
| 直径 | 周长 | 11 | 11.1 | 11.2 | 11.3 | 11.4 | 11.5 | 11.6 | 11.7 | 11.8 |
| /cm | /cm | 材积/m³ | | | | | | | | |
| 46 | 144.513 | 2.334 | 2.360 | 2.386 | 2.412 | 2.438 | 2.464 | 2.490 | 2.516 | 2.543 |
| 48 | 150.796 | 2.519 | 2.546 | 2.574 | 2.602 | 2.630 | 2.658 | 2.686 | 2.714 | 2.743 |
| 50 | 157.080 | 2.711 | 2.740 | 2.770 | 2.800 | 2.829 | 2.859 | 2.889 | 2.920 | 2.950 |
| 52 | 163.363 | 2.910 | 2.941 | 2.973 | 3.004 | 3.036 | 3.068 | 3.100 | 3.132 | 3.165 |
| 54 | 169.646 | 3.115 | 3.149 | 3.183 | 3.217 | 3.250 | 3.284 | 3.319 | 3.353 | 3.387 |
| 56 | 175.929 | 3.328 | 3.364 | 3.400 | 3.436 | 3.472 | 3.508 | 3.544 | 3.581 | 3.617 |
| 58 | 182.212 | 3.548 | 3.586 | 3.624 | 3.662 | 3.701 | 3.739 | 3.777 | 3.816 | 3.855 |
| 60 | 188.496 | 3.775 | 3.816 | 3.856 | 3.896 | 3.937 | 3.977 | 4.018 | 4.059 | 4.100 |
| 62 | 194.779 | 4.010 | 4.052 | 4.095 | 4.137 | 4.180 | 4.223 | 4.266 | 4.309 | 4.352 |
| 64 | 201.062 | 4.251 | 4.295 | 4.340 | 4.385 | 4.431 | 4.476 | 4.521 | 4.567 | 4.612 |
| 66 | 207.345 | 4.499 | 4.546 | 4.593 | 4.641 | 4.688 | 4.736 | 4.784 | 4.832 | 4.880 |
| 68 | 213.628 | 4.754 | 4.804 | 4.854 | 4.904 | 4.954 | 5.004 | 5.054 | 5.105 | 5.155 |
| 70 | 219.911 | 5.016 | 5.069 | 5.121 | 5.174 | 5.226 | 5.279 | 5.332 | 5.385 | 5.438 |
| 72 | 226.195 | 5.286 | 5.340 | 5.395 | 5.451 | 5.506 | 5.561 | 5.617 | 5.673 | 5.729 |
| 74 | 232.478 | 5.562 | 5.619 | 5.677 | 5.735 | 5.793 | 5.851 | 5.910 | 5.968 | 6.027 |
| 76 | 238.761 | 5.845 | 5.906 | 5.966 | 6.027 | 6.087 | 6.148 | 6.209 | 6.271 | 6.332 |
| 78 | 245.044 | 6.136 | 6.199 | 6.262 | 6.326 | 6.389 | 6.453 | 6.517 | 6.581 | 6.645 |

续表 1-4 （长原木）

| 检尺径 | | 检尺长/m | | | | | | | | |
|---|---|---|---|---|---|---|---|---|---|---|
| 直径 | 周长 | 11 | 11.1 | 11.2 | 11.3 | 11.4 | 11.5 | 11.6 | 11.7 | 11.8 |
| /cm | /cm | 材积/$m^3$ | | | | | | | | |
| 80 | 251.327 | 6.433 | 6.499 | 6.565 | 6.632 | 6.698 | 6.765 | 6.832 | 6.899 | 6.966 |
| 82 | 257.611 | 6.738 | 6.807 | 6.876 | 6.945 | 7.014 | 7.084 | 7.154 | 7.224 | 7.294 |
| 84 | 263.894 | 7.049 | 7.121 | 7.193 | 7.266 | 7.338 | 7.411 | 7.483 | 7.556 | 7.629 |
| 86 | 270.177 | 7.368 | 7.443 | 7.518 | 7.593 | 7.669 | 7.745 | 7.820 | 7.896 | 7.973 |
| 88 | 276.460 | 7.693 | 7.771 | 7.850 | 7.928 | 8.007 | 8.086 | 8.165 | 8.244 | 8.323 |
| 90 | 282.743 | 8.026 | 8.107 | 8.189 | 8.271 | 8.353 | 8.435 | 8.517 | 8.599 | 8.682 |
| 92 | 289.027 | 8.366 | 8.450 | 8.535 | 8.620 | 8.705 | 8.791 | 8.876 | 8.962 | 9.048 |
| 94 | 295.310 | 8.712 | 8.800 | 8.888 | 8.977 | 9.065 | 9.154 | 9.243 | 9.332 | 9.421 |
| 96 | 301.593 | 9.066 | 9.157 | 9.249 | 9.341 | 9.433 | 9.525 | 9.617 | 9.710 | 9.802 |
| 98 | 307.876 | 9.427 | 9.522 | 9.617 | 9.712 | 9.807 | 9.903 | 9.999 | 10.095 | 10.191 |
| 100 | 314.159 | 9.795 | 9.893 | 9.992 | 10.090 | 10.189 | 10.288 | 10.388 | 10.487 | 10.587 |
| 102 | 320.442 | 10.170 | 10.271 | 10.374 | 10.476 | 10.579 | 10.681 | 10.784 | 10.887 | 10.990 |
| 104 | 326.726 | 10.551 | 10.657 | 10.763 | 10.869 | 10.975 | 11.081 | 11.188 | 11.295 | 11.402 |
| 106 | 333.009 | 10.940 | 11.050 | 11.159 | 11.269 | 11.379 | 11.489 | 11.599 | 11.710 | 11.820 |
| 108 | 339.292 | 11.336 | 11.450 | 11.563 | 11.676 | 11.790 | 11.904 | 12.018 | 12.132 | 12.247 |
| 110 | 345.575 | 11.739 | 11.856 | 11.974 | 12.091 | 12.208 | 12.326 | 12.444 | 12.562 | 12.681 |
| 112 | 351.858 | 12.150 | 12.270 | 12.391 | 12.513 | 12.634 | 12.756 | 12.878 | 13.000 | 13.122 |

续表 1-4

| 检尺径 | | 检尺长/m | | | | | | | | |
|---|---|---|---|---|---|---|---|---|---|---|
| 直径 | 周长 | 11 | 11.1 | 11.2 | 11.3 | 11.4 | 11.5 | 11.6 | 11.7 | 11.8 |
| /cm | /cm | 材积/m³ | | | | | | | | |
| 114 | 358.142 | 12.567 | 12.691 | 12.817 | 12.942 | 13.067 | 13.193 | 13.319 | 13.445 | 13.571 |
| 116 | 364.425 | 12.991 | 13.120 | 13.249 | 13.378 | 13.508 | 13.637 | 13.767 | 13.897 | 14.027 |
| 118 | 370.708 | 13.422 | 13.555 | 13.688 | 13.822 | 13.955 | 14.089 | 14.223 | 14.357 | 14.492 |
| 120 | 376.991 | 13.860 | 13.997 | 14.135 | 14.272 | 14.410 | 14.548 | 14.686 | 14.825 | 14.963 |
| 122 | 383.274 | 14.306 | 14.447 | 14.588 | 14.730 | 14.872 | 15.014 | 15.157 | 15.300 | 15.442 |
| 124 | 389.557 | 14.758 | 14.903 | 15.049 | 15.195 | 15.342 | 15.488 | 15.635 | 15.782 | 15.929 |
| 126 | 395.841 | 15.217 | 15.367 | 15.517 | 15.668 | 15.819 | 15.969 | 16.121 | 16.272 | 16.423 |
| 128 | 402.124 | 15.684 | 15.838 | 15.993 | 16.148 | 16.303 | 16.458 | 16.613 | 16.769 | 16.925 |
| 130 | 408.407 | 16.157 | 16.316 | 16.475 | 16.634 | 16.794 | 16.954 | 17.114 | 17.274 | 17.435 |
| 132 | 414.690 | 16.638 | 16.801 | 16.965 | 17.129 | 17.293 | 17.457 | 17.622 | 17.786 | 17.951 |
| 134 | 420.973 | 17.125 | 17.293 | 17.461 | 17.630 | 17.799 | 17.968 | 18.137 | 18.306 | 18.476 |
| 136 | 427.257 | 17.620 | 17.792 | 17.965 | 18.139 | 18.312 | 18.486 | 18.660 | 18.834 | 19.008 |
| 138 | 433.540 | 18.121 | 18.299 | 18.476 | 18.654 | 18.833 | 19.011 | 19.190 | 19.368 | 19.548 |
| 140 | 439.823 | 18.630 | 18.812 | 18.995 | 19.177 | 19.360 | 19.544 | 19.727 | 19.911 | 20.095 |
| 142 | 446.106 | 19.146 | 19.333 | 19.520 | 19.708 | 19.896 | 20.084 | 20.272 | 20.461 | 20.649 |
| 144 | 452.389 | 19.668 | 19.860 | 20.053 | 20.245 | 20.438 | 20.631 | 20.824 | 21.018 | 21.212 |
| 146 | 458.673 | 20.198 | 20.395 | 20.592 | 20.790 | 20.988 | 21.186 | 21.384 | 21.583 | 21.781 |

续表 1-4 （长原木）

| 检尺径 | | 检尺长/m | | | | | | | | |
|---|---|---|---|---|---|---|---|---|---|---|
| 直径 | 周长 | 11 | 11.1 | 11.2 | 11.3 | 11.4 | 11.5 | 11.6 | 11.7 | 11.8 |
| /cm | /cm | 材积/m³ | | | | | | | | |
| 148 | 464.956 | 20.735 | 20.937 | 21.139 | 21.342 | 21.545 | 21.748 | 21.951 | 22.155 | 22.359 |
| 150 | 471.239 | 21.279 | 21.486 | 21.693 | 21.901 | 22.109 | 22.317 | 22.526 | 22.735 | 22.944 |
| 152 | 477.522 | 21.830 | 22.042 | 22.255 | 22.468 | 22.681 | 22.894 | 23.108 | 23.322 | 23.536 |
| 154 | 483.805 | 22.387 | 22.605 | 22.823 | 23.041 | 23.260 | 23.478 | 23.697 | 23.917 | 24.136 |
| 156 | 490.088 | 22.952 | 23.175 | 23.399 | 23.622 | 23.846 | 24.070 | 24.294 | 24.519 | 24.744 |
| 158 | 496.372 | 23.524 | 23.753 | 23.981 | 24.210 | 24.439 | 24.669 | 24.899 | 25.129 | 25.359 |
| 160 | 502.655 | 24.103 | 24.337 | 24.571 | 24.806 | 25.040 | 25.275 | 25.510 | 25.746 | 25.982 |
| 162 | 508.938 | 24.690 | 24.929 | 25.168 | 25.408 | 25.648 | 25.889 | 26.130 | 26.371 | 26.612 |
| 164 | 515.221 | 25.283 | 25.528 | 25.773 | 26.018 | 26.264 | 26.510 | 26.756 | 27.003 | 27.250 |
| 166 | 521.504 | 25.883 | 26.133 | 26.384 | 26.635 | 26.887 | 27.138 | 27.390 | 27.642 | 27.895 |
| 168 | 527.788 | 26.490 | 26.746 | 27.003 | 27.260 | 27.517 | 27.774 | 28.032 | 28.289 | 28.548 |
| 170 | 534.071 | 27.104 | 27.366 | 27.628 | 27.891 | 28.154 | 28.417 | 28.680 | 28.944 | 29.208 |
| 172 | 540.354 | 27.726 | 27.993 | 28.261 | 28.530 | 28.798 | 29.067 | 29.337 | 29.606 | 29.876 |
| 174 | 546.637 | 28.354 | 28.628 | 28.902 | 29.176 | 29.450 | 29.725 | 30.000 | 30.276 | 30.552 |
| 176 | 552.920 | 28.989 | 29.269 | 29.549 | 29.829 | 30.110 | 30.390 | 30.672 | 30.953 | 31.235 |
| 178 | 559.203 | 29.632 | 29.917 | 30.203 | 30.489 | 30.776 | 31.063 | 31.350 | 31.638 | 31.925 |
| 180 | 565.487 | 30.281 | 30.573 | 30.865 | 31.157 | 31.450 | 31.743 | 32.036 | 32.330 | 32.624 |

（长原木）

续表 1-4

| 检尺径 | | 检尺长/m | | | | | | | | |
|---|---|---|---|---|---|---|---|---|---|---|
| 直径 | 周长 | 11 | 11.1 | 11.2 | 11.3 | 11.4 | 11.5 | 11.6 | 11.7 | 11.8 |
| /cm | /cm | 材积/m³ | | | | | | | | |
| 182 | 571.770 | 30.938 | 31.235 | 31.534 | 31.832 | 32.131 | 32.430 | 32.729 | 33.029 | 33.329 |
| 184 | 578.053 | 31.601 | 31.905 | 32.210 | 32.514 | 32.819 | 33.125 | 33.430 | 33.736 | 34.043 |
| 186 | 584.336 | 32.272 | 32.582 | 32.893 | 33.204 | 33.515 | 33.827 | 34.139 | 34.451 | 34.763 |
| 188 | 590.619 | 32.949 | 33.266 | 33.583 | 33.900 | 34.218 | 34.536 | 34.854 | 35.173 | 35.492 |
| 190 | 596.903 | 33.634 | 33.957 | 34.280 | 34.604 | 34.928 | 35.253 | 35.577 | 35.902 | 36.228 |
| 192 | 603.186 | 34.326 | 34.655 | 34.985 | 35.315 | 35.646 | 35.977 | 36.308 | 36.639 | 36.971 |
| 194 | 609.469 | 35.024 | 35.360 | 35.697 | 36.034 | 36.371 | 36.708 | 37.046 | 37.384 | 37.722 |
| 196 | 615.752 | 35.730 | 36.073 | 36.416 | 36.759 | 37.103 | 37.447 | 37.791 | 38.136 | 38.481 |
| 198 | 622.035 | 36.443 | 36.792 | 37.142 | 37.492 | 37.842 | 38.193 | 38.544 | 38.895 | 39.247 |
| 200 | 628.319 | 37.163 | 37.519 | 37.875 | 38.232 | 38.589 | 38.946 | 39.304 | 39.662 | 40.021 |
| 202 | 634.602 | 37.890 | 38.252 | 38.616 | 38.979 | 39.343 | 39.707 | 40.072 | 40.437 | 40.802 |
| 204 | 640.885 | 38.623 | 38.993 | 39.363 | 39.734 | 40.104 | 40.475 | 40.847 | 41.219 | 41.591 |
| 206 | 647.168 | 39.364 | 39.741 | 40.118 | 40.495 | 40.873 | 41.251 | 41.629 | 42.008 | 42.387 |
| 208 | 653.451 | 40.112 | 40.496 | 40.880 | 41.264 | 41.649 | 42.034 | 42.419 | 42.805 | 43.191 |
| 210 | 659.734 | 40.867 | 41.258 | 41.649 | 42.040 | 42.432 | 42.824 | 43.217 | 43.609 | 44.002 |
| 212 | 666.018 | 41.630 | 42.027 | 42.425 | 42.824 | 43.223 | 43.622 | 44.021 | 44.421 | 44.822 |
| 214 | 672.301 | 42.399 | 42.804 | 43.209 | 43.614 | 44.020 | 44.427 | 44.834 | 45.241 | 45.648 |

续表 1-4　　（长原木）

| 检尺径 | | 检尺长/m | | | | | | | | |
|---|---|---|---|---|---|---|---|---|---|---|
| 直径/cm | 周长/cm | 11 | 11.1 | 11.2 | 11.3 | 11.4 | 11.5 | 11.6 | 11.7 | 11.8 |
| | | 材积/m³ | | | | | | | | |
| 216 | 678.584 | 43.175 | 43.587 | 43.999 | 44.412 | 44.826 | 45.239 | 45.653 | 46.068 | 46.482 |
| 218 | 684.867 | 43.958 | 44.377 | 44.797 | 45.217 | 45.638 | 46.059 | 46.480 | 46.902 | 47.324 |
| 220 | 691.150 | 44.748 | 45.175 | 45.602 | 46.030 | 46.458 | 46.886 | 47.315 | 47.744 | 48.173 |
| 222 | 697.434 | 45.546 | 45.980 | 46.414 | 46.849 | 47.285 | 47.720 | 48.157 | 48.593 | 49.030 |
| 224 | 703.717 | 46.350 | 46.792 | 47.234 | 47.676 | 48.119 | 48.562 | 49.006 | 49.450 | 49.894 |
| 226 | 710.000 | 47.161 | 47.610 | 48.060 | 48.510 | 48.961 | 49.411 | 49.863 | 50.314 | 50.766 |
| 228 | 716.283 | 47.980 | 48.436 | 48.894 | 49.351 | 49.810 | 50.268 | 50.727 | 51.186 | 51.645 |
| 230 | 722.566 | 48.805 | 49.270 | 49.735 | 50.200 | 50.666 | 51.132 | 51.598 | 52.065 | 52.532 |
| 232 | 728.849 | 49.638 | 50.110 | 50.583 | 51.056 | 51.529 | 52.003 | 52.477 | 52.952 | 53.427 |
| 234 | 735.133 | 50.477 | 50.957 | 51.438 | 51.919 | 52.400 | 52.882 | 53.364 | 53.846 | 54.329 |
| 236 | 741.416 | 51.324 | 51.812 | 52.300 | 52.789 | 53.278 | 53.768 | 54.258 | 54.748 | 55.239 |
| 238 | 747.699 | 52.177 | 52.673 | 53.170 | 53.666 | 54.163 | 54.661 | 55.159 | 55.657 | 56.156 |
| 240 | 753.982 | 53.038 | 53.542 | 54.046 | 54.551 | 55.056 | 55.562 | 56.068 | 56.574 | 57.081 |
| 242 | 760.265 | 53.906 | 54.418 | 54.930 | 55.443 | 55.956 | 56.470 | 56.984 | 57.498 | 58.013 |
| 244 | 766.549 | 54.780 | 55.300 | 55.821 | 56.342 | 56.863 | 57.385 | 57.907 | 58.430 | 58.953 |
| 246 | 772.832 | 55.662 | 56.190 | 56.719 | 57.248 | 57.778 | 58.308 | 58.838 | 59.369 | 59.900 |
| 248 | 779.115 | 56.551 | 57.087 | 57.624 | 58.162 | 58.700 | 59.238 | 59.777 | 60.316 | 60.855 |
| 250 | 785.398 | 57.447 | 57.992 | 58.537 | 59.083 | 59.629 | 60.175 | 60.722 | 61.270 | 61.818 |

（长原木）

**续表 1-4**

| 检尺径 | | 检尺长/m | | | | | | | | |
|---|---|---|---|---|---|---|---|---|---|---|
| 直径 | 周长 | 11.9 | 12 | 12.1 | 12.2 | 12.3 | 12.4 | 12.5 | 12.6 | 12.7 |
| /cm | /cm | 材积/m³ | | | | | | | | |
| 4 | 12.5664 | 0.0943 | 0.0960 | 0.0978 | 0.0996 | 0.1014 | 0.1032 | 0.1051 | 0.1069 | 0.1088 |
| 5 | 15.7080 | 0.1141 | 0.1162 | 0.1182 | 0.1203 | 0.1223 | 0.1244 | 0.1266 | 0.1287 | 0.1309 |
| 6 | 18.8496 | 0.1359 | 0.1382 | 0.1406 | 0.1429 | 0.1453 | 0.1476 | 0.1501 | 0.1525 | 0.1550 |
| 7 | 21.9911 | 0.1597 | 0.1622 | 0.1649 | 0.1675 | 0.1702 | 0.1728 | 0.1756 | 0.1783 | 0.1811 |
| 8 | 25.133 | 0.185 | 0.188 | 0.191 | 0.194 | 0.197 | 0.200 | 0.203 | 0.206 | 0.209 |
| 9 | 28.274 | 0.213 | 0.216 | 0.219 | 0.223 | 0.226 | 0.229 | 0.233 | 0.236 | 0.239 |
| 10 | 31.416 | 0.242 | 0.246 | 0.249 | 0.253 | 0.257 | 0.260 | 0.264 | 0.268 | 0.272 |
| 11 | 34.558 | 0.274 | 0.277 | 0.281 | 0.285 | 0.289 | 0.293 | 0.298 | 0.302 | 0.306 |
| 12 | 37.699 | 0.307 | 0.311 | 0.315 | 0.320 | 0.324 | 0.329 | 0.333 | 0.338 | 0.342 |
| 13 | 40.841 | 0.342 | 0.347 | 0.351 | 0.356 | 0.361 | 0.366 | 0.371 | 0.375 | 0.380 |
| 14 | 43.982 | 0.379 | 0.384 | 0.389 | 0.394 | 0.400 | 0.405 | 0.410 | 0.415 | 0.421 |
| 16 | 50.265 | 0.459 | 0.465 | 0.471 | 0.477 | 0.483 | 0.489 | 0.495 | 0.501 | 0.508 |
| 18 | 56.549 | 0.546 | 0.553 | 0.560 | 0.567 | 0.574 | 0.581 | 0.588 | 0.595 | 0.602 |
| 20 | 62.832 | 0.641 | 0.649 | 0.657 | 0.665 | 0.673 | 0.681 | 0.689 | 0.697 | 0.705 |
| 22 | 69.115 | 0.744 | 0.753 | 0.762 | 0.771 | 0.780 | 0.789 | 0.798 | 0.807 | 0.817 |
| 24 | 75.398 | 0.854 | 0.864 | 0.874 | 0.884 | 0.894 | 0.905 | 0.915 | 0.925 | 0.936 |
| 26 | 81.681 | 0.972 | 0.983 | 0.994 | 1.006 | 1.017 | 1.029 | 1.040 | 1.052 | 1.063 |

| 检尺径 | | 检尺长/m | | | | | | | | |
|---|---|---|---|---|---|---|---|---|---|---|
| 直径 | 周长 | 11.9 | 12 | 12.1 | 12.2 | 12.3 | 12.4 | 12.5 | 12.6 | 12.7 |
| /cm | /cm | 材积/$m^3$ | | | | | | | | |
| 28 | 87.965 | 1.097 | 1.110 | 1.122 | 1.135 | 1.148 | 1.160 | 1.173 | 1.186 | 1.199 |
| 30 | 94.248 | 1.230 | 1.244 | 1.258 | 1.272 | 1.286 | 1.300 | 1.314 | 1.328 | 1.342 |
| 32 | 100.531 | 1.371 | 1.386 | 1.401 | 1.417 | 1.432 | 1.448 | 1.463 | 1.479 | 1.494 |
| 34 | 106.814 | 1.519 | 1.536 | 1.553 | 1.569 | 1.586 | 1.603 | 1.620 | 1.637 | 1.654 |
| 36 | 113.097 | 1.675 | 1.693 | 1.712 | 1.730 | 1.748 | 1.767 | 1.785 | 1.804 | 1.822 |
| 38 | 119.381 | 1.839 | 1.859 | 1.878 | 1.898 | 1.918 | 1.938 | 1.958 | 1.978 | 1.998 |
| 40 | 125.664 | 2.010 | 2.031 | 2.053 | 2.074 | 2.096 | 2.117 | 2.139 | 2.161 | 2.183 |
| 42 | 131.947 | 2.189 | 2.212 | 2.235 | 2.258 | 2.281 | 2.305 | 2.328 | 2.352 | 2.375 |
| 44 | 138.230 | 2.375 | 2.400 | 2.425 | 2.450 | 2.475 | 2.500 | 2.525 | 2.550 | 2.576 |
| 46 | 144.513 | 2.569 | 2.596 | 2.623 | 2.649 | 2.676 | 2.703 | 2.730 | 2.757 | 2.784 |
| 48 | 150.796 | 2.771 | 2.799 | 2.828 | 2.857 | 2.885 | 2.914 | 2.943 | 2.972 | 3.001 |
| 50 | 157.080 | 2.980 | 3.011 | 3.041 | 3.072 | 3.102 | 3.133 | 3.164 | 3.195 | 3.226 |
| 52 | 163.363 | 3.197 | 3.229 | 3.262 | 3.295 | 3.327 | 3.360 | 3.393 | 3.426 | 3.459 |
| 54 | 169.646 | 3.421 | 3.456 | 3.491 | 3.525 | 3.560 | 3.595 | 3.630 | 3.665 | 3.700 |
| 56 | 175.929 | 3.654 | 3.690 | 3.727 | 3.764 | 3.801 | 3.838 | 3.875 | 3.912 | 3.950 |
| 58 | 182.212 | 3.893 | 3.932 | 3.971 | 4.010 | 4.049 | 4.089 | 4.128 | 4.168 | 4.207 |
| 60 | 188.496 | 4.141 | 4.182 | 4.223 | 4.264 | 4.306 | 4.347 | 4.389 | 4.431 | 4.473 |

续表 1-4

| 检尺径 | | 检尺长/m | | | | | | | | |
|---|---|---|---|---|---|---|---|---|---|---|
| 直径 | 周长 | 11.9 | 12 | 12.1 | 12.2 | 12.3 | 12.4 | 12.5 | 12.6 | 12.7 |
| /cm | /cm | 材积/m³ | | | | | | | | |
| 62 | 194.779 | 4.396 | 4.439 | 4.483 | 4.526 | 4.570 | 4.614 | 4.658 | 4.702 | 4.746 |
| 64 | 201.062 | 4.658 | 4.704 | 4.750 | 4.796 | 4.842 | 4.889 | 4.935 | 4.982 | 5.028 |
| 66 | 207.345 | 4.928 | 4.977 | 5.025 | 5.074 | 5.122 | 5.171 | 5.220 | 5.269 | 5.318 |
| 68 | 213.628 | 5.206 | 5.257 | 5.308 | 5.359 | 5.410 | 5.462 | 5.513 | 5.565 | 5.616 |
| 70 | 219.911 | 5.492 | 5.545 | 5.599 | 5.652 | 5.706 | 5.760 | 5.814 | 5.868 | 5.923 |
| 72 | 226.195 | 5.785 | 5.841 | 5.897 | 5.953 | 6.010 | 6.066 | 6.123 | 6.180 | 6.237 |
| 74 | 232.478 | 6.085 | 6.144 | 6.203 | 6.262 | 6.321 | 6.381 | 6.440 | 6.500 | 6.559 |
| 76 | 238.761 | 6.393 | 6.455 | 6.517 | 6.579 | 6.641 | 6.703 | 6.765 | 6.827 | 6.890 |
| 78 | 245.044 | 6.709 | 6.774 | 6.838 | 6.903 | 6.968 | 7.033 | 7.098 | 7.163 | 7.229 |
| 80 | 251.327 | 7.033 | 7.100 | 7.168 | 7.235 | 7.303 | 7.371 | 7.439 | 7.507 | 7.576 |
| 82 | 257.611 | 7.364 | 7.434 | 7.505 | 7.575 | 7.646 | 7.717 | 7.788 | 7.859 | 7.931 |
| 84 | 263.894 | 7.703 | 7.776 | 7.850 | 7.923 | 7.997 | 8.071 | 8.145 | 8.219 | 8.294 |
| 86 | 270.177 | 8.049 | 8.125 | 8.202 | 8.279 | 8.356 | 8.433 | 8.510 | 8.587 | 8.665 |
| 88 | 276.460 | 8.403 | 8.483 | 8.562 | 8.642 | 8.722 | 8.803 | 8.883 | 8.964 | 9.044 |
| 90 | 282.743 | 8.764 | 8.847 | 8.930 | 9.014 | 9.097 | 9.180 | 9.264 | 9.348 | 9.432 |
| 92 | 289.027 | 9.134 | 9.220 | 9.306 | 9.393 | 9.479 | 9.566 | 9.653 | 9.740 | 9.827 |
| 94 | 295.310 | 9.510 | 9.600 | 9.690 | 9.780 | 9.870 | 9.960 | 10.050 | 10.141 | 10.231 |

续表 1-4　　(长原木)

| 检尺径 | | 检尺长/m | | | | | | | | |
|---|---|---|---|---|---|---|---|---|---|---|
| 直径 | 周长 | 11.9 | 12 | 12.1 | 12.2 | 12.3 | 12.4 | 12.5 | 12.6 | 12.7 |
| /cm | /cm | 材积/$m^3$ | | | | | | | | |
| 96 | 301.593 | 9.895 | 9.988 | 10.081 | 10.174 | 10.268 | 10.361 | 10.455 | 10.549 | 10.643 |
| 98 | 307.876 | 10.287 | 10.383 | 10.480 | 10.577 | 10.674 | 10.771 | 10.868 | 10.966 | 11.063 |
| 100 | 314.159 | 10.687 | 10.787 | 10.887 | 10.987 | 11.088 | 11.188 | 11.289 | 11.390 | 11.491 |
| 102 | 320.442 | 11.094 | 11.197 | 11.301 | 11.405 | 11.509 | 11.614 | 11.718 | 11.823 | 11.928 |
| 104 | 326.726 | 11.509 | 11.616 | 11.723 | 11.831 | 11.939 | 12.047 | 12.155 | 12.263 | 12.372 |
| 106 | 333.009 | 11.931 | 12.042 | 12.153 | 12.265 | 12.376 | 12.488 | 12.600 | 12.712 | 12.824 |
| 108 | 339.292 | 12.361 | 12.476 | 12.591 | 12.706 | 12.822 | 12.937 | 13.053 | 13.169 | 13.285 |
| 110 | 345.575 | 12.799 | 12.918 | 13.037 | 13.156 | 13.275 | 13.394 | 13.514 | 13.634 | 13.754 |
| 112 | 351.858 | 13.244 | 13.367 | 13.490 | 13.613 | 13.736 | 13.859 | 13.983 | 14.107 | 14.231 |
| 114 | 358.142 | 13.697 | 13.824 | 13.951 | 14.078 | 14.205 | 14.332 | 14.460 | 14.588 | 14.716 |
| 116 | 364.425 | 14.158 | 14.289 | 14.420 | 14.551 | 14.682 | 14.813 | 14.945 | 15.077 | 15.209 |
| 118 | 370.708 | 14.626 | 14.761 | 14.896 | 15.031 | 15.167 | 15.302 | 15.438 | 15.574 | 15.710 |
| 120 | 376.991 | 15.102 | 15.241 | 15.380 | 15.520 | 15.659 | 15.799 | 15.939 | 16.079 | 16.220 |
| 122 | 383.274 | 15.585 | 15.729 | 15.872 | 16.016 | 16.160 | 16.304 | 16.448 | 16.593 | 16.737 |
| 124 | 389.557 | 16.076 | 16.224 | 16.372 | 16.520 | 16.668 | 16.816 | 16.965 | 17.114 | 17.263 |
| 126 | 395.841 | 16.575 | 16.727 | 16.879 | 17.032 | 17.184 | 17.337 | 17.490 | 17.643 | 17.797 |
| 128 | 402.124 | 17.081 | 17.238 | 17.394 | 17.551 | 17.708 | 17.866 | 18.023 | 18.181 | 18.339 |

**续表 1-4**

| 检尺径 | | 检尺长/m | | | | | | | | |
|---|---|---|---|---|---|---|---|---|---|---|
| 直径 | 周长 | 11.9 | 12 | 12.1 | 12.2 | 12.3 | 12.4 | 12.5 | 12.6 | 12.7 |
| /cm | /cm | 材积/m³ | | | | | | | | |
| 130 | 408.407 | 17.595 | 17.756 | 17.917 | 18.079 | 18.240 | 18.402 | 18.564 | 18.726 | 18.889 |
| 132 | 414.690 | 18.117 | 18.282 | 18.448 | 18.614 | 18.780 | 18.946 | 19.113 | 19.280 | 19.447 |
| 134 | 420.973 | 18.646 | 18.816 | 18.986 | 19.157 | 19.328 | 19.499 | 19.670 | 19.842 | 20.013 |
| 136 | 427.257 | 19.183 | 19.357 | 19.533 | 19.708 | 19.883 | 20.059 | 20.235 | 20.411 | 20.588 |
| 138 | 433.540 | 19.727 | 19.907 | 20.086 | 20.266 | 20.447 | 20.627 | 20.808 | 20.989 | 21.170 |
| 140 | 439.823 | 20.279 | 20.463 | 20.648 | 20.833 | 21.018 | 21.203 | 21.389 | 21.575 | 21.761 |
| 142 | 446.106 | 20.839 | 21.028 | 21.217 | 21.407 | 21.597 | 21.788 | 21.978 | 22.169 | 22.360 |
| 144 | 452.389 | 21.406 | 21.600 | 21.795 | 21.989 | 22.184 | 22.380 | 22.575 | 22.771 | 22.967 |
| 146 | 458.673 | 21.981 | 22.180 | 22.379 | 22.579 | 22.779 | 22.980 | 23.180 | 23.381 | 23.582 |
| 148 | 464.956 | 22.563 | 22.767 | 22.972 | 23.177 | 23.382 | 23.587 | 23.793 | 23.999 | 24.205 |
| 150 | 471.239 | 23.153 | 23.363 | 23.572 | 23.782 | 23.993 | 24.203 | 24.414 | 24.625 | 24.836 |
| 152 | 477.522 | 23.751 | 23.965 | 24.180 | 24.396 | 24.611 | 24.827 | 25.043 | 25.259 | 25.476 |
| 154 | 483.805 | 24.356 | 24.576 | 24.796 | 25.017 | 25.238 | 25.459 | 25.680 | 25.902 | 26.124 |
| 156 | 490.088 | 24.969 | 25.194 | 25.420 | 25.646 | 25.872 | 26.098 | 26.325 | 26.552 | 26.779 |
| 158 | 496.372 | 25.589 | 25.820 | 26.051 | 26.283 | 26.514 | 26.746 | 26.978 | 27.210 | 27.443 |
| 160 | 502.655 | 26.218 | 26.454 | 26.690 | 26.927 | 27.164 | 27.401 | 27.639 | 27.877 | 28.115 |
| 162 | 508.938 | 26.853 | 27.095 | 27.337 | 27.579 | 27.822 | 28.065 | 28.308 | 28.551 | 28.795 |

续表 1-4　　（长原木）

| 检尺径 | | 检尺长/m | | | | | | | | |
|---|---|---|---|---|---|---|---|---|---|---|
| 直径 | 周长 | 11.9 | 12 | 12.1 | 12.2 | 12.3 | 12.4 | 12.5 | 12.6 | 12.7 |
| /cm | /cm | 材积/m³ | | | | | | | | |
| 164 | 515.221 | 27.497 | 27.744 | 27.992 | 28.240 | 28.488 | 28.736 | 28.985 | 29.234 | 29.483 |
| 166 | 521.504 | 28.148 | 28.401 | 28.654 | 28.908 | 29.161 | 29.416 | 29.670 | 29.925 | 30.180 |
| 168 | 527.788 | 28.806 | 29.065 | 29.324 | 29.583 | 29.843 | 30.103 | 30.363 | 30.624 | 30.884 |
| 170 | 534.071 | 29.472 | 29.737 | 30.002 | 30.267 | 30.532 | 30.798 | 31.064 | 31.330 | 31.597 |
| 172 | 540.354 | 30.146 | 30.417 | 30.687 | 30.958 | 31.230 | 31.501 | 31.773 | 32.045 | 32.318 |
| 174 | 546.637 | 30.828 | 31.104 | 31.381 | 31.658 | 31.935 | 32.212 | 32.490 | 32.768 | 33.047 |
| 176 | 552.920 | 31.517 | 31.799 | 32.082 | 32.365 | 32.648 | 32.931 | 33.215 | 33.499 | 33.784 |
| 178 | 559.203 | 32.213 | 32.502 | 32.790 | 33.079 | 33.369 | 33.658 | 33.948 | 34.238 | 34.529 |
| 180 | 565.487 | 32.918 | 33.212 | 33.507 | 33.802 | 34.097 | 34.393 | 34.689 | 34.985 | 35.282 |
| 182 | 571.770 | 33.630 | 33.930 | 34.231 | 34.532 | 34.834 | 35.136 | 35.438 | 35.741 | 36.043 |
| 184 | 578.053 | 34.349 | 34.656 | 34.963 | 35.271 | 35.579 | 35.887 | 36.195 | 36.504 | 36.813 |
| 186 | 584.336 | 35.076 | 35.389 | 35.703 | 36.017 | 36.331 | 36.645 | 36.960 | 37.275 | 37.590 |
| 188 | 590.619 | 35.811 | 36.131 | 36.450 | 36.771 | 37.091 | 37.412 | 37.733 | 38.055 | 38.376 |
| 190 | 596.903 | 36.553 | 36.879 | 37.206 | 37.532 | 37.859 | 38.186 | 38.514 | 38.842 | 39.170 |
| 192 | 603.186 | 37.303 | 37.636 | 37.969 | 38.302 | 38.635 | 38.969 | 39.303 | 39.637 | 39.972 |
| 194 | 609.469 | 38.061 | 38.400 | 38.739 | 39.079 | 39.419 | 39.759 | 40.100 | 40.441 | 40.782 |
| 196 | 615.752 | 38.826 | 39.172 | 39.518 | 39.864 | 40.211 | 40.558 | 40.905 | 41.253 | 41.601 |

续表 1-4

| 检尺径 | | 检尺长/m | | | | | | | | |
|---|---|---|---|---|---|---|---|---|---|---|
| 直径 | 周长 | 11.9 | 12 | 12.1 | 12.2 | 12.3 | 12.4 | 12.5 | 12.6 | 12.7 |
| /cm | /cm | 材积/$m^3$ | | | | | | | | |
| 198 | 622.035 | 39.599 | 39.951 | 40.304 | 40.657 | 41.010 | 41.364 | 41.718 | 42.072 | 42.427 |
| 200 | 628.319 | 40.379 | 40.739 | 41.098 | 41.458 | 41.818 | 42.178 | 42.539 | 42.900 | 43.262 |
| 202 | 634.602 | 41.168 | 41.533 | 41.900 | 42.266 | 42.633 | 43.000 | 43.368 | 43.736 | 44.104 |
| 204 | 640.885 | 41.963 | 42.336 | 42.709 | 43.083 | 43.456 | 43.831 | 44.205 | 44.580 | 44.955 |
| 206 | 647.168 | 42.767 | 43.146 | 43.526 | 43.907 | 44.288 | 44.669 | 45.050 | 45.432 | 45.814 |
| 208 | 653.451 | 43.577 | 43.964 | 44.351 | 44.739 | 45.126 | 45.515 | 45.903 | 46.292 | 46.681 |
| 210 | 659.734 | 44.396 | 44.790 | 45.184 | 45.578 | 45.973 | 46.369 | 46.764 | 47.160 | 47.556 |
| 212 | 666.018 | 45.222 | 45.623 | 46.024 | 46.426 | 46.828 | 47.230 | 47.633 | 48.036 | 48.440 |
| 214 | 672.301 | 46.056 | 46.464 | 46.872 | 47.281 | 47.691 | 48.100 | 48.510 | 48.920 | 49.331 |
| 216 | 678.584 | 46.897 | 47.313 | 47.728 | 48.145 | 48.561 | 48.978 | 49.395 | 49.813 | 50.231 |
| 218 | 684.867 | 47.746 | 48.169 | 48.592 | 49.016 | 49.439 | 49.864 | 50.288 | 50.713 | 51.138 |
| 220 | 691.150 | 48.603 | 49.033 | 49.463 | 49.894 | 50.326 | 50.757 | 51.189 | 51.621 | 52.054 |
| 222 | 697.434 | 49.467 | 49.905 | 50.343 | 50.781 | 51.220 | 51.659 | 52.098 | 52.538 | 52.978 |
| 224 | 703.717 | 50.339 | 50.784 | 51.229 | 51.675 | 52.122 | 52.568 | 53.015 | 53.462 | 53.910 |
| 226 | 710.000 | 51.218 | 51.671 | 52.124 | 52.578 | 53.031 | 53.486 | 53.940 | 54.395 | 54.850 |
| 228 | 716.283 | 52.105 | 52.566 | 53.026 | 53.488 | 53.949 | 54.411 | 54.873 | 55.336 | 55.799 |
| 230 | 722.566 | 53.000 | 53.468 | 53.937 | 54.405 | 54.875 | 55.344 | 55.814 | 56.284 | 56.755 |

| 检尺径 | | 检尺长/m | | | | | | | | |
|---|---|---|---|---|---|---|---|---|---|---|
| 直径 | 周长 | 11.9 | 12 | 12.1 | 12.2 | 12.3 | 12.4 | 12.5 | 12.6 | 12.7 |
| /cm | /cm | 材积/m³ | | | | | | | | |
| 232 | 728.849 | 53.902 | 54.378 | 54.854 | 55.331 | 55.808 | 56.285 | 56.763 | 57.241 | 57.720 |
| 234 | 735.133 | 54.812 | 55.296 | 55.780 | 56.264 | 56.749 | 57.234 | 57.720 | 58.206 | 58.692 |
| 236 | 741.416 | 55.730 | 56.221 | 56.713 | 57.206 | 57.698 | 58.192 | 58.685 | 59.179 | 59.673 |
| 238 | 747.699 | 56.655 | 57.155 | 57.654 | 58.155 | 58.655 | 59.157 | 59.658 | 60.160 | 60.662 |
| 240 | 753.982 | 57.588 | 58.095 | 58.603 | 59.112 | 59.620 | 60.130 | 60.639 | 61.149 | 61.659 |
| 242 | 760.265 | 58.528 | 59.044 | 59.560 | 60.076 | 60.593 | 61.110 | 61.628 | 62.146 | 62.665 |
| 244 | 766.549 | 59.476 | 60.000 | 60.524 | 61.049 | 61.574 | 62.099 | 62.625 | 63.151 | 63.678 |
| 246 | 772.832 | 60.432 | 60.964 | 61.496 | 62.029 | 62.562 | 63.096 | 63.630 | 64.165 | 64.699 |
| 248 | 779.115 | 61.395 | 61.935 | 62.476 | 63.017 | 63.559 | 64.101 | 64.643 | 65.186 | 65.729 |
| 250 | 785.398 | 62.366 | 62.915 | 63.464 | 64.013 | 64.563 | 65.113 | 65.664 | 66.215 | 66.767 |

| 检尺径 | | 检尺长/m | | | | | | | | |
|---|---|---|---|---|---|---|---|---|---|---|
| 直径 | 周长 | 12.8 | 12.9 | 13 | 13.1 | 13.2 | 13.3 | 13.4 | 13.5 | 13.6 |
| /cm | /cm | 材积/m³ | | | | | | | | |
| 4 | 12.5664 | 0.1108 | 0.1127 | 0.1147 | 0.1166 | 0.1187 | 0.1207 | 0.1227 | 0.1248 | 0.1269 |
| 5 | 15.7080 | 0.1331 | 0.1353 | 0.1375 | 0.1398 | 0.1421 | 0.1444 | 0.1467 | 0.1491 | 0.1515 |
| 6 | 18.8496 | 0.1575 | 0.1600 | 0.1625 | 0.1651 | 0.1677 | 0.1703 | 0.1729 | 0.1756 | 0.1783 |

（长原木） **续表 1-4**

| 检尺径 | | 检尺长/m | | | | | | | | |
|---|---|---|---|---|---|---|---|---|---|---|
| 直径 | 周长 | 12.8 | 12.9 | 13 | 13.1 | 13.2 | 13.3 | 13.4 | 13.5 | 13.6 |
| /cm | /cm | 材积/m³ | | | | | | | | |
| 7 | 21.9911 | 0.1839 | 0.1867 | 0.1895 | 0.1924 | 0.1953 | 0.1982 | 0.2012 | 0.2042 | 0.2072 |
| 8 | 25.133 | 0.212 | 0.215 | 0.219 | 0.222 | 0.225 | 0.228 | 0.232 | 0.235 | 0.238 |
| 9 | 28.274 | 0.243 | 0.246 | 0.250 | 0.253 | 0.257 | 0.261 | 0.264 | 0.268 | 0.272 |
| 10 | 31.416 | 0.275 | 0.279 | 0.283 | 0.287 | 0.291 | 0.295 | 0.299 | 0.303 | 0.307 |
| 11 | 34.558 | 0.310 | 0.314 | 0.319 | 0.323 | 0.327 | 0.331 | 0.336 | 0.340 | 0.345 |
| 12 | 37.699 | 0.347 | 0.351 | 0.356 | 0.361 | 0.365 | 0.370 | 0.375 | 0.380 | 0.385 |
| 13 | 40.841 | 0.385 | 0.390 | 0.395 | 0.401 | 0.406 | 0.411 | 0.416 | 0.421 | 0.427 |
| 14 | 43.982 | 0.426 | 0.432 | 0.437 | 0.443 | 0.448 | 0.454 | 0.459 | 0.465 | 0.471 |
| 16 | 50.265 | 0.514 | 0.520 | 0.527 | 0.533 | 0.539 | 0.546 | 0.552 | 0.559 | 0.566 |
| 18 | 56.549 | 0.610 | 0.617 | 0.624 | 0.632 | 0.639 | 0.647 | 0.654 | 0.662 | 0.669 |
| 20 | 62.832 | 0.714 | 0.722 | 0.730 | 0.739 | 0.747 | 0.756 | 0.764 | 0.773 | 0.781 |
| 22 | 69.115 | 0.826 | 0.835 | 0.845 | 0.854 | 0.864 | 0.873 | 0.883 | 0.893 | 0.902 |
| 24 | 75.398 | 0.946 | 0.957 | 0.967 | 0.978 | 0.989 | 1.000 | 1.010 | 1.021 | 1.032 |
| 26 | 81.681 | 1.075 | 1.087 | 1.099 | 1.110 | 1.122 | 1.134 | 1.146 | 1.158 | 1.171 |
| 28 | 87.965 | 1.212 | 1.225 | 1.238 | 1.251 | 1.264 | 1.277 | 1.291 | 1.304 | 1.318 |
| 30 | 94.248 | 1.357 | 1.371 | 1.386 | 1.400 | 1.415 | 1.429 | 1.444 | 1.459 | 1.473 |
| 32 | 100.531 | 1.510 | 1.526 | 1.542 | 1.557 | 1.573 | 1.589 | 1.606 | 1.622 | 1.638 |

## 续表 1-4 （长原木）

| 检尺径 | | 检尺长/m | | | | | | | | |
|---|---|---|---|---|---|---|---|---|---|---|
| 直径 | 周长 | 12.8 | 12.9 | 13 | 13.1 | 13.2 | 13.3 | 13.4 | 13.5 | 13.6 |
| /cm | /cm | 材积/m³ | | | | | | | | |
| 34 | 106.814 | 1.671 | 1.689 | 1.706 | 1.723 | 1.741 | 1.758 | 1.776 | 1.793 | 1.811 |
| 36 | 113.097 | 1.841 | 1.860 | 1.879 | 1.897 | 1.916 | 1.935 | 1.955 | 1.974 | 1.993 |
| 38 | 119.381 | 2.019 | 2.039 | 2.059 | 2.080 | 2.101 | 2.121 | 2.142 | 2.163 | 2.184 |
| 40 | 125.664 | 2.205 | 2.227 | 2.249 | 2.271 | 2.293 | 2.316 | 2.338 | 2.360 | 2.383 |
| 42 | 131.947 | 2.399 | 2.423 | 2.446 | 2.470 | 2.494 | 2.518 | 2.542 | 2.567 | 2.591 |
| 44 | 138.230 | 2.601 | 2.627 | 2.652 | 2.678 | 2.704 | 2.730 | 2.756 | 2.782 | 2.808 |
| 46 | 144.513 | 2.812 | 2.839 | 2.867 | 2.894 | 2.922 | 2.949 | 2.977 | 3.005 | 3.033 |
| 48 | 150.796 | 3.030 | 3.060 | 3.089 | 3.119 | 3.148 | 3.178 | 3.208 | 3.237 | 3.267 |
| 50 | 157.080 | 3.257 | 3.289 | 3.320 | 3.351 | 3.383 | 3.415 | 3.446 | 3.478 | 3.510 |
| 52 | 163.363 | 3.492 | 3.526 | 3.559 | 3.593 | 3.626 | 3.660 | 3.694 | 3.728 | 3.762 |
| 54 | 169.646 | 3.736 | 3.771 | 3.807 | 3.842 | 3.878 | 3.914 | 3.950 | 3.986 | 4.022 |
| 56 | 175.929 | 3.987 | 4.025 | 4.063 | 4.100 | 4.138 | 4.176 | 4.214 | 4.253 | 4.291 |
| 58 | 182.212 | 4.247 | 4.287 | 4.327 | 4.367 | 4.407 | 4.447 | 4.487 | 4.528 | 4.569 |
| 60 | 188.496 | 4.515 | 4.557 | 4.599 | 4.641 | 4.684 | 4.727 | 4.769 | 4.812 | 4.855 |
| 62 | 194.779 | 4.791 | 4.835 | 4.880 | 4.925 | 4.969 | 5.014 | 5.060 | 5.105 | 5.150 |
| 64 | 201.062 | 5.075 | 5.122 | 5.169 | 5.216 | 5.263 | 5.311 | 5.358 | 5.406 | 5.454 |
| 66 | 207.345 | 5.368 | 5.417 | 5.467 | 5.516 | 5.566 | 5.616 | 5.666 | 5.716 | 5.766 |

**续表 1-4**

| 检尺径 | | 检尺长/m | | | | | | | | |
|---|---|---|---|---|---|---|---|---|---|---|
| 直径/cm | 周长/cm | 12.8 | 12.9 | 13 | 13.1 | 13.2 | 13.3 | 13.4 | 13.5 | 13.6 |
| | | 材积/$m^3$ | | | | | | | | |
| 68 | 213.628 | 5.668 | 5.720 | 5.772 | 5.824 | 5.877 | 5.929 | 5.982 | 6.035 | 6.087 |
| 70 | 219.911 | 5.977 | 6.032 | 6.086 | 6.141 | 6.196 | 6.251 | 6.306 | 6.362 | 6.417 |
| 72 | 226.195 | 6.294 | 6.351 | 6.409 | 6.466 | 6.524 | 6.582 | 6.640 | 6.698 | 6.756 |
| 74 | 232.478 | 6.619 | 6.679 | 6.739 | 6.800 | 6.860 | 6.921 | 6.981 | 7.042 | 7.103 |
| 76 | 238.761 | 6.953 | 7.016 | 7.079 | 7.142 | 7.205 | 7.268 | 7.332 | 7.395 | 7.459 |
| 78 | 245.044 | 7.294 | 7.360 | 7.426 | 7.492 | 7.558 | 7.624 | 7.691 | 7.757 | 7.824 |
| 80 | 251.327 | 7.644 | 7.713 | 7.782 | 7.850 | 7.920 | 7.989 | 8.058 | 8.128 | 8.197 |
| 82 | 257.611 | 8.002 | 8.074 | 8.146 | 8.217 | 8.290 | 8.362 | 8.434 | 8.507 | 8.579 |
| 84 | 263.894 | 8.368 | 8.443 | 8.518 | 8.593 | 8.668 | 8.743 | 8.819 | 8.894 | 8.970 |
| 86 | 270.177 | 8.743 | 8.821 | 8.899 | 8.977 | 9.055 | 9.133 | 9.212 | 9.291 | 9.370 |
| 88 | 276.460 | 9.125 | 9.206 | 9.287 | 9.369 | 9.450 | 9.532 | 9.614 | 9.696 | 9.778 |
| 90 | 282.743 | 9.516 | 9.600 | 9.685 | 9.769 | 9.854 | 9.939 | 10.024 | 10.109 | 10.195 |
| 92 | 289.027 | 9.915 | 10.003 | 10.090 | 10.178 | 10.266 | 10.355 | 10.443 | 10.532 | 10.620 |
| 94 | 295.310 | 10.322 | 10.413 | 10.504 | 10.596 | 10.687 | 10.779 | 10.871 | 10.963 | 11.055 |
| 96 | 301.593 | 10.737 | 10.832 | 10.927 | 11.021 | 11.116 | 11.211 | 11.307 | 11.402 | 11.498 |
| 98 | 307.876 | 11.161 | 11.259 | 11.357 | 11.455 | 11.554 | 11.653 | 11.751 | 11.850 | 11.950 |
| 100 | 314.159 | 11.593 | 11.694 | 11.796 | 11.898 | 12.000 | 12.102 | 12.205 | 12.307 | 12.410 |

**续表 1-4** （长原木）

| 检尺径 | | 检尺长/m | | | | | | | | |
|---|---|---|---|---|---|---|---|---|---|---|
| 直径 | 周长 | 12.8 | 12.9 | 13 | 13.1 | 13.2 | 13.3 | 13.4 | 13.5 | 13.6 |
| /cm | /cm | 材积/m³ | | | | | | | | |
| 102 | 320.442 | 12.033 | 12.138 | 12.243 | 12.349 | 12.454 | 12.560 | 12.666 | 12.773 | 12.879 |
| 104 | 326.726 | 12.481 | 12.590 | 12.699 | 12.808 | 12.917 | 13.027 | 13.137 | 13.247 | 13.357 |
| 106 | 333.009 | 12.937 | 13.050 | 13.163 | 13.276 | 13.389 | 13.502 | 13.616 | 13.730 | 13.844 |
| 108 | 339.292 | 13.401 | 13.518 | 13.635 | 13.752 | 13.869 | 13.986 | 14.103 | 14.221 | 14.339 |
| 110 | 345.575 | 13.874 | 13.995 | 14.115 | 14.236 | 14.357 | 14.478 | 14.599 | 14.721 | 14.843 |
| 112 | 351.858 | 14.355 | 14.479 | 14.604 | 14.729 | 14.854 | 14.979 | 15.104 | 15.230 | 15.355 |
| 114 | 358.142 | 14.844 | 14.972 | 15.101 | 15.230 | 15.359 | 15.488 | 15.617 | 15.747 | 15.877 |
| 116 | 364.425 | 15.341 | 15.474 | 15.607 | 15.739 | 15.872 | 16.006 | 16.139 | 16.273 | 16.407 |
| 118 | 370.708 | 15.847 | 15.983 | 16.120 | 16.257 | 16.395 | 16.532 | 16.670 | 16.808 | 16.946 |
| 120 | 376.991 | 16.360 | 16.501 | 16.642 | 16.784 | 16.925 | 17.067 | 17.209 | 17.351 | 17.493 |
| 122 | 383.274 | 16.882 | 17.027 | 17.173 | 17.318 | 17.464 | 17.610 | 17.756 | 17.903 | 18.049 |
| 124 | 389.557 | 17.412 | 17.562 | 17.711 | 17.861 | 18.012 | 18.162 | 18.312 | 18.463 | 18.614 |
| 126 | 395.841 | 17.950 | 18.104 | 18.259 | 18.413 | 18.567 | 18.722 | 18.877 | 19.032 | 19.188 |
| 128 | 402.124 | 18.497 | 18.655 | 18.814 | 18.973 | 19.132 | 19.291 | 19.450 | 19.610 | 19.770 |
| 130 | 408.407 | 19.051 | 19.214 | 19.378 | 19.541 | 19.704 | 19.868 | 20.032 | 20.197 | 20.361 |
| 132 | 414.690 | 19.614 | 19.782 | 19.950 | 20.118 | 20.286 | 20.454 | 20.623 | 20.792 | 20.961 |
| 134 | 420.973 | 20.185 | 20.357 | 20.530 | 20.703 | 20.875 | 21.048 | 21.222 | 21.395 | 21.569 |

续表 1-4

| 检尺径 | | 检尺长/m | | | | | | | | |
|---|---|---|---|---|---|---|---|---|---|---|
| 直径 | 周长 | 12.8 | 12.9 | 13 | 13.1 | 13.2 | 13.3 | 13.4 | 13.5 | 13.6 |
| /cm | /cm | 材积/$m^3$ | | | | | | | | |
| 136 | 427.257 | 20.764 | 20.941 | 21.119 | 21.296 | 21.474 | 21.651 | 21.829 | 22.008 | 22.186 |
| 138 | 433.540 | 21.352 | 21.534 | 21.715 | 21.898 | 22.080 | 22.263 | 22.446 | 22.629 | 22.812 |
| 140 | 439.823 | 21.947 | 22.134 | 22.321 | 22.508 | 22.695 | 22.883 | 23.070 | 23.258 | 23.447 |
| 142 | 446.106 | 22.551 | 22.743 | 22.934 | 23.126 | 23.319 | 23.511 | 23.704 | 23.897 | 24.090 |
| 144 | 452.389 | 23.163 | 23.360 | 23.556 | 23.753 | 23.950 | 24.148 | 24.346 | 24.544 | 24.742 |
| 146 | 458.673 | 23.783 | 23.985 | 24.187 | 24.389 | 24.591 | 24.793 | 24.996 | 25.199 | 25.402 |
| 148 | 464.956 | 24.412 | 24.618 | 24.825 | 25.032 | 25.240 | 25.447 | 25.655 | 25.863 | 26.072 |
| 150 | 471.239 | 25.048 | 25.260 | 25.472 | 25.684 | 25.897 | 26.110 | 26.323 | 26.536 | 26.750 |
| 152 | 477.522 | 25.693 | 25.910 | 26.127 | 26.345 | 26.563 | 26.781 | 26.999 | 27.218 | 27.437 |
| 154 | 483.805 | 26.346 | 26.568 | 26.791 | 27.014 | 27.237 | 27.460 | 27.684 | 27.908 | 28.132 |
| 156 | 490.088 | 27.007 | 27.234 | 27.463 | 27.691 | 27.919 | 28.148 | 28.377 | 28.607 | 28.836 |
| 158 | 496.372 | 27.676 | 27.909 | 28.143 | 28.376 | 28.610 | 28.845 | 29.079 | 29.314 | 29.549 |
| 160 | 502.655 | 28.353 | 28.592 | 28.831 | 29.070 | 29.310 | 29.550 | 29.790 | 30.030 | 30.271 |
| 162 | 508.938 | 29.039 | 29.283 | 29.528 | 29.773 | 30.018 | 30.263 | 30.509 | 30.755 | 31.001 |
| 164 | 515.221 | 29.733 | 29.983 | 30.233 | 30.483 | 30.734 | 30.985 | 31.236 | 31.488 | 31.740 |
| 166 | 521.504 | 30.435 | 30.691 | 30.947 | 31.203 | 31.459 | 31.716 | 31.973 | 32.230 | 32.488 |
| 168 | 527.788 | 31.145 | 31.407 | 31.668 | 31.930 | 32.192 | 32.455 | 32.718 | 32.981 | 33.244 |

续表 1-4　　（长原木）

| 检尺径 | | 检尺长/m | | | | | | | | |
|---|---|---|---|---|---|---|---|---|---|---|
| 直径 | 周长 | 12.8 | 12.9 | 13 | 13.1 | 13.2 | 13.3 | 13.4 | 13.5 | 13.6 |
| /cm | /cm | 材积/$m^3$ | | | | | | | | |
| 170 | 534.071 | 31.864 | 32.131 | 32.398 | 32.666 | 32.934 | 33.202 | 33.471 | 33.740 | 34.009 |
| 172 | 540.354 | 32.590 | 32.863 | 33.137 | 33.410 | 33.684 | 33.958 | 34.233 | 34.508 | 34.783 |
| 174 | 546.637 | 33.325 | 33.604 | 33.883 | 34.163 | 34.443 | 34.723 | 35.003 | 35.284 | 35.565 |
| 176 | 552.920 | 34.068 | 34.353 | 34.639 | 34.924 | 35.210 | 35.496 | 35.783 | 36.069 | 36.356 |
| 178 | 559.203 | 34.819 | 35.111 | 35.402 | 35.694 | 35.985 | 36.278 | 36.570 | 36.863 | 37.156 |
| 180 | 565.487 | 35.579 | 35.876 | 36.174 | 36.471 | 36.769 | 37.068 | 37.367 | 37.666 | 37.965 |
| 182 | 571.770 | 36.346 | 36.650 | 36.954 | 37.258 | 37.562 | 37.867 | 38.171 | 38.477 | 38.782 |
| 184 | 578.053 | 37.122 | 37.432 | 37.742 | 38.052 | 38.363 | 38.674 | 38.985 | 39.296 | 39.608 |
| 186 | 584.336 | 37.906 | 38.222 | 38.539 | 38.855 | 39.172 | 39.489 | 39.807 | 40.125 | 40.443 |
| 188 | 590.619 | 38.698 | 39.021 | 39.343 | 39.666 | 39.990 | 40.313 | 40.637 | 40.962 | 41.286 |
| 190 | 596.903 | 39.499 | 39.828 | 40.157 | 40.486 | 40.816 | 41.146 | 41.477 | 41.807 | 42.139 |
| 192 | 603.186 | 40.307 | 40.643 | 40.978 | 41.314 | 41.651 | 41.987 | 42.324 | 42.662 | 42.999 |
| 194 | 609.469 | 41.124 | 41.466 | 41.808 | 42.151 | 42.494 | 42.837 | 43.181 | 43.525 | 43.869 |
| 196 | 615.752 | 41.949 | 42.298 | 42.647 | 42.996 | 43.345 | 43.695 | 44.046 | 44.396 | 44.747 |
| 198 | 622.035 | 42.782 | 43.137 | 43.493 | 43.849 | 44.205 | 44.562 | 44.919 | 45.276 | 45.634 |
| 200 | 628.319 | 43.623 | 43.985 | 44.348 | 44.711 | 45.074 | 45.437 | 45.801 | 46.165 | 46.530 |
| 202 | 634.602 | 44.473 | 44.842 | 45.211 | 45.581 | 45.951 | 46.321 | 46.692 | 47.063 | 47.434 |

续表 1-4

| 检尺径 | | 检尺长/m | | | | | | | | |
|---|---|---|---|---|---|---|---|---|---|---|
| 直径 | 周长 | 12.8 | 12.9 | 13 | 13.1 | 13.2 | 13.3 | 13.4 | 13.5 | 13.6 |
| /cm | /cm | 材积/$m^3$ | | | | | | | | |
| 204 | 640.885 | 45.331 | 45.706 | 46.083 | 46.459 | 46.836 | 47.213 | 47.591 | 47.969 | 48.347 |
| 206 | 647.168 | 46.196 | 46.579 | 46.963 | 47.346 | 47.730 | 48.114 | 48.499 | 48.884 | 49.269 |
| 208 | 653.451 | 47.071 | 47.460 | 47.851 | 48.241 | 48.632 | 49.023 | 49.415 | 49.807 | 50.199 |
| 210 | 659.734 | 47.953 | 48.350 | 48.747 | 49.145 | 49.543 | 49.941 | 50.340 | 50.739 | 51.138 |
| 212 | 666.018 | 48.843 | 49.247 | 49.652 | 50.057 | 50.462 | 50.868 | 51.273 | 51.680 | 52.086 |
| 214 | 672.301 | 49.742 | 50.153 | 50.565 | 50.977 | 51.390 | 51.802 | 52.216 | 52.629 | 53.043 |
| 216 | 678.584 | 50.649 | 51.067 | 51.487 | 51.906 | 52.326 | 52.746 | 53.166 | 53.587 | 54.008 |
| 218 | 684.867 | 51.564 | 51.990 | 52.416 | 52.843 | 53.270 | 53.698 | 54.125 | 54.554 | 54.982 |
| 220 | 691.150 | 52.487 | 52.921 | 53.354 | 53.788 | 54.223 | 54.658 | 55.093 | 55.529 | 55.965 |
| 222 | 697.434 | 53.419 | 53.859 | 54.301 | 54.742 | 55.184 | 55.627 | 56.070 | 56.513 | 56.956 |
| 224 | 703.717 | 54.358 | 54.807 | 55.255 | 55.705 | 56.154 | 56.604 | 57.055 | 57.505 | 57.956 |
| 226 | 710.000 | 55.306 | 55.762 | 56.219 | 56.675 | 57.133 | 57.590 | 58.048 | 58.506 | 58.965 |
| 228 | 716.283 | 56.262 | 56.726 | 57.190 | 57.654 | 58.119 | 58.585 | 59.050 | 59.516 | 59.983 |
| 230 | 722.566 | 57.226 | 57.698 | 58.170 | 58.642 | 59.114 | 59.587 | 60.061 | 60.535 | 61.009 |
| 232 | 728.849 | 58.199 | 58.678 | 59.158 | 59.638 | 60.118 | 60.599 | 61.080 | 61.562 | 62.044 |
| 234 | 735.133 | 59.179 | 59.666 | 60.154 | 60.642 | 61.130 | 61.619 | 62.108 | 62.597 | 63.087 |
| 236 | 741.416 | 60.168 | 60.663 | 61.159 | 61.654 | 62.151 | 62.647 | 63.144 | 63.642 | 64.140 |

| 检尺径 | | 检尺长/m | | | | | | | | |
|---|---|---|---|---|---|---|---|---|---|---|
| 直径 | 周长 | 12.8 | 12.9 | 13 | 13.1 | 13.2 | 13.3 | 13.4 | 13.5 | 13.6 |
| /cm | /cm | 材积/$m^3$ | | | | | | | | |
| 238 | 747.699 | 61.165 | 61.668 | 62.171 | 62.675 | 63.180 | 63.684 | 64.189 | 64.695 | 65.201 |
| 240 | 753.982 | 62.170 | 62.681 | 63.193 | 63.705 | 64.217 | 64.730 | 65.243 | 65.756 | 66.270 |
| 242 | 760.265 | 63.183 | 63.703 | 64.222 | 64.742 | 65.263 | 65.784 | 66.305 | 66.827 | 67.349 |
| 244 | 766.549 | 64.205 | 64.732 | 65.260 | 65.789 | 66.317 | 66.846 | 67.376 | 67.906 | 68.436 |
| 246 | 772.832 | 65.235 | 65.770 | 66.307 | 66.843 | 67.380 | 67.917 | 68.455 | 68.993 | 69.532 |
| 248 | 779.115 | 66.273 | 66.817 | 67.361 | 67.906 | 68.451 | 68.997 | 69.543 | 70.089 | 70.636 |
| 250 | 785.398 | 67.319 | 67.871 | 68.424 | 68.977 | 69.531 | 70.085 | 70.639 | 71.194 | 71.750 |

| 检尺径 | | 检尺长/m | | | | | | | | |
|---|---|---|---|---|---|---|---|---|---|---|
| 直径 | 周长 | 13.7 | 13.8 | 13.9 | 14 | 14.1 | 14.2 | 14.3 | 14.4 | 14.5 |
| /cm | /cm | 材积/$m^3$ | | | | | | | | |
| 4 | 12.5664 | 0.1290 | 0.1312 | 0.1333 | 0.1355 | 0.1377 | 0.1400 | 0.1422 | 0.1445 | 0.1468 |
| 5 | 15.7080 | 0.1539 | 0.1563 | 0.1588 | 0.1613 | 0.1638 | 0.1663 | 0.1689 | 0.1715 | 0.1741 |
| 6 | 18.8496 | 0.1810 | 0.1837 | 0.1865 | 0.1893 | 0.1921 | 0.1949 | 0.1978 | 0.2007 | 0.2037 |
| 7 | 21.9911 | 0.2102 | 0.2133 | 0.2164 | 0.2195 | 0.2227 | 0.2258 | 0.2291 | 0.2323 | 0.2356 |
| 8 | 25.133 | 0.242 | 0.245 | 0.249 | 0.252 | 0.255 | 0.259 | 0.263 | 0.266 | 0.270 |
| 9 | 28.274 | 0.275 | 0.279 | 0.283 | 0.287 | 0.291 | 0.294 | 0.298 | 0.302 | 0.306 |

（长原木）

**续表 1-4**

| 检尺径 | | 检尺长/m | | | | | | | | |
|---|---|---|---|---|---|---|---|---|---|---|
| 直径 | 周长 | 13.7 | 13.8 | 13.9 | 14 | 14.1 | 14.2 | 14.3 | 14.4 | 14.5 |
| /cm | /cm | 材积/m³ | | | | | | | | |
| 10 | 31.416 | 0.311 | 0.315 | 0.319 | 0.324 | 0.328 | 0.332 | 0.336 | 0.341 | 0.345 |
| 11 | 34.558 | 0.349 | 0.354 | 0.358 | 0.363 | 0.368 | 0.372 | 0.377 | 0.382 | 0.386 |
| 12 | 37.699 | 0.389 | 0.394 | 0.399 | 0.404 | 0.409 | 0.414 | 0.420 | 0.425 | 0.430 |
| 13 | 40.841 | 0.432 | 0.437 | 0.443 | 0.448 | 0.453 | 0.459 | 0.464 | 0.470 | 0.476 |
| 14 | 43.982 | 0.476 | 0.482 | 0.488 | 0.494 | 0.500 | 0.506 | 0.512 | 0.518 | 0.524 |
| 16 | 50.265 | 0.572 | 0.579 | 0.586 | 0.592 | 0.599 | 0.606 | 0.613 | 0.620 | 0.627 |
| 18 | 56.549 | 0.677 | 0.684 | 0.692 | 0.700 | 0.708 | 0.716 | 0.724 | 0.732 | 0.740 |
| 20 | 62.832 | 0.790 | 0.799 | 0.808 | 0.816 | 0.825 | 0.834 | 0.843 | 0.852 | 0.861 |
| 22 | 69.115 | 0.912 | 0.922 | 0.932 | 0.942 | 0.952 | 0.962 | 0.972 | 0.982 | 0.992 |
| 24 | 75.398 | 1.043 | 1.054 | 1.065 | 1.076 | 1.088 | 1.099 | 1.110 | 1.121 | 1.133 |
| 26 | 81.681 | 1.183 | 1.195 | 1.207 | 1.220 | 1.232 | 1.245 | 1.257 | 1.270 | 1.282 |
| 28 | 87.965 | 1.331 | 1.345 | 1.358 | 1.372 | 1.386 | 1.400 | 1.413 | 1.427 | 1.441 |
| 30 | 94.248 | 1.488 | 1.503 | 1.518 | 1.533 | 1.548 | 1.564 | 1.579 | 1.594 | 1.610 |
| 32 | 100.531 | 1.654 | 1.671 | 1.687 | 1.704 | 1.720 | 1.737 | 1.753 | 1.770 | 1.787 |
| 34 | 106.814 | 1.829 | 1.847 | 1.865 | 1.883 | 1.901 | 1.919 | 1.937 | 1.955 | 1.974 |
| 36 | 113.097 | 2.012 | 2.032 | 2.051 | 2.071 | 2.091 | 2.110 | 2.130 | 2.150 | 2.170 |
| 38 | 119.381 | 2.205 | 2.226 | 2.247 | 2.268 | 2.289 | 2.311 | 2.332 | 2.354 | 2.375 |

续表 1-4 （长原木）

| 检尺径 | | 检尺长/m | | | | | | | | |
|---|---|---|---|---|---|---|---|---|---|---|
| 直径/cm | 周长/cm | 13.7 | 13.8 | 13.9 | 14 | 14.1 | 14.2 | 14.3 | 14.4 | 14.5 |
| | | 材积/$m^3$ | | | | | | | | |
| 40 | 125.664 | 2.406 | 2.428 | 2.451 | 2.474 | 2.497 | 2.520 | 2.543 | 2.566 | 2.590 |
| 42 | 131.947 | 2.615 | 2.640 | 2.664 | 2.689 | 2.714 | 2.739 | 2.764 | 2.789 | 2.814 |
| 44 | 138.230 | 2.834 | 2.860 | 2.887 | 2.913 | 2.940 | 2.966 | 2.993 | 3.020 | 3.047 |
| 46 | 144.513 | 3.061 | 3.089 | 3.118 | 3.146 | 3.175 | 3.203 | 3.232 | 3.260 | 3.289 |
| 48 | 150.796 | 3.297 | 3.327 | 3.358 | 3.388 | 3.418 | 3.449 | 3.480 | 3.510 | 3.541 |
| 50 | 157.080 | 3.542 | 3.574 | 3.607 | 3.639 | 3.671 | 3.704 | 3.736 | 3.769 | 3.802 |
| 52 | 163.363 | 3.796 | 3.830 | 3.864 | 3.899 | 3.933 | 3.968 | 4.003 | 4.037 | 4.072 |
| 54 | 169.646 | 4.058 | 4.095 | 4.131 | 4.168 | 4.204 | 4.241 | 4.278 | 4.315 | 4.352 |
| 56 | 175.929 | 4.329 | 4.368 | 4.407 | 4.445 | 4.484 | 4.523 | 4.562 | 4.601 | 4.641 |
| 58 | 182.212 | 4.609 | 4.650 | 4.691 | 4.732 | 4.773 | 4.814 | 4.856 | 4.897 | 4.939 |
| 60 | 188.496 | 4.898 | 4.941 | 4.984 | 5.028 | 5.071 | 5.115 | 5.158 | 5.202 | 5.246 |
| 62 | 194.779 | 5.195 | 5.241 | 5.287 | 5.332 | 5.378 | 5.424 | 5.470 | 5.517 | 5.563 |
| 64 | 201.062 | 5.502 | 5.550 | 5.598 | 5.646 | 5.694 | 5.743 | 5.791 | 5.840 | 5.889 |
| 66 | 207.345 | 5.817 | 5.867 | 5.918 | 5.968 | 6.019 | 6.070 | 6.121 | 6.173 | 6.224 |
| 68 | 213.628 | 6.140 | 6.193 | 6.247 | 6.300 | 6.353 | 6.407 | 6.461 | 6.515 | 6.569 |
| 70 | 219.911 | 6.473 | 6.529 | 6.584 | 6.640 | 6.697 | 6.753 | 6.809 | 6.866 | 6.922 |
| 72 | 226.195 | 6.814 | 6.873 | 6.931 | 6.990 | 7.049 | 7.108 | 7.167 | 7.226 | 7.285 |

续表 1-4

| 检尺径 | | 检尺长/m | | | | | | | | |
|---|---|---|---|---|---|---|---|---|---|---|
| 直径 | 周长 | 13.7 | 13.8 | 13.9 | 14 | 14.1 | 14.2 | 14.3 | 14.4 | 14.5 |
| /cm | /cm | 材积/m³ | | | | | | | | |
| 74 | 232.478 | 7.164 | 7.225 | 7.287 | 7.348 | 7.410 | 7.472 | 7.534 | 7.596 | 7.658 |
| 76 | 238.761 | 7.523 | 7.587 | 7.651 | 7.716 | 7.780 | 7.845 | 7.910 | 7.974 | 8.039 |
| 78 | 245.044 | 7.891 | 7.958 | 8.025 | 8.092 | 8.159 | 8.227 | 8.295 | 8.362 | 8.430 |
| 80 | 251.327 | 8.267 | 8.337 | 8.407 | 8.477 | 8.548 | 8.618 | 8.689 | 8.760 | 8.831 |
| 82 | 257.611 | 8.652 | 8.725 | 8.798 | 8.872 | 8.945 | 9.018 | 9.092 | 9.166 | 9.240 |
| 84 | 263.894 | 9.046 | 9.122 | 9.198 | 9.275 | 9.351 | 9.428 | 9.505 | 9.582 | 9.659 |
| 86 | 270.177 | 9.449 | 9.528 | 9.607 | 9.687 | 9.767 | 9.846 | 9.926 | 10.007 | 10.087 |
| 88 | 276.460 | 9.860 | 9.943 | 10.025 | 10.108 | 10.191 | 10.274 | 10.357 | 10.441 | 10.524 |
| 90 | 282.743 | 10.280 | 10.366 | 10.452 | 10.538 | 10.624 | 10.711 | 10.797 | 10.884 | 10.971 |
| 92 | 289.027 | 10.709 | 10.798 | 10.888 | 10.977 | 11.067 | 11.156 | 11.246 | 11.336 | 11.427 |
| 94 | 295.310 | 11.147 | 11.240 | 11.332 | 11.425 | 11.518 | 11.611 | 11.705 | 11.798 | 11.892 |
| 96 | 301.593 | 11.594 | 11.690 | 11.786 | 11.882 | 11.979 | 12.075 | 12.172 | 12.269 | 12.366 |
| 98 | 307.876 | 12.049 | 12.148 | 12.248 | 12.348 | 12.448 | 12.548 | 12.649 | 12.749 | 12.850 |
| 100 | 314.159 | 12.513 | 12.616 | 12.719 | 12.823 | 12.927 | 13.030 | 13.134 | 13.239 | 13.343 |
| 102 | 320.442 | 12.986 | 13.093 | 13.200 | 13.307 | 13.414 | 13.522 | 13.629 | 13.737 | 13.845 |
| 104 | 326.726 | 13.467 | 13.578 | 13.689 | 13.800 | 13.911 | 14.022 | 14.133 | 14.245 | 14.357 |
| 106 | 333.009 | 13.958 | 14.072 | 14.187 | 14.301 | 14.416 | 14.531 | 14.647 | 14.762 | 14.878 |

| 检尺径 | | 检尺长/m | | | | | | | | |
|---|---|---|---|---|---|---|---|---|---|---|
| 直径 | 周长 | 13.7 | 13.8 | 13.9 | 14 | 14.1 | 14.2 | 14.3 | 14.4 | 14.5 |
| /cm | /cm | 材积/$m^3$ | | | | | | | | |
| 108 | 339.292 | 14.457 | 14.575 | 14.693 | 14.812 | 14.931 | 15.050 | 15.169 | 15.288 | 15.408 |
| 110 | 345.575 | 14.965 | 15.087 | 15.209 | 15.332 | 15.454 | 15.577 | 15.700 | 15.824 | 15.947 |
| 112 | 351.858 | 15.481 | 15.607 | 15.734 | 15.860 | 15.987 | 16.114 | 16.241 | 16.368 | 16.496 |
| 114 | 358.142 | 16.007 | 16.137 | 16.267 | 16.398 | 16.529 | 16.660 | 16.791 | 16.922 | 17.054 |
| 116 | 364.425 | 16.541 | 16.675 | 16.810 | 16.944 | 17.079 | 17.215 | 17.350 | 17.485 | 17.621 |
| 118 | 370.708 | 17.084 | 17.222 | 17.361 | 17.500 | 17.639 | 17.778 | 17.918 | 18.058 | 18.198 |
| 120 | 376.991 | 17.636 | 17.778 | 17.921 | 18.064 | 18.208 | 18.351 | 18.495 | 18.639 | 18.783 |
| 122 | 383.274 | 18.196 | 18.343 | 18.490 | 18.638 | 18.786 | 18.933 | 19.082 | 19.230 | 19.378 |
| 124 | 389.557 | 18.765 | 18.917 | 19.068 | 19.220 | 19.372 | 19.525 | 19.677 | 19.830 | 19.983 |
| 126 | 395.841 | 19.343 | 19.499 | 19.655 | 19.812 | 19.968 | 20.125 | 20.282 | 20.439 | 20.596 |
| 128 | 402.124 | 19.930 | 20.091 | 20.251 | 20.412 | 20.573 | 20.734 | 20.896 | 21.057 | 21.219 |
| 130 | 408.407 | 20.526 | 20.691 | 20.856 | 21.021 | 21.187 | 21.353 | 21.519 | 21.685 | 21.852 |
| 132 | 414.690 | 21.130 | 21.300 | 21.469 | 21.640 | 21.810 | 21.980 | 22.151 | 22.322 | 22.493 |
| 134 | 420.973 | 21.743 | 21.918 | 22.092 | 22.267 | 22.442 | 22.617 | 22.792 | 22.968 | 23.144 |
| 136 | 427.257 | 22.365 | 22.544 | 22.723 | 22.903 | 23.083 | 23.263 | 23.443 | 23.623 | 23.804 |
| 138 | 433.540 | 22.996 | 23.180 | 23.364 | 23.548 | 23.733 | 23.917 | 24.102 | 24.288 | 24.473 |
| 140 | 439.823 | 23.635 | 23.824 | 24.013 | 24.202 | 24.392 | 24.581 | 24.771 | 24.961 | 25.152 |

续表 1-4

| 检尺径 | | 检尺长/m | | | | | | | | |
|---|---|---|---|---|---|---|---|---|---|---|
| 直径 | 周长 | 13.7 | 13.8 | 13.9 | 14 | 14.1 | 14.2 | 14.3 | 14.4 | 14.5 |
| /cm | /cm | 材积/m³ | | | | | | | | |
| 142 | 446.106 | 24.283 | 24.477 | 24.671 | 24.865 | 25.060 | 25.254 | 25.449 | 25.644 | 25.840 |
| 144 | 452.389 | 24.940 | 25.139 | 25.338 | 25.537 | 25.737 | 25.936 | 26.136 | 26.336 | 26.537 |
| 146 | 458.673 | 25.606 | 25.810 | 26.014 | 26.218 | 26.423 | 26.627 | 26.832 | 27.038 | 27.243 |
| 148 | 464.956 | 26.280 | 26.489 | 26.699 | 26.908 | 27.118 | 27.328 | 27.538 | 27.748 | 27.959 |
| 150 | 471.239 | 26.964 | 27.178 | 27.392 | 27.607 | 27.822 | 28.037 | 28.252 | 28.468 | 28.684 |
| 152 | 477.522 | 27.656 | 27.875 | 28.095 | 28.315 | 28.535 | 28.755 | 28.976 | 29.197 | 29.418 |
| 154 | 483.805 | 28.357 | 28.581 | 28.806 | 29.032 | 29.257 | 29.483 | 29.709 | 29.935 | 30.162 |
| 156 | 490.088 | 29.066 | 29.296 | 29.527 | 29.757 | 29.988 | 30.219 | 30.451 | 30.683 | 30.915 |
| 158 | 496.372 | 29.784 | 30.020 | 30.256 | 30.492 | 30.728 | 30.965 | 31.202 | 31.439 | 31.677 |
| 160 | 502.655 | 30.511 | 30.753 | 30.994 | 31.236 | 31.478 | 31.720 | 31.962 | 32.205 | 32.448 |
| 162 | 508.938 | 31.247 | 31.494 | 31.741 | 31.988 | 32.236 | 32.484 | 32.732 | 32.980 | 33.229 |
| 164 | 515.221 | 31.992 | 32.244 | 32.497 | 32.750 | 33.003 | 33.257 | 33.510 | 33.764 | 34.019 |
| 166 | 521.504 | 32.745 | 33.003 | 33.262 | 33.520 | 33.779 | 34.039 | 34.298 | 34.558 | 34.818 |
| 168 | 527.788 | 33.507 | 33.771 | 34.036 | 34.300 | 34.565 | 34.830 | 35.095 | 35.361 | 35.627 |
| 170 | 534.071 | 34.278 | 34.548 | 34.818 | 35.088 | 35.359 | 35.630 | 35.901 | 36.173 | 36.444 |
| 172 | 540.354 | 35.058 | 35.334 | 35.610 | 35.886 | 36.162 | 36.439 | 36.716 | 36.994 | 37.271 |
| 174 | 546.637 | 35.847 | 36.128 | 36.410 | 36.692 | 36.975 | 37.258 | 37.541 | 37.824 | 38.108 |

| 检尺径 | | 检尺长/m | | | | | | | | |
|---|---|---|---|---|---|---|---|---|---|---|
| 直径 | 周长 | 13.7 | 13.8 | 13.9 | 14 | 14.1 | 14.2 | 14.3 | 14.4 | 14.5 |
| /cm | /cm | 材积/$m^3$ | | | | | | | | |
| 176 | 552.920 | 36.644 | 36.931 | 37.219 | 37.508 | 37.796 | 38.085 | 38.374 | 38.664 | 38.953 |
| 178 | 559.203 | 37.450 | 37.744 | 38.038 | 38.332 | 38.627 | 38.922 | 39.217 | 39.512 | 39.808 |
| 180 | 565.487 | 38.265 | 38.564 | 38.865 | 39.165 | 39.466 | 39.767 | 40.069 | 40.371 | 40.673 |
| 182 | 571.770 | 39.088 | 39.394 | 39.701 | 40.008 | 40.315 | 40.622 | 40.930 | 41.238 | 41.546 |
| 184 | 578.053 | 39.920 | 40.233 | 40.546 | 40.859 | 41.172 | 41.486 | 41.800 | 42.114 | 42.429 |
| 186 | 584.336 | 40.761 | 41.080 | 41.399 | 41.719 | 42.039 | 42.359 | 42.679 | 43.000 | 43.321 |
| 188 | 590.619 | 41.611 | 41.937 | 42.262 | 42.588 | 42.914 | 43.241 | 43.568 | 43.895 | 44.222 |
| 190 | 596.903 | 42.470 | 42.802 | 43.134 | 43.466 | 43.799 | 44.132 | 44.465 | 44.799 | 45.133 |
| 192 | 603.186 | 43.337 | 43.676 | 44.014 | 44.353 | 44.692 | 45.032 | 45.372 | 45.712 | 46.053 |
| 194 | 609.469 | 44.213 | 44.558 | 44.904 | 45.249 | 45.595 | 45.941 | 46.288 | 46.635 | 46.982 |
| 196 | 615.752 | 45.098 | 45.450 | 45.802 | 46.154 | 46.507 | 46.860 | 47.213 | 47.566 | 47.920 |
| 198 | 622.035 | 45.992 | 46.350 | 46.709 | 47.068 | 47.427 | 47.787 | 48.147 | 48.507 | 48.868 |
| 200 | 628.319 | 46.894 | 47.260 | 47.625 | 47.991 | 48.357 | 48.724 | 49.090 | 49.457 | 49.825 |
| 202 | 634.602 | 47.806 | 48.178 | 48.550 | 48.923 | 49.296 | 49.669 | 50.043 | 50.417 | 50.791 |
| 204 | 640.885 | 48.726 | 49.105 | 49.484 | 49.864 | 50.243 | 50.624 | 51.004 | 51.385 | 51.767 |
| 206 | 647.168 | 49.654 | 50.040 | 50.427 | 50.813 | 51.200 | 51.588 | 51.975 | 52.363 | 52.752 |
| 208 | 653.451 | 50.592 | 50.985 | 51.378 | 51.772 | 52.166 | 52.560 | 52.955 | 53.350 | 53.746 |

（长原木） **续表 1-4**

| 检尺径 | | 检尺长/m | | | | | | | | |
|---|---|---|---|---|---|---|---|---|---|---|
| 直径 | 周长 | 13.7 | 13.8 | 13.9 | 14 | 14.1 | 14.2 | 14.3 | 14.4 | 14.5 |
| /cm | /cm | 材积/m³ | | | | | | | | |
| 210 | 659.734 | 51.538 | 51.938 | 52.339 | 52.740 | 53.141 | 53.542 | 53.944 | 54.347 | 54.749 |
| 212 | 666.018 | 52.493 | 52.901 | 53.308 | 53.716 | 54.125 | 54.533 | 54.943 | 55.352 | 55.762 |
| 214 | 672.301 | 53.457 | 53.872 | 54.287 | 54.702 | 55.118 | 55.534 | 55.950 | 56.367 | 56.784 |
| 216 | 678.584 | 54.430 | 54.852 | 55.274 | 55.696 | 56.119 | 56.543 | 56.967 | 57.391 | 57.815 |
| 218 | 684.867 | 55.411 | 55.840 | 56.270 | 56.700 | 57.130 | 57.561 | 57.992 | 58.424 | 58.856 |
| 220 | 691.150 | 56.401 | 56.838 | 57.275 | 57.712 | 58.150 | 58.589 | 59.027 | 59.466 | 59.905 |
| 222 | 697.434 | 57.400 | 57.844 | 58.289 | 58.734 | 59.179 | 59.625 | 60.071 | 60.518 | 60.964 |
| 224 | 703.717 | 58.408 | 58.860 | 59.312 | 59.764 | 60.217 | 60.671 | 61.124 | 61.578 | 62.033 |
| 226 | 710.000 | 59.424 | 59.884 | 60.343 | 60.804 | 61.264 | 61.725 | 62.187 | 62.648 | 63.110 |
| 228 | 716.283 | 60.449 | 60.917 | 61.384 | 61.852 | 62.320 | 62.789 | 63.258 | 63.728 | 64.197 |
| 230 | 722.566 | 61.483 | 61.958 | 62.434 | 62.909 | 63.385 | 63.862 | 64.339 | 64.816 | 65.294 |
| 232 | 728.849 | 62.526 | 63.009 | 63.492 | 63.976 | 64.459 | 64.944 | 65.428 | 65.914 | 66.399 |
| 234 | 735.133 | 63.578 | 64.068 | 64.559 | 65.051 | 65.543 | 66.035 | 66.527 | 67.020 | 67.514 |
| 236 | 741.416 | 64.638 | 65.136 | 65.635 | 66.135 | 66.635 | 67.135 | 67.635 | 68.136 | 68.638 |
| 238 | 747.699 | 65.707 | 66.214 | 66.721 | 67.228 | 67.736 | 68.244 | 68.753 | 69.262 | 69.771 |
| 240 | 753.982 | 66.785 | 67.299 | 67.815 | 68.330 | 68.846 | 69.362 | 69.879 | 70.396 | 70.914 |
| 242 | 760.265 | 67.871 | 68.394 | 68.917 | 69.441 | 69.965 | 70.490 | 71.015 | 71.540 | 72.066 |

| 检尺径 | | 检尺长/m | | | | | | | | |
|---|---|---|---|---|---|---|---|---|---|---|
| 直径 | 周长 | 13.7 | 13.8 | 13.9 | 14 | 14.1 | 14.2 | 14.3 | 14.4 | 14.5 |
| /cm | /cm | 材积/m³ | | | | | | | | |
| 244 | 766.549 | 68.967 | 69.498 | 70.029 | 70.561 | 71.093 | 71.626 | 72.159 | 72.693 | 73.227 |
| 246 | 772.832 | 70.071 | 70.610 | 71.150 | 71.690 | 72.231 | 72.772 | 73.313 | 73.855 | 74.397 |
| 248 | 779.115 | 71.184 | 71.731 | 72.279 | 72.828 | 73.377 | 73.926 | 74.476 | 75.026 | 75.577 |
| 250 | 785.398 | 72.305 | 72.861 | 73.418 | 73.975 | 74.532 | 75.090 | 75.648 | 76.207 | 76.766 |

| 检尺径 | | 检尺长/m | | | | | | | | |
|---|---|---|---|---|---|---|---|---|---|---|
| 直径 | 周长 | 14.6 | 14.7 | 14.8 | 14.9 | 15 | 15.1 | 15.2 | 15.3 | 15.4 |
| /cm | /cm | 材积/m³ | | | | | | | | |
| 4 | 12.5664 | 0.1491 | 0.1515 | 0.1539 | 0.1563 | 0.1587 | 0.1612 | 0.1636 | 0.1661 | 0.1686 |
| 5 | 15.7080 | 0.1767 | 0.1794 | 0.1821 | 0.1848 | 0.1875 | 0.1903 | 0.1931 | 0.1959 | 0.1987 |
| 6 | 18.8496 | 0.2066 | 0.2096 | 0.2126 | 0.2156 | 0.2187 | 0.2218 | 0.2249 | 0.2281 | 0.2312 |
| 7 | 21.9911 | 0.2388 | 0.2422 | 0.2455 | 0.2489 | 0.2523 | 0.2557 | 0.2592 | 0.2627 | 0.2662 |
| 8 | 25.133 | 0.273 | 0.277 | 0.281 | 0.285 | 0.288 | 0.292 | 0.296 | 0.300 | 0.304 |
| 9 | 28.274 | 0.310 | 0.314 | 0.318 | 0.323 | 0.327 | 0.331 | 0.335 | 0.339 | 0.344 |
| 10 | 31.416 | 0.350 | 0.354 | 0.358 | 0.363 | 0.368 | 0.372 | 0.377 | 0.381 | 0.386 |
| 11 | 34.558 | 0.391 | 0.396 | 0.401 | 0.406 | 0.411 | 0.416 | 0.421 | 0.426 | 0.431 |
| 12 | 37.699 | 0.435 | 0.440 | 0.446 | 0.451 | 0.456 | 0.462 | 0.467 | 0.473 | 0.478 |

**续表 1-4**

| 检尺径 | | 检尺长/m | | | | | | | | |
|---|---|---|---|---|---|---|---|---|---|---|
| 直径 | 周长 | 14.6 | 14.7 | 14.8 | 14.9 | 15 | 15.1 | 15.2 | 15.3 | 15.4 |
| /cm | /cm | 材积/$m^3$ | | | | | | | | |
| 13 | 40.841 | 0.481 | 0.487 | 0.493 | 0.498 | 0.504 | 0.510 | 0.516 | 0.522 | 0.528 |
| 14 | 43.982 | 0.530 | 0.536 | 0.542 | 0.548 | 0.555 | 0.561 | 0.567 | 0.574 | 0.580 |
| 16 | 50.265 | 0.634 | 0.641 | 0.648 | 0.655 | 0.663 | 0.670 | 0.677 | 0.685 | 0.692 |
| 18 | 56.549 | 0.748 | 0.756 | 0.764 | 0.772 | 0.780 | 0.789 | 0.797 | 0.805 | 0.814 |
| 20 | 62.832 | 0.870 | 0.880 | 0.889 | 0.898 | 0.908 | 0.917 | 0.926 | 0.936 | 0.945 |
| 22 | 69.115 | 1.003 | 1.013 | 1.023 | 1.034 | 1.044 | 1.055 | 1.065 | 1.076 | 1.087 |
| 24 | 75.398 | 1.144 | 1.156 | 1.167 | 1.179 | 1.191 | 1.202 | 1.214 | 1.226 | 1.238 |
| 26 | 81.681 | 1.295 | 1.308 | 1.321 | 1.334 | 1.347 | 1.360 | 1.373 | 1.386 | 1.399 |
| 28 | 87.965 | 1.455 | 1.470 | 1.484 | 1.498 | 1.512 | 1.527 | 1.541 | 1.556 | 1.570 |
| 30 | 94.248 | 1.625 | 1.641 | 1.656 | 1.672 | 1.688 | 1.703 | 1.719 | 1.735 | 1.751 |
| 32 | 100.531 | 1.804 | 1.821 | 1.838 | 1.855 | 1.872 | 1.890 | 1.907 | 1.924 | 1.942 |
| 34 | 106.814 | 1.992 | 2.011 | 2.029 | 2.048 | 2.067 | 2.085 | 2.104 | 2.123 | 2.142 |
| 36 | 113.097 | 2.190 | 2.210 | 2.230 | 2.250 | 2.271 | 2.291 | 2.312 | 2.332 | 2.353 |
| 38 | 119.381 | 2.397 | 2.419 | 2.440 | 2.462 | 2.484 | 2.506 | 2.529 | 2.551 | 2.573 |
| 40 | 125.664 | 2.613 | 2.637 | 2.660 | 2.684 | 2.708 | 2.731 | 2.755 | 2.779 | 2.803 |
| 42 | 131.947 | 2.839 | 2.864 | 2.889 | 2.915 | 2.940 | 2.966 | 2.992 | 3.017 | 3.043 |
| 44 | 138.230 | 3.074 | 3.101 | 3.128 | 3.155 | 3.183 | 3.210 | 3.238 | 3.265 | 3.293 |

续表 1-4 （长原木）

| 检尺径 | | 检尺长/m | | | | | | | | |
|---|---|---|---|---|---|---|---|---|---|---|
| 直径 | 周长 | 14.6 | 14.7 | 14.8 | 14.9 | 15 | 15.1 | 15.2 | 15.3 | 15.4 |
| /cm | /cm | 材积/m³ | | | | | | | | |
| 46 | 144.513 | 3.318 | 3.347 | 3.376 | 3.405 | 3.435 | 3.464 | 3.494 | 3.523 | 3.553 |
| 48 | 150.796 | 3.572 | 3.603 | 3.634 | 3.665 | 3.696 | 3.728 | 3.759 | 3.791 | 3.822 |
| 50 | 157.080 | 3.835 | 3.868 | 3.901 | 3.934 | 3.968 | 4.001 | 4.034 | 4.068 | 4.102 |
| 52 | 163.363 | 4.107 | 4.142 | 4.178 | 4.213 | 4.248 | 4.284 | 4.319 | 4.355 | 4.391 |
| 54 | 169.646 | 4.389 | 4.426 | 4.464 | 4.501 | 4.539 | 4.576 | 4.614 | 4.652 | 4.690 |
| 56 | 175.929 | 4.680 | 4.720 | 4.759 | 4.799 | 4.839 | 4.879 | 4.919 | 4.959 | 4.999 |
| 58 | 182.212 | 4.980 | 5.022 | 5.064 | 5.106 | 5.148 | 5.191 | 5.233 | 5.275 | 5.318 |
| 60 | 188.496 | 5.290 | 5.334 | 5.379 | 5.423 | 5.468 | 5.512 | 5.557 | 5.602 | 5.647 |
| 62 | 194.779 | 5.609 | 5.656 | 5.703 | 5.749 | 5.796 | 5.843 | 5.890 | 5.938 | 5.985 |
| 64 | 201.062 | 5.938 | 5.987 | 6.036 | 6.085 | 6.135 | 6.184 | 6.234 | 6.284 | 6.334 |
| 66 | 207.345 | 6.276 | 6.327 | 6.379 | 6.431 | 6.483 | 6.535 | 6.587 | 6.639 | 6.692 |
| 68 | 213.628 | 6.623 | 6.677 | 6.731 | 6.786 | 6.840 | 6.895 | 6.950 | 7.005 | 7.060 |
| 70 | 219.911 | 6.979 | 7.036 | 7.093 | 7.150 | 7.208 | 7.265 | 7.322 | 7.380 | 7.438 |
| 72 | 226.195 | 7.345 | 7.405 | 7.464 | 7.524 | 7.584 | 7.644 | 7.705 | 7.765 | 7.826 |
| 74 | 232.478 | 7.720 | 7.783 | 7.845 | 7.908 | 7.971 | 8.034 | 8.097 | 8.160 | 8.223 |
| 76 | 238.761 | 8.105 | 8.170 | 8.235 | 8.301 | 8.367 | 8.433 | 8.499 | 8.565 | 8.631 |
| 78 | 245.044 | 8.498 | 8.567 | 8.635 | 8.704 | 8.772 | 8.841 | 8.910 | 8.979 | 9.048 |

(长原木)

**续表 1-4**

| 检尺径 | | 检尺长/m | | | | | | | | |
|---|---|---|---|---|---|---|---|---|---|---|
| 直径 /cm | 周长 /cm | 14.6 | 14.7 | 14.8 | 14.9 | 15 | 15.1 | 15.2 | 15.3 | 15.4 |
| | | 材积/m³ | | | | | | | | |
| 80 | 251.327 | 8.902 | 8.973 | 9.044 | 9.116 | 9.188 | 9.259 | 9.331 | 9.403 | 9.476 |
| 82 | 257.611 | 9.314 | 9.389 | 9.463 | 9.538 | 9.612 | 9.687 | 9.762 | 9.837 | 9.913 |
| 84 | 263.894 | 9.736 | 9.814 | 9.891 | 9.969 | 10.047 | 10.125 | 10.203 | 10.281 | 10.360 |
| 86 | 270.177 | 10.167 | 10.248 | 10.329 | 10.410 | 10.491 | 10.572 | 10.653 | 10.735 | 10.817 |
| 88 | 276.460 | 10.608 | 10.692 | 10.776 | 10.860 | 10.944 | 11.029 | 11.113 | 11.198 | 11.283 |
| 90 | 282.743 | 11.058 | 11.145 | 11.232 | 11.320 | 11.408 | 11.495 | 11.583 | 11.671 | 11.760 |
| 92 | 289.027 | 11.517 | 11.608 | 11.698 | 11.789 | 11.880 | 11.972 | 12.063 | 12.154 | 12.246 |
| 94 | 295.310 | 11.986 | 12.080 | 12.174 | 12.268 | 12.363 | 12.457 | 12.552 | 12.647 | 12.742 |
| 96 | 301.593 | 12.464 | 12.561 | 12.659 | 12.757 | 12.855 | 12.953 | 13.051 | 13.150 | 13.249 |
| 98 | 307.876 | 12.951 | 13.052 | 13.153 | 13.255 | 13.356 | 13.458 | 13.560 | 13.662 | 13.765 |
| 100 | 314.159 | 13.448 | 13.552 | 13.657 | 13.762 | 13.868 | 13.973 | 14.079 | 14.184 | 14.290 |
| 102 | 320.442 | 13.954 | 14.062 | 14.171 | 14.279 | 14.388 | 14.497 | 14.607 | 14.716 | 14.826 |
| 104 | 326.726 | 14.469 | 14.581 | 14.693 | 14.806 | 14.919 | 15.032 | 15.145 | 15.258 | 15.372 |
| 106 | 333.009 | 14.993 | 15.110 | 15.226 | 15.342 | 15.459 | 15.575 | 15.692 | 15.810 | 15.927 |
| 108 | 339.292 | 15.527 | 15.647 | 15.768 | 15.888 | 16.008 | 16.129 | 16.250 | 16.371 | 16.492 |
| 110 | 345.575 | 16.071 | 16.195 | 16.319 | 16.443 | 16.568 | 16.692 | 16.817 | 16.942 | 17.067 |
| 112 | 351.858 | 16.624 | 16.751 | 16.880 | 17.008 | 17.136 | 17.265 | 17.394 | 17.523 | 17.652 |

| 检尺径 | | 检尺长/m | | | | | | | | |
|---|---|---|---|---|---|---|---|---|---|---|
| 直径 | 周长 | 14.6 | 14.7 | 14.8 | 14.9 | 15 | 15.1 | 15.2 | 15.3 | 15.4 |
| /cm | /cm | 材积/m³ | | | | | | | | |
| 114 | 358.142 | 17.186 | 17.318 | 17.450 | 17.582 | 17.715 | 17.847 | 17.980 | 18.114 | 18.247 |
| 116 | 364.425 | 17.757 | 17.893 | 18.029 | 18.166 | 18.303 | 18.440 | 18.577 | 18.714 | 18.852 |
| 118 | 370.708 | 18.338 | 18.478 | 18.619 | 18.759 | 18.900 | 19.041 | 19.183 | 19.324 | 19.466 |
| 120 | 376.991 | 18.928 | 19.072 | 19.217 | 19.362 | 19.508 | 19.653 | 19.799 | 19.944 | 20.091 |
| 122 | 383.274 | 19.527 | 19.676 | 19.825 | 19.975 | 20.124 | 20.274 | 20.424 | 20.574 | 20.725 |
| 124 | 389.557 | 20.136 | 20.289 | 20.443 | 20.597 | 20.751 | 20.905 | 21.059 | 21.214 | 21.369 |
| 126 | 395.841 | 20.754 | 20.912 | 21.070 | 21.228 | 21.387 | 21.545 | 21.704 | 21.863 | 22.023 |
| 128 | 402.124 | 21.382 | 21.544 | 21.706 | 21.869 | 22.032 | 22.196 | 22.359 | 22.523 | 22.687 |
| 130 | 408.407 | 22.018 | 22.185 | 22.352 | 22.520 | 22.688 | 22.855 | 23.023 | 23.192 | 23.360 |
| 132 | 414.690 | 22.664 | 22.836 | 23.008 | 23.180 | 23.352 | 23.525 | 23.698 | 23.871 | 24.044 |
| 134 | 420.973 | 23.320 | 23.496 | 23.673 | 23.850 | 24.027 | 24.204 | 24.381 | 24.559 | 24.737 |
| 136 | 427.257 | 23.985 | 24.166 | 24.347 | 24.529 | 24.711 | 24.893 | 25.075 | 25.258 | 25.440 |
| 138 | 433.540 | 24.659 | 24.845 | 25.031 | 25.218 | 25.404 | 25.591 | 25.778 | 25.966 | 26.153 |
| 140 | 439.823 | 25.342 | 25.533 | 25.724 | 25.916 | 26.108 | 26.299 | 26.491 | 26.684 | 26.876 |
| 142 | 446.106 | 26.035 | 26.231 | 26.427 | 26.624 | 26.820 | 27.017 | 27.214 | 27.412 | 27.609 |
| 144 | 452.389 | 26.737 | 26.938 | 27.140 | 27.341 | 27.543 | 27.745 | 27.947 | 28.149 | 28.352 |
| 146 | 458.673 | 27.449 | 27.655 | 27.861 | 28.068 | 28.275 | 28.482 | 28.689 | 28.897 | 29.104 |

**续表 1-4**

| 检尺径 | | 检尺长/m | | | | | | | | |
|---|---|---|---|---|---|---|---|---|---|---|
| 直径 | 周长 | 14.6 | 14.7 | 14.8 | 14.9 | 15 | 15.1 | 15.2 | 15.3 | 15.4 |
| /cm | /cm | 材积/$m^3$ | | | | | | | | |
| 148 | 464.956 | 28.170 | 28.381 | 28.593 | 28.804 | 29.016 | 29.229 | 29.441 | 29.654 | 29.867 |
| 150 | 471.239 | 28.900 | 29.117 | 29.333 | 29.550 | 29.768 | 29.985 | 30.203 | 30.421 | 30.639 |
| 152 | 477.522 | 29.640 | 29.861 | 30.083 | 30.306 | 30.528 | 30.751 | 30.974 | 31.197 | 31.421 |
| 154 | 483.805 | 30.389 | 30.616 | 30.843 | 31.071 | 31.299 | 31.527 | 31.755 | 31.984 | 32.213 |
| 156 | 490.088 | 31.147 | 31.379 | 31.612 | 31.845 | 32.079 | 32.312 | 32.546 | 32.780 | 33.015 |
| 158 | 496.372 | 31.915 | 32.153 | 32.391 | 32.629 | 32.868 | 33.107 | 33.347 | 33.586 | 33.826 |
| 160 | 502.655 | 32.691 | 32.935 | 33.179 | 33.423 | 33.668 | 33.912 | 34.157 | 34.402 | 34.648 |
| 162 | 508.938 | 33.478 | 33.727 | 33.976 | 34.226 | 34.476 | 34.727 | 34.977 | 35.228 | 35.479 |
| 164 | 515.221 | 34.273 | 34.528 | 34.784 | 35.039 | 35.295 | 35.551 | 35.807 | 36.064 | 36.320 |
| 166 | 521.504 | 35.078 | 35.339 | 35.600 | 35.861 | 36.123 | 36.384 | 36.647 | 36.909 | 37.172 |
| 168 | 527.788 | 35.893 | 36.159 | 36.426 | 36.693 | 36.960 | 37.228 | 37.496 | 37.764 | 38.032 |
| 170 | 534.071 | 36.716 | 36.989 | 37.261 | 37.534 | 37.808 | 38.081 | 38.355 | 38.629 | 38.903 |
| 172 | 540.354 | 37.549 | 37.828 | 38.106 | 38.385 | 38.664 | 38.944 | 39.223 | 39.504 | 39.784 |
| 174 | 546.637 | 38.392 | 38.676 | 38.961 | 39.246 | 39.531 | 39.816 | 40.102 | 40.388 | 40.674 |
| 176 | 552.920 | 39.244 | 39.534 | 39.825 | 40.115 | 40.407 | 40.698 | 40.990 | 41.282 | 41.575 |
| 178 | 559.203 | 40.105 | 40.401 | 40.698 | 40.995 | 41.292 | 41.590 | 41.888 | 42.186 | 42.485 |
| 180 | 565.487 | 40.975 | 41.278 | 41.581 | 41.884 | 42.188 | 42.491 | 42.796 | 43.100 | 43.405 |

续表 1-4 （长原木）

| 检尺径 | | 检尺长/m | | | | | | | | |
|---|---|---|---|---|---|---|---|---|---|---|
| 直径 | 周长 | 14.6 | 14.7 | 14.8 | 14.9 | 15 | 15.1 | 15.2 | 15.3 | 15.4 |
| /cm | /cm | 材积/m³ | | | | | | | | |
| 182 | 571.770 | 41.855 | 42.164 | 42.473 | 42.782 | 43.092 | 43.402 | 43.713 | 44.024 | 44.335 |
| 184 | 578.053 | 42.744 | 43.059 | 43.375 | 43.690 | 44.007 | 44.323 | 44.640 | 44.957 | 45.275 |
| 186 | 584.336 | 43.642 | 43.964 | 44.286 | 44.608 | 44.931 | 45.254 | 45.577 | 45.900 | 46.224 |
| 188 | 590.619 | 44.550 | 44.878 | 45.206 | 45.535 | 45.864 | 46.194 | 46.523 | 46.853 | 47.184 |
| 190 | 596.903 | 45.467 | 45.802 | 46.137 | 46.472 | 46.808 | 47.143 | 47.480 | 47.816 | 48.153 |
| 192 | 603.186 | 46.394 | 46.735 | 47.076 | 47.418 | 47.760 | 48.103 | 48.446 | 48.789 | 49.132 |
| 194 | 609.469 | 47.329 | 47.677 | 48.025 | 48.374 | 48.723 | 49.072 | 49.421 | 49.771 | 50.121 |
| 196 | 615.752 | 48.274 | 48.629 | 48.984 | 49.339 | 49.695 | 50.051 | 50.407 | 50.763 | 51.120 |
| 198 | 622.035 | 49.229 | 49.590 | 49.952 | 50.314 | 50.676 | 51.039 | 51.402 | 51.765 | 52.129 |
| 200 | 628.319 | 50.193 | 50.561 | 50.929 | 51.298 | 51.668 | 52.037 | 52.407 | 52.777 | 53.148 |
| 202 | 634.602 | 51.166 | 51.541 | 51.916 | 52.292 | 52.668 | 53.045 | 53.422 | 53.799 | 54.176 |
| 204 | 640.885 | 52.149 | 52.531 | 52.913 | 53.296 | 53.679 | 54.062 | 54.446 | 54.830 | 55.214 |
| 206 | 647.168 | 53.140 | 53.529 | 53.919 | 54.309 | 54.699 | 55.089 | 55.480 | 55.871 | 56.263 |
| 208 | 653.451 | 54.142 | 54.538 | 54.934 | 55.331 | 55.728 | 56.126 | 56.524 | 56.922 | 57.321 |
| 210 | 659.734 | 55.152 | 55.555 | 55.959 | 56.363 | 56.768 | 57.172 | 57.577 | 57.983 | 58.389 |
| 212 | 666.018 | 56.172 | 56.583 | 56.993 | 57.405 | 57.816 | 58.228 | 58.641 | 59.053 | 59.466 |
| 214 | 672.301 | 57.201 | 57.619 | 58.037 | 58.456 | 58.875 | 59.294 | 59.714 | 60.134 | 60.554 |

（长原木）

续表 1-4

| 检尺径 | | 检尺长/m | | | | | | | | |
|---|---|---|---|---|---|---|---|---|---|---|
| 直径 | 周长 | 14.6 | 14.7 | 14.8 | 14.9 | 15 | 15.1 | 15.2 | 15.3 | 15.4 |
| /cm | /cm | 材积/$m^3$ | | | | | | | | |
| 216 | 678.584 | 58.240 | 58.665 | 59.091 | 59.516 | 59.943 | 60.369 | 60.796 | 61.224 | 61.651 |
| 218 | 684.867 | 59.288 | 59.720 | 60.153 | 60.587 | 61.020 | 61.454 | 61.889 | 62.324 | 62.759 |
| 220 | 691.150 | 60.345 | 60.785 | 61.226 | 61.666 | 62.108 | 62.549 | 62.991 | 63.433 | 63.876 |
| 222 | 697.434 | 61.412 | 61.859 | 62.307 | 62.756 | 63.204 | 63.653 | 64.103 | 64.553 | 65.003 |
| 224 | 703.717 | 62.488 | 62.943 | 63.398 | 63.854 | 64.311 | 64.767 | 65.224 | 65.682 | 66.140 |
| 226 | 710.000 | 63.573 | 64.036 | 64.499 | 64.963 | 65.427 | 65.891 | 66.356 | 66.821 | 67.287 |
| 228 | 716.283 | 64.668 | 65.138 | 65.609 | 66.081 | 66.552 | 67.024 | 67.497 | 67.970 | 68.443 |
| 230 | 722.566 | 65.772 | 66.250 | 66.729 | 67.208 | 67.688 | 68.167 | 68.648 | 69.128 | 69.610 |
| 232 | 728.849 | 66.885 | 67.371 | 67.858 | 68.345 | 68.832 | 69.320 | 69.808 | 70.297 | 70.786 |
| 234 | 735.133 | 68.008 | 68.502 | 68.996 | 69.491 | 69.987 | 70.482 | 70.979 | 71.475 | 71.972 |
| 236 | 741.416 | 69.140 | 69.642 | 70.144 | 70.647 | 71.151 | 71.654 | 72.159 | 72.663 | 73.168 |
| 238 | 747.699 | 70.281 | 70.791 | 71.302 | 71.813 | 72.324 | 72.836 | 73.348 | 73.861 | 74.374 |
| 240 | 753.982 | 71.432 | 71.950 | 72.469 | 72.988 | 73.508 | 74.027 | 74.548 | 75.069 | 75.590 |
| 242 | 760.265 | 72.592 | 73.118 | 73.645 | 74.173 | 74.700 | 75.228 | 75.757 | 76.286 | 76.815 |
| 244 | 766.549 | 73.761 | 74.296 | 74.831 | 75.367 | 75.903 | 76.439 | 76.976 | 77.513 | 78.051 |
| 246 | 772.832 | 74.940 | 75.483 | 76.026 | 76.570 | 77.115 | 77.659 | 78.205 | 78.750 | 79.296 |
| 248 | 779.115 | 76.128 | 76.679 | 77.231 | 77.784 | 78.336 | 78.889 | 79.443 | 79.997 | 80.551 |

**续表 1-4** （长原木）

| 检尺径 | | 检尺长/m | | | | | | | | |
|---|---|---|---|---|---|---|---|---|---|---|
| 直径 | 周长 | 14.6 | 14.7 | 14.8 | 14.9 | 15 | 15.1 | 15.2 | 15.3 | 15.4 |
| /cm | /cm | 材积/m³ | | | | | | | | |
| 250 | 785.398 | 77.325 | 77.885 | 78.446 | 79.006 | 79.568 | 80.129 | 80.691 | 81.253 | 81.816 |
| 检尺径 | | 检尺长/m | | | | | | | | |
| 直径 | 周长 | 15.5 | 15.6 | 15.7 | 15.8 | 15.9 | 16 | 16.1 | 16.2 | 16.3 |
| /cm | /cm | 材积/m³ | | | | | | | | |
| 4 | 12.5664 | 0.1712 | 0.1738 | 0.1764 | 0.1790 | 0.1816 | 0.1843 | 0.1870 | 0.1897 | 0.1925 |
| 5 | 15.7080 | 0.2016 | 0.2045 | 0.2074 | 0.2103 | 0.2133 | 0.2163 | 0.2193 | 0.2224 | 0.2255 |
| 6 | 18.8496 | 0.2344 | 0.2377 | 0.2409 | 0.2442 | 0.2475 | 0.2509 | 0.2543 | 0.2577 | 0.2611 |
| 7 | 21.9911 | 0.2698 | 0.2734 | 0.2770 | 0.2806 | 0.2843 | 0.2880 | 0.2917 | 0.2955 | 0.2993 |
| 8 | 25.133 | 0.308 | 0.312 | 0.316 | 0.320 | 0.324 | 0.328 | 0.332 | 0.336 | 0.340 |
| 9 | 28.274 | 0.348 | 0.352 | 0.357 | 0.361 | 0.365 | 0.370 | 0.374 | 0.379 | 0.384 |
| 10 | 31.416 | 0.391 | 0.395 | 0.400 | 0.405 | 0.410 | 0.415 | 0.420 | 0.425 | 0.430 |
| 11 | 34.558 | 0.436 | 0.441 | 0.446 | 0.452 | 0.457 | 0.462 | 0.467 | 0.473 | 0.478 |
| 12 | 37.699 | 0.484 | 0.489 | 0.495 | 0.501 | 0.506 | 0.512 | 0.518 | 0.524 | 0.529 |
| 13 | 40.841 | 0.534 | 0.540 | 0.546 | 0.552 | 0.558 | 0.564 | 0.571 | 0.577 | 0.583 |
| 14 | 43.982 | 0.587 | 0.593 | 0.600 | 0.606 | 0.613 | 0.620 | 0.626 | 0.633 | 0.640 |
| 16 | 50.265 | 0.699 | 0.707 | 0.714 | 0.722 | 0.730 | 0.737 | 0.745 | 0.753 | 0.761 |

（长原木）

续表 1-4

| 检尺径 | | 检尺长/m | | | | | | | | |
|---|---|---|---|---|---|---|---|---|---|---|
| 直径 | 周长 | 15.5 | 15.6 | 15.7 | 15.8 | 15.9 | 16 | 16.1 | 16.2 | 16.3 |
| /cm | /cm | 材积/$m^3$ | | | | | | | | |
| 18 | 56.549 | 0.822 | 0.831 | 0.839 | 0.848 | 0.857 | 0.865 | 0.874 | 0.883 | 0.892 |
| 20 | 62.832 | 0.955 | 0.965 | 0.974 | 0.984 | 0.994 | 1.004 | 1.013 | 1.023 | 1.033 |
| 22 | 69.115 | 1.097 | 1.108 | 1.119 | 1.130 | 1.141 | 1.152 | 1.163 | 1.174 | 1.185 |
| 24 | 75.398 | 1.250 | 1.262 | 1.274 | 1.286 | 1.298 | 1.311 | 1.323 | 1.335 | 1.348 |
| 26 | 81.681 | 1.412 | 1.426 | 1.439 | 1.453 | 1.466 | 1.480 | 1.493 | 1.507 | 1.521 |
| 28 | 87.965 | 1.585 | 1.599 | 1.614 | 1.629 | 1.644 | 1.659 | 1.674 | 1.689 | 1.704 |
| 30 | 94.248 | 1.767 | 1.783 | 1.799 | 1.816 | 1.832 | 1.848 | 1.865 | 1.881 | 1.898 |
| 32 | 100.531 | 1.959 | 1.977 | 1.995 | 2.012 | 2.030 | 2.048 | 2.066 | 2.084 | 2.102 |
| 34 | 106.814 | 2.161 | 2.181 | 2.200 | 2.219 | 2.238 | 2.258 | 2.277 | 2.297 | 2.317 |
| 36 | 113.097 | 2.373 | 2.394 | 2.415 | 2.436 | 2.457 | 2.478 | 2.499 | 2.520 | 2.542 |
| 38 | 119.381 | 2.595 | 2.618 | 2.640 | 2.663 | 2.686 | 2.708 | 2.731 | 2.754 | 2.777 |
| 40 | 125.664 | 2.827 | 2.851 | 2.876 | 2.900 | 2.925 | 2.949 | 2.974 | 2.998 | 3.023 |
| 42 | 131.947 | 3.069 | 3.095 | 3.121 | 3.147 | 3.174 | 3.200 | 3.226 | 3.253 | 3.280 |
| 44 | 138.230 | 3.321 | 3.349 | 3.377 | 3.405 | 3.433 | 3.461 | 3.489 | 3.518 | 3.546 |
| 46 | 144.513 | 3.582 | 3.612 | 3.642 | 3.672 | 3.702 | 3.732 | 3.763 | 3.793 | 3.824 |
| 48 | 150.796 | 3.854 | 3.886 | 3.918 | 3.950 | 3.982 | 4.014 | 4.046 | 4.079 | 4.111 |
| 50 | 157.080 | 4.135 | 4.169 | 4.203 | 4.237 | 4.272 | 4.306 | 4.340 | 4.375 | 4.409 |

| 检尺径 | | 检尺长/m | | | | | | | | |
|---|---|---|---|---|---|---|---|---|---|---|
| 直径 | 周长 | 15.5 | 15.6 | 15.7 | 15.8 | 15.9 | 16 | 16.1 | 16.2 | 16.3 |
| /cm | /cm | 材积/m³ | | | | | | | | |
| 52 | 163.363 | 4.427 | 4.463 | 4.499 | 4.535 | 4.572 | 4.608 | 4.645 | 4.681 | 4.718 |
| 54 | 169.646 | 4.728 | 4.766 | 4.805 | 4.843 | 4.882 | 4.920 | 4.959 | 4.998 | 5.037 |
| 56 | 175.929 | 5.039 | 5.080 | 5.120 | 5.161 | 5.202 | 5.243 | 5.284 | 5.325 | 5.366 |
| 58 | 182.212 | 5.361 | 5.403 | 5.446 | 5.489 | 5.532 | 5.576 | 5.619 | 5.662 | 5.706 |
| 60 | 188.496 | 5.692 | 5.737 | 5.782 | 5.828 | 5.873 | 5.919 | 5.964 | 6.010 | 6.056 |
| 62 | 194.779 | 6.033 | 6.080 | 6.128 | 6.176 | 6.224 | 6.272 | 6.320 | 6.369 | 6.417 |
| 64 | 201.062 | 6.384 | 6.434 | 6.484 | 6.534 | 6.585 | 6.636 | 6.686 | 6.737 | 6.788 |
| 66 | 207.345 | 6.744 | 6.797 | 6.850 | 6.903 | 6.956 | 7.009 | 7.063 | 7.116 | 7.170 |
| 68 | 213.628 | 7.115 | 7.171 | 7.226 | 7.282 | 7.337 | 7.393 | 7.449 | 7.505 | 7.562 |
| 70 | 219.911 | 7.496 | 7.554 | 7.612 | 7.670 | 7.729 | 7.788 | 7.846 | 7.905 | 7.964 |
| 72 | 226.195 | 7.886 | 7.947 | 8.008 | 8.069 | 8.131 | 8.192 | 8.254 | 8.315 | 8.377 |
| 74 | 232.478 | 8.287 | 8.351 | 8.414 | 8.478 | 8.543 | 8.607 | 8.671 | 8.736 | 8.800 |
| 76 | 238.761 | 8.697 | 8.764 | 8.831 | 8.898 | 8.965 | 9.032 | 9.099 | 9.166 | 9.234 |
| 78 | 245.044 | 9.118 | 9.187 | 9.257 | 9.327 | 9.397 | 9.467 | 9.537 | 9.608 | 9.678 |
| 80 | 251.327 | 9.548 | 9.621 | 9.693 | 9.766 | 9.839 | 9.912 | 9.986 | 10.059 | 10.133 |
| 82 | 257.611 | 9.988 | 10.064 | 10.140 | 10.216 | 10.292 | 10.368 | 10.444 | 10.521 | 10.598 |
| 84 | 263.894 | 10.438 | 10.517 | 10.596 | 10.675 | 10.755 | 10.834 | 10.913 | 10.993 | 11.073 |

**续表 1-4**

| 检尺径 | | 检尺长/m | | | | | | | | |
|---|---|---|---|---|---|---|---|---|---|---|
| 直径 | 周长 | 15.5 | 15.6 | 15.7 | 15.8 | 15.9 | 16 | 16.1 | 16.2 | 16.3 |
| /cm | /cm | 材积/$m^3$ | | | | | | | | |
| 86 | 270.177 | 10.898 | 10.980 | 11.063 | 11.145 | 11.227 | 11.310 | 11.393 | 11.476 | 11.559 |
| 88 | 276.460 | 11.368 | 11.454 | 11.539 | 11.625 | 11.711 | 11.796 | 11.883 | 11.969 | 12.055 |
| 90 | 282.743 | 11.848 | 11.937 | 12.026 | 12.115 | 12.204 | 12.293 | 12.383 | 12.472 | 12.562 |
| 92 | 289.027 | 12.338 | 12.430 | 12.522 | 12.615 | 12.707 | 12.800 | 12.893 | 12.986 | 13.079 |
| 94 | 295.310 | 12.838 | 12.933 | 13.029 | 13.125 | 13.221 | 13.317 | 13.413 | 13.510 | 13.607 |
| 96 | 301.593 | 13.347 | 13.447 | 13.546 | 13.645 | 13.745 | 13.844 | 13.944 | 14.045 | 14.145 |
| 98 | 307.876 | 13.867 | 13.970 | 14.073 | 14.176 | 14.279 | 14.382 | 14.486 | 14.589 | 14.693 |
| 100 | 314.159 | 14.396 | 14.503 | 14.609 | 14.716 | 14.823 | 14.930 | 15.037 | 15.145 | 15.252 |
| 102 | 320.442 | 14.936 | 15.046 | 15.156 | 15.267 | 15.377 | 15.488 | 15.599 | 15.710 | 15.821 |
| 104 | 326.726 | 15.485 | 15.599 | 15.713 | 15.827 | 15.942 | 16.056 | 16.171 | 16.286 | 16.401 |
| 106 | 333.009 | 16.044 | 16.162 | 16.280 | 16.398 | 16.516 | 16.635 | 16.754 | 16.872 | 16.991 |
| 108 | 339.292 | 16.614 | 16.735 | 16.857 | 16.979 | 17.101 | 17.224 | 17.346 | 17.469 | 17.592 |
| 110 | 345.575 | 17.193 | 17.318 | 17.444 | 17.570 | 17.696 | 17.823 | 17.949 | 18.076 | 18.203 |
| 112 | 351.858 | 17.782 | 17.911 | 18.041 | 18.171 | 18.302 | 18.432 | 18.563 | 18.694 | 18.825 |
| 114 | 358.142 | 18.381 | 18.514 | 18.648 | 18.783 | 18.917 | 19.052 | 19.186 | 19.321 | 19.456 |
| 116 | 364.425 | 18.989 | 19.127 | 19.266 | 19.404 | 19.543 | 19.681 | 19.820 | 19.959 | 20.099 |
| 118 | 370.708 | 19.608 | 19.750 | 19.893 | 20.035 | 20.178 | 20.321 | 20.465 | 20.608 | 20.752 |

续表 1-4 （长原木）

| 检尺径 | | 检尺长/m | | | | | | | | |
|---|---|---|---|---|---|---|---|---|---|---|
| 直径 | 周长 | 15.5 | 15.6 | 15.7 | 15.8 | 15.9 | 16 | 16.1 | 16.2 | 16.3 |
| /cm | /cm | 材积/m³ | | | | | | | | |
| 120 | 376.991 | 20.237 | 20.383 | 20.530 | 20.677 | 20.824 | 20.972 | 21.119 | 21.267 | 21.415 |
| 122 | 383.274 | 20.875 | 21.026 | 21.177 | 21.329 | 21.480 | 21.632 | 21.784 | 21.936 | 22.088 |
| 124 | 389.557 | 21.524 | 21.679 | 21.835 | 21.991 | 22.147 | 22.303 | 22.459 | 22.616 | 22.773 |
| 126 | 395.841 | 22.182 | 22.342 | 22.502 | 22.663 | 22.823 | 22.984 | 23.145 | 23.306 | 23.467 |
| 128 | 402.124 | 22.851 | 23.015 | 23.180 | 23.345 | 23.510 | 23.675 | 23.840 | 24.006 | 24.172 |
| 130 | 408.407 | 23.529 | 23.698 | 23.867 | 24.037 | 24.206 | 24.376 | 24.546 | 24.717 | 24.887 |
| 132 | 414.690 | 24.217 | 24.391 | 24.565 | 24.739 | 24.913 | 25.088 | 25.263 | 25.438 | 25.613 |
| 134 | 420.973 | 24.915 | 25.094 | 25.273 | 25.451 | 25.631 | 25.810 | 25.990 | 26.169 | 26.349 |
| 136 | 427.257 | 25.623 | 25.807 | 25.990 | 26.174 | 26.358 | 26.542 | 26.727 | 26.911 | 27.096 |
| 138 | 433.540 | 26.341 | 26.530 | 26.718 | 26.907 | 27.095 | 27.284 | 27.474 | 27.663 | 27.853 |
| 140 | 439.823 | 27.069 | 27.262 | 27.456 | 27.649 | 27.843 | 28.037 | 28.231 | 28.426 | 28.621 |
| 142 | 446.106 | 27.807 | 28.005 | 28.204 | 28.402 | 28.601 | 28.800 | 28.999 | 29.199 | 29.399 |
| 144 | 452.389 | 28.555 | 28.758 | 28.961 | 29.165 | 29.369 | 29.573 | 29.778 | 29.982 | 30.187 |
| 146 | 458.673 | 29.312 | 29.521 | 29.729 | 29.938 | 30.147 | 30.356 | 30.566 | 30.776 | 30.986 |
| 148 | 464.956 | 30.080 | 30.294 | 30.507 | 30.721 | 30.936 | 31.150 | 31.365 | 31.580 | 31.795 |
| 150 | 471.239 | 30.857 | 31.076 | 31.295 | 31.515 | 31.734 | 31.954 | 32.174 | 32.394 | 32.615 |
| 152 | 477.522 | 31.645 | 31.869 | 32.093 | 32.318 | 32.543 | 32.768 | 32.993 | 33.219 | 33.445 |

（长原木）

**续表 1-4**

| 检尺径 | | 检尺长/m | | | | | | | | |
|---|---|---|---|---|---|---|---|---|---|---|
| 直径 | 周长 | 15.5 | 15.6 | 15.7 | 15.8 | 15.9 | 16 | 16.1 | 16.2 | 16.3 |
| /cm | /cm | 材积/m³ | | | | | | | | |
| 154 | 483.805 | 32.442 | 32.672 | 32.901 | 33.131 | 33.362 | 33.592 | 33.823 | 34.054 | 34.286 |
| 156 | 490.088 | 33.249 | 33.484 | 33.720 | 33.955 | 34.191 | 34.427 | 34.663 | 34.900 | 35.137 |
| 158 | 496.372 | 34.067 | 34.307 | 34.548 | 34.789 | 35.030 | 35.272 | 35.514 | 35.756 | 35.998 |
| 160 | 502.655 | 34.894 | 35.140 | 35.386 | 35.633 | 35.880 | 36.127 | 36.374 | 36.622 | 36.870 |
| 162 | 508.938 | 35.731 | 35.982 | 36.234 | 36.487 | 36.739 | 36.992 | 37.245 | 37.498 | 37.752 |
| 164 | 515.221 | 36.578 | 36.835 | 37.093 | 37.351 | 37.609 | 37.868 | 38.126 | 38.385 | 38.645 |
| 166 | 521.504 | 37.434 | 37.698 | 37.961 | 38.225 | 38.489 | 38.753 | 39.018 | 39.283 | 39.548 |
| 168 | 527.788 | 38.301 | 38.570 | 38.840 | 39.109 | 39.379 | 39.649 | 39.920 | 40.191 | 40.462 |
| 170 | 534.071 | 39.178 | 39.453 | 39.728 | 40.004 | 40.279 | 40.556 | 40.832 | 41.109 | 41.386 |
| 172 | 540.354 | 40.064 | 40.345 | 40.627 | 40.908 | 41.190 | 41.472 | 41.754 | 42.037 | 42.320 |
| 174 | 546.637 | 40.961 | 41.248 | 41.535 | 41.823 | 42.111 | 42.399 | 42.687 | 42.976 | 43.265 |
| 176 | 552.920 | 41.867 | 42.160 | 42.454 | 42.747 | 43.041 | 43.336 | 43.630 | 43.925 | 44.220 |
| 178 | 559.203 | 42.784 | 43.083 | 43.383 | 43.682 | 43.982 | 44.283 | 44.584 | 44.885 | 45.186 |
| 180 | 565.487 | 43.710 | 44.016 | 44.321 | 44.627 | 44.934 | 45.240 | 45.547 | 45.855 | 46.162 |
| 182 | 571.770 | 44.646 | 44.958 | 45.270 | 45.582 | 45.895 | 46.208 | 46.521 | 46.835 | 47.149 |
| 184 | 578.053 | 45.592 | 45.910 | 46.229 | 46.548 | 46.867 | 47.186 | 47.506 | 47.826 | 48.146 |
| 186 | 584.336 | 46.548 | 46.873 | 47.198 | 47.523 | 47.848 | 48.174 | 48.500 | 48.827 | 49.153 |

续表 1-4 （长原木）

| 检尺径 | | 检尺长/m | | | | | | | | |
|---|---|---|---|---|---|---|---|---|---|---|
| 直径 | 周长 | 15.5 | 15.6 | 15.7 | 15.8 | 15.9 | 16 | 16.1 | 16.2 | 16.3 |
| /cm | /cm | 材积/$m^3$ | | | | | | | | |
| 188 | 590.619 | 47.514 | 47.845 | 48.177 | 48.508 | 48.840 | 49.172 | 49.505 | 49.838 | 50.171 |
| 190 | 596.903 | 48.490 | 48.828 | 49.166 | 49.504 | 49.842 | 50.181 | 50.520 | 50.860 | 51.200 |
| 192 | 603.186 | 49.476 | 49.820 | 50.165 | 50.509 | 50.855 | 51.200 | 51.546 | 51.892 | 52.238 |
| 194 | 609.469 | 50.472 | 50.823 | 51.174 | 51.525 | 51.877 | 52.229 | 52.582 | 52.934 | 53.287 |
| 196 | 615.752 | 51.477 | 51.835 | 52.193 | 52.551 | 52.910 | 53.268 | 53.628 | 53.987 | 54.347 |
| 198 | 622.035 | 52.493 | 52.857 | 53.222 | 53.587 | 53.952 | 54.318 | 54.684 | 55.050 | 55.417 |
| 200 | 628.319 | 53.518 | 53.890 | 54.261 | 54.633 | 55.005 | 55.378 | 55.751 | 56.124 | 56.498 |
| 202 | 634.602 | 54.554 | 54.932 | 55.311 | 55.689 | 56.068 | 56.448 | 56.828 | 57.208 | 57.589 |
| 204 | 640.885 | 55.599 | 55.984 | 56.370 | 56.756 | 57.142 | 57.528 | 57.915 | 58.302 | 58.690 |
| 206 | 647.168 | 56.654 | 57.047 | 57.439 | 57.832 | 58.225 | 58.619 | 59.013 | 59.407 | 59.802 |
| 208 | 653.451 | 57.720 | 58.119 | 58.519 | 58.919 | 59.319 | 59.720 | 60.121 | 60.522 | 60.924 |
| 210 | 659.734 | 58.795 | 59.201 | 59.608 | 60.015 | 60.423 | 60.831 | 61.239 | 61.648 | 62.057 |
| 212 | 666.018 | 59.880 | 60.293 | 60.708 | 61.122 | 61.537 | 61.952 | 62.368 | 62.783 | 63.200 |
| 214 | 672.301 | 60.975 | 61.396 | 61.817 | 62.239 | 62.661 | 63.084 | 63.506 | 63.930 | 64.353 |
| 216 | 678.584 | 62.079 | 62.508 | 62.937 | 63.366 | 63.795 | 64.225 | 64.656 | 65.086 | 65.517 |
| 218 | 684.867 | 63.194 | 63.630 | 64.066 | 64.503 | 64.940 | 65.377 | 65.815 | 66.253 | 66.692 |
| 220 | 691.150 | 64.319 | 64.762 | 65.206 | 65.650 | 66.095 | 66.540 | 66.985 | 67.430 | 67.876 |

**续表 1-4**

| 检尺径 | | 检尺长/m | | | | | | | | |
|---|---|---|---|---|---|---|---|---|---|---|
| 直径 | 周长 | 15.5 | 15.6 | 15.7 | 15.8 | 15.9 | 16 | 16.1 | 16.2 | 16.3 |
| /cm | /cm | 材积/$m^3$ | | | | | | | | |
| 222 | 697.434 | 65.453 | 65.904 | 66.356 | 66.807 | 67.260 | 67.712 | 68.165 | 68.618 | 69.072 |
| 224 | 703.717 | 66.598 | 67.057 | 67.516 | 67.975 | 68.435 | 68.895 | 69.355 | 69.816 | 70.277 |
| 226 | 710.000 | 67.752 | 68.219 | 68.685 | 69.152 | 69.620 | 70.088 | 70.556 | 71.024 | 71.493 |
| 228 | 716.283 | 68.917 | 69.391 | 69.865 | 70.340 | 70.815 | 71.291 | 71.767 | 72.243 | 72.720 |
| 230 | 722.566 | 70.091 | 70.573 | 71.055 | 71.538 | 72.021 | 72.504 | 72.988 | 73.472 | 73.957 |
| 232 | 728.849 | 71.275 | 71.765 | 72.255 | 72.746 | 73.237 | 73.728 | 74.220 | 74.712 | 75.204 |
| 234 | 735.133 | 72.469 | 72.967 | 73.465 | 73.964 | 74.463 | 74.962 | 75.462 | 75.962 | 76.462 |
| 236 | 741.416 | 73.673 | 74.179 | 74.685 | 75.192 | 75.699 | 76.206 | 76.714 | 77.222 | 77.730 |
| 238 | 747.699 | 74.887 | 75.401 | 75.915 | 76.430 | 76.945 | 77.460 | 77.976 | 78.493 | 79.009 |
| 240 | 753.982 | 76.111 | 76.633 | 77.156 | 77.678 | 78.202 | 78.725 | 79.249 | 79.773 | 80.298 |
| 242 | 760.265 | 77.345 | 77.875 | 78.406 | 78.937 | 79.468 | 80.000 | 80.532 | 81.065 | 81.598 |
| 244 | 766.549 | 78.589 | 79.127 | 79.666 | 80.205 | 80.745 | 81.285 | 81.826 | 82.367 | 82.908 |
| 246 | 772.832 | 79.842 | 80.389 | 80.936 | 81.484 | 82.032 | 82.580 | 83.129 | 83.679 | 84.228 |
| 248 | 779.115 | 81.106 | 81.661 | 82.217 | 82.773 | 83.329 | 83.886 | 84.443 | 85.001 | 85.559 |
| 250 | 785.398 | 82.379 | 82.943 | 83.507 | 84.072 | 84.637 | 85.202 | 85.768 | 86.334 | 86.900 |

| 检尺径 | | 检尺长/m | | | | | | | | |
|---|---|---|---|---|---|---|---|---|---|---|
| 直径 | 周长 | 16.4 | 16.5 | 16.6 | 16.7 | 16.8 | 16.9 | 17 | 17.1 | 17.2 |
| /cm | /cm | 材积/m³ | | | | | | | | |
| 4 | 12.5664 | 0.1953 | 0.1981 | 0.2009 | 0.2038 | 0.2067 | 0.2096 | 0.2125 | 0.2155 | 0.2185 |
| 5 | 15.7080 | 0.2286 | 0.2317 | 0.2349 | 0.2381 | 0.2413 | 0.2446 | 0.2479 | 0.2512 | 0.2545 |
| 6 | 18.8496 | 0.2646 | 0.2680 | 0.2716 | 0.2751 | 0.2787 | 0.2823 | 0.2859 | 0.2896 | 0.2933 |
| 7 | 21.9911 | 0.3031 | 0.3070 | 0.3109 | 0.3148 | 0.3187 | 0.3227 | 0.3267 | 0.3308 | 0.3349 |
| 8 | 25.133 | 0.344 | 0.349 | 0.353 | 0.357 | 0.361 | 0.366 | 0.370 | 0.375 | 0.379 |
| 9 | 28.274 | 0.388 | 0.393 | 0.397 | 0.402 | 0.407 | 0.412 | 0.417 | 0.421 | 0.426 |
| 10 | 31.416 | 0.435 | 0.440 | 0.445 | 0.450 | 0.455 | 0.460 | 0.465 | 0.471 | 0.476 |
| 11 | 34.558 | 0.484 | 0.489 | 0.495 | 0.500 | 0.506 | 0.511 | 0.517 | 0.523 | 0.529 |
| 12 | 37.699 | 0.535 | 0.541 | 0.547 | 0.553 | 0.559 | 0.565 | 0.572 | 0.578 | 0.584 |
| 13 | 40.841 | 0.590 | 0.596 | 0.603 | 0.609 | 0.615 | 0.622 | 0.629 | 0.635 | 0.642 |
| 14 | 43.982 | 0.647 | 0.653 | 0.660 | 0.667 | 0.674 | 0.681 | 0.689 | 0.696 | 0.703 |
| 16 | 50.265 | 0.768 | 0.776 | 0.784 | 0.792 | 0.800 | 0.808 | 0.816 | 0.824 | 0.833 |
| 18 | 56.549 | 0.901 | 0.910 | 0.919 | 0.928 | 0.937 | 0.946 | 0.955 | 0.964 | 0.974 |
| 20 | 62.832 | 1.043 | 1.053 | 1.064 | 1.074 | 1.084 | 1.094 | 1.105 | 1.115 | 1.126 |
| 22 | 69.115 | 1.197 | 1.208 | 1.219 | 1.231 | 1.242 | 1.254 | 1.265 | 1.277 | 1.288 |
| 24 | 75.398 | 1.360 | 1.373 | 1.385 | 1.398 | 1.411 | 1.424 | 1.437 | 1.449 | 1.462 |
| 26 | 81.681 | 1.535 | 1.548 | 1.562 | 1.576 | 1.590 | 1.605 | 1.619 | 1.633 | 1.647 |

**续表 1-4**

| 检尺径 | | 检尺长/m | | | | | | | | |
|---|---|---|---|---|---|---|---|---|---|---|
| 直径 | 周长 | 16.4 | 16.5 | 16.6 | 16.7 | 16.8 | 16.9 | 17 | 17.1 | 17.2 |
| /cm | /cm | 材积/m³ | | | | | | | | |
| 28 | 87.965 | 1.719 | 1.735 | 1.750 | 1.765 | 1.781 | 1.796 | 1.812 | 1.828 | 1.843 |
| 30 | 94.248 | 1.915 | 1.931 | 1.948 | 1.965 | 1.982 | 1.999 | 2.016 | 2.033 | 2.050 |
| 32 | 100.531 | 2.120 | 2.138 | 2.157 | 2.175 | 2.194 | 2.212 | 2.231 | 2.249 | 2.268 |
| 34 | 106.814 | 2.336 | 2.356 | 2.376 | 2.396 | 2.416 | 2.436 | 2.457 | 2.477 | 2.497 |
| 36 | 113.097 | 2.563 | 2.585 | 2.606 | 2.628 | 2.650 | 2.671 | 2.693 | 2.715 | 2.737 |
| 38 | 119.381 | 2.800 | 2.824 | 2.847 | 2.870 | 2.894 | 2.917 | 2.941 | 2.964 | 2.988 |
| 40 | 125.664 | 3.048 | 3.073 | 3.098 | 3.123 | 3.148 | 3.174 | 3.199 | 3.225 | 3.250 |
| 42 | 131.947 | 3.306 | 3.333 | 3.360 | 3.387 | 3.414 | 3.441 | 3.468 | 3.496 | 3.523 |
| 44 | 138.230 | 3.575 | 3.604 | 3.632 | 3.661 | 3.690 | 3.719 | 3.749 | 3.778 | 3.807 |
| 46 | 144.513 | 3.854 | 3.885 | 3.916 | 3.946 | 3.977 | 4.008 | 4.040 | 4.071 | 4.102 |
| 48 | 150.796 | 4.144 | 4.177 | 4.209 | 4.242 | 4.275 | 4.308 | 4.341 | 4.375 | 4.408 |
| 50 | 157.080 | 4.444 | 4.479 | 4.514 | 4.549 | 4.584 | 4.619 | 4.654 | 4.690 | 4.725 |
| 52 | 163.363 | 4.755 | 4.792 | 4.829 | 4.866 | 4.903 | 4.940 | 4.978 | 5.016 | 5.053 |
| 54 | 169.646 | 5.076 | 5.115 | 5.154 | 5.194 | 5.233 | 5.273 | 5.313 | 5.352 | 5.392 |
| 56 | 175.929 | 5.408 | 5.449 | 5.491 | 5.532 | 5.574 | 5.616 | 5.658 | 5.700 | 5.742 |
| 58 | 182.212 | 5.750 | 5.794 | 5.837 | 5.882 | 5.926 | 5.970 | 6.014 | 6.059 | 6.103 |
| 60 | 188.496 | 6.102 | 6.149 | 6.195 | 6.241 | 6.288 | 6.335 | 6.381 | 6.428 | 6.475 |

续表 1-4 （长原木）

| 检尺径 | | 检尺长/m | | | | | | | | |
|---|---|---|---|---|---|---|---|---|---|---|
| 直径 | 周长 | 16.4 | 16.5 | 16.6 | 16.7 | 16.8 | 16.9 | 17 | 17.1 | 17.2 |
| /cm | /cm | 材积/m³ | | | | | | | | |
| 62 | 194.779 | 6.466 | 6.514 | 6.563 | 6.612 | 6.661 | 6.710 | 6.760 | 6.809 | 6.858 |
| 64 | 201.062 | 6.839 | 6.890 | 6.942 | 6.993 | 7.045 | 7.097 | 7.149 | 7.200 | 7.253 |
| 66 | 207.345 | 7.223 | 7.277 | 7.331 | 7.385 | 7.440 | 7.494 | 7.548 | 7.603 | 7.658 |
| 68 | 213.628 | 7.618 | 7.675 | 7.731 | 7.788 | 7.845 | 7.902 | 7.959 | 8.016 | 8.074 |
| 70 | 219.911 | 8.023 | 8.082 | 8.142 | 8.201 | 8.261 | 8.321 | 8.381 | 8.441 | 8.501 |
| 72 | 226.195 | 8.439 | 8.501 | 8.563 | 8.625 | 8.688 | 8.750 | 8.813 | 8.876 | 8.939 |
| 74 | 232.478 | 8.865 | 8.930 | 8.995 | 9.060 | 9.125 | 9.191 | 9.257 | 9.322 | 9.388 |
| 76 | 238.761 | 9.302 | 9.369 | 9.437 | 9.506 | 9.574 | 9.642 | 9.711 | 9.779 | 9.848 |
| 78 | 245.044 | 9.749 | 9.820 | 9.891 | 9.962 | 10.033 | 10.104 | 10.176 | 10.248 | 10.319 |
| 80 | 251.327 | 10.206 | 10.280 | 10.354 | 10.428 | 10.503 | 10.577 | 10.652 | 10.727 | 10.802 |
| 82 | 257.611 | 10.674 | 10.751 | 10.829 | 10.906 | 10.983 | 11.061 | 11.139 | 11.217 | 11.295 |
| 84 | 263.894 | 11.153 | 11.233 | 11.314 | 11.394 | 11.475 | 11.556 | 11.637 | 11.718 | 11.799 |
| 86 | 270.177 | 11.642 | 11.726 | 11.809 | 11.893 | 11.977 | 12.061 | 12.145 | 12.230 | 12.314 |
| 88 | 276.460 | 12.142 | 12.229 | 12.315 | 12.403 | 12.490 | 12.577 | 12.665 | 12.752 | 12.840 |
| 90 | 282.743 | 12.652 | 12.742 | 12.832 | 12.923 | 13.013 | 13.104 | 13.195 | 13.286 | 13.377 |
| 92 | 289.027 | 13.173 | 13.266 | 13.360 | 13.454 | 13.548 | 13.642 | 13.736 | 13.831 | 13.926 |
| 94 | 295.310 | 13.704 | 13.801 | 13.898 | 13.995 | 14.093 | 14.191 | 14.289 | 14.387 | 14.485 |

**续表 1-4**

| 检尺径 | | 检尺长/m | | | | | | | | |
|---|---|---|---|---|---|---|---|---|---|---|
| 直径 | 周长 | 16.4 | 16.5 | 16.6 | 16.7 | 16.8 | 16.9 | 17 | 17.1 | 17.2 |
| /cm | /cm | 材积/m³ | | | | | | | | |
| 96 | 301.593 | 14.245 | 14.346 | 14.447 | 14.548 | 14.649 | 14.750 | 14.852 | 14.953 | 15.055 |
| 98 | 307.876 | 14.797 | 14.902 | 15.006 | 15.111 | 15.215 | 15.320 | 15.425 | 15.531 | 15.636 |
| 100 | 314.159 | 15.360 | 15.468 | 15.576 | 15.684 | 15.793 | 15.901 | 16.010 | 16.119 | 16.228 |
| 102 | 320.442 | 15.933 | 16.045 | 16.157 | 16.269 | 16.381 | 16.493 | 16.606 | 16.719 | 16.832 |
| 104 | 326.726 | 16.517 | 16.632 | 16.748 | 16.864 | 16.980 | 17.096 | 17.213 | 17.329 | 17.446 |
| 106 | 333.009 | 17.111 | 17.230 | 17.350 | 17.469 | 17.589 | 17.710 | 17.830 | 17.950 | 18.071 |
| 108 | 339.292 | 17.715 | 17.839 | 17.962 | 18.086 | 18.210 | 18.334 | 18.458 | 18.583 | 18.707 |
| 110 | 345.575 | 18.330 | 18.458 | 18.585 | 18.713 | 18.841 | 18.969 | 19.097 | 19.226 | 19.355 |
| 112 | 351.858 | 18.956 | 19.087 | 19.219 | 19.351 | 19.483 | 19.615 | 19.748 | 19.880 | 20.013 |
| 114 | 358.142 | 19.592 | 19.727 | 19.863 | 19.999 | 20.135 | 20.272 | 20.409 | 20.545 | 20.682 |
| 116 | 364.425 | 20.238 | 20.378 | 20.518 | 20.658 | 20.799 | 20.940 | 21.080 | 21.221 | 21.363 |
| 118 | 370.708 | 20.895 | 21.040 | 21.184 | 21.328 | 21.473 | 21.618 | 21.763 | 21.908 | 22.054 |
| 120 | 376.991 | 21.563 | 21.711 | 21.860 | 22.009 | 22.158 | 22.307 | 22.457 | 22.606 | 22.756 |
| 122 | 383.274 | 22.241 | 22.394 | 22.547 | 22.700 | 22.854 | 23.007 | 23.161 | 23.315 | 23.470 |
| 124 | 389.557 | 22.930 | 23.087 | 23.244 | 23.402 | 23.560 | 23.718 | 23.877 | 24.035 | 24.194 |
| 126 | 395.841 | 23.629 | 23.790 | 23.952 | 24.115 | 24.277 | 24.440 | 24.603 | 24.766 | 24.929 |
| 128 | 402.124 | 24.338 | 24.505 | 24.671 | 24.838 | 25.005 | 25.172 | 25.340 | 25.508 | 25.676 |

**续表 1-4** （长原木）

| 检尺径 | | 检尺长/m | | | | | | | | |
|---|---|---|---|---|---|---|---|---|---|---|
| 直径 | 周长 | 16.4 | 16.5 | 16.6 | 16.7 | 16.8 | 16.9 | 17 | 17.1 | 17.2 |
| /cm | /cm | 材积/$m^3$ | | | | | | | | |
| 130 | 408.407 | 25.058 | 25.229 | 25.401 | 25.572 | 25.744 | 25.916 | 26.088 | 26.260 | 26.433 |
| 132 | 414.690 | 25.789 | 25.964 | 26.140 | 26.317 | 26.493 | 26.670 | 26.847 | 27.024 | 27.201 |
| 134 | 420.973 | 26.530 | 26.710 | 26.891 | 27.072 | 27.253 | 27.435 | 27.617 | 27.798 | 27.981 |
| 136 | 427.257 | 27.281 | 27.467 | 27.652 | 27.838 | 28.024 | 28.211 | 28.397 | 28.584 | 28.771 |
| 138 | 433.540 | 28.043 | 28.234 | 28.424 | 28.615 | 28.806 | 28.997 | 29.189 | 29.380 | 29.572 |
| 140 | 439.823 | 28.816 | 29.011 | 29.207 | 29.402 | 29.598 | 29.795 | 29.991 | 30.188 | 30.385 |
| 142 | 446.106 | 29.599 | 29.799 | 30.000 | 30.200 | 30.401 | 30.603 | 30.804 | 31.006 | 31.208 |
| 144 | 452.389 | 30.392 | 30.598 | 30.803 | 31.009 | 31.215 | 31.422 | 31.629 | 31.835 | 32.043 |
| 146 | 458.673 | 31.196 | 31.407 | 31.618 | 31.829 | 32.040 | 32.252 | 32.464 | 32.676 | 32.888 |
| 148 | 464.956 | 32.011 | 32.227 | 32.443 | 32.659 | 32.876 | 33.092 | 33.309 | 33.527 | 33.744 |
| 150 | 471.239 | 32.836 | 33.057 | 33.278 | 33.500 | 33.722 | 33.944 | 34.166 | 34.389 | 34.612 |
| 152 | 477.522 | 33.671 | 33.898 | 34.124 | 34.351 | 34.579 | 34.806 | 35.034 | 35.262 | 35.490 |
| 154 | 483.805 | 34.517 | 34.749 | 34.981 | 35.214 | 35.446 | 35.679 | 35.913 | 36.146 | 36.380 |
| 156 | 490.088 | 35.374 | 35.611 | 35.849 | 36.087 | 36.325 | 36.563 | 36.802 | 37.041 | 37.280 |
| 158 | 496.372 | 36.241 | 36.484 | 36.727 | 36.970 | 37.214 | 37.458 | 37.702 | 37.947 | 38.192 |
| 160 | 502.655 | 37.118 | 37.367 | 37.615 | 37.865 | 38.114 | 38.364 | 38.613 | 38.864 | 39.114 |
| 162 | 508.938 | 38.006 | 38.260 | 38.515 | 38.770 | 39.025 | 39.280 | 39.536 | 39.791 | 40.048 |

**续表 1-4**

| 检尺径 | | 检尺长/m | | | | | | | | |
|---|---|---|---|---|---|---|---|---|---|---|
| 直径 | 周长 | 16.4 | 16.5 | 16.6 | 16.7 | 16.8 | 16.9 | 17 | 17.1 | 17.2 |
| /cm | /cm | 材积/m³ | | | | | | | | |
| 164 | 515.221 | 38.905 | 39.164 | 39.425 | 39.685 | 39.946 | 40.207 | 40.469 | 40.730 | 40.992 |
| 166 | 521.504 | 39.813 | 40.079 | 40.345 | 40.612 | 40.878 | 41.145 | 41.412 | 41.680 | 41.948 |
| 168 | 527.788 | 40.733 | 41.005 | 41.276 | 41.549 | 41.821 | 42.094 | 42.367 | 42.640 | 42.914 |
| 170 | 534.071 | 41.663 | 41.940 | 42.218 | 42.496 | 42.775 | 43.054 | 43.333 | 43.612 | 43.892 |
| 172 | 540.354 | 42.603 | 42.887 | 43.171 | 43.455 | 43.739 | 44.024 | 44.309 | 44.594 | 44.880 |
| 174 | 546.637 | 43.554 | 43.844 | 44.134 | 44.424 | 44.715 | 45.005 | 45.297 | 45.588 | 45.880 |
| 176 | 552.920 | 44.516 | 44.811 | 45.107 | 45.404 | 45.701 | 45.997 | 46.295 | 46.592 | 46.890 |
| 178 | 559.203 | 45.488 | 45.790 | 46.092 | 46.394 | 46.697 | 47.000 | 47.304 | 47.608 | 47.912 |
| 180 | 565.487 | 46.470 | 46.778 | 47.087 | 47.396 | 47.705 | 48.014 | 48.324 | 48.634 | 48.944 |
| 182 | 571.770 | 47.463 | 47.777 | 48.092 | 48.407 | 48.723 | 49.039 | 49.355 | 49.671 | 49.988 |
| 184 | 578.053 | 48.466 | 48.787 | 49.108 | 49.430 | 49.752 | 50.074 | 50.397 | 50.719 | 51.042 |
| 186 | 584.336 | 49.480 | 49.808 | 50.135 | 50.463 | 50.792 | 51.120 | 51.449 | 51.778 | 52.108 |
| 188 | 590.619 | 50.505 | 50.839 | 51.173 | 51.507 | 51.842 | 52.177 | 52.513 | 52.848 | 53.185 |
| 190 | 596.903 | 51.540 | 51.880 | 52.221 | 52.562 | 52.903 | 53.245 | 53.587 | 53.929 | 54.272 |
| 192 | 603.186 | 52.585 | 52.932 | 53.279 | 53.627 | 53.975 | 54.324 | 54.672 | 55.021 | 55.371 |
| 194 | 609.469 | 53.641 | 53.995 | 54.349 | 54.703 | 55.058 | 55.413 | 55.769 | 56.124 | 56.480 |
| 196 | 615.752 | 54.707 | 55.068 | 55.429 | 55.790 | 56.151 | 56.513 | 56.876 | 57.238 | 57.601 |

**续表 1-4** （长原木）

| 检尺径 | | 检尺长/m | | | | | | | | |
|---|---|---|---|---|---|---|---|---|---|---|
| 直径 | 周长 | 16.4 | 16.5 | 16.6 | 16.7 | 16.8 | 16.9 | 17 | 17.1 | 17.2 |
| /cm | /cm | 材积/m³ | | | | | | | | |
| 198 | 622.035 | 55.784 | 56.152 | 56.519 | 56.887 | 57.256 | 57.624 | 57.993 | 58.363 | 58.733 |
| 200 | 628.319 | 56.872 | 57.246 | 57.620 | 57.995 | 58.371 | 58.746 | 59.122 | 59.499 | 59.875 |
| 202 | 634.602 | 57.969 | 58.351 | 58.732 | 59.114 | 59.496 | 59.879 | 60.262 | 60.645 | 61.029 |
| 204 | 640.885 | 59.078 | 59.466 | 59.855 | 60.244 | 60.633 | 61.023 | 61.413 | 61.803 | 62.193 |
| 206 | 647.168 | 60.197 | 60.592 | 60.988 | 61.384 | 61.780 | 62.177 | 62.574 | 62.971 | 63.369 |
| 208 | 653.451 | 61.326 | 61.729 | 62.131 | 62.535 | 62.938 | 63.342 | 63.746 | 64.151 | 64.556 |
| 210 | 659.734 | 62.466 | 62.876 | 63.286 | 63.696 | 64.107 | 64.518 | 64.929 | 65.341 | 65.753 |
| 212 | 666.018 | 63.616 | 64.033 | 64.451 | 64.868 | 65.286 | 65.705 | 66.124 | 66.543 | 66.962 |
| 214 | 672.301 | 64.777 | 65.201 | 65.626 | 66.051 | 66.477 | 66.902 | 67.329 | 67.755 | 68.182 |
| 216 | 678.584 | 65.949 | 66.380 | 66.812 | 67.245 | 67.678 | 68.111 | 68.544 | 68.978 | 69.413 |
| 218 | 684.867 | 67.130 | 67.570 | 68.009 | 68.449 | 68.889 | 69.330 | 69.771 | 70.212 | 70.654 |
| 220 | 691.150 | 68.323 | 68.769 | 69.217 | 69.664 | 70.112 | 70.560 | 71.009 | 71.458 | 71.907 |
| 222 | 697.434 | 69.526 | 69.980 | 70.435 | 70.890 | 71.345 | 71.801 | 72.257 | 72.714 | 73.171 |
| 224 | 703.717 | 70.739 | 71.201 | 71.663 | 72.126 | 72.589 | 73.053 | 73.517 | 73.981 | 74.445 |
| 226 | 710.000 | 71.963 | 72.432 | 72.903 | 73.373 | 73.844 | 74.315 | 74.787 | 75.259 | 75.731 |
| 228 | 716.283 | 73.197 | 73.675 | 74.152 | 74.631 | 75.109 | 75.588 | 76.068 | 76.548 | 77.028 |
| 230 | 722.566 | 74.442 | 74.927 | 75.413 | 75.899 | 76.386 | 76.873 | 77.360 | 77.848 | 78.336 |

**续表 1-4**

| 检尺径 | | 检尺长/m | | | | | | | | |
|---|---|---|---|---|---|---|---|---|---|---|
| 直径 | 周长 | 16.4 | 16.5 | 16.6 | 16.7 | 16.8 | 16.9 | 17 | 17.1 | 17.2 |
| /cm | /cm | 材积/m³ | | | | | | | | |
| 232 | 728.849 | 75.697 | 76.190 | 76.684 | 77.178 | 77.673 | 78.168 | 78.663 | 79.158 | 79.654 |
| 234 | 735.133 | 76.963 | 77.464 | 77.966 | 78.468 | 78.970 | 79.473 | 79.977 | 80.480 | 80.984 |
| 236 | 741.416 | 78.239 | 78.749 | 79.258 | 79.768 | 80.279 | 80.790 | 81.301 | 81.813 | 82.325 |
| 238 | 747.699 | 79.526 | 80.044 | 80.561 | 81.080 | 81.598 | 82.117 | 82.637 | 83.156 | 83.677 |
| 240 | 753.982 | 80.823 | 81.349 | 81.875 | 82.401 | 82.928 | 83.455 | 83.983 | 84.511 | 85.039 |
| 242 | 760.265 | 82.131 | 82.665 | 83.199 | 83.734 | 84.269 | 84.804 | 85.340 | 85.877 | 86.413 |
| 244 | 766.549 | 83.450 | 83.992 | 84.534 | 85.077 | 85.621 | 86.164 | 86.709 | 87.253 | 87.798 |
| 246 | 772.832 | 84.778 | 85.329 | 85.880 | 86.431 | 86.983 | 87.535 | 88.088 | 88.641 | 89.194 |
| 248 | 779.115 | 86.118 | 86.677 | 87.236 | 87.796 | 88.356 | 88.916 | 89.477 | 90.039 | 90.601 |
| 250 | 785.398 | 87.467 | 88.035 | 88.603 | 89.171 | 89.740 | 90.309 | 90.878 | 91.448 | 92.019 |

| 检尺径 | | 检尺长/m | | | | | | | | |
|---|---|---|---|---|---|---|---|---|---|---|
| 直径 | 周长 | 17.3 | 17.4 | 17.5 | 17.6 | 17.7 | 17.8 | 17.9 | 18 | 18.1 |
| /cm | /cm | 材积/m³ | | | | | | | | |
| 4 | 12.5664 | 0.2215 | 0.2245 | 0.2276 | 0.2307 | 0.2338 | 0.2370 | 0.2401 | 0.2434 | 0.2466 |
| 5 | 15.7080 | 0.2579 | 0.2613 | 0.2647 | 0.2681 | 0.2716 | 0.2751 | 0.2787 | 0.2822 | 0.2858 |
| 6 | 18.8496 | 0.2970 | 0.3008 | 0.3046 | 0.3084 | 0.3123 | 0.3161 | 0.3201 | 0.3240 | 0.3280 |

续表 1-4 （长原木）

| 检尺径 | | 检尺长/m | | | | | | | | |
|---|---|---|---|---|---|---|---|---|---|---|
| 直径 | 周长 | 17.3 | 17.4 | 17.5 | 17.6 | 17.7 | 17.8 | 17.9 | 18 | 18.1 |
| /cm | /cm | 材积/m³ | | | | | | | | |
| 7 | 21.9911 | 0.3390 | 0.3431 | 0.3473 | 0.3515 | 0.3557 | 0.3600 | 0.3643 | 0.3686 | 0.3730 |
| 8 | 25.133 | 0.384 | 0.388 | 0.393 | 0.397 | 0.402 | 0.407 | 0.411 | 0.416 | 0.421 |
| 9 | 28.274 | 0.431 | 0.436 | 0.441 | 0.446 | 0.451 | 0.456 | 0.461 | 0.467 | 0.472 |
| 10 | 31.416 | 0.481 | 0.487 | 0.492 | 0.498 | 0.503 | 0.509 | 0.514 | 0.520 | 0.525 |
| 11 | 34.558 | 0.534 | 0.540 | 0.546 | 0.552 | 0.558 | 0.564 | 0.570 | 0.576 | 0.582 |
| 12 | 37.699 | 0.590 | 0.596 | 0.603 | 0.609 | 0.616 | 0.622 | 0.629 | 0.635 | 0.642 |
| 13 | 40.841 | 0.649 | 0.655 | 0.662 | 0.669 | 0.676 | 0.683 | 0.690 | 0.697 | 0.704 |
| 14 | 43.982 | 0.710 | 0.717 | 0.725 | 0.732 | 0.739 | 0.747 | 0.754 | 0.762 | 0.769 |
| 16 | 50.265 | 0.841 | 0.849 | 0.858 | 0.866 | 0.874 | 0.883 | 0.891 | 0.900 | 0.909 |
| 18 | 56.549 | 0.983 | 0.992 | 1.002 | 1.011 | 1.021 | 1.030 | 1.040 | 1.050 | 1.060 |
| 20 | 62.832 | 1.136 | 1.147 | 1.157 | 1.168 | 1.179 | 1.189 | 1.200 | 1.211 | 1.222 |
| 22 | 69.115 | 1.300 | 1.312 | 1.324 | 1.336 | 1.348 | 1.360 | 1.372 | 1.384 | 1.396 |
| 24 | 75.398 | 1.475 | 1.488 | 1.502 | 1.515 | 1.528 | 1.541 | 1.555 | 1.568 | 1.582 |
| 26 | 81.681 | 1.662 | 1.676 | 1.691 | 1.705 | 1.720 | 1.734 | 1.749 | 1.764 | 1.779 |
| 28 | 87.965 | 1.859 | 1.875 | 1.891 | 1.907 | 1.923 | 1.939 | 1.955 | 1.971 | 1.988 |
| 30 | 94.248 | 2.067 | 2.085 | 2.102 | 2.120 | 2.137 | 2.155 | 2.172 | 2.190 | 2.208 |
| 32 | 100.531 | 2.287 | 2.306 | 2.325 | 2.344 | 2.363 | 2.382 | 2.401 | 2.421 | 2.440 |

续表 1-4

| 检尺径 | | 检尺长/m | | | | | | | | |
|---|---|---|---|---|---|---|---|---|---|---|
| 直径 | 周长 | 17.3 | 17.4 | 17.5 | 17.6 | 17.7 | 17.8 | 17.9 | 18 | 18.1 |
| /cm | /cm | 材积/m³ | | | | | | | | |
| 34 | 106.814 | 2.518 | 2.538 | 2.559 | 2.579 | 2.600 | 2.621 | 2.642 | 2.663 | 2.684 |
| 36 | 113.097 | 2.759 | 2.781 | 2.804 | 2.826 | 2.848 | 2.871 | 2.893 | 2.916 | 2.939 |
| 38 | 119.381 | 3.012 | 3.036 | 3.060 | 3.084 | 3.108 | 3.132 | 3.157 | 3.181 | 3.205 |
| 40 | 125.664 | 3.276 | 3.301 | 3.327 | 3.353 | 3.379 | 3.405 | 3.431 | 3.457 | 3.484 |
| 42 | 131.947 | 3.551 | 3.578 | 3.606 | 3.634 | 3.661 | 3.689 | 3.717 | 3.745 | 3.774 |
| 44 | 138.230 | 3.836 | 3.866 | 3.896 | 3.925 | 3.955 | 3.985 | 4.015 | 4.045 | 4.075 |
| 46 | 144.513 | 4.133 | 4.165 | 4.197 | 4.228 | 4.260 | 4.292 | 4.324 | 4.356 | 4.388 |
| 48 | 150.796 | 4.442 | 4.475 | 4.509 | 4.543 | 4.576 | 4.610 | 4.644 | 4.679 | 4.713 |
| 50 | 157.080 | 4.761 | 4.796 | 4.832 | 4.868 | 4.904 | 4.940 | 4.976 | 5.013 | 5.049 |
| 52 | 163.363 | 5.091 | 5.129 | 5.167 | 5.205 | 5.243 | 5.281 | 5.320 | 5.358 | 5.397 |
| 54 | 169.646 | 5.432 | 5.472 | 5.513 | 5.553 | 5.593 | 5.634 | 5.675 | 5.715 | 5.756 |
| 56 | 175.929 | 5.785 | 5.827 | 5.870 | 5.912 | 5.955 | 5.998 | 6.041 | 6.084 | 6.127 |
| 58 | 182.212 | 6.148 | 6.193 | 6.238 | 6.283 | 6.328 | 6.373 | 6.419 | 6.464 | 6.510 |
| 60 | 188.496 | 6.523 | 6.570 | 6.617 | 6.665 | 6.712 | 6.760 | 6.808 | 6.856 | 6.904 |
| 62 | 194.779 | 6.908 | 6.958 | 7.008 | 7.058 | 7.108 | 7.158 | 7.209 | 7.259 | 7.310 |
| 64 | 201.062 | 7.305 | 7.357 | 7.410 | 7.462 | 7.515 | 7.568 | 7.621 | 7.674 | 7.727 |
| 66 | 207.345 | 7.713 | 7.767 | 7.823 | 7.878 | 7.933 | 7.989 | 8.044 | 8.100 | 8.156 |

| 检尺径 | | 检尺长/m | | | | | | | | |
|---|---|---|---|---|---|---|---|---|---|---|
| 直径 | 周长 | 17.3 | 17.4 | 17.5 | 17.6 | 17.7 | 17.8 | 17.9 | 18 | 18.1 |
| /cm | /cm | 材积/m³ | | | | | | | | |
| 68 | 213.628 | 8.131 | 8.189 | 8.247 | 8.305 | 8.363 | 8.421 | 8.479 | 8.538 | 8.596 |
| 70 | 219.911 | 8.561 | 8.622 | 8.682 | 8.743 | 8.804 | 8.865 | 8.926 | 8.987 | 9.048 |
| 72 | 226.195 | 9.002 | 9.065 | 9.129 | 9.192 | 9.256 | 9.320 | 9.384 | 9.448 | 9.512 |
| 74 | 232.478 | 9.454 | 9.520 | 9.587 | 9.653 | 9.720 | 9.786 | 9.853 | 9.920 | 9.987 |
| 76 | 238.761 | 9.917 | 9.986 | 10.056 | 10.125 | 10.195 | 10.264 | 10.334 | 10.404 | 10.474 |
| 78 | 245.044 | 10.391 | 10.464 | 10.536 | 10.608 | 10.681 | 10.753 | 10.826 | 10.899 | 10.973 |
| 80 | 251.327 | 10.877 | 10.952 | 11.027 | 11.103 | 11.178 | 11.254 | 11.330 | 11.406 | 11.482 |
| 82 | 257.611 | 11.373 | 11.451 | 11.530 | 11.608 | 11.687 | 11.766 | 11.845 | 11.925 | 12.004 |
| 84 | 263.894 | 11.880 | 11.962 | 12.044 | 12.125 | 12.208 | 12.290 | 12.372 | 12.455 | 12.537 |
| 86 | 270.177 | 12.399 | 12.484 | 12.569 | 12.654 | 12.739 | 12.825 | 12.910 | 12.996 | 13.082 |
| 88 | 276.460 | 12.928 | 13.016 | 13.105 | 13.193 | 13.282 | 13.371 | 13.460 | 13.549 | 13.638 |
| 90 | 282.743 | 13.469 | 13.560 | 13.652 | 13.744 | 13.836 | 13.928 | 14.021 | 14.113 | 14.206 |
| 92 | 289.027 | 14.021 | 14.116 | 14.211 | 14.306 | 14.402 | 14.497 | 14.593 | 14.689 | 14.786 |
| 94 | 295.310 | 14.583 | 14.682 | 14.781 | 14.880 | 14.979 | 15.078 | 15.177 | 15.277 | 15.377 |
| 96 | 301.593 | 15.157 | 15.259 | 15.362 | 15.464 | 15.567 | 15.670 | 15.773 | 15.876 | 15.979 |
| 98 | 307.876 | 15.742 | 15.848 | 15.954 | 16.060 | 16.166 | 16.273 | 16.380 | 16.487 | 16.594 |
| 100 | 314.159 | 16.338 | 16.447 | 16.557 | 16.667 | 16.777 | 16.888 | 16.998 | 17.109 | 17.219 |

续表 1-4

| 检尺径 | | 检尺长/m | | | | | | | | |
|---|---|---|---|---|---|---|---|---|---|---|
| 直径 | 周长 | 17.3 | 17.4 | 17.5 | 17.6 | 17.7 | 17.8 | 17.9 | 18 | 18.1 |
| /cm | /cm | 材积/$m^3$ | | | | | | | | |
| 102 | 320.442 | 16.945 | 17.058 | 17.172 | 17.286 | 17.399 | 17.514 | 17.628 | 17.742 | 17.857 |
| 104 | 326.726 | 17.563 | 17.680 | 17.798 | 17.915 | 18.033 | 18.151 | 18.269 | 18.387 | 18.506 |
| 106 | 333.009 | 18.192 | 18.313 | 18.435 | 18.556 | 18.678 | 18.800 | 18.922 | 19.044 | 19.166 |
| 108 | 339.292 | 18.832 | 18.957 | 19.083 | 19.208 | 19.334 | 19.460 | 19.586 | 19.712 | 19.839 |
| 110 | 345.575 | 19.484 | 19.613 | 19.742 | 19.872 | 20.001 | 20.131 | 20.262 | 20.392 | 20.522 |
| 112 | 351.858 | 20.146 | 20.279 | 20.413 | 20.546 | 20.680 | 20.814 | 20.949 | 21.083 | 21.218 |
| 114 | 358.142 | 20.820 | 20.957 | 21.095 | 21.232 | 21.370 | 21.509 | 21.647 | 21.786 | 21.925 |
| 116 | 364.425 | 21.504 | 21.646 | 21.788 | 21.930 | 22.072 | 22.214 | 22.357 | 22.500 | 22.643 |
| 118 | 370.708 | 22.200 | 22.346 | 22.492 | 22.638 | 22.785 | 22.932 | 23.079 | 23.226 | 23.373 |
| 120 | 376.991 | 22.906 | 23.057 | 23.207 | 23.358 | 23.509 | 23.660 | 23.811 | 23.963 | 24.115 |
| 122 | 383.274 | 23.624 | 23.779 | 23.934 | 24.089 | 24.244 | 24.400 | 24.556 | 24.712 | 24.868 |
| 124 | 389.557 | 24.353 | 24.512 | 24.672 | 24.831 | 24.991 | 25.151 | 25.312 | 25.472 | 25.633 |
| 126 | 395.841 | 25.093 | 25.257 | 25.421 | 25.585 | 25.749 | 25.914 | 26.079 | 26.244 | 26.409 |
| 128 | 402.124 | 25.844 | 26.012 | 26.181 | 26.350 | 26.519 | 26.688 | 26.858 | 27.027 | 27.197 |
| 130 | 408.407 | 26.606 | 26.779 | 26.952 | 27.126 | 27.300 | 27.474 | 27.648 | 27.822 | 27.997 |
| 132 | 414.690 | 27.379 | 27.557 | 27.735 | 27.913 | 28.092 | 28.270 | 28.449 | 28.629 | 28.808 |
| 134 | 420.973 | 28.163 | 28.346 | 28.529 | 28.712 | 28.895 | 29.079 | 29.262 | 29.447 | 29.631 |

| 检尺径 | | 检尺长/m | | | | | | | | |
|---|---|---|---|---|---|---|---|---|---|---|
| 直径 | 周长 | 17.3 | 17.4 | 17.5 | 17.6 | 17.7 | 17.8 | 17.9 | 18 | 18.1 |
| /cm | /cm | 材积/m³ | | | | | | | | |
| 136 | 427.257 | 28.958 | 29.146 | 29.334 | 29.522 | 29.710 | 29.898 | 30.087 | 30.276 | 30.465 |
| 138 | 433.540 | 29.765 | 29.957 | 30.150 | 30.343 | 30.536 | 30.729 | 30.923 | 31.117 | 31.311 |
| 140 | 439.823 | 30.582 | 30.779 | 30.977 | 31.175 | 31.373 | 31.572 | 31.770 | 31.969 | 32.169 |
| 142 | 446.106 | 31.410 | 31.613 | 31.816 | 32.019 | 32.222 | 32.426 | 32.629 | 32.833 | 33.038 |
| 144 | 452.389 | 32.250 | 32.458 | 32.666 | 32.874 | 33.082 | 33.291 | 33.500 | 33.709 | 33.918 |
| 146 | 458.673 | 33.101 | 33.313 | 33.527 | 33.740 | 33.954 | 34.167 | 34.382 | 34.596 | 34.811 |
| 148 | 464.956 | 33.962 | 34.180 | 34.399 | 34.617 | 34.836 | 35.055 | 35.275 | 35.495 | 35.714 |
| 150 | 471.239 | 34.835 | 35.058 | 35.282 | 35.506 | 35.730 | 35.955 | 36.180 | 36.405 | 36.630 |
| 152 | 477.522 | 35.719 | 35.948 | 36.177 | 36.406 | 36.636 | 36.866 | 37.096 | 37.326 | 37.557 |
| 154 | 483.805 | 36.614 | 36.848 | 37.083 | 37.317 | 37.552 | 37.788 | 38.023 | 38.259 | 38.496 |
| 156 | 490.088 | 37.520 | 37.760 | 38.000 | 38.240 | 38.481 | 38.721 | 38.963 | 39.204 | 39.446 |
| 158 | 496.372 | 38.437 | 38.682 | 38.928 | 39.174 | 39.420 | 39.666 | 39.913 | 40.160 | 40.407 |
| 160 | 502.655 | 39.365 | 39.616 | 39.867 | 40.119 | 40.371 | 40.623 | 40.875 | 41.128 | 41.381 |
| 162 | 508.938 | 40.304 | 40.561 | 40.818 | 41.075 | 41.333 | 41.590 | 41.849 | 42.107 | 42.366 |
| 164 | 515.221 | 41.254 | 41.517 | 41.780 | 42.043 | 42.306 | 42.570 | 42.834 | 43.098 | 43.362 |
| 166 | 521.504 | 42.216 | 42.484 | 42.753 | 43.021 | 43.291 | 43.560 | 43.830 | 44.100 | 44.370 |
| 168 | 527.788 | 43.188 | 43.462 | 43.737 | 44.012 | 44.287 | 44.562 | 44.838 | 45.114 | 45.390 |

**续表 1-4**

| 检尺径 | | 检尺长/m | | | | | | | | |
|---|---|---|---|---|---|---|---|---|---|---|
| 直径 | 周长 | 17.3 | 17.4 | 17.5 | 17.6 | 17.7 | 17.8 | 17.9 | 18 | 18.1 |
| /cm | /cm | 材积/m³ | | | | | | | | |
| 170 | 534.071 | 44.171 | 44.452 | 44.732 | 45.013 | 45.294 | 45.575 | 45.857 | 46.139 | 46.421 |
| 172 | 540.354 | 45.166 | 45.452 | 45.739 | 46.026 | 46.313 | 46.600 | 46.888 | 47.176 | 47.464 |
| 174 | 546.637 | 46.172 | 46.464 | 46.757 | 47.050 | 47.343 | 47.636 | 47.930 | 48.224 | 48.519 |
| 176 | 552.920 | 47.188 | 47.487 | 47.786 | 48.085 | 48.384 | 48.684 | 48.984 | 49.284 | 49.585 |
| 178 | 559.203 | 48.216 | 48.521 | 48.826 | 49.131 | 49.437 | 49.743 | 50.049 | 50.355 | 50.662 |
| 180 | 565.487 | 49.255 | 49.566 | 49.877 | 50.189 | 50.501 | 50.813 | 51.125 | 51.438 | 51.751 |
| 182 | 571.770 | 50.305 | 50.622 | 50.940 | 51.258 | 51.576 | 51.895 | 52.213 | 52.533 | 52.852 |
| 184 | 578.053 | 51.366 | 51.690 | 52.014 | 52.338 | 52.663 | 52.988 | 53.313 | 53.639 | 53.965 |
| 186 | 584.336 | 52.438 | 52.768 | 53.099 | 53.429 | 53.761 | 54.092 | 54.424 | 54.756 | 55.088 |
| 188 | 590.619 | 53.521 | 53.858 | 54.195 | 54.532 | 54.870 | 55.208 | 55.546 | 55.885 | 56.224 |
| 190 | 596.903 | 54.615 | 54.959 | 55.302 | 55.646 | 55.991 | 56.335 | 56.680 | 57.025 | 57.371 |
| 192 | 603.186 | 55.720 | 56.070 | 56.421 | 56.771 | 57.122 | 57.474 | 57.825 | 58.177 | 58.530 |
| 194 | 609.469 | 56.837 | 57.194 | 57.551 | 57.908 | 58.266 | 58.624 | 58.982 | 59.341 | 59.700 |
| 196 | 615.752 | 57.964 | 58.328 | 58.692 | 59.056 | 59.420 | 59.785 | 60.150 | 60.516 | 60.882 |
| 198 | 622.035 | 59.103 | 59.473 | 59.844 | 60.215 | 60.586 | 60.958 | 61.330 | 61.703 | 62.075 |
| 200 | 628.319 | 60.252 | 60.630 | 61.007 | 61.385 | 61.764 | 62.142 | 62.521 | 62.901 | 63.280 |
| 202 | 634.602 | 61.413 | 61.797 | 62.182 | 62.567 | 62.952 | 63.338 | 63.724 | 64.110 | 64.497 |

**续表 1-4** （长原木）

| 检尺径 | | 检尺长/m | | | | | | | | |
|---|---|---|---|---|---|---|---|---|---|---|
| 直径 | 周长 | 17.3 | 17.4 | 17.5 | 17.6 | 17.7 | 17.8 | 17.9 | 18 | 18.1 |
| /cm | /cm | 材积/m³ | | | | | | | | |
| 204 | 640.885 | 62.585 | 62.976 | 63.368 | 63.760 | 64.152 | 64.545 | 64.938 | 65.331 | 65.725 |
| 206 | 647.168 | 63.767 | 64.166 | 64.565 | 64.964 | 65.363 | 65.763 | 66.163 | 66.564 | 66.965 |
| 208 | 653.451 | 64.961 | 65.367 | 65.773 | 66.179 | 66.586 | 66.993 | 67.400 | 67.808 | 68.216 |
| 210 | 659.734 | 66.166 | 66.579 | 66.992 | 67.406 | 67.820 | 68.234 | 68.649 | 69.064 | 69.479 |
| 212 | 666.018 | 67.382 | 67.802 | 68.223 | 68.644 | 69.065 | 69.487 | 69.909 | 70.331 | 70.754 |
| 214 | 672.301 | 68.609 | 69.037 | 69.465 | 69.893 | 70.322 | 70.751 | 71.180 | 71.610 | 72.040 |
| 216 | 678.584 | 69.847 | 70.282 | 70.718 | 71.153 | 71.589 | 72.026 | 72.463 | 72.900 | 73.338 |
| 218 | 684.867 | 71.096 | 71.539 | 71.982 | 72.425 | 72.869 | 73.313 | 73.757 | 74.202 | 74.647 |
| 220 | 691.150 | 72.357 | 72.807 | 73.257 | 73.708 | 74.159 | 74.611 | 75.063 | 75.515 | 75.968 |
| 222 | 697.434 | 73.628 | 74.086 | 74.544 | 75.002 | 75.461 | 75.920 | 76.380 | 76.840 | 77.300 |
| 224 | 703.717 | 74.910 | 75.376 | 75.842 | 76.308 | 76.774 | 77.241 | 77.708 | 78.176 | 78.644 |
| 226 | 710.000 | 76.204 | 76.677 | 77.151 | 77.625 | 78.099 | 78.573 | 79.049 | 79.524 | 80.000 |
| 228 | 716.283 | 77.508 | 77.989 | 78.471 | 78.953 | 79.435 | 79.917 | 80.400 | 80.883 | 81.367 |
| 230 | 722.566 | 78.824 | 79.313 | 79.802 | 80.292 | 80.782 | 81.272 | 81.763 | 82.254 | 82.746 |
| 232 | 728.849 | 80.151 | 80.648 | 81.145 | 81.642 | 82.140 | 82.639 | 83.137 | 83.637 | 84.136 |
| 234 | 735.133 | 81.489 | 81.993 | 82.499 | 83.004 | 83.510 | 84.017 | 84.523 | 85.031 | 85.538 |
| 236 | 741.416 | 82.837 | 83.350 | 83.864 | 84.377 | 84.891 | 85.406 | 85.921 | 86.436 | 86.952 |

续表 1-4

| 检尺径 | | 检尺长/m | | | | | | | | |
|---|---|---|---|---|---|---|---|---|---|---|
| 直径 | 周长 | 17.3 | 17.4 | 17.5 | 17.6 | 17.7 | 17.8 | 17.9 | 18 | 18.1 |
| /cm | /cm | 材积/m³ | | | | | | | | |
| 238 | 747.699 | 84.197 | 84.718 | 85.240 | 85.762 | 86.284 | 86.806 | 87.330 | 87.853 | 88.377 |
| 240 | 753.982 | 85.568 | 86.098 | 86.627 | 87.157 | 87.688 | 88.219 | 88.750 | 89.281 | 89.814 |
| 242 | 760.265 | 86.950 | 87.488 | 88.026 | 88.564 | 89.103 | 89.642 | 90.181 | 90.721 | 91.262 |
| 244 | 766.549 | 88.344 | 88.889 | 89.436 | 89.982 | 90.529 | 91.077 | 91.625 | 92.173 | 92.722 |
| 246 | 772.832 | 89.748 | 90.302 | 90.857 | 91.412 | 91.967 | 92.523 | 93.079 | 93.636 | 94.193 |
| 248 | 779.115 | 91.163 | 91.726 | 92.289 | 92.852 | 93.416 | 93.981 | 94.545 | 95.111 | 95.676 |
| 250 | 785.398 | 92.589 | 93.161 | 93.732 | 94.304 | 94.877 | 95.450 | 96.023 | 96.597 | 97.171 |

| 检尺径 | | 检尺长/m | | | | | | | | |
|---|---|---|---|---|---|---|---|---|---|---|
| 直径 | 周长 | 18.2 | 18.3 | 18.4 | 18.5 | 18.6 | 18.7 | 18.8 | 18.9 | 19 |
| /cm | /cm | 材积/m³ | | | | | | | | |
| 4 | 12.5664 | 0.2499 | 0.2532 | 0.2565 | 0.2598 | 0.2632 | 0.2666 | 0.2701 | 0.2735 | 0.2770 |
| 5 | 15.7080 | 0.2895 | 0.2931 | 0.2968 | 0.3005 | 0.3043 | 0.3081 | 0.3119 | 0.3157 | 0.3196 |
| 6 | 18.8496 | 0.3320 | 0.3360 | 0.3401 | 0.3442 | 0.3483 | 0.3525 | 0.3567 | 0.3609 | 0.3652 |
| 7 | 21.9911 | 0.3774 | 0.3818 | 0.3863 | 0.3908 | 0.3953 | 0.3999 | 0.4045 | 0.4092 | 0.4138 |
| 8 | 25.133 | 0.426 | 0.431 | 0.435 | 0.440 | 0.445 | 0.450 | 0.455 | 0.460 | 0.466 |
| 9 | 28.274 | 0.477 | 0.482 | 0.488 | 0.493 | 0.498 | 0.504 | 0.509 | 0.515 | 0.520 |

续表 1-4　　（长原木）

| 检尺径 | | 检尺长/m | | | | | | | | |
|---|---|---|---|---|---|---|---|---|---|---|
| 直径 | 周长 | 18.2 | 18.3 | 18.4 | 18.5 | 18.6 | 18.7 | 18.8 | 18.9 | 19 |
| /cm | /cm | 材积/$m^3$ | | | | | | | | |
| 10 | 31.416 | 0.531 | 0.537 | 0.543 | 0.548 | 0.554 | 0.560 | 0.566 | 0.572 | 0.578 |
| 11 | 34.558 | 0.588 | 0.594 | 0.601 | 0.607 | 0.613 | 0.620 | 0.626 | 0.632 | 0.639 |
| 12 | 37.699 | 0.648 | 0.655 | 0.662 | 0.668 | 0.675 | 0.682 | 0.689 | 0.696 | 0.703 |
| 13 | 40.841 | 0.711 | 0.718 | 0.725 | 0.733 | 0.740 | 0.747 | 0.755 | 0.762 | 0.770 |
| 14 | 43.982 | 0.777 | 0.785 | 0.792 | 0.800 | 0.808 | 0.816 | 0.824 | 0.831 | 0.839 |
| 16 | 50.265 | 0.917 | 0.926 | 0.935 | 0.944 | 0.952 | 0.961 | 0.970 | 0.979 | 0.988 |
| 18 | 56.549 | 1.069 | 1.079 | 1.089 | 1.099 | 1.109 | 1.119 | 1.129 | 1.139 | 1.150 |
| 20 | 62.832 | 1.233 | 1.244 | 1.255 | 1.266 | 1.277 | 1.289 | 1.300 | 1.311 | 1.323 |
| 22 | 69.115 | 1.408 | 1.421 | 1.433 | 1.445 | 1.458 | 1.470 | 1.483 | 1.496 | 1.508 |
| 24 | 75.398 | 1.595 | 1.609 | 1.622 | 1.636 | 1.650 | 1.664 | 1.678 | 1.692 | 1.706 |
| 26 | 81.681 | 1.794 | 1.809 | 1.824 | 1.839 | 1.854 | 1.869 | 1.885 | 1.900 | 1.916 |
| 28 | 87.965 | 2.004 | 2.020 | 2.037 | 2.054 | 2.070 | 2.087 | 2.104 | 2.121 | 2.138 |
| 30 | 94.248 | 2.226 | 2.244 | 2.262 | 2.280 | 2.298 | 2.316 | 2.335 | 2.353 | 2.372 |
| 32 | 100.531 | 2.459 | 2.479 | 2.499 | 2.518 | 2.538 | 2.558 | 2.578 | 2.598 | 2.618 |
| 34 | 106.814 | 2.705 | 2.726 | 2.747 | 2.768 | 2.790 | 2.811 | 2.833 | 2.855 | 2.876 |
| 36 | 113.097 | 2.962 | 2.984 | 3.007 | 3.030 | 3.054 | 3.077 | 3.100 | 3.123 | 3.147 |
| 38 | 119.381 | 3.230 | 3.255 | 3.279 | 3.304 | 3.329 | 3.354 | 3.379 | 3.404 | 3.430 |

**续表 1-4**

| 检尺径 | | 检尺长/m | | | | | | | | |
|---|---|---|---|---|---|---|---|---|---|---|
| 直径 | 周长 | 18.2 | 18.3 | 18.4 | 18.5 | 18.6 | 18.7 | 18.8 | 18.9 | 19 |
| /cm | /cm | 材积/$m^3$ | | | | | | | | |
| 40 | 125.664 | 3.510 | 3.537 | 3.563 | 3.590 | 3.617 | 3.643 | 3.670 | 3.697 | 3.724 |
| 42 | 131.947 | 3.802 | 3.830 | 3.859 | 3.887 | 3.916 | 3.945 | 3.974 | 4.002 | 4.031 |
| 44 | 138.230 | 4.105 | 4.136 | 4.166 | 4.197 | 4.227 | 4.258 | 4.289 | 4.320 | 4.351 |
| 46 | 144.513 | 4.420 | 4.453 | 4.485 | 4.518 | 4.550 | 4.583 | 4.616 | 4.649 | 4.682 |
| 48 | 150.796 | 4.747 | 4.782 | 4.816 | 4.851 | 4.886 | 4.920 | 4.955 | 4.990 | 5.026 |
| 50 | 157.080 | 5.086 | 5.122 | 5.159 | 5.196 | 5.233 | 5.270 | 5.307 | 5.344 | 5.381 |
| 52 | 163.363 | 5.436 | 5.474 | 5.513 | 5.552 | 5.591 | 5.631 | 5.670 | 5.709 | 5.749 |
| 54 | 169.646 | 5.797 | 5.838 | 5.880 | 5.921 | 5.962 | 6.004 | 6.045 | 6.087 | 6.129 |
| 56 | 175.929 | 6.171 | 6.214 | 6.258 | 6.301 | 6.345 | 6.389 | 6.433 | 6.477 | 6.521 |
| 58 | 182.212 | 6.556 | 6.601 | 6.647 | 6.693 | 6.740 | 6.786 | 6.832 | 6.879 | 6.926 |
| 60 | 188.496 | 6.952 | 7.000 | 7.049 | 7.097 | 7.146 | 7.195 | 7.244 | 7.293 | 7.342 |
| 62 | 194.779 | 7.360 | 7.411 | 7.462 | 7.513 | 7.565 | 7.616 | 7.667 | 7.719 | 7.771 |
| 64 | 201.062 | 7.780 | 7.834 | 7.887 | 7.941 | 7.995 | 8.049 | 8.103 | 8.157 | 8.211 |
| 66 | 207.345 | 8.212 | 8.268 | 8.324 | 8.381 | 8.437 | 8.494 | 8.550 | 8.607 | 8.664 |
| 68 | 213.628 | 8.655 | 8.714 | 8.773 | 8.832 | 8.891 | 8.951 | 9.010 | 9.070 | 9.130 |
| 70 | 219.911 | 9.110 | 9.172 | 9.233 | 9.295 | 9.357 | 9.419 | 9.482 | 9.544 | 9.607 |
| 72 | 226.195 | 9.576 | 9.641 | 9.706 | 9.770 | 9.835 | 9.900 | 9.965 | 10.031 | 10.096 |

续表 1-4 （长原木）

| 检尺径 | | 检尺长/m | | | | | | | | |
|---|---|---|---|---|---|---|---|---|---|---|
| 直径 | 周长 | 18.2 | 18.3 | 18.4 | 18.5 | 18.6 | 18.7 | 18.8 | 18.9 | 19 |
| /cm | /cm | 材积/m³ | | | | | | | | |
| 74 | 232.478 | 10.055 | 10.122 | 10.190 | 10.257 | 10.325 | 10.393 | 10.461 | 10.529 | 10.598 |
| 76 | 238.761 | 10.544 | 10.615 | 10.685 | 10.756 | 10.827 | 10.898 | 10.969 | 11.040 | 11.112 |
| 78 | 245.044 | 11.046 | 11.119 | 11.193 | 11.267 | 11.340 | 11.415 | 11.489 | 11.563 | 11.638 |
| 80 | 251.327 | 11.559 | 11.635 | 11.712 | 11.789 | 11.866 | 11.943 | 12.021 | 12.098 | 12.176 |
| 82 | 257.611 | 12.084 | 12.163 | 12.243 | 12.323 | 12.404 | 12.484 | 12.564 | 12.645 | 12.726 |
| 84 | 263.894 | 12.620 | 12.703 | 12.786 | 12.869 | 12.953 | 13.036 | 13.120 | 13.204 | 13.288 |
| 86 | 270.177 | 13.168 | 13.254 | 13.341 | 13.427 | 13.514 | 13.601 | 13.688 | 13.775 | 13.863 |
| 88 | 276.460 | 13.728 | 13.817 | 13.907 | 13.997 | 14.087 | 14.178 | 14.268 | 14.359 | 14.450 |
| 90 | 282.743 | 14.299 | 14.392 | 14.485 | 14.579 | 14.672 | 14.766 | 14.860 | 14.954 | 15.048 |
| 92 | 289.027 | 14.882 | 14.979 | 15.075 | 15.172 | 15.269 | 15.367 | 15.464 | 15.562 | 15.659 |
| 94 | 295.310 | 15.477 | 15.577 | 15.677 | 15.778 | 15.878 | 15.979 | 16.080 | 16.181 | 16.283 |
| 96 | 301.593 | 16.083 | 16.187 | 16.291 | 16.395 | 16.499 | 16.604 | 16.708 | 16.813 | 16.918 |
| 98 | 307.876 | 16.701 | 16.808 | 16.916 | 17.024 | 17.132 | 17.240 | 17.348 | 17.457 | 17.566 |
| 100 | 314.159 | 17.330 | 17.442 | 17.553 | 17.665 | 17.776 | 17.888 | 18.000 | 18.113 | 18.225 |
| 102 | 320.442 | 17.972 | 18.087 | 18.202 | 18.317 | 18.433 | 18.549 | 18.665 | 18.781 | 18.897 |
| 104 | 326.726 | 18.625 | 18.743 | 18.863 | 18.982 | 19.101 | 19.221 | 19.341 | 19.461 | 19.581 |
| 106 | 333.009 | 19.289 | 19.412 | 19.535 | 19.658 | 19.782 | 19.905 | 20.029 | 20.153 | 20.277 |

（长原木）

**续表 1-4**

| 检尺径 | | 检尺长/m | | | | | | | | |
|---|---|---|---|---|---|---|---|---|---|---|
| 直径 | 周长 | 18.2 | 18.3 | 18.4 | 18.5 | 18.6 | 18.7 | 18.8 | 18.9 | 19 |
| /cm | /cm | 材积/m³ | | | | | | | | |
| 108 | 339.292 | 19.965 | 20.092 | 20.219 | 20.346 | 20.474 | 20.601 | 20.729 | 20.857 | 20.986 |
| 110 | 345.575 | 20.653 | 20.784 | 20.915 | 21.046 | 21.178 | 21.310 | 21.442 | 21.574 | 21.706 |
| 112 | 351.858 | 21.353 | 21.488 | 21.623 | 21.758 | 21.894 | 22.030 | 22.166 | 22.302 | 22.439 |
| 114 | 358.142 | 22.064 | 22.203 | 22.342 | 22.482 | 22.622 | 22.762 | 22.902 | 23.043 | 23.183 |
| 116 | 364.425 | 22.786 | 22.930 | 23.074 | 23.218 | 23.362 | 23.506 | 23.651 | 23.795 | 23.940 |
| 118 | 370.708 | 23.521 | 23.669 | 23.817 | 23.965 | 24.113 | 24.262 | 24.411 | 24.560 | 24.710 |
| 120 | 376.991 | 24.267 | 24.419 | 24.572 | 24.724 | 24.877 | 25.030 | 25.184 | 25.337 | 25.491 |
| 122 | 383.274 | 25.025 | 25.181 | 25.338 | 25.495 | 25.653 | 25.810 | 25.968 | 26.126 | 26.284 |
| 124 | 389.557 | 25.794 | 25.955 | 26.117 | 26.278 | 26.440 | 26.602 | 26.765 | 26.927 | 27.090 |
| 126 | 395.841 | 26.575 | 26.741 | 26.907 | 27.073 | 27.239 | 27.406 | 27.573 | 27.740 | 27.908 |
| 128 | 402.124 | 27.368 | 27.538 | 27.709 | 27.880 | 28.051 | 28.222 | 28.394 | 28.565 | 28.738 |
| 130 | 408.407 | 28.172 | 28.347 | 28.522 | 28.698 | 28.874 | 29.050 | 29.226 | 29.403 | 29.580 |
| 132 | 414.690 | 28.988 | 29.168 | 29.348 | 29.528 | 29.709 | 29.890 | 30.071 | 30.252 | 30.434 |
| 134 | 420.973 | 29.815 | 30.000 | 30.185 | 30.370 | 30.556 | 30.742 | 30.928 | 31.114 | 31.300 |
| 136 | 427.257 | 30.655 | 30.844 | 31.034 | 31.224 | 31.415 | 31.605 | 31.796 | 31.987 | 32.179 |
| 138 | 433.540 | 31.506 | 31.700 | 31.895 | 32.090 | 32.286 | 32.481 | 32.677 | 32.873 | 33.070 |
| 140 | 439.823 | 32.368 | 32.568 | 32.768 | 32.968 | 33.168 | 33.369 | 33.570 | 33.771 | 33.972 |

续表 1-4

（长原木）

| 检尺径 | | 检尺长/m | | | | | | | | |
|---|---|---|---|---|---|---|---|---|---|---|
| 直径 | 周长 | 18.2 | 18.3 | 18.4 | 18.5 | 18.6 | 18.7 | 18.8 | 18.9 | 19 |
| /cm | /cm | 材积/m³ | | | | | | | | |
| 142 | 446.106 | 33.242 | 33.447 | 33.652 | 33.857 | 34.063 | 34.269 | 34.475 | 34.681 | 34.887 |
| 144 | 452.389 | 34.128 | 34.338 | 34.548 | 34.759 | 34.969 | 35.180 | 35.391 | 35.603 | 35.815 |
| 146 | 458.673 | 35.026 | 35.241 | 35.456 | 35.672 | 35.888 | 36.104 | 36.320 | 36.537 | 36.754 |
| 148 | 464.956 | 35.935 | 36.155 | 36.376 | 36.597 | 36.818 | 37.039 | 37.261 | 37.483 | 37.706 |
| 150 | 471.239 | 36.855 | 37.081 | 37.307 | 37.534 | 37.760 | 37.987 | 38.214 | 38.442 | 38.669 |
| 152 | 477.522 | 37.788 | 38.019 | 38.251 | 38.482 | 38.714 | 38.947 | 39.179 | 39.412 | 39.645 |
| 154 | 483.805 | 38.732 | 38.969 | 39.206 | 39.443 | 39.680 | 39.918 | 40.156 | 40.394 | 40.633 |
| 156 | 490.088 | 39.688 | 39.930 | 40.172 | 40.415 | 40.658 | 40.902 | 41.145 | 41.389 | 41.633 |
| 158 | 496.372 | 40.655 | 40.903 | 41.151 | 41.399 | 41.648 | 41.897 | 42.146 | 42.396 | 42.646 |
| 160 | 502.655 | 41.634 | 41.888 | 42.141 | 42.395 | 42.650 | 42.904 | 43.159 | 43.415 | 43.670 |
| 162 | 508.938 | 42.625 | 42.884 | 43.143 | 43.403 | 43.663 | 43.924 | 44.184 | 44.445 | 44.707 |
| 164 | 515.221 | 43.627 | 43.892 | 44.157 | 44.423 | 44.689 | 44.955 | 45.222 | 45.488 | 45.755 |
| 166 | 521.504 | 44.641 | 44.912 | 45.183 | 45.455 | 45.726 | 45.998 | 46.271 | 46.543 | 46.816 |
| 168 | 527.788 | 45.667 | 45.943 | 46.221 | 46.498 | 46.776 | 47.054 | 47.332 | 47.611 | 47.890 |
| 170 | 534.071 | 46.704 | 46.987 | 47.270 | 47.553 | 47.837 | 48.121 | 48.405 | 48.690 | 48.975 |
| 172 | 540.354 | 47.753 | 48.042 | 48.331 | 48.620 | 48.910 | 49.200 | 49.491 | 49.781 | 50.072 |
| 174 | 546.637 | 48.813 | 49.108 | 49.404 | 49.699 | 49.995 | 50.291 | 50.588 | 50.885 | 51.182 |

（长原木）

续表 1-4

| 检尺径 | | 检尺长/m | | | | | | | | |
|---|---|---|---|---|---|---|---|---|---|---|
| 直径 | 周长 | 18.2 | 18.3 | 18.4 | 18.5 | 18.6 | 18.7 | 18.8 | 18.9 | 19 |
| /cm | /cm | 材积/m³ | | | | | | | | |
| 176 | 552.920 | 49.885 | 50.187 | 50.488 | 50.790 | 51.092 | 51.395 | 51.697 | 52.000 | 52.304 |
| 178 | 559.203 | 50.969 | 51.277 | 51.585 | 51.893 | 52.201 | 52.510 | 52.819 | 53.128 | 53.438 |
| 180 | 565.487 | 52.065 | 52.379 | 52.693 | 53.007 | 53.322 | 53.637 | 53.952 | 54.268 | 54.584 |
| 182 | 571.770 | 53.172 | 53.492 | 53.813 | 54.133 | 54.454 | 54.776 | 55.097 | 55.419 | 55.742 |
| 184 | 578.053 | 54.291 | 54.617 | 54.944 | 55.271 | 55.599 | 55.927 | 56.255 | 56.583 | 56.912 |
| 186 | 584.336 | 55.421 | 55.754 | 56.088 | 56.421 | 56.755 | 57.090 | 57.424 | 57.759 | 58.095 |
| 188 | 590.619 | 56.563 | 56.903 | 57.243 | 57.583 | 57.924 | 58.265 | 58.606 | 58.948 | 59.290 |
| 190 | 596.903 | 57.717 | 58.063 | 58.410 | 58.757 | 59.104 | 59.452 | 59.800 | 60.148 | 60.496 |
| 192 | 603.186 | 58.882 | 59.235 | 59.589 | 59.942 | 60.296 | 60.651 | 61.005 | 61.360 | 61.715 |
| 194 | 609.469 | 60.059 | 60.419 | 60.779 | 61.140 | 61.500 | 61.861 | 62.223 | 62.585 | 62.947 |
| 196 | 615.752 | 61.248 | 61.615 | 61.982 | 62.349 | 62.716 | 63.084 | 63.452 | 63.821 | 64.190 |
| 198 | 622.035 | 62.448 | 62.822 | 63.196 | 63.570 | 63.944 | 64.319 | 64.694 | 65.070 | 65.446 |
| 200 | 628.319 | 63.660 | 64.041 | 64.422 | 64.803 | 65.184 | 65.566 | 65.948 | 66.330 | 66.713 |
| 202 | 634.602 | 64.884 | 65.271 | 65.659 | 66.047 | 66.436 | 66.825 | 67.214 | 67.603 | 67.993 |
| 204 | 640.885 | 66.119 | 66.514 | 66.909 | 67.304 | 67.699 | 68.095 | 68.491 | 68.888 | 69.285 |
| 206 | 647.168 | 67.366 | 67.768 | 68.170 | 68.572 | 68.975 | 69.378 | 69.781 | 70.185 | 70.589 |
| 208 | 653.451 | 68.625 | 69.034 | 69.443 | 69.852 | 70.262 | 70.673 | 71.083 | 71.494 | 71.906 |

续表 1-4

（长原木）

| 检尺径 | | 检尺长/m | | | | | | | | |
|---|---|---|---|---|---|---|---|---|---|---|
| 直径 | 周长 | 18.2 | 18.3 | 18.4 | 18.5 | 18.6 | 18.7 | 18.8 | 18.9 | 19 |
| /cm | /cm | 材积/m³ | | | | | | | | |
| 210 | 659.734 | 69.895 | 70.311 | 70.728 | 71.144 | 71.562 | 71.979 | 72.397 | 72.815 | 73.234 |
| 212 | 666.018 | 71.177 | 71.600 | 72.024 | 72.448 | 72.873 | 73.298 | 73.723 | 74.149 | 74.575 |
| 214 | 672.301 | 72.470 | 72.901 | 73.332 | 73.764 | 74.196 | 74.628 | 75.061 | 75.494 | 75.927 |
| 216 | 678.584 | 73.776 | 74.214 | 74.653 | 75.092 | 75.531 | 75.971 | 76.411 | 76.851 | 77.292 |
| 218 | 684.867 | 75.092 | 75.538 | 75.984 | 76.431 | 76.878 | 77.325 | 77.773 | 78.221 | 78.670 |
| 220 | 691.150 | 76.421 | 76.874 | 77.328 | 77.782 | 78.237 | 78.692 | 79.147 | 79.603 | 80.059 |
| 222 | 697.434 | 77.761 | 78.222 | 78.683 | 79.145 | 79.608 | 80.070 | 80.533 | 80.996 | 81.460 |
| 224 | 703.717 | 79.113 | 79.581 | 80.051 | 80.520 | 80.990 | 81.461 | 81.931 | 82.402 | 82.874 |
| 226 | 710.000 | 80.476 | 80.953 | 81.430 | 81.907 | 82.385 | 82.863 | 83.341 | 83.820 | 84.300 |
| 228 | 716.283 | 81.851 | 82.336 | 82.820 | 83.306 | 83.791 | 84.277 | 84.764 | 85.250 | 85.738 |
| 230 | 722.566 | 83.238 | 83.730 | 84.223 | 84.716 | 85.210 | 85.703 | 86.198 | 86.692 | 87.188 |
| 232 | 728.849 | 84.636 | 85.136 | 85.637 | 86.138 | 86.640 | 87.142 | 87.644 | 88.147 | 88.650 |
| 234 | 735.133 | 86.046 | 86.554 | 87.063 | 87.572 | 88.082 | 88.592 | 89.102 | 89.613 | 90.124 |
| 236 | 741.416 | 87.468 | 87.984 | 88.501 | 89.018 | 89.536 | 90.054 | 90.573 | 91.092 | 91.611 |
| 238 | 747.699 | 88.901 | 89.426 | 89.951 | 90.476 | 91.002 | 91.528 | 92.055 | 92.582 | 93.110 |
| 240 | 753.982 | 90.346 | 90.879 | 91.412 | 91.946 | 92.480 | 93.014 | 93.549 | 94.085 | 94.620 |
| 242 | 760.265 | 91.803 | 92.344 | 92.885 | 93.427 | 93.970 | 94.513 | 95.056 | 95.599 | 96.143 |

（长原木）

## 续表 1-4

| 检尺径 | | 检尺长/m | | | | | | | | |
|---|---|---|---|---|---|---|---|---|---|---|
| 直径 | 周长 | 18.2 | 18.3 | 18.4 | 18.5 | 18.6 | 18.7 | 18.8 | 18.9 | 19 |
| /cm | /cm | 材积/m³ | | | | | | | | |
| 244 | 766.549 | 93.271 | 93.820 | 94.370 | 94.921 | 95.471 | 96.023 | 96.574 | 97.126 | 97.679 |
| 246 | 772.832 | 94.751 | 95.309 | 95.867 | 96.426 | 96.985 | 97.545 | 98.105 | 98.665 | 99.226 |
| 248 | 779.115 | 96.242 | 96.809 | 97.376 | 97.943 | 98.510 | 99.079 | 99.647 | 100.216 | 100.786 |
| 250 | 785.398 | 97.745 | 98.320 | 98.896 | 99.472 | 100.048 | 100.625 | 101.202 | 101.779 | 102.357 |

| 检尺径 | | 检尺长/m | | | | | | | | |
|---|---|---|---|---|---|---|---|---|---|---|
| 直径 | 周长 | 19.1 | 19.2 | 19.3 | 19.4 | 19.5 | 19.6 | 19.7 | 19.8 | 19.9 |
| /cm | /cm | 材积/m³ | | | | | | | | |
| 4 | 12.5664 | 0.2805 | 0.2841 | 0.2877 | 0.2913 | 0.2949 | 0.2986 | 0.3023 | 0.3060 | 0.3098 |
| 5 | 15.7080 | 0.3235 | 0.3274 | 0.3314 | 0.3354 | 0.3394 | 0.3435 | 0.3475 | 0.3517 | 0.3558 |
| 6 | 18.8496 | 0.3695 | 0.3738 | 0.3782 | 0.3826 | 0.3870 | 0.3914 | 0.3959 | 0.4005 | 0.4050 |
| 7 | 21.9911 | 0.4185 | 0.4233 | 0.4280 | 0.4328 | 0.4377 | 0.4426 | 0.4475 | 0.4524 | 0.4574 |
| 8 | 25.133 | 0.471 | 0.476 | 0.481 | 0.486 | 0.491 | 0.497 | 0.502 | 0.508 | 0.513 |
| 9 | 28.274 | 0.526 | 0.531 | 0.537 | 0.543 | 0.548 | 0.554 | 0.560 | 0.566 | 0.572 |
| 10 | 31.416 | 0.584 | 0.590 | 0.596 | 0.602 | 0.608 | 0.615 | 0.621 | 0.627 | 0.634 |
| 11 | 34.558 | 0.645 | 0.652 | 0.658 | 0.665 | 0.672 | 0.678 | 0.685 | 0.692 | 0.699 |
| 12 | 37.699 | 0.710 | 0.717 | 0.724 | 0.731 | 0.738 | 0.745 | 0.752 | 0.760 | 0.767 |

续表 1-4　　（长原木）

| 检尺径 | | 检尺长/m | | | | | | | | |
|---|---|---|---|---|---|---|---|---|---|---|
| 直径 | 周长 | 19.1 | 19.2 | 19.3 | 19.4 | 19.5 | 19.6 | 19.7 | 19.8 | 19.9 |
| /cm | /cm | 材积/m³ | | | | | | | | |
| 13 | 40.841 | 0.777 | 0.785 | 0.792 | 0.800 | 0.807 | 0.815 | 0.823 | 0.831 | 0.839 |
| 14 | 43.982 | 0.847 | 0.855 | 0.864 | 0.872 | 0.880 | 0.888 | 0.896 | 0.905 | 0.913 |
| 16 | 50.265 | 0.997 | 1.007 | 1.016 | 1.025 | 1.034 | 1.044 | 1.053 | 1.063 | 1.072 |
| 18 | 56.549 | 1.160 | 1.170 | 1.180 | 1.191 | 1.201 | 1.212 | 1.222 | 1.233 | 1.244 |
| 20 | 62.832 | 1.334 | 1.346 | 1.357 | 1.369 | 1.381 | 1.392 | 1.404 | 1.416 | 1.428 |
| 22 | 69.115 | 1.521 | 1.534 | 1.547 | 1.560 | 1.573 | 1.586 | 1.599 | 1.612 | 1.625 |
| 24 | 75.398 | 1.720 | 1.734 | 1.748 | 1.763 | 1.777 | 1.791 | 1.806 | 1.820 | 1.835 |
| 26 | 81.681 | 1.931 | 1.947 | 1.962 | 1.978 | 1.994 | 2.010 | 2.026 | 2.041 | 2.058 |
| 28 | 87.965 | 2.154 | 2.172 | 2.189 | 2.206 | 2.223 | 2.240 | 2.258 | 2.275 | 2.293 |
| 30 | 94.248 | 2.390 | 2.409 | 2.427 | 2.446 | 2.465 | 2.484 | 2.503 | 2.522 | 2.541 |
| 32 | 100.531 | 2.638 | 2.658 | 2.678 | 2.699 | 2.719 | 2.740 | 2.760 | 2.781 | 2.802 |
| 34 | 106.814 | 2.898 | 2.920 | 2.942 | 2.964 | 2.986 | 3.008 | 3.030 | 3.053 | 3.075 |
| 36 | 113.097 | 3.170 | 3.194 | 3.218 | 3.241 | 3.265 | 3.289 | 3.313 | 3.337 | 3.361 |
| 38 | 119.381 | 3.455 | 3.480 | 3.506 | 3.531 | 3.557 | 3.583 | 3.608 | 3.634 | 3.660 |
| 40 | 125.664 | 3.752 | 3.779 | 3.806 | 3.834 | 3.861 | 3.889 | 3.916 | 3.944 | 3.972 |
| 42 | 131.947 | 4.061 | 4.090 | 4.119 | 4.148 | 4.178 | 4.207 | 4.237 | 4.267 | 4.296 |
| 44 | 138.230 | 4.382 | 4.413 | 4.444 | 4.475 | 4.507 | 4.538 | 4.570 | 4.602 | 4.634 |

**续表 1-4**

| 检尺径 | | 检尺长/m | | | | | | | | |
|---|---|---|---|---|---|---|---|---|---|---|
| 直径<br>/cm | 周长<br>/cm | 19.1 | 19.2 | 19.3 | 19.4 | 19.5 | 19.6 | 19.7 | 19.8 | 19.9 |
| | | 材积/m³ | | | | | | | | |
| 46 | 144.513 | 4.715 | 4.748 | 4.782 | 4.815 | 4.849 | 4.882 | 4.916 | 4.950 | 4.984 |
| 48 | 150.796 | 5.061 | 5.096 | 5.132 | 5.167 | 5.203 | 5.238 | 5.274 | 5.310 | 5.346 |
| 50 | 157.080 | 5.419 | 5.456 | 5.494 | 5.531 | 5.569 | 5.607 | 5.645 | 5.683 | 5.722 |
| 52 | 163.363 | 5.789 | 5.828 | 5.868 | 5.908 | 5.948 | 5.989 | 6.029 | 6.069 | 6.110 |
| 54 | 169.646 | 6.171 | 6.213 | 6.255 | 6.298 | 6.340 | 6.382 | 6.425 | 6.468 | 6.511 |
| 56 | 175.929 | 6.566 | 6.610 | 6.655 | 6.699 | 6.744 | 6.789 | 6.834 | 6.879 | 6.924 |
| 58 | 182.212 | 6.972 | 7.019 | 7.066 | 7.113 | 7.160 | 7.208 | 7.255 | 7.303 | 7.351 |
| 60 | 188.496 | 7.391 | 7.441 | 7.490 | 7.540 | 7.589 | 7.639 | 7.689 | 7.739 | 7.790 |
| 62 | 194.779 | 7.822 | 7.874 | 7.926 | 7.979 | 8.031 | 8.083 | 8.136 | 8.189 | 8.241 |
| 64 | 201.062 | 8.266 | 8.320 | 8.375 | 8.430 | 8.485 | 8.540 | 8.595 | 8.651 | 8.706 |
| 66 | 207.345 | 8.722 | 8.779 | 8.836 | 8.894 | 8.951 | 9.009 | 9.067 | 9.125 | 9.183 |
| 68 | 213.628 | 9.189 | 9.249 | 9.310 | 9.370 | 9.430 | 9.491 | 9.552 | 9.612 | 9.673 |
| 70 | 219.911 | 9.669 | 9.732 | 9.795 | 9.858 | 9.922 | 9.985 | 10.049 | 10.112 | 10.176 |
| 72 | 226.195 | 10.162 | 10.228 | 10.293 | 10.359 | 10.426 | 10.492 | 10.558 | 10.625 | 10.692 |
| 74 | 232.478 | 10.666 | 10.735 | 10.804 | 10.873 | 10.942 | 11.011 | 11.081 | 11.150 | 11.220 |
| 76 | 238.761 | 11.183 | 11.255 | 11.327 | 11.399 | 11.471 | 11.543 | 11.615 | 11.688 | 11.761 |
| 78 | 245.044 | 11.712 | 11.787 | 11.862 | 11.937 | 12.012 | 12.087 | 12.163 | 12.239 | 12.314 |

续表 1-4 （长原木）

| 检尺径 | | 检尺长/m | | | | | | | | |
|---|---|---|---|---|---|---|---|---|---|---|
| 直径/cm | 周长/cm | 19.1 | 19.2 | 19.3 | 19.4 | 19.5 | 19.6 | 19.7 | 19.8 | 19.9 |
| | | 材积/m³ | | | | | | | | |
| 80 | 251.327 | 12.253 | 12.331 | 12.409 | 12.488 | 12.566 | 12.644 | 12.723 | 12.802 | 12.881 |
| 82 | 257.611 | 12.807 | 12.888 | 12.969 | 13.051 | 13.132 | 13.214 | 13.296 | 13.378 | 13.460 |
| 84 | 263.894 | 13.372 | 13.457 | 13.541 | 13.626 | 13.711 | 13.796 | 13.881 | 13.966 | 14.052 |
| 86 | 270.177 | 13.950 | 14.038 | 14.126 | 14.214 | 14.302 | 14.391 | 14.479 | 14.568 | 14.657 |
| 88 | 276.460 | 14.540 | 14.632 | 14.723 | 14.814 | 14.906 | 14.998 | 15.090 | 15.182 | 15.274 |
| 90 | 282.743 | 15.143 | 15.237 | 15.332 | 15.427 | 15.522 | 15.617 | 15.713 | 15.808 | 15.904 |
| 92 | 289.027 | 15.757 | 15.855 | 15.954 | 16.052 | 16.151 | 16.250 | 16.349 | 16.448 | 16.547 |
| 94 | 295.310 | 16.384 | 16.486 | 16.588 | 16.690 | 16.792 | 16.894 | 16.997 | 17.100 | 17.203 |
| 96 | 301.593 | 17.023 | 17.128 | 17.234 | 17.340 | 17.446 | 17.552 | 17.658 | 17.764 | 17.871 |
| 98 | 307.876 | 17.674 | 17.783 | 17.893 | 18.002 | 18.112 | 18.221 | 18.331 | 18.442 | 18.552 |
| 100 | 314.159 | 18.338 | 18.451 | 18.564 | 18.677 | 18.790 | 18.904 | 19.018 | 19.132 | 19.246 |
| 102 | 320.442 | 19.014 | 19.130 | 19.247 | 19.364 | 19.481 | 19.599 | 19.716 | 19.834 | 19.952 |
| 104 | 326.726 | 19.701 | 19.822 | 19.943 | 20.064 | 20.185 | 20.306 | 20.428 | 20.550 | 20.671 |
| 106 | 333.009 | 20.402 | 20.526 | 20.651 | 20.776 | 20.901 | 21.026 | 21.152 | 21.278 | 21.403 |
| 108 | 339.292 | 21.114 | 21.243 | 21.371 | 21.500 | 21.629 | 21.759 | 21.888 | 22.018 | 22.148 |
| 110 | 345.575 | 21.838 | 21.971 | 22.104 | 22.237 | 22.370 | 22.504 | 22.638 | 22.772 | 22.906 |
| 112 | 351.858 | 22.575 | 22.712 | 22.849 | 22.987 | 23.124 | 23.262 | 23.400 | 23.538 | 23.676 |

续表 1-4

| 检尺径 | | 检尺长/m | | | | | | | | |
|---|---|---|---|---|---|---|---|---|---|---|
| 直径 | 周长 | 19.1 | 19.2 | 19.3 | 19.4 | 19.5 | 19.6 | 19.7 | 19.8 | 19.9 |
| /cm | /cm | 材积/m³ | | | | | | | | |
| 114 | 358.142 | 23.324 | 23.465 | 23.607 | 23.748 | 23.890 | 24.032 | 24.174 | 24.316 | 24.459 |
| 116 | 364.425 | 24.086 | 24.231 | 24.377 | 24.522 | 24.668 | 24.815 | 24.961 | 25.108 | 25.255 |
| 118 | 370.708 | 24.859 | 25.009 | 25.159 | 25.309 | 25.459 | 25.610 | 25.761 | 25.912 | 26.063 |
| 120 | 376.991 | 25.645 | 25.799 | 25.953 | 26.108 | 26.263 | 26.418 | 26.573 | 26.728 | 26.884 |
| 122 | 383.274 | 26.443 | 26.601 | 26.760 | 26.919 | 27.079 | 27.238 | 27.398 | 27.558 | 27.718 |
| 124 | 389.557 | 27.253 | 27.416 | 27.579 | 27.743 | 27.907 | 28.071 | 28.235 | 28.400 | 28.565 |
| 126 | 395.841 | 28.075 | 28.243 | 28.411 | 28.579 | 28.748 | 28.916 | 29.085 | 29.255 | 29.424 |
| 128 | 402.124 | 28.910 | 29.082 | 29.255 | 29.428 | 29.601 | 29.775 | 29.948 | 30.122 | 30.296 |
| 130 | 408.407 | 29.757 | 29.934 | 30.111 | 30.289 | 30.467 | 30.645 | 30.823 | 31.002 | 31.181 |
| 132 | 414.690 | 30.616 | 30.798 | 30.980 | 31.162 | 31.345 | 31.528 | 31.711 | 31.895 | 32.078 |
| 134 | 420.973 | 31.487 | 31.674 | 31.861 | 32.048 | 32.236 | 32.424 | 32.612 | 32.800 | 32.989 |
| 136 | 427.257 | 32.370 | 32.562 | 32.754 | 32.947 | 33.139 | 33.332 | 33.525 | 33.718 | 33.912 |
| 138 | 433.540 | 33.266 | 33.463 | 33.660 | 33.857 | 34.055 | 34.253 | 34.451 | 34.649 | 34.848 |
| 140 | 439.823 | 34.174 | 34.376 | 34.578 | 34.780 | 34.983 | 35.186 | 35.389 | 35.592 | 35.796 |
| 142 | 446.106 | 35.094 | 35.301 | 35.508 | 35.716 | 35.924 | 36.132 | 36.340 | 36.549 | 36.757 |
| 144 | 452.389 | 36.027 | 36.239 | 36.451 | 36.664 | 36.877 | 37.090 | 37.304 | 37.517 | 37.731 |
| 146 | 458.673 | 36.971 | 37.189 | 37.406 | 37.624 | 37.843 | 38.061 | 38.280 | 38.499 | 38.718 |

## 续表 1-4

（长原木）

| 检尺径 | | 检尺长/m | | | | | | | | |
|---|---|---|---|---|---|---|---|---|---|---|
| 直径 | 周长 | 19.1 | 19.2 | 19.3 | 19.4 | 19.5 | 19.6 | 19.7 | 19.8 | 19.9 |
| /cm | /cm | 材积/m³ | | | | | | | | |
| 148 | 464.956 | 37.928 | 38.151 | 38.374 | 38.597 | 38.821 | 39.045 | 39.269 | 39.493 | 39.718 |
| 150 | 471.239 | 38.897 | 39.125 | 39.354 | 39.582 | 39.811 | 40.041 | 40.270 | 40.500 | 40.730 |
| 152 | 477.522 | 39.878 | 40.112 | 40.346 | 40.580 | 40.814 | 41.049 | 41.284 | 41.519 | 41.755 |
| 154 | 483.805 | 40.872 | 41.111 | 41.350 | 41.590 | 41.830 | 42.070 | 42.311 | 42.551 | 42.792 |
| 156 | 490.088 | 41.878 | 42.122 | 42.367 | 42.612 | 42.858 | 43.104 | 43.350 | 43.596 | 43.843 |
| 158 | 496.372 | 42.896 | 43.146 | 43.396 | 43.647 | 43.898 | 44.150 | 44.402 | 44.654 | 44.906 |
| 160 | 502.655 | 43.926 | 44.182 | 44.438 | 44.695 | 44.951 | 45.209 | 45.466 | 45.724 | 45.982 |
| 162 | 508.938 | 44.968 | 45.230 | 45.492 | 45.754 | 46.017 | 46.280 | 46.543 | 46.807 | 47.070 |
| 164 | 515.221 | 46.023 | 46.290 | 46.558 | 46.826 | 47.095 | 47.364 | 47.633 | 47.902 | 48.172 |
| 166 | 521.504 | 47.090 | 47.363 | 47.637 | 47.911 | 48.185 | 48.460 | 48.735 | 49.010 | 49.286 |
| 168 | 527.788 | 48.169 | 48.448 | 48.728 | 49.008 | 49.288 | 49.569 | 49.850 | 50.131 | 50.413 |
| 170 | 534.071 | 49.260 | 49.545 | 49.831 | 50.117 | 50.404 | 50.690 | 50.977 | 51.265 | 51.552 |
| 172 | 540.354 | 50.363 | 50.655 | 50.947 | 51.239 | 51.532 | 51.824 | 52.117 | 52.411 | 52.704 |
| 174 | 546.637 | 51.479 | 51.777 | 52.075 | 52.373 | 52.672 | 52.971 | 53.270 | 53.570 | 53.869 |
| 176 | 552.920 | 52.607 | 52.911 | 53.215 | 53.520 | 53.825 | 54.130 | 54.435 | 54.741 | 55.047 |
| 178 | 559.203 | 53.747 | 54.058 | 54.368 | 54.679 | 54.990 | 55.302 | 55.613 | 55.925 | 56.238 |
| 180 | 565.487 | 54.900 | 55.216 | 55.533 | 55.850 | 56.168 | 56.486 | 56.804 | 57.122 | 57.441 |

续表 1-4

| 检尺径 | | 检尺长/m | | | | | | | | |
|---|---|---|---|---|---|---|---|---|---|---|
| 直径/cm | 周长/cm | 19.1 | 19.2 | 19.3 | 19.4 | 19.5 | 19.6 | 19.7 | 19.8 | 19.9 |
| | | 材积/$m^3$ | | | | | | | | |
| 182 | 571.770 | 56.064 | 56.387 | 56.711 | 57.034 | 57.358 | 57.682 | 58.007 | 58.332 | 58.657 |
| 184 | 578.053 | 57.241 | 57.571 | 57.900 | 58.231 | 58.561 | 58.892 | 59.223 | 59.554 | 59.886 |
| 186 | 584.336 | 58.430 | 58.766 | 59.103 | 59.439 | 59.776 | 60.113 | 60.451 | 60.789 | 61.127 |
| 188 | 590.619 | 59.632 | 59.974 | 60.317 | 60.660 | 61.004 | 61.348 | 61.692 | 62.036 | 62.381 |
| 190 | 596.903 | 60.845 | 61.194 | 61.544 | 61.894 | 62.244 | 62.595 | 62.945 | 63.297 | 63.648 |
| 192 | 603.186 | 62.071 | 62.427 | 62.783 | 63.140 | 63.497 | 63.854 | 64.212 | 64.570 | 64.928 |
| 194 | 609.469 | 63.309 | 63.672 | 64.035 | 64.398 | 64.762 | 65.126 | 65.490 | 65.855 | 66.220 |
| 196 | 615.752 | 64.559 | 64.929 | 65.299 | 65.669 | 66.040 | 66.411 | 66.782 | 67.153 | 67.525 |
| 198 | 622.035 | 65.822 | 66.198 | 66.575 | 66.952 | 67.330 | 67.708 | 68.086 | 68.464 | 68.843 |
| 200 | 628.319 | 67.096 | 67.480 | 67.864 | 68.248 | 68.632 | 69.017 | 69.402 | 69.788 | 70.174 |
| 202 | 634.602 | 68.383 | 68.774 | 69.165 | 69.556 | 69.947 | 70.339 | 70.732 | 71.124 | 71.517 |
| 204 | 640.885 | 69.682 | 70.080 | 70.478 | 70.876 | 71.275 | 71.674 | 72.073 | 72.473 | 72.873 |
| 206 | 647.168 | 70.994 | 71.398 | 71.804 | 72.209 | 72.615 | 73.021 | 73.428 | 73.835 | 74.242 |
| 208 | 653.451 | 72.317 | 72.729 | 73.142 | 73.554 | 73.967 | 74.381 | 74.795 | 75.209 | 75.624 |
| 210 | 659.734 | 73.653 | 74.072 | 74.492 | 74.912 | 75.332 | 75.753 | 76.174 | 76.596 | 77.018 |
| 212 | 666.018 | 75.001 | 75.428 | 75.855 | 76.282 | 76.710 | 77.138 | 77.567 | 77.996 | 78.425 |
| 214 | 672.301 | 76.361 | 76.795 | 77.230 | 77.665 | 78.100 | 78.536 | 78.972 | 79.408 | 79.845 |

续表 1-4 （长原木）

| 检尺径 | | 检尺长/m | | | | | | | | |
|---|---|---|---|---|---|---|---|---|---|---|
| 直径 | 周长 | 19.1 | 19.2 | 19.3 | 19.4 | 19.5 | 19.6 | 19.7 | 19.8 | 19.9 |
| /cm | /cm | 材积/m³ | | | | | | | | |
| 216 | 678.584 | 77.734 | 78.175 | 78.617 | 79.060 | 79.502 | 79.945 | 80.389 | 80.833 | 81.277 |
| 218 | 684.867 | 79.118 | 79.568 | 80.017 | 80.467 | 80.917 | 81.368 | 81.819 | 82.270 | 82.722 |
| 220 | 691.150 | 80.515 | 80.972 | 81.429 | 81.887 | 82.345 | 82.803 | 83.262 | 83.721 | 84.180 |
| 222 | 697.434 | 81.924 | 82.389 | 82.854 | 83.319 | 83.785 | 84.251 | 84.717 | 85.184 | 85.651 |
| 224 | 703.717 | 83.346 | 83.818 | 84.291 | 84.764 | 85.237 | 85.711 | 86.185 | 86.659 | 87.134 |
| 226 | 710.000 | 84.779 | 85.259 | 85.740 | 86.221 | 86.702 | 87.183 | 87.665 | 88.148 | 88.630 |
| 228 | 716.283 | 86.225 | 86.713 | 87.201 | 87.690 | 88.179 | 88.669 | 89.158 | 89.649 | 90.139 |
| 230 | 722.566 | 87.683 | 88.179 | 88.675 | 89.172 | 89.669 | 90.166 | 90.664 | 91.162 | 91.661 |
| 232 | 728.849 | 89.153 | 89.657 | 90.161 | 90.666 | 91.171 | 91.677 | 92.182 | 92.689 | 93.195 |
| 234 | 735.133 | 90.636 | 91.148 | 91.660 | 92.173 | 92.686 | 93.199 | 93.713 | 94.228 | 94.742 |
| 236 | 741.416 | 92.130 | 92.651 | 93.171 | 93.692 | 94.213 | 94.735 | 95.257 | 95.779 | 96.302 |
| 238 | 747.699 | 93.637 | 94.166 | 94.694 | 95.223 | 95.753 | 96.283 | 96.813 | 97.344 | 97.875 |
| 240 | 753.982 | 95.157 | 95.693 | 96.230 | 96.767 | 97.305 | 97.843 | 98.382 | 98.921 | 99.460 |
| 242 | 760.265 | 96.688 | 97.233 | 97.778 | 98.324 | 98.870 | 99.416 | 99.963 | 100.511 | 101.058 |
| 244 | 766.549 | 98.231 | 98.785 | 99.338 | 99.892 | 100.447 | 101.002 | 101.557 | 102.113 | 102.669 |
| 246 | 772.832 | 99.787 | 100.349 | 100.911 | 101.474 | 102.037 | 102.600 | 103.164 | 103.728 | 104.293 |
| 248 | 779.115 | 101.355 | 101.926 | 102.496 | 103.067 | 103.639 | 104.211 | 104.783 | 105.356 | 105.929 |

续表 1-4

| 检尺径 | | 检尺长/m | | | | | | | | |
|---|---|---|---|---|---|---|---|---|---|---|
| 直径 | 周长 | 19.1 | 19.2 | 19.3 | 19.4 | 19.5 | 19.6 | 19.7 | 19.8 | 19.9 |
| /cm | /cm | 材积/m³ | | | | | | | | |
| 250 | 785.398 | 102.936 | 103.514 | 104.094 | 104.673 | 105.253 | 105.834 | 106.415 | 106.996 | 107.578 |

| 检尺径 | | 检尺长/m | | | | | | | | |
|---|---|---|---|---|---|---|---|---|---|---|
| 直径 | 周长 | 20 | 20.1 | 20.2 | 20.3 | 20.4 | 20.5 | 20.6 | 20.7 | 20.8 |
| /cm | /cm | 材积/m³ | | | | | | | | |
| 4 | 12.5664 | 0.3136 | 0.3174 | 0.3213 | 0.3252 | 0.3291 | 0.3330 | 0.3370 | 0.3410 | 0.3450 |
| 5 | 15.7080 | 0.3600 | 0.3642 | 0.3685 | 0.3727 | 0.3771 | 0.3814 | 0.3858 | 0.3902 | 0.3946 |
| 6 | 18.8496 | 0.4096 | 0.4142 | 0.4189 | 0.4236 | 0.4283 | 0.4331 | 0.4379 | 0.4427 | 0.4475 |
| 7 | 21.9911 | 0.4624 | 0.4674 | 0.4725 | 0.4777 | 0.4828 | 0.4880 | 0.4932 | 0.4985 | 0.5038 |
| 8 | 25.133 | 0.518 | 0.524 | 0.529 | 0.535 | 0.541 | 0.546 | 0.552 | 0.558 | 0.563 |
| 9 | 28.274 | 0.578 | 0.584 | 0.590 | 0.596 | 0.602 | 0.608 | 0.614 | 0.620 | 0.626 |
| 10 | 31.416 | 0.640 | 0.646 | 0.653 | 0.659 | 0.666 | 0.673 | 0.679 | 0.686 | 0.692 |
| 11 | 34.558 | 0.706 | 0.713 | 0.719 | 0.726 | 0.733 | 0.741 | 0.748 | 0.755 | 0.762 |
| 12 | 37.699 | 0.774 | 0.782 | 0.789 | 0.797 | 0.804 | 0.812 | 0.820 | 0.827 | 0.835 |
| 13 | 40.841 | 0.846 | 0.854 | 0.862 | 0.870 | 0.878 | 0.887 | 0.895 | 0.903 | 0.911 |
| 14 | 43.982 | 0.922 | 0.930 | 0.939 | 0.947 | 0.956 | 0.964 | 0.973 | 0.982 | 0.991 |
| 16 | 50.265 | 1.082 | 1.091 | 1.101 | 1.111 | 1.120 | 1.130 | 1.140 | 1.150 | 1.160 |

续表 1-4 （长原木）

| 检尺径 | | 检尺长/m | | | | | | | | |
|---|---|---|---|---|---|---|---|---|---|---|
| 直径 | 周长 | 20 | 20.1 | 20.2 | 20.3 | 20.4 | 20.5 | 20.6 | 20.7 | 20.8 |
| /cm | /cm | 材积/m$^3$ | | | | | | | | |
| 18 | 56.549 | 1.254 | 1.265 | 1.276 | 1.287 | 1.298 | 1.309 | 1.320 | 1.331 | 1.342 |
| 20 | 62.832 | 1.440 | 1.452 | 1.464 | 1.476 | 1.488 | 1.501 | 1.513 | 1.525 | 1.538 |
| 22 | 69.115 | 1.638 | 1.652 | 1.665 | 1.679 | 1.692 | 1.706 | 1.719 | 1.733 | 1.747 |
| 24 | 75.398 | 1.850 | 1.864 | 1.879 | 1.894 | 1.909 | 1.924 | 1.939 | 1.954 | 1.969 |
| 26 | 81.681 | 2.074 | 2.090 | 2.106 | 2.122 | 2.139 | 2.155 | 2.172 | 2.188 | 2.205 |
| 28 | 87.965 | 2.310 | 2.328 | 2.346 | 2.364 | 2.381 | 2.399 | 2.417 | 2.436 | 2.454 |
| 30 | 94.248 | 2.560 | 2.579 | 2.599 | 2.618 | 2.637 | 2.657 | 2.677 | 2.696 | 2.716 |
| 32 | 100.531 | 2.822 | 2.843 | 2.864 | 2.885 | 2.906 | 2.928 | 2.949 | 2.970 | 2.991 |
| 34 | 106.814 | 3.098 | 3.120 | 3.143 | 3.166 | 3.188 | 3.211 | 3.234 | 3.257 | 3.280 |
| 36 | 113.097 | 3.386 | 3.410 | 3.434 | 3.459 | 3.483 | 3.508 | 3.533 | 3.558 | 3.583 |
| 38 | 119.381 | 3.686 | 3.713 | 3.739 | 3.765 | 3.792 | 3.818 | 3.845 | 3.871 | 3.898 |
| 40 | 125.664 | 4.000 | 4.028 | 4.056 | 4.084 | 4.113 | 4.141 | 4.170 | 4.198 | 4.227 |
| 42 | 131.947 | 4.326 | 4.356 | 4.386 | 4.417 | 4.447 | 4.477 | 4.508 | 4.538 | 4.569 |
| 44 | 138.230 | 4.666 | 4.698 | 4.730 | 4.762 | 4.794 | 4.827 | 4.859 | 4.892 | 4.924 |
| 46 | 144.513 | 5.018 | 5.052 | 5.086 | 5.120 | 5.155 | 5.189 | 5.224 | 5.258 | 5.293 |
| 48 | 150.796 | 5.382 | 5.419 | 5.455 | 5.491 | 5.528 | 5.565 | 5.601 | 5.638 | 5.675 |
| 50 | 157.080 | 5.760 | 5.798 | 5.837 | 5.876 | 5.914 | 5.953 | 5.992 | 6.031 | 6.071 |

（长原木） **续表 1-4**

| 检尺径 | | 检尺长/m | | | | | | | | |
|---|---|---|---|---|---|---|---|---|---|---|
| 直径/cm | 周长/cm | 20 | 20.1 | 20.2 | 20.3 | 20.4 | 20.5 | 20.6 | 20.7 | 20.8 |
| | | 材积/m³ | | | | | | | | |
| 52 | 163.363 | 6.150 | 6.191 | 6.232 | 6.273 | 6.314 | 6.355 | 6.396 | 6.438 | 6.479 |
| 54 | 169.646 | 6.554 | 6.597 | 6.640 | 6.683 | 6.727 | 6.770 | 6.814 | 6.857 | 6.901 |
| 56 | 175.929 | 6.970 | 7.015 | 7.061 | 7.106 | 7.152 | 7.198 | 7.244 | 7.290 | 7.337 |
| 58 | 182.212 | 7.398 | 7.446 | 7.494 | 7.543 | 7.591 | 7.639 | 7.688 | 7.736 | 7.785 |
| 60 | 188.496 | 7.840 | 7.890 | 7.941 | 7.992 | 8.043 | 8.094 | 8.145 | 8.196 | 8.247 |
| 62 | 194.779 | 8.294 | 8.347 | 8.401 | 8.454 | 8.507 | 8.561 | 8.615 | 8.668 | 8.722 |
| 64 | 201.062 | 8.762 | 8.817 | 8.873 | 8.929 | 8.985 | 9.041 | 9.098 | 9.154 | 9.211 |
| 66 | 207.345 | 9.242 | 9.300 | 9.359 | 9.417 | 9.476 | 9.535 | 9.594 | 9.653 | 9.713 |
| 68 | 213.628 | 9.734 | 9.796 | 9.857 | 9.918 | 9.980 | 10.042 | 10.104 | 10.166 | 10.228 |
| 70 | 219.911 | 10.240 | 10.304 | 10.368 | 10.433 | 10.497 | 10.562 | 10.626 | 10.691 | 10.756 |
| 72 | 226.195 | 10.758 | 10.825 | 10.893 | 10.960 | 11.027 | 11.095 | 11.162 | 11.230 | 11.298 |
| 74 | 232.478 | 11.290 | 11.360 | 11.430 | 11.500 | 11.570 | 11.641 | 11.711 | 11.782 | 11.853 |
| 76 | 238.761 | 11.834 | 11.907 | 11.980 | 12.053 | 12.126 | 12.200 | 12.274 | 12.348 | 12.422 |
| 78 | 245.044 | 12.390 | 12.467 | 12.543 | 12.619 | 12.696 | 12.772 | 12.849 | 12.926 | 13.003 |
| 80 | 251.327 | 12.960 | 13.039 | 13.119 | 13.198 | 13.278 | 13.358 | 13.438 | 13.518 | 13.598 |
| 82 | 257.611 | 13.542 | 13.625 | 13.708 | 13.790 | 13.873 | 13.957 | 14.040 | 14.123 | 14.207 |
| 84 | 263.894 | 14.138 | 14.223 | 14.309 | 14.395 | 14.482 | 14.568 | 14.655 | 14.742 | 14.829 |

续表 1-4 （长原木）

| 检尺径 | | 检尺长/m | | | | | | | | |
|---|---|---|---|---|---|---|---|---|---|---|
| 直径 | 周长 | 20 | 20.1 | 20.2 | 20.3 | 20.4 | 20.5 | 20.6 | 20.7 | 20.8 |
| /cm | /cm | 材积/m³ | | | | | | | | |
| 86 | 270.177 | 14.746 | 14.835 | 14.924 | 15.014 | 15.103 | 15.193 | 15.283 | 15.373 | 15.463 |
| 88 | 276.460 | 15.366 | 15.459 | 15.552 | 15.645 | 15.738 | 15.831 | 15.924 | 16.018 | 16.112 |
| 90 | 282.743 | 16.000 | 16.096 | 16.192 | 16.289 | 16.385 | 16.482 | 16.579 | 16.676 | 16.773 |
| 92 | 289.027 | 16.646 | 16.746 | 16.846 | 16.946 | 17.046 | 17.146 | 17.247 | 17.347 | 17.448 |
| 94 | 295.310 | 17.306 | 17.409 | 17.512 | 17.616 | 17.720 | 17.824 | 17.928 | 18.032 | 18.137 |
| 96 | 301.593 | 17.978 | 18.085 | 18.192 | 18.299 | 18.406 | 18.514 | 18.622 | 18.730 | 18.838 |
| 98 | 307.876 | 18.662 | 18.773 | 18.884 | 18.995 | 19.106 | 19.218 | 19.329 | 19.441 | 19.553 |
| 100 | 314.159 | 19.360 | 19.474 | 19.589 | 19.704 | 19.819 | 19.934 | 20.050 | 20.165 | 20.281 |
| 102 | 320.442 | 20.070 | 20.189 | 20.307 | 20.426 | 20.545 | 20.664 | 20.783 | 20.903 | 21.023 |
| 104 | 326.726 | 20.794 | 20.916 | 21.038 | 21.161 | 21.284 | 21.407 | 21.530 | 21.654 | 21.777 |
| 106 | 333.009 | 21.530 | 21.656 | 21.782 | 21.909 | 22.036 | 22.163 | 22.290 | 22.418 | 22.545 |
| 108 | 339.292 | 22.278 | 22.409 | 22.539 | 22.670 | 22.801 | 22.932 | 23.064 | 23.195 | 23.327 |
| 110 | 345.575 | 23.040 | 23.175 | 23.309 | 23.444 | 23.579 | 23.715 | 23.850 | 23.986 | 24.122 |
| 112 | 351.858 | 23.814 | 23.953 | 24.092 | 24.231 | 24.370 | 24.510 | 24.650 | 24.790 | 24.930 |
| 114 | 358.142 | 24.602 | 24.745 | 24.888 | 25.031 | 25.175 | 25.318 | 25.462 | 25.607 | 25.751 |
| 116 | 364.425 | 25.402 | 25.549 | 25.696 | 25.844 | 25.992 | 26.140 | 26.288 | 26.437 | 26.586 |
| 118 | 370.708 | 26.214 | 26.366 | 26.518 | 26.670 | 26.822 | 26.975 | 27.128 | 27.280 | 27.434 |

**续表 1-4**

| 检尺径 | | 检尺长/m | | | | | | | | |
|---|---|---|---|---|---|---|---|---|---|---|
| 直径 | 周长 | 20 | 20.1 | 20.2 | 20.3 | 20.4 | 20.5 | 20.6 | 20.7 | 20.8 |
| /cm | /cm | 材积/m³ | | | | | | | | |
| 120 | 376.991 | 27.040 | 27.196 | 27.352 | 27.509 | 27.666 | 27.823 | 27.980 | 28.137 | 28.295 |
| 122 | 383.274 | 27.878 | 28.039 | 28.200 | 28.361 | 28.522 | 28.684 | 28.845 | 29.007 | 29.170 |
| 124 | 389.557 | 28.730 | 28.895 | 29.060 | 29.226 | 29.392 | 29.558 | 29.724 | 29.891 | 30.057 |
| 126 | 395.841 | 29.594 | 29.763 | 29.934 | 30.104 | 30.274 | 30.445 | 30.616 | 30.787 | 30.959 |
| 128 | 402.124 | 30.470 | 30.645 | 30.820 | 30.995 | 31.170 | 31.345 | 31.521 | 31.697 | 31.873 |
| 130 | 408.407 | 31.360 | 31.539 | 31.719 | 31.899 | 32.079 | 32.259 | 32.439 | 32.620 | 32.801 |
| 132 | 414.690 | 32.262 | 32.447 | 32.631 | 32.816 | 33.000 | 33.186 | 33.371 | 33.556 | 33.742 |
| 134 | 420.973 | 33.178 | 33.367 | 33.556 | 33.745 | 33.935 | 34.125 | 34.315 | 34.506 | 34.697 |
| 136 | 427.257 | 34.106 | 34.300 | 34.494 | 34.688 | 34.883 | 35.078 | 35.273 | 35.469 | 35.664 |
| 138 | 433.540 | 35.046 | 35.245 | 35.445 | 35.644 | 35.844 | 36.044 | 36.244 | 36.445 | 36.646 |
| 140 | 439.823 | 36.000 | 36.204 | 36.408 | 36.613 | 36.818 | 37.023 | 37.228 | 37.434 | 37.640 |
| 142 | 446.106 | 36.966 | 37.176 | 37.385 | 37.595 | 37.805 | 38.015 | 38.226 | 38.437 | 38.648 |
| 144 | 452.389 | 37.946 | 38.160 | 38.375 | 38.590 | 38.805 | 39.021 | 39.236 | 39.452 | 39.669 |
| 146 | 458.673 | 38.938 | 39.157 | 39.377 | 39.598 | 39.818 | 40.039 | 40.260 | 40.481 | 40.703 |
| 148 | 464.956 | 39.942 | 40.168 | 40.393 | 40.619 | 40.844 | 41.071 | 41.297 | 41.524 | 41.751 |
| 150 | 471.239 | 40.960 | 41.191 | 41.421 | 41.652 | 41.884 | 42.115 | 42.347 | 42.579 | 42.812 |
| 152 | 477.522 | 41.990 | 42.226 | 42.463 | 42.699 | 42.936 | 43.173 | 43.410 | 43.648 | 43.886 |

**续表 1-4** （长原木）

| 检尺径 | | 检尺长/m | | | | | | | | |
|---|---|---|---|---|---|---|---|---|---|---|
| 直径 | 周长 | 20 | 20.1 | 20.2 | 20.3 | 20.4 | 20.5 | 20.6 | 20.7 | 20.8 |
| /cm | /cm | 材积/m³ | | | | | | | | |
| 154 | 483.805 | 43.034 | 43.275 | 43.517 | 43.759 | 44.001 | 44.244 | 44.487 | 44.730 | 44.974 |
| 156 | 490.088 | 44.090 | 44.337 | 44.584 | 44.832 | 45.080 | 45.328 | 45.577 | 45.825 | 46.074 |
| 158 | 496.372 | 45.158 | 45.411 | 45.664 | 45.918 | 46.171 | 46.425 | 46.679 | 46.934 | 47.189 |
| 160 | 502.655 | 46.240 | 46.499 | 46.757 | 47.016 | 47.276 | 47.536 | 47.795 | 48.056 | 48.316 |
| 162 | 508.938 | 47.334 | 47.599 | 47.863 | 48.128 | 48.393 | 48.659 | 48.925 | 49.191 | 49.457 |
| 164 | 515.221 | 48.442 | 48.712 | 48.982 | 49.253 | 49.524 | 49.795 | 50.067 | 50.339 | 50.611 |
| 166 | 521.504 | 49.562 | 49.838 | 50.114 | 50.391 | 50.668 | 50.945 | 51.223 | 51.500 | 51.779 |
| 168 | 527.788 | 50.694 | 50.976 | 51.259 | 51.542 | 51.825 | 52.108 | 52.391 | 52.675 | 52.959 |
| 170 | 534.071 | 51.840 | 52.128 | 52.417 | 52.705 | 52.994 | 53.284 | 53.573 | 53.863 | 54.153 |
| 172 | 540.354 | 52.998 | 53.293 | 53.587 | 53.882 | 54.177 | 54.473 | 54.768 | 55.065 | 55.361 |
| 174 | 546.637 | 54.170 | 54.470 | 54.771 | 55.072 | 55.373 | 55.675 | 55.977 | 56.279 | 56.582 |
| 176 | 552.920 | 55.354 | 55.660 | 55.967 | 56.275 | 56.582 | 56.890 | 57.198 | 57.507 | 57.816 |
| 178 | 559.203 | 56.550 | 56.863 | 57.177 | 57.490 | 57.804 | 58.118 | 58.433 | 58.748 | 59.063 |
| 180 | 565.487 | 57.760 | 58.079 | 58.399 | 58.719 | 59.039 | 59.360 | 59.681 | 60.002 | 60.324 |
| 182 | 571.770 | 58.982 | 59.308 | 59.634 | 59.961 | 60.287 | 60.615 | 60.942 | 61.270 | 61.598 |
| 184 | 578.053 | 60.218 | 60.550 | 60.882 | 61.215 | 61.549 | 61.882 | 62.216 | 62.550 | 62.885 |
| 186 | 584.336 | 61.466 | 61.804 | 62.144 | 62.483 | 62.823 | 63.163 | 63.504 | 63.844 | 64.185 |

续表 1-4

| 检尺径 | | 检尺长/m | | | | | | | | |
|---|---|---|---|---|---|---|---|---|---|---|
| 直径/cm | 周长/cm | 20 | 20.1 | 20.2 | 20.3 | 20.4 | 20.5 | 20.6 | 20.7 | 20.8 |
| | | 材积/$m^3$ | | | | | | | | |
| 188 | 590.619 | 62.726 | 63.072 | 63.418 | 63.764 | 64.110 | 64.457 | 64.804 | 65.152 | 65.499 |
| 190 | 596.903 | 64.000 | 64.352 | 64.705 | 65.057 | 65.411 | 65.764 | 66.118 | 66.472 | 66.827 |
| 192 | 603.186 | 65.286 | 65.645 | 66.005 | 66.364 | 66.724 | 67.084 | 67.445 | 67.806 | 68.167 |
| 194 | 609.469 | 66.586 | 66.951 | 67.317 | 67.684 | 68.051 | 68.418 | 68.785 | 69.153 | 69.521 |
| 196 | 615.752 | 67.898 | 68.270 | 68.643 | 69.016 | 69.390 | 69.764 | 70.138 | 70.513 | 70.888 |
| 198 | 622.035 | 69.222 | 69.602 | 69.982 | 70.362 | 70.743 | 71.124 | 71.505 | 71.887 | 72.268 |
| 200 | 628.319 | 70.560 | 70.947 | 71.333 | 71.721 | 72.108 | 72.496 | 72.885 | 73.273 | 73.662 |
| 202 | 634.602 | 71.910 | 72.304 | 72.698 | 73.092 | 73.487 | 73.882 | 74.277 | 74.673 | 75.069 |
| 204 | 640.885 | 73.274 | 73.674 | 74.076 | 74.477 | 74.879 | 75.281 | 75.684 | 76.086 | 76.490 |
| 206 | 647.168 | 74.650 | 75.058 | 75.466 | 75.875 | 76.284 | 76.693 | 77.103 | 77.513 | 77.923 |
| 208 | 653.451 | 76.038 | 76.454 | 76.869 | 77.285 | 77.702 | 78.118 | 78.535 | 78.953 | 79.370 |
| 210 | 659.734 | 77.440 | 77.863 | 78.286 | 78.709 | 79.132 | 79.557 | 79.981 | 80.406 | 80.831 |
| 212 | 666.018 | 78.854 | 79.284 | 79.715 | 80.145 | 80.576 | 81.008 | 81.440 | 81.872 | 82.304 |
| 214 | 672.301 | 80.282 | 80.719 | 81.157 | 81.595 | 82.034 | 82.472 | 82.912 | 83.351 | 83.791 |
| 216 | 678.584 | 81.722 | 82.167 | 82.612 | 83.058 | 83.504 | 83.950 | 84.397 | 84.844 | 85.292 |
| 218 | 684.867 | 83.174 | 83.627 | 84.080 | 84.533 | 84.987 | 85.441 | 85.895 | 86.350 | 86.805 |
| 220 | 691.150 | 84.640 | 85.100 | 85.561 | 86.022 | 86.483 | 86.945 | 87.407 | 87.869 | 88.332 |

## 续表 1-4

（长原木）

| 检尺径 | | 检尺长/m | | | | | | | | |
|---|---|---|---|---|---|---|---|---|---|---|
| 直径/cm | 周长/cm | 20 | 20.1 | 20.2 | 20.3 | 20.4 | 20.5 | 20.6 | 20.7 | 20.8 |
| | | 材积/m³ | | | | | | | | |
| 222 | 697.434 | 86.118 | 86.586 | 87.055 | 87.523 | 87.992 | 88.462 | 88.932 | 89.402 | 89.872 |
| 224 | 703.717 | 87.610 | 88.085 | 88.561 | 89.038 | 89.515 | 89.992 | 90.469 | 90.947 | 91.426 |
| 226 | 710.000 | 89.114 | 89.597 | 90.081 | 90.565 | 91.050 | 91.535 | 92.021 | 92.506 | 92.993 |
| 228 | 716.283 | 90.630 | 91.122 | 91.614 | 92.106 | 92.598 | 93.091 | 93.585 | 94.079 | 94.573 |
| 230 | 722.566 | 92.160 | 92.659 | 93.159 | 93.659 | 94.160 | 94.661 | 95.162 | 95.664 | 96.166 |
| 232 | 728.849 | 93.702 | 94.210 | 94.718 | 95.226 | 95.734 | 96.244 | 96.753 | 97.263 | 97.773 |
| 234 | 735.133 | 95.258 | 95.773 | 96.289 | 96.805 | 97.322 | 97.839 | 98.357 | 98.875 | 99.393 |
| 236 | 741.416 | 96.826 | 97.349 | 97.873 | 98.398 | 98.923 | 99.448 | 99.974 | 100.500 | 101.026 |
| 238 | 747.699 | 98.406 | 98.938 | 99.471 | 100.003 | 100.536 | 101.070 | 101.604 | 102.138 | 102.673 |
| 240 | 753.982 | 100.000 | 100.540 | 101.081 | 101.622 | 102.163 | 102.705 | 103.247 | 103.790 | 104.333 |
| 242 | 760.265 | 101.606 | 102.155 | 102.704 | 103.253 | 103.803 | 104.353 | 104.904 | 105.455 | 106.006 |
| 244 | 766.549 | 103.226 | 103.783 | 104.340 | 104.898 | 105.456 | 106.015 | 106.574 | 107.133 | 107.693 |
| 246 | 772.832 | 104.858 | 105.423 | 105.989 | 106.555 | 107.122 | 107.689 | 108.257 | 108.825 | 109.393 |
| 248 | 779.115 | 106.502 | 107.076 | 107.651 | 108.226 | 108.801 | 109.377 | 109.953 | 110.529 | 111.106 |
| 250 | 785.398 | 108.160 | 108.743 | 109.326 | 109.909 | 110.493 | 111.077 | 111.662 | 112.247 | 112.833 |

**续表 1-4**

| 检尺径 | | 检尺长/m | | | | | | | | |
|---|---|---|---|---|---|---|---|---|---|---|
| 直径 | 周长 | 20.9 | 21 | 21.1 | 21.2 | 21.3 | 21.4 | 21.5 | 21.6 | 21.7 |
| /cm | /cm | 材积/m³ | | | | | | | | |
| 4 | 12.5664 | 0.3491 | 0.3532 | 0.3574 | 0.3615 | 0.3657 | 0.3699 | 0.3742 | 0.3785 | 0.3828 |
| 5 | 15.7080 | 0.3991 | 0.4036 | 0.4082 | 0.4127 | 0.4173 | 0.4220 | 0.4267 | 0.4314 | 0.4361 |
| 6 | 18.8496 | 0.4524 | 0.4574 | 0.4623 | 0.4673 | 0.4724 | 0.4775 | 0.4826 | 0.4877 | 0.4929 |
| 7 | 21.9911 | 0.5091 | 0.5145 | 0.5199 | 0.5254 | 0.5308 | 0.5364 | 0.5419 | 0.5475 | 0.5531 |
| 8 | 25.133 | 0.569 | 0.575 | 0.581 | 0.587 | 0.593 | 0.599 | 0.605 | 0.611 | 0.617 |
| 9 | 28.274 | 0.633 | 0.639 | 0.645 | 0.652 | 0.658 | 0.664 | 0.671 | 0.677 | 0.684 |
| 10 | 31.416 | 0.699 | 0.706 | 0.713 | 0.720 | 0.727 | 0.734 | 0.741 | 0.748 | 0.755 |
| 11 | 34.558 | 0.769 | 0.777 | 0.784 | 0.791 | 0.799 | 0.806 | 0.814 | 0.821 | 0.829 |
| 12 | 37.699 | 0.843 | 0.851 | 0.858 | 0.866 | 0.874 | 0.882 | 0.890 | 0.898 | 0.906 |
| 13 | 40.841 | 0.919 | 0.928 | 0.936 | 0.945 | 0.953 | 0.962 | 0.970 | 0.979 | 0.987 |
| 14 | 43.982 | 1.000 | 1.008 | 1.017 | 1.026 | 1.035 | 1.044 | 1.054 | 1.063 | 1.072 |
| 16 | 50.265 | 1.170 | 1.180 | 1.190 | 1.200 | 1.210 | 1.220 | 1.231 | 1.241 | 1.252 |
| 18 | 56.549 | 1.353 | 1.365 | 1.376 | 1.387 | 1.399 | 1.410 | 1.422 | 1.433 | 1.445 |
| 20 | 62.832 | 1.550 | 1.563 | 1.575 | 1.588 | 1.601 | 1.614 | 1.626 | 1.639 | 1.652 |
| 22 | 69.115 | 1.761 | 1.775 | 1.788 | 1.802 | 1.817 | 1.831 | 1.845 | 1.859 | 1.873 |
| 24 | 75.398 | 1.984 | 2.000 | 2.015 | 2.030 | 2.046 | 2.061 | 2.077 | 2.093 | 2.108 |
| 26 | 81.681 | 2.221 | 2.238 | 2.255 | 2.272 | 2.289 | 2.306 | 2.323 | 2.340 | 2.357 |

续表 1-4 （长原木）

| 检尺径 | | 检尺长/m | | | | | | | | |
|---|---|---|---|---|---|---|---|---|---|---|
| 直径 | 周长 | 20.9 | 21 | 21.1 | 21.2 | 21.3 | 21.4 | 21.5 | 21.6 | 21.7 |
| /cm | /cm | 材积/m³ | | | | | | | | |
| 28 | 87.965 | 2.472 | 2.490 | 2.509 | 2.527 | 2.545 | 2.564 | 2.583 | 2.601 | 2.620 |
| 30 | 94.248 | 2.736 | 2.756 | 2.776 | 2.796 | 2.816 | 2.836 | 2.856 | 2.876 | 2.897 |
| 32 | 100.531 | 3.013 | 3.035 | 3.056 | 3.078 | 3.100 | 3.121 | 3.143 | 3.165 | 3.188 |
| 34 | 106.814 | 3.304 | 3.327 | 3.350 | 3.374 | 3.397 | 3.421 | 3.444 | 3.468 | 3.492 |
| 36 | 113.097 | 3.608 | 3.633 | 3.658 | 3.683 | 3.708 | 3.734 | 3.759 | 3.785 | 3.810 |
| 38 | 119.381 | 3.925 | 3.952 | 3.979 | 4.006 | 4.033 | 4.060 | 4.088 | 4.115 | 4.143 |
| 40 | 125.664 | 4.256 | 4.284 | 4.313 | 4.342 | 4.371 | 4.401 | 4.430 | 4.459 | 4.489 |
| 42 | 131.947 | 4.600 | 4.631 | 4.661 | 4.692 | 4.724 | 4.755 | 4.786 | 4.817 | 4.849 |
| 44 | 138.230 | 4.957 | 4.990 | 5.023 | 5.056 | 5.089 | 5.122 | 5.156 | 5.189 | 5.223 |
| 46 | 144.513 | 5.328 | 5.363 | 5.398 | 5.433 | 5.469 | 5.504 | 5.539 | 5.575 | 5.611 |
| 48 | 150.796 | 5.712 | 5.749 | 5.787 | 5.824 | 5.861 | 5.899 | 5.937 | 5.974 | 6.012 |
| 50 | 157.080 | 6.110 | 6.149 | 6.189 | 6.228 | 6.268 | 6.308 | 6.348 | 6.388 | 6.428 |
| 52 | 163.363 | 6.521 | 6.563 | 6.604 | 6.646 | 6.688 | 6.730 | 6.773 | 6.815 | 6.857 |
| 54 | 169.646 | 6.945 | 6.989 | 7.033 | 7.078 | 7.122 | 7.167 | 7.211 | 7.256 | 7.301 |
| 56 | 175.929 | 7.383 | 7.429 | 7.476 | 7.523 | 7.570 | 7.616 | 7.664 | 7.711 | 7.758 |
| 58 | 182.212 | 7.834 | 7.883 | 7.932 | 7.981 | 8.031 | 8.080 | 8.130 | 8.179 | 8.229 |
| 60 | 188.496 | 8.298 | 8.350 | 8.402 | 8.453 | 8.505 | 8.557 | 8.610 | 8.662 | 8.714 |

续表 1-4

| 检尺径 | | 检尺长/m | | | | | | | | |
|---|---|---|---|---|---|---|---|---|---|---|
| 直径 | 周长 | 20.9 | 21 | 21.1 | 21.2 | 21.3 | 21.4 | 21.5 | 21.6 | 21.7 |
| /cm | /cm | 材积/m³ | | | | | | | | |
| 62 | 194.779 | 8.776 | 8.831 | 8.885 | 8.939 | 8.994 | 9.048 | 9.103 | 9.158 | 9.213 |
| 64 | 201.062 | 9.268 | 9.324 | 9.381 | 9.439 | 9.496 | 9.553 | 9.611 | 9.668 | 9.726 |
| 66 | 207.345 | 9.772 | 9.832 | 9.892 | 9.951 | 10.011 | 10.072 | 10.132 | 10.192 | 10.253 |
| 68 | 213.628 | 10.290 | 10.353 | 10.415 | 10.478 | 10.541 | 10.604 | 10.667 | 10.730 | 10.793 |
| 70 | 219.911 | 10.822 | 10.887 | 10.952 | 11.018 | 11.084 | 11.149 | 11.215 | 11.281 | 11.348 |
| 72 | 226.195 | 11.366 | 11.435 | 11.503 | 11.571 | 11.640 | 11.709 | 11.778 | 11.847 | 11.916 |
| 74 | 232.478 | 11.924 | 11.996 | 12.067 | 12.139 | 12.210 | 12.282 | 12.354 | 12.426 | 12.498 |
| 76 | 238.761 | 12.496 | 12.570 | 12.645 | 12.719 | 12.794 | 12.869 | 12.944 | 13.019 | 13.095 |
| 78 | 245.044 | 13.081 | 13.158 | 13.236 | 13.314 | 13.391 | 13.469 | 13.548 | 13.626 | 13.705 |
| 80 | 251.327 | 13.679 | 13.760 | 13.840 | 13.921 | 14.002 | 14.084 | 14.165 | 14.247 | 14.328 |
| 82 | 257.611 | 14.291 | 14.375 | 14.459 | 14.543 | 14.627 | 14.712 | 14.796 | 14.881 | 14.966 |
| 84 | 263.894 | 14.916 | 15.003 | 15.090 | 15.178 | 15.265 | 15.353 | 15.441 | 15.530 | 15.618 |
| 86 | 270.177 | 15.554 | 15.645 | 15.735 | 15.826 | 15.917 | 16.009 | 16.100 | 16.192 | 16.284 |
| 88 | 276.460 | 16.206 | 16.300 | 16.394 | 16.488 | 16.583 | 16.678 | 16.773 | 16.868 | 16.963 |
| 90 | 282.743 | 16.871 | 16.968 | 17.066 | 17.164 | 17.262 | 17.361 | 17.459 | 17.558 | 17.656 |
| 92 | 289.027 | 17.549 | 17.651 | 17.752 | 17.853 | 17.955 | 18.057 | 18.159 | 18.261 | 18.364 |
| 94 | 295.310 | 18.241 | 18.346 | 18.451 | 18.556 | 18.662 | 18.767 | 18.873 | 18.979 | 19.085 |

| 检尺径 | | 检尺长/m | | | | | | | | |
|---|---|---|---|---|---|---|---|---|---|---|
| 直径 /cm | 周长 /cm | 20.9 | 21 | 21.1 | 21.2 | 21.3 | 21.4 | 21.5 | 21.6 | 21.7 |
| | | 材积/$m^3$ | | | | | | | | |
| 96 | 301.593 | 18.946 | 19.055 | 19.164 | 19.273 | 19.382 | 19.491 | 19.600 | 19.710 | 19.820 |
| 98 | 307.876 | 19.665 | 19.777 | 19.890 | 20.003 | 20.115 | 20.228 | 20.342 | 20.455 | 20.569 |
| 100 | 314.159 | 20.397 | 20.513 | 20.630 | 20.746 | 20.863 | 20.980 | 21.097 | 21.214 | 21.331 |
| 102 | 320.442 | 21.142 | 21.263 | 21.383 | 21.503 | 21.624 | 21.745 | 21.866 | 21.987 | 22.108 |
| 104 | 326.726 | 21.901 | 22.025 | 22.149 | 22.274 | 22.398 | 22.523 | 22.648 | 22.773 | 22.899 |
| 106 | 333.009 | 22.673 | 22.801 | 22.930 | 23.058 | 23.187 | 23.316 | 23.445 | 23.574 | 23.703 |
| 108 | 339.292 | 23.459 | 23.591 | 23.723 | 23.856 | 23.989 | 24.122 | 24.255 | 24.388 | 24.522 |
| 110 | 345.575 | 24.258 | 24.394 | 24.531 | 24.667 | 24.804 | 24.941 | 25.079 | 25.216 | 25.354 |
| 112 | 351.858 | 25.070 | 25.211 | 25.351 | 25.492 | 25.633 | 25.775 | 25.916 | 26.058 | 26.200 |
| 114 | 358.142 | 25.896 | 26.040 | 26.185 | 26.331 | 26.476 | 26.622 | 26.768 | 26.914 | 27.060 |
| 116 | 364.425 | 26.735 | 26.884 | 27.033 | 27.183 | 27.333 | 27.483 | 27.633 | 27.783 | 27.934 |
| 118 | 370.708 | 27.587 | 27.741 | 27.894 | 28.048 | 28.203 | 28.357 | 28.512 | 28.667 | 28.822 |
| 120 | 376.991 | 28.453 | 28.611 | 28.769 | 28.928 | 29.086 | 29.245 | 29.404 | 29.564 | 29.723 |
| 122 | 383.274 | 29.332 | 29.495 | 29.657 | 29.820 | 29.984 | 30.147 | 30.311 | 30.475 | 30.639 |
| 124 | 389.557 | 30.224 | 30.392 | 30.559 | 30.727 | 30.895 | 31.063 | 31.231 | 31.400 | 31.568 |
| 126 | 395.841 | 31.130 | 31.302 | 31.474 | 31.647 | 31.819 | 31.992 | 32.165 | 32.338 | 32.512 |
| 128 | 402.124 | 32.050 | 32.226 | 32.403 | 32.580 | 32.757 | 32.935 | 33.113 | 33.291 | 33.469 |

续表 1-4

| 检尺径 | | 检尺长/m | | | | | | | | |
|---|---|---|---|---|---|---|---|---|---|---|
| 直径 | 周长 | 20.9 | 21 | 21.1 | 21.2 | 21.3 | 21.4 | 21.5 | 21.6 | 21.7 |
| /cm | /cm | 材积/m³ | | | | | | | | |
| 130 | 408.407 | 32.982 | 33.164 | 33.345 | 33.527 | 33.709 | 33.892 | 34.074 | 34.257 | 34.440 |
| 132 | 414.690 | 33.928 | 34.115 | 34.301 | 34.488 | 34.675 | 34.862 | 35.049 | 35.237 | 35.425 |
| 134 | 420.973 | 34.888 | 35.079 | 35.270 | 35.462 | 35.654 | 35.846 | 36.038 | 36.231 | 36.424 |
| 136 | 427.257 | 35.860 | 36.057 | 36.253 | 36.450 | 36.647 | 36.844 | 37.041 | 37.239 | 37.437 |
| 138 | 433.540 | 36.847 | 37.048 | 37.249 | 37.451 | 37.653 | 37.855 | 38.058 | 38.260 | 38.463 |
| 140 | 439.823 | 37.846 | 38.052 | 38.259 | 38.466 | 38.673 | 38.880 | 39.088 | 39.296 | 39.504 |
| 142 | 446.106 | 38.859 | 39.071 | 39.282 | 39.494 | 39.707 | 39.919 | 40.132 | 40.345 | 40.558 |
| 144 | 452.389 | 39.885 | 40.102 | 40.319 | 40.536 | 40.754 | 40.972 | 41.190 | 41.408 | 41.627 |
| 146 | 458.673 | 40.925 | 41.147 | 41.369 | 41.592 | 41.815 | 42.038 | 42.261 | 42.485 | 42.709 |
| 148 | 464.956 | 41.978 | 42.205 | 42.433 | 42.661 | 42.889 | 43.118 | 43.347 | 43.576 | 43.805 |
| 150 | 471.239 | 43.044 | 43.277 | 43.510 | 43.744 | 43.978 | 44.212 | 44.446 | 44.680 | 44.915 |
| 152 | 477.522 | 44.124 | 44.363 | 44.601 | 44.840 | 45.079 | 45.319 | 45.559 | 45.799 | 46.039 |
| 154 | 483.805 | 45.217 | 45.461 | 45.705 | 45.950 | 46.195 | 46.440 | 46.685 | 46.931 | 47.177 |
| 156 | 490.088 | 46.324 | 46.573 | 46.823 | 47.073 | 47.324 | 47.575 | 47.826 | 48.077 | 48.328 |
| 158 | 496.372 | 47.444 | 47.699 | 47.955 | 48.210 | 48.467 | 48.723 | 48.980 | 49.237 | 49.494 |
| 160 | 502.655 | 48.577 | 48.838 | 49.099 | 49.361 | 49.623 | 49.885 | 50.148 | 50.410 | 50.673 |
| 162 | 508.938 | 49.724 | 49.991 | 50.258 | 50.525 | 50.793 | 51.061 | 51.329 | 51.598 | 51.867 |

续表 1-4 （长原木）

| 检尺径 | | 检尺长/m | | | | | | | | |
|---|---|---|---|---|---|---|---|---|---|---|
| 直径 | 周长 | 20.9 | 21 | 21.1 | 21.2 | 21.3 | 21.4 | 21.5 | 21.6 | 21.7 |
| /cm | /cm | 材积/m³ | | | | | | | | |
| 164 | 515.221 | 50.884 | 51.156 | 51.429 | 51.703 | 51.976 | 52.250 | 52.525 | 52.799 | 53.074 |
| 166 | 521.504 | 52.057 | 52.336 | 52.615 | 52.894 | 53.174 | 53.454 | 53.734 | 54.014 | 54.295 |
| 168 | 527.788 | 53.244 | 53.529 | 53.814 | 54.099 | 54.385 | 54.670 | 54.957 | 55.243 | 55.530 |
| 170 | 534.071 | 54.444 | 54.735 | 55.026 | 55.317 | 55.609 | 55.901 | 56.193 | 56.486 | 56.779 |
| 172 | 540.354 | 55.658 | 55.955 | 56.252 | 56.549 | 56.847 | 57.145 | 57.444 | 57.743 | 58.042 |
| 174 | 546.637 | 56.884 | 57.188 | 57.491 | 57.795 | 58.099 | 58.403 | 58.708 | 59.013 | 59.318 |
| 176 | 552.920 | 58.125 | 58.434 | 58.744 | 59.054 | 59.364 | 59.675 | 59.986 | 60.297 | 60.609 |
| 178 | 559.203 | 59.378 | 59.694 | 60.010 | 60.327 | 60.643 | 60.960 | 61.278 | 61.595 | 61.913 |
| 180 | 565.487 | 60.645 | 60.968 | 61.290 | 61.613 | 61.936 | 62.259 | 62.583 | 62.907 | 63.232 |
| 182 | 571.770 | 61.926 | 62.255 | 62.583 | 62.913 | 63.242 | 63.572 | 63.902 | 64.233 | 64.564 |
| 184 | 578.053 | 63.220 | 63.555 | 63.890 | 64.226 | 64.562 | 64.899 | 65.235 | 65.572 | 65.910 |
| 186 | 584.336 | 64.527 | 64.869 | 65.211 | 65.553 | 65.896 | 66.239 | 66.582 | 66.926 | 67.270 |
| 188 | 590.619 | 65.847 | 66.196 | 66.545 | 66.894 | 67.243 | 67.593 | 67.943 | 68.293 | 68.644 |
| 190 | 596.903 | 67.181 | 67.536 | 67.892 | 68.248 | 68.604 | 68.960 | 69.317 | 69.674 | 70.031 |
| 192 | 603.186 | 68.529 | 68.891 | 69.253 | 69.615 | 69.978 | 70.341 | 70.705 | 71.069 | 71.433 |
| 194 | 609.469 | 69.889 | 70.258 | 70.627 | 70.997 | 71.366 | 71.736 | 72.107 | 72.478 | 72.849 |
| 196 | 615.752 | 71.263 | 71.639 | 72.015 | 72.391 | 72.768 | 73.145 | 73.522 | 73.900 | 74.278 |

**续表 1-4**

| 检尺径 | | 检尺长/m | | | | | | | | |
|---|---|---|---|---|---|---|---|---|---|---|
| 直径 | 周长 | 20.9 | 21 | 21.1 | 21.2 | 21.3 | 21.4 | 21.5 | 21.6 | 21.7 |
| /cm | /cm | 材积/$m^3$ | | | | | | | | |
| 198 | 622.035 | 72.651 | 73.033 | 73.416 | 73.800 | 74.183 | 74.567 | 74.952 | 75.336 | 75.721 |
| 200 | 628.319 | 74.052 | 74.441 | 74.831 | 75.222 | 75.612 | 76.003 | 76.395 | 76.787 | 77.179 |
| 202 | 634.602 | 75.466 | 75.863 | 76.260 | 76.657 | 77.055 | 77.453 | 77.852 | 78.250 | 78.650 |
| 204 | 640.885 | 76.893 | 77.297 | 77.702 | 78.106 | 78.511 | 78.917 | 79.322 | 79.728 | 80.135 |
| 206 | 647.168 | 78.334 | 78.745 | 79.157 | 79.569 | 79.981 | 80.394 | 80.807 | 81.220 | 81.634 |
| 208 | 653.451 | 79.789 | 80.207 | 80.626 | 81.045 | 81.465 | 81.884 | 82.305 | 82.725 | 83.146 |
| 210 | 659.734 | 81.256 | 81.682 | 82.108 | 82.535 | 82.962 | 83.389 | 83.817 | 84.245 | 84.673 |
| 212 | 666.018 | 82.737 | 83.171 | 83.604 | 84.038 | 84.472 | 84.907 | 85.342 | 85.778 | 86.213 |
| 214 | 672.301 | 84.232 | 84.672 | 85.114 | 85.555 | 85.997 | 86.439 | 86.882 | 87.325 | 87.768 |
| 216 | 678.584 | 85.739 | 86.188 | 86.636 | 87.085 | 87.535 | 87.985 | 88.435 | 88.885 | 89.336 |
| 218 | 684.867 | 87.261 | 87.717 | 88.173 | 88.630 | 89.087 | 89.544 | 90.002 | 90.460 | 90.918 |
| 220 | 691.150 | 88.795 | 89.259 | 89.723 | 90.187 | 90.652 | 91.117 | 91.582 | 92.048 | 92.514 |
| 222 | 697.434 | 90.343 | 90.815 | 91.286 | 91.758 | 92.231 | 92.704 | 93.177 | 93.650 | 94.124 |
| 224 | 703.717 | 91.904 | 92.384 | 92.863 | 93.343 | 93.823 | 94.304 | 94.785 | 95.266 | 95.748 |
| 226 | 710.000 | 93.479 | 93.966 | 94.454 | 94.941 | 95.429 | 95.918 | 96.407 | 96.896 | 97.386 |
| 228 | 716.283 | 95.067 | 95.562 | 96.058 | 96.553 | 97.049 | 97.546 | 98.043 | 98.540 | 99.038 |
| 230 | 722.566 | 96.669 | 97.172 | 97.675 | 98.179 | 98.683 | 99.187 | 99.692 | 100.197 | 100.703 |

| 检尺径 | | 检尺长/m | | | | | | | | |
|---|---|---|---|---|---|---|---|---|---|---|
| 直径 | 周长 | 20.9 | 21 | 21.1 | 21.2 | 21.3 | 21.4 | 21.5 | 21.6 | 21.7 |
| /cm | /cm | 材积/m³ | | | | | | | | |
| 232 | 728.849 | 98.284 | 98.795 | 99.306 | 99.818 | 100.330 | 100.842 | 101.355 | 101.869 | 102.383 |
| 234 | 735.133 | 99.912 | 100.431 | 100.950 | 101.470 | 101.991 | 102.511 | 103.032 | 103.554 | 104.076 |
| 236 | 741.416 | 101.553 | 102.081 | 102.608 | 103.136 | 103.665 | 104.194 | 104.723 | 105.253 | 105.783 |
| 238 | 747.699 | 103.208 | 103.744 | 104.280 | 104.816 | 105.353 | 105.890 | 106.428 | 106.966 | 107.504 |
| 240 | 753.982 | 104.877 | 105.420 | 105.965 | 106.509 | 107.055 | 107.600 | 108.146 | 108.692 | 109.239 |
| 242 | 760.265 | 106.558 | 107.111 | 107.663 | 108.216 | 108.770 | 109.324 | 109.878 | 110.433 | 110.988 |
| 244 | 766.549 | 108.253 | 108.814 | 109.375 | 109.937 | 110.499 | 111.061 | 111.624 | 112.187 | 112.751 |
| 246 | 772.832 | 109.962 | 110.531 | 111.101 | 111.671 | 112.241 | 112.812 | 113.383 | 113.955 | 114.527 |
| 248 | 779.115 | 111.684 | 112.261 | 112.840 | 113.418 | 113.997 | 114.577 | 115.157 | 115.737 | 116.318 |
| 250 | 785.398 | 113.419 | 114.005 | 114.592 | 115.179 | 115.767 | 116.355 | 116.944 | 117.533 | 118.122 |

| 检尺径 | | 检尺长/m | | | | | | | | |
|---|---|---|---|---|---|---|---|---|---|---|
| 直径 | 周长 | 21.8 | 21.9 | 22 | 22.1 | 22.2 | 22.3 | 22.4 | 22.5 | 22.6 |
| /cm | /cm | 材积/m³ | | | | | | | | |
| 4 | 12.5664 | 0.3872 | 0.3916 | 0.3960 | 0.4005 | 0.4049 | 0.4095 | 0.4140 | 0.4186 | 0.4232 |
| 5 | 15.7080 | 0.4409 | 0.4457 | 0.4506 | 0.4554 | 0.4604 | 0.4653 | 0.4703 | 0.4753 | 0.4804 |
| 6 | 18.8496 | 0.4981 | 0.5034 | 0.5086 | 0.5140 | 0.5193 | 0.5247 | 0.5301 | 0.5356 | 0.5411 |

**续表 1-4**

| 检尺径 | | 检尺长/m | | | | | | | | |
|---|---|---|---|---|---|---|---|---|---|---|
| 直径 | 周长 | 21.8 | 21.9 | 22 | 22.1 | 22.2 | 22.3 | 22.4 | 22.5 | 22.6 |
| /cm | /cm | 材积/$m^3$ | | | | | | | | |
| 7 | 21.9911 | 0.5588 | 0.5645 | 0.5702 | 0.5760 | 0.5818 | 0.5877 | 0.5936 | 0.5995 | 0.6055 |
| 8 | 25.133 | 0.623 | 0.629 | 0.635 | 0.642 | 0.648 | 0.654 | 0.661 | 0.667 | 0.673 |
| 9 | 28.274 | 0.691 | 0.697 | 0.704 | 0.711 | 0.718 | 0.724 | 0.731 | 0.738 | 0.745 |
| 10 | 31.416 | 0.762 | 0.769 | 0.776 | 0.783 | 0.791 | 0.798 | 0.805 | 0.813 | 0.820 |
| 11 | 34.558 | 0.836 | 0.844 | 0.852 | 0.860 | 0.867 | 0.875 | 0.883 | 0.891 | 0.899 |
| 12 | 37.699 | 0.915 | 0.923 | 0.931 | 0.939 | 0.948 | 0.956 | 0.965 | 0.973 | 0.982 |
| 13 | 40.841 | 0.996 | 1.005 | 1.014 | 1.023 | 1.032 | 1.040 | 1.049 | 1.059 | 1.068 |
| 14 | 43.982 | 1.081 | 1.091 | 1.100 | 1.109 | 1.119 | 1.128 | 1.138 | 1.148 | 1.157 |
| 16 | 50.265 | 1.262 | 1.272 | 1.283 | 1.294 | 1.304 | 1.315 | 1.326 | 1.337 | 1.347 |
| 18 | 56.549 | 1.457 | 1.468 | 1.480 | 1.492 | 1.504 | 1.516 | 1.528 | 1.540 | 1.552 |
| 20 | 62.832 | 1.665 | 1.678 | 1.691 | 1.705 | 1.718 | 1.731 | 1.744 | 1.758 | 1.771 |
| 22 | 69.115 | 1.888 | 1.902 | 1.917 | 1.931 | 1.946 | 1.960 | 1.975 | 1.990 | 2.005 |
| 24 | 75.398 | 2.124 | 2.140 | 2.156 | 2.172 | 2.188 | 2.204 | 2.220 | 2.237 | 2.253 |
| 26 | 81.681 | 2.375 | 2.392 | 2.409 | 2.427 | 2.445 | 2.462 | 2.480 | 2.498 | 2.515 |
| 28 | 87.965 | 2.639 | 2.658 | 2.677 | 2.696 | 2.715 | 2.734 | 2.754 | 2.773 | 2.792 |
| 30 | 94.248 | 2.917 | 2.938 | 2.959 | 2.979 | 3.000 | 3.021 | 3.042 | 3.063 | 3.084 |
| 32 | 100.531 | 3.210 | 3.232 | 3.254 | 3.277 | 3.299 | 3.322 | 3.344 | 3.367 | 3.390 |

续表 1-4 （长原木）

| 检尺径 | | 检尺长/m | | | | | | | | |
|---|---|---|---|---|---|---|---|---|---|---|
| 直径 | 周长 | 21.8 | 21.9 | 22 | 22.1 | 22.2 | 22.3 | 22.4 | 22.5 | 22.6 |
| /cm | /cm | 材积/m³ | | | | | | | | |
| 34 | 106.814 | 3.516 | 3.540 | 3.564 | 3.588 | 3.612 | 3.637 | 3.661 | 3.686 | 3.710 |
| 36 | 113.097 | 3.836 | 3.862 | 3.888 | 3.914 | 3.940 | 3.966 | 3.992 | 4.019 | 4.045 |
| 38 | 119.381 | 4.170 | 4.198 | 4.226 | 4.254 | 4.282 | 4.310 | 4.338 | 4.366 | 4.394 |
| 40 | 125.664 | 4.518 | 4.548 | 4.578 | 4.608 | 4.638 | 4.668 | 4.698 | 4.728 | 4.758 |
| 42 | 131.947 | 4.880 | 4.912 | 4.944 | 4.976 | 5.008 | 5.040 | 5.072 | 5.104 | 5.136 |
| 44 | 138.230 | 5.256 | 5.290 | 5.324 | 5.358 | 5.392 | 5.426 | 5.460 | 5.495 | 5.529 |
| 46 | 144.513 | 5.646 | 5.682 | 5.718 | 5.754 | 5.790 | 5.827 | 5.863 | 5.900 | 5.936 |
| 48 | 150.796 | 6.050 | 6.088 | 6.127 | 6.165 | 6.203 | 6.242 | 6.280 | 6.319 | 6.358 |
| 50 | 157.080 | 6.468 | 6.509 | 6.549 | 6.590 | 6.630 | 6.671 | 6.712 | 6.753 | 6.794 |
| 52 | 163.363 | 6.900 | 6.943 | 6.985 | 7.028 | 7.071 | 7.114 | 7.158 | 7.201 | 7.244 |
| 54 | 169.646 | 7.346 | 7.391 | 7.436 | 7.481 | 7.527 | 7.572 | 7.618 | 7.664 | 7.709 |
| 56 | 175.929 | 7.805 | 7.853 | 7.901 | 7.948 | 7.996 | 8.044 | 8.092 | 8.141 | 8.189 |
| 58 | 182.212 | 8.279 | 8.329 | 8.379 | 8.430 | 8.480 | 8.531 | 8.581 | 8.632 | 8.683 |
| 60 | 188.496 | 8.767 | 8.819 | 8.872 | 8.925 | 8.978 | 9.031 | 9.084 | 9.138 | 9.191 |
| 62 | 194.779 | 9.268 | 9.324 | 9.379 | 9.435 | 9.490 | 9.546 | 9.602 | 9.658 | 9.714 |
| 64 | 201.062 | 9.784 | 9.842 | 9.900 | 9.958 | 10.017 | 10.075 | 10.134 | 10.193 | 10.252 |
| 66 | 207.345 | 10.313 | 10.374 | 10.435 | 10.496 | 10.557 | 10.619 | 10.680 | 10.742 | 10.803 |

**续表 1-4**

| 检尺径 | | 检尺长/m | | | | | | | | |
|---|---|---|---|---|---|---|---|---|---|---|
| 直径 | 周长 | 21.8 | 21.9 | 22 | 22.1 | 22.2 | 22.3 | 22.4 | 22.5 | 22.6 |
| /cm | /cm | 材积/m³ | | | | | | | | |
| 68 | 213.628 | 10.857 | 10.920 | 10.984 | 11.048 | 11.112 | 11.176 | 11.241 | 11.305 | 11.370 |
| 70 | 219.911 | 11.414 | 11.481 | 11.547 | 11.614 | 11.681 | 11.748 | 11.815 | 11.883 | 11.950 |
| 72 | 226.195 | 11.985 | 12.055 | 12.125 | 12.194 | 12.264 | 12.334 | 12.405 | 12.475 | 12.546 |
| 74 | 232.478 | 12.571 | 12.643 | 12.716 | 12.789 | 12.862 | 12.935 | 13.008 | 13.082 | 13.155 |
| 76 | 238.761 | 13.170 | 13.246 | 13.321 | 13.397 | 13.473 | 13.550 | 13.626 | 13.703 | 13.779 |
| 78 | 245.044 | 13.783 | 13.862 | 13.941 | 14.020 | 14.099 | 14.179 | 14.258 | 14.338 | 14.418 |
| 80 | 251.327 | 14.410 | 14.492 | 14.575 | 14.657 | 14.739 | 14.822 | 14.905 | 14.988 | 15.071 |
| 82 | 257.611 | 15.051 | 15.137 | 15.222 | 15.308 | 15.394 | 15.480 | 15.566 | 15.652 | 15.738 |
| 84 | 263.894 | 15.706 | 15.795 | 15.884 | 15.973 | 16.062 | 16.151 | 16.241 | 16.331 | 16.420 |
| 86 | 270.177 | 16.375 | 16.468 | 16.560 | 16.652 | 16.745 | 16.838 | 16.931 | 17.024 | 17.117 |
| 88 | 276.460 | 17.058 | 17.154 | 17.250 | 17.346 | 17.442 | 17.538 | 17.634 | 17.731 | 17.828 |
| 90 | 282.743 | 17.755 | 17.854 | 17.954 | 18.053 | 18.153 | 18.253 | 18.353 | 18.453 | 18.553 |
| 92 | 289.027 | 18.466 | 18.569 | 18.672 | 18.775 | 18.878 | 18.982 | 19.085 | 19.189 | 19.293 |
| 94 | 295.310 | 19.191 | 19.297 | 19.404 | 19.511 | 19.618 | 19.725 | 19.832 | 19.940 | 20.047 |
| 96 | 301.593 | 19.930 | 20.040 | 20.150 | 20.261 | 20.371 | 20.482 | 20.593 | 20.705 | 20.816 |
| 98 | 307.876 | 20.682 | 20.796 | 20.911 | 21.025 | 21.139 | 21.254 | 21.369 | 21.484 | 21.599 |
| 100 | 314.159 | 21.449 | 21.567 | 21.685 | 21.803 | 21.922 | 22.040 | 22.159 | 22.278 | 22.397 |

续表 1-4　　　　（长原木）

| 检尺径 | | 检尺长/m | | | | | | | | |
|---|---|---|---|---|---|---|---|---|---|---|
| 直径 | 周长 | 21.8 | 21.9 | 22 | 22.1 | 22.2 | 22.3 | 22.4 | 22.5 | 22.6 |
| /cm | /cm | 材积/m³ | | | | | | | | |
| 102 | 320.442 | 22.230 | 22.351 | 22.473 | 22.596 | 22.718 | 22.840 | 22.963 | 23.086 | 23.209 |
| 104 | 326.726 | 23.024 | 23.150 | 23.276 | 23.402 | 23.528 | 23.655 | 23.782 | 23.909 | 24.036 |
| 106 | 333.009 | 23.833 | 23.963 | 24.093 | 24.223 | 24.353 | 24.484 | 24.615 | 24.746 | 24.877 |
| 108 | 339.292 | 24.655 | 24.789 | 24.923 | 25.058 | 25.192 | 25.327 | 25.462 | 25.597 | 25.732 |
| 110 | 345.575 | 25.492 | 25.630 | 25.768 | 25.907 | 26.045 | 26.184 | 26.323 | 26.463 | 26.602 |
| 112 | 351.858 | 26.342 | 26.484 | 26.627 | 26.770 | 26.913 | 27.056 | 27.199 | 27.343 | 27.487 |
| 114 | 358.142 | 27.206 | 27.353 | 27.500 | 27.647 | 27.794 | 27.942 | 28.090 | 28.238 | 28.386 |
| 116 | 364.425 | 28.085 | 28.236 | 28.387 | 28.539 | 28.690 | 28.842 | 28.994 | 29.147 | 29.299 |
| 118 | 370.708 | 28.977 | 29.132 | 29.288 | 29.444 | 29.600 | 29.757 | 29.913 | 30.070 | 30.227 |
| 120 | 376.991 | 29.883 | 30.043 | 30.203 | 30.364 | 30.524 | 30.685 | 30.846 | 31.008 | 31.169 |
| 122 | 383.274 | 30.803 | 30.968 | 31.133 | 31.298 | 31.463 | 31.628 | 31.794 | 31.960 | 32.126 |
| 124 | 389.557 | 31.737 | 31.907 | 32.076 | 32.246 | 32.416 | 32.586 | 32.756 | 32.927 | 33.097 |
| 126 | 395.841 | 32.685 | 32.859 | 33.033 | 33.208 | 33.382 | 33.557 | 33.732 | 33.908 | 34.083 |
| 128 | 402.124 | 33.647 | 33.826 | 34.005 | 34.184 | 34.363 | 34.543 | 34.723 | 34.903 | 35.083 |
| 130 | 408.407 | 34.623 | 34.807 | 34.991 | 35.175 | 35.359 | 35.543 | 35.728 | 35.913 | 36.098 |
| 132 | 414.690 | 35.613 | 35.802 | 35.990 | 36.179 | 36.368 | 36.558 | 36.747 | 36.937 | 37.127 |
| 134 | 420.973 | 36.617 | 36.810 | 37.004 | 37.198 | 37.392 | 37.586 | 37.781 | 37.976 | 38.171 |

（长原木）

**续表 1-4**

| 检尺径 | | 检尺长/m | | | | | | | | |
|---|---|---|---|---|---|---|---|---|---|---|
| 直径 | 周长 | 21.8 | 21.9 | 22 | 22.1 | 22.2 | 22.3 | 22.4 | 22.5 | 22.6 |
| /cm | /cm | 材积/$m^3$ | | | | | | | | |
| 136 | 427.257 | 37.635 | 37.833 | 38.032 | 38.231 | 38.430 | 38.629 | 38.829 | 39.029 | 39.229 |
| 138 | 433.540 | 38.667 | 38.870 | 39.074 | 39.278 | 39.482 | 39.686 | 39.891 | 40.096 | 40.301 |
| 140 | 439.823 | 39.712 | 39.921 | 40.130 | 40.339 | 40.548 | 40.758 | 40.968 | 41.178 | 41.388 |
| 142 | 446.106 | 40.772 | 40.986 | 41.200 | 41.414 | 41.629 | 41.844 | 42.059 | 42.274 | 42.490 |
| 144 | 452.389 | 41.846 | 42.065 | 42.284 | 42.504 | 42.723 | 42.944 | 43.164 | 43.385 | 43.606 |
| 146 | 458.673 | 42.933 | 43.158 | 43.382 | 43.607 | 43.832 | 44.058 | 44.284 | 44.510 | 44.736 |
| 148 | 464.956 | 44.035 | 44.264 | 44.495 | 44.725 | 44.956 | 45.186 | 45.418 | 45.649 | 45.881 |
| 150 | 471.239 | 45.150 | 45.385 | 45.621 | 45.857 | 46.093 | 46.329 | 46.566 | 46.803 | 47.040 |
| 152 | 477.522 | 46.279 | 46.520 | 46.761 | 47.003 | 47.244 | 47.486 | 47.729 | 47.971 | 48.214 |
| 154 | 483.805 | 47.423 | 47.669 | 47.916 | 48.163 | 48.410 | 48.658 | 48.906 | 49.154 | 49.402 |
| 156 | 490.088 | 48.580 | 48.832 | 49.085 | 49.337 | 49.590 | 49.843 | 50.097 | 50.351 | 50.605 |
| 158 | 496.372 | 49.751 | 50.009 | 50.267 | 50.526 | 50.784 | 51.043 | 51.303 | 51.562 | 51.822 |
| 160 | 502.655 | 50.937 | 51.200 | 51.464 | 51.728 | 51.993 | 52.258 | 52.523 | 52.788 | 53.053 |
| 162 | 508.938 | 52.136 | 52.405 | 52.675 | 52.945 | 53.215 | 53.486 | 53.757 | 54.028 | 54.299 |
| 164 | 515.221 | 53.349 | 53.624 | 53.900 | 54.176 | 54.452 | 54.729 | 55.006 | 55.283 | 55.560 |
| 166 | 521.504 | 54.576 | 54.857 | 55.139 | 55.421 | 55.703 | 55.986 | 56.269 | 56.552 | 56.835 |
| 168 | 527.788 | 55.817 | 56.104 | 56.392 | 56.680 | 56.968 | 57.257 | 57.546 | 57.835 | 58.124 |

续表 1-4 （长原木）

| 检尺径 | | 检尺长/m | | | | | | | | |
|---|---|---|---|---|---|---|---|---|---|---|
| 直径 | 周长 | 21.8 | 21.9 | 22 | 22.1 | 22.2 | 22.3 | 22.4 | 22.5 | 22.6 |
| /cm | /cm | 材积/$m^3$ | | | | | | | | |
| 170 | 534.071 | 57.072 | 57.366 | 57.659 | 57.953 | 58.248 | 58.543 | 58.838 | 59.133 | 59.428 |
| 172 | 540.354 | 58.341 | 58.641 | 58.941 | 59.241 | 59.541 | 59.842 | 60.144 | 60.445 | 60.747 |
| 174 | 546.637 | 59.624 | 59.930 | 60.236 | 60.543 | 60.849 | 61.156 | 61.464 | 61.772 | 62.080 |
| 176 | 552.920 | 60.921 | 61.233 | 61.545 | 61.858 | 62.171 | 62.485 | 62.799 | 63.113 | 63.427 |
| 178 | 559.203 | 62.232 | 62.550 | 62.869 | 63.188 | 63.508 | 63.827 | 64.148 | 64.468 | 64.789 |
| 180 | 565.487 | 63.556 | 63.881 | 64.207 | 64.532 | 64.858 | 65.184 | 65.511 | 65.838 | 66.165 |
| 182 | 571.770 | 64.895 | 65.226 | 65.558 | 65.890 | 66.223 | 66.556 | 66.889 | 67.222 | 67.556 |
| 184 | 578.053 | 66.248 | 66.586 | 66.924 | 67.263 | 67.602 | 67.941 | 68.281 | 68.621 | 68.961 |
| 186 | 584.336 | 67.614 | 67.959 | 68.304 | 68.649 | 68.995 | 69.341 | 69.687 | 70.034 | 70.381 |
| 188 | 590.619 | 68.995 | 69.346 | 69.698 | 70.050 | 70.402 | 70.755 | 71.108 | 71.461 | 71.815 |
| 190 | 596.903 | 70.389 | 70.747 | 71.106 | 71.465 | 71.824 | 72.183 | 72.543 | 72.903 | 73.263 |
| 192 | 603.186 | 71.798 | 72.163 | 72.528 | 72.893 | 73.259 | 73.626 | 73.992 | 74.359 | 74.726 |
| 194 | 609.469 | 73.220 | 73.592 | 73.964 | 74.336 | 74.709 | 75.082 | 75.456 | 75.830 | 76.204 |
| 196 | 615.752 | 74.656 | 75.035 | 75.414 | 75.794 | 76.173 | 76.553 | 76.934 | 77.315 | 77.696 |
| 198 | 622.035 | 76.107 | 76.492 | 76.879 | 77.265 | 77.652 | 78.039 | 78.426 | 78.814 | 79.202 |
| 200 | 628.319 | 77.571 | 77.964 | 78.357 | 78.750 | 79.144 | 79.538 | 79.933 | 80.328 | 80.723 |
| 202 | 634.602 | 79.049 | 79.449 | 79.849 | 80.250 | 80.651 | 81.052 | 81.454 | 81.856 | 82.258 |

**续表 1-4**

| 检尺径 | | 检尺长/m | | | | | | | | |
|---|---|---|---|---|---|---|---|---|---|---|
| 直径 | 周长 | 21.8 | 21.9 | 22 | 22.1 | 22.2 | 22.3 | 22.4 | 22.5 | 22.6 |
| /cm | /cm | 材积/$m^3$ | | | | | | | | |
| 204 | 640.885 | 80.541 | 80.949 | 81.356 | 81.764 | 82.172 | 82.581 | 82.989 | 83.399 | 83.808 |
| 206 | 647.168 | 82.048 | 82.462 | 82.877 | 83.292 | 83.707 | 84.123 | 84.539 | 84.956 | 85.372 |
| 208 | 653.451 | 83.568 | 83.989 | 84.411 | 84.834 | 85.257 | 85.680 | 86.103 | 86.527 | 86.951 |
| 210 | 659.734 | 85.102 | 85.531 | 85.960 | 86.390 | 86.820 | 87.251 | 87.682 | 88.113 | 88.544 |
| 212 | 666.018 | 86.650 | 87.086 | 87.523 | 87.960 | 88.398 | 88.836 | 89.274 | 89.713 | 90.152 |
| 214 | 672.301 | 88.212 | 88.656 | 89.100 | 89.545 | 89.990 | 90.435 | 90.881 | 91.328 | 91.774 |
| 216 | 678.584 | 89.787 | 90.239 | 90.691 | 91.143 | 91.596 | 92.049 | 92.503 | 92.957 | 93.411 |
| 218 | 684.867 | 91.377 | 91.837 | 92.296 | 92.756 | 93.217 | 93.677 | 94.138 | 94.600 | 95.062 |
| 220 | 691.150 | 92.981 | 93.448 | 93.915 | 94.383 | 94.851 | 95.320 | 95.789 | 96.258 | 96.727 |
| 222 | 697.434 | 94.599 | 95.074 | 95.549 | 96.024 | 96.500 | 96.976 | 97.453 | 97.930 | 98.407 |
| 224 | 703.717 | 96.230 | 96.713 | 97.196 | 97.679 | 98.163 | 98.647 | 99.132 | 99.617 | 100.102 |
| 226 | 710.000 | 97.876 | 98.367 | 98.857 | 99.349 | 99.840 | 100.332 | 100.825 | 101.318 | 101.811 |
| 228 | 716.283 | 99.536 | 100.034 | 100.533 | 101.032 | 101.532 | 102.032 | 102.532 | 103.033 | 103.534 |
| 230 | 722.566 | 101.209 | 101.716 | 102.223 | 102.730 | 103.237 | 103.746 | 104.254 | 104.763 | 105.272 |
| 232 | 728.849 | 102.897 | 103.411 | 103.926 | 104.442 | 104.957 | 105.474 | 105.990 | 106.507 | 107.024 |
| 234 | 735.133 | 104.598 | 105.121 | 105.644 | 106.168 | 106.691 | 107.216 | 107.740 | 108.266 | 108.791 |
| 236 | 741.416 | 106.314 | 106.844 | 107.376 | 107.908 | 108.440 | 108.972 | 109.505 | 110.039 | 110.572 |

续表 1-4 （长原木）

| 检尺径 | | 检尺长/m | | | | | | | | |
|---|---|---|---|---|---|---|---|---|---|---|
| 直径 | 周长 | 21.8 | 21.9 | 22 | 22.1 | 22.2 | 22.3 | 22.4 | 22.5 | 22.6 |
| /cm | /cm | 材积/m³ | | | | | | | | |
| 238 | 747.699 | 108.043 | 108.582 | 109.122 | 109.662 | 110.202 | 110.743 | 111.284 | 111.826 | 112.368 |
| 240 | 753.982 | 109.786 | 110.334 | 110.882 | 111.430 | 111.979 | 112.528 | 113.078 | 113.628 | 114.178 |
| 242 | 760.265 | 111.543 | 112.099 | 112.656 | 113.213 | 113.770 | 114.328 | 114.886 | 115.444 | 116.003 |
| 244 | 766.549 | 113.315 | 113.879 | 114.444 | 115.009 | 115.575 | 116.141 | 116.708 | 117.275 | 117.842 |
| 246 | 772.832 | 115.100 | 115.673 | 116.246 | 116.820 | 117.394 | 117.969 | 118.544 | 119.120 | 119.696 |
| 248 | 779.115 | 116.899 | 117.481 | 118.063 | 118.645 | 119.228 | 119.811 | 120.395 | 120.979 | 121.564 |
| 250 | 785.398 | 118.712 | 119.302 | 119.893 | 120.484 | 121.076 | 121.668 | 122.260 | 122.853 | 123.446 |

| 检尺径 | | 检尺长/m | | | | | | | | |
|---|---|---|---|---|---|---|---|---|---|---|
| 直径 | 周长 | 22.7 | 22.8 | 22.9 | 23 | 23.1 | 23.2 | 23.3 | 23.4 | 23.5 |
| /cm | /cm | 材积/m³ | | | | | | | | |
| 4 | 12.5664 | 0.4279 | 0.4326 | 0.4373 | 0.4421 | 0.4469 | 0.4517 | 0.4565 | 0.4614 | 0.4664 |
| 5 | 15.7080 | 0.4855 | 0.4906 | 0.4957 | 0.5009 | 0.5062 | 0.5114 | 0.5167 | 0.5221 | 0.5275 |
| 6 | 18.8496 | 0.5467 | 0.5522 | 0.5578 | 0.5635 | 0.5692 | 0.5749 | 0.5807 | 0.5865 | 0.5923 |
| 7 | 21.9911 | 0.6115 | 0.6175 | 0.6236 | 0.6297 | 0.6359 | 0.6421 | 0.6483 | 0.6546 | 0.6609 |
| 8 | 25.133 | 0.680 | 0.686 | 0.693 | 0.700 | 0.706 | 0.713 | 0.720 | 0.727 | 0.733 |
| 9 | 28.274 | 0.752 | 0.759 | 0.766 | 0.773 | 0.780 | 0.788 | 0.795 | 0.802 | 0.809 |

（长原木）

续表 1-4

| 检尺径 | | 检尺长/m | | | | | | | | |
|---|---|---|---|---|---|---|---|---|---|---|
| 直径 | 周长 | 22.7 | 22.8 | 22.9 | 23 | 23.1 | 23.2 | 23.3 | 23.4 | 23.5 |
| /cm | /cm | 材积/m³ | | | | | | | | |
| 10 | 31.416 | 0.828 | 0.835 | 0.843 | 0.851 | 0.858 | 0.866 | 0.874 | 0.882 | 0.889 |
| 11 | 34.558 | 0.907 | 0.915 | 0.923 | 0.932 | 0.940 | 0.948 | 0.956 | 0.965 | 0.973 |
| 12 | 37.699 | 0.990 | 0.999 | 1.007 | 1.016 | 1.025 | 1.034 | 1.043 | 1.051 | 1.060 |
| 13 | 40.841 | 1.077 | 1.086 | 1.095 | 1.104 | 1.114 | 1.123 | 1.133 | 1.142 | 1.152 |
| 14 | 43.982 | 1.167 | 1.177 | 1.187 | 1.196 | 1.206 | 1.216 | 1.226 | 1.236 | 1.247 |
| 16 | 50.265 | 1.358 | 1.369 | 1.380 | 1.392 | 1.403 | 1.414 | 1.425 | 1.436 | 1.448 |
| 18 | 56.549 | 1.564 | 1.577 | 1.589 | 1.601 | 1.614 | 1.626 | 1.639 | 1.651 | 1.664 |
| 20 | 62.832 | 1.785 | 1.798 | 1.812 | 1.826 | 1.840 | 1.853 | 1.867 | 1.881 | 1.895 |
| 22 | 69.115 | 2.020 | 2.035 | 2.050 | 2.065 | 2.080 | 2.095 | 2.111 | 2.126 | 2.141 |
| 24 | 75.398 | 2.269 | 2.286 | 2.302 | 2.319 | 2.336 | 2.352 | 2.369 | 2.386 | 2.403 |
| 26 | 81.681 | 2.533 | 2.551 | 2.569 | 2.588 | 2.606 | 2.624 | 2.642 | 2.661 | 2.679 |
| 28 | 87.965 | 2.812 | 2.832 | 2.851 | 2.871 | 2.891 | 2.911 | 2.930 | 2.950 | 2.971 |
| 30 | 94.248 | 3.105 | 3.126 | 3.148 | 3.169 | 3.190 | 3.212 | 3.234 | 3.255 | 3.277 |
| 32 | 100.531 | 3.413 | 3.436 | 3.459 | 3.482 | 3.505 | 3.528 | 3.552 | 3.575 | 3.598 |
| 34 | 106.814 | 3.735 | 3.760 | 3.784 | 3.809 | 3.834 | 3.859 | 3.884 | 3.910 | 3.935 |
| 36 | 113.097 | 4.072 | 4.098 | 4.125 | 4.152 | 4.178 | 4.205 | 4.232 | 4.259 | 4.287 |
| 38 | 119.381 | 4.423 | 4.451 | 4.480 | 4.508 | 4.537 | 4.566 | 4.595 | 4.624 | 4.653 |

续表 1-4 （长原木）

| 检尺径 | | 检尺长/m | | | | | | | | |
|---|---|---|---|---|---|---|---|---|---|---|
| 直径 | 周长 | 22.7 | 22.8 | 22.9 | 23 | 23.1 | 23.2 | 23.3 | 23.4 | 23.5 |
| /cm | /cm | 材积/m³ | | | | | | | | |
| 40 | 125.664 | 4.788 | 4.819 | 4.849 | 4.880 | 4.911 | 4.942 | 4.973 | 5.004 | 5.035 |
| 42 | 131.947 | 5.169 | 5.201 | 5.234 | 5.267 | 5.299 | 5.332 | 5.365 | 5.398 | 5.431 |
| 44 | 138.230 | 5.564 | 5.598 | 5.633 | 5.668 | 5.703 | 5.738 | 5.773 | 5.808 | 5.843 |
| 46 | 144.513 | 5.973 | 6.010 | 6.047 | 6.084 | 6.121 | 6.158 | 6.195 | 6.232 | 6.270 |
| 48 | 150.796 | 6.397 | 6.436 | 6.475 | 6.514 | 6.553 | 6.593 | 6.632 | 6.672 | 6.712 |
| 50 | 157.080 | 6.835 | 6.876 | 6.918 | 6.959 | 7.001 | 7.043 | 7.085 | 7.126 | 7.169 |
| 52 | 163.363 | 7.288 | 7.332 | 7.375 | 7.419 | 7.463 | 7.507 | 7.552 | 7.596 | 7.640 |
| 54 | 169.646 | 7.755 | 7.802 | 7.848 | 7.894 | 7.940 | 7.987 | 8.034 | 8.080 | 8.127 |
| 56 | 175.929 | 8.237 | 8.286 | 8.335 | 8.384 | 8.432 | 8.481 | 8.531 | 8.580 | 8.629 |
| 58 | 182.212 | 8.734 | 8.785 | 8.836 | 8.888 | 8.939 | 8.991 | 9.042 | 9.094 | 9.146 |
| 60 | 188.496 | 9.245 | 9.299 | 9.353 | 9.407 | 9.461 | 9.515 | 9.569 | 9.624 | 9.678 |
| 62 | 194.779 | 9.770 | 9.827 | 9.883 | 9.940 | 9.997 | 10.054 | 10.111 | 10.168 | 10.225 |
| 64 | 201.062 | 10.311 | 10.370 | 10.429 | 10.488 | 10.548 | 10.608 | 10.668 | 10.727 | 10.788 |
| 66 | 207.345 | 10.865 | 10.927 | 10.989 | 11.052 | 11.114 | 11.176 | 11.239 | 11.302 | 11.365 |
| 68 | 213.628 | 11.434 | 11.499 | 11.564 | 11.629 | 11.695 | 11.760 | 11.825 | 11.891 | 11.957 |
| 70 | 219.911 | 12.018 | 12.086 | 12.154 | 12.222 | 12.290 | 12.358 | 12.427 | 12.495 | 12.564 |
| 72 | 226.195 | 12.616 | 12.687 | 12.758 | 12.829 | 12.900 | 12.972 | 13.043 | 13.115 | 13.186 |

续表 1-4

| 检尺径 | | 检尺长/m | | | | | | | | |
|---|---|---|---|---|---|---|---|---|---|---|
| 直径 | 周长 | 22.7 | 22.8 | 22.9 | 23 | 23.1 | 23.2 | 23.3 | 23.4 | 23.5 |
| /cm | /cm | 材积/m³ | | | | | | | | |
| 74 | 232.478 | 13.229 | 13.303 | 13.377 | 13.451 | 13.525 | 13.600 | 13.674 | 13.749 | 13.824 |
| 76 | 238.761 | 13.856 | 13.933 | 14.010 | 14.088 | 14.165 | 14.242 | 14.320 | 14.398 | 14.476 |
| 78 | 245.044 | 14.498 | 14.578 | 14.658 | 14.739 | 14.819 | 14.900 | 14.981 | 15.062 | 15.144 |
| 80 | 251.327 | 15.154 | 15.238 | 15.321 | 15.405 | 15.489 | 15.573 | 15.657 | 15.741 | 15.826 |
| 82 | 257.611 | 15.825 | 15.912 | 15.999 | 16.086 | 16.173 | 16.260 | 16.348 | 16.436 | 16.523 |
| 84 | 263.894 | 16.510 | 16.601 | 16.691 | 16.781 | 16.872 | 16.963 | 17.054 | 17.145 | 17.236 |
| 86 | 270.177 | 17.210 | 17.304 | 17.398 | 17.492 | 17.586 | 17.680 | 17.774 | 17.869 | 17.964 |
| 88 | 276.460 | 17.925 | 18.022 | 18.119 | 18.216 | 18.314 | 18.412 | 18.510 | 18.608 | 18.706 |
| 90 | 282.743 | 18.654 | 18.754 | 18.855 | 18.956 | 19.057 | 19.159 | 19.260 | 19.362 | 19.464 |
| 92 | 289.027 | 19.397 | 19.501 | 19.606 | 19.711 | 19.815 | 19.920 | 20.026 | 20.131 | 20.236 |
| 94 | 295.310 | 20.155 | 20.263 | 20.371 | 20.480 | 20.588 | 20.697 | 20.806 | 20.915 | 21.024 |
| 96 | 301.593 | 20.928 | 21.039 | 21.151 | 21.264 | 21.376 | 21.488 | 21.601 | 21.714 | 21.827 |
| 98 | 307.876 | 21.715 | 21.830 | 21.946 | 22.062 | 22.178 | 22.295 | 22.411 | 22.528 | 22.645 |
| 100 | 314.159 | 22.516 | 22.636 | 22.755 | 22.875 | 22.995 | 23.116 | 23.236 | 23.357 | 23.478 |
| 102 | 320.442 | 23.332 | 23.456 | 23.579 | 23.703 | 23.827 | 23.952 | 24.076 | 24.201 | 24.325 |
| 104 | 326.726 | 24.163 | 24.290 | 24.418 | 24.546 | 24.674 | 24.802 | 24.931 | 25.060 | 25.188 |
| 106 | 333.009 | 25.008 | 25.140 | 25.272 | 25.404 | 25.536 | 25.668 | 25.801 | 25.933 | 26.066 |

续表 1-4　　（长原木）

| 检尺径 | | 检尺长/m | | | | | | | | |
|---|---|---|---|---|---|---|---|---|---|---|
| 直径 | 周长 | 22.7 | 22.8 | 22.9 | 23 | 23.1 | 23.2 | 23.3 | 23.4 | 23.5 |
| /cm | /cm | 材积/m³ | | | | | | | | |
| 108 | 339.292 | 25.868 | 26.004 | 26.140 | 26.276 | 26.412 | 26.549 | 26.685 | 26.822 | 26.959 |
| 110 | 345.575 | 26.742 | 26.882 | 27.022 | 27.163 | 27.303 | 27.444 | 27.585 | 27.726 | 27.867 |
| 112 | 351.858 | 27.631 | 27.775 | 27.920 | 28.064 | 28.209 | 28.354 | 28.499 | 28.645 | 28.790 |
| 114 | 358.142 | 28.534 | 28.683 | 28.831 | 28.980 | 29.130 | 29.279 | 29.429 | 29.579 | 29.729 |
| 116 | 364.425 | 29.452 | 29.605 | 29.758 | 29.912 | 30.065 | 30.219 | 30.373 | 30.527 | 30.682 |
| 118 | 370.708 | 30.384 | 30.542 | 30.699 | 30.857 | 31.015 | 31.174 | 31.332 | 31.491 | 31.650 |
| 120 | 376.991 | 31.331 | 31.493 | 31.655 | 31.818 | 31.980 | 32.143 | 32.306 | 32.470 | 32.633 |
| 122 | 383.274 | 32.293 | 32.459 | 32.626 | 32.793 | 32.960 | 33.128 | 33.295 | 33.463 | 33.631 |
| 124 | 389.557 | 33.268 | 33.440 | 33.611 | 33.783 | 33.955 | 34.127 | 34.299 | 34.472 | 34.645 |
| 126 | 395.841 | 34.259 | 34.435 | 34.611 | 34.788 | 34.964 | 35.141 | 35.318 | 35.496 | 35.673 |
| 128 | 402.124 | 35.264 | 35.445 | 35.626 | 35.807 | 35.988 | 36.170 | 36.352 | 36.534 | 36.717 |
| 130 | 408.407 | 36.283 | 36.469 | 36.655 | 36.841 | 37.027 | 37.214 | 37.401 | 37.588 | 37.775 |
| 132 | 414.690 | 37.317 | 37.508 | 37.699 | 37.890 | 38.081 | 38.273 | 38.464 | 38.656 | 38.848 |
| 134 | 420.973 | 38.366 | 38.561 | 38.757 | 38.953 | 39.150 | 39.346 | 39.543 | 39.740 | 39.937 |
| 136 | 427.257 | 39.429 | 39.630 | 39.830 | 40.032 | 40.233 | 40.434 | 40.636 | 40.838 | 41.041 |
| 138 | 433.540 | 40.507 | 40.712 | 40.918 | 41.124 | 41.331 | 41.538 | 41.745 | 41.952 | 42.159 |
| 140 | 439.823 | 41.599 | 41.810 | 42.021 | 42.232 | 42.444 | 42.656 | 42.868 | 43.080 | 43.293 |

续表 1-4

| 检尺径 | | 检尺长/m | | | | | | | | |
|---|---|---|---|---|---|---|---|---|---|---|
| 直径 | 周长 | 22.7 | 22.8 | 22.9 | 23 | 23.1 | 23.2 | 23.3 | 23.4 | 23.5 |
| /cm | /cm | 材积/m³ | | | | | | | | |
| 142 | 446.106 | 42.705 | 42.922 | 43.138 | 43.355 | 43.571 | 43.789 | 44.006 | 44.224 | 44.441 |
| 144 | 452.389 | 43.827 | 44.048 | 44.270 | 44.492 | 44.714 | 44.936 | 45.159 | 45.382 | 45.605 |
| 146 | 458.673 | 44.962 | 45.189 | 45.416 | 45.644 | 45.871 | 46.099 | 46.327 | 46.555 | 46.784 |
| 148 | 464.956 | 46.113 | 46.345 | 46.577 | 46.810 | 47.043 | 47.276 | 47.510 | 47.744 | 47.978 |
| 150 | 471.239 | 47.277 | 47.515 | 47.753 | 47.991 | 48.230 | 48.469 | 48.708 | 48.947 | 49.187 |
| 152 | 477.522 | 48.457 | 48.700 | 48.944 | 49.187 | 49.431 | 49.676 | 49.920 | 50.165 | 50.410 |
| 154 | 483.805 | 49.651 | 49.899 | 50.149 | 50.398 | 50.648 | 50.898 | 51.148 | 51.399 | 51.649 |
| 156 | 490.088 | 50.859 | 51.114 | 51.368 | 51.624 | 51.879 | 52.135 | 52.391 | 52.647 | 52.903 |
| 158 | 496.372 | 52.082 | 52.342 | 52.603 | 52.864 | 53.125 | 53.386 | 53.648 | 53.910 | 54.172 |
| 160 | 502.655 | 53.319 | 53.585 | 53.852 | 54.119 | 54.386 | 54.653 | 54.920 | 55.188 | 55.456 |
| 162 | 508.938 | 54.571 | 54.843 | 55.116 | 55.388 | 55.661 | 55.934 | 56.208 | 56.481 | 56.755 |
| 164 | 515.221 | 55.838 | 56.116 | 56.394 | 56.672 | 56.951 | 57.230 | 57.510 | 57.790 | 58.070 |
| 166 | 521.504 | 57.119 | 57.403 | 57.687 | 57.972 | 58.256 | 58.542 | 58.827 | 59.113 | 59.399 |
| 168 | 527.788 | 58.414 | 58.704 | 58.995 | 59.285 | 59.576 | 59.867 | 60.159 | 60.451 | 60.743 |
| 170 | 534.071 | 59.724 | 60.020 | 60.317 | 60.614 | 60.911 | 61.208 | 61.506 | 61.804 | 62.102 |
| 172 | 540.354 | 61.049 | 61.351 | 61.654 | 61.957 | 62.260 | 62.564 | 62.868 | 63.172 | 63.476 |
| 174 | 546.637 | 62.388 | 62.697 | 63.006 | 63.315 | 63.624 | 63.934 | 64.244 | 64.555 | 64.866 |

**续表 1-4** （长原木）

| 检尺径 | | 检尺长/m | | | | | | | | |
|---|---|---|---|---|---|---|---|---|---|---|
| 直径 | 周长 | 22.7 | 22.8 | 22.9 | 23 | 23.1 | 23.2 | 23.3 | 23.4 | 23.5 |
| /cm | /cm | 材积/m³ | | | | | | | | |
| 176 | 552.920 | 63.742 | 64.057 | 64.372 | 64.688 | 65.003 | 65.320 | 65.636 | 65.953 | 66.270 |
| 178 | 559.203 | 65.110 | 65.431 | 65.753 | 66.075 | 66.397 | 66.720 | 67.043 | 67.366 | 67.690 |
| 180 | 565.487 | 66.493 | 66.820 | 67.148 | 67.477 | 67.806 | 68.135 | 68.464 | 68.794 | 69.124 |
| 182 | 571.770 | 67.890 | 68.224 | 68.559 | 68.894 | 69.229 | 69.565 | 69.901 | 70.237 | 70.573 |
| 184 | 578.053 | 69.302 | 69.642 | 69.984 | 70.325 | 70.667 | 71.009 | 71.352 | 71.695 | 72.038 |
| 186 | 584.336 | 70.728 | 71.075 | 71.423 | 71.772 | 72.120 | 72.469 | 72.818 | 73.168 | 73.518 |
| 188 | 590.619 | 72.169 | 72.523 | 72.878 | 73.232 | 73.588 | 73.943 | 74.299 | 74.656 | 75.012 |
| 190 | 596.903 | 73.624 | 73.985 | 74.346 | 74.708 | 75.070 | 75.433 | 75.795 | 76.158 | 76.522 |
| 192 | 603.186 | 75.094 | 75.462 | 75.830 | 76.199 | 76.567 | 76.937 | 77.306 | 77.676 | 78.046 |
| 194 | 609.469 | 76.578 | 76.953 | 77.328 | 77.704 | 78.079 | 78.456 | 78.832 | 79.209 | 79.586 |
| 196 | 615.752 | 78.077 | 78.459 | 78.841 | 79.224 | 79.606 | 79.989 | 80.373 | 80.757 | 81.141 |
| 198 | 622.035 | 79.591 | 79.979 | 80.369 | 80.758 | 81.148 | 81.538 | 81.929 | 82.319 | 82.711 |
| 200 | 628.319 | 81.119 | 81.514 | 81.911 | 82.307 | 82.704 | 83.102 | 83.499 | 83.897 | 84.296 |
| 202 | 634.602 | 82.661 | 83.064 | 83.468 | 83.871 | 84.275 | 84.680 | 85.085 | 85.490 | 85.895 |
| 204 | 640.885 | 84.218 | 84.628 | 85.039 | 85.450 | 85.861 | 86.273 | 86.685 | 87.098 | 87.510 |
| 206 | 647.168 | 85.790 | 86.207 | 86.625 | 87.044 | 87.462 | 87.881 | 88.301 | 88.720 | 89.140 |
| 208 | 653.451 | 87.376 | 87.801 | 88.226 | 88.652 | 89.078 | 89.504 | 89.931 | 90.358 | 90.785 |

**续表 1-4**

| 检尺径 | | 检尺长/m | | | | | | | | |
|---|---|---|---|---|---|---|---|---|---|---|
| 直径 | 周长 | 22.7 | 22.8 | 22.9 | 23 | 23.1 | 23.2 | 23.3 | 23.4 | 23.5 |
| /cm | /cm | 材积/$m^3$ | | | | | | | | |
| 210 | 659.734 | 88.976 | 89.409 | 89.841 | 90.275 | 90.708 | 91.142 | 91.576 | 92.010 | 92.445 |
| 212 | 666.018 | 90.592 | 91.031 | 91.472 | 91.912 | 92.353 | 92.794 | 93.236 | 93.678 | 94.120 |
| 214 | 672.301 | 92.221 | 92.669 | 93.116 | 93.564 | 94.013 | 94.462 | 94.911 | 95.361 | 95.811 |
| 216 | 678.584 | 93.865 | 94.320 | 94.776 | 95.232 | 95.688 | 96.144 | 96.601 | 97.058 | 97.516 |
| 218 | 684.867 | 95.524 | 95.987 | 96.450 | 96.913 | 97.377 | 97.841 | 98.306 | 98.771 | 99.236 |
| 220 | 691.150 | 97.197 | 97.668 | 98.139 | 98.610 | 99.081 | 99.553 | 100.025 | 100.498 | 100.971 |
| 222 | 697.434 | 98.885 | 99.363 | 99.842 | 100.321 | 100.800 | 101.280 | 101.760 | 102.241 | 102.721 |
| 224 | 703.717 | 100.588 | 101.074 | 101.560 | 102.047 | 102.534 | 103.022 | 103.510 | 103.998 | 104.487 |
| 226 | 710.000 | 102.304 | 102.798 | 103.293 | 103.788 | 104.283 | 104.778 | 105.274 | 105.770 | 106.267 |
| 228 | 716.283 | 104.036 | 104.538 | 105.040 | 105.543 | 106.046 | 106.550 | 107.053 | 107.558 | 108.063 |
| 230 | 722.566 | 105.782 | 106.292 | 106.802 | 107.313 | 107.824 | 108.336 | 108.848 | 109.360 | 109.873 |
| 232 | 728.849 | 107.542 | 108.060 | 108.579 | 109.098 | 109.617 | 110.137 | 110.657 | 111.177 | 111.698 |
| 234 | 735.133 | 109.317 | 109.843 | 110.370 | 110.897 | 111.425 | 111.953 | 112.481 | 113.010 | 113.539 |
| 236 | 741.416 | 111.107 | 111.641 | 112.176 | 112.712 | 113.247 | 113.783 | 114.320 | 114.857 | 115.395 |
| 238 | 747.699 | 112.911 | 113.453 | 113.997 | 114.540 | 115.085 | 115.629 | 116.174 | 116.719 | 117.265 |
| 240 | 753.982 | 114.729 | 115.280 | 115.832 | 116.384 | 116.937 | 117.490 | 118.043 | 118.597 | 119.151 |
| 242 | 760.265 | 116.562 | 117.122 | 117.682 | 118.243 | 118.803 | 119.365 | 119.927 | 120.489 | 121.051 |

续表 1-4　　（长原木）

| 检尺径 | | 检尺长/m | | | | | | | | |
|---|---|---|---|---|---|---|---|---|---|---|
| 直径 | 周长 | 22.7 | 22.8 | 22.9 | 23 | 23.1 | 23.2 | 23.3 | 23.4 | 23.5 |
| /cm | /cm | 材积/m³ | | | | | | | | |
| 244 | 766.549 | 118.410 | 118.978 | 119.547 | 120.116 | 120.685 | 121.255 | 121.825 | 122.396 | 122.967 |
| 246 | 772.832 | 120.272 | 120.849 | 121.426 | 122.004 | 122.582 | 123.160 | 123.739 | 124.318 | 124.898 |
| 248 | 779.115 | 122.149 | 122.734 | 123.320 | 123.906 | 124.493 | 125.080 | 125.667 | 126.255 | 126.844 |
| 250 | 785.398 | 124.040 | 124.634 | 125.228 | 125.823 | 126.419 | 127.015 | 127.611 | 128.207 | 128.805 |

| 检尺径 | | 检尺长/m | | | | | | | | |
|---|---|---|---|---|---|---|---|---|---|---|
| 直径 | 周长 | 23.6 | 23.7 | 23.8 | 23.9 | 24 | 24.1 | 24.2 | 24.3 | 24.4 |
| /cm | /cm | 材积/m³ | | | | | | | | |
| 4 | 12.5664 | 0.4713 | 0.4763 | 0.4814 | 0.4864 | 0.4915 | 0.4967 | 0.5018 | 0.5070 | 0.5123 |
| 5 | 15.7080 | 0.5329 | 0.5383 | 0.5438 | 0.5493 | 0.5549 | 0.5605 | 0.5661 | 0.5718 | 0.5775 |
| 6 | 18.8496 | 0.5982 | 0.6041 | 0.6101 | 0.6161 | 0.6221 | 0.6281 | 0.6343 | 0.6404 | 0.6466 |
| 7 | 21.9911 | 0.6673 | 0.6737 | 0.6801 | 0.6866 | 0.6931 | 0.6997 | 0.7063 | 0.7129 | 0.7196 |
| 8 | 25.133 | 0.740 | 0.747 | 0.754 | 0.761 | 0.768 | 0.775 | 0.782 | 0.789 | 0.796 |
| 9 | 28.274 | 0.817 | 0.824 | 0.832 | 0.839 | 0.847 | 0.854 | 0.862 | 0.870 | 0.877 |
| 10 | 31.416 | 0.897 | 0.905 | 0.913 | 0.921 | 0.929 | 0.937 | 0.946 | 0.954 | 0.962 |
| 11 | 34.558 | 0.981 | 0.990 | 0.998 | 1.007 | 1.016 | 1.024 | 1.033 | 1.042 | 1.051 |
| 12 | 37.699 | 1.069 | 1.078 | 1.088 | 1.097 | 1.106 | 1.115 | 1.124 | 1.134 | 1.143 |

（长原木）

**续表 1-4**

| 检尺径 | | 检尺长/m | | | | | | | | |
|---|---|---|---|---|---|---|---|---|---|---|
| 直径 | 周长 | 23.6 | 23.7 | 23.8 | 23.9 | 24 | 24.1 | 24.2 | 24.3 | 24.4 |
| /cm | /cm | 材积/m³ | | | | | | | | |
| 13 | 40.841 | 1.161 | 1.171 | 1.180 | 1.190 | 1.200 | 1.210 | 1.220 | 1.230 | 1.240 |
| 14 | 43.982 | 1.257 | 1.267 | 1.277 | 1.288 | 1.298 | 1.308 | 1.319 | 1.329 | 1.340 |
| 16 | 50.265 | 1.459 | 1.471 | 1.482 | 1.494 | 1.505 | 1.517 | 1.529 | 1.540 | 1.552 |
| 18 | 56.549 | 1.677 | 1.689 | 1.702 | 1.715 | 1.728 | 1.741 | 1.754 | 1.767 | 1.780 |
| 20 | 62.832 | 1.909 | 1.923 | 1.938 | 1.952 | 1.966 | 1.980 | 1.995 | 2.009 | 2.024 |
| 22 | 69.115 | 2.157 | 2.172 | 2.188 | 2.204 | 2.220 | 2.235 | 2.251 | 2.267 | 2.283 |
| 24 | 75.398 | 2.420 | 2.437 | 2.454 | 2.471 | 2.488 | 2.506 | 2.523 | 2.540 | 2.558 |
| 26 | 81.681 | 2.698 | 2.716 | 2.735 | 2.754 | 2.772 | 2.791 | 2.810 | 2.829 | 2.848 |
| 28 | 87.965 | 2.991 | 3.011 | 3.031 | 3.052 | 3.072 | 3.093 | 3.113 | 3.134 | 3.155 |
| 30 | 94.248 | 3.299 | 3.321 | 3.343 | 3.365 | 3.387 | 3.409 | 3.431 | 3.454 | 3.476 |
| 32 | 100.531 | 3.622 | 3.646 | 3.669 | 3.693 | 3.717 | 3.741 | 3.765 | 3.789 | 3.814 |
| 34 | 106.814 | 3.960 | 3.986 | 4.011 | 4.037 | 4.063 | 4.089 | 4.114 | 4.140 | 4.166 |
| 36 | 113.097 | 4.314 | 4.341 | 4.369 | 4.396 | 4.424 | 4.451 | 4.479 | 4.507 | 4.535 |
| 38 | 119.381 | 4.682 | 4.712 | 4.741 | 4.770 | 4.800 | 4.830 | 4.859 | 4.889 | 4.919 |
| 40 | 125.664 | 5.066 | 5.097 | 5.129 | 5.160 | 5.192 | 5.223 | 5.255 | 5.287 | 5.319 |
| 42 | 131.947 | 5.465 | 5.498 | 5.532 | 5.565 | 5.599 | 5.632 | 5.666 | 5.700 | 5.734 |
| 44 | 138.230 | 5.879 | 5.914 | 5.950 | 5.985 | 6.021 | 6.057 | 6.093 | 6.129 | 6.165 |

续表 1-4　　（长原木）

| 检尺径 | | 检尺长/m | | | | | | | | |
|---|---|---|---|---|---|---|---|---|---|---|
| 直径 | 周长 | 23.6 | 23.7 | 23.8 | 23.9 | 24 | 24.1 | 24.2 | 24.3 | 24.4 |
| /cm | /cm | 材积/m³ | | | | | | | | |
| 46 | 144.513 | 6.308 | 6.345 | 6.383 | 6.421 | 6.459 | 6.497 | 6.535 | 6.573 | 6.612 |
| 48 | 150.796 | 6.752 | 6.792 | 6.832 | 6.872 | 6.912 | 6.952 | 6.993 | 7.033 | 7.074 |
| 50 | 157.080 | 7.211 | 7.253 | 7.295 | 7.338 | 7.380 | 7.423 | 7.466 | 7.509 | 7.552 |
| 52 | 163.363 | 7.685 | 7.730 | 7.774 | 7.819 | 7.864 | 7.909 | 7.955 | 8.000 | 8.045 |
| 54 | 169.646 | 8.174 | 8.221 | 8.269 | 8.316 | 8.364 | 8.411 | 8.459 | 8.507 | 8.555 |
| 56 | 175.929 | 8.679 | 8.728 | 8.778 | 8.828 | 8.878 | 8.928 | 8.978 | 9.029 | 9.079 |
| 58 | 182.212 | 9.198 | 9.251 | 9.303 | 9.355 | 9.408 | 9.461 | 9.514 | 9.566 | 9.620 |
| 60 | 188.496 | 9.733 | 9.788 | 9.843 | 9.898 | 9.953 | 10.009 | 10.064 | 10.120 | 10.175 |
| 62 | 194.779 | 10.283 | 10.340 | 10.398 | 10.456 | 10.514 | 10.572 | 10.630 | 10.689 | 10.747 |
| 64 | 201.062 | 10.848 | 10.908 | 10.969 | 11.029 | 11.090 | 11.151 | 11.212 | 11.273 | 11.334 |
| 66 | 207.345 | 11.428 | 11.491 | 11.554 | 11.618 | 11.681 | 11.745 | 11.809 | 11.873 | 11.937 |
| 68 | 213.628 | 12.023 | 12.089 | 12.155 | 12.222 | 12.288 | 12.355 | 12.421 | 12.488 | 12.555 |
| 70 | 219.911 | 12.633 | 12.702 | 12.771 | 12.841 | 12.910 | 12.980 | 13.049 | 13.119 | 13.189 |
| 72 | 226.195 | 13.258 | 13.330 | 13.403 | 13.475 | 13.548 | 13.620 | 13.693 | 13.766 | 13.839 |
| 74 | 232.478 | 13.899 | 13.974 | 14.049 | 14.125 | 14.200 | 14.276 | 14.352 | 14.428 | 14.504 |
| 76 | 238.761 | 14.554 | 14.633 | 14.711 | 14.790 | 14.868 | 14.947 | 15.026 | 15.106 | 15.185 |
| 78 | 245.044 | 15.225 | 15.306 | 15.388 | 15.470 | 15.552 | 15.634 | 15.716 | 15.799 | 15.882 |

续表 1-4

| 检尺径 | | 检尺长/m | | | | | | | | |
|---|---|---|---|---|---|---|---|---|---|---|
| 直径 /cm | 周长 /cm | 23.6 | 23.7 | 23.8 | 23.9 | 24 | 24.1 | 24.2 | 24.3 | 24.4 |
| | | 材积/m³ | | | | | | | | |
| 80 | 251.327 | 15.911 | 15.995 | 16.080 | 16.166 | 16.251 | 16.336 | 16.422 | 16.508 | 16.594 |
| 82 | 257.611 | 16.611 | 16.700 | 16.788 | 16.876 | 16.965 | 17.054 | 17.143 | 17.232 | 17.321 |
| 84 | 263.894 | 17.327 | 17.419 | 17.511 | 17.603 | 17.695 | 17.787 | 17.879 | 17.972 | 18.065 |
| 86 | 270.177 | 18.058 | 18.153 | 18.249 | 18.344 | 18.440 | 18.535 | 18.631 | 18.727 | 18.824 |
| 88 | 276.460 | 18.805 | 18.903 | 19.002 | 19.101 | 19.200 | 19.299 | 19.399 | 19.498 | 19.598 |
| 90 | 282.743 | 19.566 | 19.668 | 19.770 | 19.873 | 19.976 | 20.079 | 20.182 | 20.285 | 20.388 |
| 92 | 289.027 | 20.342 | 20.448 | 20.554 | 20.660 | 20.767 | 20.873 | 20.980 | 21.087 | 21.194 |
| 94 | 295.310 | 21.134 | 21.243 | 21.353 | 21.463 | 21.573 | 21.683 | 21.794 | 21.905 | 22.016 |
| 96 | 301.593 | 21.940 | 22.054 | 22.167 | 22.281 | 22.395 | 22.509 | 22.623 | 22.738 | 22.853 |
| 98 | 307.876 | 22.762 | 22.879 | 22.997 | 23.114 | 23.232 | 23.350 | 23.468 | 23.587 | 23.705 |
| 100 | 314.159 | 23.599 | 23.720 | 23.841 | 23.963 | 24.084 | 24.206 | 24.329 | 24.451 | 24.573 |
| 102 | 320.442 | 24.450 | 24.576 | 24.701 | 24.827 | 24.952 | 25.078 | 25.204 | 25.331 | 25.457 |
| 104 | 326.726 | 25.317 | 25.447 | 25.576 | 25.706 | 25.836 | 25.966 | 26.096 | 26.226 | 26.357 |
| 106 | 333.009 | 26.199 | 26.333 | 26.466 | 26.600 | 26.734 | 26.868 | 27.003 | 27.137 | 27.272 |
| 108 | 339.292 | 27.097 | 27.234 | 27.372 | 27.510 | 27.648 | 27.786 | 27.925 | 28.064 | 28.203 |
| 110 | 345.575 | 28.009 | 28.151 | 28.293 | 28.435 | 28.577 | 28.720 | 28.863 | 29.006 | 29.149 |
| 112 | 351.858 | 28.936 | 29.082 | 29.229 | 29.375 | 29.522 | 29.669 | 29.816 | 29.963 | 30.111 |

续表 1-4 （长原木）

| 检尺径 | | 检尺长/m | | | | | | | | |
|---|---|---|---|---|---|---|---|---|---|---|
| 直径 | 周长 | 23.6 | 23.7 | 23.8 | 23.9 | 24 | 24.1 | 24.2 | 24.3 | 24.4 |
| /cm | /cm | 材积/$m^3$ | | | | | | | | |
| 114 | 358.142 | 29.879 | 30.029 | 30.180 | 30.331 | 30.482 | 30.633 | 30.785 | 30.936 | 31.088 |
| 116 | 364.425 | 30.836 | 30.991 | 31.146 | 31.302 | 31.457 | 31.613 | 31.769 | 31.925 | 32.082 |
| 118 | 370.708 | 31.809 | 31.968 | 32.128 | 32.288 | 32.448 | 32.608 | 32.769 | 32.929 | 33.090 |
| 120 | 376.991 | 32.797 | 32.961 | 33.125 | 33.289 | 33.454 | 33.619 | 33.784 | 33.949 | 34.115 |
| 122 | 383.274 | 33.800 | 33.968 | 34.137 | 34.306 | 34.476 | 34.645 | 34.815 | 34.985 | 35.155 |
| 124 | 389.557 | 34.818 | 34.991 | 35.165 | 35.338 | 35.512 | 35.687 | 35.861 | 36.036 | 36.210 |
| 126 | 395.841 | 35.851 | 36.029 | 36.207 | 36.386 | 36.564 | 36.743 | 36.923 | 37.102 | 37.282 |
| 128 | 402.124 | 36.899 | 37.082 | 37.265 | 37.448 | 37.632 | 37.816 | 38.000 | 38.184 | 38.369 |
| 130 | 408.407 | 37.962 | 38.150 | 38.338 | 38.526 | 38.715 | 38.904 | 39.093 | 39.282 | 39.471 |
| 132 | 414.690 | 39.041 | 39.234 | 39.427 | 39.620 | 39.813 | 40.007 | 40.201 | 40.395 | 40.589 |
| 134 | 420.973 | 40.134 | 40.332 | 40.530 | 40.728 | 40.927 | 41.125 | 41.324 | 41.523 | 41.723 |
| 136 | 427.257 | 41.243 | 41.446 | 41.649 | 41.852 | 42.056 | 42.259 | 42.463 | 42.668 | 42.872 |
| 138 | 433.540 | 42.367 | 42.575 | 42.783 | 42.991 | 43.200 | 43.409 | 43.618 | 43.828 | 44.037 |
| 140 | 439.823 | 43.506 | 43.719 | 43.932 | 44.146 | 44.360 | 44.574 | 44.788 | 45.003 | 45.218 |
| 142 | 446.106 | 44.660 | 44.878 | 45.097 | 45.316 | 45.535 | 45.754 | 45.974 | 46.194 | 46.414 |
| 144 | 452.389 | 45.829 | 46.052 | 46.276 | 46.501 | 46.725 | 46.950 | 47.175 | 47.400 | 47.626 |
| 146 | 458.673 | 47.013 | 47.242 | 47.471 | 47.701 | 47.931 | 48.161 | 48.392 | 48.622 | 48.853 |

续表 1-4

| 检尺径 | | 检尺长/m | | | | | | | | |
|---|---|---|---|---|---|---|---|---|---|---|
| 直径 | 周长 | 23.6 | 23.7 | 23.8 | 23.9 | 24 | 24.1 | 24.2 | 24.3 | 24.4 |
| /cm | /cm | 材积/m³ | | | | | | | | |
| 148 | 464.956 | 48.212 | 48.447 | 48.681 | 48.917 | 49.152 | 49.388 | 49.624 | 49.860 | 50.096 |
| 150 | 471.239 | 49.426 | 49.667 | 49.907 | 50.148 | 50.388 | 50.630 | 50.871 | 51.113 | 51.355 |
| 152 | 477.522 | 50.656 | 50.902 | 51.148 | 51.394 | 51.640 | 51.887 | 52.134 | 52.382 | 52.629 |
| 154 | 483.805 | 51.900 | 52.152 | 52.403 | 52.655 | 52.908 | 53.160 | 53.413 | 53.666 | 53.919 |
| 156 | 490.088 | 53.160 | 53.417 | 53.675 | 53.932 | 54.190 | 54.448 | 54.707 | 54.965 | 55.225 |
| 158 | 496.372 | 54.435 | 54.698 | 54.961 | 55.224 | 55.488 | 55.752 | 56.016 | 56.281 | 56.546 |
| 160 | 502.655 | 55.725 | 55.993 | 56.262 | 56.532 | 56.801 | 57.071 | 57.341 | 57.612 | 57.882 |
| 162 | 508.938 | 57.030 | 57.304 | 57.579 | 57.854 | 58.130 | 58.406 | 58.682 | 58.958 | 59.235 |
| 164 | 515.221 | 58.350 | 58.630 | 58.911 | 59.192 | 59.474 | 59.756 | 60.038 | 60.320 | 60.603 |
| 166 | 521.504 | 59.685 | 59.972 | 60.259 | 60.546 | 60.833 | 61.121 | 61.409 | 61.698 | 61.986 |
| 168 | 527.788 | 61.035 | 61.328 | 61.621 | 61.914 | 62.208 | 62.502 | 62.796 | 63.091 | 63.385 |
| 170 | 534.071 | 62.401 | 62.700 | 62.999 | 63.298 | 63.598 | 63.898 | 64.199 | 64.499 | 64.800 |
| 172 | 540.354 | 63.781 | 64.086 | 64.392 | 64.697 | 65.004 | 65.310 | 65.616 | 65.923 | 66.231 |
| 174 | 546.637 | 65.177 | 65.488 | 65.800 | 66.112 | 66.424 | 66.737 | 67.050 | 67.363 | 67.677 |
| 176 | 552.920 | 66.588 | 66.905 | 67.223 | 67.542 | 67.860 | 68.179 | 68.499 | 68.818 | 69.138 |
| 178 | 559.203 | 68.013 | 68.338 | 68.662 | 68.987 | 69.312 | 69.637 | 69.963 | 70.289 | 70.616 |
| 180 | 565.487 | 69.454 | 69.785 | 70.116 | 70.447 | 70.779 | 71.111 | 71.443 | 71.776 | 72.109 |

| 检尺径 | | 检尺长/m | | | | | | | | |
|---|---|---|---|---|---|---|---|---|---|---|
| 直径 | 周长 | 23.6 | 23.7 | 23.8 | 23.9 | 24 | 24.1 | 24.2 | 24.3 | 24.4 |
| /cm | /cm | 材积/$m^3$ | | | | | | | | |
| 182 | 571.770 | 70.910 | 71.248 | 71.585 | 71.923 | 72.261 | 72.600 | 72.938 | 73.278 | 73.617 |
| 184 | 578.053 | 72.381 | 72.725 | 73.069 | 73.414 | 73.759 | 74.104 | 74.449 | 74.795 | 75.141 |
| 186 | 584.336 | 73.868 | 74.218 | 74.569 | 74.920 | 75.272 | 75.623 | 75.976 | 76.328 | 76.681 |
| 188 | 590.619 | 75.369 | 75.726 | 76.084 | 76.442 | 76.800 | 77.159 | 77.517 | 77.877 | 78.236 |
| 190 | 596.903 | 76.885 | 77.250 | 77.614 | 77.979 | 78.344 | 78.709 | 79.075 | 79.441 | 79.807 |
| 192 | 603.186 | 78.417 | 78.788 | 79.159 | 79.531 | 79.903 | 80.275 | 80.648 | 81.021 | 81.394 |
| 194 | 609.469 | 79.964 | 80.342 | 80.720 | 81.098 | 81.477 | 81.856 | 82.236 | 82.616 | 82.996 |
| 196 | 615.752 | 81.525 | 81.910 | 82.295 | 82.681 | 83.067 | 83.453 | 83.840 | 84.227 | 84.614 |
| 198 | 622.035 | 83.102 | 83.494 | 83.886 | 84.279 | 84.672 | 85.065 | 85.459 | 85.853 | 86.247 |
| 200 | 628.319 | 84.694 | 85.093 | 85.493 | 85.892 | 86.292 | 86.693 | 87.094 | 87.495 | 87.896 |
| 202 | 634.602 | 86.301 | 86.708 | 87.114 | 87.521 | 87.928 | 88.336 | 88.744 | 89.152 | 89.561 |
| 204 | 640.885 | 87.923 | 88.337 | 88.751 | 89.165 | 89.580 | 89.994 | 90.410 | 90.825 | 91.241 |
| 206 | 647.168 | 89.561 | 89.982 | 90.403 | 90.824 | 91.246 | 91.668 | 92.091 | 92.514 | 92.937 |
| 208 | 653.451 | 91.213 | 91.641 | 92.070 | 92.499 | 92.928 | 93.358 | 93.788 | 94.218 | 94.649 |
| 210 | 659.734 | 92.881 | 93.316 | 93.752 | 94.189 | 94.625 | 95.062 | 95.500 | 95.938 | 96.376 |
| 212 | 666.018 | 94.563 | 95.006 | 95.450 | 95.894 | 96.338 | 96.783 | 97.227 | 97.673 | 98.119 |
| 214 | 672.301 | 96.261 | 96.712 | 97.163 | 97.614 | 98.066 | 98.518 | 98.971 | 99.424 | 99.877 |

续表 1-4

| 检尺径 | | 检尺长/m | | | | | | | | |
|---|---|---|---|---|---|---|---|---|---|---|
| 直径 | 周长 | 23.6 | 23.7 | 23.8 | 23.9 | 24 | 24.1 | 24.2 | 24.3 | 24.4 |
| /cm | /cm | 材积/$m^3$ | | | | | | | | |
| 216 | 678.584 | 97.974 | 98.432 | 98.891 | 99.350 | 99.809 | 100.269 | 100.729 | 101.190 | 101.651 |
| 218 | 684.867 | 99.702 | 100.168 | 100.634 | 101.101 | 101.568 | 102.036 | 102.503 | 102.972 | 103.440 |
| 220 | 691.150 | 101.445 | 101.918 | 102.393 | 102.867 | 103.342 | 103.817 | 104.293 | 104.769 | 105.246 |
| 222 | 697.434 | 103.203 | 103.684 | 104.166 | 104.649 | 105.132 | 105.615 | 106.098 | 106.582 | 107.066 |
| 224 | 703.717 | 104.976 | 105.465 | 105.955 | 106.446 | 106.936 | 107.427 | 107.919 | 108.411 | 108.903 |
| 226 | 710.000 | 106.764 | 107.262 | 107.760 | 108.258 | 108.756 | 109.256 | 109.755 | 110.255 | 110.755 |
| 228 | 716.283 | 108.568 | 109.073 | 109.579 | 110.085 | 110.592 | 111.099 | 111.607 | 112.114 | 112.623 |
| 230 | 722.566 | 110.386 | 110.900 | 111.414 | 111.928 | 112.443 | 112.958 | 113.474 | 113.990 | 114.506 |
| 232 | 728.849 | 112.220 | 112.742 | 113.264 | 113.786 | 114.309 | 114.832 | 115.356 | 115.880 | 116.405 |
| 234 | 735.133 | 114.069 | 114.598 | 115.129 | 115.660 | 116.191 | 116.722 | 117.254 | 117.787 | 118.319 |
| 236 | 741.416 | 115.932 | 116.471 | 117.009 | 117.548 | 118.088 | 118.628 | 119.168 | 119.708 | 120.250 |
| 238 | 747.699 | 117.811 | 118.358 | 118.905 | 119.452 | 120.000 | 120.548 | 121.097 | 121.646 | 122.195 |
| 240 | 753.982 | 119.705 | 120.260 | 120.816 | 121.371 | 121.928 | 122.484 | 123.041 | 123.599 | 124.157 |
| 242 | 760.265 | 121.614 | 122.178 | 122.742 | 123.306 | 123.871 | 124.436 | 125.001 | 125.567 | 126.134 |
| 244 | 766.549 | 123.539 | 124.111 | 124.683 | 125.256 | 125.829 | 126.403 | 126.977 | 127.551 | 128.126 |
| 246 | 772.832 | 125.478 | 126.059 | 126.640 | 127.221 | 127.803 | 128.385 | 128.968 | 129.551 | 130.134 |
| 248 | 779.115 | 127.433 | 128.022 | 128.611 | 129.201 | 129.792 | 130.383 | 130.974 | 131.566 | 132.158 |

续表 1-4 (长原木)

| 检尺径 | | 检尺长/m | | | | | | | | |
|---|---|---|---|---|---|---|---|---|---|---|
| 直径 | 周长 | 23.6 | 23.7 | 23.8 | 23.9 | 24 | 24.1 | 24.2 | 24.3 | 24.4 |
| /cm | /cm | 材积/m³ | | | | | | | | |
| 250 | 785.398 | 129.402 | 130.000 | 130.598 | 131.197 | 131.796 | 132.396 | 132.996 | 133.597 | 134.198 |

| 检尺径 | | 检尺长/m | | | | | | | | |
|---|---|---|---|---|---|---|---|---|---|---|
| 直径 | 周长 | 24.5 | 24.6 | 24.7 | 24.8 | 24.9 | 25 | 25.1 | 25.2 | 25.3 |
| /cm | /cm | 材积/m³ | | | | | | | | |
| 4 | 12.5664 | 0.5176 | 0.5229 | 0.5282 | 0.5336 | 0.5390 | 0.5445 | 0.5500 | 0.5555 | 0.5611 |
| 5 | 15.7080 | 0.5832 | 0.5890 | 0.5948 | 0.6007 | 0.6066 | 0.6125 | 0.6185 | 0.6245 | 0.6305 |
| 6 | 18.8496 | 0.6528 | 0.6591 | 0.6654 | 0.6717 | 0.6781 | 0.6845 | 0.6910 | 0.6975 | 0.7040 |
| 7 | 21.9911 | 0.7263 | 0.7331 | 0.7399 | 0.7467 | 0.7536 | 0.7605 | 0.7675 | 0.7745 | 0.7815 |
| 8 | 25.133 | 0.804 | 0.811 | 0.818 | 0.826 | 0.833 | 0.841 | 0.848 | 0.856 | 0.863 |
| 9 | 28.274 | 0.885 | 0.893 | 0.901 | 0.909 | 0.917 | 0.925 | 0.933 | 0.941 | 0.949 |
| 10 | 31.416 | 0.970 | 0.979 | 0.987 | 0.995 | 1.004 | 1.013 | 1.021 | 1.030 | 1.038 |
| 11 | 34.558 | 1.060 | 1.068 | 1.077 | 1.086 | 1.095 | 1.105 | 1.114 | 1.123 | 1.132 |
| 12 | 37.699 | 1.153 | 1.162 | 1.172 | 1.181 | 1.191 | 1.201 | 1.210 | 1.220 | 1.230 |
| 13 | 40.841 | 1.250 | 1.260 | 1.270 | 1.280 | 1.290 | 1.301 | 1.311 | 1.321 | 1.332 |
| 14 | 43.982 | 1.351 | 1.361 | 1.372 | 1.383 | 1.394 | 1.405 | 1.415 | 1.426 | 1.437 |
| 16 | 50.265 | 1.564 | 1.576 | 1.588 | 1.600 | 1.612 | 1.625 | 1.637 | 1.649 | 1.661 |

续表 1-4

| 检尺径 | | 检尺长/m | | | | | | | | |
|---|---|---|---|---|---|---|---|---|---|---|
| 直径 | 周长 | 24.5 | 24.6 | 24.7 | 24.8 | 24.9 | 25 | 25.1 | 25.2 | 25.3 |
| /cm | /cm | 材积/m³ | | | | | | | | |
| 18 | 56.549 | 1.794 | 1.807 | 1.820 | 1.834 | 1.847 | 1.861 | 1.874 | 1.888 | 1.901 |
| 20 | 62.832 | 2.039 | 2.053 | 2.068 | 2.083 | 2.098 | 2.113 | 2.127 | 2.143 | 2.158 |
| 22 | 69.115 | 2.299 | 2.315 | 2.332 | 2.348 | 2.364 | 2.381 | 2.397 | 2.413 | 2.430 |
| 24 | 75.398 | 2.576 | 2.593 | 2.611 | 2.629 | 2.647 | 2.665 | 2.682 | 2.701 | 2.719 |
| 26 | 81.681 | 2.868 | 2.887 | 2.906 | 2.926 | 2.945 | 2.965 | 2.984 | 3.004 | 3.023 |
| 28 | 87.965 | 3.175 | 3.196 | 3.217 | 3.238 | 3.259 | 3.281 | 3.302 | 3.323 | 3.345 |
| 30 | 94.248 | 3.499 | 3.521 | 3.544 | 3.567 | 3.590 | 3.613 | 3.635 | 3.659 | 3.682 |
| 32 | 100.531 | 3.838 | 3.862 | 3.887 | 3.911 | 3.936 | 3.961 | 3.985 | 4.010 | 4.035 |
| 34 | 106.814 | 4.193 | 4.219 | 4.245 | 4.271 | 4.298 | 4.325 | 4.351 | 4.378 | 4.405 |
| 36 | 113.097 | 4.563 | 4.591 | 4.619 | 4.648 | 4.676 | 4.705 | 4.733 | 4.762 | 4.790 |
| 38 | 119.381 | 4.949 | 4.979 | 5.009 | 5.040 | 5.070 | 5.101 | 5.131 | 5.162 | 5.192 |
| 40 | 125.664 | 5.351 | 5.383 | 5.415 | 5.448 | 5.480 | 5.513 | 5.545 | 5.578 | 5.611 |
| 42 | 131.947 | 5.768 | 5.803 | 5.837 | 5.871 | 5.906 | 5.941 | 5.975 | 6.010 | 6.045 |
| 44 | 138.230 | 6.202 | 6.238 | 6.274 | 6.311 | 6.348 | 6.385 | 6.421 | 6.458 | 6.495 |
| 46 | 144.513 | 6.650 | 6.689 | 6.728 | 6.767 | 6.805 | 6.845 | 6.884 | 6.923 | 6.962 |
| 48 | 150.796 | 7.115 | 7.156 | 7.197 | 7.238 | 7.279 | 7.321 | 7.362 | 7.403 | 7.445 |
| 50 | 157.080 | 7.595 | 7.638 | 7.682 | 7.725 | 7.769 | 7.813 | 7.856 | 7.900 | 7.944 |

| 检尺径 | | 检尺长/m | | | | | | | | |
|---|---|---|---|---|---|---|---|---|---|---|
| 直径 | 周长 | 24.5 | 24.6 | 24.7 | 24.8 | 24.9 | 25 | 25.1 | 25.2 | 25.3 |
| /cm | /cm | 材积/m³ | | | | | | | | |
| 52 | 163.363 | 8.091 | 8.137 | 8.182 | 8.228 | 8.274 | 8.321 | 8.367 | 8.413 | 8.460 |
| 54 | 169.646 | 8.603 | 8.651 | 8.699 | 8.747 | 8.796 | 8.845 | 8.893 | 8.942 | 8.991 |
| 56 | 175.929 | 9.130 | 9.181 | 9.231 | 9.282 | 9.333 | 9.385 | 9.436 | 9.487 | 9.539 |
| 58 | 182.212 | 9.673 | 9.726 | 9.779 | 9.833 | 9.887 | 9.941 | 9.994 | 10.048 | 10.103 |
| 60 | 188.496 | 10.231 | 10.287 | 10.343 | 10.400 | 10.456 | 10.513 | 10.569 | 10.626 | 10.683 |
| 62 | 194.779 | 10.806 | 10.864 | 10.923 | 10.982 | 11.041 | 11.101 | 11.160 | 11.219 | 11.279 |
| 64 | 201.062 | 11.396 | 11.457 | 11.519 | 11.581 | 11.642 | 11.705 | 11.767 | 11.829 | 11.891 |
| 66 | 207.345 | 12.001 | 12.066 | 12.130 | 12.195 | 12.260 | 12.325 | 12.390 | 12.455 | 12.520 |
| 68 | 213.628 | 12.623 | 12.690 | 12.757 | 12.825 | 12.893 | 12.961 | 13.029 | 13.097 | 13.165 |
| 70 | 219.911 | 13.260 | 13.330 | 13.400 | 13.471 | 13.542 | 13.613 | 13.684 | 13.755 | 13.826 |
| 72 | 226.195 | 13.912 | 13.986 | 14.059 | 14.133 | 14.207 | 14.281 | 14.355 | 14.429 | 14.503 |
| 74 | 232.478 | 14.581 | 14.657 | 14.734 | 14.810 | 14.887 | 14.965 | 15.042 | 15.119 | 15.197 |
| 76 | 238.761 | 15.265 | 15.344 | 15.424 | 15.504 | 15.584 | 15.665 | 15.745 | 15.826 | 15.906 |
| 78 | 245.044 | 15.964 | 16.047 | 16.130 | 16.214 | 16.297 | 16.381 | 16.464 | 16.548 | 16.632 |
| 80 | 251.327 | 16.680 | 16.766 | 16.852 | 16.939 | 17.026 | 17.113 | 17.200 | 17.287 | 17.374 |
| 82 | 257.611 | 17.411 | 17.500 | 17.590 | 17.680 | 17.770 | 17.861 | 17.951 | 18.042 | 18.132 |
| 84 | 263.894 | 18.158 | 18.251 | 18.344 | 18.437 | 18.531 | 18.625 | 18.718 | 18.812 | 18.907 |

**续表 1-4**

| 检尺径 | | 检尺长/m | | | | | | | | |
|---|---|---|---|---|---|---|---|---|---|---|
| 直径 | 周长 | 24.5 | 24.6 | 24.7 | 24.8 | 24.9 | 25 | 25.1 | 25.2 | 25.3 |
| /cm | /cm | 材积/m³ | | | | | | | | |
| 86 | 270.177 | 18.920 | 19.017 | 19.113 | 19.210 | 19.307 | 19.405 | 19.502 | 19.599 | 19.697 |
| 88 | 276.460 | 19.698 | 19.798 | 19.899 | 19.999 | 20.100 | 20.201 | 20.301 | 20.403 | 20.504 |
| 90 | 282.743 | 20.492 | 20.596 | 20.700 | 20.804 | 20.908 | 21.013 | 21.117 | 21.222 | 21.327 |
| 92 | 289.027 | 21.301 | 21.409 | 21.517 | 21.624 | 21.732 | 21.841 | 21.949 | 22.057 | 22.166 |
| 94 | 295.310 | 22.127 | 22.238 | 22.349 | 22.461 | 22.573 | 22.685 | 22.797 | 22.909 | 23.021 |
| 96 | 301.593 | 22.967 | 23.082 | 23.198 | 23.313 | 23.429 | 23.545 | 23.660 | 23.777 | 23.893 |
| 98 | 307.876 | 23.824 | 23.943 | 24.062 | 24.181 | 24.301 | 24.421 | 24.540 | 24.660 | 24.781 |
| 100 | 314.159 | 24.696 | 24.819 | 24.942 | 25.065 | 25.189 | 25.313 | 25.436 | 25.560 | 25.685 |
| 102 | 320.442 | 25.584 | 25.711 | 25.838 | 25.965 | 26.093 | 26.221 | 26.348 | 26.476 | 26.605 |
| 104 | 326.726 | 26.488 | 26.619 | 26.750 | 26.881 | 27.013 | 27.145 | 27.276 | 27.409 | 27.541 |
| 106 | 333.009 | 27.407 | 27.542 | 27.677 | 27.813 | 27.949 | 28.085 | 28.221 | 28.357 | 28.494 |
| 108 | 339.292 | 28.342 | 28.481 | 28.621 | 28.760 | 28.900 | 29.041 | 29.181 | 29.321 | 29.462 |
| 110 | 345.575 | 29.292 | 29.436 | 29.580 | 29.724 | 29.868 | 30.013 | 30.157 | 30.302 | 30.447 |
| 112 | 351.858 | 30.259 | 30.407 | 30.555 | 30.703 | 30.852 | 31.001 | 31.150 | 31.299 | 31.448 |
| 114 | 358.142 | 31.241 | 31.393 | 31.546 | 31.698 | 31.851 | 32.005 | 32.158 | 32.312 | 32.465 |
| 116 | 364.425 | 32.238 | 32.395 | 32.552 | 32.709 | 32.867 | 33.025 | 33.182 | 33.341 | 33.499 |
| 118 | 370.708 | 33.252 | 33.413 | 33.574 | 33.736 | 33.898 | 34.061 | 34.223 | 34.386 | 34.549 |

续表 1-4 （长原木）

| 检尺径 | | 检尺长/m | | | | | | | | |
|---|---|---|---|---|---|---|---|---|---|---|
| 直径 | 周长 | 24.5 | 24.6 | 24.7 | 24.8 | 24.9 | 25 | 25.1 | 25.2 | 25.3 |
| /cm | /cm | 材积/m³ | | | | | | | | |
| 120 | 376.991 | 34.281 | 34.446 | 34.613 | 34.779 | 34.946 | 35.113 | 35.280 | 35.447 | 35.614 |
| 122 | 383.274 | 35.325 | 35.496 | 35.667 | 35.838 | 36.009 | 36.181 | 36.352 | 36.524 | 36.696 |
| 124 | 389.557 | 36.386 | 36.561 | 36.736 | 36.912 | 37.088 | 37.265 | 37.441 | 37.618 | 37.795 |
| 126 | 395.841 | 37.462 | 37.642 | 37.822 | 38.003 | 38.183 | 38.365 | 38.546 | 38.727 | 38.909 |
| 128 | 402.124 | 38.553 | 38.738 | 38.923 | 39.109 | 39.295 | 39.481 | 39.667 | 39.853 | 40.040 |
| 130 | 408.407 | 39.661 | 39.851 | 40.041 | 40.231 | 40.422 | 40.613 | 40.804 | 40.995 | 41.186 |
| 132 | 414.690 | 40.784 | 40.979 | 41.174 | 41.369 | 41.565 | 41.761 | 41.957 | 42.153 | 42.349 |
| 134 | 420.973 | 41.923 | 42.122 | 42.323 | 42.523 | 42.724 | 42.925 | 43.126 | 43.327 | 43.529 |
| 136 | 427.257 | 43.077 | 43.282 | 43.487 | 43.693 | 43.899 | 44.105 | 44.311 | 44.517 | 44.724 |
| 138 | 433.540 | 44.247 | 44.457 | 44.668 | 44.878 | 45.089 | 45.301 | 45.512 | 45.724 | 45.936 |
| 140 | 439.823 | 45.433 | 45.648 | 45.864 | 46.080 | 46.296 | 46.513 | 46.729 | 46.946 | 47.163 |
| 142 | 446.106 | 46.634 | 46.855 | 47.076 | 47.297 | 47.519 | 47.741 | 47.962 | 48.185 | 48.407 |
| 144 | 452.389 | 47.852 | 48.078 | 48.304 | 48.531 | 48.757 | 48.985 | 49.212 | 49.439 | 49.667 |
| 146 | 458.673 | 49.084 | 49.316 | 49.548 | 49.780 | 50.012 | 50.245 | 50.477 | 50.710 | 50.944 |
| 148 | 464.956 | 50.333 | 50.570 | 50.807 | 51.045 | 51.282 | 51.521 | 51.759 | 51.997 | 52.236 |
| 150 | 471.239 | 51.597 | 51.840 | 52.082 | 52.326 | 52.569 | 52.813 | 53.056 | 53.301 | 53.545 |
| 152 | 477.522 | 52.877 | 53.125 | 53.374 | 53.622 | 53.871 | 54.121 | 54.370 | 54.620 | 54.870 |

**续表 1-4**

| 检尺径 | | 检尺长/m | | | | | | | | |
|---|---|---|---|---|---|---|---|---|---|---|
| 直径 | 周长 | 24.5 | 24.6 | 24.7 | 24.8 | 24.9 | 25 | 25.1 | 25.2 | 25.3 |
| /cm | /cm | 材积/m³ | | | | | | | | |
| 154 | 483.805 | 54.173 | 54.426 | 54.681 | 54.935 | 55.190 | 55.445 | 55.700 | 55.955 | 56.211 |
| 156 | 490.088 | 55.484 | 55.743 | 56.003 | 56.263 | 56.524 | 56.785 | 57.045 | 57.307 | 57.568 |
| 158 | 496.372 | 56.811 | 57.076 | 57.342 | 57.608 | 57.874 | 58.141 | 58.407 | 58.674 | 58.942 |
| 160 | 502.655 | 58.153 | 58.425 | 58.696 | 58.968 | 59.240 | 59.513 | 59.785 | 60.058 | 60.331 |
| 162 | 508.938 | 59.512 | 59.789 | 60.066 | 60.344 | 60.622 | 60.901 | 61.179 | 61.458 | 61.737 |
| 164 | 515.221 | 60.886 | 61.169 | 61.452 | 61.736 | 62.020 | 62.305 | 62.589 | 62.874 | 63.159 |
| 166 | 521.504 | 62.275 | 62.564 | 62.854 | 63.144 | 63.434 | 63.725 | 64.015 | 64.306 | 64.598 |
| 168 | 527.788 | 63.681 | 63.976 | 64.272 | 64.568 | 64.864 | 65.161 | 65.457 | 65.755 | 66.052 |
| 170 | 534.071 | 65.102 | 65.403 | 65.705 | 66.007 | 66.310 | 66.613 | 66.916 | 67.219 | 67.523 |
| 172 | 540.354 | 66.538 | 66.846 | 67.154 | 67.463 | 67.771 | 68.081 | 68.390 | 68.700 | 69.010 |
| 174 | 546.637 | 67.991 | 68.305 | 68.619 | 68.934 | 69.249 | 69.565 | 69.880 | 70.196 | 70.513 |
| 176 | 552.920 | 69.459 | 69.779 | 70.100 | 70.421 | 70.743 | 71.065 | 71.387 | 71.709 | 72.032 |
| 178 | 559.203 | 70.942 | 71.269 | 71.597 | 71.924 | 72.252 | 72.581 | 72.909 | 73.238 | 73.567 |
| 180 | 565.487 | 72.442 | 72.775 | 73.109 | 73.443 | 73.778 | 74.113 | 74.448 | 74.783 | 75.119 |
| 182 | 571.770 | 73.957 | 74.297 | 74.637 | 74.978 | 75.319 | 75.661 | 76.002 | 76.344 | 76.687 |
| 184 | 578.053 | 75.488 | 75.834 | 76.181 | 76.529 | 76.876 | 77.225 | 77.573 | 77.922 | 78.271 |
| 186 | 584.336 | 77.034 | 77.387 | 77.741 | 78.095 | 78.450 | 78.805 | 79.160 | 79.515 | 79.871 |

续表 1-4 （长原木）

| 检尺径 | | 检尺长/m | | | | | | | | |
|---|---|---|---|---|---|---|---|---|---|---|
| 直径 | 周长 | 24.5 | 24.6 | 24.7 | 24.8 | 24.9 | 25 | 25.1 | 25.2 | 25.3 |
| /cm | /cm | 材积/m³ | | | | | | | | |
| 188 | 590.619 | 78.596 | 78.956 | 79.317 | 79.678 | 80.039 | 80.401 | 80.762 | 81.125 | 81.487 |
| 190 | 596.903 | 80.174 | 80.541 | 80.908 | 81.276 | 81.644 | 82.013 | 82.381 | 82.750 | 83.120 |
| 192 | 603.186 | 81.767 | 82.141 | 82.516 | 82.890 | 83.265 | 83.641 | 84.016 | 84.392 | 84.768 |
| 194 | 609.469 | 83.377 | 83.757 | 84.139 | 84.520 | 84.902 | 85.285 | 85.667 | 86.050 | 86.433 |
| 196 | 615.752 | 85.001 | 85.389 | 85.778 | 86.166 | 86.555 | 86.945 | 87.334 | 87.724 | 88.114 |
| 198 | 622.035 | 86.642 | 87.037 | 87.432 | 87.828 | 88.224 | 88.621 | 89.017 | 89.414 | 89.812 |
| 200 | 628.319 | 88.298 | 88.700 | 89.103 | 89.506 | 89.909 | 90.313 | 90.716 | 91.121 | 91.525 |
| 202 | 634.602 | 89.970 | 90.379 | 90.789 | 91.199 | 91.610 | 92.021 | 92.432 | 92.843 | 93.255 |
| 204 | 640.885 | 91.658 | 92.074 | 92.491 | 92.909 | 93.326 | 93.745 | 94.163 | 94.582 | 95.001 |
| 206 | 647.168 | 93.361 | 93.785 | 94.209 | 94.634 | 95.059 | 95.485 | 95.910 | 96.336 | 96.763 |
| 208 | 653.451 | 95.080 | 95.511 | 95.943 | 96.375 | 96.808 | 97.241 | 97.674 | 98.107 | 98.541 |
| 210 | 659.734 | 96.814 | 97.253 | 97.692 | 98.132 | 98.572 | 99.013 | 99.453 | 99.894 | 100.336 |
| 212 | 666.018 | 98.565 | 99.011 | 99.458 | 99.905 | 100.353 | 100.801 | 101.249 | 101.697 | 102.146 |
| 214 | 672.301 | 100.331 | 100.785 | 101.239 | 101.694 | 102.149 | 102.605 | 103.060 | 103.517 | 103.973 |
| 216 | 678.584 | 102.112 | 102.574 | 103.036 | 103.498 | 103.961 | 104.425 | 104.888 | 105.352 | 105.816 |
| 218 | 684.867 | 103.910 | 104.379 | 104.849 | 105.319 | 105.790 | 106.261 | 106.732 | 107.204 | 107.676 |
| 220 | 691.150 | 105.723 | 106.200 | 106.677 | 107.155 | 107.634 | 108.113 | 108.592 | 109.071 | 109.551 |

（长原木）

续表 1-4

| 检尺径 | | 检尺长/m | | | | | | | | |
|---|---|---|---|---|---|---|---|---|---|---|
| 直径 | 周长 | 24.5 | 24.6 | 24.7 | 24.8 | 24.9 | 25 | 25.1 | 25.2 | 25.3 |
| /cm | /cm | 材积/m³ | | | | | | | | |
| 222 | 697.434 | 107.551 | 108.036 | 108.522 | 109.008 | 109.494 | 109.981 | 110.468 | 110.955 | 111.443 |
| 224 | 703.717 | 109.396 | 109.889 | 110.382 | 110.876 | 111.370 | 111.865 | 112.359 | 112.855 | 113.351 |
| 226 | 710.000 | 111.256 | 111.757 | 112.258 | 112.760 | 113.262 | 113.765 | 114.267 | 114.771 | 115.275 |
| 228 | 716.283 | 113.131 | 113.640 | 114.150 | 114.660 | 115.170 | 115.681 | 116.192 | 116.703 | 117.215 |
| 230 | 722.566 | 115.023 | 115.540 | 116.057 | 116.575 | 117.094 | 117.613 | 118.132 | 118.651 | 119.171 |
| 232 | 728.849 | 116.930 | 117.455 | 117.981 | 118.507 | 119.034 | 119.561 | 120.088 | 120.616 | 121.144 |
| 234 | 735.133 | 118.853 | 119.386 | 119.920 | 120.455 | 120.989 | 121.525 | 122.060 | 122.596 | 123.133 |
| 236 | 741.416 | 120.791 | 121.333 | 121.875 | 122.418 | 122.961 | 123.505 | 124.048 | 124.593 | 125.137 |
| 238 | 747.699 | 122.745 | 123.295 | 123.846 | 124.397 | 124.949 | 125.501 | 126.053 | 126.606 | 127.159 |
| 240 | 753.982 | 124.715 | 125.274 | 125.833 | 126.392 | 126.952 | 127.513 | 128.073 | 128.634 | 129.196 |
| 242 | 760.265 | 126.700 | 127.268 | 127.835 | 128.403 | 128.972 | 129.541 | 130.110 | 130.679 | 131.250 |
| 244 | 766.549 | 128.702 | 129.277 | 129.853 | 130.430 | 131.007 | 131.585 | 132.162 | 132.741 | 133.319 |
| 246 | 772.832 | 130.718 | 131.303 | 131.888 | 132.473 | 133.058 | 133.645 | 134.231 | 134.818 | 135.405 |
| 248 | 779.115 | 132.751 | 133.344 | 133.937 | 134.531 | 135.126 | 135.721 | 136.316 | 136.911 | 137.507 |
| 250 | 785.398 | 134.799 | 135.401 | 136.003 | 136.606 | 137.209 | 137.813 | 138.416 | 139.021 | 139.626 |

| 检尺径 | | 检尺长/m | | | | | | | | |
|---|---|---|---|---|---|---|---|---|---|---|
| 直径 | 周长 | 25.4 | 25.5 | 25.6 | 25.7 | 25.8 | 25.9 | 26 | 26.1 | 26.2 |
| /cm | /cm | 材积/m³ | | | | | | | | |
| 4 | 12.5664 | 0.5667 | 0.5723 | 0.5780 | 0.5837 | 0.5895 | 0.5953 | 0.6011 | 0.6070 | 0.6129 |
| 5 | 15.7080 | 0.6366 | 0.6427 | 0.6489 | 0.6551 | 0.6613 | 0.6676 | 0.6739 | 0.6803 | 0.6867 |
| 6 | 18.8496 | 0.7106 | 0.7172 | 0.7238 | 0.7305 | 0.7373 | 0.7441 | 0.7509 | 0.7577 | 0.7646 |
| 7 | 21.9911 | 0.7886 | 0.7957 | 0.8029 | 0.8101 | 0.8174 | 0.8247 | 0.8320 | 0.8394 | 0.8468 |
| 8 | 25.133 | 0.871 | 0.878 | 0.886 | 0.894 | 0.902 | 0.909 | 0.917 | 0.925 | 0.933 |
| 9 | 28.274 | 0.957 | 0.965 | 0.973 | 0.982 | 0.990 | 0.998 | 1.007 | 1.015 | 1.024 |
| 10 | 31.416 | 1.047 | 1.056 | 1.065 | 1.073 | 1.082 | 1.091 | 1.100 | 1.109 | 1.118 |
| 11 | 34.558 | 1.141 | 1.151 | 1.160 | 1.169 | 1.179 | 1.189 | 1.198 | 1.208 | 1.217 |
| 12 | 37.699 | 1.240 | 1.250 | 1.260 | 1.270 | 1.280 | 1.290 | 1.300 | 1.310 | 1.321 |
| 13 | 40.841 | 1.342 | 1.353 | 1.363 | 1.374 | 1.385 | 1.395 | 1.406 | 1.417 | 1.428 |
| 14 | 43.982 | 1.449 | 1.460 | 1.471 | 1.482 | 1.494 | 1.505 | 1.516 | 1.528 | 1.539 |
| 16 | 50.265 | 1.674 | 1.686 | 1.699 | 1.711 | 1.724 | 1.737 | 1.749 | 1.762 | 1.775 |
| 18 | 56.549 | 1.915 | 1.929 | 1.943 | 1.957 | 1.971 | 1.985 | 1.999 | 2.013 | 2.027 |
| 20 | 62.832 | 2.173 | 2.188 | 2.203 | 2.219 | 2.234 | 2.250 | 2.265 | 2.281 | 2.296 |
| 22 | 69.115 | 2.447 | 2.463 | 2.480 | 2.497 | 2.514 | 2.531 | 2.548 | 2.565 | 2.582 |
| 24 | 75.398 | 2.737 | 2.755 | 2.773 | 2.792 | 2.810 | 2.829 | 2.848 | 2.866 | 2.885 |
| 26 | 81.681 | 3.043 | 3.063 | 3.083 | 3.103 | 3.123 | 3.143 | 3.164 | 3.184 | 3.204 |

**续表 1-4**

| 检尺径 | | 检尺长/m | | | | | | | | |
|---|---|---|---|---|---|---|---|---|---|---|
| 直径 | 周长 | 25.4 | 25.5 | 25.6 | 25.7 | 25.8 | 25.9 | 26 | 26.1 | 26.2 |
| /cm | /cm | 材积/m³ | | | | | | | | |
| 28 | 87.965 | 3.366 | 3.388 | 3.409 | 3.431 | 3.453 | 3.475 | 3.496 | 3.518 | 3.541 |
| 30 | 94.248 | 3.705 | 3.728 | 3.752 | 3.775 | 3.799 | 3.822 | 3.846 | 3.870 | 3.894 |
| 32 | 100.531 | 4.060 | 4.085 | 4.110 | 4.136 | 4.161 | 4.186 | 4.212 | 4.238 | 4.263 |
| 34 | 106.814 | 4.432 | 4.459 | 4.486 | 4.513 | 4.540 | 4.567 | 4.595 | 4.622 | 4.650 |
| 36 | 113.097 | 4.819 | 4.848 | 4.877 | 4.906 | 4.935 | 4.965 | 4.994 | 5.024 | 5.053 |
| 38 | 119.381 | 5.223 | 5.254 | 5.285 | 5.316 | 5.347 | 5.379 | 5.410 | 5.442 | 5.473 |
| 40 | 125.664 | 5.643 | 5.676 | 5.709 | 5.743 | 5.776 | 5.809 | 5.843 | 5.876 | 5.910 |
| 42 | 131.947 | 6.080 | 6.115 | 6.150 | 6.186 | 6.221 | 6.256 | 6.292 | 6.328 | 6.363 |
| 44 | 138.230 | 6.533 | 6.570 | 6.607 | 6.645 | 6.682 | 6.720 | 6.758 | 6.796 | 6.834 |
| 46 | 144.513 | 7.002 | 7.041 | 7.081 | 7.121 | 7.160 | 7.200 | 7.240 | 7.281 | 7.321 |
| 48 | 150.796 | 7.487 | 7.529 | 7.571 | 7.613 | 7.655 | 7.697 | 7.740 | 7.782 | 7.825 |
| 50 | 157.080 | 7.988 | 8.033 | 8.077 | 8.121 | 8.166 | 8.211 | 8.256 | 8.300 | 8.345 |
| 52 | 163.363 | 8.506 | 8.553 | 8.600 | 8.647 | 8.694 | 8.741 | 8.788 | 8.835 | 8.883 |
| 54 | 169.646 | 9.040 | 9.089 | 9.139 | 9.188 | 9.238 | 9.287 | 9.337 | 9.387 | 9.437 |
| 56 | 175.929 | 9.590 | 9.642 | 9.694 | 9.746 | 9.798 | 9.851 | 9.903 | 9.955 | 10.008 |
| 58 | 182.212 | 10.157 | 10.211 | 10.266 | 10.321 | 10.375 | 10.430 | 10.485 | 10.540 | 10.596 |
| 60 | 188.496 | 10.740 | 10.797 | 10.854 | 10.911 | 10.969 | 11.027 | 11.084 | 11.142 | 11.200 |

| 检尺径 | | 检尺长/m | | | | | | | | |
|---|---|---|---|---|---|---|---|---|---|---|
| 直径 | 周长 | 25.4 | 25.5 | 25.6 | 25.7 | 25.8 | 25.9 | 26 | 26.1 | 26.2 |
| /cm | /cm | 材积/m³ | | | | | | | | |
| 62 | 194.779 | 11.339 | 11.399 | 11.459 | 11.519 | 11.579 | 11.639 | 11.700 | 11.761 | 11.821 |
| 64 | 201.062 | 11.954 | 12.017 | 12.080 | 12.143 | 12.206 | 12.269 | 12.332 | 12.396 | 12.459 |
| 66 | 207.345 | 12.586 | 12.651 | 12.717 | 12.783 | 12.849 | 12.915 | 12.981 | 13.048 | 13.114 |
| 68 | 213.628 | 13.233 | 13.302 | 13.371 | 13.440 | 13.508 | 13.578 | 13.647 | 13.716 | 13.786 |
| 70 | 219.911 | 13.897 | 13.969 | 14.041 | 14.113 | 14.185 | 14.257 | 14.329 | 14.402 | 14.474 |
| 72 | 226.195 | 14.578 | 14.652 | 14.727 | 14.802 | 14.877 | 14.953 | 15.028 | 15.104 | 15.179 |
| 74 | 232.478 | 15.274 | 15.352 | 15.430 | 15.508 | 15.587 | 15.665 | 15.744 | 15.822 | 15.901 |
| 76 | 238.761 | 15.987 | 16.068 | 16.149 | 16.231 | 16.312 | 16.394 | 16.476 | 16.558 | 16.640 |
| 78 | 245.044 | 16.716 | 16.801 | 16.885 | 16.970 | 17.054 | 17.139 | 17.224 | 17.310 | 17.395 |
| 80 | 251.327 | 17.462 | 17.549 | 17.637 | 17.725 | 17.813 | 17.901 | 17.990 | 18.079 | 18.167 |
| 82 | 257.611 | 18.223 | 18.314 | 18.405 | 18.497 | 18.588 | 18.680 | 18.772 | 18.864 | 18.956 |
| 84 | 263.894 | 19.001 | 19.096 | 19.190 | 19.285 | 19.380 | 19.475 | 19.571 | 19.666 | 19.762 |
| 86 | 270.177 | 19.795 | 19.893 | 19.991 | 20.090 | 20.188 | 20.287 | 20.386 | 20.485 | 20.584 |
| 88 | 276.460 | 20.605 | 20.707 | 20.809 | 20.911 | 21.013 | 21.116 | 21.218 | 21.321 | 21.424 |
| 90 | 282.743 | 21.432 | 21.537 | 21.643 | 21.749 | 21.854 | 21.961 | 22.067 | 22.173 | 22.280 |
| 92 | 289.027 | 22.275 | 22.384 | 22.493 | 22.603 | 22.712 | 22.822 | 22.932 | 23.042 | 23.152 |
| 94 | 295.310 | 23.134 | 23.247 | 23.360 | 23.473 | 23.587 | 23.700 | 23.814 | 23.928 | 24.042 |

（长原木）

续表 1-4

| 检尺径 | | 检尺长/m | | | | | | | | |
|---|---|---|---|---|---|---|---|---|---|---|
| 直径 | 周长 | 25.4 | 25.5 | 25.6 | 25.7 | 25.8 | 25.9 | 26 | 26.1 | 26.2 |
| /cm | /cm | 材积/m³ | | | | | | | | |
| 96 | 301.593 | 24.009 | 24.126 | 24.243 | 24.360 | 24.477 | 24.595 | 24.712 | 24.830 | 24.948 |
| 98 | 307.876 | 24.901 | 25.022 | 25.143 | 25.264 | 25.385 | 25.506 | 25.628 | 25.749 | 25.871 |
| 100 | 314.159 | 25.809 | 25.934 | 26.058 | 26.183 | 26.309 | 26.434 | 26.560 | 26.685 | 26.811 |
| 102 | 320.442 | 26.733 | 26.862 | 26.991 | 27.120 | 27.249 | 27.378 | 27.508 | 27.638 | 27.768 |
| 104 | 326.726 | 27.674 | 27.806 | 27.939 | 28.072 | 28.206 | 28.339 | 28.473 | 28.607 | 28.741 |
| 106 | 333.009 | 28.630 | 28.767 | 28.904 | 29.042 | 29.179 | 29.317 | 29.455 | 29.593 | 29.731 |
| 108 | 339.292 | 29.603 | 29.744 | 29.886 | 30.027 | 30.169 | 30.311 | 30.453 | 30.596 | 30.738 |
| 110 | 345.575 | 30.592 | 30.738 | 30.884 | 31.029 | 31.176 | 31.322 | 31.468 | 31.615 | 31.762 |
| 112 | 351.858 | 31.598 | 31.748 | 31.898 | 32.048 | 32.198 | 32.349 | 32.500 | 32.651 | 32.802 |
| 114 | 358.142 | 32.619 | 32.774 | 32.928 | 33.083 | 33.238 | 33.393 | 33.548 | 33.704 | 33.860 |
| 116 | 364.425 | 33.657 | 33.816 | 33.975 | 34.134 | 34.294 | 34.453 | 34.613 | 34.773 | 34.934 |
| 118 | 370.708 | 34.712 | 34.875 | 35.038 | 35.202 | 35.366 | 35.530 | 35.695 | 35.860 | 36.024 |
| 120 | 376.991 | 35.782 | 35.950 | 36.118 | 36.287 | 36.455 | 36.624 | 36.793 | 36.962 | 37.132 |
| 122 | 383.274 | 36.869 | 37.041 | 37.214 | 37.387 | 37.561 | 37.734 | 37.908 | 38.082 | 38.256 |
| 124 | 389.557 | 37.972 | 38.149 | 38.327 | 38.505 | 38.683 | 38.861 | 39.040 | 39.218 | 39.397 |
| 126 | 395.841 | 39.091 | 39.273 | 39.456 | 39.638 | 39.821 | 40.004 | 40.188 | 40.371 | 40.555 |
| 128 | 402.124 | 40.226 | 40.414 | 40.601 | 40.788 | 40.976 | 41.164 | 41.352 | 41.541 | 41.730 |

续表 1-4　（长原木）

| 检尺径 | | 检尺长/m | | | | | | | | |
|---|---|---|---|---|---|---|---|---|---|---|
| 直径 | 周长 | 25.4 | 25.5 | 25.6 | 25.7 | 25.8 | 25.9 | 26 | 26.1 | 26.2 |
| /cm | /cm | 材积/m³ | | | | | | | | |
| 130 | 408.407 | 41.378 | 41.570 | 41.762 | 41.955 | 42.148 | 42.341 | 42.534 | 42.727 | 42.921 |
| 132 | 414.690 | 42.546 | 42.743 | 42.940 | 43.138 | 43.336 | 43.534 | 43.732 | 43.930 | 44.129 |
| 134 | 420.973 | 43.730 | 43.933 | 44.135 | 44.337 | 44.540 | 44.743 | 44.947 | 45.150 | 45.354 |
| 136 | 427.257 | 44.931 | 45.138 | 45.346 | 45.553 | 45.761 | 45.970 | 46.178 | 46.387 | 46.596 |
| 138 | 433.540 | 46.148 | 46.360 | 46.573 | 46.786 | 46.999 | 47.212 | 47.426 | 47.640 | 47.854 |
| 140 | 439.823 | 47.381 | 47.598 | 47.816 | 48.035 | 48.253 | 48.472 | 48.691 | 48.910 | 49.129 |
| 142 | 446.106 | 48.630 | 48.853 | 49.076 | 49.300 | 49.524 | 49.748 | 49.972 | 50.197 | 50.421 |
| 144 | 452.389 | 49.896 | 50.124 | 50.353 | 50.582 | 50.811 | 51.040 | 51.270 | 51.500 | 51.730 |
| 146 | 458.673 | 51.177 | 51.411 | 51.645 | 51.880 | 52.114 | 52.349 | 52.584 | 52.820 | 53.056 |
| 148 | 464.956 | 52.475 | 52.715 | 52.954 | 53.194 | 53.435 | 53.675 | 53.916 | 54.157 | 54.398 |
| 150 | 471.239 | 53.790 | 54.035 | 54.280 | 54.525 | 54.771 | 55.017 | 55.264 | 55.510 | 55.757 |
| 152 | 477.522 | 55.120 | 55.371 | 55.622 | 55.873 | 56.124 | 56.376 | 56.628 | 56.880 | 57.133 |
| 154 | 483.805 | 56.467 | 56.723 | 56.980 | 57.237 | 57.494 | 57.751 | 58.009 | 58.267 | 58.525 |
| 156 | 490.088 | 57.830 | 58.092 | 58.355 | 58.617 | 58.880 | 59.143 | 59.407 | 59.671 | 59.935 |
| 158 | 496.372 | 59.209 | 59.477 | 59.746 | 60.014 | 60.283 | 60.552 | 60.821 | 61.091 | 61.361 |
| 160 | 502.655 | 60.605 | 60.879 | 61.153 | 61.427 | 61.702 | 61.977 | 62.252 | 62.528 | 62.804 |
| 162 | 508.938 | 62.017 | 62.297 | 62.577 | 62.857 | 63.138 | 63.419 | 63.700 | 63.982 | 64.263 |

（长原木）

**续表 1-4**

| 检尺径 | | 检尺长/m | | | | | | | | |
|---|---|---|---|---|---|---|---|---|---|---|
| 直径 | 周长 | 25.4 | 25.5 | 25.6 | 25.7 | 25.8 | 25.9 | 26 | 26.1 | 26.2 |
| /cm | /cm | 材积/m³ | | | | | | | | |
| 164 | 515.221 | 63.445 | 63.731 | 64.017 | 64.303 | 64.590 | 64.877 | 65.164 | 65.452 | 65.740 |
| 166 | 521.504 | 64.889 | 65.181 | 65.473 | 65.766 | 66.059 | 66.352 | 66.645 | 66.939 | 67.233 |
| 168 | 527.788 | 66.350 | 66.648 | 66.946 | 67.245 | 67.544 | 67.843 | 68.143 | 68.443 | 68.743 |
| 170 | 534.071 | 67.827 | 68.131 | 68.436 | 68.741 | 69.046 | 69.351 | 69.657 | 69.963 | 70.270 |
| 172 | 540.354 | 69.320 | 69.630 | 69.941 | 70.253 | 70.564 | 70.876 | 71.188 | 71.500 | 71.813 |
| 174 | 546.637 | 70.829 | 71.146 | 71.463 | 71.781 | 72.099 | 72.417 | 72.736 | 73.054 | 73.373 |
| 176 | 552.920 | 72.355 | 72.678 | 73.002 | 73.326 | 73.650 | 73.975 | 74.300 | 74.625 | 74.950 |
| 178 | 559.203 | 73.897 | 74.227 | 74.557 | 74.887 | 75.218 | 75.549 | 75.880 | 76.212 | 76.544 |
| 180 | 565.487 | 75.455 | 75.791 | 76.128 | 76.465 | 76.802 | 77.140 | 77.478 | 77.816 | 78.155 |
| 182 | 571.770 | 77.029 | 77.372 | 77.716 | 78.059 | 78.403 | 78.747 | 79.092 | 79.437 | 79.782 |
| 184 | 578.053 | 78.620 | 78.970 | 79.320 | 79.670 | 80.020 | 80.371 | 80.723 | 81.074 | 81.426 |
| 186 | 584.336 | 80.227 | 80.583 | 80.940 | 81.297 | 81.654 | 82.012 | 82.370 | 82.728 | 83.087 |
| 188 | 590.619 | 81.850 | 82.213 | 82.577 | 82.941 | 83.305 | 83.669 | 84.034 | 84.399 | 84.765 |
| 190 | 596.903 | 83.489 | 83.859 | 84.230 | 84.601 | 84.972 | 85.343 | 85.715 | 86.087 | 86.459 |
| 192 | 603.186 | 85.145 | 85.522 | 85.899 | 86.277 | 86.655 | 87.033 | 87.412 | 87.791 | 88.170 |
| 194 | 609.469 | 86.817 | 87.201 | 87.585 | 87.970 | 88.355 | 88.740 | 89.126 | 89.512 | 89.898 |
| 196 | 615.752 | 88.505 | 88.896 | 89.288 | 89.679 | 90.071 | 90.464 | 90.856 | 91.250 | 91.643 |

续表 1-4 （长原木）

| 检尺径 | | 检尺长/m | | | | | | | | |
|---|---|---|---|---|---|---|---|---|---|---|
| 直径 | 周长 | 25.4 | 25.5 | 25.6 | 25.7 | 25.8 | 25.9 | 26 | 26.1 | 26.2 |
| /cm | /cm | 材积/m³ | | | | | | | | |
| 198 | 622.035 | 90.210 | 90.608 | 91.006 | 91.405 | 91.804 | 92.204 | 92.604 | 93.004 | 93.404 |
| 200 | 628.319 | 91.930 | 92.336 | 92.741 | 93.147 | 93.554 | 93.960 | 94.368 | 94.775 | 95.183 |
| 202 | 634.602 | 93.667 | 94.080 | 94.493 | 94.906 | 95.320 | 95.734 | 96.148 | 96.563 | 96.978 |
| 204 | 640.885 | 95.420 | 95.840 | 96.261 | 96.681 | 97.102 | 97.523 | 97.945 | 98.367 | 98.790 |
| 206 | 647.168 | 97.190 | 97.617 | 98.045 | 98.473 | 98.901 | 99.330 | 99.759 | 100.188 | 100.618 |
| 208 | 653.451 | 98.976 | 99.410 | 99.845 | 100.281 | 100.717 | 101.153 | 101.589 | 102.026 | 102.463 |
| 210 | 659.734 | 100.778 | 101.220 | 101.662 | 102.105 | 102.549 | 102.992 | 103.436 | 103.881 | 104.325 |
| 212 | 666.018 | 102.596 | 103.046 | 103.496 | 103.946 | 104.397 | 104.848 | 105.300 | 105.752 | 106.204 |
| 214 | 672.301 | 104.430 | 104.888 | 105.346 | 105.804 | 106.262 | 106.721 | 107.180 | 107.640 | 108.100 |
| 216 | 678.584 | 106.281 | 106.746 | 107.212 | 107.677 | 108.144 | 108.610 | 109.077 | 109.545 | 110.012 |
| 218 | 684.867 | 108.148 | 108.621 | 109.094 | 109.568 | 110.042 | 110.516 | 110.991 | 111.466 | 111.942 |
| 220 | 691.150 | 110.031 | 110.512 | 110.993 | 111.475 | 111.956 | 112.439 | 112.921 | 113.404 | 113.887 |
| 222 | 697.434 | 111.931 | 112.419 | 112.908 | 113.398 | 113.887 | 114.378 | 114.868 | 115.359 | 115.850 |
| 224 | 703.717 | 113.847 | 114.343 | 114.840 | 115.337 | 115.835 | 116.333 | 116.832 | 117.330 | 117.830 |
| 226 | 710.000 | 115.779 | 116.283 | 116.788 | 117.293 | 117.799 | 118.305 | 118.812 | 119.319 | 119.826 |
| 228 | 716.283 | 117.727 | 118.240 | 118.753 | 119.266 | 119.780 | 120.294 | 120.808 | 121.323 | 121.839 |
| 230 | 722.566 | 119.691 | 120.212 | 120.733 | 121.255 | 121.777 | 122.299 | 122.822 | 123.345 | 123.869 |

续表 1-4

| 检尺径 | | 检尺长/m | | | | | | | | |
|---|---|---|---|---|---|---|---|---|---|---|
| 直径 | 周长 | 25.4 | 25.5 | 25.6 | 25.7 | 25.8 | 25.9 | 26 | 26.1 | 26.2 |
| /cm | /cm | 材积/m³ | | | | | | | | |
| 232 | 728.849 | 121.672 | 122.201 | 122.731 | 123.260 | 123.790 | 124.321 | 124.852 | 125.383 | 125.915 |
| 234 | 735.133 | 123.669 | 124.207 | 124.744 | 125.282 | 125.821 | 126.359 | 126.899 | 127.438 | 127.978 |
| 236 | 741.416 | 125.683 | 126.228 | 126.774 | 127.321 | 127.867 | 128.414 | 128.962 | 129.510 | 130.058 |
| 238 | 747.699 | 127.712 | 128.266 | 128.821 | 129.375 | 129.930 | 130.486 | 131.042 | 131.599 | 132.155 |
| 240 | 753.982 | 129.758 | 130.320 | 130.883 | 131.446 | 132.010 | 132.574 | 133.139 | 133.704 | 134.269 |
| 242 | 760.265 | 131.820 | 132.391 | 132.962 | 133.534 | 134.106 | 134.679 | 135.252 | 135.825 | 136.399 |
| 244 | 766.549 | 133.898 | 134.478 | 135.058 | 135.638 | 136.219 | 136.800 | 137.382 | 137.964 | 138.546 |
| 246 | 772.832 | 135.993 | 136.581 | 137.170 | 137.759 | 138.348 | 138.938 | 139.528 | 140.119 | 140.710 |
| 248 | 779.115 | 138.104 | 138.701 | 139.298 | 139.896 | 140.494 | 141.093 | 141.692 | 142.291 | 142.891 |
| 250 | 785.398 | 140.231 | 140.837 | 141.443 | 142.049 | 142.656 | 143.264 | 143.872 | 144.480 | 145.088 |

| 检尺径 | | 检尺长/m | | | | | | | | |
|---|---|---|---|---|---|---|---|---|---|---|
| 直径 | 周长 | 26.3 | 26.4 | 26.5 | 26.6 | 26.7 | 26.8 | 26.9 | 27 | 27.1 |
| /cm | /cm | 材积/m³ | | | | | | | | |
| 4 | 12.5664 | 0.6188 | 0.6248 | 0.6308 | 0.6369 | 0.6430 | 0.6491 | 0.6553 | 0.6615 | 0.6677 |
| 5 | 15.7080 | 0.6931 | 0.6996 | 0.7061 | 0.7126 | 0.7192 | 0.7259 | 0.7325 | 0.7393 | 0.7460 |
| 6 | 18.8496 | 0.7716 | 0.7786 | 0.7856 | 0.7927 | 0.7998 | 0.8069 | 0.8141 | 0.8213 | 0.8286 |

续表 1-4 （长原木）

| 检尺径 | | 检尺长/m | | | | | | | | |
|---|---|---|---|---|---|---|---|---|---|---|
| 直径 | 周长 | 26.3 | 26.4 | 26.5 | 26.6 | 26.7 | 26.8 | 26.9 | 27 | 27.1 |
| /cm | /cm | 材积/$m^3$ | | | | | | | | |
| 7 | 21.9911 | 0.8543 | 0.8618 | 0.8693 | 0.8769 | 0.8846 | 0.8922 | 0.9000 | 0.9077 | 0.9156 |
| 8 | 25.133 | 0.941 | 0.949 | 0.957 | 0.965 | 0.974 | 0.982 | 0.990 | 0.998 | 1.007 |
| 9 | 28.274 | 1.032 | 1.041 | 1.050 | 1.058 | 1.067 | 1.076 | 1.085 | 1.094 | 1.102 |
| 10 | 31.416 | 1.128 | 1.137 | 1.146 | 1.155 | 1.165 | 1.174 | 1.183 | 1.193 | 1.202 |
| 11 | 34.558 | 1.227 | 1.237 | 1.247 | 1.257 | 1.266 | 1.276 | 1.286 | 1.297 | 1.307 |
| 12 | 37.699 | 1.331 | 1.341 | 1.352 | 1.362 | 1.373 | 1.383 | 1.394 | 1.405 | 1.415 |
| 13 | 40.841 | 1.439 | 1.450 | 1.461 | 1.472 | 1.483 | 1.494 | 1.506 | 1.517 | 1.528 |
| 14 | 43.982 | 1.551 | 1.563 | 1.574 | 1.586 | 1.598 | 1.610 | 1.622 | 1.634 | 1.646 |
| 16 | 50.265 | 1.788 | 1.801 | 1.814 | 1.827 | 1.840 | 1.853 | 1.866 | 1.880 | 1.893 |
| 18 | 56.549 | 2.042 | 2.056 | 2.070 | 2.085 | 2.099 | 2.114 | 2.129 | 2.143 | 2.158 |
| 20 | 62.832 | 2.312 | 2.328 | 2.344 | 2.360 | 2.376 | 2.392 | 2.408 | 2.424 | 2.440 |
| 22 | 69.115 | 2.600 | 2.617 | 2.634 | 2.652 | 2.669 | 2.687 | 2.704 | 2.722 | 2.740 |
| 24 | 75.398 | 2.904 | 2.923 | 2.942 | 2.961 | 2.980 | 2.999 | 3.018 | 3.038 | 3.057 |
| 26 | 81.681 | 3.225 | 3.245 | 3.266 | 3.287 | 3.307 | 3.328 | 3.349 | 3.370 | 3.391 |
| 28 | 87.965 | 3.563 | 3.585 | 3.607 | 3.630 | 3.652 | 3.675 | 3.697 | 3.720 | 3.743 |
| 30 | 94.248 | 3.917 | 3.941 | 3.966 | 3.990 | 4.014 | 4.038 | 4.063 | 4.087 | 4.112 |
| 32 | 100.531 | 4.289 | 4.315 | 4.341 | 4.367 | 4.393 | 4.419 | 4.445 | 4.472 | 4.498 |

（长原木）

续表 1-4

| 检尺径 | | 检尺长/m | | | | | | | | |
|---|---|---|---|---|---|---|---|---|---|---|
| 直径 /cm | 周长 /cm | 26.3 | 26.4 | 26.5 | 26.6 | 26.7 | 26.8 | 26.9 | 27 | 27.1 |
| | | 材积/$m^3$ | | | | | | | | |
| 34 | 106.814 | 4.677 | 4.705 | 4.733 | 4.761 | 4.789 | 4.817 | 4.845 | 4.874 | 4.902 |
| 36 | 113.097 | 5.083 | 5.112 | 5.142 | 5.172 | 5.202 | 5.232 | 5.262 | 5.293 | 5.323 |
| 38 | 119.381 | 5.505 | 5.536 | 5.568 | 5.600 | 5.632 | 5.664 | 5.697 | 5.729 | 5.761 |
| 40 | 125.664 | 5.944 | 5.977 | 6.011 | 6.045 | 6.080 | 6.114 | 6.148 | 6.182 | 6.217 |
| 42 | 131.947 | 6.399 | 6.435 | 6.471 | 6.508 | 6.544 | 6.580 | 6.617 | 6.653 | 6.690 |
| 44 | 138.230 | 6.872 | 6.910 | 6.948 | 6.987 | 7.025 | 7.064 | 7.103 | 7.142 | 7.180 |
| 46 | 144.513 | 7.361 | 7.402 | 7.442 | 7.483 | 7.524 | 7.565 | 7.606 | 7.647 | 7.688 |
| 48 | 150.796 | 7.868 | 7.910 | 7.953 | 7.996 | 8.040 | 8.083 | 8.126 | 8.170 | 8.213 |
| 50 | 157.080 | 8.391 | 8.436 | 8.481 | 8.527 | 8.572 | 8.618 | 8.664 | 8.710 | 8.756 |
| 52 | 163.363 | 8.930 | 8.978 | 9.026 | 9.074 | 9.122 | 9.170 | 9.219 | 9.267 | 9.315 |
| 54 | 169.646 | 9.487 | 9.537 | 9.588 | 9.638 | 9.689 | 9.740 | 9.791 | 9.842 | 9.893 |
| 56 | 175.929 | 10.061 | 10.114 | 10.167 | 10.220 | 10.273 | 10.326 | 10.380 | 10.433 | 10.487 |
| 58 | 182.212 | 10.651 | 10.707 | 10.762 | 10.818 | 10.874 | 10.930 | 10.986 | 11.042 | 11.099 |
| 60 | 188.496 | 11.258 | 11.317 | 11.375 | 11.434 | 11.492 | 11.551 | 11.610 | 11.669 | 11.728 |
| 62 | 194.779 | 11.882 | 11.943 | 12.005 | 12.066 | 12.127 | 12.189 | 12.251 | 12.313 | 12.375 |
| 64 | 201.062 | 12.523 | 12.587 | 12.651 | 12.715 | 12.780 | 12.844 | 12.909 | 12.974 | 13.038 |
| 66 | 207.345 | 13.181 | 13.248 | 13.315 | 13.382 | 13.449 | 13.517 | 13.584 | 13.652 | 13.720 |

**续表 1-4** （长原木）

| 检尺径 | | 检尺长/m | | | | | | | | |
|---|---|---|---|---|---|---|---|---|---|---|
| 直径 | 周长 | 26.3 | 26.4 | 26.5 | 26.6 | 26.7 | 26.8 | 26.9 | 27 | 27.1 |
| /cm | /cm | 材积/m³ | | | | | | | | |
| 68 | 213.628 | 13.856 | 13.925 | 13.995 | 14.065 | 14.136 | 14.206 | 14.277 | 14.347 | 14.418 |
| 70 | 219.911 | 14.547 | 14.620 | 14.693 | 14.766 | 14.839 | 14.913 | 14.986 | 15.060 | 15.134 |
| 72 | 226.195 | 15.255 | 15.331 | 15.407 | 15.484 | 15.560 | 15.637 | 15.713 | 15.790 | 15.867 |
| 74 | 232.478 | 15.980 | 16.059 | 16.139 | 16.218 | 16.298 | 16.378 | 16.457 | 16.538 | 16.618 |
| 76 | 238.761 | 16.722 | 16.804 | 16.887 | 16.970 | 17.053 | 17.136 | 17.219 | 17.302 | 17.386 |
| 78 | 245.044 | 17.481 | 17.566 | 17.652 | 17.738 | 17.825 | 17.911 | 17.997 | 18.084 | 18.171 |
| 80 | 251.327 | 18.256 | 18.345 | 18.435 | 18.524 | 18.614 | 18.703 | 18.793 | 18.883 | 18.973 |
| 82 | 257.611 | 19.049 | 19.141 | 19.234 | 19.327 | 19.420 | 19.513 | 19.606 | 19.700 | 19.793 |
| 84 | 263.894 | 19.858 | 19.954 | 20.050 | 20.146 | 20.243 | 20.340 | 20.436 | 20.534 | 20.631 |
| 86 | 270.177 | 20.684 | 20.783 | 20.883 | 20.983 | 21.083 | 21.183 | 21.284 | 21.385 | 21.485 |
| 88 | 276.460 | 21.527 | 21.630 | 21.733 | 21.837 | 21.941 | 22.045 | 22.149 | 22.253 | 22.357 |
| 90 | 282.743 | 22.386 | 22.493 | 22.600 | 22.708 | 22.815 | 22.923 | 23.030 | 23.138 | 23.247 |
| 92 | 289.027 | 23.263 | 23.374 | 23.484 | 23.595 | 23.707 | 23.818 | 23.930 | 24.041 | 24.153 |
| 94 | 295.310 | 24.156 | 24.271 | 24.385 | 24.500 | 24.615 | 24.731 | 24.846 | 24.962 | 25.077 |
| 96 | 301.593 | 25.066 | 25.185 | 25.303 | 25.422 | 25.541 | 25.660 | 25.779 | 25.899 | 26.019 |
| 98 | 307.876 | 25.993 | 26.116 | 26.238 | 26.361 | 26.484 | 26.607 | 26.730 | 26.854 | 26.977 |
| 100 | 314.159 | 26.937 | 27.064 | 27.190 | 27.317 | 27.444 | 27.571 | 27.698 | 27.826 | 27.953 |

**续表 1-4**

| 检尺径 | | 检尺长/m | | | | | | | | |
|---|---|---|---|---|---|---|---|---|---|---|
| 直径 | 周长 | 26.3 | 26.4 | 26.5 | 26.6 | 26.7 | 26.8 | 26.9 | 27 | 27.1 |
| /cm | /cm | 材积/m³ | | | | | | | | |
| 102 | 320.442 | 27.898 | 28.028 | 28.159 | 28.290 | 28.421 | 28.552 | 28.683 | 28.815 | 28.947 |
| 104 | 326.726 | 28.876 | 29.010 | 29.145 | 29.280 | 29.415 | 29.550 | 29.686 | 29.822 | 29.957 |
| 106 | 333.009 | 29.870 | 30.009 | 30.148 | 30.287 | 30.426 | 30.566 | 30.705 | 30.845 | 30.985 |
| 108 | 339.292 | 30.881 | 31.024 | 31.167 | 31.311 | 31.454 | 31.598 | 31.742 | 31.886 | 32.031 |
| 110 | 345.575 | 31.909 | 32.056 | 32.204 | 32.352 | 32.500 | 32.648 | 32.796 | 32.945 | 33.094 |
| 112 | 351.858 | 32.954 | 33.106 | 33.258 | 33.410 | 33.562 | 33.715 | 33.868 | 34.021 | 34.174 |
| 114 | 358.142 | 34.016 | 34.172 | 34.328 | 34.485 | 34.642 | 34.799 | 34.956 | 35.114 | 35.271 |
| 116 | 364.425 | 35.094 | 35.255 | 35.416 | 35.577 | 35.738 | 35.900 | 36.062 | 36.224 | 36.386 |
| 118 | 370.708 | 36.189 | 36.355 | 36.520 | 36.686 | 36.852 | 37.018 | 37.185 | 37.351 | 37.518 |
| 120 | 376.991 | 37.302 | 37.472 | 37.642 | 37.812 | 37.983 | 38.154 | 38.325 | 38.496 | 38.668 |
| 122 | 383.274 | 38.431 | 38.605 | 38.780 | 38.955 | 39.131 | 39.306 | 39.482 | 39.658 | 39.834 |
| 124 | 389.557 | 39.576 | 39.756 | 39.936 | 40.116 | 40.296 | 40.476 | 40.657 | 40.838 | 41.019 |
| 126 | 395.841 | 40.739 | 40.923 | 41.108 | 41.293 | 41.478 | 41.663 | 41.848 | 42.034 | 42.220 |
| 128 | 402.124 | 41.919 | 42.108 | 42.297 | 42.487 | 42.677 | 42.867 | 43.057 | 43.248 | 43.439 |
| 130 | 408.407 | 43.115 | 43.309 | 43.504 | 43.698 | 43.893 | 44.088 | 44.284 | 44.479 | 44.675 |
| 132 | 414.690 | 44.328 | 44.527 | 44.727 | 44.927 | 45.126 | 45.327 | 45.527 | 45.728 | 45.929 |
| 134 | 420.973 | 45.558 | 45.762 | 45.967 | 46.172 | 46.377 | 46.582 | 46.788 | 46.994 | 47.200 |

续表 1-4 （长原木）

| 检尺径 | | 检尺长/m | | | | | | | | |
|---|---|---|---|---|---|---|---|---|---|---|
| 直径 | 周长 | 26.3 | 26.4 | 26.5 | 26.6 | 26.7 | 26.8 | 26.9 | 27 | 27.1 |
| /cm | /cm | 材积/m³ | | | | | | | | |
| 136 | 427.257 | 46.805 | 47.014 | 47.224 | 47.434 | 47.644 | 47.855 | 48.066 | 48.277 | 48.488 |
| 138 | 433.540 | 48.069 | 48.283 | 48.498 | 48.714 | 48.929 | 49.145 | 49.361 | 49.577 | 49.793 |
| 140 | 439.823 | 49.349 | 49.569 | 49.789 | 50.010 | 50.231 | 50.452 | 50.673 | 50.894 | 51.116 |
| 142 | 446.106 | 50.646 | 50.872 | 51.097 | 51.323 | 51.549 | 51.776 | 52.002 | 52.229 | 52.456 |
| 144 | 452.389 | 51.961 | 52.191 | 52.422 | 52.654 | 52.885 | 53.117 | 53.349 | 53.582 | 53.814 |
| 146 | 458.673 | 53.292 | 53.528 | 53.764 | 54.001 | 54.238 | 54.476 | 54.713 | 54.951 | 55.189 |
| 148 | 464.956 | 54.639 | 54.881 | 55.123 | 55.366 | 55.608 | 55.851 | 56.094 | 56.338 | 56.581 |
| 150 | 471.239 | 56.004 | 56.252 | 56.499 | 56.747 | 56.995 | 57.244 | 57.493 | 57.742 | 57.991 |
| 152 | 477.522 | 57.386 | 57.639 | 57.892 | 58.146 | 58.400 | 58.654 | 58.908 | 59.163 | 59.418 |
| 154 | 483.805 | 58.784 | 59.043 | 59.302 | 59.561 | 59.821 | 60.081 | 60.341 | 60.602 | 60.862 |
| 156 | 490.088 | 60.199 | 60.464 | 60.729 | 60.994 | 61.259 | 61.525 | 61.791 | 62.057 | 62.324 |
| 158 | 496.372 | 61.631 | 61.902 | 62.172 | 62.443 | 62.715 | 62.986 | 63.258 | 63.530 | 63.803 |
| 160 | 502.655 | 63.080 | 63.356 | 63.633 | 63.910 | 64.187 | 64.465 | 64.743 | 65.021 | 65.299 |
| 162 | 508.938 | 64.546 | 64.828 | 65.111 | 65.394 | 65.677 | 65.961 | 66.244 | 66.529 | 66.813 |
| 164 | 515.221 | 66.028 | 66.316 | 66.605 | 66.894 | 67.184 | 67.473 | 67.763 | 68.054 | 68.344 |
| 166 | 521.504 | 67.527 | 67.822 | 68.117 | 68.412 | 68.707 | 69.003 | 69.299 | 69.596 | 69.892 |
| 168 | 527.788 | 69.043 | 69.344 | 69.645 | 69.947 | 70.248 | 70.550 | 70.853 | 71.155 | 71.458 |

**续表 1-4**

| 检尺径 | | 检尺长/m | | | | | | | | |
|---|---|---|---|---|---|---|---|---|---|---|
| 直径 | 周长 | 26.3 | 26.4 | 26.5 | 26.6 | 26.7 | 26.8 | 26.9 | 27 | 27.1 |
| /cm | /cm | 材积/m³ | | | | | | | | |
| 170 | 534.071 | 70.576 | 70.883 | 71.191 | 71.498 | 71.806 | 72.115 | 72.423 | 72.732 | 73.041 |
| 172 | 540.354 | 72.126 | 72.440 | 72.753 | 73.067 | 73.381 | 73.696 | 74.011 | 74.326 | 74.642 |
| 174 | 546.637 | 73.693 | 74.013 | 74.333 | 74.653 | 74.974 | 75.295 | 75.616 | 75.938 | 76.259 |
| 176 | 552.920 | 75.276 | 75.603 | 75.929 | 76.256 | 76.583 | 76.910 | 77.238 | 77.566 | 77.895 |
| 178 | 559.203 | 76.877 | 77.209 | 77.542 | 77.876 | 78.209 | 78.543 | 78.877 | 79.212 | 79.547 |
| 180 | 565.487 | 78.494 | 78.833 | 79.173 | 79.512 | 79.853 | 80.193 | 80.534 | 80.875 | 81.217 |
| 182 | 571.770 | 80.128 | 80.474 | 80.820 | 81.166 | 81.513 | 81.860 | 82.208 | 82.556 | 82.904 |
| 184 | 578.053 | 81.779 | 82.131 | 82.484 | 82.837 | 83.191 | 83.545 | 83.899 | 84.254 | 84.608 |
| 186 | 584.336 | 83.446 | 83.806 | 84.165 | 84.525 | 84.886 | 85.246 | 85.607 | 85.969 | 86.330 |
| 188 | 590.619 | 85.131 | 85.497 | 85.863 | 86.230 | 86.597 | 86.965 | 87.333 | 87.701 | 88.069 |
| 190 | 596.903 | 86.832 | 87.205 | 87.578 | 87.952 | 88.326 | 88.701 | 89.075 | 89.450 | 89.826 |
| 192 | 603.186 | 88.550 | 88.930 | 89.310 | 89.691 | 90.072 | 90.454 | 90.835 | 91.217 | 91.600 |
| 194 | 609.469 | 90.285 | 90.672 | 91.059 | 91.447 | 91.835 | 92.224 | 92.612 | 93.002 | 93.391 |
| 196 | 615.752 | 92.037 | 92.431 | 92.825 | 93.220 | 93.615 | 94.011 | 94.407 | 94.803 | 95.199 |
| 198 | 622.035 | 93.805 | 94.207 | 94.608 | 95.010 | 95.413 | 95.815 | 96.218 | 96.622 | 97.025 |
| 200 | 628.319 | 95.591 | 95.999 | 96.408 | 96.817 | 97.227 | 97.637 | 98.047 | 98.458 | 98.869 |
| 202 | 634.602 | 97.393 | 97.809 | 98.225 | 98.642 | 99.058 | 99.476 | 99.893 | 100.311 | 100.729 |

续表 1-4 （长原木）

| 检尺径 | | 检尺长/m | | | | | | | | |
|---|---|---|---|---|---|---|---|---|---|---|
| 直径 | 周长 | 26.3 | 26.4 | 26.5 | 26.6 | 26.7 | 26.8 | 26.9 | 27 | 27.1 |
| /cm | /cm | 材积/m³ | | | | | | | | |
| 204 | 640.885 | 99.212 | 99.635 | 100.059 | 100.483 | 100.907 | 101.331 | 101.756 | 102.182 | 102.607 |
| 206 | 647.168 | 101.048 | 101.479 | 101.910 | 102.341 | 102.772 | 103.204 | 103.637 | 104.069 | 104.502 |
| 208 | 653.451 | 102.901 | 103.339 | 103.777 | 104.216 | 104.655 | 105.095 | 105.534 | 105.974 | 106.415 |
| 210 | 659.734 | 104.771 | 105.216 | 105.662 | 106.108 | 106.555 | 107.002 | 107.449 | 107.897 | 108.345 |
| 212 | 666.018 | 106.657 | 107.110 | 107.564 | 108.017 | 108.472 | 108.926 | 109.381 | 109.837 | 110.292 |
| 214 | 672.301 | 108.560 | 109.021 | 109.482 | 109.944 | 110.406 | 110.868 | 111.330 | 111.794 | 112.257 |
| 216 | 678.584 | 110.480 | 110.949 | 111.418 | 111.887 | 112.357 | 112.827 | 113.297 | 113.768 | 114.239 |
| 218 | 684.867 | 112.417 | 112.894 | 113.370 | 113.847 | 114.325 | 114.803 | 115.281 | 115.759 | 116.238 |
| 220 | 691.150 | 114.371 | 114.855 | 115.340 | 115.825 | 116.310 | 116.796 | 117.282 | 117.768 | 118.255 |
| 222 | 697.434 | 116.342 | 116.834 | 117.326 | 117.819 | 118.312 | 118.806 | 119.300 | 119.794 | 120.289 |
| 224 | 703.717 | 118.329 | 118.829 | 119.330 | 119.830 | 120.332 | 120.833 | 121.335 | 121.838 | 122.340 |
| 226 | 710.000 | 120.333 | 120.842 | 121.350 | 121.859 | 122.368 | 122.878 | 123.388 | 123.898 | 124.409 |
| 228 | 716.283 | 122.355 | 122.871 | 123.387 | 123.904 | 124.422 | 124.939 | 125.458 | 125.976 | 126.495 |
| 230 | 722.566 | 124.393 | 124.917 | 125.442 | 125.967 | 126.492 | 127.018 | 127.545 | 128.071 | 128.598 |
| 232 | 728.849 | 126.447 | 126.980 | 127.513 | 128.046 | 128.580 | 129.114 | 129.649 | 130.184 | 130.719 |
| 234 | 735.133 | 128.519 | 129.060 | 129.601 | 130.143 | 130.685 | 131.227 | 131.770 | 132.314 | 132.857 |
| 236 | 741.416 | 130.607 | 131.157 | 131.706 | 132.256 | 132.807 | 133.358 | 133.909 | 134.461 | 135.013 |

**续表 1-4**

| 检尺径 | | 检尺长/m | | | | | | | | |
|---|---|---|---|---|---|---|---|---|---|---|
| 直径 | 周长 | 26.3 | 26.4 | 26.5 | 26.6 | 26.7 | 26.8 | 26.9 | 27 | 27.1 |
| /cm | /cm | 材积/m³ | | | | | | | | |
| 238 | 747.699 | 132.713 | 133.270 | 133.828 | 134.387 | 134.946 | 135.505 | 136.065 | 136.625 | 137.185 |
| 240 | 753.982 | 134.835 | 135.401 | 135.967 | 136.534 | 137.102 | 137.670 | 138.238 | 138.806 | 139.376 |
| 242 | 760.265 | 136.974 | 137.548 | 138.123 | 138.699 | 139.275 | 139.851 | 140.428 | 141.005 | 141.583 |
| 244 | 766.549 | 139.129 | 139.713 | 140.296 | 140.881 | 141.465 | 142.050 | 142.636 | 143.222 | 143.808 |
| 246 | 772.832 | 141.302 | 141.894 | 142.486 | 143.079 | 143.673 | 144.266 | 144.860 | 145.455 | 146.050 |
| 248 | 779.115 | 143.491 | 144.092 | 144.693 | 145.295 | 145.897 | 146.499 | 147.102 | 147.706 | 148.309 |
| 250 | 785.398 | 145.698 | 146.307 | 146.917 | 147.528 | 148.138 | 148.750 | 149.362 | 149.974 | 150.586 |

| 检尺径 | | 检尺长/m | | | | | | | | |
|---|---|---|---|---|---|---|---|---|---|---|
| 直径 | 周长 | 27.2 | 27.3 | 27.4 | 27.5 | 27.6 | 27.7 | 27.8 | 27.9 | 28 |
| /cm | /cm | 材积/m³ | | | | | | | | |
| 4 | 12.5664 | 0.6740 | 0.6804 | 0.6867 | 0.6931 | 0.6996 | 0.7061 | 0.7126 | 0.7192 | 0.7258 |
| 5 | 15.7080 | 0.7528 | 0.7596 | 0.7665 | 0.7734 | 0.7804 | 0.7874 | 0.7944 | 0.8015 | 0.8086 |
| 6 | 18.8496 | 0.8359 | 0.8433 | 0.8507 | 0.8581 | 0.8656 | 0.8732 | 0.8807 | 0.8883 | 0.8960 |
| 7 | 21.9911 | 0.9234 | 0.9313 | 0.9393 | 0.9472 | 0.9553 | 0.9633 | 0.9715 | 0.9796 | 0.9878 |
| 8 | 25.133 | 1.015 | 1.024 | 1.032 | 1.041 | 1.049 | 1.058 | 1.067 | 1.075 | 1.084 |
| 9 | 28.274 | 1.111 | 1.120 | 1.130 | 1.139 | 1.148 | 1.157 | 1.166 | 1.176 | 1.185 |

| 检尺径 | | 检尺长/m | | | | | | | | |
|---|---|---|---|---|---|---|---|---|---|---|
| 直径 | 周长 | 27.2 | 27.3 | 27.4 | 27.5 | 27.6 | 27.7 | 27.8 | 27.9 | 28 |
| /cm | /cm | 材积/$m^3$ | | | | | | | | |
| 10 | 31.416 | 1.212 | 1.222 | 1.231 | 1.241 | 1.251 | 1.261 | 1.270 | 1.280 | 1.290 |
| 11 | 34.558 | 1.317 | 1.327 | 1.337 | 1.348 | 1.358 | 1.368 | 1.379 | 1.389 | 1.400 |
| 12 | 37.699 | 1.426 | 1.437 | 1.448 | 1.459 | 1.470 | 1.481 | 1.492 | 1.503 | 1.514 |
| 13 | 40.841 | 1.540 | 1.551 | 1.563 | 1.574 | 1.586 | 1.598 | 1.609 | 1.621 | 1.633 |
| 14 | 43.982 | 1.658 | 1.670 | 1.682 | 1.694 | 1.706 | 1.719 | 1.731 | 1.744 | 1.756 |
| 16 | 50.265 | 1.907 | 1.920 | 1.934 | 1.947 | 1.961 | 1.975 | 1.988 | 2.002 | 2.016 |
| 18 | 56.549 | 2.173 | 2.188 | 2.203 | 2.218 | 2.233 | 2.248 | 2.263 | 2.278 | 2.294 |
| 20 | 62.832 | 2.457 | 2.473 | 2.489 | 2.506 | 2.523 | 2.539 | 2.556 | 2.573 | 2.589 |
| 22 | 69.115 | 2.758 | 2.776 | 2.794 | 2.812 | 2.830 | 2.848 | 2.866 | 2.885 | 2.903 |
| 24 | 75.398 | 3.076 | 3.096 | 3.115 | 3.135 | 3.155 | 3.175 | 3.195 | 3.215 | 3.235 |
| 26 | 81.681 | 3.412 | 3.434 | 3.455 | 3.476 | 3.498 | 3.519 | 3.541 | 3.562 | 3.584 |
| 28 | 87.965 | 3.766 | 3.789 | 3.812 | 3.835 | 3.858 | 3.881 | 3.904 | 3.928 | 3.951 |
| 30 | 94.248 | 4.136 | 4.161 | 4.186 | 4.211 | 4.236 | 4.261 | 4.286 | 4.311 | 4.337 |
| 32 | 100.531 | 4.525 | 4.551 | 4.578 | 4.605 | 4.632 | 4.659 | 4.686 | 4.713 | 4.740 |
| 34 | 106.814 | 4.930 | 4.959 | 4.987 | 5.016 | 5.045 | 5.074 | 5.103 | 5.132 | 5.161 |
| 36 | 113.097 | 5.353 | 5.384 | 5.414 | 5.445 | 5.476 | 5.507 | 5.538 | 5.569 | 5.600 |
| 38 | 119.381 | 5.794 | 5.826 | 5.859 | 5.892 | 5.925 | 5.958 | 5.991 | 6.024 | 6.057 |

续表 1-4

| 检尺径 | | 检尺长/m | | | | | | | | |
|---|---|---|---|---|---|---|---|---|---|---|
| 直径 | 周长 | 27.2 | 27.3 | 27.4 | 27.5 | 27.6 | 27.7 | 27.8 | 27.9 | 28 |
| /cm | /cm | 材积/$m^3$ | | | | | | | | |
| 40 | 125.664 | 6.252 | 6.286 | 6.321 | 6.356 | 6.391 | 6.426 | 6.461 | 6.496 | 6.532 |
| 42 | 131.947 | 6.727 | 6.764 | 6.801 | 6.838 | 6.875 | 6.912 | 6.950 | 6.987 | 7.025 |
| 44 | 138.230 | 7.219 | 7.259 | 7.298 | 7.337 | 7.377 | 7.416 | 7.456 | 7.496 | 7.535 |
| 46 | 144.513 | 7.730 | 7.771 | 7.812 | 7.854 | 7.896 | 7.938 | 7.980 | 8.022 | 8.064 |
| 48 | 150.796 | 8.257 | 8.301 | 8.345 | 8.389 | 8.433 | 8.477 | 8.522 | 8.566 | 8.611 |
| 50 | 157.080 | 8.802 | 8.848 | 8.894 | 8.941 | 8.988 | 9.034 | 9.081 | 9.128 | 9.175 |
| 52 | 163.363 | 9.364 | 9.413 | 9.462 | 9.511 | 9.560 | 9.609 | 9.658 | 9.708 | 9.757 |
| 54 | 169.646 | 9.944 | 9.995 | 10.047 | 10.098 | 10.150 | 10.202 | 10.254 | 10.306 | 10.358 |
| 56 | 175.929 | 10.541 | 10.595 | 10.649 | 10.703 | 10.757 | 10.812 | 10.866 | 10.921 | 10.976 |
| 58 | 182.212 | 11.155 | 11.212 | 11.269 | 11.326 | 11.383 | 11.440 | 11.497 | 11.555 | 11.612 |
| 60 | 188.496 | 11.787 | 11.847 | 11.906 | 11.966 | 12.026 | 12.086 | 12.146 | 12.206 | 12.266 |
| 62 | 194.779 | 12.437 | 12.499 | 12.561 | 12.624 | 12.686 | 12.749 | 12.812 | 12.875 | 12.938 |
| 64 | 201.062 | 13.103 | 13.168 | 13.234 | 13.299 | 13.365 | 13.430 | 13.496 | 13.562 | 13.628 |
| 66 | 207.345 | 13.787 | 13.856 | 13.924 | 13.992 | 14.061 | 14.129 | 14.198 | 14.267 | 14.336 |
| 68 | 213.628 | 14.489 | 14.560 | 14.631 | 14.703 | 14.774 | 14.846 | 14.918 | 14.990 | 15.062 |
| 70 | 219.911 | 15.208 | 15.282 | 15.356 | 15.431 | 15.506 | 15.580 | 15.655 | 15.730 | 15.805 |
| 72 | 226.195 | 15.944 | 16.022 | 16.099 | 16.177 | 16.255 | 16.332 | 16.410 | 16.489 | 16.567 |

续表 1-4　　（长原木）

| 检尺径 | | 检尺长/m | | | | | | | | |
|---|---|---|---|---|---|---|---|---|---|---|
| 直径 | 周长 | 27.2 | 27.3 | 27.4 | 27.5 | 27.6 | 27.7 | 27.8 | 27.9 | 28 |
| /cm | /cm | 材积/m³ | | | | | | | | |
| 74 | 232.478 | 16.698 | 16.779 | 16.859 | 16.940 | 17.021 | 17.102 | 17.184 | 17.265 | 17.347 |
| 76 | 238.761 | 17.469 | 17.553 | 17.637 | 17.721 | 17.805 | 17.890 | 17.974 | 18.059 | 18.144 |
| 78 | 245.044 | 18.258 | 18.345 | 18.432 | 18.520 | 18.607 | 18.695 | 18.783 | 18.871 | 18.959 |
| 80 | 251.327 | 19.064 | 19.154 | 19.245 | 19.336 | 19.427 | 19.518 | 19.609 | 19.701 | 19.793 |
| 82 | 257.611 | 19.887 | 19.981 | 20.075 | 20.170 | 20.264 | 20.359 | 20.454 | 20.549 | 20.644 |
| 84 | 263.894 | 20.728 | 20.826 | 20.923 | 21.021 | 21.119 | 21.217 | 21.316 | 21.414 | 21.513 |
| 86 | 270.177 | 21.586 | 21.687 | 21.789 | 21.890 | 21.992 | 22.094 | 22.196 | 22.298 | 22.400 |
| 88 | 276.460 | 22.462 | 22.567 | 22.672 | 22.777 | 22.882 | 22.988 | 23.093 | 23.199 | 23.305 |
| 90 | 282.743 | 23.355 | 23.463 | 23.572 | 23.681 | 23.790 | 23.899 | 24.009 | 24.118 | 24.228 |
| 92 | 289.027 | 24.265 | 24.378 | 24.490 | 24.603 | 24.716 | 24.829 | 24.942 | 25.055 | 25.169 |
| 94 | 295.310 | 25.193 | 25.309 | 25.426 | 25.542 | 25.659 | 25.776 | 25.893 | 26.010 | 26.127 |
| 96 | 301.593 | 26.138 | 26.258 | 26.379 | 26.499 | 26.620 | 26.741 | 26.861 | 26.983 | 27.104 |
| 98 | 307.876 | 27.101 | 27.225 | 27.349 | 27.474 | 27.598 | 27.723 | 27.848 | 27.973 | 28.099 |
| 100 | 314.159 | 28.081 | 28.209 | 28.337 | 28.466 | 28.595 | 28.723 | 28.852 | 28.982 | 29.111 |
| 102 | 320.442 | 29.079 | 29.211 | 29.343 | 29.476 | 29.608 | 29.741 | 29.875 | 30.008 | 30.141 |
| 104 | 326.726 | 30.094 | 30.230 | 30.366 | 30.503 | 30.640 | 30.777 | 30.915 | 31.052 | 31.190 |
| 106 | 333.009 | 31.126 | 31.266 | 31.407 | 31.548 | 31.689 | 31.831 | 31.972 | 32.114 | 32.256 |

| 检尺径 | | 检尺长/m | | | | | | | | |
|---|---|---|---|---|---|---|---|---|---|---|
| 直径 | 周长 | 27.2 | 27.3 | 27.4 | 27.5 | 27.6 | 27.7 | 27.8 | 27.9 | 28 |
| /cm | /cm | 材积/$m^3$ | | | | | | | | |
| 108 | 339.292 | 32.176 | 32.320 | 32.465 | 32.611 | 32.756 | 32.902 | 33.048 | 33.194 | 33.340 |
| 110 | 345.575 | 33.243 | 33.392 | 33.541 | 33.691 | 33.841 | 33.991 | 34.141 | 34.292 | 34.442 |
| 112 | 351.858 | 34.327 | 34.481 | 34.635 | 34.789 | 34.943 | 35.098 | 35.252 | 35.407 | 35.562 |
| 114 | 358.142 | 35.429 | 35.587 | 35.746 | 35.904 | 36.063 | 36.222 | 36.381 | 36.541 | 36.700 |
| 116 | 364.425 | 36.548 | 36.711 | 36.874 | 37.037 | 37.200 | 37.364 | 37.528 | 37.692 | 37.856 |
| 118 | 370.708 | 37.685 | 37.852 | 38.020 | 38.188 | 38.356 | 38.524 | 38.692 | 38.861 | 39.030 |
| 120 | 376.991 | 38.839 | 39.011 | 39.184 | 39.356 | 39.529 | 39.701 | 39.875 | 40.048 | 40.221 |
| 122 | 383.274 | 40.011 | 40.188 | 40.365 | 40.542 | 40.719 | 40.897 | 41.075 | 41.253 | 41.431 |
| 124 | 389.557 | 41.200 | 41.381 | 41.563 | 41.745 | 41.927 | 42.110 | 42.292 | 42.475 | 42.659 |
| 126 | 395.841 | 42.406 | 42.593 | 42.779 | 42.966 | 43.153 | 43.341 | 43.528 | 43.716 | 43.904 |
| 128 | 402.124 | 43.630 | 43.821 | 44.013 | 44.205 | 44.397 | 44.589 | 44.782 | 44.974 | 45.167 |
| 130 | 408.407 | 44.871 | 45.068 | 45.264 | 45.461 | 45.658 | 45.855 | 46.053 | 46.251 | 46.449 |
| 132 | 414.690 | 46.130 | 46.331 | 46.533 | 46.735 | 46.937 | 47.139 | 47.342 | 47.545 | 47.748 |
| 134 | 420.973 | 47.406 | 47.612 | 47.819 | 48.026 | 48.233 | 48.441 | 48.649 | 48.857 | 49.065 |
| 136 | 427.257 | 48.699 | 48.911 | 49.123 | 49.335 | 49.548 | 49.760 | 49.973 | 50.187 | 50.400 |
| 138 | 433.540 | 50.010 | 50.227 | 50.444 | 50.662 | 50.879 | 51.097 | 51.316 | 51.534 | 51.753 |
| 140 | 439.823 | 51.338 | 51.561 | 51.783 | 52.006 | 52.229 | 52.452 | 52.676 | 52.900 | 53.124 |

续表 1-4　　（长原木）

| 检尺径 | | 检尺长/m | | | | | | | | |
|---|---|---|---|---|---|---|---|---|---|---|
| 直径/cm | 周长/cm | 27.2 | 27.3 | 27.4 | 27.5 | 27.6 | 27.7 | 27.8 | 27.9 | 28 |
| | | 材积/m³ | | | | | | | | |
| 142 | 446.106 | 52.684 | 52.912 | 53.140 | 53.368 | 53.596 | 53.825 | 54.054 | 54.283 | 54.513 |
| 144 | 452.389 | 54.047 | 54.280 | 54.513 | 54.747 | 54.981 | 55.215 | 55.450 | 55.684 | 55.919 |
| 146 | 458.673 | 55.427 | 55.666 | 55.905 | 56.144 | 56.384 | 56.623 | 56.863 | 57.103 | 57.344 |
| 148 | 464.956 | 56.825 | 57.069 | 57.314 | 57.559 | 57.804 | 58.049 | 58.295 | 58.540 | 58.787 |
| 150 | 471.239 | 58.241 | 58.490 | 58.741 | 58.991 | 59.242 | 59.493 | 59.744 | 59.995 | 60.247 |
| 152 | 477.522 | 59.673 | 59.929 | 60.185 | 60.441 | 60.697 | 60.954 | 61.211 | 61.468 | 61.725 |
| 154 | 483.805 | 61.123 | 61.385 | 61.646 | 61.908 | 62.170 | 62.433 | 62.695 | 62.958 | 63.222 |
| 156 | 490.088 | 62.591 | 62.858 | 63.125 | 63.393 | 63.661 | 63.929 | 64.198 | 64.467 | 64.736 |
| 158 | 496.372 | 64.076 | 64.349 | 64.622 | 64.896 | 65.170 | 65.444 | 65.718 | 65.993 | 66.268 |
| 160 | 502.655 | 65.578 | 65.857 | 66.136 | 66.416 | 66.696 | 66.976 | 67.256 | 67.537 | 67.818 |
| 162 | 508.938 | 67.098 | 67.383 | 67.668 | 67.954 | 68.240 | 68.526 | 68.812 | 69.099 | 69.386 |
| 164 | 515.221 | 68.635 | 68.926 | 69.217 | 69.509 | 69.801 | 70.093 | 70.386 | 70.679 | 70.972 |
| 166 | 521.504 | 70.189 | 70.487 | 70.784 | 71.082 | 71.380 | 71.679 | 71.978 | 72.277 | 72.576 |
| 168 | 527.788 | 71.761 | 72.065 | 72.369 | 72.673 | 72.977 | 73.282 | 73.587 | 73.892 | 74.198 |
| 170 | 534.071 | 73.351 | 73.660 | 73.971 | 74.281 | 74.592 | 74.903 | 75.214 | 75.526 | 75.837 |
| 172 | 540.354 | 74.957 | 75.274 | 75.590 | 75.907 | 76.224 | 76.541 | 76.859 | 77.177 | 77.495 |
| 174 | 546.637 | 76.582 | 76.904 | 77.227 | 77.550 | 77.874 | 78.197 | 78.521 | 78.846 | 79.171 |

续表 1-4

| 检尺径 | | 检尺长/m | | | | | | | | |
|---|---|---|---|---|---|---|---|---|---|---|
| 直径 | 周长 | 27.2 | 27.3 | 27.4 | 27.5 | 27.6 | 27.7 | 27.8 | 27.9 | 28 |
| /cm | /cm | 材积/m³ | | | | | | | | |
| 176 | 552.920 | 78.223 | 78.552 | 78.882 | 79.211 | 79.541 | 79.871 | 80.202 | 80.533 | 80.864 |
| 178 | 559.203 | 79.882 | 80.218 | 80.554 | 80.890 | 81.226 | 81.563 | 81.900 | 82.238 | 82.575 |
| 180 | 565.487 | 81.559 | 81.901 | 82.243 | 82.586 | 82.929 | 83.272 | 83.616 | 83.960 | 84.305 |
| 182 | 571.770 | 83.252 | 83.601 | 83.950 | 84.300 | 84.650 | 85.000 | 85.350 | 85.701 | 86.052 |
| 184 | 578.053 | 84.964 | 85.319 | 85.675 | 86.031 | 86.388 | 86.744 | 87.102 | 87.459 | 87.817 |
| 186 | 584.336 | 86.692 | 87.055 | 87.417 | 87.780 | 88.143 | 88.507 | 88.871 | 89.235 | 89.600 |
| 188 | 590.619 | 88.438 | 88.807 | 89.177 | 89.547 | 89.917 | 90.287 | 90.658 | 91.029 | 91.401 |
| 190 | 596.903 | 90.202 | 90.578 | 90.954 | 91.331 | 91.708 | 92.085 | 92.463 | 92.841 | 93.220 |
| 192 | 603.186 | 91.982 | 92.366 | 92.749 | 93.133 | 93.517 | 93.901 | 94.286 | 94.671 | 95.057 |
| 194 | 609.469 | 93.781 | 94.171 | 94.561 | 94.952 | 95.343 | 95.735 | 96.127 | 96.519 | 96.911 |
| 196 | 615.752 | 95.596 | 95.994 | 96.391 | 96.789 | 97.187 | 97.586 | 97.985 | 98.384 | 98.784 |
| 198 | 622.035 | 97.429 | 97.834 | 98.239 | 98.644 | 99.049 | 99.455 | 99.861 | 100.268 | 100.675 |
| 200 | 628.319 | 99.280 | 99.692 | 100.104 | 100.516 | 100.929 | 101.342 | 101.755 | 102.169 | 102.583 |
| 202 | 634.602 | 101.148 | 101.567 | 101.986 | 102.406 | 102.826 | 103.246 | 103.667 | 104.088 | 104.509 |
| 204 | 640.885 | 103.033 | 103.459 | 103.886 | 104.313 | 104.741 | 105.168 | 105.596 | 106.025 | 106.454 |
| 206 | 647.168 | 104.936 | 105.370 | 105.804 | 106.238 | 106.673 | 107.108 | 107.544 | 107.980 | 108.416 |
| 208 | 653.451 | 106.856 | 107.297 | 107.739 | 108.181 | 108.623 | 109.066 | 109.509 | 109.952 | 110.396 |

续表 1-4 （长原木）

| 检尺径 | | 检尺长/m | | | | | | | | |
|---|---|---|---|---|---|---|---|---|---|---|
| 直径 | 周长 | 27.2 | 27.3 | 27.4 | 27.5 | 27.6 | 27.7 | 27.8 | 27.9 | 28 |
| /cm | /cm | 材积/m³ | | | | | | | | |
| 210 | 659.734 | 108.793 | 109.242 | 109.691 | 110.141 | 110.591 | 111.041 | 111.492 | 111.943 | 112.394 |
| 212 | 666.018 | 110.748 | 111.205 | 111.662 | 112.119 | 112.576 | 113.034 | 113.493 | 113.951 | 114.410 |
| 214 | 672.301 | 112.721 | 113.185 | 113.649 | 114.114 | 114.579 | 115.045 | 115.511 | 115.977 | 116.444 |
| 216 | 678.584 | 114.710 | 115.182 | 115.655 | 116.127 | 116.600 | 117.074 | 117.547 | 118.021 | 118.496 |
| 218 | 684.867 | 116.718 | 117.197 | 117.677 | 118.158 | 118.639 | 119.120 | 119.601 | 120.083 | 120.566 |
| 220 | 691.150 | 118.742 | 119.230 | 119.718 | 120.206 | 120.695 | 121.184 | 121.673 | 122.163 | 122.653 |
| 222 | 697.434 | 120.784 | 121.280 | 121.775 | 122.272 | 122.768 | 123.265 | 123.763 | 124.261 | 124.759 |
| 224 | 703.717 | 122.843 | 123.347 | 123.851 | 124.355 | 124.860 | 125.365 | 125.870 | 126.376 | 126.883 |
| 226 | 710.000 | 124.920 | 125.432 | 125.944 | 126.456 | 126.969 | 127.482 | 127.996 | 128.510 | 129.024 |
| 228 | 716.283 | 127.014 | 127.534 | 128.054 | 128.575 | 129.096 | 129.617 | 130.139 | 130.661 | 131.183 |
| 230 | 722.566 | 129.126 | 129.654 | 130.182 | 130.711 | 131.240 | 131.770 | 132.300 | 132.830 | 133.361 |
| 232 | 728.849 | 131.255 | 131.791 | 132.328 | 132.865 | 133.402 | 133.940 | 134.478 | 135.017 | 135.556 |
| 234 | 735.133 | 133.401 | 133.946 | 134.491 | 135.036 | 135.582 | 136.128 | 136.675 | 137.222 | 137.769 |
| 236 | 741.416 | 135.565 | 136.118 | 136.671 | 137.225 | 137.779 | 138.334 | 138.889 | 139.444 | 140.000 |
| 238 | 747.699 | 137.746 | 138.308 | 138.870 | 139.432 | 139.994 | 140.557 | 141.121 | 141.685 | 142.249 |
| 240 | 753.982 | 139.945 | 140.515 | 141.085 | 141.656 | 142.227 | 142.799 | 143.371 | 143.943 | 144.516 |
| 242 | 760.265 | 142.161 | 142.740 | 143.318 | 143.898 | 144.477 | 145.058 | 145.638 | 146.219 | 146.801 |

续表 1-4

| 检尺径 | | 检尺长/m | | | | | | | | |
|---|---|---|---|---|---|---|---|---|---|---|
| 直径 | 周长 | 27.2 | 27.3 | 27.4 | 27.5 | 27.6 | 27.7 | 27.8 | 27.9 | 28 |
| /cm | /cm | 材积/m³ | | | | | | | | |
| 244 | 766.549 | 144.394 | 144.982 | 145.569 | 146.157 | 146.746 | 147.334 | 147.924 | 148.513 | 149.103 |
| 246 | 772.832 | 146.645 | 147.241 | 147.837 | 148.434 | 149.031 | 149.629 | 150.227 | 150.825 | 151.424 |
| 248 | 779.115 | 148.914 | 149.518 | 150.123 | 150.729 | 151.335 | 151.941 | 152.548 | 153.155 | 153.763 |
| 250 | 785.398 | 151.199 | 151.813 | 152.427 | 153.041 | 153.656 | 154.271 | 154.886 | 155.503 | 156.119 |

| 检尺径 | | 检尺长/m | | | | | | | | |
|---|---|---|---|---|---|---|---|---|---|---|
| 直径 | 周长 | 28.1 | 28.2 | 28.3 | 28.4 | 28.5 | 28.6 | 28.7 | 28.8 | 28.9 |
| /cm | /cm | 材积/m³ | | | | | | | | |
| 4 | 12.5664 | 0.7324 | 0.7391 | 0.7458 | 0.7526 | 0.7594 | 0.7662 | 0.7731 | 0.7800 | 0.7870 |
| 5 | 15.7080 | 0.8158 | 0.8230 | 0.8303 | 0.8376 | 0.8449 | 0.8523 | 0.8597 | 0.8671 | 0.8746 |
| 6 | 18.8496 | 0.9037 | 0.9114 | 0.9192 | 0.9271 | 0.9349 | 0.9429 | 0.9508 | 0.9588 | 0.9669 |
| 7 | 21.9911 | 0.9961 | 1.0044 | 1.0127 | 1.0211 | 1.0296 | 1.0380 | 1.0466 | 1.0551 | 1.0638 |
| 8 | 25.133 | 1.093 | 1.102 | 1.111 | 1.120 | 1.129 | 1.138 | 1.147 | 1.156 | 1.165 |
| 9 | 28.274 | 1.194 | 1.204 | 1.213 | 1.223 | 1.232 | 1.242 | 1.252 | 1.262 | 1.271 |
| 10 | 31.416 | 1.300 | 1.310 | 1.320 | 1.331 | 1.341 | 1.351 | 1.361 | 1.372 | 1.382 |
| 11 | 34.558 | 1.411 | 1.421 | 1.432 | 1.443 | 1.454 | 1.465 | 1.475 | 1.486 | 1.497 |
| 12 | 37.699 | 1.525 | 1.537 | 1.548 | 1.560 | 1.571 | 1.583 | 1.594 | 1.606 | 1.617 |

续表 1-4 （长原木）

| 检尺径 | | 检尺长/m | | | | | | | | |
|---|---|---|---|---|---|---|---|---|---|---|
| 直径 /cm | 周长 /cm | 28.1 | 28.2 | 28.3 | 28.4 | 28.5 | 28.6 | 28.7 | 28.8 | 28.9 |
| | | 材积/m³ | | | | | | | | |
| 13 | 40.841 | 1.645 | 1.657 | 1.669 | 1.681 | 1.693 | 1.705 | 1.717 | 1.730 | 1.742 |
| 14 | 43.982 | 1.769 | 1.781 | 1.794 | 1.807 | 1.820 | 1.832 | 1.845 | 1.858 | 1.871 |
| 16 | 50.265 | 2.030 | 2.044 | 2.058 | 2.072 | 2.086 | 2.101 | 2.115 | 2.129 | 2.144 |
| 18 | 56.549 | 2.309 | 2.325 | 2.340 | 2.356 | 2.371 | 2.387 | 2.403 | 2.419 | 2.435 |
| 20 | 62.832 | 2.606 | 2.623 | 2.640 | 2.657 | 2.675 | 2.692 | 2.709 | 2.726 | 2.744 |
| 22 | 69.115 | 2.922 | 2.940 | 2.959 | 2.977 | 2.996 | 3.015 | 3.034 | 3.053 | 3.072 |
| 24 | 75.398 | 3.255 | 3.275 | 3.295 | 3.315 | 3.336 | 3.356 | 3.377 | 3.397 | 3.418 |
| 26 | 81.681 | 3.606 | 3.628 | 3.650 | 3.672 | 3.694 | 3.716 | 3.738 | 3.760 | 3.783 |
| 28 | 87.965 | 3.975 | 3.999 | 4.022 | 4.046 | 4.070 | 4.094 | 4.118 | 4.142 | 4.166 |
| 30 | 94.248 | 4.362 | 4.387 | 4.413 | 4.439 | 4.464 | 4.490 | 4.516 | 4.542 | 4.568 |
| 32 | 100.531 | 4.767 | 4.794 | 4.822 | 4.849 | 4.877 | 4.905 | 4.933 | 4.960 | 4.988 |
| 34 | 106.814 | 5.190 | 5.220 | 5.249 | 5.278 | 5.308 | 5.338 | 5.367 | 5.397 | 5.427 |
| 36 | 113.097 | 5.631 | 5.663 | 5.694 | 5.726 | 5.757 | 5.789 | 5.821 | 5.853 | 5.885 |
| 38 | 119.381 | 6.090 | 6.124 | 6.157 | 6.191 | 6.225 | 6.258 | 6.292 | 6.326 | 6.360 |
| 40 | 125.664 | 6.567 | 6.603 | 6.639 | 6.674 | 6.710 | 6.746 | 6.782 | 6.818 | 6.855 |
| 42 | 131.947 | 7.062 | 7.100 | 7.138 | 7.176 | 7.214 | 7.252 | 7.291 | 7.329 | 7.367 |
| 44 | 138.230 | 7.575 | 7.615 | 7.656 | 7.696 | 7.736 | 7.777 | 7.817 | 7.858 | 7.899 |

续表 1-4

| 检尺径 | | 检尺长/m | | | | | | | | |
|---|---|---|---|---|---|---|---|---|---|---|
| 直径 | 周长 | 28.1 | 28.2 | 28.3 | 28.4 | 28.5 | 28.6 | 28.7 | 28.8 | 28.9 |
| /cm | /cm | 材积/m³ | | | | | | | | |
| 46 | 144.513 | 8.106 | 8.149 | 8.191 | 8.234 | 8.277 | 8.319 | 8.362 | 8.405 | 8.449 |
| 48 | 150.796 | 8.655 | 8.700 | 8.745 | 8.790 | 8.835 | 8.880 | 8.926 | 8.971 | 9.017 |
| 50 | 157.080 | 9.222 | 9.269 | 9.317 | 9.364 | 9.412 | 9.460 | 9.508 | 9.556 | 9.604 |
| 52 | 163.363 | 9.807 | 9.857 | 9.907 | 9.957 | 10.007 | 10.057 | 10.108 | 10.158 | 10.209 |
| 54 | 169.646 | 10.410 | 10.462 | 10.515 | 10.568 | 10.620 | 10.673 | 10.726 | 10.779 | 10.833 |
| 56 | 175.929 | 11.031 | 11.086 | 11.141 | 11.197 | 11.252 | 11.308 | 11.363 | 11.419 | 11.475 |
| 58 | 182.212 | 11.670 | 11.728 | 11.786 | 11.844 | 11.902 | 11.960 | 12.018 | 12.077 | 12.136 |
| 60 | 188.496 | 12.327 | 12.387 | 12.448 | 12.509 | 12.570 | 12.631 | 12.692 | 12.753 | 12.815 |
| 62 | 194.779 | 13.002 | 13.065 | 13.129 | 13.192 | 13.256 | 13.320 | 13.384 | 13.448 | 13.513 |
| 64 | 201.062 | 13.694 | 13.761 | 13.827 | 13.894 | 13.961 | 14.027 | 14.095 | 14.162 | 14.229 |
| 66 | 207.345 | 14.405 | 14.475 | 14.544 | 14.614 | 14.683 | 14.753 | 14.823 | 14.893 | 14.964 |
| 68 | 213.628 | 15.134 | 15.206 | 15.279 | 15.352 | 15.424 | 15.497 | 15.570 | 15.644 | 15.717 |
| 70 | 219.911 | 15.881 | 15.956 | 16.032 | 16.108 | 16.184 | 16.260 | 16.336 | 16.412 | 16.489 |
| 72 | 226.195 | 16.646 | 16.724 | 16.803 | 16.882 | 16.961 | 17.040 | 17.120 | 17.199 | 17.279 |
| 74 | 232.478 | 17.428 | 17.510 | 17.592 | 17.674 | 17.757 | 17.839 | 17.922 | 18.005 | 18.088 |
| 76 | 238.761 | 18.229 | 18.314 | 18.400 | 18.485 | 18.571 | 18.657 | 18.743 | 18.829 | 18.915 |
| 78 | 245.044 | 19.048 | 19.136 | 19.225 | 19.314 | 19.403 | 19.492 | 19.581 | 19.671 | 19.761 |

续表 1-4　　（长原木）

| 检尺径 | | 检尺长/m | | | | | | | | |
|---|---|---|---|---|---|---|---|---|---|---|
| 直径 | 周长 | 28.1 | 28.2 | 28.3 | 28.4 | 28.5 | 28.6 | 28.7 | 28.8 | 28.9 |
| /cm | /cm | 材积/$m^3$ | | | | | | | | |
| 80 | 251.327 | 19.884 | 19.976 | 20.069 | 20.161 | 20.253 | 20.346 | 20.439 | 20.532 | 20.625 |
| 82 | 257.611 | 20.739 | 20.835 | 20.930 | 21.026 | 21.122 | 21.218 | 21.315 | 21.411 | 21.508 |
| 84 | 263.894 | 21.612 | 21.711 | 21.810 | 21.909 | 22.009 | 22.109 | 22.209 | 22.309 | 22.409 |
| 86 | 270.177 | 22.502 | 22.605 | 22.708 | 22.811 | 22.914 | 23.017 | 23.121 | 23.225 | 23.329 |
| 88 | 276.460 | 23.411 | 23.517 | 23.624 | 23.731 | 23.838 | 23.945 | 24.052 | 24.159 | 24.267 |
| 90 | 282.743 | 24.338 | 24.448 | 24.558 | 24.669 | 24.779 | 24.890 | 25.001 | 25.112 | 25.223 |
| 92 | 289.027 | 25.282 | 25.396 | 25.510 | 25.625 | 25.739 | 25.854 | 25.969 | 26.083 | 26.199 |
| 94 | 295.310 | 26.245 | 26.363 | 26.481 | 26.599 | 26.717 | 26.836 | 26.954 | 27.073 | 27.192 |
| 96 | 301.593 | 27.226 | 27.347 | 27.469 | 27.591 | 27.714 | 27.836 | 27.959 | 28.082 | 28.205 |
| 98 | 307.876 | 28.224 | 28.350 | 28.476 | 28.602 | 28.728 | 28.855 | 28.981 | 29.108 | 29.235 |
| 100 | 314.159 | 29.241 | 29.370 | 29.500 | 29.631 | 29.761 | 29.892 | 30.022 | 30.153 | 30.284 |
| 102 | 320.442 | 30.275 | 30.409 | 30.543 | 30.678 | 30.812 | 30.947 | 31.082 | 31.217 | 31.352 |
| 104 | 326.726 | 31.328 | 31.466 | 31.604 | 31.743 | 31.881 | 32.020 | 32.159 | 32.299 | 32.438 |
| 106 | 333.009 | 32.398 | 32.541 | 32.683 | 32.826 | 32.969 | 33.112 | 33.256 | 33.399 | 33.543 |
| 108 | 339.292 | 33.487 | 33.633 | 33.780 | 33.927 | 34.075 | 34.222 | 34.370 | 34.518 | 34.666 |
| 110 | 345.575 | 34.593 | 34.744 | 34.896 | 35.047 | 35.199 | 35.351 | 35.503 | 35.655 | 35.808 |
| 112 | 351.858 | 35.718 | 35.873 | 36.029 | 36.185 | 36.341 | 36.497 | 36.654 | 36.811 | 36.968 |

(长原木)

**续表 1-4**

| 检尺径 | | 检尺长/m | | | | | | | | |
|---|---|---|---|---|---|---|---|---|---|---|
| 直径/cm | 周长/cm | 28.1 | 28.2 | 28.3 | 28.4 | 28.5 | 28.6 | 28.7 | 28.8 | 28.9 |
| | | 材积/$m^3$ | | | | | | | | |
| 114 | 358.142 | 36.860 | 37.020 | 37.180 | 37.341 | 37.502 | 37.663 | 37.824 | 37.985 | 38.147 |
| 116 | 364.425 | 38.020 | 38.185 | 38.350 | 38.515 | 38.680 | 38.846 | 39.012 | 39.178 | 39.344 |
| 118 | 370.708 | 39.199 | 39.368 | 39.538 | 39.707 | 39.877 | 40.048 | 40.218 | 40.389 | 40.559 |
| 120 | 376.991 | 40.395 | 40.569 | 40.743 | 40.918 | 41.093 | 41.267 | 41.443 | 41.618 | 41.794 |
| 122 | 383.274 | 41.610 | 41.788 | 41.967 | 42.147 | 42.326 | 42.506 | 42.686 | 42.866 | 43.046 |
| 124 | 389.557 | 42.842 | 43.026 | 43.209 | 43.393 | 43.578 | 43.762 | 43.947 | 44.132 | 44.317 |
| 126 | 395.841 | 44.092 | 44.281 | 44.470 | 44.659 | 44.848 | 45.037 | 45.227 | 45.417 | 45.607 |
| 128 | 402.124 | 45.361 | 45.554 | 45.748 | 45.942 | 46.136 | 46.330 | 46.525 | 46.720 | 46.915 |
| 130 | 408.407 | 46.647 | 46.845 | 47.044 | 47.243 | 47.442 | 47.642 | 47.842 | 48.042 | 48.242 |
| 132 | 414.690 | 47.951 | 48.155 | 48.359 | 48.563 | 48.767 | 48.972 | 49.176 | 49.382 | 49.587 |
| 134 | 420.973 | 49.273 | 49.482 | 49.691 | 49.900 | 50.110 | 50.320 | 50.530 | 50.740 | 50.950 |
| 136 | 427.257 | 50.614 | 50.828 | 51.042 | 51.256 | 51.471 | 51.686 | 51.901 | 52.117 | 52.333 |
| 138 | 433.540 | 51.972 | 52.191 | 52.411 | 52.631 | 52.851 | 53.071 | 53.291 | 53.512 | 53.733 |
| 140 | 439.823 | 53.348 | 53.573 | 53.798 | 54.023 | 54.248 | 54.474 | 54.700 | 54.926 | 55.152 |
| 142 | 446.106 | 54.742 | 54.972 | 55.203 | 55.433 | 55.664 | 55.895 | 56.126 | 56.358 | 56.590 |
| 144 | 452.389 | 56.155 | 56.390 | 56.626 | 56.862 | 57.098 | 57.335 | 57.572 | 57.809 | 58.046 |
| 146 | 458.673 | 57.585 | 57.826 | 58.067 | 58.309 | 58.551 | 58.793 | 59.035 | 59.278 | 59.521 |

续表 1-4　　（长原木）

| 检尺径 | | 检尺长/m | | | | | | | | |
|---|---|---|---|---|---|---|---|---|---|---|
| 直径 | 周长 | 28.1 | 28.2 | 28.3 | 28.4 | 28.5 | 28.6 | 28.7 | 28.8 | 28.9 |
| /cm | /cm | 材积/m³ | | | | | | | | |
| 148 | 464.956 | 59.033 | 59.280 | 59.526 | 59.774 | 60.021 | 60.269 | 60.517 | 60.765 | 61.014 |
| 150 | 471.239 | 60.499 | 60.751 | 61.004 | 61.257 | 61.510 | 61.763 | 62.017 | 62.271 | 62.525 |
| 152 | 477.522 | 61.983 | 62.241 | 62.500 | 62.758 | 63.017 | 63.276 | 63.536 | 63.795 | 64.055 |
| 154 | 483.805 | 63.485 | 63.749 | 64.013 | 64.278 | 64.542 | 64.807 | 65.073 | 65.338 | 65.604 |
| 156 | 490.088 | 65.005 | 65.275 | 65.545 | 65.815 | 66.086 | 66.357 | 66.628 | 66.899 | 67.171 |
| 158 | 496.372 | 66.544 | 66.819 | 67.095 | 67.371 | 67.648 | 67.925 | 68.202 | 68.479 | 68.757 |
| 160 | 502.655 | 68.100 | 68.381 | 68.663 | 68.945 | 69.228 | 69.511 | 69.794 | 70.077 | 70.361 |
| 162 | 508.938 | 69.674 | 69.961 | 70.249 | 70.538 | 70.826 | 71.115 | 71.404 | 71.693 | 71.983 |
| 164 | 515.221 | 71.266 | 71.559 | 71.854 | 72.148 | 72.443 | 72.738 | 73.033 | 73.328 | 73.624 |
| 166 | 521.504 | 72.876 | 73.176 | 73.476 | 73.776 | 74.077 | 74.379 | 74.680 | 74.982 | 75.284 |
| 168 | 527.788 | 74.504 | 74.810 | 75.116 | 75.423 | 75.730 | 76.038 | 76.345 | 76.654 | 76.962 |
| 170 | 534.071 | 76.150 | 76.462 | 76.775 | 77.088 | 77.402 | 77.715 | 78.029 | 78.344 | 78.658 |
| 172 | 540.354 | 77.814 | 78.133 | 78.452 | 78.771 | 79.091 | 79.411 | 79.732 | 80.052 | 80.373 |
| 174 | 546.637 | 79.496 | 79.821 | 80.147 | 80.473 | 80.799 | 81.125 | 81.452 | 81.779 | 82.107 |
| 176 | 552.920 | 81.196 | 81.527 | 81.859 | 82.192 | 82.525 | 82.858 | 83.191 | 83.525 | 83.859 |
| 178 | 559.203 | 82.913 | 83.252 | 83.591 | 83.930 | 84.269 | 84.609 | 84.949 | 85.289 | 85.630 |
| 180 | 565.487 | 84.649 | 84.994 | 85.340 | 85.685 | 86.031 | 86.378 | 86.724 | 87.071 | 87.419 |

续表 1-4

| 检尺径 | | 检尺长/m | | | | | | | | |
|---|---|---|---|---|---|---|---|---|---|---|
| 直径 | 周长 | 28.1 | 28.2 | 28.3 | 28.4 | 28.5 | 28.6 | 28.7 | 28.8 | 28.9 |
| /cm | /cm | 材积/$m^3$ | | | | | | | | |
| 182 | 571.770 | 86.403 | 86.755 | 87.107 | 87.459 | 87.812 | 88.165 | 88.518 | 88.872 | 89.226 |
| 184 | 578.053 | 88.175 | 88.534 | 88.892 | 89.252 | 89.611 | 89.971 | 90.331 | 90.691 | 91.052 |
| 186 | 584.336 | 89.965 | 90.330 | 90.696 | 91.062 | 91.428 | 91.795 | 92.162 | 92.529 | 92.897 |
| 188 | 590.619 | 91.773 | 92.145 | 92.518 | 92.890 | 93.264 | 93.637 | 94.011 | 94.385 | 94.760 |
| 190 | 596.903 | 93.599 | 93.978 | 94.357 | 94.737 | 95.117 | 95.498 | 95.878 | 96.260 | 96.641 |
| 192 | 603.186 | 95.442 | 95.829 | 96.215 | 96.602 | 96.989 | 97.377 | 97.764 | 98.153 | 98.541 |
| 194 | 609.469 | 97.304 | 97.697 | 98.091 | 98.485 | 98.879 | 99.274 | 99.669 | 100.064 | 100.460 |
| 196 | 615.752 | 99.184 | 99.584 | 99.985 | 100.386 | 100.788 | 101.189 | 101.591 | 101.994 | 102.397 |
| 198 | 622.035 | 101.082 | 101.489 | 101.897 | 102.306 | 102.714 | 103.123 | 103.532 | 103.942 | 104.352 |
| 200 | 628.319 | 102.998 | 103.412 | 103.828 | 104.243 | 104.659 | 105.075 | 105.492 | 105.909 | 106.326 |
| 202 | 634.602 | 104.931 | 105.353 | 105.776 | 106.199 | 106.622 | 107.046 | 107.470 | 107.894 | 108.319 |
| 204 | 640.885 | 106.883 | 107.313 | 107.742 | 108.173 | 108.603 | 109.034 | 109.466 | 109.897 | 110.330 |
| 206 | 647.168 | 108.853 | 109.290 | 109.727 | 110.165 | 110.603 | 111.041 | 111.480 | 111.919 | 112.359 |
| 208 | 653.451 | 110.840 | 111.285 | 111.730 | 112.175 | 112.621 | 113.067 | 113.513 | 113.960 | 114.407 |
| 210 | 659.734 | 112.846 | 113.298 | 113.751 | 114.204 | 114.657 | 115.110 | 115.564 | 116.019 | 116.473 |
| 212 | 666.018 | 114.870 | 115.329 | 115.790 | 116.250 | 116.711 | 117.172 | 117.634 | 118.096 | 118.558 |
| 214 | 672.301 | 116.911 | 117.379 | 117.847 | 118.315 | 118.784 | 119.253 | 119.722 | 120.192 | 120.662 |

续表 1-4　　（长原木）

| 检尺径 | | 检尺长/m | | | | | | | | |
|---|---|---|---|---|---|---|---|---|---|---|
| 直径 | 周长 | 28.1 | 28.2 | 28.3 | 28.4 | 28.5 | 28.6 | 28.7 | 28.8 | 28.9 |
| /cm | /cm | 材积/m$^3$ | | | | | | | | |
| 216 | 678.584 | 118.971 | 119.446 | 119.922 | 120.398 | 120.874 | 121.351 | 121.828 | 122.306 | 122.784 |
| 218 | 684.867 | 121.049 | 121.532 | 122.015 | 122.499 | 122.983 | 123.468 | 123.953 | 124.438 | 124.924 |
| 220 | 691.150 | 123.144 | 123.635 | 124.127 | 124.618 | 125.111 | 125.603 | 126.096 | 126.590 | 127.083 |
| 222 | 697.434 | 125.258 | 125.757 | 126.256 | 126.756 | 127.256 | 127.757 | 128.258 | 128.759 | 129.261 |
| 224 | 703.717 | 127.389 | 127.896 | 128.404 | 128.912 | 129.420 | 129.928 | 130.437 | 130.947 | 131.457 |
| 226 | 710.000 | 129.539 | 130.054 | 130.569 | 131.085 | 131.602 | 132.118 | 132.636 | 133.153 | 133.671 |
| 228 | 716.283 | 131.706 | 132.230 | 132.753 | 133.277 | 133.802 | 134.327 | 134.852 | 135.378 | 135.904 |
| 230 | 722.566 | 133.892 | 134.423 | 134.955 | 135.488 | 136.020 | 136.554 | 137.087 | 137.621 | 138.155 |
| 232 | 728.849 | 136.095 | 136.635 | 137.175 | 137.716 | 138.257 | 138.799 | 139.340 | 139.883 | 140.425 |
| 234 | 735.133 | 138.317 | 138.865 | 139.414 | 139.963 | 140.512 | 141.062 | 141.612 | 142.163 | 142.714 |
| 236 | 741.416 | 140.556 | 141.113 | 141.670 | 142.227 | 142.785 | 143.343 | 143.902 | 144.461 | 145.021 |
| 238 | 747.699 | 142.814 | 143.379 | 143.944 | 144.510 | 145.077 | 145.643 | 146.210 | 146.778 | 147.346 |
| 240 | 753.982 | 145.089 | 145.663 | 146.237 | 146.811 | 147.386 | 147.962 | 148.537 | 149.113 | 149.690 |
| 242 | 760.265 | 147.382 | 147.965 | 148.547 | 149.131 | 149.714 | 150.298 | 150.882 | 151.467 | 152.052 |
| 244 | 766.549 | 149.694 | 150.285 | 150.876 | 151.468 | 152.060 | 152.653 | 153.246 | 153.839 | 154.433 |
| 246 | 772.832 | 152.023 | 152.623 | 153.223 | 153.824 | 154.425 | 155.026 | 155.628 | 156.230 | 156.833 |
| 248 | 779.115 | 154.371 | 154.979 | 155.588 | 156.197 | 156.807 | 157.417 | 158.028 | 158.639 | 159.251 |

**续表 1-4**

| 检尺径 | | 检尺长/m | | | | | | | | |
|---|---|---|---|---|---|---|---|---|---|---|
| 直径 | 周长 | 28.1 | 28.2 | 28.3 | 28.4 | 28.5 | 28.6 | 28.7 | 28.8 | 28.9 |
| /cm | /cm | 材积/m$^3$ | | | | | | | | |
| 250 | 785.398 | 156.736 | 157.353 | 157.971 | 158.589 | 159.208 | 159.827 | 160.447 | 161.067 | 161.687 |

| 检尺径 | | 检尺长/m | | | | | | | | |
|---|---|---|---|---|---|---|---|---|---|---|
| 直径 | 周长 | 29 | 29.1 | 29.2 | 29.3 | 29.4 | 29.5 | 29.6 | 29.7 | 29.8 |
| /cm | /cm | 材积/m$^3$ | | | | | | | | |
| 4 | 12.5664 | 0.7940 | 0.8011 | 0.8082 | 0.8153 | 0.8225 | 0.8297 | 0.8369 | 0.8442 | 0.8516 |
| 5 | 15.7080 | 0.8822 | 0.8898 | 0.8974 | 0.9051 | 0.9128 | 0.9205 | 0.9284 | 0.9362 | 0.9441 |
| 6 | 18.8496 | 0.9750 | 0.9831 | 0.9913 | 0.9995 | 1.0078 | 1.0161 | 1.0245 | 1.0329 | 1.0414 |
| 7 | 21.9911 | 1.0724 | 1.0811 | 1.0899 | 1.0987 | 1.1075 | 1.1164 | 1.1254 | 1.1344 | 1.1434 |
| 8 | 25.133 | 1.175 | 1.184 | 1.193 | 1.203 | 1.212 | 1.221 | 1.231 | 1.241 | 1.250 |
| 9 | 28.274 | 1.281 | 1.291 | 1.301 | 1.311 | 1.321 | 1.331 | 1.341 | 1.352 | 1.362 |
| 10 | 31.416 | 1.393 | 1.403 | 1.414 | 1.424 | 1.435 | 1.446 | 1.456 | 1.467 | 1.478 |
| 11 | 34.558 | 1.509 | 1.520 | 1.531 | 1.542 | 1.553 | 1.565 | 1.576 | 1.588 | 1.599 |
| 12 | 37.699 | 1.629 | 1.641 | 1.653 | 1.665 | 1.677 | 1.689 | 1.701 | 1.713 | 1.725 |
| 13 | 40.841 | 1.755 | 1.767 | 1.779 | 1.792 | 1.805 | 1.817 | 1.830 | 1.843 | 1.856 |
| 14 | 43.982 | 1.884 | 1.898 | 1.911 | 1.924 | 1.937 | 1.951 | 1.964 | 1.978 | 1.991 |
| 16 | 50.265 | 2.158 | 2.173 | 2.187 | 2.202 | 2.217 | 2.232 | 2.246 | 2.261 | 2.276 |

| 检尺径 | | 检尺长/m | | | | | | | | |
|---|---|---|---|---|---|---|---|---|---|---|
| 直径 | 周长 | 29 | 29.1 | 29.2 | 29.3 | 29.4 | 29.5 | 29.6 | 29.7 | 29.8 |
| /cm | /cm | 材积/m³ | | | | | | | | |
| 18 | 56.549 | 2.451 | 2.467 | 2.483 | 2.499 | 2.515 | 2.531 | 2.548 | 2.564 | 2.580 |
| 20 | 62.832 | 2.761 | 2.779 | 2.797 | 2.814 | 2.832 | 2.850 | 2.868 | 2.886 | 2.904 |
| 22 | 69.115 | 3.091 | 3.110 | 3.129 | 3.149 | 3.168 | 3.187 | 3.207 | 3.226 | 3.246 |
| 24 | 75.398 | 3.439 | 3.460 | 3.481 | 3.502 | 3.523 | 3.544 | 3.565 | 3.586 | 3.607 |
| 26 | 81.681 | 3.805 | 3.828 | 3.851 | 3.873 | 3.896 | 3.919 | 3.942 | 3.965 | 3.988 |
| 28 | 87.965 | 4.191 | 4.215 | 4.239 | 4.264 | 4.288 | 4.313 | 4.338 | 4.363 | 4.388 |
| 30 | 94.248 | 4.594 | 4.620 | 4.647 | 4.673 | 4.700 | 4.726 | 4.753 | 4.779 | 4.806 |
| 32 | 100.531 | 5.016 | 5.045 | 5.073 | 5.101 | 5.129 | 5.158 | 5.186 | 5.215 | 5.244 |
| 34 | 106.814 | 5.457 | 5.487 | 5.518 | 5.548 | 5.578 | 5.609 | 5.639 | 5.670 | 5.701 |
| 36 | 113.097 | 5.917 | 5.949 | 5.981 | 6.013 | 6.046 | 6.078 | 6.111 | 6.144 | 6.176 |
| 38 | 119.381 | 6.395 | 6.429 | 6.463 | 6.498 | 6.532 | 6.567 | 6.602 | 6.636 | 6.671 |
| 40 | 125.664 | 6.891 | 6.927 | 6.964 | 7.001 | 7.037 | 7.074 | 7.111 | 7.148 | 7.185 |
| 42 | 131.947 | 7.406 | 7.445 | 7.484 | 7.522 | 7.561 | 7.601 | 7.640 | 7.679 | 7.718 |
| 44 | 138.230 | 7.940 | 7.981 | 8.022 | 8.063 | 8.104 | 8.146 | 8.187 | 8.229 | 8.271 |
| 46 | 144.513 | 8.492 | 8.535 | 8.579 | 8.622 | 8.666 | 8.710 | 8.754 | 8.798 | 8.842 |
| 48 | 150.796 | 9.063 | 9.108 | 9.154 | 9.200 | 9.246 | 9.293 | 9.339 | 9.385 | 9.432 |
| 50 | 157.080 | 9.652 | 9.700 | 9.749 | 9.797 | 9.846 | 9.894 | 9.943 | 9.992 | 10.041 |

**续表 1-4**

| 检尺径 | | 检尺长/m | | | | | | | | |
|---|---|---|---|---|---|---|---|---|---|---|
| 直径/cm | 周长/cm | 29 | 29.1 | 29.2 | 29.3 | 29.4 | 29.5 | 29.6 | 29.7 | 29.8 |
| | | 材积/m³ | | | | | | | | |
| 52 | 163.363 | 10.260 | 10.310 | 10.361 | 10.413 | 10.464 | 10.515 | 10.567 | 10.618 | 10.670 |
| 54 | 169.646 | 10.886 | 10.940 | 10.993 | 11.047 | 11.101 | 11.155 | 11.209 | 11.263 | 11.317 |
| 56 | 175.929 | 11.531 | 11.587 | 11.643 | 11.700 | 11.756 | 11.813 | 11.870 | 11.927 | 11.984 |
| 58 | 182.212 | 12.195 | 12.253 | 12.312 | 12.372 | 12.431 | 12.490 | 12.550 | 12.610 | 12.670 |
| 60 | 188.496 | 12.877 | 12.938 | 13.000 | 13.062 | 13.124 | 13.187 | 13.249 | 13.312 | 13.374 |
| 62 | 194.779 | 13.577 | 13.642 | 13.707 | 13.772 | 13.837 | 13.902 | 13.967 | 14.032 | 14.098 |
| 64 | 201.062 | 14.296 | 14.364 | 14.432 | 14.500 | 14.568 | 14.636 | 14.704 | 14.772 | 14.841 |
| 66 | 207.345 | 15.034 | 15.105 | 15.175 | 15.246 | 15.317 | 15.389 | 15.460 | 15.531 | 15.603 |
| 68 | 213.628 | 15.791 | 15.864 | 15.938 | 16.012 | 16.086 | 16.160 | 16.235 | 16.309 | 16.384 |
| 70 | 219.911 | 16.565 | 16.642 | 16.719 | 16.796 | 16.873 | 16.951 | 17.028 | 17.106 | 17.184 |
| 72 | 226.195 | 17.359 | 17.439 | 17.519 | 17.599 | 17.680 | 17.760 | 17.841 | 17.922 | 18.003 |
| 74 | 232.478 | 18.171 | 18.254 | 18.338 | 18.421 | 18.505 | 18.589 | 18.673 | 18.757 | 18.841 |
| 76 | 238.761 | 19.001 | 19.088 | 19.175 | 19.262 | 19.349 | 19.436 | 19.523 | 19.611 | 19.699 |
| 78 | 245.044 | 19.851 | 19.940 | 20.031 | 20.121 | 20.211 | 20.302 | 20.393 | 20.484 | 20.575 |
| 80 | 251.327 | 20.718 | 20.812 | 20.905 | 20.999 | 21.093 | 21.187 | 21.281 | 21.376 | 21.470 |
| 82 | 257.611 | 21.604 | 21.701 | 21.799 | 21.896 | 21.993 | 22.091 | 22.189 | 22.287 | 22.385 |
| 84 | 263.894 | 22.509 | 22.610 | 22.710 | 22.811 | 22.912 | 23.014 | 23.115 | 23.217 | 23.318 |

续表 1-4 （长原木）

| 检尺径 | | 检尺长/m | | | | | | | | |
|---|---|---|---|---|---|---|---|---|---|---|
| 直径 | 周长 | 29 | 29.1 | 29.2 | 29.3 | 29.4 | 29.5 | 29.6 | 29.7 | 29.8 |
| /cm | /cm | 材积/m³ | | | | | | | | |
| 86 | 270.177 | 23.433 | 23.537 | 23.641 | 23.746 | 23.850 | 23.955 | 24.060 | 24.166 | 24.271 |
| 88 | 276.460 | 24.375 | 24.482 | 24.591 | 24.699 | 24.807 | 24.916 | 25.025 | 25.134 | 25.243 |
| 90 | 282.743 | 25.335 | 25.447 | 25.559 | 25.671 | 25.783 | 25.895 | 26.008 | 26.121 | 26.234 |
| 92 | 289.027 | 26.314 | 26.430 | 26.545 | 26.661 | 26.777 | 26.894 | 27.010 | 27.127 | 27.243 |
| 94 | 295.310 | 27.312 | 27.431 | 27.551 | 27.671 | 27.791 | 27.911 | 28.031 | 28.152 | 28.272 |
| 96 | 301.593 | 28.328 | 28.451 | 28.575 | 28.699 | 28.823 | 28.947 | 29.071 | 29.196 | 29.320 |
| 98 | 307.876 | 29.363 | 29.490 | 29.618 | 29.745 | 29.873 | 30.002 | 30.130 | 30.259 | 30.387 |
| 100 | 314.159 | 30.416 | 30.547 | 30.679 | 30.811 | 30.943 | 31.075 | 31.208 | 31.341 | 31.474 |
| 102 | 320.442 | 31.488 | 31.623 | 31.759 | 31.895 | 32.032 | 32.168 | 32.305 | 32.442 | 32.579 |
| 104 | 326.726 | 32.578 | 32.718 | 32.858 | 32.998 | 33.139 | 33.280 | 33.421 | 33.562 | 33.703 |
| 106 | 333.009 | 33.687 | 33.831 | 33.976 | 34.120 | 34.265 | 34.410 | 34.555 | 34.701 | 34.846 |
| 108 | 339.292 | 34.815 | 34.963 | 35.112 | 35.261 | 35.410 | 35.559 | 35.709 | 35.859 | 36.009 |
| 110 | 345.575 | 35.961 | 36.114 | 36.267 | 36.420 | 36.574 | 36.728 | 36.882 | 37.036 | 37.190 |
| 112 | 351.858 | 37.125 | 37.283 | 37.440 | 37.598 | 37.756 | 37.915 | 38.073 | 38.232 | 38.391 |
| 114 | 358.142 | 38.308 | 38.470 | 38.633 | 38.795 | 38.958 | 39.121 | 39.284 | 39.447 | 39.611 |
| 116 | 364.425 | 39.510 | 39.677 | 39.844 | 40.011 | 40.178 | 40.346 | 40.513 | 40.681 | 40.849 |
| 118 | 370.708 | 40.731 | 40.902 | 41.073 | 41.245 | 41.417 | 41.589 | 41.762 | 41.934 | 42.107 |

续表 1-4

| 检尺径 | | 检尺长/m | | | | | | | | |
|---|---|---|---|---|---|---|---|---|---|---|
| 直径 | 周长 | 29 | 29.1 | 29.2 | 29.3 | 29.4 | 29.5 | 29.6 | 29.7 | 29.8 |
| /cm | /cm | 材积/$m^3$ | | | | | | | | |
| 120 | 376.991 | 41.969 | 42.145 | 42.322 | 42.498 | 42.675 | 42.852 | 43.029 | 43.206 | 43.384 |
| 122 | 383.274 | 43.227 | 43.408 | 43.589 | 43.770 | 43.952 | 44.133 | 44.315 | 44.498 | 44.680 |
| 124 | 389.557 | 44.503 | 44.689 | 44.874 | 45.061 | 45.247 | 45.434 | 45.621 | 45.808 | 45.995 |
| 126 | 395.841 | 45.797 | 45.988 | 46.179 | 46.370 | 46.561 | 46.753 | 46.945 | 47.137 | 47.329 |
| 128 | 402.124 | 47.111 | 47.306 | 47.502 | 47.698 | 47.894 | 48.091 | 48.288 | 48.485 | 48.682 |
| 130 | 408.407 | 48.442 | 48.643 | 48.844 | 49.045 | 49.246 | 49.448 | 49.650 | 49.852 | 50.054 |
| 132 | 414.690 | 49.792 | 49.998 | 50.204 | 50.411 | 50.617 | 50.824 | 51.031 | 51.238 | 51.446 |
| 134 | 420.973 | 51.161 | 51.372 | 51.583 | 51.795 | 52.007 | 52.219 | 52.431 | 52.643 | 52.856 |
| 136 | 427.257 | 52.549 | 52.765 | 52.981 | 53.198 | 53.415 | 53.632 | 53.850 | 54.068 | 54.286 |
| 138 | 433.540 | 53.955 | 54.176 | 54.398 | 54.620 | 54.842 | 55.065 | 55.288 | 55.511 | 55.734 |
| 140 | 439.823 | 55.379 | 55.606 | 55.833 | 56.061 | 56.288 | 56.516 | 56.744 | 56.973 | 57.202 |
| 142 | 446.106 | 56.822 | 57.054 | 57.287 | 57.520 | 57.753 | 57.987 | 58.220 | 58.454 | 58.688 |
| 144 | 452.389 | 58.284 | 58.522 | 58.760 | 58.998 | 59.237 | 59.476 | 59.715 | 59.954 | 60.194 |
| 146 | 458.673 | 59.764 | 60.007 | 60.251 | 60.495 | 60.739 | 60.984 | 61.229 | 61.474 | 61.719 |
| 148 | 464.956 | 61.263 | 61.512 | 61.761 | 62.011 | 62.260 | 62.511 | 62.761 | 63.012 | 63.263 |
| 150 | 471.239 | 62.780 | 63.035 | 63.290 | 63.545 | 63.801 | 64.056 | 64.313 | 64.569 | 64.826 |
| 152 | 477.522 | 64.316 | 64.576 | 64.837 | 65.098 | 65.359 | 65.621 | 65.883 | 66.145 | 66.408 |

续表 1-4　　（长原木）

| 检尺径 | | 检尺长/m | | | | | | | | |
|---|---|---|---|---|---|---|---|---|---|---|
| 直径 | 周长 | 29 | 29.1 | 29.2 | 29.3 | 29.4 | 29.5 | 29.6 | 29.7 | 29.8 |
| /cm | /cm | 材积/$m^3$ | | | | | | | | |
| 154 | 483.805 | 65.870 | 66.136 | 66.403 | 66.670 | 66.937 | 67.205 | 67.472 | 67.741 | 68.009 |
| 156 | 490.088 | 67.443 | 67.715 | 67.988 | 68.261 | 68.534 | 68.807 | 69.081 | 69.355 | 69.629 |
| 158 | 496.372 | 69.035 | 69.313 | 69.591 | 69.870 | 70.149 | 70.428 | 70.708 | 70.988 | 71.268 |
| 160 | 502.655 | 70.645 | 70.929 | 71.213 | 71.498 | 71.783 | 72.069 | 72.354 | 72.640 | 72.927 |
| 162 | 508.938 | 72.273 | 72.564 | 72.854 | 73.145 | 73.436 | 73.728 | 74.020 | 74.312 | 74.604 |
| 164 | 515.221 | 73.920 | 74.217 | 74.514 | 74.811 | 75.108 | 75.406 | 75.704 | 76.002 | 76.300 |
| 166 | 521.504 | 75.586 | 75.889 | 76.192 | 76.495 | 76.799 | 77.103 | 77.407 | 77.711 | 78.016 |
| 168 | 527.788 | 77.271 | 77.579 | 77.889 | 78.198 | 78.508 | 78.818 | 79.129 | 79.439 | 79.751 |
| 170 | 534.071 | 78.973 | 79.289 | 79.604 | 79.920 | 80.236 | 80.553 | 80.870 | 81.187 | 81.504 |
| 172 | 540.354 | 80.695 | 81.017 | 81.338 | 81.661 | 81.983 | 82.306 | 82.630 | 82.953 | 83.277 |
| 174 | 546.637 | 82.435 | 82.763 | 83.091 | 83.420 | 83.749 | 84.079 | 84.408 | 84.738 | 85.069 |
| 176 | 552.920 | 84.193 | 84.528 | 84.863 | 85.198 | 85.534 | 85.870 | 86.206 | 86.543 | 86.880 |
| 178 | 559.203 | 85.971 | 86.312 | 86.653 | 86.995 | 87.337 | 87.680 | 88.023 | 88.366 | 88.710 |
| 180 | 565.487 | 87.766 | 88.114 | 88.462 | 88.811 | 89.160 | 89.509 | 89.859 | 90.208 | 90.559 |
| 182 | 571.770 | 89.580 | 89.935 | 90.290 | 90.645 | 91.001 | 91.357 | 91.713 | 92.070 | 92.427 |
| 184 | 578.053 | 91.413 | 91.775 | 92.136 | 92.499 | 92.861 | 93.224 | 93.587 | 93.950 | 94.314 |
| 186 | 584.336 | 93.265 | 93.633 | 94.001 | 94.370 | 94.740 | 95.109 | 95.479 | 95.850 | 96.220 |

续表 1-4

| 检尺径 | | 检尺长/m | | | | | | | | |
|---|---|---|---|---|---|---|---|---|---|---|
| 直径 | 周长 | 29 | 29.1 | 29.2 | 29.3 | 29.4 | 29.5 | 29.6 | 29.7 | 29.8 |
| /cm | /cm | 材积/m³ | | | | | | | | |
| 188 | 590.619 | 95.135 | 95.510 | 95.885 | 96.261 | 96.637 | 97.014 | 97.391 | 97.768 | 98.145 |
| 190 | 596.903 | 97.023 | 97.405 | 97.788 | 98.171 | 98.554 | 98.937 | 99.321 | 99.705 | 100.090 |
| 192 | 603.186 | 98.930 | 99.319 | 99.709 | 100.099 | 100.489 | 100.880 | 101.270 | 101.662 | 102.053 |
| 194 | 609.469 | 100.856 | 101.252 | 101.649 | 102.046 | 102.443 | 102.841 | 103.239 | 103.637 | 104.036 |
| 196 | 615.752 | 102.800 | 103.203 | 103.607 | 104.011 | 104.416 | 104.821 | 105.226 | 105.632 | 106.037 |
| 198 | 622.035 | 104.763 | 105.173 | 105.584 | 105.996 | 106.408 | 106.820 | 107.232 | 107.645 | 108.058 |
| 200 | 628.319 | 106.744 | 107.162 | 107.580 | 107.999 | 108.418 | 108.837 | 109.257 | 109.677 | 110.098 |
| 202 | 634.602 | 108.744 | 109.169 | 109.595 | 110.021 | 110.447 | 110.874 | 111.301 | 111.729 | 112.157 |
| 204 | 640.885 | 110.762 | 111.195 | 111.628 | 112.062 | 112.495 | 112.930 | 113.364 | 113.799 | 114.235 |
| 206 | 647.168 | 112.799 | 113.239 | 113.680 | 114.121 | 114.562 | 115.004 | 115.446 | 115.889 | 116.332 |
| 208 | 653.451 | 114.855 | 115.302 | 115.751 | 116.199 | 116.648 | 117.097 | 117.547 | 117.997 | 118.448 |
| 210 | 659.734 | 116.929 | 117.384 | 117.840 | 118.296 | 118.753 | 119.210 | 119.667 | 120.125 | 120.583 |
| 212 | 666.018 | 119.021 | 119.484 | 119.948 | 120.412 | 120.876 | 121.341 | 121.806 | 122.271 | 122.737 |
| 214 | 672.301 | 121.132 | 121.603 | 122.075 | 122.546 | 123.018 | 123.491 | 123.963 | 124.437 | 124.910 |
| 216 | 678.584 | 123.262 | 123.741 | 124.220 | 124.699 | 125.179 | 125.660 | 126.140 | 126.621 | 127.103 |
| 218 | 684.867 | 125.411 | 125.897 | 126.384 | 126.871 | 127.359 | 127.847 | 128.336 | 128.825 | 129.314 |
| 220 | 691.150 | 127.577 | 128.072 | 128.567 | 129.062 | 129.558 | 130.054 | 130.550 | 131.047 | 131.544 |

续表 1-4 （长原木）

| 检尺径 | | 检尺长/m | | | | | | | | |
|---|---|---|---|---|---|---|---|---|---|---|
| 直径 | 周长 | 29 | 29.1 | 29.2 | 29.3 | 29.4 | 29.5 | 29.6 | 29.7 | 29.8 |
| /cm | /cm | 材积/m³ | | | | | | | | |
| 222 | 697.434 | 129.763 | 130.265 | 130.768 | 131.272 | 131.775 | 132.279 | 132.784 | 133.289 | 133.794 |
| 224 | 703.717 | 131.967 | 132.477 | 132.988 | 133.500 | 134.012 | 134.524 | 135.036 | 135.549 | 136.063 |
| 226 | 710.000 | 134.189 | 134.708 | 135.227 | 135.747 | 136.267 | 136.787 | 137.308 | 137.829 | 138.350 |
| 228 | 716.283 | 136.431 | 136.957 | 137.485 | 138.012 | 138.541 | 139.069 | 139.598 | 140.127 | 140.657 |
| 230 | 722.566 | 138.690 | 139.225 | 139.761 | 140.297 | 140.833 | 141.370 | 141.907 | 142.445 | 142.983 |
| 232 | 728.849 | 140.968 | 141.512 | 142.056 | 142.600 | 143.145 | 143.690 | 144.235 | 144.781 | 145.328 |
| 234 | 735.133 | 143.265 | 143.817 | 144.369 | 144.922 | 145.475 | 146.029 | 146.583 | 147.137 | 147.692 |
| 236 | 741.416 | 145.581 | 146.141 | 146.702 | 147.263 | 147.824 | 148.386 | 148.949 | 149.512 | 150.075 |
| 238 | 747.699 | 147.915 | 148.483 | 149.053 | 149.622 | 150.192 | 150.763 | 151.334 | 151.905 | 152.477 |
| 240 | 753.982 | 150.267 | 150.844 | 151.422 | 152.000 | 152.579 | 153.158 | 153.738 | 154.318 | 154.898 |
| 242 | 760.265 | 152.638 | 153.224 | 153.811 | 154.397 | 154.985 | 155.573 | 156.161 | 156.749 | 157.338 |
| 244 | 766.549 | 155.028 | 155.622 | 156.218 | 156.813 | 157.409 | 158.006 | 158.603 | 159.200 | 159.798 |
| 246 | 772.832 | 157.436 | 158.039 | 158.643 | 159.248 | 159.852 | 160.458 | 161.063 | 161.670 | 162.276 |
| 248 | 779.115 | 159.863 | 160.475 | 161.088 | 161.701 | 162.315 | 162.929 | 163.543 | 164.158 | 164.774 |
| 250 | 785.398 | 162.308 | 162.929 | 163.551 | 164.173 | 164.795 | 165.418 | 166.042 | 166.666 | 167.290 |

（长原木）

续表 1-4

| 检尺径 | | 检尺长/m | | | | | | | | |
|---|---|---|---|---|---|---|---|---|---|---|
| 直径/cm | 周长/cm | 29.9 | 30 | | | | | | | |
| | | 材积/$m^3$ | | | | | | | | |
| 4 | 12.5664 | 0.8590 | 0.8664 | | | | | | | |
| 5 | 15.7080 | 0.9520 | 0.9600 | | | | | | | |
| 6 | 18.8496 | 1.0499 | 1.0584 | | | | | | | |
| 7 | 21.9911 | 1.1525 | 1.1616 | | | | | | | |
| 8 | 25.133 | 1.260 | 1.270 | | | | | | | |
| 9 | 28.274 | 1.372 | 1.382 | | | | | | | |
| 10 | 31.416 | 1.489 | 1.500 | | | | | | | |
| 11 | 34.558 | 1.611 | 1.622 | | | | | | | |
| 12 | 37.699 | 1.737 | 1.750 | | | | | | | |
| 13 | 40.841 | 1.869 | 1.882 | | | | | | | |
| 14 | 43.982 | 2.005 | 2.018 | | | | | | | |
| 16 | 50.265 | 2.291 | 2.306 | | | | | | | |
| 18 | 56.549 | 2.597 | 2.614 | | | | | | | |
| 20 | 62.832 | 2.922 | 2.940 | | | | | | | |
| 22 | 69.115 | 3.266 | 3.286 | | | | | | | |
| 24 | 75.398 | 3.629 | 3.650 | | | | | | | |
| 26 | 81.681 | 4.011 | 4.034 | | | | | | | |

续表 1-4 （长原木）

| 检尺径 | | 检尺长/m | | | | | | | | |
|---|---|---|---|---|---|---|---|---|---|---|
| 直径 | 周长 | 29.9 | 30 | | | | | | | |
| /cm | /cm | 材积/m³ | | | | | | | | |
| 28 | 87.965 | 4.413 | 4.438 | | | | | | | |
| 30 | 94.248 | 4.833 | 4.860 | | | | | | | |
| 32 | 100.531 | 5.273 | 5.302 | | | | | | | |
| 34 | 106.814 | 5.731 | 5.762 | | | | | | | |
| 36 | 113.097 | 6.209 | 6.242 | | | | | | | |
| 38 | 119.381 | 6.706 | 6.742 | | | | | | | |
| 40 | 125.664 | 7.223 | 7.260 | | | | | | | |
| 42 | 131.947 | 7.758 | 7.798 | | | | | | | |
| 44 | 138.230 | 8.312 | 8.354 | | | | | | | |
| 46 | 144.513 | 8.886 | 8.930 | | | | | | | |
| 48 | 150.796 | 9.479 | 9.526 | | | | | | | |
| 50 | 157.080 | 10.091 | 10.140 | | | | | | | |
| 52 | 163.363 | 10.722 | 10.774 | | | | | | | |
| 54 | 169.646 | 11.372 | 11.426 | | | | | | | |
| 56 | 175.929 | 12.041 | 12.098 | | | | | | | |
| 58 | 182.212 | 12.730 | 12.790 | | | | | | | |
| 60 | 188.496 | 13.437 | 13.500 | | | | | | | |

（长原木）

续表 1-4

| 检尺径 | | 检尺长/m | | | | | | | | |
|---|---|---|---|---|---|---|---|---|---|---|
| 直径 | 周长 | 29.9 | 30 | | | | | | | |
| /cm | /cm | 材积/m³ | | | | | | | | |
| 62 | 194.779 | 14.164 | 14.230 | | | | | | | |
| 64 | 201.062 | 14.910 | 14.978 | | | | | | | |
| 66 | 207.345 | 15.675 | 15.746 | | | | | | | |
| 68 | 213.628 | 16.459 | 16.534 | | | | | | | |
| 70 | 219.911 | 17.262 | 17.340 | | | | | | | |
| 72 | 226.195 | 18.084 | 18.166 | | | | | | | |
| 74 | 232.478 | 18.926 | 19.010 | | | | | | | |
| 76 | 238.761 | 19.786 | 19.874 | | | | | | | |
| 78 | 245.044 | 20.666 | 20.758 | | | | | | | |
| 80 | 251.327 | 21.565 | 21.660 | | | | | | | |
| 82 | 257.611 | 22.483 | 22.582 | | | | | | | |
| 84 | 263.894 | 23.420 | 23.522 | | | | | | | |
| 86 | 270.177 | 24.377 | 24.482 | | | | | | | |
| 88 | 276.460 | 25.352 | 25.462 | | | | | | | |
| 90 | 282.743 | 26.347 | 26.460 | | | | | | | |
| 92 | 289.027 | 27.360 | 27.478 | | | | | | | |
| 94 | 295.310 | 28.393 | 28.514 | | | | | | | |

续表 1-4 （长原木）

| 检尺径 | | 检尺长/m | | | | | | | | |
|---|---|---|---|---|---|---|---|---|---|---|
| 直径 | 周长 | 29.9 | 30 | | | | | | | |
| /cm | /cm | 材积/$m^3$ | | | | | | | | |
| 96 | 301.593 | 29.445 | 29.570 | | | | | | | |
| 98 | 307.876 | 30.516 | 30.646 | | | | | | | |
| 100 | 314.159 | 31.607 | 31.740 | | | | | | | |
| 102 | 320.442 | 32.716 | 32.854 | | | | | | | |
| 104 | 326.726 | 33.845 | 33.986 | | | | | | | |
| 106 | 333.009 | 34.992 | 35.138 | | | | | | | |
| 108 | 339.292 | 36.159 | 36.310 | | | | | | | |
| 110 | 345.575 | 37.345 | 37.500 | | | | | | | |
| 112 | 351.858 | 38.550 | 38.710 | | | | | | | |
| 114 | 358.142 | 39.774 | 39.938 | | | | | | | |
| 116 | 364.425 | 41.018 | 41.186 | | | | | | | |
| 118 | 370.708 | 42.280 | 42.454 | | | | | | | |
| 120 | 376.991 | 43.562 | 43.740 | | | | | | | |
| 122 | 383.274 | 44.863 | 45.046 | | | | | | | |
| 124 | 389.557 | 46.183 | 46.370 | | | | | | | |
| 126 | 395.841 | 47.522 | 47.714 | | | | | | | |
| 128 | 402.124 | 48.880 | 49.078 | | | | | | | |

（长原木）

续表 1-4

| 检尺径 | | 检尺长/m | | | | | | | | |
|---|---|---|---|---|---|---|---|---|---|---|
| 直径 | 周长 | 29.9 | 30 | | | | | | | |
| /cm | /cm | 材积/m³ | | | | | | | | |
| 130 | 408.407 | 50.257 | 50.460 | | | | | | | |
| 132 | 414.690 | 51.654 | 51.862 | | | | | | | |
| 134 | 420.973 | 53.069 | 53.282 | | | | | | | |
| 136 | 427.257 | 54.504 | 54.722 | | | | | | | |
| 138 | 433.540 | 55.958 | 56.182 | | | | | | | |
| 140 | 439.823 | 57.431 | 57.660 | | | | | | | |
| 142 | 446.106 | 58.923 | 59.158 | | | | | | | |
| 144 | 452.389 | 60.434 | 60.674 | | | | | | | |
| 146 | 458.673 | 61.965 | 62.210 | | | | | | | |
| 148 | 464.956 | 63.514 | 63.766 | | | | | | | |
| 150 | 471.239 | 65.083 | 65.340 | | | | | | | |
| 152 | 477.522 | 66.671 | 66.934 | | | | | | | |
| 154 | 483.805 | 68.277 | 68.546 | | | | | | | |
| 156 | 490.088 | 69.904 | 70.178 | | | | | | | |
| 158 | 496.372 | 71.549 | 71.830 | | | | | | | |
| 160 | 502.655 | 73.213 | 73.500 | | | | | | | |
| 162 | 508.938 | 74.897 | 75.190 | | | | | | | |

续表 1-4 （长原木）

| 检尺径 | | 检尺长/m | | | | | | | | |
|---|---|---|---|---|---|---|---|---|---|---|
| 直径 /cm | 周长 /cm | 29.9 | 30 | | | | | | | |
| | | 材积/m³ | | | | | | | | |
| 164 | 515.221 | 76.599 | 76.898 | | | | | | | |
| 166 | 521.504 | 78.321 | 78.626 | | | | | | | |
| 168 | 527.788 | 80.062 | 80.374 | | | | | | | |
| 170 | 534.071 | 81.822 | 82.140 | | | | | | | |
| 172 | 540.354 | 83.601 | 83.926 | | | | | | | |
| 174 | 546.637 | 85.399 | 85.730 | | | | | | | |
| 176 | 552.920 | 87.217 | 87.554 | | | | | | | |
| 178 | 559.203 | 89.053 | 89.398 | | | | | | | |
| 180 | 565.487 | 90.909 | 91.260 | | | | | | | |
| 182 | 571.770 | 92.784 | 93.142 | | | | | | | |
| 184 | 578.053 | 94.678 | 95.042 | | | | | | | |
| 186 | 584.336 | 96.591 | 96.962 | | | | | | | |
| 188 | 590.619 | 98.523 | 98.902 | | | | | | | |
| 190 | 596.903 | 100.475 | 100.860 | | | | | | | |
| 192 | 603.186 | 102.445 | 102.838 | | | | | | | |
| 194 | 609.469 | 104.435 | 104.834 | | | | | | | |
| 196 | 615.752 | 106.444 | 106.850 | | | | | | | |

**续表 1-4**

| 检尺径 | | 检尺长/m | | | | | | | | |
|---|---|---|---|---|---|---|---|---|---|---|
| 直径 | 周长 | 29.9 | 30 | | | | | | | |
| /cm | /cm | 材积/$m^3$ | | | | | | | | |
| 198 | 622.035 | 108.472 | 108.886 | | | | | | | |
| 200 | 628.319 | 110.519 | 110.940 | | | | | | | |
| 202 | 634.602 | 112.585 | 113.014 | | | | | | | |
| 204 | 640.885 | 114.670 | 115.106 | | | | | | | |
| 206 | 647.168 | 116.775 | 117.218 | | | | | | | |
| 208 | 653.451 | 118.898 | 119.350 | | | | | | | |
| 210 | 659.734 | 121.041 | 121.500 | | | | | | | |
| 212 | 666.018 | 123.203 | 123.670 | | | | | | | |
| 214 | 672.301 | 125.384 | 125.858 | | | | | | | |
| 216 | 678.584 | 127.584 | 128.066 | | | | | | | |
| 218 | 684.867 | 129.804 | 130.294 | | | | | | | |
| 220 | 691.150 | 132.042 | 132.540 | | | | | | | |
| 222 | 697.434 | 134.300 | 134.806 | | | | | | | |
| 224 | 703.717 | 136.576 | 137.090 | | | | | | | |
| 226 | 710.000 | 138.872 | 139.394 | | | | | | | |
| 228 | 716.283 | 141.187 | 141.718 | | | | | | | |
| 230 | 722.566 | 143.521 | 144.060 | | | | | | | |

续表 1-4　　　　（长原木）

| 检尺径 | | 检尺长/m | | | | | | | | |
|---|---|---|---|---|---|---|---|---|---|---|
| 直径 | 周长 | 29.9 | 30 | | | | | | | |
| /cm | /cm | 材积/m³ | | | | | | | | |
| 232 | 728.849 | 145.874 | 146.422 | | | | | | | |
| 234 | 735.133 | 148.247 | 148.802 | | | | | | | |
| 236 | 741.416 | 150.638 | 151.202 | | | | | | | |
| 238 | 747.699 | 153.049 | 153.622 | | | | | | | |
| 240 | 753.982 | 155.479 | 156.060 | | | | | | | |
| 242 | 760.265 | 157.928 | 158.518 | | | | | | | |
| 244 | 766.549 | 160.396 | 160.994 | | | | | | | |
| 246 | 772.832 | 162.883 | 163.490 | | | | | | | |
| 248 | 779.115 | 165.389 | 166.006 | | | | | | | |
| 250 | 785.398 | 167.915 | 168.540 | | | | | | | |

# 2 原条木木材材积

**原条木**是指经过打枝后未进行横截造材的伐倒木。

## 2.1 杉原条木

### 2.1.1 计算依据和方法

GB4815—2009《杉原条材积表》适用于生产、收购和销售的只经打枝剥皮的杉原条(含水杉、柳杉)材积计量。GB4815—2009《杉原条材积表》代替GB4815—1984《杉原条材积表》从 2009 年 8 月 1 日开始实施。新标准与GB4815—1984 相比主要变化如下:

修订了杉原条材积计量范围;修订了检尺径≥10cm 且检尺长≤19m 杉原条材积计算公式中的参数。

(1)检尺径≤8cm 的杉原条木材积计算公式：

$$V=0.4902\times L\div 100 \tag{2.1}$$

式中，$V$ 为材积($m^3$)；$L$ 为检尺长(m)；$D$ 为检尺径(cm)。

(2)检尺径≥10cm 且检尺长≤19m 的杉原条木材积计算公式：

$$V=0.394\times(3.279+D)^2\times(0.707+L)\div 10000 \tag{2.2}$$

式中，$V$ 为材积($m^3$)；$L$ 为检尺长(m)；$D$ 为检尺径(cm)。

(3)检尺径≥10cm 且检尺长≥20m 的杉原条木材积计算公式：

$$V=0.39\times(3.5+D)^2\times(0.48+L)\div 10000 \tag{2.3}$$

式中，$V$ 为材积($m^3$)；$L$ 为检尺长(m)；$D$ 为检尺径(cm)。

(4)杉原条的检尺长、检尺径应按 GB/T5039 的规定检量。

梢径：6～12cm(6cm 系实足尺寸)。

检尺长：自 5m 以上。检尺径：自 8cm 以上。

尺寸进级：检尺长以 1m 进级，检尺径以 2cm 进级。

尺寸分级：小径为 8～12cm；中径为 14～18cm。大径为 20cm 以上。

### 2.1.2 杉原条木木材材积速查表

杉原条木木材材积速查表见表 2-1。

表 2-1 杉原条木木材材积速查表

| 检尺径 | | 检尺长/m | | | | | | | | |
|---|---|---|---|---|---|---|---|---|---|---|
| 直径/cm | 周长/cm | 5 | 6 | 7 | 8 | 9 | 10 | 11 | 12 | 13 |
| | | 材积/m³ | | | | | | | | |
| 8 | 25.133 | 0.025 | 0.029 | 0.034 | 0.039 | 0.044 | 0.049 | 0.054 | 0.059 | 0.064 |
| 10 | 31.416 | 0.040 | 0.047 | 0.054 | 0.060 | 0.067 | 0.074 | 0.081 | 0.088 | 0.095 |
| 12 | 37.699 | 0.052 | 0.062 | 0.071 | 0.080 | 0.089 | 0.098 | 0.108 | 0.117 | 0.126 |
| 14 | 43.982 | 0.067 | 0.079 | 0.091 | 0.102 | 0.114 | 0.126 | 0.138 | 0.149 | 0.161 |
| 16 | 50.265 | 0.084 | 0.098 | 0.113 | 0.128 | 0.142 | 0.157 | 0.171 | 0.186 | 0.201 |
| 18 | 56.549 | 0.102 | 0.120 | 0.137 | 0.155 | 0.173 | 0.191 | 0.209 | 0.227 | 0.245 |
| 20 | 62.832 | 0.122 | 0.143 | 0.165 | 0.186 | 0.207 | 0.229 | 0.250 | 0.271 | 0.293 |
| 22 | 69.115 | 0.144 | 0.169 | 0.194 | 0.219 | 0.244 | 0.270 | 0.295 | 0.320 | 0.345 |
| 24 | 75.398 | 0.167 | 0.197 | 0.226 | 0.255 | 0.285 | 0.314 | 0.343 | 0.373 | 0.402 |
| 26 | 81.681 | 0.193 | 0.227 | 0.260 | 0.294 | 0.328 | 0.362 | 0.395 | 0.429 | 0.463 |
| 28 | 87.965 | 0.220 | 0.259 | 0.297 | 0.336 | 0.374 | 0.413 | 0.451 | 0.490 | 0.528 |
| 30 | 94.248 | 0.249 | 0.293 | 0.336 | 0.380 | 0.424 | 0.467 | 0.511 | 0.554 | 0.598 |
| 32 | 100.531 | 0.280 | 0.329 | 0.378 | 0.427 | 0.476 | 0.525 | 0.574 | 0.623 | 0.672 |

续表 2-1　　　　（杉原条木）

| 检尺径 | | 检尺长/m | | | | | | | | |
|---|---|---|---|---|---|---|---|---|---|---|
| 直径 | 周长 | 5 | 6 | 7 | 8 | 9 | 10 | 11 | 12 | 13 |
| /cm | /cm | 材积/m³ | | | | | | | | |
| 34 | 106.814 | 0.312 | 0.367 | 0.422 | 0.477 | 0.532 | 0.586 | 0.641 | 0.696 | 0.751 |
| 36 | 113.097 | 0.347 | 0.408 | 0.468 | 0.529 | 0.590 | 0.651 | 0.712 | 0.772 | 0.833 |
| 38 | 119.381 | 0.383 | 0.450 | 0.517 | 0.585 | 0.652 | 0.719 | 0.786 | 0.853 | 0.920 |
| 40 | 125.664 | 0.421 | 0.495 | 0.569 | 0.643 | 0.716 | 0.790 | 0.864 | 0.938 | 1.012 |
| 42 | 131.947 | 0.461 | 0.542 | 0.623 | 0.703 | 0.784 | 0.865 | 0.946 | 1.026 | 1.107 |
| 44 | 138.230 | 0.503 | 0.591 | 0.679 | 0.767 | 0.855 | 0.943 | 1.031 | 1.119 | 1.207 |
| 46 | 144.513 | 0.546 | 0.642 | 0.737 | 0.833 | 0.929 | 1.024 | 1.120 | 1.216 | 1.311 |
| 48 | 150.796 | 0.591 | 0.695 | 0.798 | 0.902 | 1.006 | 1.109 | 1.213 | 1.316 | 1.420 |
| 50 | 157.080 | 0.638 | 0.750 | 0.862 | 0.974 | 1.086 | 1.198 | 1.309 | 1.421 | 1.533 |
| 52 | 163.363 | 0.687 | 0.808 | 0.928 | 1.048 | 1.169 | 1.289 | 1.409 | 1.530 | 1.650 |
| 54 | 169.646 | 0.738 | 0.867 | 0.996 | 1.126 | 1.255 | 1.384 | 1.513 | 1.643 | 1.772 |
| 56 | 175.929 | 0.790 | 0.929 | 1.067 | 1.205 | 1.344 | 1.482 | 1.621 | 1.759 | 1.898 |
| 58 | 182.212 | 0.844 | 0.992 | 1.140 | 1.288 | 1.436 | 1.584 | 1.732 | 1.880 | 2.028 |
| 60 | 188.496 | 0.900 | 1.058 | 1.216 | 1.374 | 1.531 | 1.689 | 1.847 | 2.005 | 2.163 |
| 62 | 194.779 | 0.958 | 1.126 | 1.294 | 1.462 | 1.630 | 1.798 | 1.966 | 2.133 | 2.301 |
| 64 | 201.062 | 1.018 | 1.196 | 1.374 | 1.553 | 1.731 | 1.910 | 2.088 | 2.266 | 2.445 |

（杉原条木）

**续表 2-1**

| 检尺径 | | 检尺长/m | | | | | | | | |
|---|---|---|---|---|---|---|---|---|---|---|
| 直径 | 周长 | 5 | 6 | 7 | 8 | 9 | 10 | 11 | 12 | 13 |
| /cm | /cm | 材积/m³ | | | | | | | | |
| 66 | 207.345 | 1.079 | 1.268 | 1.457 | 1.647 | 1.836 | 2.025 | 2.214 | 2.403 | 2.592 |
| 68 | 213.628 | 1.142 | 1.343 | 1.543 | 1.743 | 1.943 | 2.143 | 2.344 | 2.544 | 2.744 |
| 70 | 219.911 | 1.207 | 1.419 | 1.631 | 1.842 | 2.054 | 2.265 | 2.477 | 2.688 | 2.900 |
| 72 | 226.195 | 1.274 | 1.498 | 1.721 | 1.944 | 2.167 | 2.391 | 2.614 | 2.837 | 3.060 |
| 74 | 232.478 | 1.343 | 1.578 | 1.813 | 2.049 | 2.284 | 2.519 | 2.755 | 2.990 | 3.225 |
| 76 | 238.761 | 1.413 | 1.661 | 1.909 | 2.156 | 2.404 | 2.651 | 2.899 | 3.147 | 3.394 |
| 78 | 245.044 | 1.485 | 1.746 | 2.006 | 2.266 | 2.527 | 2.787 | 3.047 | 3.307 | 3.568 |
| 80 | 251.327 | 1.559 | 1.833 | 2.106 | 2.379 | 2.652 | 2.926 | 3.199 | 3.472 | 3.745 |

| 检尺径 | | 检尺长/m | | | | | | | | |
|---|---|---|---|---|---|---|---|---|---|---|
| 直径 | 周长 | 14 | 15 | 16 | 17 | 18 | 19 | 20 | 21 | 22 |
| /cm | /cm | 材积/m³ | | | | | | | | |
| 8 | 25.133 | 0.069 | 0.074 | 0.078 | 0.083 | 0.088 | 0.093 | 0.098 | 0.103 | 0.108 |
| 10 | 31.416 | 0.102 | 0.109 | 0.116 | 0.123 | 0.130 | 0.137 | 0.146 | 0.153 | 0.160 |
| 12 | 37.699 | 0.135 | 0.144 | 0.154 | 0.163 | 0.172 | 0.181 | 0.192 | 0.201 | 0.211 |
| 14 | 43.982 | 0.173 | 0.185 | 0.197 | 0.208 | 0.220 | 0.232 | 0.245 | 0.257 | 0.268 |

续表 2-1 （杉原条木）

| 检尺径 | | 检尺长/m | | | | | | | | |
|---|---|---|---|---|---|---|---|---|---|---|
| 直径/cm | 周长/cm | 14 | 15 | 16 | 17 | 18 | 19 | 20 | 21 | 22 |
| | | 材积/$m^3$ | | | | | | | | |
| 16 | 50.265 | 0.215 | 0.230 | 0.245 | 0.259 | 0.274 | 0.289 | 0.304 | 0.319 | 0.333 |
| 18 | 56.549 | 0.262 | 0.280 | 0.298 | 0.316 | 0.334 | 0.352 | 0.369 | 0.387 | 0.405 |
| 20 | 62.832 | 0.314 | 0.335 | 0.357 | 0.378 | 0.399 | 0.421 | 0.441 | 0.463 | 0.484 |
| 22 | 69.115 | 0.370 | 0.395 | 0.421 | 0.446 | 0.471 | 0.496 | 0.519 | 0.545 | 0.570 |
| 24 | 75.398 | 0.431 | 0.461 | 0.490 | 0.519 | 0.548 | 0.578 | 0.604 | 0.634 | 0.663 |
| 26 | 81.681 | 0.497 | 0.531 | 0.564 | 0.598 | 0.632 | 0.666 | 0.695 | 0.729 | 0.763 |
| 28 | 87.965 | 0.567 | 0.605 | 0.644 | 0.683 | 0.721 | 0.760 | 0.793 | 0.831 | 0.870 |
| 30 | 94.248 | 0.642 | 0.685 | 0.729 | 0.773 | 0.816 | 0.860 | 0.896 | 0.940 | 0.984 |
| 32 | 100.531 | 0.721 | 0.770 | 0.819 | 0.868 | 0.917 | 0.966 | 1.007 | 1.056 | 1.105 |
| 34 | 106.814 | 0.805 | 0.860 | 0.915 | 0.970 | 1.024 | 1.079 | 1.123 | 1.178 | 1.233 |
| 36 | 113.097 | 0.894 | 0.955 | 1.016 | 1.076 | 1.137 | 1.198 | 1.246 | 1.307 | 1.368 |
| 38 | 119.381 | 0.987 | 1.055 | 1.122 | 1.189 | 1.256 | 1.323 | 1.376 | 1.443 | 1.510 |
| 40 | 125.664 | 1.085 | 1.159 | 1.233 | 1.307 | 1.381 | 1.454 | 1.511 | 1.585 | 1.659 |
| 42 | 131.947 | 1.188 | 1.269 | 1.350 | 1.430 | 1.511 | 1.592 | 1.654 | 1.734 | 1.815 |
| 44 | 138.230 | 1.295 | 1.383 | 1.471 | 1.559 | 1.648 | 1.736 | 1.802 | 1.890 | 1.978 |
| 46 | 144.513 | 1.407 | 1.503 | 1.599 | 1.694 | 1.790 | 1.886 | 1.957 | 2.053 | 2.148 |

（杉原条木）

续表 2-1

| 检尺径 | | 检尺长/m | | | | | | | | |
|---|---|---|---|---|---|---|---|---|---|---|
| 直径/cm | 周长/cm | 14 | 15 | 16 | 17 | 18 | 19 | 20 | 21 | 22 |
| | | 材积/$m^3$ | | | | | | | | |
| 48 | 150. 796 | 1. 524 | 1. 627 | 1. 731 | 1. 835 | 1. 938 | 2. 042 | 2. 118 | 2. 222 | 2. 325 |
| 50 | 157. 080 | 1. 645 | 1. 757 | 1. 869 | 1. 980 | 2. 092 | 2. 204 | 2. 286 | 2. 398 | 2. 509 |
| 52 | 163. 363 | 1. 771 | 1. 891 | 2. 011 | 2. 132 | 2. 252 | 2. 373 | 2. 460 | 2. 580 | 2. 701 |
| 54 | 169. 646 | 1. 901 | 2. 030 | 2. 160 | 2. 289 | 2. 418 | 2. 547 | 2. 641 | 2. 770 | 2. 899 |
| 56 | 175. 929 | 2. 036 | 2. 175 | 2. 313 | 2. 452 | 2. 590 | 2. 728 | 2. 828 | 2. 966 | 3. 104 |
| 58 | 182. 212 | 2. 176 | 2. 324 | 2. 472 | 2. 620 | 2. 768 | 2. 916 | 3. 021 | 3. 168 | 3. 316 |
| 60 | 188. 496 | 2. 320 | 2. 478 | 2. 636 | 2. 794 | 2. 951 | 3. 109 | 3. 221 | 3. 378 | 3. 535 |
| 62 | 194. 779 | 2. 469 | 2. 637 | 2. 805 | 2. 973 | 3. 141 | 3. 309 | 3. 427 | 3. 594 | 3. 761 |
| 64 | 201. 062 | 2. 623 | 2. 801 | 2. 980 | 3. 158 | 3. 336 | 3. 515 | 3. 639 | 3. 817 | 3. 995 |
| 66 | 207. 345 | 2. 781 | 2. 970 | 3. 159 | 3. 348 | 3. 538 | 3. 727 | 3. 858 | 4. 046 | 4. 235 |
| 68 | 213. 628 | 2. 944 | 3. 144 | 3. 344 | 3. 545 | 3. 745 | 3. 945 | 4. 083 | 4. 283 | 4. 482 |
| 70 | 219. 911 | 3. 112 | 3. 323 | 3. 535 | 3. 746 | 3. 958 | 4. 169 | 4. 315 | 4. 526 | 4. 736 |
| 72 | 226. 195 | 3. 284 | 3. 507 | 3. 730 | 3. 954 | 4. 177 | 4. 400 | 4. 553 | 4. 775 | 4. 998 |
| 74 | 232. 478 | 3. 461 | 3. 696 | 3. 931 | 4. 166 | 4. 402 | 4. 637 | 4. 797 | 5. 032 | 5. 266 |
| 76 | 238. 761 | 3. 642 | 3. 890 | 4. 137 | 4. 385 | 4. 633 | 4. 880 | 5. 048 | 5. 295 | 5. 541 |
| 78 | 245. 044 | 3. 828 | 4. 088 | 4. 349 | 4. 609 | 4. 869 | 5. 129 | 5. 305 | 5. 564 | 5. 823 |
| 80 | 251. 327 | 4. 019 | 4. 292 | 4. 565 | 4. 839 | 5. 112 | 5. 385 | 5. 569 | 5. 841 | 6. 113 |

续表 2-1 （杉原条木）

| 检尺径 | | 检尺长/m | | | | | | | | |
|---|---|---|---|---|---|---|---|---|---|---|
| 直径 | 周长 | 23 | 24 | 25 | 26 | 27 | 28 | 29 | 30 | 31 |
| /cm | /cm | 材积/m³ | | | | | | | | |
| 8 | 25.133 | 0.113 | 0.118 | 0.123 | 0.127 | 0.132 | 0.137 | 0.142 | 0.147 | 0.152 |
| 10 | 31.416 | 0.167 | 0.174 | 0.181 | 0.188 | 0.195 | 0.202 | 0.210 | 0.217 | 0.224 |
| 12 | 37.699 | 0.220 | 0.229 | 0.239 | 0.248 | 0.257 | 0.267 | 0.276 | 0.286 | 0.295 |
| 14 | 43.982 | 0.280 | 0.292 | 0.304 | 0.316 | 0.328 | 0.340 | 0.352 | 0.364 | 0.376 |
| 16 | 50.265 | 0.348 | 0.363 | 0.378 | 0.393 | 0.408 | 0.422 | 0.437 | 0.452 | 0.467 |
| 18 | 56.549 | 0.423 | 0.441 | 0.459 | 0.477 | 0.495 | 0.513 | 0.531 | 0.549 | 0.568 |
| 20 | 62.832 | 0.506 | 0.527 | 0.549 | 0.570 | 0.592 | 0.613 | 0.635 | 0.656 | 0.678 |
| 22 | 69.115 | 0.595 | 0.621 | 0.646 | 0.672 | 0.697 | 0.722 | 0.748 | 0.773 | 0.798 |
| 24 | 75.398 | 0.693 | 0.722 | 0.752 | 0.781 | 0.810 | 0.840 | 0.869 | 0.899 | 0.928 |
| 26 | 81.681 | 0.797 | 0.831 | 0.865 | 0.899 | 0.933 | 0.967 | 1.001 | 1.034 | 1.068 |
| 28 | 87.965 | 0.909 | 0.947 | 0.986 | 1.025 | 1.063 | 1.102 | 1.141 | 1.180 | 1.218 |
| 30 | 94.248 | 1.028 | 1.071 | 1.115 | 1.159 | 1.203 | 1.247 | 1.290 | 1.334 | 1.378 |
| 32 | 100.531 | 1.154 | 1.203 | 1.252 | 1.301 | 1.351 | 1.400 | 1.449 | 1.498 | 1.547 |
| 34 | 106.814 | 1.288 | 1.343 | 1.397 | 1.452 | 1.507 | 1.562 | 1.617 | 1.672 | 1.726 |
| 36 | 113.097 | 1.429 | 1.490 | 1.550 | 1.611 | 1.672 | 1.733 | 1.794 | 1.855 | 1.916 |
| 38 | 119.381 | 1.577 | 1.644 | 1.711 | 1.779 | 1.846 | 1.913 | 1.980 | 2.047 | 2.114 |

（杉原条木） 续表 2-1

| 检尺径 | | 检尺长/m | | | | | | | | |
|---|---|---|---|---|---|---|---|---|---|---|
| 直径 | 周长 | 23 | 24 | 25 | 26 | 27 | 28 | 29 | 30 | 31 |
| /cm | /cm | 材积/m³ | | | | | | | | |
| 40 | 125.664 | 1.733 | 1.807 | 1.880 | 1.954 | 2.028 | 2.102 | 2.176 | 2.249 | 2.323 |
| 42 | 131.947 | 1.896 | 1.977 | 2.057 | 2.138 | 2.219 | 2.299 | 2.380 | 2.461 | 2.542 |
| 44 | 138.230 | 2.066 | 2.154 | 2.242 | 2.330 | 2.418 | 2.506 | 2.594 | 2.682 | 2.770 |
| 46 | 144.513 | 2.244 | 2.339 | 2.435 | 2.530 | 2.626 | 2.722 | 2.817 | 2.913 | 3.008 |
| 48 | 150.796 | 2.429 | 2.532 | 2.636 | 2.739 | 2.842 | 2.946 | 3.049 | 3.153 | 3.256 |
| 50 | 157.080 | 2.621 | 2.733 | 2.844 | 2.956 | 3.068 | 3.179 | 3.291 | 3.402 | 3.514 |
| 52 | 163.363 | 2.821 | 2.941 | 3.061 | 3.181 | 3.301 | 3.421 | 3.541 | 3.662 | 3.782 |
| 54 | 169.646 | 3.028 | 3.157 | 3.285 | 3.414 | 3.543 | 3.672 | 3.801 | 3.930 | 4.059 |
| 56 | 175.929 | 3.242 | 3.380 | 3.518 | 3.656 | 3.794 | 3.932 | 4.070 | 4.208 | 4.346 |
| 58 | 182.212 | 3.463 | 3.611 | 3.758 | 3.906 | 4.054 | 4.201 | 4.349 | 4.496 | 4.644 |
| 60 | 188.496 | 3.692 | 3.850 | 4.007 | 4.164 | 4.321 | 4.479 | 4.636 | 4.793 | 4.950 |
| 62 | 194.779 | 3.929 | 4.096 | 4.263 | 4.431 | 4.598 | 4.765 | 4.933 | 5.100 | 5.267 |
| 64 | 201.062 | 4.172 | 4.350 | 4.528 | 4.705 | 4.883 | 5.061 | 5.238 | 5.416 | 5.594 |
| 66 | 207.345 | 4.423 | 4.612 | 4.800 | 4.988 | 5.177 | 5.365 | 5.553 | 5.742 | 5.930 |
| 68 | 213.628 | 4.681 | 4.881 | 5.080 | 5.280 | 5.479 | 5.678 | 5.878 | 6.077 | 6.276 |
| 70 | 219.911 | 4.947 | 5.158 | 5.368 | 5.579 | 5.790 | 6.000 | 6.211 | 6.422 | 6.632 |

| 检尺径 | | 检尺长/m | | | | | | | | |
|---|---|---|---|---|---|---|---|---|---|---|
| 直径 | 周长 | 23 | 24 | 25 | 26 | 27 | 28 | 29 | 30 | 31 |
| /cm | /cm | 材积/m³ | | | | | | | | |
| 72 | 226.195 | 5.220 | 5.442 | 5.664 | 5.887 | 6.109 | 6.331 | 6.554 | 6.776 | 6.998 |
| 74 | 232.478 | 5.500 | 5.734 | 5.969 | 6.203 | 6.437 | 6.671 | 6.906 | 7.140 | 7.374 |
| 76 | 238.761 | 5.788 | 6.034 | 6.281 | 6.527 | 6.774 | 7.020 | 7.267 | 7.513 | 7.759 |
| 78 | 245.044 | 6.082 | 6.341 | 6.601 | 6.860 | 7.119 | 7.378 | 7.637 | 7.896 | 8.155 |
| 80 | 251.327 | 6.385 | 6.657 | 6.928 | 7.200 | 7.472 | 7.744 | 8.016 | 8.288 | 8.560 |

| 检尺径 | | 检尺长/m | | | | | | | | |
|---|---|---|---|---|---|---|---|---|---|---|
| 直径 | 周长 | 32 | 33 | 34 | 35 | | | | | |
| /cm | /cm | 材积/m³ | | | | | | | | |
| 8 | 25.133 | 0.157 | 0.162 | 0.167 | 0.172 | | | | | |
| 10 | 31.416 | 0.231 | 0.238 | 0.245 | 0.252 | | | | | |
| 12 | 37.699 | 0.304 | 0.314 | 0.323 | 0.332 | | | | | |
| 14 | 43.982 | 0.388 | 0.400 | 0.412 | 0.424 | | | | | |
| 16 | 50.265 | 0.482 | 0.497 | 0.511 | 0.526 | | | | | |
| 18 | 56.549 | 0.586 | 0.604 | 0.622 | 0.640 | | | | | |
| 20 | 62.832 | 0.700 | 0.721 | 0.743 | 0.764 | | | | | |

（杉原条木） 续表 2-1

| 检尺径 | | 检尺长/m | | | | | | | | |
|---|---|---|---|---|---|---|---|---|---|---|
| 直径 | 周长 | 32 | 33 | 34 | 35 | | | | | |
| /cm | /cm | 材积/m³ | | | | | | | | |
| 22 | 69.115 | 0.824 | 0.849 | 0.874 | 0.900 | | | | | |
| 24 | 75.398 | 0.958 | 0.987 | 1.017 | 1.046 | | | | | |
| 26 | 81.681 | 1.102 | 1.136 | 1.170 | 1.204 | | | | | |
| 28 | 87.965 | 1.257 | 1.296 | 1.334 | 1.373 | | | | | |
| 30 | 94.248 | 1.422 | 1.465 | 1.509 | 1.553 | | | | | |
| 32 | 100.531 | 1.596 | 1.646 | 1.695 | 1.744 | | | | | |
| 34 | 106.814 | 1.781 | 1.836 | 1.891 | 1.946 | | | | | |
| 36 | 113.097 | 1.976 | 2.037 | 2.098 | 2.159 | | | | | |
| 38 | 119.381 | 2.182 | 2.249 | 2.316 | 2.383 | | | | | |
| 40 | 125.664 | 2.397 | 2.471 | 2.545 | 2.618 | | | | | |
| 42 | 131.947 | 2.622 | 2.703 | 2.784 | 2.865 | | | | | |
| 44 | 138.230 | 2.858 | 2.946 | 3.034 | 3.122 | | | | | |
| 46 | 144.513 | 3.104 | 3.199 | 3.295 | 3.390 | | | | | |
| 48 | 150.796 | 3.360 | 3.463 | 3.567 | 3.670 | | | | | |
| 50 | 157.080 | 3.626 | 3.737 | 3.849 | 3.961 | | | | | |
| 52 | 163.363 | 3.902 | 4.022 | 4.142 | 4.262 | | | | | |

续表 2-1 （杉原条木）

| 检尺径 | | 检尺长/m | | | | | | | | |
|---|---|---|---|---|---|---|---|---|---|---|
| 直径 /cm | 周长 /cm | 32 | 33 | 34 | 35 | | | | | |
| | | 材积/$m^3$ | | | | | | | | |
| 54 | 169.646 | 4.188 | 4.317 | 4.446 | 4.575 | | | | | |
| 56 | 175.929 | 4.485 | 4.623 | 4.761 | 4.899 | | | | | |
| 58 | 182.212 | 4.791 | 4.939 | 5.086 | 5.234 | | | | | |
| 60 | 188.496 | 5.108 | 5.265 | 5.422 | 5.580 | | | | | |
| 62 | 194.779 | 5.435 | 5.602 | 5.769 | 5.937 | | | | | |
| 64 | 201.062 | 5.771 | 5.949 | 6.127 | 6.305 | | | | | |
| 66 | 207.345 | 6.119 | 6.307 | 6.495 | 6.684 | | | | | |
| 68 | 213.628 | 6.476 | 6.675 | 6.875 | 7.074 | | | | | |
| 70 | 219.911 | 6.843 | 7.054 | 7.265 | 7.475 | | | | | |
| 72 | 226.195 | 7.221 | 7.443 | 7.665 | 7.888 | | | | | |
| 74 | 232.478 | 7.608 | 7.842 | 8.077 | 8.311 | | | | | |
| 76 | 238.761 | 8.006 | 8.252 | 8.499 | 8.745 | | | | | |
| 78 | 245.044 | 8.414 | 8.673 | 8.932 | 9.191 | | | | | |
| 80 | 251.327 | 8.832 | 9.104 | 9.376 | 9.648 | | | | | |

## 2.2 小原条木

### 2.2.1 计算依据和方法

LY/T 1079—2006《小原条》适用于林区抚育间伐生产中生产的只经打枝、剥皮而未造材加工的各种针叶、阔叶树种的小原条的材积的计量。LY/T 1079—2006《小原条》代替 LY/T 1079—1992《小原条》，并对小原条材积表进行了修订，从 2006 年 12 月 1 日开始实施。

(1)小原条木木材材积计算公式：

$$V=(5.5L+0.38D^2L+16D-30)\div 10000 \quad (2.4)$$

式中，$V$ 为材积($m^3$)；$L$ 为检尺长(m)；$D$ 为检尺径(cm)。

(2)小原条的检尺长、检尺径应按 LY/T 1079—2006《小原条》标准的规定检量。

检尺长：自 3m 以上。从大头斧口(或锯口)量至梢端短径足 3cm 处止，以 0.5m 进级，不足 0.5m 的由梢端舍去，经舍去后的长度为检尺长。

检尺径：自 4cm 以上。距离大头斧口（或锯口）2.5m 处检量。以 1cm 为一个增进单位，实际尺寸不足 1cm 时，足 0.5cm 增进，不足 0.5cm 舍去，经进舍后的直径为检尺径（遵照 GB/T 144—2003）。

如检尺径自 8cm 以上，检尺长从大头量至梢部 5m 处的短径足 6cm 者，应分别按杉原条、马尾松原条、阔叶树原条检验。

### 2.2.2 小原条木木材材积速查表

小原条木木材材积速查表见表 2-2。

**表 2-2 小原条木木材材积速查表**（LY/T 1079—2006）

| 直径 D/cm | 长度 L/m | | | | | | |
|---|---|---|---|---|---|---|---|
| | 3 | 3.5 | 4 | 4.5 | 5 | 5.5 | 6 |
| 4 | 0.0069 | 0.0075 | 0.0080 | 0.0086 | 0.0092 | 0.0098 | 0.0103 |
| 5 | 0.0095 | 0.0103 | 0.0110 | 0.0118 | 0.0125 | 0.0133 | 0.0140 |
| 6 | | | 0.0133 | 0.0152 | 0.0162 | 0.0171 | 0.0181 |
| 7 | | | 0.0178 | 0.0191 | 0.0203 | 0.0215 | 0.0227 |

## 2.3 原条木(采用中央直径)

### 2.3.1 计算依据和方法

LY/T 1293—1999《原条材积表》(原 GB 198—1963)适用于所有树种的材积计量。标准所列材积表是采用原条直径为检尺径计算而得出的。

(1)原条木木材材积按中央断面积计算公式

$$V=\frac{\pi}{4}D^2L\times\frac{1}{10000}$$

或

$$V=0.7854D^2L\times\frac{1}{10000} \tag{2.5}$$

式中,$V$ 为材积($m^3$);$L$ 为检尺长(m);$D$ 为中央直径(检尺径)(cm);$\pi$ 为圆周率,≈3.1416。

(2)原条的检尺长、中央直径(检尺径)应按 LY/T 1293—1999《原条材积表》标准的规定检量。

检尺长:不足 5m 的按 0.5m 进位,自 5m 以上按 1m 进位。

中央直径(检尺径):按 2cm 进位。

(3)LY/T 1293—1999《原条材积表》(原 GB 198—1963)规定材积数字保留三位小数。

### 2.3.2 原条木木材材积速查表(采用中央直径)

原条木木材材积速查表(采用中央直径)见表 2-3。

**表 2-3 原条木木材材积速查表(采用中央直径)**

| 检尺径 | | 检尺长/m | | | | | | | | |
|---|---|---|---|---|---|---|---|---|---|---|
| 直径/cm | 周长/cm | 3 | 3.5 | 4 | 4.5 | 5 | 6 | 7 | 8 | 9 |
| | | 材积/$m^3$ | | | | | | | | |
| 6 | 18.850 | 0.008 | 0.010 | 0.011 | 0.013 | 0.014 | 0.017 | 0.020 | 0.023 | 0.025 |
| 8 | 25.133 | 0.015 | 0.018 | 0.020 | 0.023 | 0.025 | 0.030 | 0.035 | 0.040 | 0.045 |
| 10 | 31.416 | 0.024 | 0.027 | 0.031 | 0.035 | 0.039 | 0.047 | 0.055 | 0.063 | 0.071 |
| 12 | 37.699 | 0.034 | 0.040 | 0.045 | 0.051 | 0.057 | 0.068 | 0.079 | 0.090 | 0.102 |
| 14 | 43.982 | 0.046 | 0.054 | 0.062 | 0.069 | 0.077 | 0.092 | 0.108 | 0.123 | 0.139 |
| 16 | 50.265 | 0.060 | 0.070 | 0.080 | 0.090 | 0.101 | 0.121 | 0.141 | 0.161 | 0.181 |
| 18 | 56.549 | 0.076 | 0.089 | 0.102 | 0.115 | 0.127 | 0.153 | 0.178 | 0.204 | 0.229 |
| 20 | 62.832 | 0.094 | 0.110 | 0.126 | 0.141 | 0.157 | 0.188 | 0.220 | 0.251 | 0.283 |
| 22 | 69.115 | 0.114 | 0.133 | 0.152 | 0.171 | 0.190 | 0.228 | 0.266 | 0.304 | 0.342 |
| 24 | 75.398 | 0.136 | 0.158 | 0.181 | 0.204 | 0.226 | 0.271 | 0.317 | 0.362 | 0.407 |

（原条木）　　　　　　　　　　**续表 2-3**

| 检尺径 | | 检尺长/m | | | | | | | | |
|---|---|---|---|---|---|---|---|---|---|---|
| 直径 | 周长 | 3 | 3.5 | 4 | 4.5 | 5 | 6 | 7 | 8 | 9 |
| /cm | /cm | 材积/$m^3$ | | | | | | | | |
| 26 | 81.681 | 0.159 | 0.186 | 0.212 | 0.239 | 0.265 | 0.319 | 0.372 | 0.425 | 0.478 |
| 28 | 87.965 | 0.185 | 0.216 | 0.246 | 0.277 | 0.308 | 0.369 | 0.431 | 0.493 | 0.554 |
| 30 | 94.248 | 0.212 | 0.247 | 0.283 | 0.318 | 0.353 | 0.424 | 0.495 | 0.565 | 0.636 |
| 32 | 100.531 | 0.241 | 0.281 | 0.322 | 0.362 | 0.402 | 0.483 | 0.563 | 0.643 | 0.724 |
| 34 | 106.814 | 0.272 | 0.318 | 0.363 | 0.409 | 0.454 | 0.545 | 0.636 | 0.726 | 0.817 |
| 36 | 113.097 | 0.305 | 0.356 | 0.407 | 0.458 | 0.509 | 0.611 | 0.713 | 0.814 | 0.916 |
| 38 | 119.381 | 0.340 | 0.397 | 0.454 | 0.510 | 0.567 | 0.680 | 0.794 | 0.907 | 1.021 |
| 40 | 125.664 | 0.377 | 0.440 | 0.503 | 0.565 | 0.628 | 0.754 | 0.880 | 1.005 | 1.131 |
| 42 | 131.947 | 0.416 | 0.485 | 0.554 | 0.623 | 0.693 | 0.831 | 0.970 | 1.108 | 1.247 |
| 44 | 138.230 | 0.456 | 0.532 | 0.608 | 0.684 | 0.760 | 0.912 | 1.064 | 1.216 | 1.368 |
| 46 | 144.513 | 0.499 | 0.582 | 0.665 | 0.748 | 0.831 | 0.997 | 1.163 | 1.330 | 1.496 |
| 48 | 150.796 | 0.543 | 0.633 | 0.724 | 0.814 | 0.905 | 1.086 | 1.267 | 1.448 | 1.629 |
| 50 | 157.080 | 0.589 | 0.687 | 0.785 | 0.884 | 0.982 | 1.178 | 1.374 | 1.571 | 1.767 |
| 52 | 163.363 | 0.637 | 0.743 | 0.849 | 0.956 | 1.062 | 1.274 | 1.487 | 1.699 | 1.9[illegible] |
| 54 | 169.646 | 0.687 | 0.802 | 0.916 | 1.031 | 1.145 | 1.374 | 1.603 | 1.832 | [illegible] |
| 56 | 175.929 | 0.739 | 0.862 | 0.985 | 1.108 | 1.232 | 1.478 | 1.724 | 1[illegible] | [illegible] |
| 58 | 182.212 | 0.793 | 0.925 | 1.057 | 1.189 | 1.321 | 1.585 | 1.84[illegible] | [illegible] | [illegible] |

续表 2-3 （原条木）

| 检尺径 | | 检尺长/m | | | | | | | | |
|---|---|---|---|---|---|---|---|---|---|---|
| 直径 | 周长 | 3 | 3.5 | 4 | 4.5 | 5 | 6 | 7 | 8 | 9 |
| /cm | /cm | 材积/m³ | | | | | | | | |
| 60 | 188.496 | 0.848 | 0.990 | 1.131 | 1.272 | 1.414 | 1.696 | 1.979 | 2.262 | 2.545 |
| 62 | 194.779 | 0.906 | 1.057 | 1.208 | 1.359 | 1.510 | 1.811 | 2.113 | 2.415 | 2.717 |
| 64 | 201.062 | 0.965 | 1.126 | 1.287 | 1.448 | 1.608 | 1.930 | 2.252 | 2.574 | 2.895 |
| 66 | 207.345 | 1.026 | 1.197 | 1.368 | 1.540 | 1.711 | 2.053 | 2.395 | 2.737 | 3.079 |
| 68 | 213.628 | 1.090 | 1.271 | 1.453 | 1.634 | 1.816 | 2.179 | 2.542 | 2.905 | 3.269 |
| 70 | 219.911 | 1.155 | 1.347 | 1.539 | 1.732 | 1.924 | 2.309 | 2.694 | 3.079 | 3.464 |
| 72 | 226.195 | 1.221 | 1.425 | 1.629 | 1.832 | 2.036 | 2.443 | 2.850 | 3.257 | 3.664 |
| 74 | 232.478 | 1.290 | 1.505 | 1.720 | 1.935 | 2.150 | 2.581 | 3.011 | 3.441 | 3.871 |
| 76 | 238.761 | 1.361 | 1.588 | 1.815 | 2.041 | 2.268 | 2.722 | 3.176 | 3.629 | 4.083 |
| 78 | 245.044 | 1.434 | 1.672 | 1.911 | 2.150 | 2.389 | 2.867 | 3.345 | 3.823 | 4.301 |
| 80 | 251.327 | 1.508 | 1.759 | 2.011 | 2.262 | 2.513 | 3.016 | 3.519 | 4.021 | 4.524 |
| 82 | 257.611 | 1.584 | 1.848 | 2.112 | 2.376 | 2.641 | 3.169 | 3.697 | 4.225 | 4.753 |
| 84 | 263.894 | 1.663 | 1.940 | 2.217 | 2.494 | 2.771 | 3.325 | 3.879 | 4.433 | 4.988 |
| 86 | 270.177 | 1.743 | 2.033 | 2.324 | 2.614 | 2.904 | 3.485 | 4.066 | 4.647 | 5.228 |
| 88 | 276.460 | 1.825 | 2.129 | 2.433 | 2.737 | 3.041 | 3.649 | 4.257 | 4.866 | 5.474 |
| 90 | 282.743 | 1.909 | 2.227 | 2.545 | 2.863 | 3.181 | 3.817 | 4.453 | 5.089 | 5.726 |
| 92 | 289.027 | 1.994 | 2.327 | 2.659 | 2.991 | 3.324 | 3.989 | 4.653 | 5.318 | 5.983 |

（原条木）

续表 2-3

| 检尺径 | | 检尺长/m | | | | | | | | |
|---|---|---|---|---|---|---|---|---|---|---|
| 直径 | 周长 | 3 | 3.5 | 4 | 4.5 | 5 | 6 | 7 | 8 | 9 |
| /cm | /cm | 材积/$m^3$ | | | | | | | | |
| 94 | 295.310 | 2.082 | 2.429 | 2.776 | 3.123 | 3.470 | 4.164 | 4.858 | 5.552 | 6.246 |
| 96 | 301.593 | 2.171 | 2.533 | 2.895 | 3.257 | 3.619 | 4.343 | 5.067 | 5.791 | 6.514 |
| 98 | 307.876 | 2.263 | 2.640 | 3.017 | 3.394 | 3.771 | 4.526 | 5.280 | 6.034 | 6.789 |
| 100 | 314.159 | 2.356 | 2.749 | 3.142 | 3.534 | 3.927 | 4.712 | 5.498 | 6.283 | 7.069 |

| 检尺径 | | 检尺长/m | | | | | | | | |
|---|---|---|---|---|---|---|---|---|---|---|
| 直径 | 周长 | 10 | 11 | 12 | 13 | 14 | 15 | 16 | 17 | 18 |
| /cm | /cm | 材积/$m^3$ | | | | | | | | |
| 6 | 18.850 | 0.028 | 0.031 | 0.034 | 0.037 | 0.040 | 0.042 | 0.045 | 0.048 | 0.051 |
| 8 | 25.133 | 0.050 | 0.055 | 0.060 | 0.065 | 0.070 | 0.075 | 0.080 | 0.085 | 0.090 |
| 10 | 31.416 | 0.079 | 0.086 | 0.094 | 0.102 | 0.110 | 0.118 | 0.126 | 0.134 | 0.141 |
| 12 | 37.699 | 0.113 | 0.124 | 0.136 | 0.147 | 0.158 | 0.170 | 0.181 | 0.192 | 0.204 |
| 14 | 43.982 | 0.154 | 0.169 | 0.185 | 0.200 | 0.216 | 0.231 | 0.246 | 0.262 | 0.277 |
| 16 | 50.265 | 0.201 | 0.221 | 0.241 | 0.261 | 0.281 | 0.302 | 0.322 | 0.342 | 0.362 |
| 18 | 56.549 | 0.254 | 0.280 | 0.305 | 0.331 | 0.356 | 0.382 | 0.407 | 0.433 | 0.458 |
| 20 | 62.832 | 0.314 | 0.346 | 0.377 | 0.408 | 0.440 | 0.471 | 0.503 | 0.534 | 0.565 |
| 22 | 69.115 | 0.380 | 0.418 | 0.456 | 0.494 | 0.532 | 0.570 | 0.608 | 0.646 | 0.684 |

续表 2-3 （原条木）

| 检尺径 | | 检尺长/m | | | | | | | | |
|---|---|---|---|---|---|---|---|---|---|---|
| 直径 | 周长 | 10 | 11 | 12 | 13 | 14 | 15 | 16 | 17 | 18 |
| /cm | /cm | 材积/m³ | | | | | | | | |
| 24 | 75.398 | 0.452 | 0.498 | 0.543 | 0.588 | 0.633 | 0.679 | 0.724 | 0.769 | 0.814 |
| 26 | 81.681 | 0.531 | 0.584 | 0.637 | 0.690 | 0.743 | 0.796 | 0.849 | 0.903 | 0.956 |
| 28 | 87.965 | 0.616 | 0.677 | 0.739 | 0.800 | 0.862 | 0.924 | 0.985 | 1.047 | 1.108 |
| 30 | 94.248 | 0.707 | 0.778 | 0.848 | 0.919 | 0.990 | 1.060 | 1.131 | 1.202 | 1.272 |
| 32 | 100.531 | 0.804 | 0.885 | 0.965 | 1.046 | 1.126 | 1.206 | 1.287 | 1.367 | 1.448 |
| 34 | 106.814 | 0.908 | 0.999 | 1.090 | 1.180 | 1.271 | 1.362 | 1.453 | 1.543 | 1.634 |
| 36 | 113.097 | 1.018 | 1.120 | 1.221 | 1.323 | 1.425 | 1.527 | 1.629 | 1.730 | 1.832 |
| 38 | 119.381 | 1.134 | 1.248 | 1.361 | 1.474 | 1.588 | 1.701 | 1.815 | 1.928 | 2.041 |
| 40 | 125.664 | 1.257 | 1.382 | 1.508 | 1.634 | 1.759 | 1.885 | 2.011 | 2.136 | 2.262 |
| 42 | 131.947 | 1.385 | 1.524 | 1.663 | 1.801 | 1.940 | 2.078 | 2.217 | 2.355 | 2.494 |
| 44 | 138.230 | 1.521 | 1.673 | 1.825 | 1.977 | 2.129 | 2.281 | 2.433 | 2.585 | 2.737 |
| 46 | 144.513 | 1.662 | 1.828 | 1.994 | 2.160 | 2.327 | 2.493 | 2.659 | 2.825 | 2.991 |
| 48 | 150.796 | 1.810 | 1.991 | 2.171 | 2.352 | 2.533 | 2.714 | 2.895 | 3.076 | 3.257 |
| 50 | 157.080 | 1.964 | 2.160 | 2.356 | 2.553 | 2.749 | 2.945 | 3.142 | 3.338 | 3.534 |
| 52 | 163.363 | 2.124 | 2.336 | 2.548 | 2.761 | 2.973 | 3.186 | 3.398 | 3.610 | 3.823 |
| 54 | 169.646 | 2.290 | 2.519 | 2.748 | 2.977 | 3.206 | 3.435 | 3.664 | 3.893 | 4.122 |
| 56 | 175.929 | 2.463 | 2.709 | 2.956 | 3.202 | 3.448 | 3.695 | 3.941 | 4.187 | 4.433 |

续表 2-3

| 检尺径 | | 检尺长/m | | | | | | | | |
|---|---|---|---|---|---|---|---|---|---|---|
| 直径 | 周长 | 10 | 11 | 12 | 13 | 14 | 15 | 16 | 17 | 18 |
| /cm | /cm | 材积/m$^3$ | | | | | | | | |
| 58 | 182.212 | 2.642 | 2.906 | 3.171 | 3.435 | 3.699 | 3.963 | 4.227 | 4.492 | 4.756 |
| 60 | 188.496 | 2.827 | 3.110 | 3.393 | 3.676 | 3.958 | 4.241 | 4.524 | 4.807 | 5.089 |
| 62 | 194.779 | 3.019 | 3.321 | 3.623 | 3.925 | 4.227 | 4.529 | 4.831 | 5.132 | 5.434 |
| 64 | 201.062 | 3.217 | 3.539 | 3.860 | 4.182 | 4.504 | 4.825 | 5.147 | 5.469 | 5.791 |
| 66 | 207.345 | 3.421 | 3.763 | 4.105 | 4.448 | 4.790 | 5.132 | 5.474 | 5.816 | 6.158 |
| 68 | 213.628 | 3.632 | 3.995 | 4.358 | 4.721 | 5.084 | 5.448 | 5.811 | 6.174 | 6.537 |
| 70 | 219.911 | 3.848 | 4.233 | 4.618 | 5.003 | 5.388 | 5.773 | 6.158 | 6.542 | 6.927 |
| 72 | 226.195 | 4.072 | 4.479 | 4.886 | 5.293 | 5.700 | 6.107 | 6.514 | 6.922 | 7.329 |
| 74 | 232.478 | 4.301 | 4.731 | 5.161 | 5.591 | 6.021 | 6.451 | 6.881 | 7.311 | 7.742 |
| 76 | 238.761 | 4.536 | 4.990 | 5.444 | 5.897 | 6.351 | 6.805 | 7.258 | 7.712 | 8.166 |
| 78 | 245.044 | 4.778 | 5.256 | 5.734 | 6.212 | 6.690 | 7.168 | 7.645 | 8.123 | 8.601 |
| 80 | 251.327 | 5.027 | 5.529 | 6.032 | 6.535 | 7.037 | 7.540 | 8.042 | 8.545 | 9.048 |
| 82 | 257.611 | 5.281 | 5.809 | 6.337 | 6.865 | 7.393 | 7.922 | 8.450 | 8.978 | 9.506 |
| 84 | 263.894 | 5.542 | 6.096 | 6.650 | 7.204 | 7.758 | 8.313 | 8.867 | 9.421 | 9.975 |
| 86 | 270.177 | 5.809 | 6.390 | 6.971 | 7.551 | 8.132 | 8.713 | 9.294 | 9.875 | 10.456 |
| 88 | 276.460 | 6.082 | 6.690 | 7.299 | 7.907 | 8.515 | 9.123 | 9.731 | 10.340 | 10.948 |
| 90 | 282.743 | 6.362 | 6.998 | 7.634 | 8.270 | 8.906 | 9.543 | 10.179 | 10.815 | 11.451 |

续表 2-3 （原条木）

| 检尺径 | | 检尺长/m | | | | | | | | |
|---|---|---|---|---|---|---|---|---|---|---|
| 直径 | 周长 | 10 | 11 | 12 | 13 | 14 | 15 | 16 | 17 | 18 |
| /cm | /cm | 材积/m³ | | | | | | | | |
| 92 | 289.027 | 6.648 | 7.312 | 7.977 | 8.642 | 9.307 | 9.971 | 10.636 | 11.301 | 11.966 |
| 94 | 295.310 | 6.940 | 7.634 | 8.328 | 9.022 | 9.716 | 10.410 | 11.104 | 11.798 | 12.492 |
| 96 | 301.593 | 7.238 | 7.962 | 8.686 | 9.410 | 10.134 | 10.857 | 11.581 | 12.305 | 13.029 |
| 98 | 307.876 | 7.543 | 8.297 | 9.052 | 9.806 | 10.560 | 11.314 | 12.069 | 12.823 | 13.577 |
| 100 | 314.159 | 7.854 | 8.639 | 9.425 | 10.210 | 10.996 | 11.781 | 12.566 | 13.352 | 14.137 |

| 检尺径 | | 检尺长/m | | | | | | | | |
|---|---|---|---|---|---|---|---|---|---|---|
| 直径 | 周长 | 19 | 20 | 21 | 22 | 23 | 24 | 25 | 26 | 27 |
| /cm | /cm | 材积/m³ | | | | | | | | |
| 6 | 18.850 | 0.054 | 0.057 | 0.059 | 0.062 | 0.065 | 0.068 | 0.071 | 0.074 | 0.076 |
| 8 | 25.133 | 0.096 | 0.101 | 0.106 | 0.111 | 0.116 | 0.121 | 0.126 | 0.131 | 0.136 |
| 10 | 31.416 | 0.149 | 0.157 | 0.165 | 0.173 | 0.181 | 0.188 | 0.196 | 0.204 | 0.212 |
| 12 | 37.699 | 0.215 | 0.226 | 0.238 | 0.249 | 0.260 | 0.271 | 0.283 | 0.294 | 0.305 |
| 14 | 43.982 | 0.292 | 0.308 | 0.323 | 0.339 | 0.354 | 0.369 | 0.385 | 0.400 | 0.416 |
| 16 | 50.265 | 0.382 | 0.402 | 0.422 | 0.442 | 0.462 | 0.483 | 0.503 | 0.523 | 0.543 |
| 18 | 56.549 | 0.483 | 0.509 | 0.534 | 0.560 | 0.585 | 0.611 | 0.636 | 0.662 | 0.687 |
| 20 | 62.832 | 0.597 | 0.628 | 0.660 | 0.691 | 0.723 | 0.754 | 0.785 | 0.817 | 0.848 |

**续表 2-3**

| 检尺径 | | 检尺长/m | | | | | | | | |
|---|---|---|---|---|---|---|---|---|---|---|
| 直径 | 周长 | 19 | 20 | 21 | 22 | 23 | 24 | 25 | 26 | 27 |
| /cm | /cm | 材积/m³ | | | | | | | | |
| 22 | 69.115 | 0.722 | 0.760 | 0.798 | 0.836 | 0.874 | 0.912 | 0.950 | 0.988 | 1.026 |
| 24 | 75.398 | 0.860 | 0.905 | 0.950 | 0.995 | 1.040 | 1.086 | 1.131 | 1.176 | 1.221 |
| 26 | 81.681 | 1.009 | 1.062 | 1.115 | 1.168 | 1.221 | 1.274 | 1.327 | 1.380 | 1.434 |
| 28 | 87.965 | 1.170 | 1.232 | 1.293 | 1.355 | 1.416 | 1.478 | 1.539 | 1.601 | 1.663 |
| 30 | 94.248 | 1.343 | 1.414 | 1.484 | 1.555 | 1.626 | 1.696 | 1.767 | 1.838 | 1.909 |
| 32 | 100.531 | 1.528 | 1.608 | 1.689 | 1.769 | 1.850 | 1.930 | 2.011 | 2.091 | 2.171 |
| 34 | 106.814 | 1.725 | 1.816 | 1.907 | 1.997 | 2.088 | 2.179 | 2.270 | 2.361 | 2.451 |
| 36 | 113.097 | 1.934 | 2.036 | 2.138 | 2.239 | 2.341 | 2.443 | 2.545 | 2.646 | 2.748 |
| 38 | 119.381 | 2.155 | 2.268 | 2.382 | 2.495 | 2.608 | 2.722 | 2.835 | 2.949 | 3.062 |
| 40 | 125.664 | 2.388 | 2.513 | 2.639 | 2.765 | 2.890 | 3.016 | 3.142 | 3.267 | 3.393 |
| 42 | 131.947 | 2.632 | 2.771 | 2.909 | 3.048 | 3.187 | 3.325 | 3.464 | 3.602 | 3.741 |
| 44 | 138.230 | 2.889 | 3.041 | 3.193 | 3.345 | 3.497 | 3.649 | 3.801 | 3.953 | 4.105 |
| 46 | 144.513 | 3.158 | 3.324 | 3.490 | 3.656 | 3.822 | 3.989 | 4.155 | 4.321 | 4.487 |
| 48 | 150.796 | 3.438 | 3.619 | 3.800 | 3.981 | 4.162 | 4.343 | 4.524 | 4.705 | 4.886 |
| 50 | 157.080 | 3.731 | 3.927 | 4.123 | 4.320 | 4.516 | 4.712 | 4.909 | 5.105 | 5.301 |
| 52 | 163.363 | 4.035 | 4.247 | 4.460 | 4.672 | 4.885 | 5.097 | 5.309 | 5.522 | 5.734 |
| 54 | 169.646 | 4.351 | 4.580 | 4.809 | 5.038 | 5.268 | 5.497 | 5.726 | 5.955 | 6.184 |

续表 2-3 （原条木）

| 检尺径 | | 检尺长/m | | | | | | | | |
|---|---|---|---|---|---|---|---|---|---|---|
| 直径 | 周长 | 19 | 20 | 21 | 22 | 23 | 24 | 25 | 26 | 27 |
| /cm | /cm | 材积/m³ | | | | | | | | |
| 56 | 175.929 | 4.680 | 4.926 | 5.172 | 5.419 | 5.665 | 5.911 | 6.158 | 6.404 | 6.650 |
| 58 | 182.212 | 5.020 | 5.284 | 5.548 | 5.813 | 6.077 | 6.341 | 6.605 | 6.869 | 7.134 |
| 60 | 188.496 | 5.372 | 5.655 | 5.938 | 6.220 | 6.503 | 6.786 | 7.069 | 7.351 | 7.634 |
| 62 | 194.779 | 5.736 | 6.038 | 6.340 | 6.642 | 6.944 | 7.246 | 7.548 | 7.850 | 8.152 |
| 64 | 201.062 | 6.112 | 6.434 | 6.756 | 7.077 | 7.399 | 7.721 | 8.042 | 8.364 | 8.686 |
| 66 | 207.345 | 6.500 | 6.842 | 7.185 | 7.527 | 7.869 | 8.211 | 8.553 | 8.895 | 9.237 |
| 68 | 213.628 | 6.900 | 7.263 | 7.627 | 7.990 | 8.353 | 8.716 | 9.079 | 9.442 | 9.806 |
| 70 | 219.911 | 7.312 | 7.697 | 8.082 | 8.467 | 8.851 | 9.236 | 9.621 | 10.006 | 10.391 |
| 72 | 226.195 | 7.736 | 8.143 | 8.550 | 8.957 | 9.364 | 9.772 | 10.179 | 10.586 | 10.993 |
| 74 | 232.478 | 8.172 | 8.602 | 9.032 | 9.462 | 9.892 | 10.322 | 10.752 | 11.182 | 11.612 |
| 76 | 238.761 | 8.619 | 9.073 | 9.527 | 9.980 | 10.434 | 10.888 | 11.341 | 11.795 | 12.248 |
| 78 | 245.044 | 9.079 | 9.557 | 10.035 | 10.512 | 10.990 | 11.468 | 11.946 | 12.424 | 12.902 |
| 80 | 251.327 | 9.550 | 10.053 | 10.556 | 11.058 | 11.561 | 12.064 | 12.566 | 13.069 | 13.572 |
| 82 | 257.611 | 10.034 | 10.562 | 11.090 | 11.618 | 12.146 | 12.674 | 13.203 | 13.731 | 14.259 |
| 84 | 263.894 | 10.529 | 11.084 | 11.638 | 12.192 | 12.746 | 13.300 | 13.854 | 14.409 | 14.963 |
| 86 | 270.177 | 11.037 | 11.618 | 12.199 | 12.779 | 13.360 | 13.941 | 14.522 | 15.103 | 15.684 |
| 88 | 276.460 | 11.556 | 12.164 | 12.772 | 13.381 | 13.989 | 14.597 | 15.205 | 15.814 | 16.422 |

(原条木)

**续表 2-3**

| 检尺径 | | 检尺长/m | | | | | | | | |
|---|---|---|---|---|---|---|---|---|---|---|
| 直径 | 周长 | 19 | 20 | 21 | 22 | 23 | 24 | 25 | 26 | 27 |
| /cm | /cm | 材积/m³ | | | | | | | | |
| 90 | 282.743 | 12.087 | 12.723 | 13.360 | 13.996 | 14.632 | 15.268 | 15.904 | 16.541 | 17.177 |
| 92 | 289.027 | 12.630 | 13.295 | 13.960 | 14.625 | 15.290 | 15.954 | 16.619 | 17.284 | 17.949 |
| 94 | 295.310 | 13.186 | 13.880 | 14.574 | 15.268 | 15.962 | 16.656 | 17.349 | 18.043 | 18.737 |
| 96 | 301.593 | 13.753 | 14.476 | 15.200 | 15.924 | 16.648 | 17.372 | 18.096 | 18.819 | 19.543 |
| 98 | 307.876 | 14.332 | 15.086 | 15.840 | 16.595 | 17.349 | 18.103 | 18.857 | 19.612 | 20.366 |
| 100 | 314.159 | 14.923 | 15.708 | 16.493 | 17.279 | 18.064 | 18.850 | 19.635 | 20.420 | 21.206 |
| 检尺径 | | 检尺长/m | | | | | | | | |
| 直径 | 周长 | 28 | 29 | 30 | 31 | 32 | 33 | 34 | 35 | 36 |
| /cm | /cm | 材积/m³ | | | | | | | | |
| 6 | 18.850 | 0.079 | 0.082 | 0.085 | 0.088 | 0.090 | 0.093 | 0.096 | 0.099 | 0.102 |
| 8 | 25.133 | 0.141 | 0.146 | 0.151 | 0.156 | 0.161 | 0.166 | 0.171 | 0.176 | 0.181 |
| 10 | 31.416 | 0.220 | 0.228 | 0.236 | 0.243 | 0.251 | 0.259 | 0.267 | 0.275 | 0.283 |
| 12 | 37.699 | 0.317 | 0.328 | 0.339 | 0.351 | 0.362 | 0.373 | 0.385 | 0.396 | 0.407 |
| 14 | 43.982 | 0.431 | 0.446 | 0.462 | 0.477 | 0.493 | 0.508 | 0.523 | 0.539 | 0.554 |
| 16 | 50.265 | 0.563 | 0.583 | 0.603 | 0.623 | 0.643 | 0.664 | 0.684 | 0.704 | 0.724 |
| 18 | 56.549 | 0.713 | 0.738 | 0.763 | 0.789 | 0.814 | 0.840 | 0.865 | 0.891 | 0.916 |

续表 2-3 （原条木）

| 检尺径 | | 检尺长/m | | | | | | | | |
|---|---|---|---|---|---|---|---|---|---|---|
| 直径 | 周长 | 28 | 29 | 30 | 31 | 32 | 33 | 34 | 35 | 36 |
| /cm | /cm | 材积/m³ | | | | | | | | |
| 20 | 62.832 | 0.880 | 0.911 | 0.942 | 0.974 | 1.005 | 1.037 | 1.068 | 1.100 | 1.131 |
| 22 | 69.115 | 1.064 | 1.102 | 1.140 | 1.178 | 1.216 | 1.254 | 1.292 | 1.330 | 1.368 |
| 24 | 75.398 | 1.267 | 1.312 | 1.357 | 1.402 | 1.448 | 1.493 | 1.538 | 1.583 | 1.629 |
| 26 | 81.681 | 1.487 | 1.540 | 1.593 | 1.646 | 1.699 | 1.752 | 1.805 | 1.858 | 1.911 |
| 28 | 87.965 | 1.724 | 1.786 | 1.847 | 1.909 | 1.970 | 2.032 | 2.094 | 2.155 | 2.217 |
| 30 | 94.248 | 1.979 | 2.050 | 2.121 | 2.191 | 2.262 | 2.333 | 2.403 | 2.474 | 2.545 |
| 32 | 100.531 | 2.252 | 2.332 | 2.413 | 2.493 | 2.574 | 2.654 | 2.734 | 2.815 | 2.895 |
| 34 | 106.814 | 2.542 | 2.633 | 2.724 | 2.815 | 2.905 | 2.996 | 3.087 | 3.178 | 3.269 |
| 36 | 113.097 | 2.850 | 2.952 | 3.054 | 3.155 | 3.257 | 3.359 | 3.461 | 3.563 | 3.664 |
| 38 | 119.381 | 3.176 | 3.289 | 3.402 | 3.516 | 3.629 | 3.743 | 3.856 | 3.969 | 4.083 |
| 40 | 125.664 | 3.519 | 3.644 | 3.770 | 3.896 | 4.021 | 4.147 | 4.273 | 4.398 | 4.524 |
| 42 | 131.947 | 3.879 | 4.018 | 4.156 | 4.295 | 4.433 | 4.572 | 4.711 | 4.849 | 4.988 |
| 44 | 138.230 | 4.257 | 4.410 | 4.562 | 4.714 | 4.866 | 5.018 | 5.170 | 5.322 | 5.474 |
| 46 | 144.513 | 4.653 | 4.820 | 4.986 | 5.152 | 5.318 | 5.484 | 5.650 | 5.817 | 5.983 |
| 48 | 150.796 | 5.067 | 5.248 | 5.429 | 5.610 | 5.791 | 5.972 | 6.153 | 6.333 | 6.514 |
| 50 | 157.080 | 5.498 | 5.694 | 5.891 | 6.087 | 6.283 | 6.480 | 6.676 | 6.872 | 7.069 |
| 52 | 163.363 | 5.946 | 6.159 | 6.371 | 6.584 | 6.796 | 7.008 | 7.221 | 7.433 | 7.645 |

（原条木）

续表 2-3

| 检尺径 | | 检尺长/m | | | | | | | | |
|---|---|---|---|---|---|---|---|---|---|---|
| 直径 | 周长 | 28 | 29 | 30 | 31 | 32 | 33 | 34 | 35 | 36 |
| /cm | /cm | 材积/m³ | | | | | | | | |
| 54 | 169.646 | 6.413 | 6.642 | 6.871 | 7.100 | 7.329 | 7.558 | 7.787 | 8.016 | 8.245 |
| 56 | 175.929 | 6.896 | 7.143 | 7.389 | 7.635 | 7.882 | 8.128 | 8.374 | 8.621 | 8.867 |
| 58 | 182.212 | 7.398 | 7.662 | 7.926 | 8.190 | 8.455 | 8.719 | 8.983 | 9.247 | 9.512 |
| 60 | 188.496 | 7.917 | 8.200 | 8.482 | 8.765 | 9.048 | 9.331 | 9.613 | 9.896 | 10.179 |
| 62 | 194.779 | 8.453 | 8.755 | 9.057 | 9.359 | 9.661 | 9.963 | 10.265 | 10.567 | 10.869 |
| 64 | 201.062 | 9.008 | 9.329 | 9.651 | 9.973 | 10.294 | 10.616 | 10.938 | 11.259 | 11.581 |
| 66 | 207.345 | 9.579 | 9.921 | 10.264 | 10.606 | 10.948 | 11.290 | 11.632 | 11.974 | 12.316 |
| 68 | 213.628 | 10.169 | 10.532 | 10.895 | 11.258 | 11.621 | 11.985 | 12.348 | 12.711 | 13.074 |
| 70 | 219.911 | 10.776 | 11.161 | 11.545 | 11.930 | 12.315 | 12.700 | 13.085 | 13.470 | 13.854 |
| 72 | 226.195 | 11.400 | 11.807 | 12.215 | 12.622 | 13.029 | 13.436 | 13.843 | 14.250 | 14.657 |
| 74 | 232.478 | 12.042 | 12.472 | 12.903 | 13.333 | 13.763 | 14.193 | 14.623 | 15.053 | 15.483 |
| 76 | 238.761 | 12.702 | 13.156 | 13.609 | 14.063 | 14.517 | 14.970 | 15.424 | 15.878 | 16.331 |
| 78 | 245.044 | 13.379 | 13.857 | 14.335 | 14.813 | 15.291 | 15.769 | 16.246 | 16.724 | 17.202 |
| 80 | 251.327 | 14.074 | 14.577 | 15.080 | 15.582 | 16.085 | 16.588 | 17.090 | 17.593 | 18.096 |
| 82 | 257.611 | 14.787 | 15.315 | 15.843 | 16.371 | 16.899 | 17.427 | 17.956 | 18.484 | 19.012 |
| 84 | 263.894 | 15.517 | 16.071 | 16.625 | 17.180 | 17.734 | 18.288 | 18.842 | 19.396 | 19.950 |
| 86 | 270.177 | 16.265 | 16.846 | 17.426 | 18.007 | 18.588 | 19.169 | 19.750 | 20.331 | 20.912 |

续表 2-3 （原条木）

| 检尺径 | | 检尺长/m | | | | | | | | |
|---|---|---|---|---|---|---|---|---|---|---|
| 直径 | 周长 | 28 | 29 | 30 | 31 | 32 | 33 | 34 | 35 | 36 |
| /cm | /cm | 材积/m³ | | | | | | | | |
| 88 | 276.460 | 17.030 | 17.638 | 18.246 | 18.855 | 19.463 | 20.071 | 20.679 | 21.287 | 21.896 |
| 90 | 282.743 | 17.813 | 18.449 | 19.085 | 19.721 | 20.358 | 20.994 | 21.630 | 22.266 | 22.902 |
| 92 | 289.027 | 18.613 | 19.278 | 19.943 | 20.608 | 21.272 | 21.937 | 22.602 | 23.267 | 23.931 |
| 94 | 295.310 | 19.431 | 20.125 | 20.819 | 21.513 | 22.207 | 22.901 | 23.595 | 24.289 | 24.983 |
| 96 | 301.593 | 20.267 | 20.991 | 21.715 | 22.439 | 23.162 | 23.886 | 24.610 | 25.334 | 26.058 |
| 98 | 307.876 | 21.120 | 21.875 | 22.629 | 23.383 | 24.138 | 24.892 | 25.646 | 26.400 | 27.155 |
| 100 | 314.159 | 21.991 | 22.777 | 23.562 | 24.347 | 25.133 | 25.918 | 26.704 | 27.489 | 28.274 |

| 检尺径 | | 检尺长/m | | | | | | | | |
|---|---|---|---|---|---|---|---|---|---|---|
| 直径 | 周长 | 37 | 38 | 39 | 40 | | | | | |
| /cm | /cm | 材积/m³ | | | | | | | | |
| 6 | 18.850 | 0.105 | 0.107 | 0.110 | 0.113 | | | | | |
| 8 | 25.133 | 0.186 | 0.191 | 0.196 | 0.201 | | | | | |
| 10 | 31.416 | 0.291 | 0.298 | 0.306 | 0.314 | | | | | |
| 12 | 37.699 | 0.418 | 0.430 | 0.441 | 0.452 | | | | | |
| 14 | 43.982 | 0.570 | 0.585 | 0.600 | 0.616 | | | | | |
| 16 | 50.265 | 0.744 | 0.764 | 0.784 | 0.804 | | | | | |

（原条木）

**续表 2-3**

| 检尺径 | | 检尺长/m | | | | | | | |
|---|---|---|---|---|---|---|---|---|---|
| 直径 | 周长 | 37 | 38 | 39 | 40 | | | | |
| /cm | /cm | 材积/m³ | | | | | | | |
| 18 | 56.549 | 0.942 | 0.967 | 0.992 | 1.018 | | | | |
| 20 | 62.832 | 1.162 | 1.194 | 1.225 | 1.257 | | | | |
| 22 | 69.115 | 1.406 | 1.445 | 1.483 | 1.521 | | | | |
| 24 | 75.398 | 1.674 | 1.719 | 1.764 | 1.810 | | | | |
| 26 | 81.681 | 1.964 | 2.018 | 2.071 | 2.124 | | | | |
| 28 | 87.965 | 2.278 | 2.340 | 2.401 | 2.463 | | | | |
| 30 | 94.248 | 2.615 | 2.686 | 2.757 | 2.827 | | | | |
| 32 | 100.531 | 2.976 | 3.056 | 3.137 | 3.217 | | | | |
| 34 | 106.814 | 3.359 | 3.450 | 3.541 | 3.632 | | | | |
| 36 | 113.097 | 3.766 | 3.868 | 3.970 | 4.072 | | | | |
| 38 | 119.381 | 4.196 | 4.310 | 4.423 | 4.536 | | | | |
| 40 | 125.664 | 4.650 | 4.775 | 4.901 | 5.027 | | | | |
| 42 | 131.947 | 5.126 | 5.265 | 5.403 | 5.542 | | | | |
| 44 | 138.230 | 5.626 | 5.778 | 5.930 | 6.082 | | | | |
| 46 | 144.513 | 6.149 | 6.315 | 6.481 | 6.648 | | | | |
| 48 | 150.796 | 6.695 | 6.876 | 7.057 | 7.238 | | | | |
| 50 | 157.080 | 7.265 | 7.461 | 7.658 | 7.854 | | | | |

续表 2-3 （原条木）

| 检尺径 | | 检尺长/m | | | | | | | | |
|---|---|---|---|---|---|---|---|---|---|---|
| 直径 | 周长 | 37 | 38 | 39 | 40 | | | | | |
| /cm | /cm | 材积/m³ | | | | | | | | |
| 52 | 163.363 | 7.858 | 8.070 | 8.283 | 8.495 | | | | | |
| 54 | 169.646 | 8.474 | 8.703 | 8.932 | 9.161 | | | | | |
| 56 | 175.929 | 9.113 | 9.359 | 9.606 | 9.852 | | | | | |
| 58 | 182.212 | 9.776 | 10.040 | 10.304 | 10.568 | | | | | |
| 60 | 188.496 | 10.462 | 10.744 | 11.027 | 11.310 | | | | | |
| 62 | 194.779 | 11.171 | 11.472 | 11.774 | 12.076 | | | | | |
| 64 | 201.062 | 11.903 | 12.225 | 12.546 | 12.868 | | | | | |
| 66 | 207.345 | 12.658 | 13.001 | 13.343 | 13.685 | | | | | |
| 68 | 213.628 | 13.437 | 13.800 | 14.164 | 14.527 | | | | | |
| 70 | 219.911 | 14.239 | 14.624 | 15.009 | 15.394 | | | | | |
| 72 | 226.195 | 15.065 | 15.472 | 15.879 | 16.286 | | | | | |
| 74 | 232.478 | 15.913 | 16.343 | 16.773 | 17.203 | | | | | |
| 76 | 238.761 | 16.785 | 17.239 | 17.692 | 18.146 | | | | | |
| 78 | 245.044 | 17.680 | 18.158 | 18.636 | 19.113 | | | | | |
| 80 | 251.327 | 18.598 | 19.101 | 19.604 | 20.106 | | | | | |
| 82 | 257.611 | 19.540 | 20.068 | 20.596 | 21.124 | | | | | |
| 84 | 263.894 | 20.505 | 21.059 | 21.613 | 22.167 | | | | | |

（原条木）

**续表 2-3**

| 检尺径 | | 检尺长/m | | | | | | | | |
|---|---|---|---|---|---|---|---|---|---|---|
| 直径 | 周长 | 37 | 38 | 39 | 40 | | | | | |
| /cm | /cm | 材积/$m^3$ | | | | | | | | |
| 86 | 270.177 | 21.493 | 22.074 | 22.654 | 23.235 | | | | | |
| 88 | 276.460 | 22.504 | 23.112 | 23.720 | 24.329 | | | | | |
| 90 | 282.743 | 23.538 | 24.175 | 24.811 | 25.447 | | | | | |
| 92 | 289.027 | 24.596 | 25.261 | 25.926 | 26.591 | | | | | |
| 94 | 295.310 | 25.677 | 26.371 | 27.065 | 27.759 | | | | | |
| 96 | 301.593 | 26.782 | 27.505 | 28.229 | 28.953 | | | | | |
| 98 | 307.876 | 27.909 | 28.663 | 29.418 | 30.172 | | | | | |
| 100 | 314.159 | 29.060 | 29.845 | 30.631 | 31.416 | | | | | |

# 3 椽材材积

## 3.1 计算依据和方法

LY/T 1158—2008《椽材》适用于民房屋顶结构直接用原木。LY/T 1158—2008《椽材》是对 LY/T 1158—1994《椽材》的修订，新标准对原标准的主要修改和补充包括：

将树种统一为针、阔叶林树种；检尺长原 1～3m，改为 1～6m；修改了长级公差；检尺径 3～12cm 不变，但确定 3cm 为实足尺寸；进一步完善了椽材材积表。

(1)椽材的尺寸检量按 GB/T 144—2003 有关规定执行。

**检尺长进级**:1～6m,不足 2m,按 0.1m 进级;自 2m 以上,按 0.2m 进级。长级公差:不足 2m,$^{+3}_{-1}$cm,自 2m 以上,$^{+6}_{-2}$cm。

**检尺径进级**:3～12cm,3cm 为实足尺寸,按 1cm 进级,实际尺寸不足 1cm 时,足 0.5cm 增进,不足 0.5cm 舍去。

(2)椽材的材积计算按 GB 4814—1984《原木材积表》有关规定执行,即按小径原木材积公式计算:

$$V=0.7854L(D+0.45L+0.2)^2\div10000 \tag{3.1}$$

式中,$V$ 为材积($m^3$);$L$ 为检尺长(m);$D$ 为检尺径(cm)。

## 3.2 椽材材积速查表

椽材材积速查表见表 3-1。

表 3-1 椽材材积速查表(LY/T 1158—2008 规范性附录)

| 检尺长/m | 检尺径/cm | | | | | | | | | |
|---|---|---|---|---|---|---|---|---|---|---|
| | 3 | 4 | 5 | 6 | 7 | 8 | 9 | 10 | 11 | 12 |
| | 材积/m³ | | | | | | | | | |
| 1.0 | 0.0010 | 0.0016 | 0.0024 | 0.0034 | 0.0045 | 0.006 | 0.007 | 0.009 | 0.011 | 0.013 |
| 1.1 | 0.0011 | 0.0018 | 0.0027 | 0.0038 | 0.0050 | 0.006 | 0.008 | 0.010 | 0.012 | 0.014 |
| 1.2 | 0.0012 | 0.0020 | 0.0030 | 0.0042 | 0.0055 | 0.007 | 0.009 | 0.011 | 0.013 | 0.015 |
| 1.3 | 0.0014 | 0.0022 | 0.0033 | 0.0046 | 0.0061 | 0.008 | 0.010 | 0.012 | 0.014 | 0.017 |
| 1.4 | 0.0015 | 0.0025 | 0.0036 | 0.0050 | 0.0066 | 0.008 | 0.011 | 0.013 | 0.015 | 0.018 |
| 1.5 | 0.0017 | 0.0027 | 0.0040 | 0.0055 | 0.0072 | 0.009 | 0.011 | 0.014 | 0.017 | 0.020 |
| 1.6 | 0.0018 | 0.0029 | 0.0043 | 0.0059 | 0.0078 | 0.010 | 0.012 | 0.015 | 0.018 | 0.021 |
| 1.7 | 0.0020 | 0.0032 | 0.0047 | 0.0064 | 0.0084 | 0.011 | 0.013 | 0.016 | 0.019 | 0.022 |
| 1.8 | 0.0022 | 0.0035 | 0.0050 | 0.0069 | 0.0090 | 0.011 | 0.014 | 0.017 | 0.020 | 0.024 |
| 1.9 | 0.0024 | 0.0037 | 0.0054 | 0.0073 | 0.0096 | 0.012 | 0.015 | 0.018 | 0.022 | 0.025 |
| 2.0 | 0.0026 | 0.0041 | 0.0058 | 0.0079 | 0.0103 | 0.013 | 0.016 | 0.019 | 0.023 | 0.027 |
| 2.2 | 0.0030 | 0.0047 | 0.0066 | 0.0089 | 0.0116 | 0.015 | 0.018 | 0.022 | 0.026 | 0.030 |
| 2.4 | 0.0035 | 0.0053 | 0.0074 | 0.0100 | 0.0129 | 0.016 | 0.020 | 0.024 | 0.028 | 0.033 |
| 2.6 | 0.0039 | 0.0059 | 0.0083 | 0.0111 | 0.0143 | 0.018 | 0.022 | 0.026 | 0.031 | 0.037 |
| 2.8 | 0.0044 | 0.0066 | 0.0092 | 0.0122 | 0.0157 | 0.020 | 0.024 | 0.029 | 0.034 | 0.040 |
| 3.0 | 0.0049 | 0.0073 | 0.0101 | 0.0134 | 0.0172 | 0.021 | 0.026 | 0.031 | 0.037 | 0.043 |

（椽材） 续表 3-1

| 检尺长/m | 检尺径/cm | | | | | | | | | |
|---|---|---|---|---|---|---|---|---|---|---|
| | 3 | 4 | 5 | 6 | 7 | 8 | 9 | 10 | 11 | 12 |
| | 材积/m³ | | | | | | | | | |
| 3.2 | 0.0054 | 0.0080 | 0.0111 | 0.0147 | 0.0188 | 0.023 | 0.028 | 0.034 | 0.040 | 0.047 |
| 3.4 | 0.0060 | 0.0088 | 0.0121 | 0.0160 | 0.0204 | 0.025 | 0.031 | 0.037 | 0.043 | 0.050 |
| 3.6 | 0.0066 | 0.0096 | 0.0132 | 0.0173 | 0.0220 | 0.027 | 0.033 | 0.040 | 0.046 | 0.054 |
| 3.8 | 0.0072 | 0.0104 | 0.0143 | 0.0187 | 0.0237 | 0.029 | 0.036 | 0.042 | 0.050 | 0.058 |
| 4.0 | 0.0079 | 0.0113 | 0.0154 | 0.0201 | 0.0254 | 0.031 | 0.038 | 0.045 | 0.053 | 0.062 |
| 4.2 | 0.0085 | 0.0122 | 0.0166 | 0.0216 | 0.0273 | 0.034 | 0.041 | 0.048 | 0.057 | 0.065 |
| 4.4 | 0.0093 | 0.0132 | 0.0178 | 0.0231 | 0.0291 | 0.036 | 0.043 | 0.051 | 0.060 | 0.069 |
| 4.6 | 0.0100 | 0.0142 | 0.0191 | 0.0247 | 0.0310 | 0.038 | 0.046 | 0.054 | 0.064 | 0.074 |
| 4.8 | 0.0108 | 0.0152 | 0.0204 | 0.0263 | 0.0330 | 0.040 | 0.049 | 0.058 | 0.067 | 0.078 |
| 5.0 | 0.0117 | 0.0163 | 0.0218 | 0.0280 | 0.0351 | 0.043 | 0.051 | 0.061 | 0.071 | 0.082 |
| 5.2 | 0.0125 | 0.0175 | 0.0232 | 0.0298 | 0.0372 | 0.045 | 0.054 | 0.064 | 0.075 | 0.086 |
| 5.4 | 0.0134 | 0.0186 | 0.0247 | 0.0316 | 0.0393 | 0.048 | 0.057 | 0.068 | 0.079 | 0.091 |
| 5.6 | 0.0144 | 0.0199 | 0.0262 | 0.0334 | 0.0416 | 0.051 | 0.060 | 0.071 | 0.083 | 0.095 |
| 5.8 | 0.0154 | 0.0211 | 0.0278 | 0.0354 | 0.0438 | 0.053 | 0.064 | 0.075 | 0.087 | 0.100 |
| 6.0 | 0.0164 | 0.0224 | 0.0294 | 0.0373 | 0.0462 | 0.056 | 0.067 | 0.078 | 0.091 | 0.105 |

# 4 锯材材积

**锯材**是指伐倒木经打枝和剥皮后的原木或原条，按一定的规格要求加工后的成材。包括整边锯材、毛边锯材、板材、方材等。

整边锯材：宽材面相互平行，相邻材面互为垂直，材棱上钝棱不超过允许限度者。

毛边锯材：宽材面相互平行，窄材面未着锯，或虽着锯而钝棱超过允许限度者。

板材：宽度尺寸为厚度尺寸2倍以上者。

方材：宽度尺寸为厚度尺寸2倍以内者，但根据GB/T 11917—1989中2.14条规定，30×50、35×50、35×60、40×60、40×70、45×60、45×70、45×80、50×66、50×70、50×80、50×90、60×70、60×80、60×90、60×100、60×110mm等方材均按板材评定。

## 4.1 计算依据和方法

GB/T 449—2009《锯材材积表》代替 GB/T 449—1984，自 2009 年 8 月 1 日实施。新标准与 GB/T 449—1984 相比，主要变化如下：

由强制性标准改为推荐性标准；增补了规范性引用文件；增补了部分锯材长度、厚度尺寸的材积数据；增补了部分方材的材积数据。

(1)锯材材积的计算公式：

$$V=L\times W\times T/1000000 \quad (4.1)$$

式中，$V$ 为锯材材积($m^3$)；$L$ 为锯材长度(m)；$W$ 为锯材宽度(mm)；$T$ 为锯材厚度(mm)。

(2)锯材的尺寸检量及进级。

锯材尺寸按 GB/T 4822—1999《锯材检验》的规定检量。锯材材长和材宽按 GB/T 153—2009《针叶树锯材》和 GB/T 4817—2009《阔叶树锯材》的规定执行。

**锯材尺寸检量**是指对平行整边锯材尺寸的检量。锯材尺寸以锯割当时检量的尺寸为准。

①**锯材长度**:沿材长方向检量两端面间的最短距离。长度以米(m)为单位,量至厘米,不足 1cm 舍去。

②**锯材宽度、厚度**:在材长范围内除去两端各 15cm 的任意无钝棱部位检量。宽度、厚度以毫米(mm)为单位,量至毫米,不足 1mm 舍去。

③锯材长度进级:自 2m 以上按 0.2m 进级,不足 2m 的按 0.1m 进级。

(3)板材、方材的规格尺寸见表 4-1。

**表 4-1 板材、方材的规格尺寸** (mm)

| 分类 | 厚度 | 宽度 | |
|---|---|---|---|
| | | 尺寸范围 | 进级 |
| 薄板 | 12,15,18,21 | 30～300 | 10 |
| 中板 | 25,30,35 | | |
| 厚板 | 40,45,50,60 | | |
| 方材 | 25×20,25×25,30×30,40×30,60×40,60×50,100×55,100×60 | | |

注:表中未列规格尺寸由供需双方协义商定。

(4)锯材尺寸允许偏差见表 4-2。

**表 4-2　锯材尺寸允许偏差**

| 种类 | 尺寸范围 | 偏差 |
| --- | --- | --- |
| 长度 | 不足 2.0m | +3cm<br>−1cm |
| | 自 2.0m 以上 | +6cm<br>−2cm |
| 宽度、厚度 | 不足 30mm | ±1cm |
| | 自 30mm 以上 | ±2cm |

①锯材实际长度小于标准长度，但不超过负偏差，仍按标准长度计算；如超过负偏差，则按下一级长度计算，其多余部分不计。

②锯材宽度、厚度的正负偏差允许同时存在，如果厚度分级发生混淆时，按下一级厚度计算。

③锯材实际宽度小于标准宽度，但不超过负偏差，仍按标准宽度计算；如超过负偏差，则按下一级宽度计算。

④锯材材积计算数字，材长在 2.0m 以下，保留五位小数；材长在 2.0m 以上，保留四位小数。

## 4.2 锯材材积速查表

### 4.2.1 普通锯材材积速查表

普通锯材材积速查表适用于材长 0.5～8m、材宽 30～300mm、材厚 12～100mm 的所有树种锯材产品的材积查定。普通锯材材积速查表见表 4-3。

**表 4-3 普通锯材材积速查表**

| 材长/m | 0.5 | | | | | | | |
|---|---|---|---|---|---|---|---|---|
| 材宽/mm | 材厚/mm | | | | | | | |
| | 12 | 15 | 18 | 21 | 25 | 30 | 35 | 40 |
| | 材积/m³ | | | | | | | |
| 30 | 0.00018 | 0.00023 | 0.00027 | 0.00032 | 0.00038 | 0.00045 | 0.00053 | 0.00060 |
| 40 | 0.00024 | 0.00030 | 0.00036 | 0.00042 | 0.00050 | 0.00060 | 0.00070 | 0.00080 |
| 50 | 0.00030 | 0.00038 | 0.00045 | 0.00053 | 0.00063 | 0.00075 | 0.00088 | 0.00100 |
| 60 | 0.00036 | 0.00045 | 0.00054 | 0.00063 | 0.00075 | 0.00090 | 0.00105 | 0.00120 |

（普通锯材） **续表 4-3**

| 材长/m | 0.5 | | | | | | | |
|---|---|---|---|---|---|---|---|---|
| 材宽/mm | 材厚/mm | | | | | | | |
| | 12 | 15 | 18 | 21 | 25 | 30 | 35 | 40 |
| | 材积/$m^3$ | | | | | | | |
| 70 | 0.00042 | 0.00053 | 0.00063 | 0.00074 | 0.00088 | 0.00105 | 0.00123 | 0.00140 |
| 80 | 0.00048 | 0.00060 | 0.00072 | 0.00084 | 0.00100 | 0.00120 | 0.00140 | 0.00160 |
| 90 | 0.00054 | 0.00068 | 0.00081 | 0.00095 | 0.00113 | 0.00135 | 0.00158 | 0.00180 |
| 100 | 0.00060 | 0.00075 | 0.00090 | 0.00105 | 0.00125 | 0.00150 | 0.00175 | 0.00200 |
| 110 | 0.00066 | 0.00083 | 0.00099 | 0.00116 | 0.00138 | 0.00165 | 0.00193 | 0.00220 |
| 120 | 0.00072 | 0.00090 | 0.00108 | 0.00126 | 0.00150 | 0.00180 | 0.00210 | 0.00240 |
| 130 | 0.00078 | 0.00098 | 0.00117 | 0.00137 | 0.00163 | 0.00195 | 0.00228 | 0.00260 |
| 140 | 0.00084 | 0.00105 | 0.00126 | 0.00147 | 0.00175 | 0.00210 | 0.00245 | 0.00280 |
| 150 | 0.00090 | 0.00113 | 0.00135 | 0.00158 | 0.00188 | 0.00225 | 0.00263 | 0.00300 |
| 160 | 0.00096 | 0.00120 | 0.00144 | 0.00168 | 0.00200 | 0.00240 | 0.00280 | 0.00320 |
| 170 | 0.00102 | 0.00128 | 0.00153 | 0.00179 | 0.00213 | 0.00255 | 0.00298 | 0.00340 |
| 180 | 0.00108 | 0.00135 | 0.00162 | 0.00189 | 0.00225 | 0.00270 | 0.00315 | 0.00360 |
| 190 | 0.00114 | 0.00143 | 0.00171 | 0.00200 | 0.00238 | 0.00285 | 0.00333 | 0.00380 |
| 200 | 0.00120 | 0.00150 | 0.00180 | 0.00210 | 0.00250 | 0.00300 | 0.00350 | 0.00400 |
| 210 | 0.00126 | 0.00158 | 0.00189 | 0.00221 | 0.00263 | 0.00315 | 0.00368 | 0.00420 |
| 220 | 0.00132 | 0.00165 | 0.00198 | 0.00231 | 0.00275 | 0.00330 | 0.00385 | 0.00440 |

续表 4-3 （普通锯材）

| 材长/m | 0.5 | | | | | | | |
|---|---|---|---|---|---|---|---|---|
| 材宽/mm | 材厚/mm | | | | | | | |
| | 12 | 15 | 18 | 21 | 25 | 30 | 35 | 40 |
| | 材积/$m^3$ | | | | | | | |
| 230 | 0.00138 | 0.00173 | 0.00207 | 0.00242 | 0.00288 | 0.00345 | 0.00403 | 0.00460 |
| 240 | 0.00144 | 0.00180 | 0.00216 | 0.00252 | 0.00300 | 0.00360 | 0.00420 | 0.00480 |
| 250 | 0.00150 | 0.00188 | 0.00225 | 0.00263 | 0.00313 | 0.00375 | 0.00438 | 0.00500 |
| 260 | 0.00156 | 0.00195 | 0.00234 | 0.00273 | 0.00325 | 0.00390 | 0.00455 | 0.00520 |
| 270 | 0.00162 | 0.00203 | 0.00243 | 0.00284 | 0.00338 | 0.00405 | 0.00473 | 0.00540 |
| 280 | 0.00168 | 0.00210 | 0.00252 | 0.00294 | 0.00350 | 0.00420 | 0.00490 | 0.00560 |
| 290 | 0.00174 | 0.00218 | 0.00261 | 0.00305 | 0.00363 | 0.00435 | 0.00508 | 0.00580 |
| 300 | 0.00180 | 0.00225 | 0.00270 | 0.00315 | 0.00375 | 0.00450 | 0.00525 | 0.00600 |

| 材长/m | 0.5 | | | | | | | |
|---|---|---|---|---|---|---|---|---|
| 材宽/mm | 材厚/mm | | | | | | | |
| | 45 | 50 | 60 | 70 | 80 | 90 | 100 | |
| | 材积/$m^3$ | | | | | | | |
| 30 | 0.00068 | 0.00075 | 0.00090 | 0.00105 | 0.00120 | 0.00135 | 0.00150 | |
| 40 | 0.00090 | 0.00100 | 0.00120 | 0.00140 | 0.00160 | 0.00180 | 0.00200 | |
| 50 | 0.00113 | 0.00125 | 0.00150 | 0.00175 | 0.00200 | 0.00225 | 0.00250 | |

续表 4-3

| 材长/m | 0.5 | | | | | | |
|---|---|---|---|---|---|---|---|
| 材宽/mm | 材厚/mm | | | | | | |
| | 45 | 50 | 60 | 70 | 80 | 90 | 100 |
| | 材积/$m^3$ | | | | | | |
| 60 | 0.00135 | 0.00150 | 0.00180 | 0.00210 | 0.00240 | 0.00270 | 0.00300 |
| 70 | 0.00158 | 0.00175 | 0.00210 | 0.00245 | 0.00280 | 0.00315 | 0.00350 |
| 80 | 0.00180 | 0.00200 | 0.00240 | 0.00280 | 0.00320 | 0.00360 | 0.00400 |
| 90 | 0.00203 | 0.00225 | 0.00270 | 0.00315 | 0.00360 | 0.00405 | 0.00450 |
| 100 | 0.00225 | 0.00250 | 0.00300 | 0.00350 | 0.00400 | 0.00450 | 0.00500 |
| 110 | 0.00248 | 0.00275 | 0.00330 | 0.00385 | 0.00440 | 0.00495 | 0.00550 |
| 120 | 0.00270 | 0.00300 | 0.00360 | 0.00420 | 0.00480 | 0.00540 | 0.00600 |
| 130 | 0.00293 | 0.00325 | 0.00390 | 0.00455 | 0.00520 | 0.00585 | 0.00650 |
| 140 | 0.00315 | 0.00350 | 0.00420 | 0.00490 | 0.00560 | 0.00630 | 0.00700 |
| 150 | 0.00338 | 0.00375 | 0.00450 | 0.00525 | 0.00600 | 0.00675 | 0.00750 |
| 160 | 0.00360 | 0.00400 | 0.00480 | 0.00560 | 0.00640 | 0.00720 | 0.00800 |
| 170 | 0.00383 | 0.00425 | 0.00510 | 0.00595 | 0.00680 | 0.00765 | 0.00850 |
| 180 | 0.00405 | 0.00450 | 0.00540 | 0.00630 | 0.00720 | 0.00810 | 0.00900 |
| 190 | 0.00428 | 0.00475 | 0.00570 | 0.00665 | 0.00760 | 0.00855 | 0.00950 |
| 200 | 0.00450 | 0.00500 | 0.00600 | 0.00700 | 0.00800 | 0.00900 | 0.01000 |

续表 4-3 （普通锯材）

| 材长/m | 0.5 | | | | | | | |
|---|---|---|---|---|---|---|---|---|
| 材宽/mm | 材厚/mm | | | | | | | |
| | 45 | 50 | 60 | 70 | 80 | 90 | 100 | |
| | 材积/$m^3$ | | | | | | | |
| 210 | 0.00473 | 0.00525 | 0.00630 | 0.00735 | 0.00840 | 0.00945 | 0.01050 | |
| 220 | 0.00495 | 0.00550 | 0.00660 | 0.00770 | 0.00880 | 0.00990 | 0.01100 | |
| 230 | 0.00518 | 0.00575 | 0.00690 | 0.00805 | 0.00920 | 0.01035 | 0.01150 | |
| 240 | 0.00540 | 0.00600 | 0.00720 | 0.00840 | 0.00960 | 0.01080 | 0.01200 | |
| 250 | 0.00563 | 0.00625 | 0.00750 | 0.00875 | 0.01000 | 0.01125 | 0.01250 | |
| 260 | 0.00585 | 0.00650 | 0.00780 | 0.00910 | 0.01040 | 0.01170 | 0.01300 | |
| 270 | 0.00608 | 0.00675 | 0.00810 | 0.00945 | 0.01080 | 0.01215 | 0.01350 | |
| 280 | 0.00630 | 0.00700 | 0.00840 | 0.00980 | 0.01120 | 0.01260 | 0.01400 | |
| 290 | 0.00653 | 0.00725 | 0.00870 | 0.01015 | 0.01160 | 0.01305 | 0.01450 | |
| 300 | 0.00675 | 0.00750 | 0.00900 | 0.01050 | 0.01200 | 0.01350 | 0.01500 | |

| 材长/m | 0.6 | | | | | | | |
|---|---|---|---|---|---|---|---|---|
| 材宽/mm | 材厚/mm | | | | | | | |
| | 12 | 15 | 18 | 21 | 25 | 30 | 35 | 40 |
| | 材积/$m^3$ | | | | | | | |
| 30 | 0.00022 | 0.00027 | 0.00032 | 0.00032 | 0.00045 | 0.00054 | 0.00063 | 0.00072 |

（普通锯材）

续表 4-3

| 材长/m | 0.6 | | | | | | | |
|---|---|---|---|---|---|---|---|---|
| 材宽/mm | 材厚/mm | | | | | | | |
| | 12 | 15 | 18 | 21 | 25 | 30 | 35 | 40 |
| | 材积/m³ | | | | | | | |
| 40 | 0.00029 | 0.00036 | 0.00043 | 0.00042 | 0.00060 | 0.00072 | 0.00084 | 0.00096 |
| 50 | 0.00036 | 0.00045 | 0.00054 | 0.00053 | 0.00075 | 0.00090 | 0.00105 | 0.00120 |
| 60 | 0.00043 | 0.00054 | 0.00065 | 0.00063 | 0.00090 | 0.00108 | 0.00126 | 0.00144 |
| 70 | 0.00050 | 0.00063 | 0.00076 | 0.00074 | 0.00105 | 0.00126 | 0.00147 | 0.00168 |
| 80 | 0.00058 | 0.00072 | 0.00086 | 0.00084 | 0.00120 | 0.00144 | 0.00168 | 0.00192 |
| 90 | 0.00065 | 0.00081 | 0.00097 | 0.00095 | 0.00135 | 0.00162 | 0.00189 | 0.00216 |
| 100 | 0.00072 | 0.00090 | 0.00108 | 0.00105 | 0.00150 | 0.00180 | 0.00210 | 0.00240 |
| 110 | 0.00079 | 0.00099 | 0.00119 | 0.00116 | 0.00165 | 0.00198 | 0.00231 | 0.00264 |
| 120 | 0.00086 | 0.00108 | 0.00130 | 0.00126 | 0.00180 | 0.00216 | 0.00252 | 0.00288 |
| 130 | 0.00094 | 0.00117 | 0.00140 | 0.00137 | 0.00195 | 0.00234 | 0.00273 | 0.00312 |
| 140 | 0.00101 | 0.00126 | 0.00151 | 0.00147 | 0.00210 | 0.00252 | 0.00294 | 0.00336 |
| 150 | 0.00108 | 0.00135 | 0.00162 | 0.00158 | 0.00225 | 0.00270 | 0.00315 | 0.00360 |
| 160 | 0.00115 | 0.00144 | 0.00173 | 0.00168 | 0.00240 | 0.00288 | 0.00336 | 0.00384 |
| 170 | 0.00122 | 0.00153 | 0.00184 | 0.00179 | 0.00255 | 0.00306 | 0.00357 | 0.00408 |

续表 4-3 （普通锯材）

| 材长/m | 0.6 | | | | | | | |
|---|---|---|---|---|---|---|---|---|
| 材宽/mm | 材厚/mm | | | | | | | |
| | 12 | 15 | 18 | 21 | 25 | 30 | 35 | 40 |
| | 材积/$m^3$ | | | | | | | |
| 180 | 0.00130 | 0.00162 | 0.00194 | 0.00189 | 0.00270 | 0.00324 | 0.00378 | 0.00432 |
| 190 | 0.00137 | 0.00171 | 0.00205 | 0.00200 | 0.00285 | 0.00342 | 0.00399 | 0.00456 |
| 200 | 0.00144 | 0.00180 | 0.00216 | 0.00210 | 0.00300 | 0.00360 | 0.00420 | 0.00480 |
| 210 | 0.00151 | 0.00189 | 0.00227 | 0.00221 | 0.00315 | 0.00378 | 0.00441 | 0.00504 |
| 220 | 0.00158 | 0.00198 | 0.00238 | 0.00231 | 0.00330 | 0.00396 | 0.00462 | 0.00528 |
| 230 | 0.00166 | 0.00207 | 0.00248 | 0.00242 | 0.00345 | 0.00414 | 0.00483 | 0.00552 |
| 240 | 0.00173 | 0.00216 | 0.00259 | 0.00252 | 0.00360 | 0.00432 | 0.00504 | 0.00576 |
| 250 | 0.00180 | 0.00225 | 0.00270 | 0.00263 | 0.00375 | 0.00450 | 0.00525 | 0.00600 |
| 260 | 0.00187 | 0.00234 | 0.00281 | 0.00273 | 0.00390 | 0.00468 | 0.00546 | 0.00624 |
| 270 | 0.00194 | 0.00243 | 0.00292 | 0.00284 | 0.00405 | 0.00486 | 0.00567 | 0.00648 |
| 280 | 0.00202 | 0.00252 | 0.00302 | 0.00294 | 0.00420 | 0.00504 | 0.00588 | 0.00672 |
| 290 | 0.00209 | 0.00261 | 0.00313 | 0.00305 | 0.00435 | 0.00522 | 0.00609 | 0.00696 |
| 300 | 0.00216 | 0.00270 | 0.00324 | 0.00315 | 0.00450 | 0.00540 | 0.00630 | 0.00720 |

（普通锯材）　　　　　　　　**续表 4-3**

| 材长/m | 0.6 | | | | | | |
|---|---|---|---|---|---|---|---|
| 材宽/mm | 材厚/mm | | | | | | |
| | 45 | 50 | 60 | 70 | 80 | 90 | 100 |
| | 材积/$m^3$ | | | | | | |
| 30 | 0.00081 | 0.00090 | 0.00108 | 0.00126 | 0.00144 | 0.00162 | 0.00180 |
| 40 | 0.00108 | 0.00120 | 0.00144 | 0.00168 | 0.00192 | 0.00216 | 0.00240 |
| 50 | 0.00135 | 0.00150 | 0.00180 | 0.00210 | 0.00240 | 0.00270 | 0.00300 |
| 60 | 0.00162 | 0.00180 | 0.00216 | 0.00252 | 0.00288 | 0.00324 | 0.00360 |
| 70 | 0.00189 | 0.00210 | 0.00252 | 0.00294 | 0.00336 | 0.00378 | 0.00420 |
| 80 | 0.00216 | 0.00240 | 0.00288 | 0.00336 | 0.00384 | 0.00432 | 0.00480 |
| 90 | 0.00243 | 0.00270 | 0.00324 | 0.00378 | 0.00432 | 0.00486 | 0.00540 |
| 100 | 0.00270 | 0.00300 | 0.00360 | 0.00420 | 0.00480 | 0.00540 | 0.00600 |
| 110 | 0.00297 | 0.00330 | 0.00396 | 0.00462 | 0.00528 | 0.00594 | 0.00660 |
| 120 | 0.00324 | 0.00360 | 0.00432 | 0.00504 | 0.00576 | 0.00648 | 0.00720 |
| 130 | 0.00351 | 0.00390 | 0.00468 | 0.00546 | 0.00624 | 0.00702 | 0.00780 |
| 140 | 0.00378 | 0.00420 | 0.00504 | 0.00588 | 0.00672 | 0.00756 | 0.00840 |
| 150 | 0.00405 | 0.00450 | 0.00540 | 0.00630 | 0.00720 | 0.00810 | 0.00900 |
| 160 | 0.00432 | 0.00480 | 0.00576 | 0.00672 | 0.00768 | 0.00864 | 0.00960 |
| 170 | 0.00459 | 0.00510 | 0.00612 | 0.00714 | 0.00816 | 0.00918 | 0.01020 |

续表 4-3 （普通锯材）

| 材长/m | 0.6 | | | | | | |
|---|---|---|---|---|---|---|---|
| 材宽/mm | 材厚/mm | | | | | | |
| | 45 | 50 | 60 | 70 | 80 | 90 | 100 |
| | 材积/$m^3$ | | | | | | |
| 180 | 0.00486 | 0.00540 | 0.00648 | 0.00756 | 0.00864 | 0.00972 | 0.01080 |
| 190 | 0.00513 | 0.00570 | 0.00684 | 0.00798 | 0.00912 | 0.01026 | 0.01140 |
| 200 | 0.00540 | 0.00600 | 0.00720 | 0.00840 | 0.00960 | 0.01080 | 0.01200 |
| 210 | 0.00567 | 0.00630 | 0.00756 | 0.00882 | 0.01008 | 0.01134 | 0.01260 |
| 220 | 0.00594 | 0.00660 | 0.00792 | 0.00924 | 0.01056 | 0.01188 | 0.01320 |
| 230 | 0.00621 | 0.00690 | 0.00828 | 0.00966 | 0.01104 | 0.01242 | 0.01380 |
| 240 | 0.00648 | 0.00720 | 0.00864 | 0.01008 | 0.01152 | 0.01296 | 0.01440 |
| 250 | 0.00675 | 0.00750 | 0.00900 | 0.01050 | 0.01200 | 0.01350 | 0.01500 |
| 260 | 0.00702 | 0.00780 | 0.00936 | 0.01092 | 0.01248 | 0.01404 | 0.01560 |
| 270 | 0.00729 | 0.00810 | 0.00972 | 0.01134 | 0.01296 | 0.01458 | 0.01620 |
| 280 | 0.00756 | 0.00840 | 0.01008 | 0.01176 | 0.01344 | 0.01512 | 0.01680 |
| 290 | 0.00783 | 0.00870 | 0.01044 | 0.01218 | 0.01392 | 0.01566 | 0.01740 |
| 300 | 0.00810 | 0.00900 | 0.01080 | 0.01260 | 0.01440 | 0.01620 | 0.01800 |

（普通锯材）

**续表 4-3**

| 材长/m | 0.7 | | | | | | | |
|---|---|---|---|---|---|---|---|---|
| 材宽/mm | 材厚/mm | | | | | | | |
| | 12 | 15 | 18 | 21 | 25 | 30 | 35 | 40 |
| | 材积/m³ | | | | | | | |
| 30 | 0.00025 | 0.00032 | 0.00038 | 0.00044 | 0.00053 | 0.00063 | 0.00074 | 0.00084 |
| 40 | 0.00034 | 0.00042 | 0.00050 | 0.00059 | 0.00070 | 0.00084 | 0.00098 | 0.00112 |
| 50 | 0.00042 | 0.00053 | 0.00063 | 0.00074 | 0.00088 | 0.00105 | 0.00123 | 0.00140 |
| 60 | 0.00050 | 0.00063 | 0.00076 | 0.00088 | 0.00105 | 0.00126 | 0.00147 | 0.00168 |
| 70 | 0.00059 | 0.00074 | 0.00088 | 0.00103 | 0.00123 | 0.00147 | 0.00172 | 0.00196 |
| 80 | 0.00067 | 0.00084 | 0.00101 | 0.00118 | 0.00140 | 0.00168 | 0.00196 | 0.00224 |
| 90 | 0.00076 | 0.00095 | 0.00113 | 0.00132 | 0.00158 | 0.00189 | 0.00221 | 0.00252 |
| 100 | 0.00084 | 0.00105 | 0.00126 | 0.00147 | 0.00175 | 0.00210 | 0.00245 | 0.00280 |
| 110 | 0.00092 | 0.00116 | 0.00139 | 0.00162 | 0.00193 | 0.00231 | 0.00270 | 0.00308 |
| 120 | 0.00101 | 0.00126 | 0.00151 | 0.00176 | 0.00210 | 0.00252 | 0.00294 | 0.00336 |
| 130 | 0.00109 | 0.00137 | 0.00164 | 0.00191 | 0.00228 | 0.00273 | 0.00319 | 0.00364 |
| 140 | 0.00118 | 0.00147 | 0.00176 | 0.00206 | 0.00245 | 0.00294 | 0.00343 | 0.00392 |
| 150 | 0.00126 | 0.00158 | 0.00189 | 0.00221 | 0.00263 | 0.00315 | 0.00368 | 0.00420 |
| 160 | 0.00134 | 0.00168 | 0.00202 | 0.00235 | 0.00280 | 0.00336 | 0.00392 | 0.00448 |
| 170 | 0.00143 | 0.00179 | 0.00214 | 0.00250 | 0.00298 | 0.00357 | 0.00417 | 0.00476 |

续表 4-3　　（普通锯材）

| 材长/m | 0.7 | | | | | | | |
|---|---|---|---|---|---|---|---|---|
| 材宽/mm | 材厚/mm | | | | | | | |
| | 12 | 15 | 18 | 21 | 25 | 30 | 35 | 40 |
| | 材积/$m^3$ | | | | | | | |
| 180 | 0.00151 | 0.00189 | 0.00227 | 0.00265 | 0.00315 | 0.00378 | 0.00441 | 0.00504 |
| 190 | 0.00160 | 0.00200 | 0.00239 | 0.00279 | 0.00333 | 0.00399 | 0.00466 | 0.00532 |
| 200 | 0.00168 | 0.00210 | 0.00252 | 0.00294 | 0.00350 | 0.00420 | 0.00490 | 0.00560 |
| 210 | 0.00176 | 0.00221 | 0.00265 | 0.00309 | 0.00368 | 0.00441 | 0.00515 | 0.00588 |
| 220 | 0.00185 | 0.00231 | 0.00277 | 0.00323 | 0.00385 | 0.00462 | 0.00539 | 0.00616 |
| 230 | 0.00193 | 0.00242 | 0.00290 | 0.00338 | 0.00403 | 0.00483 | 0.00564 | 0.00644 |
| 240 | 0.00202 | 0.00252 | 0.00302 | 0.00353 | 0.00420 | 0.00504 | 0.00588 | 0.00672 |
| 250 | 0.00210 | 0.00263 | 0.00315 | 0.00368 | 0.00438 | 0.00525 | 0.00613 | 0.00700 |
| 260 | 0.00218 | 0.00273 | 0.00328 | 0.00382 | 0.00455 | 0.00546 | 0.00637 | 0.00728 |
| 270 | 0.00227 | 0.00284 | 0.00340 | 0.00397 | 0.00473 | 0.00567 | 0.00662 | 0.00756 |
| 280 | 0.00235 | 0.00294 | 0.00353 | 0.00412 | 0.00490 | 0.00588 | 0.00686 | 0.00784 |
| 290 | 0.00244 | 0.00305 | 0.00365 | 0.00426 | 0.00508 | 0.00609 | 0.00711 | 0.00812 |
| 300 | 0.00252 | 0.00315 | 0.00378 | 0.00441 | 0.00525 | 0.00630 | 0.00735 | 0.00840 |

续表 4-3

| 材长/m | 0.7 | | | | | | | |
|---|---|---|---|---|---|---|---|---|
| 材宽/mm | 材厚/mm | | | | | | | |
| | 45 | 50 | 60 | 70 | 80 | 90 | 100 | |
| | 材积/$m^3$ | | | | | | | |
| 30 | 0.00095 | 0.00105 | 0.00126 | 0.00147 | 0.00168 | 0.00189 | 0.00210 | |
| 40 | 0.00126 | 0.00140 | 0.00168 | 0.00196 | 0.00224 | 0.00252 | 0.00280 | |
| 50 | 0.00158 | 0.00175 | 0.00210 | 0.00245 | 0.00280 | 0.00315 | 0.00350 | |
| 60 | 0.00189 | 0.00210 | 0.00252 | 0.00294 | 0.00336 | 0.00378 | 0.00420 | |
| 70 | 0.00221 | 0.00245 | 0.00294 | 0.00343 | 0.00392 | 0.00441 | 0.00490 | |
| 80 | 0.00252 | 0.00280 | 0.00336 | 0.00392 | 0.00448 | 0.00504 | 0.00560 | |
| 90 | 0.00284 | 0.00315 | 0.00378 | 0.00441 | 0.00504 | 0.00567 | 0.00630 | |
| 100 | 0.00315 | 0.00350 | 0.00420 | 0.00490 | 0.00560 | 0.00630 | 0.00700 | |
| 110 | 0.00347 | 0.00385 | 0.00462 | 0.00539 | 0.00616 | 0.00693 | 0.00770 | |
| 120 | 0.00378 | 0.00420 | 0.00504 | 0.00588 | 0.00672 | 0.00756 | 0.00840 | |
| 130 | 0.00410 | 0.00455 | 0.00546 | 0.00637 | 0.00728 | 0.00819 | 0.00910 | |
| 140 | 0.00441 | 0.00490 | 0.00588 | 0.00686 | 0.00784 | 0.00882 | 0.00980 | |
| 150 | 0.00473 | 0.00525 | 0.00630 | 0.00735 | 0.00840 | 0.00945 | 0.01050 | |
| 160 | 0.00504 | 0.00560 | 0.00672 | 0.00784 | 0.00896 | 0.01008 | 0.01120 | |
| 170 | 0.00536 | 0.00595 | 0.00714 | 0.00833 | 0.00952 | 0.01071 | 0.01190 | |

**续表 4-3** （普通锯材）

| 材长/m | 0.7 | | | | | | | |
|---|---|---|---|---|---|---|---|---|
| 材宽/mm | 材厚/mm | | | | | | | |
| | 45 | 50 | 60 | 70 | 80 | 90 | 100 | |
| | 材积/$m^3$ | | | | | | | |
| 180 | 0.00567 | 0.00630 | 0.00756 | 0.00882 | 0.01008 | 0.01134 | 0.01260 | |
| 190 | 0.00599 | 0.00665 | 0.00798 | 0.00931 | 0.01064 | 0.01197 | 0.01330 | |
| 200 | 0.00630 | 0.00700 | 0.00840 | 0.00980 | 0.01120 | 0.01260 | 0.01400 | |
| 210 | 0.00662 | 0.00735 | 0.00882 | 0.01029 | 0.01176 | 0.01323 | 0.01470 | |
| 220 | 0.00693 | 0.00770 | 0.00924 | 0.01078 | 0.01232 | 0.01386 | 0.01540 | |
| 230 | 0.00725 | 0.00805 | 0.00966 | 0.01127 | 0.01288 | 0.01449 | 0.01610 | |
| 240 | 0.00756 | 0.00840 | 0.01008 | 0.01176 | 0.01344 | 0.01512 | 0.01680 | |
| 250 | 0.00788 | 0.00875 | 0.01050 | 0.01225 | 0.01400 | 0.01575 | 0.01750 | |
| 260 | 0.00819 | 0.00910 | 0.01092 | 0.01274 | 0.01456 | 0.01638 | 0.01820 | |
| 270 | 0.00851 | 0.00945 | 0.01134 | 0.01323 | 0.01512 | 0.01701 | 0.01890 | |
| 280 | 0.00882 | 0.00980 | 0.01176 | 0.01372 | 0.01568 | 0.01764 | 0.01960 | |
| 290 | 0.00914 | 0.01015 | 0.01218 | 0.01421 | 0.01624 | 0.01827 | 0.02030 | |
| 300 | 0.00945 | 0.01050 | 0.01260 | 0.01470 | 0.01680 | 0.01890 | 0.02100 | |

（普通锯材）

**续表 4-3**

| 材长/m | 0.8 | | | | | | | |
|---|---|---|---|---|---|---|---|---|
| 材宽/mm | 材厚/mm | | | | | | | |
| | 12 | 15 | 18 | 21 | 25 | 30 | 35 | 40 |
| | 材积/$m^3$ | | | | | | | |
| 30 | 0.00029 | 0.00036 | 0.00043 | 0.00050 | 0.00060 | 0.00072 | 0.00084 | 0.00096 |
| 40 | 0.00038 | 0.00048 | 0.00058 | 0.00067 | 0.00080 | 0.00096 | 0.00112 | 0.00128 |
| 50 | 0.00048 | 0.00060 | 0.00072 | 0.00084 | 0.00100 | 0.00120 | 0.00140 | 0.00160 |
| 60 | 0.00058 | 0.00072 | 0.00086 | 0.00101 | 0.00120 | 0.00144 | 0.00168 | 0.00192 |
| 70 | 0.00067 | 0.00084 | 0.00101 | 0.00118 | 0.00140 | 0.00168 | 0.00196 | 0.00224 |
| 80 | 0.00077 | 0.00096 | 0.00115 | 0.00134 | 0.00160 | 0.00192 | 0.00224 | 0.00256 |
| 90 | 0.00086 | 0.00108 | 0.00130 | 0.00151 | 0.00180 | 0.00216 | 0.00252 | 0.00288 |
| 100 | 0.00096 | 0.00120 | 0.00144 | 0.00168 | 0.00200 | 0.00240 | 0.00280 | 0.00320 |
| 110 | 0.00106 | 0.00132 | 0.00158 | 0.00185 | 0.00220 | 0.00264 | 0.00308 | 0.00352 |
| 120 | 0.00115 | 0.00144 | 0.00173 | 0.00202 | 0.00240 | 0.00288 | 0.00336 | 0.00384 |
| 130 | 0.00125 | 0.00156 | 0.00187 | 0.00218 | 0.00260 | 0.00312 | 0.00364 | 0.00416 |
| 140 | 0.00134 | 0.00168 | 0.00202 | 0.00235 | 0.00280 | 0.00336 | 0.00392 | 0.00448 |
| 150 | 0.00144 | 0.00180 | 0.00216 | 0.00252 | 0.00300 | 0.00360 | 0.00420 | 0.00480 |
| 160 | 0.00154 | 0.00192 | 0.00230 | 0.00269 | 0.00320 | 0.00384 | 0.00448 | 0.00512 |
| 170 | 0.00163 | 0.00204 | 0.00245 | 0.00286 | 0.00340 | 0.00408 | 0.00476 | 0.00544 |

续表 4-3 （普通锯材）

| 材长/m | 0.8 | | | | | | | |
|---|---|---|---|---|---|---|---|---|
| 材宽/mm | 材厚/mm | | | | | | | |
| | 12 | 15 | 18 | 21 | 25 | 30 | 35 | 40 |
| | 材积/$m^3$ | | | | | | | |
| 180 | 0.00173 | 0.00216 | 0.00259 | 0.00302 | 0.00360 | 0.00432 | 0.00504 | 0.00576 |
| 190 | 0.00182 | 0.00228 | 0.00274 | 0.00319 | 0.00380 | 0.00456 | 0.00532 | 0.00608 |
| 200 | 0.00192 | 0.00240 | 0.00288 | 0.00336 | 0.00400 | 0.00480 | 0.00560 | 0.00640 |
| 210 | 0.00202 | 0.00252 | 0.00302 | 0.00353 | 0.00420 | 0.00504 | 0.00588 | 0.00672 |
| 220 | 0.00211 | 0.00264 | 0.00317 | 0.00370 | 0.00440 | 0.00528 | 0.00616 | 0.00704 |
| 230 | 0.00221 | 0.00276 | 0.00331 | 0.00386 | 0.00460 | 0.00552 | 0.00644 | 0.00736 |
| 240 | 0.00230 | 0.00288 | 0.00346 | 0.00403 | 0.00480 | 0.00576 | 0.00672 | 0.00768 |
| 250 | 0.00240 | 0.00300 | 0.00360 | 0.00420 | 0.00500 | 0.00600 | 0.00700 | 0.00800 |
| 260 | 0.00250 | 0.00312 | 0.00374 | 0.00437 | 0.00520 | 0.00624 | 0.00728 | 0.00832 |
| 270 | 0.00259 | 0.00324 | 0.00389 | 0.00454 | 0.00540 | 0.00648 | 0.00756 | 0.00864 |
| 280 | 0.00269 | 0.00336 | 0.00403 | 0.00470 | 0.00560 | 0.00672 | 0.00784 | 0.00896 |
| 290 | 0.00278 | 0.00348 | 0.00418 | 0.00487 | 0.00580 | 0.00696 | 0.00812 | 0.00928 |
| 300 | 0.00288 | 0.00360 | 0.00432 | 0.00504 | 0.00600 | 0.00720 | 0.00840 | 0.00960 |

（普通锯材） **续表 4-3**

| 材长/m | 0.8 | | | | | | |
|---|---|---|---|---|---|---|---|
| 材宽 /mm | 材厚/mm | | | | | | |
| | 45 | 50 | 60 | 70 | 80 | 90 | 100 |
| | 材积/m³ | | | | | | |
| 30 | 0.00108 | 0.00120 | 0.00144 | 0.00168 | 0.00192 | 0.00216 | 0.00240 |
| 40 | 0.00144 | 0.00160 | 0.00192 | 0.00224 | 0.00256 | 0.00288 | 0.00320 |
| 50 | 0.00180 | 0.00200 | 0.00240 | 0.00280 | 0.00320 | 0.00360 | 0.00400 |
| 60 | 0.00216 | 0.00240 | 0.00288 | 0.00336 | 0.00384 | 0.00432 | 0.00480 |
| 70 | 0.00252 | 0.00280 | 0.00336 | 0.00392 | 0.00448 | 0.00504 | 0.00560 |
| 80 | 0.00288 | 0.00320 | 0.00384 | 0.00448 | 0.00512 | 0.00576 | 0.00640 |
| 90 | 0.00324 | 0.00360 | 0.00432 | 0.00504 | 0.00576 | 0.00648 | 0.00720 |
| 100 | 0.00360 | 0.00400 | 0.00480 | 0.00560 | 0.00640 | 0.00720 | 0.00800 |
| 110 | 0.00396 | 0.00440 | 0.00528 | 0.00616 | 0.00704 | 0.00792 | 0.00880 |
| 120 | 0.00432 | 0.00480 | 0.00576 | 0.00672 | 0.00768 | 0.00864 | 0.00960 |
| 130 | 0.00468 | 0.00520 | 0.00624 | 0.00728 | 0.00832 | 0.00936 | 0.01040 |
| 140 | 0.00504 | 0.00560 | 0.00672 | 0.00784 | 0.00896 | 0.01008 | 0.01120 |
| 150 | 0.00540 | 0.00600 | 0.00720 | 0.00840 | 0.00960 | 0.01080 | 0.01200 |
| 160 | 0.00576 | 0.00640 | 0.00768 | 0.00896 | 0.01024 | 0.01152 | 0.01280 |
| 170 | 0.00612 | 0.00680 | 0.00816 | 0.00952 | 0.01088 | 0.01224 | 0.01360 |

续表 4-3 （普通锯材）

| 材长/m | 0.8 | | | | | | | |
|---|---|---|---|---|---|---|---|---|
| 材宽 /mm | 材厚/mm | | | | | | | |
| | 45 | 50 | 60 | 70 | 80 | 90 | 100 | |
| | 材积/$m^3$ | | | | | | | |
| 180 | 0.00648 | 0.00720 | 0.00864 | 0.01008 | 0.01152 | 0.01296 | 0.01440 | |
| 190 | 0.00684 | 0.00760 | 0.00912 | 0.01064 | 0.01216 | 0.01368 | 0.01520 | |
| 200 | 0.00720 | 0.00800 | 0.00960 | 0.01120 | 0.01280 | 0.01440 | 0.01600 | |
| 210 | 0.00756 | 0.00840 | 0.01008 | 0.01176 | 0.01344 | 0.01512 | 0.01680 | |
| 220 | 0.00792 | 0.00880 | 0.01056 | 0.01232 | 0.01408 | 0.01584 | 0.01760 | |
| 230 | 0.00828 | 0.00920 | 0.01104 | 0.01288 | 0.01472 | 0.01656 | 0.01840 | |
| 240 | 0.00864 | 0.00960 | 0.01152 | 0.01344 | 0.01536 | 0.01728 | 0.01920 | |
| 250 | 0.00900 | 0.01000 | 0.01200 | 0.01400 | 0.01600 | 0.01800 | 0.02000 | |
| 260 | 0.00936 | 0.01040 | 0.01248 | 0.01456 | 0.01664 | 0.01872 | 0.02080 | |
| 270 | 0.00972 | 0.01080 | 0.01296 | 0.01512 | 0.01728 | 0.01944 | 0.02160 | |
| 280 | 0.01008 | 0.01120 | 0.01344 | 0.01568 | 0.01792 | 0.02016 | 0.02240 | |
| 290 | 0.01044 | 0.01160 | 0.01392 | 0.01624 | 0.01856 | 0.02088 | 0.02320 | |
| 300 | 0.01080 | 0.01200 | 0.01440 | 0.01680 | 0.01920 | 0.02160 | 0.02400 | |

（普通锯材）

**续表 4-3**

| 材长/m | 0.9 | | | | | | | |
|---|---|---|---|---|---|---|---|---|
| 材宽/mm | 材厚/mm | | | | | | | |
| | 12 | 15 | 18 | 21 | 25 | 30 | 35 | 40 |
| | 材积/$m^3$ | | | | | | | |
| 30 | 0.00032 | 0.00041 | 0.00049 | 0.00057 | 0.00068 | 0.00081 | 0.00095 | 0.00108 |
| 40 | 0.00043 | 0.00054 | 0.00065 | 0.00076 | 0.00090 | 0.00108 | 0.00126 | 0.00144 |
| 50 | 0.00054 | 0.00068 | 0.00081 | 0.00095 | 0.00113 | 0.00135 | 0.00158 | 0.00180 |
| 60 | 0.00065 | 0.00081 | 0.00097 | 0.00113 | 0.00135 | 0.00162 | 0.00189 | 0.00216 |
| 70 | 0.00076 | 0.00095 | 0.00113 | 0.00132 | 0.00158 | 0.00189 | 0.00221 | 0.00252 |
| 80 | 0.00086 | 0.00108 | 0.00130 | 0.00151 | 0.00180 | 0.00216 | 0.00252 | 0.00288 |
| 90 | 0.00097 | 0.00122 | 0.00146 | 0.00170 | 0.00203 | 0.00243 | 0.00284 | 0.00324 |
| 100 | 0.00108 | 0.00135 | 0.00162 | 0.00189 | 0.00225 | 0.00270 | 0.00315 | 0.00360 |
| 110 | 0.00119 | 0.00149 | 0.00178 | 0.00208 | 0.00248 | 0.00297 | 0.00347 | 0.00396 |
| 120 | 0.00130 | 0.00162 | 0.00194 | 0.00227 | 0.00270 | 0.00324 | 0.00378 | 0.00432 |
| 130 | 0.00140 | 0.00176 | 0.00211 | 0.00246 | 0.00293 | 0.00351 | 0.00410 | 0.00468 |
| 140 | 0.00151 | 0.00189 | 0.00227 | 0.00265 | 0.00315 | 0.00378 | 0.00441 | 0.00504 |
| 150 | 0.00162 | 0.00203 | 0.00243 | 0.00284 | 0.00338 | 0.00405 | 0.00473 | 0.00540 |
| 160 | 0.00173 | 0.00216 | 0.00259 | 0.00302 | 0.00360 | 0.00432 | 0.00504 | 0.00576 |
| 170 | 0.00184 | 0.00230 | 0.00275 | 0.00321 | 0.00383 | 0.00459 | 0.00536 | 0.00612 |

续表 4-3　（普通锯材）

| 材长/m | 0.9 | | | | | | | |
|---|---|---|---|---|---|---|---|---|
| 材宽/mm | 材厚/mm | | | | | | | |
| | 12 | 15 | 18 | 21 | 25 | 30 | 35 | 40 |
| | 材积/m³ | | | | | | | |
| 180 | 0.00194 | 0.00243 | 0.00292 | 0.00340 | 0.00405 | 0.00486 | 0.00567 | 0.00648 |
| 190 | 0.00205 | 0.00257 | 0.00308 | 0.00359 | 0.00428 | 0.00513 | 0.00599 | 0.00684 |
| 200 | 0.00216 | 0.00270 | 0.00324 | 0.00378 | 0.00450 | 0.00540 | 0.00630 | 0.00720 |
| 210 | 0.00227 | 0.00284 | 0.00340 | 0.00397 | 0.00473 | 0.00567 | 0.00662 | 0.00756 |
| 220 | 0.00238 | 0.00297 | 0.00356 | 0.00416 | 0.00495 | 0.00594 | 0.00693 | 0.00792 |
| 230 | 0.00248 | 0.00311 | 0.00373 | 0.00435 | 0.00518 | 0.00621 | 0.00725 | 0.00828 |
| 240 | 0.00259 | 0.00324 | 0.00389 | 0.00454 | 0.00540 | 0.00648 | 0.00756 | 0.00864 |
| 250 | 0.00270 | 0.00338 | 0.00405 | 0.00473 | 0.00563 | 0.00675 | 0.00788 | 0.00900 |
| 260 | 0.00281 | 0.00351 | 0.00421 | 0.00491 | 0.00585 | 0.00702 | 0.00819 | 0.00936 |
| 270 | 0.00292 | 0.00365 | 0.00437 | 0.00510 | 0.00608 | 0.00729 | 0.00851 | 0.00972 |
| 280 | 0.00302 | 0.00378 | 0.00454 | 0.00529 | 0.00630 | 0.00756 | 0.00882 | 0.01008 |
| 290 | 0.00313 | 0.00392 | 0.00470 | 0.00548 | 0.00653 | 0.00783 | 0.00914 | 0.01044 |
| 300 | 0.00324 | 0.00405 | 0.00486 | 0.00567 | 0.00675 | 0.00810 | 0.00945 | 0.01080 |

**续表 4-3**

| 材长/m | 0.9 | | | | | | | |
|---|---|---|---|---|---|---|---|---|
| 材宽/mm | 材厚/mm | | | | | | | |
| | 45 | 50 | 60 | 70 | 80 | 90 | 100 | |
| | 材积/$m^3$ | | | | | | | |
| 30 | 0.00122 | 0.00135 | 0.00162 | 0.00189 | 0.00216 | 0.00243 | 0.00270 | |
| 40 | 0.00162 | 0.00180 | 0.00216 | 0.00252 | 0.00288 | 0.00324 | 0.00360 | |
| 50 | 0.00203 | 0.00225 | 0.00270 | 0.00315 | 0.00360 | 0.00405 | 0.00450 | |
| 60 | 0.00243 | 0.00270 | 0.00324 | 0.00378 | 0.00432 | 0.00486 | 0.00540 | |
| 70 | 0.00284 | 0.00315 | 0.00378 | 0.00441 | 0.00504 | 0.00567 | 0.00630 | |
| 80 | 0.00324 | 0.00360 | 0.00432 | 0.00504 | 0.00576 | 0.00648 | 0.00720 | |
| 90 | 0.00365 | 0.00405 | 0.00486 | 0.00567 | 0.00648 | 0.00729 | 0.00810 | |
| 100 | 0.00405 | 0.00450 | 0.00540 | 0.00630 | 0.00720 | 0.00810 | 0.00900 | |
| 110 | 0.00446 | 0.00495 | 0.00594 | 0.00693 | 0.00792 | 0.00891 | 0.00990 | |
| 120 | 0.00486 | 0.00540 | 0.00648 | 0.00756 | 0.00864 | 0.00972 | 0.01080 | |
| 130 | 0.00527 | 0.00585 | 0.00702 | 0.00819 | 0.00936 | 0.01053 | 0.01170 | |
| 140 | 0.00567 | 0.00630 | 0.00756 | 0.00882 | 0.01008 | 0.01134 | 0.01260 | |
| 150 | 0.00608 | 0.00675 | 0.00810 | 0.00945 | 0.01080 | 0.01215 | 0.01350 | |
| 160 | 0.00648 | 0.00720 | 0.00864 | 0.01008 | 0.01152 | 0.01296 | 0.01440 | |
| 170 | 0.00689 | 0.00765 | 0.00918 | 0.01071 | 0.01224 | 0.01377 | 0.01530 | |

**续表 4-3** （普通锯材）

| 材长/m | 0.9 | | | | | | |
|---|---|---|---|---|---|---|---|
| 材宽/mm | 材厚/mm | | | | | | |
| | 45 | 50 | 60 | 70 | 80 | 90 | 100 |
| | 材积/$m^3$ | | | | | | |
| 180 | 0.00729 | 0.00810 | 0.00972 | 0.01134 | 0.01296 | 0.01458 | 0.01620 |
| 190 | 0.00770 | 0.00855 | 0.01026 | 0.01197 | 0.01368 | 0.01539 | 0.01710 |
| 200 | 0.00810 | 0.00900 | 0.01080 | 0.01260 | 0.01440 | 0.01620 | 0.01800 |
| 210 | 0.00851 | 0.00945 | 0.01134 | 0.01323 | 0.01512 | 0.01701 | 0.01890 |
| 220 | 0.00891 | 0.00990 | 0.01188 | 0.01386 | 0.01584 | 0.01782 | 0.01980 |
| 230 | 0.00932 | 0.01035 | 0.01242 | 0.01449 | 0.01656 | 0.01863 | 0.02070 |
| 240 | 0.00972 | 0.01080 | 0.01296 | 0.01512 | 0.01728 | 0.01944 | 0.02160 |
| 250 | 0.01013 | 0.01125 | 0.01350 | 0.01575 | 0.01800 | 0.02025 | 0.02250 |
| 260 | 0.01053 | 0.01170 | 0.01404 | 0.01638 | 0.01872 | 0.02106 | 0.02340 |
| 270 | 0.01094 | 0.01215 | 0.01458 | 0.01701 | 0.01944 | 0.02187 | 0.02430 |
| 280 | 0.01134 | 0.01260 | 0.01512 | 0.01764 | 0.02016 | 0.02268 | 0.02520 |
| 290 | 0.01175 | 0.01305 | 0.01566 | 0.01827 | 0.02088 | 0.02349 | 0.02610 |
| 300 | 0.01215 | 0.01350 | 0.01620 | 0.01890 | 0.02160 | 0.02430 | 0.02700 |

**续表 4-3**

| 材长/m | 1.0 | | | | | | | |
|---|---|---|---|---|---|---|---|---|
| 材宽/mm | 材厚/mm | | | | | | | |
| | 12 | 15 | 18 | 21 | 25 | 30 | 35 | 40 |
| | 材积/$m^3$ | | | | | | | |
| 30 | 0.00036 | 0.00045 | 0.00054 | 0.00063 | 0.00075 | 0.00090 | 0.00105 | 0.00120 |
| 40 | 0.00048 | 0.00060 | 0.00072 | 0.00084 | 0.00100 | 0.00120 | 0.00140 | 0.00160 |
| 50 | 0.00060 | 0.00075 | 0.00090 | 0.00105 | 0.00125 | 0.00150 | 0.00175 | 0.00200 |
| 60 | 0.00072 | 0.00090 | 0.00108 | 0.00126 | 0.00150 | 0.00180 | 0.00210 | 0.00240 |
| 70 | 0.00084 | 0.00105 | 0.00126 | 0.00147 | 0.00175 | 0.00210 | 0.00245 | 0.00280 |
| 80 | 0.00096 | 0.00120 | 0.00144 | 0.00168 | 0.00200 | 0.00240 | 0.00280 | 0.00320 |
| 90 | 0.00108 | 0.00135 | 0.00162 | 0.00189 | 0.00225 | 0.00270 | 0.00315 | 0.00360 |
| 100 | 0.00120 | 0.00150 | 0.00180 | 0.00210 | 0.00250 | 0.00300 | 0.00350 | 0.00400 |
| 110 | 0.00132 | 0.00165 | 0.00198 | 0.00231 | 0.00275 | 0.00330 | 0.00385 | 0.00440 |
| 120 | 0.00144 | 0.00180 | 0.00216 | 0.00252 | 0.00300 | 0.00360 | 0.00420 | 0.00480 |
| 130 | 0.00156 | 0.00195 | 0.00234 | 0.00273 | 0.00325 | 0.00390 | 0.00455 | 0.00520 |
| 140 | 0.00168 | 0.00210 | 0.00252 | 0.00294 | 0.00350 | 0.00420 | 0.00490 | 0.00560 |
| 150 | 0.00180 | 0.00225 | 0.00270 | 0.00315 | 0.00375 | 0.00450 | 0.00525 | 0.00600 |
| 160 | 0.00192 | 0.00240 | 0.00288 | 0.00336 | 0.00400 | 0.00480 | 0.00560 | 0.00640 |
| 170 | 0.00204 | 0.00255 | 0.00306 | 0.00357 | 0.00425 | 0.00510 | 0.00595 | 0.00680 |

续表 4-3　　（普通锯材）

| 材长/m | 1.0 | | | | | | | |
|---|---|---|---|---|---|---|---|---|
| 材宽/mm | 材厚/mm | | | | | | | |
| | 12 | 15 | 18 | 21 | 25 | 30 | 35 | 40 |
| | 材积/$m^3$ | | | | | | | |
| 180 | 0.00216 | 0.00270 | 0.00324 | 0.00378 | 0.00450 | 0.00540 | 0.00630 | 0.00720 |
| 190 | 0.00228 | 0.00285 | 0.00342 | 0.00399 | 0.00475 | 0.00570 | 0.00665 | 0.00760 |
| 200 | 0.00240 | 0.00300 | 0.00360 | 0.00420 | 0.00500 | 0.00600 | 0.00700 | 0.00800 |
| 210 | 0.00252 | 0.00315 | 0.00378 | 0.00441 | 0.00525 | 0.00630 | 0.00735 | 0.00840 |
| 220 | 0.00264 | 0.00330 | 0.00396 | 0.00462 | 0.00550 | 0.00660 | 0.00770 | 0.00880 |
| 230 | 0.00276 | 0.00345 | 0.00414 | 0.00483 | 0.00575 | 0.00690 | 0.00805 | 0.00920 |
| 240 | 0.00288 | 0.00360 | 0.00432 | 0.00504 | 0.00600 | 0.00720 | 0.00840 | 0.00960 |
| 250 | 0.00300 | 0.00375 | 0.00450 | 0.00525 | 0.00625 | 0.00750 | 0.00875 | 0.01000 |
| 260 | 0.00312 | 0.00390 | 0.00468 | 0.00546 | 0.00650 | 0.00780 | 0.00910 | 0.01040 |
| 270 | 0.00324 | 0.00405 | 0.00486 | 0.00567 | 0.00675 | 0.00810 | 0.00945 | 0.01080 |
| 280 | 0.00336 | 0.00420 | 0.00504 | 0.00588 | 0.00700 | 0.00840 | 0.00980 | 0.01120 |
| 290 | 0.00348 | 0.00435 | 0.00522 | 0.00609 | 0.00725 | 0.00870 | 0.01015 | 0.01160 |
| 300 | 0.00360 | 0.00450 | 0.00540 | 0.00630 | 0.00750 | 0.00900 | 0.01050 | 0.01200 |

（普通锯材）

**续表 4-3**

| 材长/m | 1.0 | | | | | | |
|---|---|---|---|---|---|---|---|
| 材宽/mm | 材厚/mm | | | | | | |
| | 45 | 50 | 60 | 70 | 80 | 90 | 100 |
| | 材积/$m^3$ | | | | | | |
| 30 | 0.00135 | 0.00150 | 0.00180 | 0.00210 | 0.00240 | 0.00270 | 0.00300 |
| 40 | 0.00180 | 0.00200 | 0.00240 | 0.00280 | 0.00320 | 0.00360 | 0.00400 |
| 50 | 0.00225 | 0.00250 | 0.00300 | 0.00350 | 0.00400 | 0.00450 | 0.00500 |
| 60 | 0.00270 | 0.00300 | 0.00360 | 0.00420 | 0.00480 | 0.00540 | 0.00600 |
| 70 | 0.00315 | 0.00350 | 0.00420 | 0.00490 | 0.00560 | 0.00630 | 0.00700 |
| 80 | 0.00360 | 0.00400 | 0.00480 | 0.00560 | 0.00640 | 0.00720 | 0.00800 |
| 90 | 0.00405 | 0.00450 | 0.00540 | 0.00630 | 0.00720 | 0.00810 | 0.00900 |
| 100 | 0.00450 | 0.00500 | 0.00600 | 0.00700 | 0.00800 | 0.00900 | 0.01000 |
| 110 | 0.00495 | 0.00550 | 0.00660 | 0.00770 | 0.00880 | 0.00990 | 0.01100 |
| 120 | 0.00540 | 0.00600 | 0.00720 | 0.00840 | 0.00960 | 0.01080 | 0.01200 |
| 130 | 0.00585 | 0.00650 | 0.00780 | 0.00910 | 0.01040 | 0.01170 | 0.01300 |
| 140 | 0.00630 | 0.00700 | 0.00840 | 0.00980 | 0.01120 | 0.01260 | 0.01400 |
| 150 | 0.00675 | 0.00750 | 0.00900 | 0.01050 | 0.01200 | 0.01350 | 0.01500 |
| 160 | 0.00720 | 0.00800 | 0.00960 | 0.01120 | 0.01280 | 0.01440 | 0.01600 |
| 170 | 0.00765 | 0.00850 | 0.01020 | 0.01190 | 0.01360 | 0.01530 | 0.01700 |

续表 4-3　　（普通锯材）

| 材长/m | 1.0 | | | | | | |
| --- | --- | --- | --- | --- | --- | --- | --- |
| 材宽/mm | 材厚/mm | | | | | | |
| | 45 | 50 | 60 | 70 | 80 | 90 | 100 |
| | 材积/$m^3$ | | | | | | |
| 180 | 0.00810 | 0.00900 | 0.01080 | 0.01260 | 0.01440 | 0.01620 | 0.01800 |
| 190 | 0.00855 | 0.00950 | 0.01140 | 0.01330 | 0.01520 | 0.01710 | 0.01900 |
| 200 | 0.00900 | 0.01000 | 0.01200 | 0.01400 | 0.01600 | 0.01800 | 0.02000 |
| 210 | 0.00945 | 0.01050 | 0.01260 | 0.01470 | 0.01680 | 0.01890 | 0.02100 |
| 220 | 0.00990 | 0.01100 | 0.01320 | 0.01540 | 0.01760 | 0.01980 | 0.02200 |
| 230 | 0.01035 | 0.01150 | 0.01380 | 0.01610 | 0.01840 | 0.02070 | 0.02300 |
| 240 | 0.01080 | 0.01200 | 0.01440 | 0.01680 | 0.01920 | 0.02160 | 0.02400 |
| 250 | 0.01125 | 0.01250 | 0.01500 | 0.01750 | 0.02000 | 0.02250 | 0.02500 |
| 260 | 0.01170 | 0.01300 | 0.01560 | 0.01820 | 0.02080 | 0.02340 | 0.02600 |
| 270 | 0.01215 | 0.01350 | 0.01620 | 0.01890 | 0.02160 | 0.02430 | 0.02700 |
| 280 | 0.01260 | 0.01400 | 0.01680 | 0.01960 | 0.02240 | 0.02520 | 0.02800 |
| 290 | 0.01305 | 0.01450 | 0.01740 | 0.02030 | 0.02320 | 0.02610 | 0.02900 |
| 300 | 0.01350 | 0.01500 | 0.01800 | 0.02100 | 0.02400 | 0.02700 | 0.03000 |

（普通锯材）

续表 4-3

| 材长/m | 1.1 | | | | | | | |
|---|---|---|---|---|---|---|---|---|
| 材宽/mm | 材厚/mm | | | | | | | |
| | 12 | 15 | 18 | 21 | 25 | 30 | 35 | 40 |
| | 材积/$m^3$ | | | | | | | |
| 30 | 0.00040 | 0.00050 | 0.00059 | 0.00069 | 0.00083 | 0.00099 | 0.00116 | 0.00132 |
| 40 | 0.00053 | 0.00066 | 0.00079 | 0.00092 | 0.00110 | 0.00132 | 0.00154 | 0.00176 |
| 50 | 0.00066 | 0.00083 | 0.00099 | 0.00116 | 0.00138 | 0.00165 | 0.00193 | 0.00220 |
| 60 | 0.00079 | 0.00099 | 0.00119 | 0.00139 | 0.00165 | 0.00198 | 0.00231 | 0.00264 |
| 70 | 0.00092 | 0.00116 | 0.00139 | 0.00162 | 0.00193 | 0.00231 | 0.00270 | 0.00308 |
| 80 | 0.00106 | 0.00132 | 0.00158 | 0.00185 | 0.00220 | 0.00264 | 0.00308 | 0.00352 |
| 90 | 0.00119 | 0.00149 | 0.00178 | 0.00208 | 0.00248 | 0.00297 | 0.00347 | 0.00396 |
| 100 | 0.00132 | 0.00165 | 0.00198 | 0.00231 | 0.00275 | 0.00330 | 0.00385 | 0.00440 |
| 110 | 0.00145 | 0.00182 | 0.00218 | 0.00254 | 0.00303 | 0.00363 | 0.00424 | 0.00484 |
| 120 | 0.00158 | 0.00198 | 0.00238 | 0.00277 | 0.00330 | 0.00396 | 0.00462 | 0.00528 |
| 130 | 0.00172 | 0.00215 | 0.00257 | 0.00300 | 0.00358 | 0.00429 | 0.00501 | 0.00572 |
| 140 | 0.00185 | 0.00231 | 0.00277 | 0.00323 | 0.00385 | 0.00462 | 0.00539 | 0.00616 |
| 150 | 0.00198 | 0.00248 | 0.00297 | 0.00347 | 0.00413 | 0.00495 | 0.00578 | 0.00660 |
| 160 | 0.00211 | 0.00264 | 0.00317 | 0.00370 | 0.00440 | 0.00528 | 0.00616 | 0.00704 |
| 170 | 0.00224 | 0.00281 | 0.00337 | 0.00393 | 0.00468 | 0.00561 | 0.00655 | 0.00748 |

| 材长/m | 1.1 | | | | | | | |
|---|---|---|---|---|---|---|---|---|
| 材宽/mm | 材厚/mm | | | | | | | |
| | 12 | 15 | 18 | 21 | 25 | 30 | 35 | 40 |
| | 材积/$m^3$ | | | | | | | |
| 180 | 0.00238 | 0.00297 | 0.00356 | 0.00416 | 0.00495 | 0.00594 | 0.00693 | 0.00792 |
| 190 | 0.00251 | 0.00314 | 0.00376 | 0.00439 | 0.00523 | 0.00627 | 0.00732 | 0.00836 |
| 200 | 0.00264 | 0.00330 | 0.00396 | 0.00462 | 0.00550 | 0.00660 | 0.00770 | 0.00880 |
| 210 | 0.00277 | 0.00347 | 0.00416 | 0.00485 | 0.00578 | 0.00693 | 0.00809 | 0.00924 |
| 220 | 0.00290 | 0.00363 | 0.00436 | 0.00508 | 0.00605 | 0.00726 | 0.00847 | 0.00968 |
| 230 | 0.00304 | 0.00380 | 0.00455 | 0.00531 | 0.00633 | 0.00759 | 0.00886 | 0.01012 |
| 240 | 0.00317 | 0.00396 | 0.00475 | 0.00554 | 0.00660 | 0.00792 | 0.00924 | 0.01056 |
| 250 | 0.00330 | 0.00413 | 0.00495 | 0.00578 | 0.00688 | 0.00825 | 0.00963 | 0.01100 |
| 260 | 0.00343 | 0.00429 | 0.00515 | 0.00601 | 0.00715 | 0.00858 | 0.01001 | 0.01144 |
| 270 | 0.00356 | 0.00446 | 0.00535 | 0.00624 | 0.00743 | 0.00891 | 0.01040 | 0.01188 |
| 280 | 0.00370 | 0.00462 | 0.00554 | 0.00647 | 0.00770 | 0.00924 | 0.01078 | 0.01232 |
| 290 | 0.00383 | 0.00479 | 0.00574 | 0.00670 | 0.00798 | 0.00957 | 0.01117 | 0.01276 |
| 300 | 0.00396 | 0.00495 | 0.00594 | 0.00693 | 0.00825 | 0.00990 | 0.01155 | 0.01320 |

**续表 4-3**

| 材长/m | 1.1 | | | | | | |
|---|---|---|---|---|---|---|---|
| 材宽/mm | 材厚/mm | | | | | | |
| | 45 | 50 | 60 | 70 | 80 | 90 | 100 |
| | 材积/m³ | | | | | | |
| 30 | 0.00149 | 0.00165 | 0.00198 | 0.00231 | 0.00264 | 0.00297 | 0.00330 |
| 40 | 0.00198 | 0.00220 | 0.00264 | 0.00308 | 0.00352 | 0.00396 | 0.00440 |
| 50 | 0.00248 | 0.00275 | 0.00330 | 0.00385 | 0.00440 | 0.00495 | 0.00550 |
| 60 | 0.00297 | 0.00330 | 0.00396 | 0.00462 | 0.00528 | 0.00594 | 0.00660 |
| 70 | 0.00347 | 0.00385 | 0.00462 | 0.00539 | 0.00616 | 0.00693 | 0.00770 |
| 80 | 0.00396 | 0.00440 | 0.00528 | 0.00616 | 0.00704 | 0.00792 | 0.00880 |
| 90 | 0.00446 | 0.00495 | 0.00594 | 0.00693 | 0.00792 | 0.00891 | 0.00990 |
| 100 | 0.00495 | 0.00550 | 0.00660 | 0.00770 | 0.00880 | 0.00990 | 0.01100 |
| 110 | 0.00545 | 0.00605 | 0.00726 | 0.00847 | 0.00968 | 0.01089 | 0.01210 |
| 120 | 0.00594 | 0.00660 | 0.00792 | 0.00924 | 0.01056 | 0.01188 | 0.01320 |
| 130 | 0.00644 | 0.00715 | 0.00858 | 0.01001 | 0.01144 | 0.01287 | 0.01430 |
| 140 | 0.00693 | 0.00770 | 0.00924 | 0.01078 | 0.01232 | 0.01386 | 0.01540 |
| 150 | 0.00743 | 0.00825 | 0.00990 | 0.01155 | 0.01320 | 0.01485 | 0.01650 |
| 160 | 0.00792 | 0.00880 | 0.01056 | 0.01232 | 0.01408 | 0.01584 | 0.01760 |
| 170 | 0.00842 | 0.00935 | 0.01122 | 0.01309 | 0.01496 | 0.01683 | 0.01870 |

续表 4-3 （普通锯材）

| 材长/m | 1.1 | | | | | | | |
|---|---|---|---|---|---|---|---|---|
| 材宽/mm | 材厚/mm | | | | | | | |
| | 45 | 50 | 60 | 70 | 80 | 90 | 100 | |
| | 材积/$m^3$ | | | | | | | |
| 180 | 0.00891 | 0.00990 | 0.01188 | 0.01386 | 0.01584 | 0.01782 | 0.01980 | |
| 190 | 0.00941 | 0.01045 | 0.01254 | 0.01463 | 0.01672 | 0.01881 | 0.02090 | |
| 200 | 0.00990 | 0.01100 | 0.01320 | 0.01540 | 0.01760 | 0.01980 | 0.02200 | |
| 210 | 0.01040 | 0.01155 | 0.01386 | 0.01617 | 0.01848 | 0.02079 | 0.02310 | |
| 220 | 0.01089 | 0.01210 | 0.01452 | 0.01694 | 0.01936 | 0.02178 | 0.02420 | |
| 230 | 0.01139 | 0.01265 | 0.01518 | 0.01771 | 0.02024 | 0.02277 | 0.02530 | |
| 240 | 0.01188 | 0.01320 | 0.01584 | 0.01848 | 0.02112 | 0.02376 | 0.02640 | |
| 250 | 0.01238 | 0.01375 | 0.01650 | 0.01925 | 0.02200 | 0.02475 | 0.02750 | |
| 260 | 0.01287 | 0.01430 | 0.01716 | 0.02002 | 0.02288 | 0.02574 | 0.02860 | |
| 270 | 0.01337 | 0.01485 | 0.01782 | 0.02079 | 0.02376 | 0.02673 | 0.02970 | |
| 280 | 0.01386 | 0.01540 | 0.01848 | 0.02156 | 0.02464 | 0.02772 | 0.03080 | |
| 290 | 0.01436 | 0.01595 | 0.01914 | 0.02233 | 0.02552 | 0.02871 | 0.03190 | |
| 300 | 0.01485 | 0.01650 | 0.01980 | 0.02310 | 0.02640 | 0.02970 | 0.03300 | |

续表 4-3

| 材长/m | 1.2 | | | | | | | |
|---|---|---|---|---|---|---|---|---|
| 材宽/mm | 材厚/mm | | | | | | | |
| | 12 | 15 | 18 | 21 | 25 | 30 | 35 | 40 |
| | 材积/m³ | | | | | | | |
| 30 | 0.00043 | 0.00054 | 0.00065 | 0.00076 | 0.00090 | 0.00108 | 0.00126 | 0.00144 |
| 40 | 0.00058 | 0.00072 | 0.00086 | 0.00101 | 0.00120 | 0.00144 | 0.00168 | 0.00192 |
| 50 | 0.00072 | 0.00090 | 0.00108 | 0.00126 | 0.00150 | 0.00180 | 0.00210 | 0.00240 |
| 60 | 0.00086 | 0.00108 | 0.00130 | 0.00151 | 0.00180 | 0.00216 | 0.00252 | 0.00288 |
| 70 | 0.00101 | 0.00126 | 0.00151 | 0.00176 | 0.00210 | 0.00252 | 0.00294 | 0.00336 |
| 80 | 0.00115 | 0.00144 | 0.00173 | 0.00202 | 0.00240 | 0.00288 | 0.00336 | 0.00384 |
| 90 | 0.00130 | 0.00162 | 0.00194 | 0.00227 | 0.00270 | 0.00324 | 0.00378 | 0.00432 |
| 100 | 0.00144 | 0.00180 | 0.00216 | 0.00252 | 0.00300 | 0.00360 | 0.00420 | 0.00480 |
| 110 | 0.00158 | 0.00198 | 0.00238 | 0.00277 | 0.00330 | 0.00396 | 0.00462 | 0.00528 |
| 120 | 0.00173 | 0.00216 | 0.00259 | 0.00302 | 0.00360 | 0.00432 | 0.00504 | 0.00576 |
| 130 | 0.00187 | 0.00234 | 0.00281 | 0.00328 | 0.00390 | 0.00468 | 0.00546 | 0.00624 |
| 140 | 0.00202 | 0.00252 | 0.00302 | 0.00353 | 0.00420 | 0.00504 | 0.00588 | 0.00672 |
| 150 | 0.00216 | 0.00270 | 0.00324 | 0.00378 | 0.00450 | 0.00540 | 0.00630 | 0.00720 |
| 160 | 0.00230 | 0.00288 | 0.00346 | 0.00403 | 0.00480 | 0.00576 | 0.00672 | 0.00768 |
| 170 | 0.00245 | 0.00306 | 0.00367 | 0.00428 | 0.00510 | 0.00612 | 0.00714 | 0.00816 |

续表 4-3　　（普通锯材）

| 材长/m | 1.2 | | | | | | | |
|---|---|---|---|---|---|---|---|---|
| 材宽/mm | 材厚/mm | | | | | | | |
| | 12 | 15 | 18 | 21 | 25 | 30 | 35 | 40 |
| | 材积/$m^3$ | | | | | | | |
| 180 | 0.00259 | 0.00324 | 0.00389 | 0.00454 | 0.00540 | 0.00648 | 0.00756 | 0.00864 |
| 190 | 0.00274 | 0.00342 | 0.00410 | 0.00479 | 0.00570 | 0.00684 | 0.00798 | 0.00912 |
| 200 | 0.00288 | 0.00360 | 0.00432 | 0.00504 | 0.00600 | 0.00720 | 0.00840 | 0.00960 |
| 210 | 0.00302 | 0.00378 | 0.00454 | 0.00529 | 0.00630 | 0.00756 | 0.00882 | 0.01008 |
| 220 | 0.00317 | 0.00396 | 0.00475 | 0.00554 | 0.00660 | 0.00792 | 0.00924 | 0.01056 |
| 230 | 0.00331 | 0.00414 | 0.00497 | 0.00580 | 0.00690 | 0.00828 | 0.00966 | 0.01104 |
| 240 | 0.00346 | 0.00432 | 0.00518 | 0.00605 | 0.00720 | 0.00864 | 0.01008 | 0.01152 |
| 250 | 0.00360 | 0.00450 | 0.00540 | 0.00630 | 0.00750 | 0.00900 | 0.01050 | 0.01200 |
| 260 | 0.00374 | 0.00468 | 0.00562 | 0.00655 | 0.00780 | 0.00936 | 0.01092 | 0.01248 |
| 270 | 0.00389 | 0.00486 | 0.00583 | 0.00680 | 0.00810 | 0.00972 | 0.01134 | 0.01296 |
| 280 | 0.00403 | 0.00504 | 0.00605 | 0.00706 | 0.00840 | 0.01008 | 0.01176 | 0.01344 |
| 290 | 0.00418 | 0.00522 | 0.00626 | 0.00731 | 0.00870 | 0.01044 | 0.01218 | 0.01392 |
| 300 | 0.00432 | 0.00540 | 0.00648 | 0.00756 | 0.00900 | 0.01080 | 0.01260 | 0.01440 |

（普通锯材）

**续表 4-3**

| 材长/m | 1.2 | | | | | | |
|---|---|---|---|---|---|---|---|
| 材宽/mm | 材厚/mm | | | | | | |
| | 45 | 50 | 60 | 70 | 80 | 90 | 100 |
| | 材积/m³ | | | | | | |
| 30 | 0.00162 | 0.00180 | 0.00216 | 0.00252 | 0.00288 | 0.00324 | 0.00360 |
| 40 | 0.00216 | 0.00240 | 0.00288 | 0.00336 | 0.00384 | 0.00432 | 0.00480 |
| 50 | 0.00270 | 0.00300 | 0.00360 | 0.00420 | 0.00480 | 0.00540 | 0.00600 |
| 60 | 0.00324 | 0.00360 | 0.00432 | 0.00504 | 0.00576 | 0.00648 | 0.00720 |
| 70 | 0.00378 | 0.00420 | 0.00504 | 0.00588 | 0.00672 | 0.00756 | 0.00840 |
| 80 | 0.00432 | 0.00480 | 0.00576 | 0.00672 | 0.00768 | 0.00864 | 0.00960 |
| 90 | 0.00486 | 0.00540 | 0.00648 | 0.00756 | 0.00864 | 0.00972 | 0.01080 |
| 100 | 0.00540 | 0.00600 | 0.00720 | 0.00840 | 0.00960 | 0.01080 | 0.01200 |
| 110 | 0.00594 | 0.00660 | 0.00792 | 0.00924 | 0.01056 | 0.01188 | 0.01320 |
| 120 | 0.00648 | 0.00720 | 0.00864 | 0.01008 | 0.01152 | 0.01296 | 0.01440 |
| 130 | 0.00702 | 0.00780 | 0.00936 | 0.01092 | 0.01248 | 0.01404 | 0.01560 |
| 140 | 0.00756 | 0.00840 | 0.01008 | 0.01176 | 0.01344 | 0.01512 | 0.01680 |
| 150 | 0.00810 | 0.00900 | 0.01080 | 0.01260 | 0.01440 | 0.01620 | 0.01800 |
| 160 | 0.00864 | 0.00960 | 0.01152 | 0.01344 | 0.01536 | 0.01728 | 0.01920 |
| 170 | 0.00918 | 0.01020 | 0.01224 | 0.01428 | 0.01632 | 0.01836 | 0.02040 |

续表 4-3 （普通锯材）

| 材长/m | 1.2 | | | | | | |
|---|---|---|---|---|---|---|---|
| 材宽/mm | 材厚/mm | | | | | | |
| | 45 | 50 | 60 | 70 | 80 | 90 | 100 |
| | 材积/m³ | | | | | | |
| 180 | 0.00972 | 0.01080 | 0.01296 | 0.01512 | 0.01728 | 0.01944 | 0.02160 |
| 190 | 0.01026 | 0.01140 | 0.01368 | 0.01596 | 0.01824 | 0.02052 | 0.02280 |
| 200 | 0.01080 | 0.01200 | 0.01440 | 0.01680 | 0.01920 | 0.02160 | 0.02400 |
| 210 | 0.01134 | 0.01260 | 0.01512 | 0.01764 | 0.02016 | 0.02268 | 0.02520 |
| 220 | 0.01188 | 0.01320 | 0.01584 | 0.01848 | 0.02112 | 0.02376 | 0.02640 |
| 230 | 0.01242 | 0.01380 | 0.01656 | 0.01932 | 0.02208 | 0.02484 | 0.02760 |
| 240 | 0.01296 | 0.01440 | 0.01728 | 0.02016 | 0.02304 | 0.02592 | 0.02880 |
| 250 | 0.01350 | 0.01500 | 0.01800 | 0.02100 | 0.02400 | 0.02700 | 0.03000 |
| 260 | 0.01404 | 0.01560 | 0.01872 | 0.02184 | 0.02496 | 0.02808 | 0.03120 |
| 270 | 0.01458 | 0.01620 | 0.01944 | 0.02268 | 0.02592 | 0.02916 | 0.03240 |
| 280 | 0.01512 | 0.01680 | 0.02016 | 0.02352 | 0.02688 | 0.03024 | 0.03360 |
| 290 | 0.01566 | 0.01740 | 0.02088 | 0.02436 | 0.02784 | 0.03132 | 0.03480 |
| 300 | 0.01620 | 0.01800 | 0.02160 | 0.02520 | 0.02880 | 0.03240 | 0.03600 |

**续表 4-3**

| 材长/m | 1.3 | | | | | | | |
|---|---|---|---|---|---|---|---|---|
| 材宽/mm | 材厚/mm | | | | | | | |
| | 12 | 15 | 18 | 21 | 25 | 30 | 35 | 40 |
| | 材积/$m^3$ | | | | | | | |
| 30 | 0.00047 | 0.00059 | 0.00070 | 0.00082 | 0.00098 | 0.00117 | 0.00137 | 0.00156 |
| 40 | 0.00062 | 0.00078 | 0.00094 | 0.00109 | 0.00130 | 0.00156 | 0.00182 | 0.00208 |
| 50 | 0.00078 | 0.00098 | 0.00117 | 0.00137 | 0.00163 | 0.00195 | 0.00228 | 0.00260 |
| 60 | 0.00094 | 0.00117 | 0.00140 | 0.00164 | 0.00195 | 0.00234 | 0.00273 | 0.00312 |
| 70 | 0.00109 | 0.00137 | 0.00164 | 0.00191 | 0.00228 | 0.00273 | 0.00319 | 0.00364 |
| 80 | 0.00125 | 0.00156 | 0.00187 | 0.00218 | 0.00260 | 0.00312 | 0.00364 | 0.00416 |
| 90 | 0.00140 | 0.00176 | 0.00211 | 0.00246 | 0.00293 | 0.00351 | 0.00410 | 0.00468 |
| 100 | 0.00156 | 0.00195 | 0.00234 | 0.00273 | 0.00325 | 0.00390 | 0.00455 | 0.00520 |
| 110 | 0.00172 | 0.00215 | 0.00257 | 0.00300 | 0.00358 | 0.00429 | 0.00501 | 0.00572 |
| 120 | 0.00187 | 0.00234 | 0.00281 | 0.00328 | 0.00390 | 0.00468 | 0.00546 | 0.00624 |
| 130 | 0.00203 | 0.00254 | 0.00304 | 0.00355 | 0.00423 | 0.00507 | 0.00592 | 0.00676 |
| 140 | 0.00218 | 0.00273 | 0.00328 | 0.00382 | 0.00455 | 0.00546 | 0.00637 | 0.00728 |
| 150 | 0.00234 | 0.00293 | 0.00351 | 0.00410 | 0.00488 | 0.00585 | 0.00683 | 0.00780 |
| 160 | 0.00250 | 0.00312 | 0.00374 | 0.00437 | 0.00520 | 0.00624 | 0.00728 | 0.00832 |
| 170 | 0.00265 | 0.00332 | 0.00398 | 0.00464 | 0.00553 | 0.00663 | 0.00774 | 0.00884 |

续表 4-3 （普通锯材）

| 材长/m | 1.3 | | | | | | | |
|---|---|---|---|---|---|---|---|---|
| 材宽/mm | 材厚/mm | | | | | | | |
| | 12 | 15 | 18 | 21 | 25 | 30 | 35 | 40 |
| | 材积/$m^3$ | | | | | | | |
| 180 | 0.00281 | 0.00351 | 0.00421 | 0.00491 | 0.00585 | 0.00702 | 0.00819 | 0.00936 |
| 190 | 0.00296 | 0.00371 | 0.00445 | 0.00519 | 0.00618 | 0.00741 | 0.00865 | 0.00988 |
| 200 | 0.00312 | 0.00390 | 0.00468 | 0.00546 | 0.00650 | 0.00780 | 0.00910 | 0.01040 |
| 210 | 0.00328 | 0.00410 | 0.00491 | 0.00573 | 0.00683 | 0.00819 | 0.00956 | 0.01092 |
| 220 | 0.00343 | 0.00429 | 0.00515 | 0.00601 | 0.00715 | 0.00858 | 0.01001 | 0.01144 |
| 230 | 0.00359 | 0.00449 | 0.00538 | 0.00628 | 0.00748 | 0.00897 | 0.01047 | 0.01196 |
| 240 | 0.00374 | 0.00468 | 0.00562 | 0.00655 | 0.00780 | 0.00936 | 0.01092 | 0.01248 |
| 250 | 0.00390 | 0.00488 | 0.00585 | 0.00683 | 0.00813 | 0.00975 | 0.01138 | 0.01300 |
| 260 | 0.00406 | 0.00507 | 0.00608 | 0.00710 | 0.00845 | 0.01014 | 0.01183 | 0.01352 |
| 270 | 0.00421 | 0.00527 | 0.00632 | 0.00737 | 0.00878 | 0.01053 | 0.01229 | 0.01404 |
| 280 | 0.00437 | 0.00546 | 0.00655 | 0.00764 | 0.00910 | 0.01092 | 0.01274 | 0.01456 |
| 290 | 0.00452 | 0.00566 | 0.00679 | 0.00792 | 0.00943 | 0.01131 | 0.01320 | 0.01508 |
| 300 | 0.00468 | 0.00585 | 0.00702 | 0.00819 | 0.00975 | 0.01170 | 0.01365 | 0.01560 |

（普通锯材） **续表 4-3**

| 材长/m | 1.3 | | | | | | |
|---|---|---|---|---|---|---|---|
| 材宽/mm | 材厚/mm | | | | | | |
| | 45 | 50 | 60 | 70 | 80 | 90 | 100 |
| | 材积/$m^3$ | | | | | | |
| 30 | 0.00176 | 0.00195 | 0.00234 | 0.00273 | 0.00312 | 0.00351 | 0.00390 |
| 40 | 0.00234 | 0.00260 | 0.00312 | 0.00364 | 0.00416 | 0.00468 | 0.00520 |
| 50 | 0.00293 | 0.00325 | 0.00390 | 0.00455 | 0.00520 | 0.00585 | 0.00650 |
| 60 | 0.00351 | 0.00390 | 0.00468 | 0.00546 | 0.00624 | 0.00702 | 0.00780 |
| 70 | 0.00410 | 0.00455 | 0.00546 | 0.00637 | 0.00728 | 0.00819 | 0.00910 |
| 80 | 0.00468 | 0.00520 | 0.00624 | 0.00728 | 0.00832 | 0.00936 | 0.01040 |
| 90 | 0.00527 | 0.00585 | 0.00702 | 0.00819 | 0.00936 | 0.01053 | 0.01170 |
| 100 | 0.00585 | 0.00650 | 0.00780 | 0.00910 | 0.01040 | 0.01170 | 0.01300 |
| 110 | 0.00644 | 0.00715 | 0.00858 | 0.01001 | 0.01144 | 0.01287 | 0.01430 |
| 120 | 0.00702 | 0.00780 | 0.00936 | 0.01092 | 0.01248 | 0.01404 | 0.01560 |
| 130 | 0.00761 | 0.00845 | 0.01014 | 0.01183 | 0.01352 | 0.01521 | 0.01690 |
| 140 | 0.00819 | 0.00910 | 0.01092 | 0.01274 | 0.01456 | 0.01638 | 0.01820 |
| 150 | 0.00878 | 0.00975 | 0.01170 | 0.01365 | 0.01560 | 0.01755 | 0.01950 |
| 160 | 0.00936 | 0.01040 | 0.01248 | 0.01456 | 0.01664 | 0.01872 | 0.02080 |
| 170 | 0.00995 | 0.01105 | 0.01326 | 0.01547 | 0.01768 | 0.01989 | 0.02210 |

续表 4-3 （普通锯材）

| 材长/m | 1.3 | | | | | | | |
|---|---|---|---|---|---|---|---|---|
| 材宽/mm | 材厚/mm | | | | | | | |
| | 45 | 50 | 60 | 70 | 80 | 90 | 100 | |
| | 材积/$m^3$ | | | | | | | |
| 180 | 0.01053 | 0.01170 | 0.01404 | 0.01638 | 0.01872 | 0.02106 | 0.02340 | |
| 190 | 0.01112 | 0.01235 | 0.01482 | 0.01729 | 0.01976 | 0.02223 | 0.02470 | |
| 200 | 0.01170 | 0.01300 | 0.01560 | 0.01820 | 0.02080 | 0.02340 | 0.02600 | |
| 210 | 0.01229 | 0.01365 | 0.01638 | 0.01911 | 0.02184 | 0.02457 | 0.02730 | |
| 220 | 0.01287 | 0.01430 | 0.01716 | 0.02002 | 0.02288 | 0.02574 | 0.02860 | |
| 230 | 0.01346 | 0.01495 | 0.01794 | 0.02093 | 0.02392 | 0.02691 | 0.02990 | |
| 240 | 0.01404 | 0.01560 | 0.01872 | 0.02184 | 0.02496 | 0.02808 | 0.03120 | |
| 250 | 0.01463 | 0.01625 | 0.01950 | 0.02275 | 0.02600 | 0.02925 | 0.03250 | |
| 260 | 0.01521 | 0.01690 | 0.02028 | 0.02366 | 0.02704 | 0.03042 | 0.03380 | |
| 270 | 0.01580 | 0.01755 | 0.02106 | 0.02457 | 0.02808 | 0.03159 | 0.03510 | |
| 280 | 0.01638 | 0.01820 | 0.02184 | 0.02548 | 0.02912 | 0.03276 | 0.03640 | |
| 290 | 0.01697 | 0.01885 | 0.02262 | 0.02639 | 0.03016 | 0.03393 | 0.03770 | |
| 300 | 0.01755 | 0.01950 | 0.02340 | 0.02730 | 0.03120 | 0.03510 | 0.03900 | |

续表 4-3

| 材长/m | 1.4 | | | | | | | |
|---|---|---|---|---|---|---|---|---|
| 材宽/mm | 材厚/mm | | | | | | | |
| | 12 | 15 | 18 | 21 | 25 | 30 | 35 | 40 |
| | 材积/m³ | | | | | | | |
| 30 | 0.00050 | 0.00063 | 0.00076 | 0.00088 | 0.00105 | 0.00126 | 0.00147 | 0.00168 |
| 40 | 0.00067 | 0.00084 | 0.00101 | 0.00118 | 0.00140 | 0.00168 | 0.00196 | 0.00224 |
| 50 | 0.00084 | 0.00105 | 0.00126 | 0.00147 | 0.00175 | 0.00210 | 0.00245 | 0.00280 |
| 60 | 0.00101 | 0.00126 | 0.00151 | 0.00176 | 0.00210 | 0.00252 | 0.00294 | 0.00336 |
| 70 | 0.00118 | 0.00147 | 0.00176 | 0.00206 | 0.00245 | 0.00294 | 0.00343 | 0.00392 |
| 80 | 0.00134 | 0.00168 | 0.00202 | 0.00235 | 0.00280 | 0.00336 | 0.00392 | 0.00448 |
| 90 | 0.00151 | 0.00189 | 0.00227 | 0.00265 | 0.00315 | 0.00378 | 0.00441 | 0.00504 |
| 100 | 0.00168 | 0.00210 | 0.00252 | 0.00294 | 0.00350 | 0.00420 | 0.00490 | 0.00560 |
| 110 | 0.00185 | 0.00231 | 0.00277 | 0.00323 | 0.00385 | 0.00462 | 0.00539 | 0.00616 |
| 120 | 0.00202 | 0.00252 | 0.00302 | 0.00353 | 0.00420 | 0.00504 | 0.00588 | 0.00672 |
| 130 | 0.00218 | 0.00273 | 0.00328 | 0.00382 | 0.00455 | 0.00546 | 0.00637 | 0.00728 |
| 140 | 0.00235 | 0.00294 | 0.00353 | 0.00412 | 0.00490 | 0.00588 | 0.00686 | 0.00784 |
| 150 | 0.00252 | 0.00315 | 0.00378 | 0.00441 | 0.00525 | 0.00630 | 0.00735 | 0.00840 |
| 160 | 0.00269 | 0.00336 | 0.00403 | 0.00470 | 0.00560 | 0.00672 | 0.00784 | 0.00896 |
| 170 | 0.00286 | 0.00357 | 0.00428 | 0.00500 | 0.00595 | 0.00714 | 0.00833 | 0.00952 |

续表 4-3　　(普通锯材)

| 材长/m | 1.4 | | | | | | | |
|---|---|---|---|---|---|---|---|---|
| 材宽 /mm | 材厚/mm | | | | | | | |
| | 12 | 15 | 18 | 21 | 25 | 30 | 35 | 40 |
| | 材积/$m^3$ | | | | | | | |
| 180 | 0.00302 | 0.00378 | 0.00454 | 0.00529 | 0.00630 | 0.00756 | 0.00882 | 0.01008 |
| 190 | 0.00319 | 0.00399 | 0.00479 | 0.00559 | 0.00665 | 0.00798 | 0.00931 | 0.01064 |
| 200 | 0.00336 | 0.00420 | 0.00504 | 0.00588 | 0.00700 | 0.00840 | 0.00980 | 0.01120 |
| 210 | 0.00353 | 0.00441 | 0.00529 | 0.00617 | 0.00735 | 0.00882 | 0.01029 | 0.01176 |
| 220 | 0.00370 | 0.00462 | 0.00554 | 0.00647 | 0.00770 | 0.00924 | 0.01078 | 0.01232 |
| 230 | 0.00386 | 0.00483 | 0.00580 | 0.00676 | 0.00805 | 0.00966 | 0.01127 | 0.01288 |
| 240 | 0.00403 | 0.00504 | 0.00605 | 0.00706 | 0.00840 | 0.01008 | 0.01176 | 0.01344 |
| 250 | 0.00420 | 0.00525 | 0.00630 | 0.00735 | 0.00875 | 0.01050 | 0.01225 | 0.01400 |
| 260 | 0.00437 | 0.00546 | 0.00655 | 0.00764 | 0.00910 | 0.01092 | 0.01274 | 0.01456 |
| 270 | 0.00454 | 0.00567 | 0.00680 | 0.00794 | 0.00945 | 0.01134 | 0.01323 | 0.01512 |
| 280 | 0.00470 | 0.00588 | 0.00706 | 0.00823 | 0.00980 | 0.01176 | 0.01372 | 0.01568 |
| 290 | 0.00487 | 0.00609 | 0.00731 | 0.00853 | 0.01015 | 0.01218 | 0.01421 | 0.01624 |
| 300 | 0.00504 | 0.00630 | 0.00756 | 0.00882 | 0.01050 | 0.01260 | 0.01470 | 0.01680 |

（普通锯材） **续表 4-3**

| 材长/m | 1.4 | | | | | | |
|---|---|---|---|---|---|---|---|
| 材宽/mm | 材厚/mm | | | | | | |
| | 45 | 50 | 60 | 70 | 80 | 90 | 100 |
| | 材积/$m^3$ | | | | | | |
| 30 | 0.00189 | 0.00210 | 0.00252 | 0.00294 | 0.00336 | 0.00378 | 0.00420 |
| 40 | 0.00252 | 0.00280 | 0.00336 | 0.00392 | 0.00448 | 0.00504 | 0.00560 |
| 50 | 0.00315 | 0.00350 | 0.00420 | 0.00490 | 0.00560 | 0.00630 | 0.00700 |
| 60 | 0.00378 | 0.00420 | 0.00504 | 0.00588 | 0.00672 | 0.00756 | 0.00840 |
| 70 | 0.00441 | 0.00490 | 0.00588 | 0.00686 | 0.00784 | 0.00882 | 0.00980 |
| 80 | 0.00504 | 0.00560 | 0.00672 | 0.00784 | 0.00896 | 0.01008 | 0.01120 |
| 90 | 0.00567 | 0.00630 | 0.00756 | 0.00882 | 0.01008 | 0.01134 | 0.01260 |
| 100 | 0.00630 | 0.00700 | 0.00840 | 0.00980 | 0.01120 | 0.01260 | 0.01400 |
| 110 | 0.00693 | 0.00770 | 0.00924 | 0.01078 | 0.01232 | 0.01386 | 0.01540 |
| 120 | 0.00756 | 0.00840 | 0.01008 | 0.01176 | 0.01344 | 0.01512 | 0.01680 |
| 130 | 0.00819 | 0.00910 | 0.01092 | 0.01274 | 0.01456 | 0.01638 | 0.01820 |
| 140 | 0.00882 | 0.00980 | 0.01176 | 0.01372 | 0.01568 | 0.01764 | 0.01960 |
| 150 | 0.00945 | 0.01050 | 0.01260 | 0.01470 | 0.01680 | 0.01890 | 0.02100 |
| 160 | 0.01008 | 0.01120 | 0.01344 | 0.01568 | 0.01792 | 0.02016 | 0.02240 |
| 170 | 0.01071 | 0.01190 | 0.01428 | 0.01666 | 0.01904 | 0.02142 | 0.02380 |

续表 4-3　　（普通锯材）

| 材长/m | 1.4 | | | | | | |
|---|---|---|---|---|---|---|---|
| 材宽/mm | 材厚/mm | | | | | | |
| | 45 | 50 | 60 | 70 | 80 | 90 | 100 |
| | 材积/$m^3$ | | | | | | |
| 180 | 0.01134 | 0.01260 | 0.01512 | 0.01764 | 0.02016 | 0.02268 | 0.02520 |
| 190 | 0.01197 | 0.01330 | 0.01596 | 0.01862 | 0.02128 | 0.02394 | 0.02660 |
| 200 | 0.01260 | 0.01400 | 0.01680 | 0.01960 | 0.02240 | 0.02520 | 0.02800 |
| 210 | 0.01323 | 0.01470 | 0.01764 | 0.02058 | 0.02352 | 0.02646 | 0.02940 |
| 220 | 0.01386 | 0.01540 | 0.01848 | 0.02156 | 0.02464 | 0.02772 | 0.03080 |
| 230 | 0.01449 | 0.01610 | 0.01932 | 0.02254 | 0.02576 | 0.02898 | 0.03220 |
| 240 | 0.01512 | 0.01680 | 0.02016 | 0.02352 | 0.02688 | 0.03024 | 0.03360 |
| 250 | 0.01575 | 0.01750 | 0.02100 | 0.02450 | 0.02800 | 0.03150 | 0.03500 |
| 260 | 0.01638 | 0.01820 | 0.02184 | 0.02548 | 0.02912 | 0.03276 | 0.03640 |
| 270 | 0.01701 | 0.01890 | 0.02268 | 0.02646 | 0.03024 | 0.03402 | 0.03780 |
| 280 | 0.01764 | 0.01960 | 0.02352 | 0.02744 | 0.03136 | 0.03528 | 0.03920 |
| 290 | 0.01827 | 0.02030 | 0.02436 | 0.02842 | 0.03248 | 0.03654 | 0.04060 |
| 300 | 0.01890 | 0.02100 | 0.02520 | 0.02940 | 0.03360 | 0.03780 | 0.04200 |

续表 4-3

| 材长/m | 1.5 | | | | | | | |
|---|---|---|---|---|---|---|---|---|
| 材宽/mm | 材厚/mm | | | | | | | |
| | 12 | 15 | 18 | 21 | 25 | 30 | 35 | 40 |
| | 材积/m³ | | | | | | | |
| 30 | 0.00054 | 0.00068 | 0.00081 | 0.00095 | 0.00113 | 0.00135 | 0.00158 | 0.00180 |
| 40 | 0.00072 | 0.00090 | 0.00108 | 0.00126 | 0.00150 | 0.00180 | 0.00210 | 0.00240 |
| 50 | 0.00090 | 0.00113 | 0.00135 | 0.00158 | 0.00188 | 0.00225 | 0.00263 | 0.00300 |
| 60 | 0.00108 | 0.00135 | 0.00162 | 0.00189 | 0.00225 | 0.00270 | 0.00315 | 0.00360 |
| 70 | 0.00126 | 0.00158 | 0.00189 | 0.00221 | 0.00263 | 0.00315 | 0.00368 | 0.00420 |
| 80 | 0.00144 | 0.00180 | 0.00216 | 0.00252 | 0.00300 | 0.00360 | 0.00420 | 0.00480 |
| 90 | 0.00162 | 0.00203 | 0.00243 | 0.00284 | 0.00338 | 0.00405 | 0.00473 | 0.00540 |
| 100 | 0.00180 | 0.00225 | 0.00270 | 0.00315 | 0.00375 | 0.00450 | 0.00525 | 0.00600 |
| 110 | 0.00198 | 0.00248 | 0.00297 | 0.00347 | 0.00413 | 0.00495 | 0.00578 | 0.00660 |
| 120 | 0.00216 | 0.00270 | 0.00324 | 0.00378 | 0.00450 | 0.00540 | 0.00630 | 0.00720 |
| 130 | 0.00234 | 0.00293 | 0.00351 | 0.00410 | 0.00488 | 0.00585 | 0.00683 | 0.00780 |
| 140 | 0.00252 | 0.00315 | 0.00378 | 0.00441 | 0.00525 | 0.00630 | 0.00735 | 0.00840 |
| 150 | 0.00270 | 0.00338 | 0.00405 | 0.00473 | 0.00563 | 0.00675 | 0.00788 | 0.00900 |
| 160 | 0.00288 | 0.00360 | 0.00432 | 0.00504 | 0.00600 | 0.00720 | 0.00840 | 0.00960 |
| 170 | 0.00306 | 0.00383 | 0.00459 | 0.00536 | 0.00638 | 0.00765 | 0.00893 | 0.01020 |

续表 4-3 （普通锯材）

| 材长/m | 1.5 | | | | | | | |
|---|---|---|---|---|---|---|---|---|
| 材宽/mm | 材厚/mm | | | | | | | |
| | 12 | 15 | 18 | 21 | 25 | 30 | 35 | 40 |
| | 材积/$m^3$ | | | | | | | |
| 180 | 0.00324 | 0.00405 | 0.00486 | 0.00567 | 0.00675 | 0.00810 | 0.00945 | 0.01080 |
| 190 | 0.00342 | 0.00428 | 0.00513 | 0.00599 | 0.00713 | 0.00855 | 0.00998 | 0.01140 |
| 200 | 0.00360 | 0.00450 | 0.00540 | 0.00630 | 0.00750 | 0.00900 | 0.01050 | 0.01200 |
| 210 | 0.00378 | 0.00473 | 0.00567 | 0.00662 | 0.00788 | 0.00945 | 0.01103 | 0.01260 |
| 220 | 0.00396 | 0.00495 | 0.00594 | 0.00693 | 0.00825 | 0.00990 | 0.01155 | 0.01320 |
| 230 | 0.00414 | 0.00518 | 0.00621 | 0.00725 | 0.00863 | 0.01035 | 0.01208 | 0.01380 |
| 240 | 0.00432 | 0.00540 | 0.00648 | 0.00756 | 0.00900 | 0.01080 | 0.01260 | 0.01440 |
| 250 | 0.00450 | 0.00563 | 0.00675 | 0.00788 | 0.00938 | 0.01125 | 0.01313 | 0.01500 |
| 260 | 0.00468 | 0.00585 | 0.00702 | 0.00819 | 0.00975 | 0.01170 | 0.01365 | 0.01560 |
| 270 | 0.00486 | 0.00608 | 0.00729 | 0.00851 | 0.01013 | 0.01215 | 0.01418 | 0.01620 |
| 280 | 0.00504 | 0.00630 | 0.00756 | 0.00882 | 0.01050 | 0.01260 | 0.01470 | 0.01680 |
| 290 | 0.00522 | 0.00653 | 0.00783 | 0.00914 | 0.01088 | 0.01305 | 0.01523 | 0.01740 |
| 300 | 0.00540 | 0.00675 | 0.00810 | 0.00945 | 0.01125 | 0.01350 | 0.01575 | 0.01800 |

续表 4-3

| 材长/m | 1.5 | | | | | | |
|---|---|---|---|---|---|---|---|
| 材宽/mm | 材厚/mm | | | | | | |
| | 45 | 50 | 60 | 70 | 80 | 90 | 100 |
| | 材积/$m^3$ | | | | | | |
| 30 | 0.00203 | 0.00225 | 0.00270 | 0.00315 | 0.00360 | 0.00405 | 0.00450 |
| 40 | 0.00270 | 0.00300 | 0.00360 | 0.00420 | 0.00480 | 0.00540 | 0.00600 |
| 50 | 0.00338 | 0.00375 | 0.00450 | 0.00525 | 0.00600 | 0.00675 | 0.00750 |
| 60 | 0.00405 | 0.00450 | 0.00540 | 0.00630 | 0.00720 | 0.00810 | 0.00900 |
| 70 | 0.00473 | 0.00525 | 0.00630 | 0.00735 | 0.00840 | 0.00945 | 0.01050 |
| 80 | 0.00540 | 0.00600 | 0.00720 | 0.00840 | 0.00960 | 0.01080 | 0.01200 |
| 90 | 0.00608 | 0.00675 | 0.00810 | 0.00945 | 0.01080 | 0.01215 | 0.01350 |
| 100 | 0.00675 | 0.00750 | 0.00900 | 0.01050 | 0.01200 | 0.01350 | 0.01500 |
| 110 | 0.00743 | 0.00825 | 0.00990 | 0.01155 | 0.01320 | 0.01485 | 0.01650 |
| 120 | 0.00810 | 0.00900 | 0.01080 | 0.01260 | 0.01440 | 0.01620 | 0.01800 |
| 130 | 0.00878 | 0.00975 | 0.01170 | 0.01365 | 0.01560 | 0.01755 | 0.01950 |
| 140 | 0.00945 | 0.01050 | 0.01260 | 0.01470 | 0.01680 | 0.01890 | 0.02100 |
| 150 | 0.01013 | 0.01125 | 0.01350 | 0.01575 | 0.01800 | 0.02025 | 0.02250 |
| 160 | 0.01080 | 0.01200 | 0.01440 | 0.01680 | 0.01920 | 0.02160 | 0.02400 |
| 170 | 0.01148 | 0.01275 | 0.01530 | 0.01785 | 0.02040 | 0.02295 | 0.02550 |

续表 4-3 （普通锯材）

| 材长/m | 1.5 | | | | | | |
|---|---|---|---|---|---|---|---|
| 材宽/mm | 材厚/mm | | | | | | |
| | 45 | 50 | 60 | 70 | 80 | 90 | 100 |
| | 材积/$m^3$ | | | | | | |
| 180 | 0.01215 | 0.01350 | 0.01620 | 0.01890 | 0.02160 | 0.02430 | 0.02700 |
| 190 | 0.01283 | 0.01425 | 0.01710 | 0.01995 | 0.02280 | 0.02565 | 0.02850 |
| 200 | 0.01350 | 0.01500 | 0.01800 | 0.02100 | 0.02400 | 0.02700 | 0.03000 |
| 210 | 0.01418 | 0.01575 | 0.01890 | 0.02205 | 0.02520 | 0.02835 | 0.03150 |
| 220 | 0.01485 | 0.01650 | 0.01980 | 0.02310 | 0.02640 | 0.02970 | 0.03300 |
| 230 | 0.01553 | 0.01725 | 0.02070 | 0.02415 | 0.02760 | 0.03105 | 0.03450 |
| 240 | 0.01620 | 0.01800 | 0.02160 | 0.02520 | 0.02880 | 0.03240 | 0.03600 |
| 250 | 0.01688 | 0.01875 | 0.02250 | 0.02625 | 0.03000 | 0.03375 | 0.03750 |
| 260 | 0.01755 | 0.01950 | 0.02340 | 0.02730 | 0.03120 | 0.03510 | 0.03900 |
| 270 | 0.01823 | 0.02025 | 0.02430 | 0.02835 | 0.03240 | 0.03645 | 0.04050 |
| 280 | 0.01890 | 0.02100 | 0.02520 | 0.02940 | 0.03360 | 0.03780 | 0.04200 |
| 290 | 0.01958 | 0.02175 | 0.02610 | 0.03045 | 0.03480 | 0.03915 | 0.04350 |
| 300 | 0.02025 | 0.02250 | 0.02700 | 0.03150 | 0.03600 | 0.04050 | 0.04500 |

（普通锯材）

**续表 4-3**

| 材长/m | 1.6 | | | | | | | |
|---|---|---|---|---|---|---|---|---|
| 材宽/mm | 材厚/mm | | | | | | | |
| | 12 | 15 | 18 | 21 | 25 | 30 | 35 | 40 |
| | 材积/$m^3$ | | | | | | | |
| 30 | 0.00058 | 0.00072 | 0.00086 | 0.00101 | 0.00120 | 0.00144 | 0.00168 | 0.00192 |
| 40 | 0.00077 | 0.00096 | 0.00115 | 0.00134 | 0.00160 | 0.00192 | 0.00224 | 0.00256 |
| 50 | 0.00096 | 0.00120 | 0.00144 | 0.00168 | 0.00200 | 0.00240 | 0.00280 | 0.00320 |
| 60 | 0.00115 | 0.00144 | 0.00173 | 0.00202 | 0.00240 | 0.00288 | 0.00336 | 0.00384 |
| 70 | 0.00134 | 0.00168 | 0.00202 | 0.00235 | 0.00280 | 0.00336 | 0.00392 | 0.00448 |
| 80 | 0.00154 | 0.00192 | 0.00230 | 0.00269 | 0.00320 | 0.00384 | 0.00448 | 0.00512 |
| 90 | 0.00173 | 0.00216 | 0.00259 | 0.00302 | 0.00360 | 0.00432 | 0.00504 | 0.00576 |
| 100 | 0.00192 | 0.00240 | 0.00288 | 0.00336 | 0.00400 | 0.00480 | 0.00560 | 0.00640 |
| 110 | 0.00211 | 0.00264 | 0.00317 | 0.00370 | 0.00440 | 0.00528 | 0.00616 | 0.00704 |
| 120 | 0.00230 | 0.00288 | 0.00346 | 0.00403 | 0.00480 | 0.00576 | 0.00672 | 0.00768 |
| 130 | 0.00250 | 0.00312 | 0.00374 | 0.00437 | 0.00520 | 0.00624 | 0.00728 | 0.00832 |
| 140 | 0.00269 | 0.00336 | 0.00403 | 0.00470 | 0.00560 | 0.00672 | 0.00784 | 0.00896 |
| 150 | 0.00288 | 0.00360 | 0.00432 | 0.00504 | 0.00600 | 0.00720 | 0.00840 | 0.00960 |
| 160 | 0.00307 | 0.00384 | 0.00461 | 0.00538 | 0.00640 | 0.00768 | 0.00896 | 0.01024 |
| 170 | 0.00326 | 0.00408 | 0.00490 | 0.00571 | 0.00680 | 0.00816 | 0.00952 | 0.01088 |

续表 4-3 （普通锯材）

| 材长/m | 1.6 | | | | | | | |
|---|---|---|---|---|---|---|---|---|
| 材宽/mm | 材厚/mm | | | | | | | |
| | 12 | 15 | 18 | 21 | 25 | 30 | 35 | 40 |
| | 材积/m³ | | | | | | | |
| 180 | 0.00346 | 0.00432 | 0.00518 | 0.00605 | 0.00720 | 0.00864 | 0.01008 | 0.01152 |
| 190 | 0.00365 | 0.00456 | 0.00547 | 0.00638 | 0.00760 | 0.00912 | 0.01064 | 0.01216 |
| 200 | 0.00384 | 0.00480 | 0.00576 | 0.00672 | 0.00800 | 0.00960 | 0.01120 | 0.01280 |
| 210 | 0.00403 | 0.00504 | 0.00605 | 0.00706 | 0.00840 | 0.01008 | 0.01176 | 0.01344 |
| 220 | 0.00422 | 0.00528 | 0.00634 | 0.00739 | 0.00880 | 0.01056 | 0.01232 | 0.01408 |
| 230 | 0.00442 | 0.00552 | 0.00662 | 0.00773 | 0.00920 | 0.01104 | 0.01288 | 0.01472 |
| 240 | 0.00461 | 0.00576 | 0.00691 | 0.00806 | 0.00960 | 0.01152 | 0.01344 | 0.01536 |
| 250 | 0.00480 | 0.00600 | 0.00720 | 0.00840 | 0.01000 | 0.01200 | 0.01400 | 0.01600 |
| 260 | 0.00499 | 0.00624 | 0.00749 | 0.00874 | 0.01040 | 0.01248 | 0.01456 | 0.01664 |
| 270 | 0.00518 | 0.00648 | 0.00778 | 0.00907 | 0.01080 | 0.01296 | 0.01512 | 0.01728 |
| 280 | 0.00538 | 0.00672 | 0.00806 | 0.00941 | 0.01120 | 0.01344 | 0.01568 | 0.01792 |
| 290 | 0.00557 | 0.00696 | 0.00835 | 0.00974 | 0.01160 | 0.01392 | 0.01624 | 0.01856 |
| 300 | 0.00576 | 0.00720 | 0.00864 | 0.01008 | 0.01200 | 0.01440 | 0.01680 | 0.01920 |

（普通锯材）

**续表 4-3**

| 材长/m | 1.6 | | | | | | |
|---|---|---|---|---|---|---|---|
| 材宽/mm | 材厚/mm | | | | | | |
| | 45 | 50 | 60 | 70 | 80 | 90 | 100 |
| | 材积/m³ | | | | | | |
| 30 | 0.00216 | 0.00240 | 0.00288 | 0.00336 | 0.00384 | 0.00432 | 0.00480 |
| 40 | 0.00288 | 0.00320 | 0.00384 | 0.00448 | 0.00512 | 0.00576 | 0.00640 |
| 50 | 0.00360 | 0.00400 | 0.00480 | 0.00560 | 0.00640 | 0.00720 | 0.00800 |
| 60 | 0.00432 | 0.00480 | 0.00576 | 0.00672 | 0.00768 | 0.00864 | 0.00960 |
| 70 | 0.00504 | 0.00560 | 0.00672 | 0.00784 | 0.00896 | 0.01008 | 0.01120 |
| 80 | 0.00576 | 0.00640 | 0.00768 | 0.00896 | 0.01024 | 0.01152 | 0.01280 |
| 90 | 0.00648 | 0.00720 | 0.00864 | 0.01008 | 0.01152 | 0.01296 | 0.01440 |
| 100 | 0.00720 | 0.00800 | 0.00960 | 0.01120 | 0.01280 | 0.01440 | 0.01600 |
| 110 | 0.00792 | 0.00880 | 0.01056 | 0.01232 | 0.01408 | 0.01584 | 0.01760 |
| 120 | 0.00864 | 0.00960 | 0.01152 | 0.01344 | 0.01536 | 0.01728 | 0.01920 |
| 130 | 0.00936 | 0.01040 | 0.01248 | 0.01456 | 0.01664 | 0.01872 | 0.02080 |
| 140 | 0.01008 | 0.01120 | 0.01344 | 0.01568 | 0.01792 | 0.02016 | 0.02240 |
| 150 | 0.01080 | 0.01200 | 0.01440 | 0.01680 | 0.01920 | 0.02160 | 0.02400 |
| 160 | 0.01152 | 0.01280 | 0.01536 | 0.01792 | 0.02048 | 0.02304 | 0.02560 |
| 170 | 0.01224 | 0.01360 | 0.01632 | 0.01904 | 0.02176 | 0.02448 | 0.02720 |

续表 4-3 （普通锯材）

| 材长/m | 1.6 | | | | | | |
|---|---|---|---|---|---|---|---|
| 材宽/mm | 材厚/mm | | | | | | |
| | 45 | 50 | 60 | 70 | 80 | 90 | 100 |
| | 材积/$m^3$ | | | | | | |
| 180 | 0.01296 | 0.01440 | 0.01728 | 0.02016 | 0.02304 | 0.02592 | 0.02880 |
| 190 | 0.01368 | 0.01520 | 0.01824 | 0.02128 | 0.02432 | 0.02736 | 0.03040 |
| 200 | 0.01440 | 0.01600 | 0.01920 | 0.02240 | 0.02560 | 0.02880 | 0.03200 |
| 210 | 0.01512 | 0.01680 | 0.02016 | 0.02352 | 0.02688 | 0.03024 | 0.03360 |
| 220 | 0.01584 | 0.01760 | 0.02112 | 0.02464 | 0.02816 | 0.03168 | 0.03520 |
| 230 | 0.01656 | 0.01840 | 0.02208 | 0.02576 | 0.02944 | 0.03312 | 0.03680 |
| 240 | 0.01728 | 0.01920 | 0.02304 | 0.02688 | 0.03072 | 0.03456 | 0.03840 |
| 250 | 0.01800 | 0.02000 | 0.02400 | 0.02800 | 0.03200 | 0.03600 | 0.04000 |
| 260 | 0.01872 | 0.02080 | 0.02496 | 0.02912 | 0.03328 | 0.03744 | 0.04160 |
| 270 | 0.01944 | 0.02160 | 0.02592 | 0.03024 | 0.03456 | 0.03888 | 0.04320 |
| 280 | 0.02016 | 0.02240 | 0.02688 | 0.03136 | 0.03584 | 0.04032 | 0.04480 |
| 290 | 0.02088 | 0.02320 | 0.02784 | 0.03248 | 0.03712 | 0.04176 | 0.04640 |
| 300 | 0.02160 | 0.02400 | 0.02880 | 0.03360 | 0.03840 | 0.04320 | 0.04800 |

**续表 4-3**

| 材长/m | 1.7 | | | | | | | |
|---|---|---|---|---|---|---|---|---|
| 材宽/mm | 材厚/mm | | | | | | | |
| | 12 | 15 | 18 | 21 | 25 | 30 | 35 | 40 |
| | 材积/$m^3$ | | | | | | | |
| 30 | 0.00061 | 0.00077 | 0.00092 | 0.00107 | 0.00128 | 0.00153 | 0.00179 | 0.00204 |
| 40 | 0.00082 | 0.00102 | 0.00122 | 0.00143 | 0.00170 | 0.00204 | 0.00238 | 0.00272 |
| 50 | 0.00102 | 0.00128 | 0.00153 | 0.00179 | 0.00213 | 0.00255 | 0.00298 | 0.00340 |
| 60 | 0.00122 | 0.00153 | 0.00184 | 0.00214 | 0.00255 | 0.00306 | 0.00357 | 0.00408 |
| 70 | 0.00143 | 0.00179 | 0.00214 | 0.00250 | 0.00298 | 0.00357 | 0.00417 | 0.00476 |
| 80 | 0.00163 | 0.00204 | 0.00245 | 0.00286 | 0.00340 | 0.00408 | 0.00476 | 0.00544 |
| 90 | 0.00184 | 0.00230 | 0.00275 | 0.00321 | 0.00383 | 0.00459 | 0.00536 | 0.00612 |
| 100 | 0.00204 | 0.00255 | 0.00306 | 0.00357 | 0.00425 | 0.00510 | 0.00595 | 0.00680 |
| 110 | 0.00224 | 0.00281 | 0.00337 | 0.00393 | 0.00468 | 0.00561 | 0.00655 | 0.00748 |
| 120 | 0.00245 | 0.00306 | 0.00367 | 0.00428 | 0.00510 | 0.00612 | 0.00714 | 0.00816 |
| 130 | 0.00265 | 0.00332 | 0.00398 | 0.00464 | 0.00553 | 0.00663 | 0.00774 | 0.00884 |
| 140 | 0.00286 | 0.00357 | 0.00428 | 0.00500 | 0.00595 | 0.00714 | 0.00833 | 0.00952 |
| 150 | 0.00306 | 0.00383 | 0.00459 | 0.00536 | 0.00638 | 0.00765 | 0.00893 | 0.01020 |
| 160 | 0.00326 | 0.00408 | 0.00490 | 0.00571 | 0.00680 | 0.00816 | 0.00952 | 0.01088 |
| 170 | 0.00347 | 0.00434 | 0.00520 | 0.00607 | 0.00723 | 0.00867 | 0.01012 | 0.01156 |

续表 4-3（普通锯材）

| 材长/m | 1.7 | | | | | | | |
|---|---|---|---|---|---|---|---|---|
| 材宽/mm | 材厚/mm | | | | | | | |
| | 12 | 15 | 18 | 21 | 25 | 30 | 35 | 40 |
| | 材积/m³ | | | | | | | |
| 180 | 0.00367 | 0.00459 | 0.00551 | 0.00643 | 0.00765 | 0.00918 | 0.01071 | 0.01224 |
| 190 | 0.00388 | 0.00485 | 0.00581 | 0.00678 | 0.00808 | 0.00969 | 0.01131 | 0.01292 |
| 200 | 0.00408 | 0.00510 | 0.00612 | 0.00714 | 0.00850 | 0.01020 | 0.01190 | 0.01360 |
| 210 | 0.00428 | 0.00536 | 0.00643 | 0.00750 | 0.00893 | 0.01071 | 0.01250 | 0.01428 |
| 220 | 0.00449 | 0.00561 | 0.00673 | 0.00785 | 0.00935 | 0.01122 | 0.01309 | 0.01496 |
| 230 | 0.00469 | 0.00587 | 0.00704 | 0.00821 | 0.00978 | 0.01173 | 0.01369 | 0.01564 |
| 240 | 0.00490 | 0.00612 | 0.00734 | 0.00857 | 0.01020 | 0.01224 | 0.01428 | 0.01632 |
| 250 | 0.00510 | 0.00638 | 0.00765 | 0.00893 | 0.01063 | 0.01275 | 0.01488 | 0.01700 |
| 260 | 0.00530 | 0.00663 | 0.00796 | 0.00928 | 0.01105 | 0.01326 | 0.01547 | 0.01768 |
| 270 | 0.00551 | 0.00689 | 0.00826 | 0.00964 | 0.01148 | 0.01377 | 0.01607 | 0.01836 |
| 280 | 0.00571 | 0.00714 | 0.00857 | 0.01000 | 0.01190 | 0.01428 | 0.01666 | 0.01904 |
| 290 | 0.00592 | 0.00740 | 0.00887 | 0.01035 | 0.01233 | 0.01479 | 0.01726 | 0.01972 |
| 300 | 0.00612 | 0.00765 | 0.00918 | 0.01071 | 0.01275 | 0.01530 | 0.01785 | 0.02040 |

（普通锯材）　　续表 4-3

| 材长/m | 1.7 | | | | | | |
|---|---|---|---|---|---|---|---|
| 材宽/mm | 材厚/mm | | | | | | |
| | 45 | 50 | 60 | 70 | 80 | 90 | 100 |
| | 材积/m³ | | | | | | |
| 30 | 0.00230 | 0.00255 | 0.00306 | 0.00357 | 0.00408 | 0.00459 | 0.00510 |
| 40 | 0.00306 | 0.00340 | 0.00408 | 0.00476 | 0.00544 | 0.00612 | 0.00680 |
| 50 | 0.00383 | 0.00425 | 0.00510 | 0.00595 | 0.00680 | 0.00765 | 0.00850 |
| 60 | 0.00459 | 0.00510 | 0.00612 | 0.00714 | 0.00816 | 0.00918 | 0.01020 |
| 70 | 0.00536 | 0.00595 | 0.00714 | 0.00833 | 0.00952 | 0.01071 | 0.01190 |
| 80 | 0.00612 | 0.00680 | 0.00816 | 0.00952 | 0.01088 | 0.01224 | 0.01360 |
| 90 | 0.00689 | 0.00765 | 0.00918 | 0.01071 | 0.01224 | 0.01377 | 0.01530 |
| 100 | 0.00765 | 0.00850 | 0.01020 | 0.01190 | 0.01360 | 0.01530 | 0.01700 |
| 110 | 0.00842 | 0.00935 | 0.01122 | 0.01309 | 0.01496 | 0.01683 | 0.01870 |
| 120 | 0.00918 | 0.01020 | 0.01224 | 0.01428 | 0.01632 | 0.01836 | 0.02040 |
| 130 | 0.00995 | 0.01105 | 0.01326 | 0.01547 | 0.01768 | 0.01989 | 0.02210 |
| 140 | 0.01071 | 0.01190 | 0.01428 | 0.01666 | 0.01904 | 0.02142 | 0.02380 |
| 150 | 0.01148 | 0.01275 | 0.01530 | 0.01785 | 0.02040 | 0.02295 | 0.02550 |
| 160 | 0.01224 | 0.01360 | 0.01632 | 0.01904 | 0.02176 | 0.02448 | 0.02720 |
| 170 | 0.01301 | 0.01445 | 0.01734 | 0.02023 | 0.02312 | 0.02601 | 0.02890 |

**续表 4-3** （普通锯材）

| 材长/m | 1.7 | | | | | | |
|---|---|---|---|---|---|---|---|
| 材宽/mm | 材厚/mm | | | | | | |
| | 45 | 50 | 60 | 70 | 80 | 90 | 100 |
| | 材积/$m^3$ | | | | | | |
| 180 | 0.01377 | 0.01530 | 0.01836 | 0.02142 | 0.02448 | 0.02754 | 0.03060 |
| 190 | 0.01454 | 0.01615 | 0.01938 | 0.02261 | 0.02584 | 0.02907 | 0.03230 |
| 200 | 0.01530 | 0.01700 | 0.02040 | 0.02380 | 0.02720 | 0.03060 | 0.03400 |
| 210 | 0.01607 | 0.01785 | 0.02142 | 0.02499 | 0.02856 | 0.03213 | 0.03570 |
| 220 | 0.01683 | 0.01870 | 0.02244 | 0.02618 | 0.02992 | 0.03366 | 0.03740 |
| 230 | 0.01760 | 0.01955 | 0.02346 | 0.02737 | 0.03128 | 0.03519 | 0.03910 |
| 240 | 0.01836 | 0.02040 | 0.02448 | 0.02856 | 0.03264 | 0.03672 | 0.04080 |
| 250 | 0.01913 | 0.02125 | 0.02550 | 0.02975 | 0.03400 | 0.03825 | 0.04250 |
| 260 | 0.01989 | 0.02210 | 0.02652 | 0.03094 | 0.03536 | 0.03978 | 0.04420 |
| 270 | 0.02066 | 0.02295 | 0.02754 | 0.03213 | 0.03672 | 0.04131 | 0.04590 |
| 280 | 0.02142 | 0.02380 | 0.02856 | 0.03332 | 0.03808 | 0.04284 | 0.04760 |
| 290 | 0.02219 | 0.02465 | 0.02958 | 0.03451 | 0.03944 | 0.04437 | 0.04930 |
| 300 | 0.02295 | 0.02550 | 0.03060 | 0.03570 | 0.04080 | 0.04590 | 0.05100 |

**续表 4-3**

| 材长/m | 1.8 | | | | | | | |
|---|---|---|---|---|---|---|---|---|
| 材宽/mm | 材厚/mm | | | | | | | |
| | 12 | 15 | 18 | 21 | 25 | 30 | 35 | 40 |
| | 材积/$m^3$ | | | | | | | |
| 30 | 0.00065 | 0.00081 | 0.00097 | 0.00113 | 0.00135 | 0.00162 | 0.00189 | 0.00216 |
| 40 | 0.00086 | 0.00108 | 0.00130 | 0.00151 | 0.00180 | 0.00216 | 0.00252 | 0.00288 |
| 50 | 0.00108 | 0.00135 | 0.00162 | 0.00189 | 0.00225 | 0.00270 | 0.00315 | 0.00360 |
| 60 | 0.00130 | 0.00162 | 0.00194 | 0.00227 | 0.00270 | 0.00324 | 0.00378 | 0.00432 |
| 70 | 0.00151 | 0.00189 | 0.00227 | 0.00265 | 0.00315 | 0.00378 | 0.00441 | 0.00504 |
| 80 | 0.00173 | 0.00216 | 0.00259 | 0.00302 | 0.00360 | 0.00432 | 0.00504 | 0.00576 |
| 90 | 0.00194 | 0.00243 | 0.00292 | 0.00340 | 0.00405 | 0.00486 | 0.00567 | 0.00648 |
| 100 | 0.00216 | 0.00270 | 0.00324 | 0.00378 | 0.00450 | 0.00540 | 0.00630 | 0.00720 |
| 110 | 0.00238 | 0.00297 | 0.00356 | 0.00416 | 0.00495 | 0.00594 | 0.00693 | 0.00792 |
| 120 | 0.00259 | 0.00324 | 0.00389 | 0.00454 | 0.00540 | 0.00648 | 0.00756 | 0.00864 |
| 130 | 0.00281 | 0.00351 | 0.00421 | 0.00491 | 0.00585 | 0.00702 | 0.00819 | 0.00936 |
| 140 | 0.00302 | 0.00378 | 0.00454 | 0.00529 | 0.00630 | 0.00756 | 0.00882 | 0.01008 |
| 150 | 0.00324 | 0.00405 | 0.00486 | 0.00567 | 0.00675 | 0.00810 | 0.00945 | 0.01080 |
| 160 | 0.00346 | 0.00432 | 0.00518 | 0.00605 | 0.00720 | 0.00864 | 0.01008 | 0.01152 |
| 170 | 0.00367 | 0.00459 | 0.00551 | 0.00643 | 0.00765 | 0.00918 | 0.01071 | 0.01224 |

续表 4-3　　(普通锯材)

| 材长/m | 1.8 | | | | | | | |
|---|---|---|---|---|---|---|---|---|
| 材宽/mm | 材厚/mm | | | | | | | |
| | 12 | 15 | 18 | 21 | 25 | 30 | 35 | 40 |
| | 材积/$m^3$ | | | | | | | |
| 180 | 0.00389 | 0.00486 | 0.00583 | 0.00680 | 0.00810 | 0.00972 | 0.01134 | 0.01296 |
| 190 | 0.00410 | 0.00513 | 0.00616 | 0.00718 | 0.00855 | 0.01026 | 0.01197 | 0.01368 |
| 200 | 0.00432 | 0.00540 | 0.00648 | 0.00756 | 0.00900 | 0.01080 | 0.01260 | 0.01440 |
| 210 | 0.00454 | 0.00567 | 0.00680 | 0.00794 | 0.00945 | 0.01134 | 0.01323 | 0.01512 |
| 220 | 0.00475 | 0.00594 | 0.00713 | 0.00832 | 0.00990 | 0.01188 | 0.01386 | 0.01584 |
| 230 | 0.00497 | 0.00621 | 0.00745 | 0.00869 | 0.01035 | 0.01242 | 0.01449 | 0.01656 |
| 240 | 0.00518 | 0.00648 | 0.00778 | 0.00907 | 0.01080 | 0.01296 | 0.01512 | 0.01728 |
| 250 | 0.00540 | 0.00675 | 0.00810 | 0.00945 | 0.01125 | 0.01350 | 0.01575 | 0.01800 |
| 260 | 0.00562 | 0.00702 | 0.00842 | 0.00983 | 0.01170 | 0.01404 | 0.01638 | 0.01872 |
| 270 | 0.00583 | 0.00729 | 0.00875 | 0.01021 | 0.01215 | 0.01458 | 0.01701 | 0.01944 |
| 280 | 0.00605 | 0.00756 | 0.00907 | 0.01058 | 0.01260 | 0.01512 | 0.01764 | 0.02016 |
| 290 | 0.00626 | 0.00783 | 0.00940 | 0.01096 | 0.01305 | 0.01566 | 0.01827 | 0.02088 |
| 300 | 0.00648 | 0.00810 | 0.00972 | 0.01134 | 0.01350 | 0.01620 | 0.01890 | 0.02160 |

**续表 4-3**

| 材长/m | 1.8 | | | | | | |
|---|---|---|---|---|---|---|---|
| 材宽/mm | 材厚/mm | | | | | | |
| | 45 | 50 | 60 | 70 | 80 | 90 | 100 |
| | 材积/$m^3$ | | | | | | |
| 30 | 0.00243 | 0.00270 | 0.00324 | 0.00378 | 0.00432 | 0.00486 | 0.00540 |
| 40 | 0.00324 | 0.00360 | 0.00432 | 0.00504 | 0.00576 | 0.00648 | 0.00720 |
| 50 | 0.00405 | 0.00450 | 0.00540 | 0.00630 | 0.00720 | 0.00810 | 0.00900 |
| 60 | 0.00486 | 0.00540 | 0.00648 | 0.00756 | 0.00864 | 0.00972 | 0.01080 |
| 70 | 0.00567 | 0.00630 | 0.00756 | 0.00882 | 0.01008 | 0.01134 | 0.01260 |
| 80 | 0.00648 | 0.00720 | 0.00864 | 0.01008 | 0.01152 | 0.01296 | 0.01440 |
| 90 | 0.00729 | 0.00810 | 0.00972 | 0.01134 | 0.01296 | 0.01458 | 0.01620 |
| 100 | 0.00810 | 0.00900 | 0.01080 | 0.01260 | 0.01440 | 0.01620 | 0.01800 |
| 110 | 0.00891 | 0.00990 | 0.01188 | 0.01386 | 0.01584 | 0.01782 | 0.01980 |
| 120 | 0.00972 | 0.01080 | 0.01296 | 0.01512 | 0.01728 | 0.01944 | 0.02160 |
| 130 | 0.01053 | 0.01170 | 0.01404 | 0.01638 | 0.01872 | 0.02106 | 0.02340 |
| 140 | 0.01134 | 0.01260 | 0.01512 | 0.01764 | 0.02016 | 0.02268 | 0.02520 |
| 150 | 0.01215 | 0.01350 | 0.01620 | 0.01890 | 0.02160 | 0.02430 | 0.02700 |
| 160 | 0.01296 | 0.01440 | 0.01728 | 0.02016 | 0.02304 | 0.02592 | 0.02880 |
| 170 | 0.01377 | 0.01530 | 0.01836 | 0.02142 | 0.02448 | 0.02754 | 0.03060 |

续表 4-3　（普通锯材）

| 材长/m | 1.8 | | | | | | |
|---|---|---|---|---|---|---|---|
| 材宽/mm | 材厚/mm | | | | | | |
| | 45 | 50 | 60 | 70 | 80 | 90 | 100 |
| | 材积/$m^3$ | | | | | | |
| 180 | 0.01458 | 0.01620 | 0.01944 | 0.02268 | 0.02592 | 0.02916 | 0.03240 |
| 190 | 0.01539 | 0.01710 | 0.02052 | 0.02394 | 0.02736 | 0.03078 | 0.03420 |
| 200 | 0.01620 | 0.01800 | 0.02160 | 0.02520 | 0.02880 | 0.03240 | 0.03600 |
| 210 | 0.01701 | 0.01890 | 0.02268 | 0.02646 | 0.03024 | 0.03402 | 0.03780 |
| 220 | 0.01782 | 0.01980 | 0.02376 | 0.02772 | 0.03168 | 0.03564 | 0.03960 |
| 230 | 0.01863 | 0.02070 | 0.02484 | 0.02898 | 0.03312 | 0.03726 | 0.04140 |
| 240 | 0.01944 | 0.02160 | 0.02592 | 0.03024 | 0.03456 | 0.03888 | 0.04320 |
| 250 | 0.02025 | 0.02250 | 0.02700 | 0.03150 | 0.03600 | 0.04050 | 0.04500 |
| 260 | 0.02106 | 0.02340 | 0.02808 | 0.03276 | 0.03744 | 0.04212 | 0.04680 |
| 270 | 0.02187 | 0.02430 | 0.02916 | 0.03402 | 0.03888 | 0.04374 | 0.04860 |
| 280 | 0.02268 | 0.02520 | 0.03024 | 0.03528 | 0.04032 | 0.04536 | 0.05040 |
| 290 | 0.02349 | 0.02610 | 0.03132 | 0.03654 | 0.04176 | 0.04698 | 0.05220 |
| 300 | 0.02430 | 0.02700 | 0.03240 | 0.03780 | 0.04320 | 0.04860 | 0.05400 |

**续表 4-3**

| 材长/m | 1.9 | | | | | | | |
|---|---|---|---|---|---|---|---|---|
| 材宽/mm | 材厚/mm | | | | | | | |
| | 12 | 15 | 18 | 21 | 25 | 30 | 35 | 40 |
| | 材积/$m^3$ | | | | | | | |
| 30 | 0.00068 | 0.00086 | 0.00103 | 0.00120 | 0.00143 | 0.00171 | 0.00200 | 0.00228 |
| 40 | 0.00091 | 0.00114 | 0.00137 | 0.00160 | 0.00190 | 0.00228 | 0.00266 | 0.00304 |
| 50 | 0.00114 | 0.00143 | 0.00171 | 0.00200 | 0.00238 | 0.00285 | 0.00333 | 0.00380 |
| 60 | 0.00137 | 0.00171 | 0.00205 | 0.00239 | 0.00285 | 0.00342 | 0.00399 | 0.00456 |
| 70 | 0.00160 | 0.00200 | 0.00239 | 0.00279 | 0.00333 | 0.00399 | 0.00466 | 0.00532 |
| 80 | 0.00182 | 0.00228 | 0.00274 | 0.00319 | 0.00380 | 0.00456 | 0.00532 | 0.00608 |
| 90 | 0.00205 | 0.00257 | 0.00308 | 0.00359 | 0.00428 | 0.00513 | 0.00599 | 0.00684 |
| 100 | 0.00228 | 0.00285 | 0.00342 | 0.00399 | 0.00475 | 0.00570 | 0.00665 | 0.00760 |
| 110 | 0.00251 | 0.00314 | 0.00376 | 0.00439 | 0.00523 | 0.00627 | 0.00732 | 0.00836 |
| 120 | 0.00274 | 0.00342 | 0.00410 | 0.00479 | 0.00570 | 0.00684 | 0.00798 | 0.00912 |
| 130 | 0.00296 | 0.00371 | 0.00445 | 0.00519 | 0.00618 | 0.00741 | 0.00865 | 0.00988 |
| 140 | 0.00319 | 0.00399 | 0.00479 | 0.00559 | 0.00665 | 0.00798 | 0.00931 | 0.01064 |
| 150 | 0.00342 | 0.00428 | 0.00513 | 0.00599 | 0.00713 | 0.00855 | 0.00998 | 0.01140 |
| 160 | 0.00365 | 0.00456 | 0.00547 | 0.00638 | 0.00760 | 0.00912 | 0.01064 | 0.01216 |
| 170 | 0.00388 | 0.00485 | 0.00581 | 0.00678 | 0.00808 | 0.00969 | 0.01131 | 0.01292 |

续表 4-3 （普通锯材）

| 材长/m | 1.9 | | | | | | | |
|---|---|---|---|---|---|---|---|---|
| 材宽/mm | 材厚/mm | | | | | | | |
| | 12 | 15 | 18 | 21 | 25 | 30 | 35 | 40 |
| | 材积/m³ | | | | | | | |
| 180 | 0.00410 | 0.00513 | 0.00616 | 0.00718 | 0.00855 | 0.01026 | 0.01197 | 0.01368 |
| 190 | 0.00433 | 0.00542 | 0.00650 | 0.00758 | 0.00903 | 0.01083 | 0.01264 | 0.01444 |
| 200 | 0.00456 | 0.00570 | 0.00684 | 0.00798 | 0.00950 | 0.01140 | 0.01330 | 0.01520 |
| 210 | 0.00479 | 0.00599 | 0.00718 | 0.00838 | 0.00998 | 0.01197 | 0.01397 | 0.01596 |
| 220 | 0.00502 | 0.00627 | 0.00752 | 0.00878 | 0.01045 | 0.01254 | 0.01463 | 0.01672 |
| 230 | 0.00524 | 0.00656 | 0.00787 | 0.00918 | 0.01093 | 0.01311 | 0.01530 | 0.01748 |
| 240 | 0.00547 | 0.00684 | 0.00821 | 0.00958 | 0.01140 | 0.01368 | 0.01596 | 0.01824 |
| 250 | 0.00570 | 0.00713 | 0.00855 | 0.00998 | 0.01188 | 0.01425 | 0.01663 | 0.01900 |
| 260 | 0.00593 | 0.00741 | 0.00889 | 0.01037 | 0.01235 | 0.01482 | 0.01729 | 0.01976 |
| 270 | 0.00616 | 0.00770 | 0.00923 | 0.01077 | 0.01283 | 0.01539 | 0.01796 | 0.02052 |
| 280 | 0.00638 | 0.00798 | 0.00958 | 0.01117 | 0.01330 | 0.01596 | 0.01862 | 0.02128 |
| 290 | 0.00661 | 0.00827 | 0.00992 | 0.01157 | 0.01378 | 0.01653 | 0.01929 | 0.02204 |
| 300 | 0.00684 | 0.00855 | 0.01026 | 0.01197 | 0.01425 | 0.01710 | 0.01995 | 0.02280 |

续表 4-3

| 材长/m | 1.9 | | | | | | |
|---|---|---|---|---|---|---|---|
| 材宽/mm | 材厚/mm | | | | | | |
| | 45 | 50 | 60 | 70 | 80 | 90 | 100 |
| | 材积/m³ | | | | | | |
| 30 | 0.00257 | 0.00285 | 0.00342 | 0.00399 | 0.00456 | 0.00513 | 0.00570 |
| 40 | 0.00342 | 0.00380 | 0.00456 | 0.00532 | 0.00608 | 0.00684 | 0.00760 |
| 50 | 0.00428 | 0.00475 | 0.00570 | 0.00665 | 0.00760 | 0.00855 | 0.00950 |
| 60 | 0.00513 | 0.00570 | 0.00684 | 0.00798 | 0.00912 | 0.01026 | 0.01140 |
| 70 | 0.00599 | 0.00665 | 0.00798 | 0.00931 | 0.01064 | 0.01197 | 0.01330 |
| 80 | 0.00684 | 0.00760 | 0.00912 | 0.01064 | 0.01216 | 0.01368 | 0.01520 |
| 90 | 0.00770 | 0.00855 | 0.01026 | 0.01197 | 0.01368 | 0.01539 | 0.01710 |
| 100 | 0.00855 | 0.00950 | 0.01140 | 0.01330 | 0.01520 | 0.01710 | 0.01900 |
| 110 | 0.00941 | 0.01045 | 0.01254 | 0.01463 | 0.01672 | 0.01881 | 0.02090 |
| 120 | 0.01026 | 0.01140 | 0.01368 | 0.01596 | 0.01824 | 0.02052 | 0.02280 |
| 130 | 0.01112 | 0.01235 | 0.01482 | 0.01729 | 0.01976 | 0.02223 | 0.02470 |
| 140 | 0.01197 | 0.01330 | 0.01596 | 0.01862 | 0.02128 | 0.02394 | 0.02660 |
| 150 | 0.01283 | 0.01425 | 0.01710 | 0.01995 | 0.02280 | 0.02565 | 0.02850 |
| 160 | 0.01368 | 0.01520 | 0.01824 | 0.02128 | 0.02432 | 0.02736 | 0.03040 |
| 170 | 0.01454 | 0.01615 | 0.01938 | 0.02261 | 0.02584 | 0.02907 | 0.03230 |

续表 4-3　（普通锯材）

| 材长/m | 1.9 | | | | | | |
|---|---|---|---|---|---|---|---|
| 材宽/mm | 材厚/mm | | | | | | |
| | 45 | 50 | 60 | 70 | 80 | 90 | 100 |
| | 材积/m³ | | | | | | |
| 180 | 0.01539 | 0.01710 | 0.02052 | 0.02394 | 0.02736 | 0.03078 | 0.03420 |
| 190 | 0.01625 | 0.01805 | 0.02166 | 0.02527 | 0.02888 | 0.03249 | 0.03610 |
| 200 | 0.01710 | 0.01900 | 0.02280 | 0.02660 | 0.03040 | 0.03420 | 0.03800 |
| 210 | 0.01796 | 0.01995 | 0.02394 | 0.02793 | 0.03192 | 0.03591 | 0.03990 |
| 220 | 0.01881 | 0.02090 | 0.02508 | 0.02926 | 0.03344 | 0.03762 | 0.04180 |
| 230 | 0.01967 | 0.02185 | 0.02622 | 0.03059 | 0.03496 | 0.03933 | 0.04370 |
| 240 | 0.02052 | 0.02280 | 0.02736 | 0.03192 | 0.03648 | 0.04104 | 0.04560 |
| 250 | 0.02138 | 0.02375 | 0.02850 | 0.03325 | 0.03800 | 0.04275 | 0.04750 |
| 260 | 0.02223 | 0.02470 | 0.02964 | 0.03458 | 0.03952 | 0.04446 | 0.04940 |
| 270 | 0.02309 | 0.02565 | 0.03078 | 0.03591 | 0.04104 | 0.04617 | 0.05130 |
| 280 | 0.02394 | 0.02660 | 0.03192 | 0.03724 | 0.04256 | 0.04788 | 0.05320 |
| 290 | 0.02480 | 0.02755 | 0.03306 | 0.03857 | 0.04408 | 0.04959 | 0.05510 |
| 300 | 0.02565 | 0.02850 | 0.03420 | 0.03990 | 0.04560 | 0.05130 | 0.05700 |

（普通锯材）

续表 4-3

| 材长/m | 2.0 | | | | | | | |
|---|---|---|---|---|---|---|---|---|
| 材宽 /mm | 材厚/mm | | | | | | | |
| | 12 | 15 | 18 | 21 | 25 | 30 | 35 | 40 |
| | 材积/m³ | | | | | | | |
| 30 | 0.0007 | 0.0009 | 0.0011 | 0.0013 | 0.0015 | 0.0018 | 0.0021 | 0.0024 |
| 40 | 0.0010 | 0.0012 | 0.0014 | 0.0017 | 0.0020 | 0.0024 | 0.0028 | 0.0032 |
| 50 | 0.0012 | 0.0015 | 0.0018 | 0.0021 | 0.0025 | 0.0030 | 0.0035 | 0.0040 |
| 60 | 0.0014 | 0.0018 | 0.0022 | 0.0025 | 0.0030 | 0.0036 | 0.0042 | 0.0048 |
| 70 | 0.0017 | 0.0021 | 0.0025 | 0.0029 | 0.0035 | 0.0042 | 0.0049 | 0.0056 |
| 80 | 0.0019 | 0.0024 | 0.0029 | 0.0034 | 0.0040 | 0.0048 | 0.0056 | 0.0064 |
| 90 | 0.0022 | 0.0027 | 0.0032 | 0.0038 | 0.0045 | 0.0054 | 0.0063 | 0.0072 |
| 100 | 0.0024 | 0.0030 | 0.0036 | 0.0042 | 0.0050 | 0.0060 | 0.0070 | 0.0080 |
| 110 | 0.0026 | 0.0033 | 0.0040 | 0.0046 | 0.0055 | 0.0066 | 0.0077 | 0.0088 |
| 120 | 0.0029 | 0.0036 | 0.0043 | 0.0050 | 0.0060 | 0.0072 | 0.0084 | 0.0096 |
| 130 | 0.0031 | 0.0039 | 0.0047 | 0.0055 | 0.0065 | 0.0078 | 0.0091 | 0.0104 |
| 140 | 0.0034 | 0.0042 | 0.0050 | 0.0059 | 0.0070 | 0.0084 | 0.0098 | 0.0112 |
| 150 | 0.0036 | 0.0045 | 0.0054 | 0.0063 | 0.0075 | 0.0090 | 0.0105 | 0.0120 |
| 160 | 0.0038 | 0.0048 | 0.0058 | 0.0067 | 0.0080 | 0.0096 | 0.0112 | 0.0128 |
| 170 | 0.0041 | 0.0051 | 0.0061 | 0.0071 | 0.0085 | 0.0102 | 0.0119 | 0.0136 |

续表 4-3 （普通锯材）

| 材长/m | 2.0 | | | | | | | |
|---|---|---|---|---|---|---|---|---|
| 材宽/mm | 材厚/mm | | | | | | | |
| | 12 | 15 | 18 | 21 | 25 | 30 | 35 | 40 |
| | 材积/$m^3$ | | | | | | | |
| 180 | 0.0043 | 0.0054 | 0.0065 | 0.0076 | 0.0090 | 0.0108 | 0.0126 | 0.0144 |
| 190 | 0.0046 | 0.0057 | 0.0068 | 0.0080 | 0.0095 | 0.0114 | 0.0133 | 0.0152 |
| 200 | 0.0048 | 0.0060 | 0.0072 | 0.0084 | 0.0100 | 0.0120 | 0.0140 | 0.0160 |
| 210 | 0.0050 | 0.0063 | 0.0076 | 0.0088 | 0.0105 | 0.0126 | 0.0147 | 0.0168 |
| 220 | 0.0053 | 0.0066 | 0.0079 | 0.0092 | 0.0110 | 0.0132 | 0.0154 | 0.0176 |
| 230 | 0.0055 | 0.0069 | 0.0083 | 0.0097 | 0.0115 | 0.0138 | 0.0161 | 0.0184 |
| 240 | 0.0058 | 0.0072 | 0.0086 | 0.0101 | 0.0120 | 0.0144 | 0.0168 | 0.0192 |
| 250 | 0.0060 | 0.0075 | 0.0090 | 0.0105 | 0.0125 | 0.0150 | 0.0175 | 0.0200 |
| 260 | 0.0062 | 0.0078 | 0.0094 | 0.0109 | 0.0130 | 0.0156 | 0.0182 | 0.0208 |
| 270 | 0.0065 | 0.0081 | 0.0097 | 0.0113 | 0.0135 | 0.0162 | 0.0189 | 0.0216 |
| 280 | 0.0067 | 0.0084 | 0.0101 | 0.0118 | 0.0140 | 0.0168 | 0.0196 | 0.0224 |
| 290 | 0.0070 | 0.0087 | 0.0104 | 0.0122 | 0.0145 | 0.0174 | 0.0203 | 0.0232 |
| 300 | 0.0072 | 0.0090 | 0.0108 | 0.0126 | 0.0150 | 0.0180 | 0.0210 | 0.0240 |

（普通锯材） **续表 4-3**

| 材长/m | 2.0 | | | | | | |
|---|---|---|---|---|---|---|---|
| 材宽/mm | 材厚/mm | | | | | | |
| | 45 | 50 | 60 | 70 | 80 | 90 | 100 |
| | 材积/$m^3$ | | | | | | |
| 30 | 0.0027 | 0.0030 | 0.0036 | 0.0042 | 0.0048 | 0.0054 | 0.0060 |
| 40 | 0.0036 | 0.0040 | 0.0048 | 0.0056 | 0.0064 | 0.0072 | 0.0080 |
| 50 | 0.0045 | 0.0050 | 0.0060 | 0.0070 | 0.0080 | 0.0090 | 0.0100 |
| 60 | 0.0054 | 0.0060 | 0.0072 | 0.0084 | 0.0096 | 0.0108 | 0.0120 |
| 70 | 0.0063 | 0.0070 | 0.0084 | 0.0098 | 0.0112 | 0.0126 | 0.0140 |
| 80 | 0.0072 | 0.0080 | 0.0096 | 0.0112 | 0.0128 | 0.0144 | 0.0160 |
| 90 | 0.0081 | 0.0090 | 0.0108 | 0.0126 | 0.0144 | 0.0162 | 0.0180 |
| 100 | 0.0090 | 0.0100 | 0.0120 | 0.0140 | 0.0160 | 0.0180 | 0.0200 |
| 110 | 0.0099 | 0.0110 | 0.0132 | 0.0154 | 0.0176 | 0.0198 | 0.0220 |
| 120 | 0.0108 | 0.0120 | 0.0144 | 0.0168 | 0.0192 | 0.0216 | 0.0240 |
| 130 | 0.0117 | 0.0130 | 0.0156 | 0.0182 | 0.0208 | 0.0234 | 0.0260 |
| 140 | 0.0126 | 0.0140 | 0.0168 | 0.0196 | 0.0224 | 0.0252 | 0.0280 |
| 150 | 0.0135 | 0.0150 | 0.0180 | 0.0210 | 0.0240 | 0.0270 | 0.0300 |
| 160 | 0.0144 | 0.0160 | 0.0192 | 0.0224 | 0.0256 | 0.0288 | 0.0320 |
| 170 | 0.0153 | 0.0170 | 0.0204 | 0.0238 | 0.0272 | 0.0306 | 0.0340 |

续表 4-3 （普通锯材）

| 材长/m | 2.0 | | | | | | | |
|---|---|---|---|---|---|---|---|---|
| 材宽/mm | 材厚/mm | | | | | | | |
| | 45 | 50 | 60 | 70 | 80 | 90 | 100 | |
| | 材积/$m^3$ | | | | | | | |
| 180 | 0.0162 | 0.0180 | 0.0216 | 0.0252 | 0.0288 | 0.0324 | 0.0360 | |
| 190 | 0.0171 | 0.0190 | 0.0228 | 0.0266 | 0.0304 | 0.0342 | 0.0380 | |
| 200 | 0.0180 | 0.0200 | 0.0240 | 0.0280 | 0.0320 | 0.0360 | 0.0400 | |
| 210 | 0.0189 | 0.0210 | 0.0252 | 0.0294 | 0.0336 | 0.0378 | 0.0420 | |
| 220 | 0.0198 | 0.0220 | 0.0264 | 0.0308 | 0.0352 | 0.0396 | 0.0440 | |
| 230 | 0.0207 | 0.0230 | 0.0276 | 0.0322 | 0.0368 | 0.0414 | 0.0460 | |
| 240 | 0.0216 | 0.0240 | 0.0288 | 0.0336 | 0.0384 | 0.0432 | 0.0480 | |
| 250 | 0.0225 | 0.0250 | 0.0300 | 0.0350 | 0.0400 | 0.0450 | 0.0500 | |
| 260 | 0.0234 | 0.0260 | 0.0312 | 0.0364 | 0.0416 | 0.0468 | 0.0520 | |
| 270 | 0.0243 | 0.0270 | 0.0324 | 0.0378 | 0.0432 | 0.0486 | 0.0540 | |
| 280 | 0.0252 | 0.0280 | 0.0336 | 0.0392 | 0.0448 | 0.0504 | 0.0560 | |
| 290 | 0.0261 | 0.0290 | 0.0348 | 0.0406 | 0.0464 | 0.0522 | 0.0580 | |
| 300 | 0.0270 | 0.0300 | 0.0360 | 0.0420 | 0.0480 | 0.0540 | 0.0600 | |

（普通锯材）

续表 4-3

| 材长/m | 2.2 | | | | | | | |
|---|---|---|---|---|---|---|---|---|
| 材宽/mm | 材厚/mm | | | | | | | |
| | 12 | 15 | 18 | 21 | 25 | 30 | 35 | 40 |
| | 材积/$m^3$ | | | | | | | |
| 30 | 0.0008 | 0.0010 | 0.0012 | 0.0014 | 0.0017 | 0.0020 | 0.0023 | 0.0026 |
| 40 | 0.0011 | 0.0013 | 0.0016 | 0.0018 | 0.0022 | 0.0026 | 0.0031 | 0.0035 |
| 50 | 0.0013 | 0.0017 | 0.0020 | 0.0023 | 0.0028 | 0.0033 | 0.0039 | 0.0044 |
| 60 | 0.0016 | 0.0020 | 0.0024 | 0.0028 | 0.0033 | 0.0040 | 0.0046 | 0.0053 |
| 70 | 0.0018 | 0.0023 | 0.0028 | 0.0032 | 0.0039 | 0.0046 | 0.0054 | 0.0062 |
| 80 | 0.0021 | 0.0026 | 0.0032 | 0.0037 | 0.0044 | 0.0053 | 0.0062 | 0.0070 |
| 90 | 0.0024 | 0.0030 | 0.0036 | 0.0042 | 0.0050 | 0.0059 | 0.0069 | 0.0079 |
| 100 | 0.0026 | 0.0033 | 0.0040 | 0.0046 | 0.0055 | 0.0066 | 0.0077 | 0.0088 |
| 110 | 0.0029 | 0.0036 | 0.0044 | 0.0051 | 0.0061 | 0.0073 | 0.0085 | 0.0097 |
| 120 | 0.0032 | 0.0040 | 0.0048 | 0.0055 | 0.0066 | 0.0079 | 0.0092 | 0.0106 |
| 130 | 0.0034 | 0.0043 | 0.0051 | 0.0060 | 0.0072 | 0.0086 | 0.0100 | 0.0114 |
| 140 | 0.0037 | 0.0046 | 0.0055 | 0.0065 | 0.0077 | 0.0092 | 0.0108 | 0.0123 |
| 150 | 0.0040 | 0.0050 | 0.0059 | 0.0069 | 0.0083 | 0.0099 | 0.0116 | 0.0132 |
| 160 | 0.0042 | 0.0053 | 0.0063 | 0.0074 | 0.0088 | 0.0106 | 0.0123 | 0.0141 |
| 170 | 0.0045 | 0.0056 | 0.0067 | 0.0079 | 0.0094 | 0.0112 | 0.0131 | 0.0150 |

续表 4-3 （普通锯材）

| 材长/m | 2.2 | | | | | | | |
|---|---|---|---|---|---|---|---|---|
| 材宽/mm | 材厚/mm | | | | | | | |
| | 12 | 15 | 18 | 21 | 25 | 30 | 35 | 40 |
| | 材积/$m^3$ | | | | | | | |
| 180 | 0.0048 | 0.0059 | 0.0071 | 0.0083 | 0.0099 | 0.0119 | 0.0139 | 0.0158 |
| 190 | 0.0050 | 0.0063 | 0.0075 | 0.0088 | 0.0105 | 0.0125 | 0.0146 | 0.0167 |
| 200 | 0.0053 | 0.0066 | 0.0079 | 0.0092 | 0.0110 | 0.0132 | 0.0154 | 0.0176 |
| 210 | 0.0055 | 0.0069 | 0.0083 | 0.0097 | 0.0116 | 0.0139 | 0.0162 | 0.0185 |
| 220 | 0.0058 | 0.0073 | 0.0087 | 0.0102 | 0.0121 | 0.0145 | 0.0169 | 0.0194 |
| 230 | 0.0061 | 0.0076 | 0.0091 | 0.0106 | 0.0127 | 0.0152 | 0.0177 | 0.0202 |
| 240 | 0.0063 | 0.0079 | 0.0095 | 0.0111 | 0.0132 | 0.0158 | 0.0185 | 0.0211 |
| 250 | 0.0066 | 0.0083 | 0.0099 | 0.0116 | 0.0138 | 0.0165 | 0.0193 | 0.0220 |
| 260 | 0.0069 | 0.0086 | 0.0103 | 0.0120 | 0.0143 | 0.0172 | 0.0200 | 0.0229 |
| 270 | 0.0071 | 0.0089 | 0.0107 | 0.0125 | 0.0149 | 0.0178 | 0.0208 | 0.0238 |
| 280 | 0.0074 | 0.0092 | 0.0111 | 0.0129 | 0.0154 | 0.0185 | 0.0216 | 0.0246 |
| 290 | 0.0077 | 0.0096 | 0.0115 | 0.0134 | 0.0160 | 0.0191 | 0.0223 | 0.0255 |
| 300 | 0.0079 | 0.0099 | 0.0119 | 0.0139 | 0.0165 | 0.0198 | 0.0231 | 0.0264 |

（普通锯材） 续表 4-3

| 材长/m | 2.2 | | | | | | |
|---|---|---|---|---|---|---|---|
| 材宽/mm | 材厚/mm | | | | | | |
| | 45 | 50 | 60 | 70 | 80 | 90 | 100 |
| | 材积/$m^3$ | | | | | | |
| 30 | 0.0030 | 0.0033 | 0.0040 | 0.0046 | 0.0053 | 0.0059 | 0.0066 |
| 40 | 0.0040 | 0.0044 | 0.0053 | 0.0062 | 0.0070 | 0.0079 | 0.0088 |
| 50 | 0.0050 | 0.0055 | 0.0066 | 0.0077 | 0.0088 | 0.0099 | 0.0110 |
| 60 | 0.0059 | 0.0066 | 0.0079 | 0.0092 | 0.0106 | 0.0119 | 0.0132 |
| 70 | 0.0069 | 0.0077 | 0.0092 | 0.0108 | 0.0123 | 0.0139 | 0.0154 |
| 80 | 0.0079 | 0.0088 | 0.0106 | 0.0123 | 0.0141 | 0.0158 | 0.0176 |
| 90 | 0.0089 | 0.0099 | 0.0119 | 0.0139 | 0.0158 | 0.0178 | 0.0198 |
| 100 | 0.0099 | 0.0110 | 0.0132 | 0.0154 | 0.0176 | 0.0198 | 0.0220 |
| 110 | 0.0109 | 0.0121 | 0.0145 | 0.0169 | 0.0194 | 0.0218 | 0.0242 |
| 120 | 0.0119 | 0.0132 | 0.0158 | 0.0185 | 0.0211 | 0.0238 | 0.0264 |
| 130 | 0.0129 | 0.0143 | 0.0172 | 0.0200 | 0.0229 | 0.0257 | 0.0286 |
| 140 | 0.0139 | 0.0154 | 0.0185 | 0.0216 | 0.0246 | 0.0277 | 0.0308 |
| 150 | 0.0149 | 0.0165 | 0.0198 | 0.0231 | 0.0264 | 0.0297 | 0.0330 |
| 160 | 0.0158 | 0.0176 | 0.0211 | 0.0246 | 0.0282 | 0.0317 | 0.0352 |
| 170 | 0.0168 | 0.0187 | 0.0224 | 0.0262 | 0.0299 | 0.0337 | 0.0374 |

续表 4-3　　（普通锯材）

| 材长/m | 2.2 | | | | | | |
|---|---|---|---|---|---|---|---|
| 材宽/mm | 材厚/mm | | | | | | |
| | 45 | 50 | 60 | 70 | 80 | 90 | 100 |
| | 材积/$m^3$ | | | | | | |
| 180 | 0.0178 | 0.0198 | 0.0238 | 0.0277 | 0.0317 | 0.0356 | 0.0396 |
| 190 | 0.0188 | 0.0209 | 0.0251 | 0.0293 | 0.0334 | 0.0376 | 0.0418 |
| 200 | 0.0198 | 0.0220 | 0.0264 | 0.0308 | 0.0352 | 0.0396 | 0.0440 |
| 210 | 0.0208 | 0.0231 | 0.0277 | 0.0323 | 0.0370 | 0.0416 | 0.0462 |
| 220 | 0.0218 | 0.0242 | 0.0290 | 0.0339 | 0.0387 | 0.0436 | 0.0484 |
| 230 | 0.0228 | 0.0253 | 0.0304 | 0.0354 | 0.0405 | 0.0455 | 0.0506 |
| 240 | 0.0238 | 0.0264 | 0.0317 | 0.0370 | 0.0422 | 0.0475 | 0.0528 |
| 250 | 0.0248 | 0.0275 | 0.0330 | 0.0385 | 0.0440 | 0.0495 | 0.0550 |
| 260 | 0.0257 | 0.0286 | 0.0343 | 0.0400 | 0.0458 | 0.0515 | 0.0572 |
| 270 | 0.0267 | 0.0297 | 0.0356 | 0.0416 | 0.0475 | 0.0535 | 0.0594 |
| 280 | 0.0277 | 0.0308 | 0.0370 | 0.0431 | 0.0493 | 0.0554 | 0.0616 |
| 290 | 0.0287 | 0.0319 | 0.0383 | 0.0447 | 0.0510 | 0.0574 | 0.0638 |
| 300 | 0.0297 | 0.0330 | 0.0396 | 0.0462 | 0.0528 | 0.0594 | 0.0660 |

（普通锯材）

**续表 4-3**

| 材长/m | 2.4 | | | | | | | |
|---|---|---|---|---|---|---|---|---|
| 材宽/mm | 材厚/mm | | | | | | | |
| | 12 | 15 | 18 | 21 | 25 | 30 | 35 | 40 |
| | 材积/$m^3$ | | | | | | | |
| 30 | 0.0009 | 0.0011 | 0.0013 | 0.0015 | 0.0018 | 0.0022 | 0.0025 | 0.0029 |
| 40 | 0.0012 | 0.0014 | 0.0017 | 0.0020 | 0.0024 | 0.0029 | 0.0034 | 0.0038 |
| 50 | 0.0014 | 0.0018 | 0.0022 | 0.0025 | 0.0030 | 0.0036 | 0.0042 | 0.0048 |
| 60 | 0.0017 | 0.0022 | 0.0026 | 0.0030 | 0.0036 | 0.0043 | 0.0050 | 0.0058 |
| 70 | 0.0020 | 0.0025 | 0.0030 | 0.0035 | 0.0042 | 0.0050 | 0.0059 | 0.0067 |
| 80 | 0.0023 | 0.0029 | 0.0035 | 0.0040 | 0.0048 | 0.0058 | 0.0067 | 0.0077 |
| 90 | 0.0026 | 0.0032 | 0.0039 | 0.0045 | 0.0054 | 0.0065 | 0.0076 | 0.0086 |
| 100 | 0.0029 | 0.0036 | 0.0043 | 0.0050 | 0.0060 | 0.0072 | 0.0084 | 0.0096 |
| 110 | 0.0032 | 0.0040 | 0.0048 | 0.0055 | 0.0066 | 0.0079 | 0.0092 | 0.0106 |
| 120 | 0.0035 | 0.0043 | 0.0052 | 0.0060 | 0.0072 | 0.0086 | 0.0101 | 0.0115 |
| 130 | 0.0037 | 0.0047 | 0.0056 | 0.0066 | 0.0078 | 0.0094 | 0.0109 | 0.0125 |
| 140 | 0.0040 | 0.0050 | 0.0060 | 0.0071 | 0.0084 | 0.0101 | 0.0118 | 0.0134 |
| 150 | 0.0043 | 0.0054 | 0.0065 | 0.0076 | 0.0090 | 0.0108 | 0.0126 | 0.0144 |
| 160 | 0.0046 | 0.0058 | 0.0069 | 0.0081 | 0.0096 | 0.0115 | 0.0134 | 0.0154 |
| 170 | 0.0049 | 0.0061 | 0.0073 | 0.0086 | 0.0102 | 0.0122 | 0.0143 | 0.0163 |

续表 4-3　　（普通锯材）

| 材长/m | 2.4 | | | | | | | |
|---|---|---|---|---|---|---|---|---|
| 材宽/mm | 材厚/mm | | | | | | | |
| | 12 | 15 | 18 | 21 | 25 | 30 | 35 | 40 |
| | 材积/$m^3$ | | | | | | | |
| 180 | 0.0052 | 0.0065 | 0.0078 | 0.0091 | 0.0108 | 0.0130 | 0.0151 | 0.0173 |
| 190 | 0.0055 | 0.0068 | 0.0082 | 0.0096 | 0.0114 | 0.0137 | 0.0160 | 0.0182 |
| 200 | 0.0058 | 0.0072 | 0.0086 | 0.0101 | 0.0120 | 0.0144 | 0.0168 | 0.0192 |
| 210 | 0.0060 | 0.0076 | 0.0091 | 0.0106 | 0.0126 | 0.0151 | 0.0176 | 0.0202 |
| 220 | 0.0063 | 0.0079 | 0.0095 | 0.0111 | 0.0132 | 0.0158 | 0.0185 | 0.0211 |
| 230 | 0.0066 | 0.0083 | 0.0099 | 0.0116 | 0.0138 | 0.0166 | 0.0193 | 0.0221 |
| 240 | 0.0069 | 0.0086 | 0.0104 | 0.0121 | 0.0144 | 0.0173 | 0.0202 | 0.0230 |
| 250 | 0.0072 | 0.0090 | 0.0108 | 0.0126 | 0.0150 | 0.0180 | 0.0210 | 0.0240 |
| 260 | 0.0075 | 0.0094 | 0.0112 | 0.0131 | 0.0156 | 0.0187 | 0.0218 | 0.0250 |
| 270 | 0.0078 | 0.0097 | 0.0117 | 0.0136 | 0.0162 | 0.0194 | 0.0227 | 0.0259 |
| 280 | 0.0081 | 0.0101 | 0.0121 | 0.0141 | 0.0168 | 0.0202 | 0.0235 | 0.0269 |
| 290 | 0.0084 | 0.0104 | 0.0125 | 0.0146 | 0.0174 | 0.0209 | 0.0244 | 0.0278 |
| 300 | 0.0086 | 0.0108 | 0.0130 | 0.0151 | 0.0180 | 0.0216 | 0.0252 | 0.0288 |

（普通锯材）

续表 4-3

| 材长/m | 2.4 | | | | | | |
|---|---|---|---|---|---|---|---|
| 材宽/mm | 材厚/mm | | | | | | |
| | 45 | 50 | 60 | 70 | 80 | 90 | 100 |
| | 材积/m³ | | | | | | |
| 30 | 0.0032 | 0.0036 | 0.0043 | 0.0050 | 0.0058 | 0.0065 | 0.0072 |
| 40 | 0.0043 | 0.0048 | 0.0058 | 0.0067 | 0.0077 | 0.0086 | 0.0096 |
| 50 | 0.0054 | 0.0060 | 0.0072 | 0.0084 | 0.0096 | 0.0108 | 0.0120 |
| 60 | 0.0065 | 0.0072 | 0.0086 | 0.0101 | 0.0115 | 0.0130 | 0.0144 |
| 70 | 0.0076 | 0.0084 | 0.0101 | 0.0118 | 0.0134 | 0.0151 | 0.0168 |
| 80 | 0.0086 | 0.0096 | 0.0115 | 0.0134 | 0.0154 | 0.0173 | 0.0192 |
| 90 | 0.0097 | 0.0108 | 0.0130 | 0.0151 | 0.0173 | 0.0194 | 0.0216 |
| 100 | 0.0108 | 0.0120 | 0.0144 | 0.0168 | 0.0192 | 0.0216 | 0.0240 |
| 110 | 0.0119 | 0.0132 | 0.0158 | 0.0185 | 0.0211 | 0.0238 | 0.0264 |
| 120 | 0.0130 | 0.0144 | 0.0173 | 0.0202 | 0.0230 | 0.0259 | 0.0288 |
| 130 | 0.0140 | 0.0156 | 0.0187 | 0.0218 | 0.0250 | 0.0281 | 0.0312 |
| 140 | 0.0151 | 0.0168 | 0.0202 | 0.0235 | 0.0269 | 0.0302 | 0.0336 |
| 150 | 0.0162 | 0.0180 | 0.0216 | 0.0252 | 0.0288 | 0.0324 | 0.0360 |
| 160 | 0.0173 | 0.0192 | 0.0230 | 0.0269 | 0.0307 | 0.0346 | 0.0384 |
| 170 | 0.0184 | 0.0204 | 0.0245 | 0.0286 | 0.0326 | 0.0367 | 0.0408 |

续表 4-3 （普通锯材）

| 材长/m | 2.4 | | | | | | |
|---|---|---|---|---|---|---|---|
| 材宽/mm | 材厚/mm | | | | | | |
| | 45 | 50 | 60 | 70 | 80 | 90 | 100 |
| | 材积/$m^3$ | | | | | | |
| 180 | 0.0194 | 0.0216 | 0.0259 | 0.0302 | 0.0346 | 0.0389 | 0.0432 |
| 190 | 0.0205 | 0.0228 | 0.0274 | 0.0319 | 0.0365 | 0.0410 | 0.0456 |
| 200 | 0.0216 | 0.0240 | 0.0288 | 0.0336 | 0.0384 | 0.0432 | 0.0480 |
| 210 | 0.0227 | 0.0252 | 0.0302 | 0.0353 | 0.0403 | 0.0454 | 0.0504 |
| 220 | 0.0238 | 0.0264 | 0.0317 | 0.0370 | 0.0422 | 0.0475 | 0.0528 |
| 230 | 0.0248 | 0.0276 | 0.0331 | 0.0386 | 0.0442 | 0.0497 | 0.0552 |
| 240 | 0.0259 | 0.0288 | 0.0346 | 0.0403 | 0.0461 | 0.0518 | 0.0576 |
| 250 | 0.0270 | 0.0300 | 0.0360 | 0.0420 | 0.0480 | 0.0540 | 0.0600 |
| 260 | 0.0281 | 0.0312 | 0.0374 | 0.0437 | 0.0499 | 0.0562 | 0.0624 |
| 270 | 0.0292 | 0.0324 | 0.0389 | 0.0454 | 0.0518 | 0.0583 | 0.0648 |
| 280 | 0.0302 | 0.0336 | 0.0403 | 0.0470 | 0.0538 | 0.0605 | 0.0672 |
| 290 | 0.0313 | 0.0348 | 0.0418 | 0.0487 | 0.0557 | 0.0626 | 0.0696 |
| 300 | 0.0324 | 0.0360 | 0.0432 | 0.0504 | 0.0576 | 0.0648 | 0.0720 |

(普通锯材)　　　　　　　　　　续表 4-3

| 材长/m | 2.5 | | | | | | | |
|---|---|---|---|---|---|---|---|---|
| 材宽/mm | 材厚/mm | | | | | | | |
| | 12 | 15 | 18 | 21 | 25 | 30 | 35 | 40 |
| | 材积/m³ | | | | | | | |
| 30 | 0.0009 | 0.0011 | 0.0014 | 0.0016 | 0.0019 | 0.0023 | 0.0026 | 0.0030 |
| 40 | 0.0012 | 0.0015 | 0.0018 | 0.0021 | 0.0025 | 0.0030 | 0.0035 | 0.0040 |
| 50 | 0.0015 | 0.0019 | 0.0023 | 0.0026 | 0.0031 | 0.0038 | 0.0044 | 0.0050 |
| 60 | 0.0018 | 0.0023 | 0.0027 | 0.0032 | 0.0038 | 0.0045 | 0.0053 | 0.0060 |
| 70 | 0.0021 | 0.0026 | 0.0032 | 0.0037 | 0.0044 | 0.0053 | 0.0061 | 0.0070 |
| 80 | 0.0024 | 0.0030 | 0.0036 | 0.0042 | 0.0050 | 0.0060 | 0.0070 | 0.0080 |
| 90 | 0.0027 | 0.0034 | 0.0041 | 0.0047 | 0.0056 | 0.0068 | 0.0079 | 0.0090 |
| 100 | 0.0030 | 0.0038 | 0.0045 | 0.0053 | 0.0063 | 0.0075 | 0.0088 | 0.0100 |
| 110 | 0.0033 | 0.0041 | 0.0050 | 0.0058 | 0.0069 | 0.0083 | 0.0096 | 0.0110 |
| 120 | 0.0036 | 0.0045 | 0.0054 | 0.0063 | 0.0075 | 0.0090 | 0.0105 | 0.0120 |
| 130 | 0.0039 | 0.0049 | 0.0059 | 0.0068 | 0.0081 | 0.0098 | 0.0114 | 0.0130 |
| 140 | 0.0042 | 0.0053 | 0.0063 | 0.0074 | 0.0088 | 0.0105 | 0.0123 | 0.0140 |
| 150 | 0.0045 | 0.0056 | 0.0068 | 0.0079 | 0.0094 | 0.0113 | 0.0131 | 0.0150 |
| 160 | 0.0048 | 0.0060 | 0.0072 | 0.0084 | 0.0100 | 0.0120 | 0.0140 | 0.0160 |
| 170 | 0.0051 | 0.0064 | 0.0077 | 0.0089 | 0.0106 | 0.0128 | 0.0149 | 0.0170 |

续表 4-3　　（普通锯材）

| 材长/m | 2.5 | | | | | | | |
|---|---|---|---|---|---|---|---|---|
| 材宽/mm | 材厚/mm | | | | | | | |
| | 12 | 15 | 18 | 21 | 25 | 30 | 35 | 40 |
| | 材积/m³ | | | | | | | |
| 180 | 0.0054 | 0.0068 | 0.0081 | 0.0095 | 0.0113 | 0.0135 | 0.0158 | 0.0180 |
| 190 | 0.0057 | 0.0071 | 0.0086 | 0.0100 | 0.0119 | 0.0143 | 0.0166 | 0.0190 |
| 200 | 0.0060 | 0.0075 | 0.0090 | 0.0105 | 0.0125 | 0.0150 | 0.0175 | 0.0200 |
| 210 | 0.0063 | 0.0079 | 0.0095 | 0.0110 | 0.0131 | 0.0158 | 0.0184 | 0.0210 |
| 220 | 0.0066 | 0.0083 | 0.0099 | 0.0116 | 0.0138 | 0.0165 | 0.0193 | 0.0220 |
| 230 | 0.0069 | 0.0086 | 0.0104 | 0.0121 | 0.0144 | 0.0173 | 0.0201 | 0.0230 |
| 240 | 0.0072 | 0.0090 | 0.0108 | 0.0126 | 0.0150 | 0.0180 | 0.0210 | 0.0240 |
| 250 | 0.0075 | 0.0094 | 0.0113 | 0.0131 | 0.0156 | 0.0188 | 0.0219 | 0.0250 |
| 260 | 0.0078 | 0.0098 | 0.0117 | 0.0137 | 0.0163 | 0.0195 | 0.0228 | 0.0260 |
| 270 | 0.0081 | 0.0101 | 0.0122 | 0.0142 | 0.0169 | 0.0203 | 0.0236 | 0.0270 |
| 280 | 0.0084 | 0.0105 | 0.0126 | 0.0147 | 0.0175 | 0.0210 | 0.0245 | 0.0280 |
| 290 | 0.0087 | 0.0109 | 0.0131 | 0.0152 | 0.0181 | 0.0218 | 0.0254 | 0.0290 |
| 300 | 0.0090 | 0.0113 | 0.0135 | 0.0158 | 0.0188 | 0.0225 | 0.0263 | 0.0300 |

（普通锯材）

**续表 4-3**

| 材长/m | 2.5 | | | | | | |
|---|---|---|---|---|---|---|---|
| 材宽/mm | 材厚/mm | | | | | | |
| | 45 | 50 | 60 | 70 | 80 | 90 | 100 |
| | 材积/$m^3$ | | | | | | |
| 30 | 0.0034 | 0.0038 | 0.0045 | 0.0053 | 0.0060 | 0.0068 | 0.0075 |
| 40 | 0.0045 | 0.0050 | 0.0060 | 0.0070 | 0.0080 | 0.0090 | 0.0100 |
| 50 | 0.0056 | 0.0063 | 0.0075 | 0.0088 | 0.0100 | 0.0113 | 0.0125 |
| 60 | 0.0068 | 0.0075 | 0.0090 | 0.0105 | 0.0120 | 0.0135 | 0.0150 |
| 70 | 0.0079 | 0.0088 | 0.0105 | 0.0123 | 0.0140 | 0.0158 | 0.0175 |
| 80 | 0.0090 | 0.0100 | 0.0120 | 0.0140 | 0.0160 | 0.0180 | 0.0200 |
| 90 | 0.0101 | 0.0113 | 0.0135 | 0.0158 | 0.0180 | 0.0203 | 0.0225 |
| 100 | 0.0113 | 0.0125 | 0.0150 | 0.0175 | 0.0200 | 0.0225 | 0.0250 |
| 110 | 0.0124 | 0.0138 | 0.0165 | 0.0193 | 0.0220 | 0.0248 | 0.0275 |
| 120 | 0.0135 | 0.0150 | 0.0180 | 0.0210 | 0.0240 | 0.0270 | 0.0300 |
| 130 | 0.0146 | 0.0163 | 0.0195 | 0.0228 | 0.0260 | 0.0293 | 0.0325 |
| 140 | 0.0158 | 0.0175 | 0.0210 | 0.0245 | 0.0280 | 0.0315 | 0.0350 |
| 150 | 0.0169 | 0.0188 | 0.0225 | 0.0263 | 0.0300 | 0.0338 | 0.0375 |
| 160 | 0.0180 | 0.0200 | 0.0240 | 0.0280 | 0.0320 | 0.0360 | 0.0400 |
| 170 | 0.0191 | 0.0213 | 0.0255 | 0.0298 | 0.0340 | 0.0383 | 0.0425 |

续表 4-3 （普通锯材）

| 材长/m | 2.5 | | | | | | |
|---|---|---|---|---|---|---|---|
| 材宽/mm | 材厚/mm | | | | | | |
| | 45 | 50 | 60 | 70 | 80 | 90 | 100 |
| | 材积/$m^3$ | | | | | | |
| 180 | 0.0203 | 0.0225 | 0.0270 | 0.0315 | 0.0360 | 0.0405 | 0.0450 |
| 190 | 0.0214 | 0.0238 | 0.0285 | 0.0333 | 0.0380 | 0.0428 | 0.0475 |
| 200 | 0.0225 | 0.0250 | 0.0300 | 0.0350 | 0.0400 | 0.0450 | 0.0500 |
| 210 | 0.0236 | 0.0263 | 0.0315 | 0.0368 | 0.0420 | 0.0473 | 0.0525 |
| 220 | 0.0248 | 0.0275 | 0.0330 | 0.0385 | 0.0440 | 0.0495 | 0.0550 |
| 230 | 0.0259 | 0.0288 | 0.0345 | 0.0403 | 0.0460 | 0.0518 | 0.0575 |
| 240 | 0.0270 | 0.0300 | 0.0360 | 0.0420 | 0.0480 | 0.0540 | 0.0600 |
| 250 | 0.0281 | 0.0313 | 0.0375 | 0.0438 | 0.0500 | 0.0563 | 0.0625 |
| 260 | 0.0293 | 0.0325 | 0.0390 | 0.0455 | 0.0520 | 0.0585 | 0.0650 |
| 270 | 0.0304 | 0.0338 | 0.0405 | 0.0473 | 0.0540 | 0.0608 | 0.0675 |
| 280 | 0.0315 | 0.0350 | 0.0420 | 0.0490 | 0.0560 | 0.0630 | 0.0700 |
| 290 | 0.0326 | 0.0363 | 0.0435 | 0.0508 | 0.0580 | 0.0653 | 0.0725 |
| 300 | 0.0338 | 0.0375 | 0.0450 | 0.0525 | 0.0600 | 0.0675 | 0.0750 |

**续表 4-3**

| 材长/m | 2.6 | | | | | | | |
|---|---|---|---|---|---|---|---|---|
| 材宽/mm | 材厚/mm | | | | | | | |
| | 12 | 15 | 18 | 21 | 25 | 30 | 35 | 40 |
| | 材积/m³ | | | | | | | |
| 30 | 0.0009 | 0.0012 | 0.0014 | 0.0016 | 0.0020 | 0.0023 | 0.0027 | 0.0031 |
| 40 | 0.0012 | 0.0016 | 0.0019 | 0.0022 | 0.0026 | 0.0031 | 0.0036 | 0.0042 |
| 50 | 0.0016 | 0.0020 | 0.0023 | 0.0027 | 0.0033 | 0.0039 | 0.0046 | 0.0052 |
| 60 | 0.0019 | 0.0023 | 0.0028 | 0.0033 | 0.0039 | 0.0047 | 0.0055 | 0.0062 |
| 70 | 0.0022 | 0.0027 | 0.0033 | 0.0038 | 0.0046 | 0.0055 | 0.0064 | 0.0073 |
| 80 | 0.0025 | 0.0031 | 0.0037 | 0.0044 | 0.0052 | 0.0062 | 0.0073 | 0.0083 |
| 90 | 0.0028 | 0.0035 | 0.0042 | 0.0049 | 0.0059 | 0.0070 | 0.0082 | 0.0094 |
| 100 | 0.0031 | 0.0039 | 0.0047 | 0.0055 | 0.0065 | 0.0078 | 0.0091 | 0.0104 |
| 110 | 0.0034 | 0.0043 | 0.0051 | 0.0060 | 0.0072 | 0.0086 | 0.0100 | 0.0114 |
| 120 | 0.0037 | 0.0047 | 0.0056 | 0.0066 | 0.0078 | 0.0094 | 0.0109 | 0.0125 |
| 130 | 0.0041 | 0.0051 | 0.0061 | 0.0071 | 0.0085 | 0.0101 | 0.0118 | 0.0135 |
| 140 | 0.0044 | 0.0055 | 0.0066 | 0.0076 | 0.0091 | 0.0109 | 0.0127 | 0.0146 |
| 150 | 0.0047 | 0.0059 | 0.0070 | 0.0082 | 0.0098 | 0.0117 | 0.0137 | 0.0156 |
| 160 | 0.0050 | 0.0062 | 0.0075 | 0.0087 | 0.0104 | 0.0125 | 0.0146 | 0.0166 |
| 170 | 0.0053 | 0.0066 | 0.0080 | 0.0093 | 0.0111 | 0.0133 | 0.0155 | 0.0177 |

**续表 4-3** （普通锯材）

| 材长/m | 2.6 | | | | | | | |
|---|---|---|---|---|---|---|---|---|
| 材宽/mm | 材厚/mm | | | | | | | |
| | 12 | 15 | 18 | 21 | 25 | 30 | 35 | 40 |
| | 材积/m³ | | | | | | | |
| 180 | 0.0056 | 0.0070 | 0.0084 | 0.0098 | 0.0117 | 0.0140 | 0.0164 | 0.0187 |
| 190 | 0.0059 | 0.0074 | 0.0089 | 0.0104 | 0.0124 | 0.0148 | 0.0173 | 0.0198 |
| 200 | 0.0062 | 0.0078 | 0.0094 | 0.0109 | 0.0130 | 0.0156 | 0.0182 | 0.0208 |
| 210 | 0.0066 | 0.0082 | 0.0098 | 0.0115 | 0.0137 | 0.0164 | 0.0191 | 0.0218 |
| 220 | 0.0069 | 0.0086 | 0.0103 | 0.0120 | 0.0143 | 0.0172 | 0.0200 | 0.0229 |
| 230 | 0.0072 | 0.0090 | 0.0108 | 0.0126 | 0.0150 | 0.0179 | 0.0209 | 0.0239 |
| 240 | 0.0075 | 0.0094 | 0.0112 | 0.0131 | 0.0156 | 0.0187 | 0.0218 | 0.0250 |
| 250 | 0.0078 | 0.0098 | 0.0117 | 0.0137 | 0.0163 | 0.0195 | 0.0228 | 0.0260 |
| 260 | 0.0081 | 0.0101 | 0.0122 | 0.0142 | 0.0169 | 0.0203 | 0.0237 | 0.0270 |
| 270 | 0.0084 | 0.0105 | 0.0126 | 0.0147 | 0.0176 | 0.0211 | 0.0246 | 0.0281 |
| 280 | 0.0087 | 0.0109 | 0.0131 | 0.0153 | 0.0182 | 0.0218 | 0.0255 | 0.0291 |
| 290 | 0.0090 | 0.0113 | 0.0136 | 0.0158 | 0.0189 | 0.0226 | 0.0264 | 0.0302 |
| 300 | 0.0094 | 0.0117 | 0.0140 | 0.0164 | 0.0195 | 0.0234 | 0.0273 | 0.0312 |

（普通锯材）

续表 4-3

| 材长/m | 2.6 | | | | | | |
|---|---|---|---|---|---|---|---|
| 材宽/mm | 材厚/mm | | | | | | |
| | 45 | 50 | 60 | 70 | 80 | 90 | 100 |
| | 材积/m³ | | | | | | |
| 30 | 0.0035 | 0.0039 | 0.0047 | 0.0055 | 0.0062 | 0.0070 | 0.0078 |
| 40 | 0.0047 | 0.0052 | 0.0062 | 0.0073 | 0.0083 | 0.0094 | 0.0104 |
| 50 | 0.0059 | 0.0065 | 0.0078 | 0.0091 | 0.0104 | 0.0117 | 0.0130 |
| 60 | 0.0070 | 0.0078 | 0.0094 | 0.0109 | 0.0125 | 0.0140 | 0.0156 |
| 70 | 0.0082 | 0.0091 | 0.0109 | 0.0127 | 0.0146 | 0.0164 | 0.0182 |
| 80 | 0.0094 | 0.0104 | 0.0125 | 0.0146 | 0.0166 | 0.0187 | 0.0208 |
| 90 | 0.0105 | 0.0117 | 0.0140 | 0.0164 | 0.0187 | 0.0211 | 0.0234 |
| 100 | 0.0117 | 0.0130 | 0.0156 | 0.0182 | 0.0208 | 0.0234 | 0.0260 |
| 110 | 0.0129 | 0.0143 | 0.0172 | 0.0200 | 0.0229 | 0.0257 | 0.0286 |
| 120 | 0.0140 | 0.0156 | 0.0187 | 0.0218 | 0.0250 | 0.0281 | 0.0312 |
| 130 | 0.0152 | 0.0169 | 0.0203 | 0.0237 | 0.0270 | 0.0304 | 0.0338 |
| 140 | 0.0164 | 0.0182 | 0.0218 | 0.0255 | 0.0291 | 0.0328 | 0.0364 |
| 150 | 0.0176 | 0.0195 | 0.0234 | 0.0273 | 0.0312 | 0.0351 | 0.0390 |
| 160 | 0.0187 | 0.0208 | 0.0250 | 0.0291 | 0.0333 | 0.0374 | 0.0416 |
| 170 | 0.0199 | 0.0221 | 0.0265 | 0.0309 | 0.0354 | 0.0398 | 0.0442 |

续表 4-3 （普通锯材）

| 材长/m | 2.6 | | | | | | |
|---|---|---|---|---|---|---|---|
| 材宽/mm | 材厚/mm | | | | | | |
| | 45 | 50 | 60 | 70 | 80 | 90 | 100 |
| | 材积/$m^3$ | | | | | | |
| 180 | 0.0211 | 0.0234 | 0.0281 | 0.0328 | 0.0374 | 0.0421 | 0.0468 |
| 190 | 0.0222 | 0.0247 | 0.0296 | 0.0346 | 0.0395 | 0.0445 | 0.0494 |
| 200 | 0.0234 | 0.0260 | 0.0312 | 0.0364 | 0.0416 | 0.0468 | 0.0520 |
| 210 | 0.0246 | 0.0273 | 0.0328 | 0.0382 | 0.0437 | 0.0491 | 0.0546 |
| 220 | 0.0257 | 0.0286 | 0.0343 | 0.0400 | 0.0458 | 0.0515 | 0.0572 |
| 230 | 0.0269 | 0.0299 | 0.0359 | 0.0419 | 0.0478 | 0.0538 | 0.0598 |
| 240 | 0.0281 | 0.0312 | 0.0374 | 0.0437 | 0.0499 | 0.0562 | 0.0624 |
| 250 | 0.0293 | 0.0325 | 0.0390 | 0.0455 | 0.0520 | 0.0585 | 0.0650 |
| 260 | 0.0304 | 0.0338 | 0.0406 | 0.0473 | 0.0541 | 0.0608 | 0.0676 |
| 270 | 0.0316 | 0.0351 | 0.0421 | 0.0491 | 0.0562 | 0.0632 | 0.0702 |
| 280 | 0.0328 | 0.0364 | 0.0437 | 0.0510 | 0.0582 | 0.0655 | 0.0728 |
| 290 | 0.0339 | 0.0377 | 0.0452 | 0.0528 | 0.0603 | 0.0679 | 0.0754 |
| 300 | 0.0351 | 0.0390 | 0.0468 | 0.0546 | 0.0624 | 0.0702 | 0.0780 |

（普通锯材）

**续表 4-3**

| 材长/m | 2.8 | | | | | | | |
|---|---|---|---|---|---|---|---|---|
| 材宽/mm | 材厚/mm | | | | | | | |
| | 12 | 15 | 18 | 21 | 25 | 30 | 35 | 40 |
| | 材积/m³ | | | | | | | |
| 30 | 0.0010 | 0.0013 | 0.0015 | 0.0018 | 0.0021 | 0.0025 | 0.0029 | 0.0034 |
| 40 | 0.0013 | 0.0017 | 0.0020 | 0.0024 | 0.0028 | 0.0034 | 0.0039 | 0.0045 |
| 50 | 0.0017 | 0.0021 | 0.0025 | 0.0029 | 0.0035 | 0.0042 | 0.0049 | 0.0056 |
| 60 | 0.0020 | 0.0025 | 0.0030 | 0.0035 | 0.0042 | 0.0050 | 0.0059 | 0.0067 |
| 70 | 0.0024 | 0.0029 | 0.0035 | 0.0041 | 0.0049 | 0.0059 | 0.0069 | 0.0078 |
| 80 | 0.0027 | 0.0034 | 0.0040 | 0.0047 | 0.0056 | 0.0067 | 0.0078 | 0.0090 |
| 90 | 0.0030 | 0.0038 | 0.0045 | 0.0053 | 0.0063 | 0.0076 | 0.0088 | 0.0101 |
| 100 | 0.0034 | 0.0042 | 0.0050 | 0.0059 | 0.0070 | 0.0084 | 0.0098 | 0.0112 |
| 110 | 0.0037 | 0.0046 | 0.0055 | 0.0065 | 0.0077 | 0.0092 | 0.0108 | 0.0123 |
| 120 | 0.0040 | 0.0050 | 0.0060 | 0.0071 | 0.0084 | 0.0101 | 0.0118 | 0.0134 |
| 130 | 0.0044 | 0.0055 | 0.0066 | 0.0076 | 0.0091 | 0.0109 | 0.0127 | 0.0146 |
| 140 | 0.0047 | 0.0059 | 0.0071 | 0.0082 | 0.0098 | 0.0118 | 0.0137 | 0.0157 |
| 150 | 0.0050 | 0.0063 | 0.0076 | 0.0088 | 0.0105 | 0.0126 | 0.0147 | 0.0168 |
| 160 | 0.0054 | 0.0067 | 0.0081 | 0.0094 | 0.0112 | 0.0134 | 0.0157 | 0.0179 |
| 170 | 0.0057 | 0.0071 | 0.0086 | 0.0100 | 0.0119 | 0.0143 | 0.0167 | 0.0190 |

**续表 4-3** （普通锯材）

| 材长/m | 2.8 | | | | | | | |
|---|---|---|---|---|---|---|---|---|
| 材宽/mm | 材厚/mm | | | | | | | |
| | 12 | 15 | 18 | 21 | 25 | 30 | 35 | 40 |
| | 材积/$m^3$ | | | | | | | |
| 180 | 0.0060 | 0.0076 | 0.0091 | 0.0106 | 0.0126 | 0.0151 | 0.0176 | 0.0202 |
| 190 | 0.0064 | 0.0080 | 0.0096 | 0.0112 | 0.0133 | 0.0160 | 0.0186 | 0.0213 |
| 200 | 0.0067 | 0.0084 | 0.0101 | 0.0118 | 0.0140 | 0.0168 | 0.0196 | 0.0224 |
| 210 | 0.0071 | 0.0088 | 0.0106 | 0.0123 | 0.0147 | 0.0176 | 0.0206 | 0.0235 |
| 220 | 0.0074 | 0.0092 | 0.0111 | 0.0129 | 0.0154 | 0.0185 | 0.0216 | 0.0246 |
| 230 | 0.0077 | 0.0097 | 0.0116 | 0.0135 | 0.0161 | 0.0193 | 0.0225 | 0.0258 |
| 240 | 0.0081 | 0.0101 | 0.0121 | 0.0141 | 0.0168 | 0.0202 | 0.0235 | 0.0269 |
| 250 | 0.0084 | 0.0105 | 0.0126 | 0.0147 | 0.0175 | 0.0210 | 0.0245 | 0.0280 |
| 260 | 0.0087 | 0.0109 | 0.0131 | 0.0153 | 0.0182 | 0.0218 | 0.0255 | 0.0291 |
| 270 | 0.0091 | 0.0113 | 0.0136 | 0.0159 | 0.0189 | 0.0227 | 0.0265 | 0.0302 |
| 280 | 0.0094 | 0.0118 | 0.0141 | 0.0165 | 0.0196 | 0.0235 | 0.0274 | 0.0314 |
| 290 | 0.0097 | 0.0122 | 0.0146 | 0.0171 | 0.0203 | 0.0244 | 0.0284 | 0.0325 |
| 300 | 0.0101 | 0.0126 | 0.0151 | 0.0176 | 0.0210 | 0.0252 | 0.0294 | 0.0336 |

（普通锯材） **续表 4-3**

| 材长/m | 2.8 | | | | | | |
|---|---|---|---|---|---|---|---|
| 材宽/mm | 材厚/mm | | | | | | |
| | 45 | 50 | 60 | 70 | 80 | 90 | 100 |
| | 材积/$m^3$ | | | | | | |
| 30 | 0.0038 | 0.0042 | 0.0050 | 0.0059 | 0.0067 | 0.0076 | 0.0084 |
| 40 | 0.0050 | 0.0056 | 0.0067 | 0.0078 | 0.0090 | 0.0101 | 0.0112 |
| 50 | 0.0063 | 0.0070 | 0.0084 | 0.0098 | 0.0112 | 0.0126 | 0.0140 |
| 60 | 0.0076 | 0.0084 | 0.0101 | 0.0118 | 0.0134 | 0.0151 | 0.0168 |
| 70 | 0.0088 | 0.0098 | 0.0118 | 0.0137 | 0.0157 | 0.0176 | 0.0196 |
| 80 | 0.0101 | 0.0112 | 0.0134 | 0.0157 | 0.0179 | 0.0202 | 0.0224 |
| 90 | 0.0113 | 0.0126 | 0.0151 | 0.0176 | 0.0202 | 0.0227 | 0.0252 |
| 100 | 0.0126 | 0.0140 | 0.0168 | 0.0196 | 0.0224 | 0.0252 | 0.0280 |
| 110 | 0.0139 | 0.0154 | 0.0185 | 0.0216 | 0.0246 | 0.0277 | 0.0308 |
| 120 | 0.0151 | 0.0168 | 0.0202 | 0.0235 | 0.0269 | 0.0302 | 0.0336 |
| 130 | 0.0164 | 0.0182 | 0.0218 | 0.0255 | 0.0291 | 0.0328 | 0.0364 |
| 140 | 0.0176 | 0.0196 | 0.0235 | 0.0274 | 0.0314 | 0.0353 | 0.0392 |
| 150 | 0.0189 | 0.0210 | 0.0252 | 0.0294 | 0.0336 | 0.0378 | 0.0420 |
| 160 | 0.0202 | 0.0224 | 0.0269 | 0.0314 | 0.0358 | 0.0403 | 0.0448 |
| 170 | 0.0214 | 0.0238 | 0.0286 | 0.0333 | 0.0381 | 0.0428 | 0.0476 |

**续表 4-3** （普通锯材）

| 材长/m | 2.8 | | | | | | |
|---|---|---|---|---|---|---|---|
| 材宽/mm | 材厚/mm | | | | | | |
| | 45 | 50 | 60 | 70 | 80 | 90 | 100 |
| | 材积/$m^3$ | | | | | | |
| 180 | 0.0227 | 0.0252 | 0.0302 | 0.0353 | 0.0403 | 0.0454 | 0.0504 |
| 190 | 0.0239 | 0.0266 | 0.0319 | 0.0372 | 0.0426 | 0.0479 | 0.0532 |
| 200 | 0.0252 | 0.0280 | 0.0336 | 0.0392 | 0.0448 | 0.0504 | 0.0560 |
| 210 | 0.0265 | 0.0294 | 0.0353 | 0.0412 | 0.0470 | 0.0529 | 0.0588 |
| 220 | 0.0277 | 0.0308 | 0.0370 | 0.0431 | 0.0493 | 0.0554 | 0.0616 |
| 230 | 0.0290 | 0.0322 | 0.0386 | 0.0451 | 0.0515 | 0.0580 | 0.0644 |
| 240 | 0.0302 | 0.0336 | 0.0403 | 0.0470 | 0.0538 | 0.0605 | 0.0672 |
| 250 | 0.0315 | 0.0350 | 0.0420 | 0.0490 | 0.0560 | 0.0630 | 0.0700 |
| 260 | 0.0328 | 0.0364 | 0.0437 | 0.0510 | 0.0582 | 0.0655 | 0.0728 |
| 270 | 0.0340 | 0.0378 | 0.0454 | 0.0529 | 0.0605 | 0.0680 | 0.0756 |
| 280 | 0.0353 | 0.0392 | 0.0470 | 0.0549 | 0.0627 | 0.0706 | 0.0784 |
| 290 | 0.0365 | 0.0406 | 0.0487 | 0.0568 | 0.0650 | 0.0731 | 0.0812 |
| 300 | 0.0378 | 0.0420 | 0.0504 | 0.0588 | 0.0672 | 0.0756 | 0.0840 |

（普通锯材）

**续表 4-3**

| 材长/m | 3.0 | | | | | | | |
|---|---|---|---|---|---|---|---|---|
| 材宽/mm | 材厚/mm | | | | | | | |
| | 12 | 15 | 18 | 21 | 25 | 30 | 35 | 40 |
| | 材积/$m^3$ | | | | | | | |
| 30 | 0.0011 | 0.0014 | 0.0016 | 0.0019 | 0.0023 | 0.0027 | 0.0032 | 0.0036 |
| 40 | 0.0014 | 0.0018 | 0.0022 | 0.0025 | 0.0030 | 0.0036 | 0.0042 | 0.0048 |
| 50 | 0.0018 | 0.0023 | 0.0027 | 0.0032 | 0.0038 | 0.0045 | 0.0053 | 0.0060 |
| 60 | 0.0022 | 0.0027 | 0.0032 | 0.0038 | 0.0045 | 0.0054 | 0.0063 | 0.0072 |
| 70 | 0.0025 | 0.0032 | 0.0038 | 0.0044 | 0.0053 | 0.0063 | 0.0074 | 0.0084 |
| 80 | 0.0029 | 0.0036 | 0.0043 | 0.0050 | 0.0060 | 0.0072 | 0.0084 | 0.0096 |
| 90 | 0.0032 | 0.0041 | 0.0049 | 0.0057 | 0.0068 | 0.0081 | 0.0095 | 0.0108 |
| 100 | 0.0036 | 0.0045 | 0.0054 | 0.0063 | 0.0075 | 0.0090 | 0.0105 | 0.0120 |
| 110 | 0.0040 | 0.0050 | 0.0059 | 0.0069 | 0.0083 | 0.0099 | 0.0116 | 0.0132 |
| 120 | 0.0043 | 0.0054 | 0.0065 | 0.0076 | 0.0090 | 0.0108 | 0.0126 | 0.0144 |
| 130 | 0.0047 | 0.0059 | 0.0070 | 0.0082 | 0.0098 | 0.0117 | 0.0137 | 0.0156 |
| 140 | 0.0050 | 0.0063 | 0.0076 | 0.0088 | 0.0105 | 0.0126 | 0.0147 | 0.0168 |
| 150 | 0.0054 | 0.0068 | 0.0081 | 0.0095 | 0.0113 | 0.0135 | 0.0158 | 0.0180 |
| 160 | 0.0058 | 0.0072 | 0.0086 | 0.0101 | 0.0120 | 0.0144 | 0.0168 | 0.0192 |
| 170 | 0.0061 | 0.0077 | 0.0092 | 0.0107 | 0.0128 | 0.0153 | 0.0179 | 0.0204 |

续表 4-3 （普通锯材）

| 材长/m | 3.0 | | | | | | | |
|---|---|---|---|---|---|---|---|---|
| 材宽/mm | 材厚/mm | | | | | | | |
| | 12 | 15 | 18 | 21 | 25 | 30 | 35 | 40 |
| | 材积/$m^3$ | | | | | | | |
| 180 | 0.0065 | 0.0081 | 0.0097 | 0.0113 | 0.0135 | 0.0162 | 0.0189 | 0.0216 |
| 190 | 0.0068 | 0.0086 | 0.0103 | 0.0120 | 0.0143 | 0.0171 | 0.0200 | 0.0228 |
| 200 | 0.0072 | 0.0090 | 0.0108 | 0.0126 | 0.0150 | 0.0180 | 0.0210 | 0.0240 |
| 210 | 0.0076 | 0.0095 | 0.0113 | 0.0132 | 0.0158 | 0.0189 | 0.0221 | 0.0252 |
| 220 | 0.0079 | 0.0099 | 0.0119 | 0.0139 | 0.0165 | 0.0198 | 0.0231 | 0.0264 |
| 230 | 0.0083 | 0.0104 | 0.0124 | 0.0145 | 0.0173 | 0.0207 | 0.0242 | 0.0276 |
| 240 | 0.0086 | 0.0108 | 0.0130 | 0.0151 | 0.0180 | 0.0216 | 0.0252 | 0.0288 |
| 250 | 0.0090 | 0.0113 | 0.0135 | 0.0158 | 0.0188 | 0.0225 | 0.0263 | 0.0300 |
| 260 | 0.0094 | 0.0117 | 0.0140 | 0.0164 | 0.0195 | 0.0234 | 0.0273 | 0.0312 |
| 270 | 0.0097 | 0.0122 | 0.0146 | 0.0170 | 0.0203 | 0.0243 | 0.0284 | 0.0324 |
| 280 | 0.0101 | 0.0126 | 0.0151 | 0.0176 | 0.0210 | 0.0252 | 0.0294 | 0.0336 |
| 290 | 0.0104 | 0.0131 | 0.0157 | 0.0183 | 0.0218 | 0.0261 | 0.0305 | 0.0348 |
| 300 | 0.0108 | 0.0135 | 0.0162 | 0.0189 | 0.0225 | 0.0270 | 0.0315 | 0.0360 |

（普通锯材）

**续表 4-3**

| 材长/m | 3.0 | | | | | | |
|---|---|---|---|---|---|---|---|
| 材宽/mm | 材厚/mm | | | | | | |
| | 45 | 50 | 60 | 70 | 80 | 90 | 100 |
| | 材积/$m^3$ | | | | | | |
| 30 | 0.0041 | 0.0045 | 0.0054 | 0.0063 | 0.0072 | 0.0081 | 0.0090 |
| 40 | 0.0054 | 0.0060 | 0.0072 | 0.0084 | 0.0096 | 0.0108 | 0.0120 |
| 50 | 0.0068 | 0.0075 | 0.0090 | 0.0105 | 0.0120 | 0.0135 | 0.0150 |
| 60 | 0.0081 | 0.0090 | 0.0108 | 0.0126 | 0.0144 | 0.0162 | 0.0180 |
| 70 | 0.0095 | 0.0105 | 0.0126 | 0.0147 | 0.0168 | 0.0189 | 0.0210 |
| 80 | 0.0108 | 0.0120 | 0.0144 | 0.0168 | 0.0192 | 0.0216 | 0.0240 |
| 90 | 0.0122 | 0.0135 | 0.0162 | 0.0189 | 0.0216 | 0.0243 | 0.0270 |
| 100 | 0.0135 | 0.0150 | 0.0180 | 0.0210 | 0.0240 | 0.0270 | 0.0300 |
| 110 | 0.0149 | 0.0165 | 0.0198 | 0.0231 | 0.0264 | 0.0297 | 0.0330 |
| 120 | 0.0162 | 0.0180 | 0.0216 | 0.0252 | 0.0288 | 0.0324 | 0.0360 |
| 130 | 0.0176 | 0.0195 | 0.0234 | 0.0273 | 0.0312 | 0.0351 | 0.0390 |
| 140 | 0.0189 | 0.0210 | 0.0252 | 0.0294 | 0.0336 | 0.0378 | 0.0420 |
| 150 | 0.0203 | 0.0225 | 0.0270 | 0.0315 | 0.0360 | 0.0405 | 0.0450 |
| 160 | 0.0216 | 0.0240 | 0.0288 | 0.0336 | 0.0384 | 0.0432 | 0.0480 |
| 170 | 0.0230 | 0.0255 | 0.0306 | 0.0357 | 0.0408 | 0.0459 | 0.0510 |

续表 4-3　　（普通锯材）

| 材长/m | 3.0 | | | | | | | |
|---|---|---|---|---|---|---|---|---|
| 材宽/mm | 材厚/mm | | | | | | | |
| | 45 | 50 | 60 | 70 | 80 | 90 | 100 | |
| | 材积/$m^3$ | | | | | | | |
| 180 | 0.0243 | 0.0270 | 0.0324 | 0.0378 | 0.0432 | 0.0486 | 0.0540 | |
| 190 | 0.0257 | 0.0285 | 0.0342 | 0.0399 | 0.0456 | 0.0513 | 0.0570 | |
| 200 | 0.0270 | 0.0300 | 0.0360 | 0.0420 | 0.0480 | 0.0540 | 0.0600 | |
| 210 | 0.0284 | 0.0315 | 0.0378 | 0.0441 | 0.0504 | 0.0567 | 0.0630 | |
| 220 | 0.0297 | 0.0330 | 0.0396 | 0.0462 | 0.0528 | 0.0594 | 0.0660 | |
| 230 | 0.0311 | 0.0345 | 0.0414 | 0.0483 | 0.0552 | 0.0621 | 0.0690 | |
| 240 | 0.0324 | 0.0360 | 0.0432 | 0.0504 | 0.0576 | 0.0648 | 0.0720 | |
| 250 | 0.0338 | 0.0375 | 0.0450 | 0.0525 | 0.0600 | 0.0675 | 0.0750 | |
| 260 | 0.0351 | 0.0390 | 0.0468 | 0.0546 | 0.0624 | 0.0702 | 0.0780 | |
| 270 | 0.0365 | 0.0405 | 0.0486 | 0.0567 | 0.0648 | 0.0729 | 0.0810 | |
| 280 | 0.0378 | 0.0420 | 0.0504 | 0.0588 | 0.0672 | 0.0756 | 0.0840 | |
| 290 | 0.0392 | 0.0435 | 0.0522 | 0.0609 | 0.0696 | 0.0783 | 0.0870 | |
| 300 | 0.0405 | 0.0450 | 0.0540 | 0.0630 | 0.0720 | 0.0810 | 0.0900 | |

（普通锯材）

**续表 4-3**

| 材长/m | 3.2 | | | | | | | |
|---|---|---|---|---|---|---|---|---|
| 材宽/mm | 材厚/mm | | | | | | | |
| | 12 | 15 | 18 | 21 | 25 | 30 | 35 | 40 |
| | 材积/m³ | | | | | | | |
| 30 | 0.0012 | 0.0014 | 0.0017 | 0.0020 | 0.0024 | 0.0029 | 0.0034 | 0.0038 |
| 40 | 0.0015 | 0.0019 | 0.0023 | 0.0027 | 0.0032 | 0.0038 | 0.0045 | 0.0051 |
| 50 | 0.0019 | 0.0024 | 0.0029 | 0.0034 | 0.0040 | 0.0048 | 0.0056 | 0.0064 |
| 60 | 0.0023 | 0.0029 | 0.0035 | 0.0040 | 0.0048 | 0.0058 | 0.0067 | 0.0077 |
| 70 | 0.0027 | 0.0034 | 0.0040 | 0.0047 | 0.0056 | 0.0067 | 0.0078 | 0.0090 |
| 80 | 0.0031 | 0.0038 | 0.0046 | 0.0054 | 0.0064 | 0.0077 | 0.0090 | 0.0102 |
| 90 | 0.0035 | 0.0043 | 0.0052 | 0.0060 | 0.0072 | 0.0086 | 0.0101 | 0.0115 |
| 100 | 0.0038 | 0.0048 | 0.0058 | 0.0067 | 0.0080 | 0.0096 | 0.0112 | 0.0128 |
| 110 | 0.0042 | 0.0053 | 0.0063 | 0.0074 | 0.0088 | 0.0106 | 0.0123 | 0.0141 |
| 120 | 0.0046 | 0.0058 | 0.0069 | 0.0081 | 0.0096 | 0.0115 | 0.0134 | 0.0154 |
| 130 | 0.0050 | 0.0062 | 0.0075 | 0.0087 | 0.0104 | 0.0125 | 0.0146 | 0.0166 |
| 140 | 0.0054 | 0.0067 | 0.0081 | 0.0094 | 0.0112 | 0.0134 | 0.0157 | 0.0179 |
| 150 | 0.0058 | 0.0072 | 0.0086 | 0.0101 | 0.0120 | 0.0144 | 0.0168 | 0.0192 |
| 160 | 0.0061 | 0.0077 | 0.0092 | 0.0108 | 0.0128 | 0.0154 | 0.0179 | 0.0205 |
| 170 | 0.0065 | 0.0082 | 0.0098 | 0.0114 | 0.0136 | 0.0163 | 0.0190 | 0.0218 |

**续表 4-3** （普通锯材）

| 材长/m | 3.2 | | | | | | | |
|---|---|---|---|---|---|---|---|---|
| 材宽/mm | 材厚/mm | | | | | | | |
| | 12 | 15 | 18 | 21 | 25 | 30 | 35 | 40 |
| | 材积/m³ | | | | | | | |
| 180 | 0.0069 | 0.0086 | 0.0104 | 0.0121 | 0.0144 | 0.0173 | 0.0202 | 0.0230 |
| 190 | 0.0073 | 0.0091 | 0.0109 | 0.0128 | 0.0152 | 0.0182 | 0.0213 | 0.0243 |
| 200 | 0.0077 | 0.0096 | 0.0115 | 0.0134 | 0.0160 | 0.0192 | 0.0224 | 0.0256 |
| 210 | 0.0081 | 0.0101 | 0.0121 | 0.0141 | 0.0168 | 0.0202 | 0.0235 | 0.0269 |
| 220 | 0.0084 | 0.0106 | 0.0127 | 0.0148 | 0.0176 | 0.0211 | 0.0246 | 0.0282 |
| 230 | 0.0088 | 0.0110 | 0.0132 | 0.0155 | 0.0184 | 0.0221 | 0.0258 | 0.0294 |
| 240 | 0.0092 | 0.0115 | 0.0138 | 0.0161 | 0.0192 | 0.0230 | 0.0269 | 0.0307 |
| 250 | 0.0096 | 0.0120 | 0.0144 | 0.0168 | 0.0200 | 0.0240 | 0.0280 | 0.0320 |
| 260 | 0.0100 | 0.0125 | 0.0150 | 0.0175 | 0.0208 | 0.0250 | 0.0291 | 0.0333 |
| 270 | 0.0104 | 0.0130 | 0.0156 | 0.0181 | 0.0216 | 0.0259 | 0.0302 | 0.0346 |
| 280 | 0.0108 | 0.0134 | 0.0161 | 0.0188 | 0.0224 | 0.0269 | 0.0314 | 0.0358 |
| 290 | 0.0111 | 0.0139 | 0.0167 | 0.0195 | 0.0232 | 0.0278 | 0.0325 | 0.0371 |
| 300 | 0.0115 | 0.0144 | 0.0173 | 0.0202 | 0.0240 | 0.0288 | 0.0336 | 0.0384 |

（普通锯材） **续表 4-3**

| 材长/m | 3.2 | | | | | | |
|---|---|---|---|---|---|---|---|
| 材宽/mm | 材厚/mm | | | | | | |
| | 45 | 50 | 60 | 70 | 80 | 90 | 100 |
| | 材积/$m^3$ | | | | | | |
| 30 | 0.0043 | 0.0048 | 0.0058 | 0.0067 | 0.0077 | 0.0086 | 0.0096 |
| 40 | 0.0058 | 0.0064 | 0.0077 | 0.0090 | 0.0102 | 0.0115 | 0.0128 |
| 50 | 0.0072 | 0.0080 | 0.0096 | 0.0112 | 0.0128 | 0.0144 | 0.0160 |
| 60 | 0.0086 | 0.0096 | 0.0115 | 0.0134 | 0.0154 | 0.0173 | 0.0192 |
| 70 | 0.0101 | 0.0112 | 0.0134 | 0.0157 | 0.0179 | 0.0202 | 0.0224 |
| 80 | 0.0115 | 0.0128 | 0.0154 | 0.0179 | 0.0205 | 0.0230 | 0.0256 |
| 90 | 0.0130 | 0.0144 | 0.0173 | 0.0202 | 0.0230 | 0.0259 | 0.0288 |
| 100 | 0.0144 | 0.0160 | 0.0192 | 0.0224 | 0.0256 | 0.0288 | 0.0320 |
| 110 | 0.0158 | 0.0176 | 0.0211 | 0.0246 | 0.0282 | 0.0317 | 0.0352 |
| 120 | 0.0173 | 0.0192 | 0.0230 | 0.0269 | 0.0307 | 0.0346 | 0.0384 |
| 130 | 0.0187 | 0.0208 | 0.0250 | 0.0291 | 0.0333 | 0.0374 | 0.0416 |
| 140 | 0.0202 | 0.0224 | 0.0269 | 0.0314 | 0.0358 | 0.0403 | 0.0448 |
| 150 | 0.0216 | 0.0240 | 0.0288 | 0.0336 | 0.0384 | 0.0432 | 0.0480 |
| 160 | 0.0230 | 0.0256 | 0.0307 | 0.0358 | 0.0410 | 0.0461 | 0.0512 |
| 170 | 0.0245 | 0.0272 | 0.0326 | 0.0381 | 0.0435 | 0.0490 | 0.0544 |

续表 4-3 （普通锯材）

| 材长/m | 3.2 | | | | | | |
|---|---|---|---|---|---|---|---|
| 材宽/mm | 材厚/mm | | | | | | |
| | 45 | 50 | 60 | 70 | 80 | 90 | 100 |
| | 材积/$m^3$ | | | | | | |
| 180 | 0.0259 | 0.0288 | 0.0346 | 0.0403 | 0.0461 | 0.0518 | 0.0576 |
| 190 | 0.0274 | 0.0304 | 0.0365 | 0.0426 | 0.0486 | 0.0547 | 0.0608 |
| 200 | 0.0288 | 0.0320 | 0.0384 | 0.0448 | 0.0512 | 0.0576 | 0.0640 |
| 210 | 0.0302 | 0.0336 | 0.0403 | 0.0470 | 0.0538 | 0.0605 | 0.0672 |
| 220 | 0.0317 | 0.0352 | 0.0422 | 0.0493 | 0.0563 | 0.0634 | 0.0704 |
| 230 | 0.0331 | 0.0368 | 0.0442 | 0.0515 | 0.0589 | 0.0662 | 0.0736 |
| 240 | 0.0346 | 0.0384 | 0.0461 | 0.0538 | 0.0614 | 0.0691 | 0.0768 |
| 250 | 0.0360 | 0.0400 | 0.0480 | 0.0560 | 0.0640 | 0.0720 | 0.0800 |
| 260 | 0.0374 | 0.0416 | 0.0499 | 0.0582 | 0.0666 | 0.0749 | 0.0832 |
| 270 | 0.0389 | 0.0432 | 0.0518 | 0.0605 | 0.0691 | 0.0778 | 0.0864 |
| 280 | 0.0403 | 0.0448 | 0.0538 | 0.0627 | 0.0717 | 0.0806 | 0.0896 |
| 290 | 0.0418 | 0.0464 | 0.0557 | 0.0650 | 0.0742 | 0.0835 | 0.0928 |
| 300 | 0.0432 | 0.0480 | 0.0576 | 0.0672 | 0.0768 | 0.0864 | 0.0960 |

续表 4-3

| 材长/m | 3.4 | | | | | | | |
|---|---|---|---|---|---|---|---|---|
| 材宽/mm | 材厚/mm | | | | | | | |
| | 12 | 15 | 18 | 21 | 25 | 30 | 35 | 40 |
| | 材积/$m^3$ | | | | | | | |
| 30 | 0.0012 | 0.0015 | 0.0018 | 0.0021 | 0.0026 | 0.0031 | 0.0036 | 0.0041 |
| 40 | 0.0016 | 0.0020 | 0.0024 | 0.0029 | 0.0034 | 0.0041 | 0.0048 | 0.0054 |
| 50 | 0.0020 | 0.0026 | 0.0031 | 0.0036 | 0.0043 | 0.0051 | 0.0060 | 0.0068 |
| 60 | 0.0024 | 0.0031 | 0.0037 | 0.0043 | 0.0051 | 0.0061 | 0.0071 | 0.0082 |
| 70 | 0.0029 | 0.0036 | 0.0043 | 0.0050 | 0.0060 | 0.0071 | 0.0083 | 0.0095 |
| 80 | 0.0033 | 0.0041 | 0.0049 | 0.0057 | 0.0068 | 0.0082 | 0.0095 | 0.0109 |
| 90 | 0.0037 | 0.0046 | 0.0055 | 0.0064 | 0.0077 | 0.0092 | 0.0107 | 0.0122 |
| 100 | 0.0041 | 0.0051 | 0.0061 | 0.0071 | 0.0085 | 0.0102 | 0.0119 | 0.0136 |
| 110 | 0.0045 | 0.0056 | 0.0067 | 0.0079 | 0.0094 | 0.0112 | 0.0131 | 0.0150 |
| 120 | 0.0049 | 0.0061 | 0.0073 | 0.0086 | 0.0102 | 0.0122 | 0.0143 | 0.0163 |
| 130 | 0.0053 | 0.0066 | 0.0080 | 0.0093 | 0.0111 | 0.0133 | 0.0155 | 0.0177 |
| 140 | 0.0057 | 0.0071 | 0.0086 | 0.0100 | 0.0119 | 0.0143 | 0.0167 | 0.0190 |
| 150 | 0.0061 | 0.0077 | 0.0092 | 0.0107 | 0.0128 | 0.0153 | 0.0179 | 0.0204 |
| 160 | 0.0065 | 0.0082 | 0.0098 | 0.0114 | 0.0136 | 0.0163 | 0.0190 | 0.0218 |
| 170 | 0.0069 | 0.0087 | 0.0104 | 0.0121 | 0.0145 | 0.0173 | 0.0202 | 0.0231 |

续表 4-3　（普通锯材）

| 材长/m | 3.4 | | | | | | | |
|---|---|---|---|---|---|---|---|---|
| 材宽/mm | 材厚/mm | | | | | | | |
| | 12 | 15 | 18 | 21 | 25 | 30 | 35 | 40 |
| | 材积/$m^3$ | | | | | | | |
| 180 | 0.0073 | 0.0092 | 0.0110 | 0.0129 | 0.0153 | 0.0184 | 0.0214 | 0.0245 |
| 190 | 0.0078 | 0.0097 | 0.0116 | 0.0136 | 0.0162 | 0.0194 | 0.0226 | 0.0258 |
| 200 | 0.0082 | 0.0102 | 0.0122 | 0.0143 | 0.0170 | 0.0204 | 0.0238 | 0.0272 |
| 210 | 0.0086 | 0.0107 | 0.0129 | 0.0150 | 0.0179 | 0.0214 | 0.0250 | 0.0286 |
| 220 | 0.0090 | 0.0112 | 0.0135 | 0.0157 | 0.0187 | 0.0224 | 0.0262 | 0.0299 |
| 230 | 0.0094 | 0.0117 | 0.0141 | 0.0164 | 0.0196 | 0.0235 | 0.0274 | 0.0313 |
| 240 | 0.0098 | 0.0122 | 0.0147 | 0.0171 | 0.0204 | 0.0245 | 0.0286 | 0.0326 |
| 250 | 0.0102 | 0.0128 | 0.0153 | 0.0179 | 0.0213 | 0.0255 | 0.0298 | 0.0340 |
| 260 | 0.0106 | 0.0133 | 0.0159 | 0.0186 | 0.0221 | 0.0265 | 0.0309 | 0.0354 |
| 270 | 0.0110 | 0.0138 | 0.0165 | 0.0193 | 0.0230 | 0.0275 | 0.0321 | 0.0367 |
| 280 | 0.0114 | 0.0143 | 0.0171 | 0.0200 | 0.0238 | 0.0286 | 0.0333 | 0.0381 |
| 290 | 0.0118 | 0.0148 | 0.0177 | 0.0207 | 0.0247 | 0.0296 | 0.0345 | 0.0394 |
| 300 | 0.0122 | 0.0153 | 0.0184 | 0.0214 | 0.0255 | 0.0306 | 0.0357 | 0.0408 |

(普通锯材)

**续表 4-3**

| 材长/m | 3.4 | | | | | | |
|---|---|---|---|---|---|---|---|
| 材宽/mm | 材厚/mm | | | | | | |
| | 45 | 50 | 60 | 70 | 80 | 90 | 100 |
| | 材积/$m^3$ | | | | | | |
| 30 | 0.0046 | 0.0051 | 0.0061 | 0.0071 | 0.0082 | 0.0092 | 0.0102 |
| 40 | 0.0061 | 0.0068 | 0.0082 | 0.0095 | 0.0109 | 0.0122 | 0.0136 |
| 50 | 0.0077 | 0.0085 | 0.0102 | 0.0119 | 0.0136 | 0.0153 | 0.0170 |
| 60 | 0.0092 | 0.0102 | 0.0122 | 0.0143 | 0.0163 | 0.0184 | 0.0204 |
| 70 | 0.0107 | 0.0119 | 0.0143 | 0.0167 | 0.0190 | 0.0214 | 0.0238 |
| 80 | 0.0122 | 0.0136 | 0.0163 | 0.0190 | 0.0218 | 0.0245 | 0.0272 |
| 90 | 0.0138 | 0.0153 | 0.0184 | 0.0214 | 0.0245 | 0.0275 | 0.0306 |
| 100 | 0.0153 | 0.0170 | 0.0204 | 0.0238 | 0.0272 | 0.0306 | 0.0340 |
| 110 | 0.0168 | 0.0187 | 0.0224 | 0.0262 | 0.0299 | 0.0337 | 0.0374 |
| 120 | 0.0184 | 0.0204 | 0.0245 | 0.0286 | 0.0326 | 0.0367 | 0.0408 |
| 130 | 0.0199 | 0.0221 | 0.0265 | 0.0309 | 0.0354 | 0.0398 | 0.0442 |
| 140 | 0.0214 | 0.0238 | 0.0286 | 0.0333 | 0.0381 | 0.0428 | 0.0476 |
| 150 | 0.0230 | 0.0255 | 0.0306 | 0.0357 | 0.0408 | 0.0459 | 0.0510 |
| 160 | 0.0245 | 0.0272 | 0.0326 | 0.0381 | 0.0435 | 0.0490 | 0.0544 |
| 170 | 0.0260 | 0.0289 | 0.0347 | 0.0405 | 0.0462 | 0.0520 | 0.0578 |

**续表 4-3** （普通锯材）

| 材长/m | 3.4 | | | | | | |
|---|---|---|---|---|---|---|---|
| 材宽/mm | 材厚/mm | | | | | | |
| | 45 | 50 | 60 | 70 | 80 | 90 | 100 |
| | 材积/$m^3$ | | | | | | |
| 180 | 0.0275 | 0.0306 | 0.0367 | 0.0428 | 0.0490 | 0.0551 | 0.0612 |
| 190 | 0.0291 | 0.0323 | 0.0388 | 0.0452 | 0.0517 | 0.0581 | 0.0646 |
| 200 | 0.0306 | 0.0340 | 0.0408 | 0.0476 | 0.0544 | 0.0612 | 0.0680 |
| 210 | 0.0321 | 0.0357 | 0.0428 | 0.0500 | 0.0571 | 0.0643 | 0.0714 |
| 220 | 0.0337 | 0.0374 | 0.0449 | 0.0524 | 0.0598 | 0.0673 | 0.0748 |
| 230 | 0.0352 | 0.0391 | 0.0469 | 0.0547 | 0.0626 | 0.0704 | 0.0782 |
| 240 | 0.0367 | 0.0408 | 0.0490 | 0.0571 | 0.0653 | 0.0734 | 0.0816 |
| 250 | 0.0383 | 0.0425 | 0.0510 | 0.0595 | 0.0680 | 0.0765 | 0.0850 |
| 260 | 0.0398 | 0.0442 | 0.0530 | 0.0619 | 0.0707 | 0.0796 | 0.0884 |
| 270 | 0.0413 | 0.0459 | 0.0551 | 0.0643 | 0.0734 | 0.0826 | 0.0918 |
| 280 | 0.0428 | 0.0476 | 0.0571 | 0.0666 | 0.0762 | 0.0857 | 0.0952 |
| 290 | 0.0444 | 0.0493 | 0.0592 | 0.0690 | 0.0789 | 0.0887 | 0.0986 |
| 300 | 0.0459 | 0.0510 | 0.0612 | 0.0714 | 0.0816 | 0.0918 | 0.1020 |

（普通锯材） **续表 4-3**

| 材长/m | 3.6 | | | | | | | |
|---|---|---|---|---|---|---|---|---|
| 材宽 /mm | 材厚/mm | | | | | | | |
| | 12 | 15 | 18 | 21 | 25 | 30 | 35 | 40 |
| | 材积/m³ | | | | | | | |
| 30 | 0.0013 | 0.0016 | 0.0019 | 0.0023 | 0.0027 | 0.0032 | 0.0038 | 0.0043 |
| 40 | 0.0017 | 0.0022 | 0.0026 | 0.0030 | 0.0036 | 0.0043 | 0.0050 | 0.0058 |
| 50 | 0.0022 | 0.0027 | 0.0032 | 0.0038 | 0.0045 | 0.0054 | 0.0063 | 0.0072 |
| 60 | 0.0026 | 0.0032 | 0.0039 | 0.0045 | 0.0054 | 0.0065 | 0.0076 | 0.0086 |
| 70 | 0.0030 | 0.0038 | 0.0045 | 0.0053 | 0.0063 | 0.0076 | 0.0088 | 0.0101 |
| 80 | 0.0035 | 0.0043 | 0.0052 | 0.0060 | 0.0072 | 0.0086 | 0.0101 | 0.0115 |
| 90 | 0.0039 | 0.0049 | 0.0058 | 0.0068 | 0.0081 | 0.0097 | 0.0113 | 0.0130 |
| 100 | 0.0043 | 0.0054 | 0.0065 | 0.0076 | 0.0090 | 0.0108 | 0.0126 | 0.0144 |
| 110 | 0.0048 | 0.0059 | 0.0071 | 0.0083 | 0.0099 | 0.0119 | 0.0139 | 0.0158 |
| 120 | 0.0052 | 0.0065 | 0.0078 | 0.0091 | 0.0108 | 0.0130 | 0.0151 | 0.0173 |
| 130 | 0.0056 | 0.0070 | 0.0084 | 0.0098 | 0.0117 | 0.0140 | 0.0164 | 0.0187 |
| 140 | 0.0060 | 0.0076 | 0.0091 | 0.0106 | 0.0126 | 0.0151 | 0.0176 | 0.0202 |
| 150 | 0.0065 | 0.0081 | 0.0097 | 0.0113 | 0.0135 | 0.0162 | 0.0189 | 0.0216 |
| 160 | 0.0069 | 0.0086 | 0.0104 | 0.0121 | 0.0144 | 0.0173 | 0.0202 | 0.0230 |
| 170 | 0.0073 | 0.0092 | 0.0110 | 0.0129 | 0.0153 | 0.0184 | 0.0214 | 0.0245 |

续表 4-3　（普通锯材）

| 材长/m | 3.6 | | | | | | | |
|---|---|---|---|---|---|---|---|---|
| 材宽/mm | 材厚/mm | | | | | | | |
| | 12 | 15 | 18 | 21 | 25 | 30 | 35 | 40 |
| | 材积/m³ | | | | | | | |
| 180 | 0.0078 | 0.0097 | 0.0117 | 0.0136 | 0.0162 | 0.0194 | 0.0227 | 0.0259 |
| 190 | 0.0082 | 0.0103 | 0.0123 | 0.0144 | 0.0171 | 0.0205 | 0.0239 | 0.0274 |
| 200 | 0.0086 | 0.0108 | 0.0130 | 0.0151 | 0.0180 | 0.0216 | 0.0252 | 0.0288 |
| 210 | 0.0091 | 0.0113 | 0.0136 | 0.0159 | 0.0189 | 0.0227 | 0.0265 | 0.0302 |
| 220 | 0.0095 | 0.0119 | 0.0143 | 0.0166 | 0.0198 | 0.0238 | 0.0277 | 0.0317 |
| 230 | 0.0099 | 0.0124 | 0.0149 | 0.0174 | 0.0207 | 0.0248 | 0.0290 | 0.0331 |
| 240 | 0.0104 | 0.0130 | 0.0156 | 0.0181 | 0.0216 | 0.0259 | 0.0302 | 0.0346 |
| 250 | 0.0108 | 0.0135 | 0.0162 | 0.0189 | 0.0225 | 0.0270 | 0.0315 | 0.0360 |
| 260 | 0.0112 | 0.0140 | 0.0168 | 0.0197 | 0.0234 | 0.0281 | 0.0328 | 0.0374 |
| 270 | 0.0117 | 0.0146 | 0.0175 | 0.0204 | 0.0243 | 0.0292 | 0.0340 | 0.0389 |
| 280 | 0.0121 | 0.0151 | 0.0181 | 0.0212 | 0.0252 | 0.0302 | 0.0353 | 0.0403 |
| 290 | 0.0125 | 0.0157 | 0.0188 | 0.0219 | 0.0261 | 0.0313 | 0.0365 | 0.0418 |
| 300 | 0.0130 | 0.0162 | 0.0194 | 0.0227 | 0.0270 | 0.0324 | 0.0378 | 0.0432 |

续表 4-3

| 材长/m | 3.6 | | | | | | |
|---|---|---|---|---|---|---|---|
| 材宽/mm | 材厚/mm | | | | | | |
| | 45 | 50 | 60 | 70 | 80 | 90 | 100 |
| | 材积/m³ | | | | | | |
| 30 | 0.0049 | 0.0054 | 0.0065 | 0.0076 | 0.0086 | 0.0097 | 0.0108 |
| 40 | 0.0065 | 0.0072 | 0.0086 | 0.0101 | 0.0115 | 0.0130 | 0.0144 |
| 50 | 0.0081 | 0.0090 | 0.0108 | 0.0126 | 0.0144 | 0.0162 | 0.0180 |
| 60 | 0.0097 | 0.0108 | 0.0130 | 0.0151 | 0.0173 | 0.0194 | 0.0216 |
| 70 | 0.0113 | 0.0126 | 0.0151 | 0.0176 | 0.0202 | 0.0227 | 0.0252 |
| 80 | 0.0130 | 0.0144 | 0.0173 | 0.0202 | 0.0230 | 0.0259 | 0.0288 |
| 90 | 0.0146 | 0.0162 | 0.0194 | 0.0227 | 0.0259 | 0.0292 | 0.0324 |
| 100 | 0.0162 | 0.0180 | 0.0216 | 0.0252 | 0.0288 | 0.0324 | 0.0360 |
| 110 | 0.0178 | 0.0198 | 0.0238 | 0.0277 | 0.0317 | 0.0356 | 0.0396 |
| 120 | 0.0194 | 0.0216 | 0.0259 | 0.0302 | 0.0346 | 0.0389 | 0.0432 |
| 130 | 0.0211 | 0.0234 | 0.0281 | 0.0328 | 0.0374 | 0.0421 | 0.0468 |
| 140 | 0.0227 | 0.0252 | 0.0302 | 0.0353 | 0.0403 | 0.0454 | 0.0504 |
| 150 | 0.0243 | 0.0270 | 0.0324 | 0.0378 | 0.0432 | 0.0486 | 0.0540 |
| 160 | 0.0259 | 0.0288 | 0.0346 | 0.0403 | 0.0461 | 0.0518 | 0.0576 |
| 170 | 0.0275 | 0.0306 | 0.0367 | 0.0428 | 0.0490 | 0.0551 | 0.0612 |

续表 4-3 （普通锯材）

| 材长/m | 3.6 | | | | | | |
|---|---|---|---|---|---|---|---|
| 材宽/mm | 材厚/mm | | | | | | |
| | 45 | 50 | 60 | 70 | 80 | 90 | 100 |
| | 材积/$m^3$ | | | | | | |
| 180 | 0.0292 | 0.0324 | 0.0389 | 0.0454 | 0.0518 | 0.0583 | 0.0648 |
| 190 | 0.0308 | 0.0342 | 0.0410 | 0.0479 | 0.0547 | 0.0616 | 0.0684 |
| 200 | 0.0324 | 0.0360 | 0.0432 | 0.0504 | 0.0576 | 0.0648 | 0.0720 |
| 210 | 0.0340 | 0.0378 | 0.0454 | 0.0529 | 0.0605 | 0.0680 | 0.0756 |
| 220 | 0.0356 | 0.0396 | 0.0475 | 0.0554 | 0.0634 | 0.0713 | 0.0792 |
| 230 | 0.0373 | 0.0414 | 0.0497 | 0.0580 | 0.0662 | 0.0745 | 0.0828 |
| 240 | 0.0389 | 0.0432 | 0.0518 | 0.0605 | 0.0691 | 0.0778 | 0.0864 |
| 250 | 0.0405 | 0.0450 | 0.0540 | 0.0630 | 0.0720 | 0.0810 | 0.0900 |
| 260 | 0.0421 | 0.0468 | 0.0562 | 0.0655 | 0.0749 | 0.0842 | 0.0936 |
| 270 | 0.0437 | 0.0486 | 0.0583 | 0.0680 | 0.0778 | 0.0875 | 0.0972 |
| 280 | 0.0454 | 0.0504 | 0.0605 | 0.0706 | 0.0806 | 0.0907 | 0.1008 |
| 290 | 0.0470 | 0.0522 | 0.0626 | 0.0731 | 0.0835 | 0.0940 | 0.1044 |
| 300 | 0.0486 | 0.0540 | 0.0648 | 0.0756 | 0.0864 | 0.0972 | 0.1080 |

（普通锯材）

**续表 4-3**

| 材长/m | 3.8 | | | | | | | |
|---|---|---|---|---|---|---|---|---|
| 材宽/mm | 材厚/mm | | | | | | | |
| | 12 | 15 | 18 | 21 | 25 | 30 | 35 | 40 |
| | 材积/m³ | | | | | | | |
| 30 | 0.0014 | 0.0017 | 0.0021 | 0.0024 | 0.0029 | 0.0034 | 0.0040 | 0.0046 |
| 40 | 0.0018 | 0.0023 | 0.0027 | 0.0032 | 0.0038 | 0.0046 | 0.0053 | 0.0061 |
| 50 | 0.0023 | 0.0029 | 0.0034 | 0.0040 | 0.0048 | 0.0057 | 0.0067 | 0.0076 |
| 60 | 0.0027 | 0.0034 | 0.0041 | 0.0048 | 0.0057 | 0.0068 | 0.0080 | 0.0091 |
| 70 | 0.0032 | 0.0040 | 0.0048 | 0.0056 | 0.0067 | 0.0080 | 0.0093 | 0.0106 |
| 80 | 0.0036 | 0.0046 | 0.0055 | 0.0064 | 0.0076 | 0.0091 | 0.0106 | 0.0122 |
| 90 | 0.0041 | 0.0051 | 0.0062 | 0.0072 | 0.0086 | 0.0103 | 0.0120 | 0.0137 |
| 100 | 0.0046 | 0.0057 | 0.0068 | 0.0080 | 0.0095 | 0.0114 | 0.0133 | 0.0152 |
| 110 | 0.0050 | 0.0063 | 0.0075 | 0.0088 | 0.0105 | 0.0125 | 0.0146 | 0.0167 |
| 120 | 0.0055 | 0.0068 | 0.0082 | 0.0096 | 0.0114 | 0.0137 | 0.0160 | 0.0182 |
| 130 | 0.0059 | 0.0074 | 0.0089 | 0.0104 | 0.0124 | 0.0148 | 0.0173 | 0.0198 |
| 140 | 0.0064 | 0.0080 | 0.0096 | 0.0112 | 0.0133 | 0.0160 | 0.0186 | 0.0213 |
| 150 | 0.0068 | 0.0086 | 0.0103 | 0.0120 | 0.0143 | 0.0171 | 0.0200 | 0.0228 |
| 160 | 0.0073 | 0.0091 | 0.0109 | 0.0128 | 0.0152 | 0.0182 | 0.0213 | 0.0243 |
| 170 | 0.0078 | 0.0097 | 0.0116 | 0.0136 | 0.0162 | 0.0194 | 0.0226 | 0.0258 |

续表 4-3　　　　（普通锯材）

| 材长/m | 3.8 | | | | | | | |
|---|---|---|---|---|---|---|---|---|
| 材宽/mm | 材厚/mm | | | | | | | |
| | 12 | 15 | 18 | 21 | 25 | 30 | 35 | 40 |
| | 材积/$m^3$ | | | | | | | |
| 180 | 0.0082 | 0.0103 | 0.0123 | 0.0144 | 0.0171 | 0.0205 | 0.0239 | 0.0274 |
| 190 | 0.0087 | 0.0108 | 0.0130 | 0.0152 | 0.0181 | 0.0217 | 0.0253 | 0.0289 |
| 200 | 0.0091 | 0.0114 | 0.0137 | 0.0160 | 0.0190 | 0.0228 | 0.0266 | 0.0304 |
| 210 | 0.0096 | 0.0120 | 0.0144 | 0.0168 | 0.0200 | 0.0239 | 0.0279 | 0.0319 |
| 220 | 0.0100 | 0.0125 | 0.0150 | 0.0176 | 0.0209 | 0.0251 | 0.0293 | 0.0334 |
| 230 | 0.0105 | 0.0131 | 0.0157 | 0.0184 | 0.0219 | 0.0262 | 0.0306 | 0.0350 |
| 240 | 0.0109 | 0.0137 | 0.0164 | 0.0192 | 0.0228 | 0.0274 | 0.0319 | 0.0365 |
| 250 | 0.0114 | 0.0143 | 0.0171 | 0.0200 | 0.0238 | 0.0285 | 0.0333 | 0.0380 |
| 260 | 0.0119 | 0.0148 | 0.0178 | 0.0207 | 0.0247 | 0.0296 | 0.0346 | 0.0395 |
| 270 | 0.0123 | 0.0154 | 0.0185 | 0.0215 | 0.0257 | 0.0308 | 0.0359 | 0.0410 |
| 280 | 0.0128 | 0.0160 | 0.0192 | 0.0223 | 0.0266 | 0.0319 | 0.0372 | 0.0426 |
| 290 | 0.0132 | 0.0165 | 0.0198 | 0.0231 | 0.0276 | 0.0331 | 0.0386 | 0.0441 |
| 300 | 0.0137 | 0.0171 | 0.0205 | 0.0239 | 0.0285 | 0.0342 | 0.0399 | 0.0456 |

（普通锯材）

**续表 4-3**

| 材长/m | 3.8 | | | | | | |
|---|---|---|---|---|---|---|---|
| 材宽/mm | 材厚/mm | | | | | | |
| | 45 | 50 | 60 | 70 | 80 | 90 | 100 |
| | 材积/m³ | | | | | | |
| 30 | 0.0051 | 0.0057 | 0.0068 | 0.0080 | 0.0091 | 0.0103 | 0.0114 |
| 40 | 0.0068 | 0.0076 | 0.0091 | 0.0106 | 0.0122 | 0.0137 | 0.0152 |
| 50 | 0.0086 | 0.0095 | 0.0114 | 0.0133 | 0.0152 | 0.0171 | 0.0190 |
| 60 | 0.0103 | 0.0114 | 0.0137 | 0.0160 | 0.0182 | 0.0205 | 0.0228 |
| 70 | 0.0120 | 0.0133 | 0.0160 | 0.0186 | 0.0213 | 0.0239 | 0.0266 |
| 80 | 0.0137 | 0.0152 | 0.0182 | 0.0213 | 0.0243 | 0.0274 | 0.0304 |
| 90 | 0.0154 | 0.0171 | 0.0205 | 0.0239 | 0.0274 | 0.0308 | 0.0342 |
| 100 | 0.0171 | 0.0190 | 0.0228 | 0.0266 | 0.0304 | 0.0342 | 0.0380 |
| 110 | 0.0188 | 0.0209 | 0.0251 | 0.0293 | 0.0334 | 0.0376 | 0.0418 |
| 120 | 0.0205 | 0.0228 | 0.0274 | 0.0319 | 0.0365 | 0.0410 | 0.0456 |
| 130 | 0.0222 | 0.0247 | 0.0296 | 0.0346 | 0.0395 | 0.0445 | 0.0494 |
| 140 | 0.0239 | 0.0266 | 0.0319 | 0.0372 | 0.0426 | 0.0479 | 0.0532 |
| 150 | 0.0257 | 0.0285 | 0.0342 | 0.0399 | 0.0456 | 0.0513 | 0.0570 |
| 160 | 0.0274 | 0.0304 | 0.0365 | 0.0426 | 0.0486 | 0.0547 | 0.0608 |
| 170 | 0.0291 | 0.0323 | 0.0388 | 0.0452 | 0.0517 | 0.0581 | 0.0646 |

续表 4-3 （普通锯材）

| 材长/m | 3.8 | | | | | | | |
|---|---|---|---|---|---|---|---|---|
| 材宽/mm | 材厚/mm | | | | | | | |
| | 45 | 50 | 60 | 70 | 80 | 90 | 100 | |
| | 材积/$m^3$ | | | | | | | |
| 180 | 0.0308 | 0.0342 | 0.0410 | 0.0479 | 0.0547 | 0.0616 | 0.0684 | |
| 190 | 0.0325 | 0.0361 | 0.0433 | 0.0505 | 0.0578 | 0.0650 | 0.0722 | |
| 200 | 0.0342 | 0.0380 | 0.0456 | 0.0532 | 0.0608 | 0.0684 | 0.0760 | |
| 210 | 0.0359 | 0.0399 | 0.0479 | 0.0559 | 0.0638 | 0.0718 | 0.0798 | |
| 220 | 0.0376 | 0.0418 | 0.0502 | 0.0585 | 0.0669 | 0.0752 | 0.0836 | |
| 230 | 0.0393 | 0.0437 | 0.0524 | 0.0612 | 0.0699 | 0.0787 | 0.0874 | |
| 240 | 0.0410 | 0.0456 | 0.0547 | 0.0638 | 0.0730 | 0.0821 | 0.0912 | |
| 250 | 0.0428 | 0.0475 | 0.0570 | 0.0665 | 0.0760 | 0.0855 | 0.0950 | |
| 260 | 0.0445 | 0.0494 | 0.0593 | 0.0692 | 0.0790 | 0.0889 | 0.0988 | |
| 270 | 0.0462 | 0.0513 | 0.0616 | 0.0718 | 0.0821 | 0.0923 | 0.1026 | |
| 280 | 0.0479 | 0.0532 | 0.0638 | 0.0745 | 0.0851 | 0.0958 | 0.1064 | |
| 290 | 0.0496 | 0.0551 | 0.0661 | 0.0771 | 0.0882 | 0.0992 | 0.1102 | |
| 300 | 0.0513 | 0.0570 | 0.0684 | 0.0798 | 0.0912 | 0.1026 | 0.1140 | |

(普通锯材)　　　　　　　　　　　　**续表 4-3**

| 材长/m | 4.0 | | | | | | | |
|---|---|---|---|---|---|---|---|---|
| 材宽/mm | 材厚/mm | | | | | | | |
| | 12 | 15 | 18 | 21 | 25 | 30 | 35 | 40 |
| | 材积/$m^3$ | | | | | | | |
| 30 | 0.0014 | 0.0018 | 0.0022 | 0.0025 | 0.0030 | 0.0036 | 0.0042 | 0.0048 |
| 40 | 0.0019 | 0.0024 | 0.0029 | 0.0034 | 0.0040 | 0.0048 | 0.0056 | 0.0064 |
| 50 | 0.0024 | 0.0030 | 0.0036 | 0.0042 | 0.0050 | 0.0060 | 0.0070 | 0.0080 |
| 60 | 0.0029 | 0.0036 | 0.0043 | 0.0050 | 0.0060 | 0.0072 | 0.0084 | 0.0096 |
| 70 | 0.0034 | 0.0042 | 0.0050 | 0.0059 | 0.0070 | 0.0084 | 0.0098 | 0.0112 |
| 80 | 0.0038 | 0.0048 | 0.0058 | 0.0067 | 0.0080 | 0.0096 | 0.0112 | 0.0128 |
| 90 | 0.0043 | 0.0054 | 0.0065 | 0.0076 | 0.0090 | 0.0108 | 0.0126 | 0.0144 |
| 100 | 0.0048 | 0.0060 | 0.0072 | 0.0084 | 0.0100 | 0.0120 | 0.0140 | 0.0160 |
| 110 | 0.0053 | 0.0066 | 0.0079 | 0.0092 | 0.0110 | 0.0132 | 0.0154 | 0.0176 |
| 120 | 0.0058 | 0.0072 | 0.0086 | 0.0101 | 0.0120 | 0.0144 | 0.0168 | 0.0192 |
| 130 | 0.0062 | 0.0078 | 0.0094 | 0.0109 | 0.0130 | 0.0156 | 0.0182 | 0.0208 |
| 140 | 0.0067 | 0.0084 | 0.0101 | 0.0118 | 0.0140 | 0.0168 | 0.0196 | 0.0224 |
| 150 | 0.0072 | 0.0090 | 0.0108 | 0.0126 | 0.0150 | 0.0180 | 0.0210 | 0.0240 |
| 160 | 0.0077 | 0.0096 | 0.0115 | 0.0134 | 0.0160 | 0.0192 | 0.0224 | 0.0256 |
| 170 | 0.0082 | 0.0102 | 0.0122 | 0.0143 | 0.0170 | 0.0204 | 0.0238 | 0.0272 |

## 续表 4-3 （普通锯材）

| 材长/m | 4.0 | | | | | | | |
|---|---|---|---|---|---|---|---|---|
| 材宽/mm | 材厚/mm | | | | | | | |
| | 12 | 15 | 18 | 21 | 25 | 30 | 35 | 40 |
| | 材积/$m^3$ | | | | | | | |
| 180 | 0.0086 | 0.0108 | 0.0130 | 0.0151 | 0.0180 | 0.0216 | 0.0252 | 0.0288 |
| 190 | 0.0091 | 0.0114 | 0.0137 | 0.0160 | 0.0190 | 0.0228 | 0.0266 | 0.0304 |
| 200 | 0.0096 | 0.0120 | 0.0144 | 0.0168 | 0.0200 | 0.0240 | 0.0280 | 0.0320 |
| 210 | 0.0101 | 0.0126 | 0.0151 | 0.0176 | 0.0210 | 0.0252 | 0.0294 | 0.0336 |
| 220 | 0.0106 | 0.0132 | 0.0158 | 0.0185 | 0.0220 | 0.0264 | 0.0308 | 0.0352 |
| 230 | 0.0110 | 0.0138 | 0.0166 | 0.0193 | 0.0230 | 0.0276 | 0.0322 | 0.0368 |
| 240 | 0.0115 | 0.0144 | 0.0173 | 0.0202 | 0.0240 | 0.0288 | 0.0336 | 0.0384 |
| 250 | 0.0120 | 0.0150 | 0.0180 | 0.0210 | 0.0250 | 0.0300 | 0.0350 | 0.0400 |
| 260 | 0.0125 | 0.0156 | 0.0187 | 0.0218 | 0.0260 | 0.0312 | 0.0364 | 0.0416 |
| 270 | 0.0130 | 0.0162 | 0.0194 | 0.0227 | 0.0270 | 0.0324 | 0.0378 | 0.0432 |
| 280 | 0.0134 | 0.0168 | 0.0202 | 0.0235 | 0.0280 | 0.0336 | 0.0392 | 0.0448 |
| 290 | 0.0139 | 0.0174 | 0.0209 | 0.0244 | 0.0290 | 0.0348 | 0.0406 | 0.0464 |
| 300 | 0.0144 | 0.0180 | 0.0216 | 0.0252 | 0.0300 | 0.0360 | 0.0420 | 0.0480 |

（普通锯材）

续表 4-3

| 材长/m | 4.0 | | | | | | |
|---|---|---|---|---|---|---|---|
| 材宽/mm | 材厚/mm | | | | | | |
| | 45 | 50 | 60 | 70 | 80 | 90 | 100 |
| | 材积/$m^3$ | | | | | | |
| 30 | 0.0054 | 0.0060 | 0.0072 | 0.0084 | 0.0096 | 0.0108 | 0.0120 |
| 40 | 0.0072 | 0.0080 | 0.0096 | 0.0112 | 0.0128 | 0.0144 | 0.0160 |
| 50 | 0.0090 | 0.0100 | 0.0120 | 0.0140 | 0.0160 | 0.0180 | 0.0200 |
| 60 | 0.0108 | 0.0120 | 0.0144 | 0.0168 | 0.0192 | 0.0216 | 0.0240 |
| 70 | 0.0126 | 0.0140 | 0.0168 | 0.0196 | 0.0224 | 0.0252 | 0.0280 |
| 80 | 0.0144 | 0.0160 | 0.0192 | 0.0224 | 0.0256 | 0.0288 | 0.0320 |
| 90 | 0.0162 | 0.0180 | 0.0216 | 0.0252 | 0.0288 | 0.0324 | 0.0360 |
| 100 | 0.0180 | 0.0200 | 0.0240 | 0.0280 | 0.0320 | 0.0360 | 0.0400 |
| 110 | 0.0198 | 0.0220 | 0.0264 | 0.0308 | 0.0352 | 0.0396 | 0.0440 |
| 120 | 0.0216 | 0.0240 | 0.0288 | 0.0336 | 0.0384 | 0.0432 | 0.0480 |
| 130 | 0.0234 | 0.0260 | 0.0312 | 0.0364 | 0.0416 | 0.0468 | 0.0520 |
| 140 | 0.0252 | 0.0280 | 0.0336 | 0.0392 | 0.0448 | 0.0504 | 0.0560 |
| 150 | 0.0270 | 0.0300 | 0.0360 | 0.0420 | 0.0480 | 0.0540 | 0.0600 |
| 160 | 0.0288 | 0.0320 | 0.0384 | 0.0448 | 0.0512 | 0.0576 | 0.0640 |
| 170 | 0.0306 | 0.0340 | 0.0408 | 0.0476 | 0.0544 | 0.0612 | 0.0680 |

**续表 4-3** （普通锯材）

| 材长/m | 4.0 | | | | | | | |
|---|---|---|---|---|---|---|---|---|
| 材宽/mm | 材厚/mm | | | | | | | |
| | 45 | 50 | 60 | 70 | 80 | 90 | 100 | |
| | 材积/$m^3$ | | | | | | | |
| 180 | 0.0324 | 0.0360 | 0.0432 | 0.0504 | 0.0576 | 0.0648 | 0.0720 | |
| 190 | 0.0342 | 0.0380 | 0.0456 | 0.0532 | 0.0608 | 0.0684 | 0.0760 | |
| 200 | 0.0360 | 0.0400 | 0.0480 | 0.0560 | 0.0640 | 0.0720 | 0.0800 | |
| 210 | 0.0378 | 0.0420 | 0.0504 | 0.0588 | 0.0672 | 0.0756 | 0.0840 | |
| 220 | 0.0396 | 0.0440 | 0.0528 | 0.0616 | 0.0704 | 0.0792 | 0.0880 | |
| 230 | 0.0414 | 0.0460 | 0.0552 | 0.0644 | 0.0736 | 0.0828 | 0.0920 | |
| 240 | 0.0432 | 0.0480 | 0.0576 | 0.0672 | 0.0768 | 0.0864 | 0.0960 | |
| 250 | 0.0450 | 0.0500 | 0.0600 | 0.0700 | 0.0800 | 0.0900 | 0.1000 | |
| 260 | 0.0468 | 0.0520 | 0.0624 | 0.0728 | 0.0832 | 0.0936 | 0.1040 | |
| 270 | 0.0486 | 0.0540 | 0.0648 | 0.0756 | 0.0864 | 0.0972 | 0.1080 | |
| 280 | 0.0504 | 0.0560 | 0.0672 | 0.0784 | 0.0896 | 0.1008 | 0.1120 | |
| 290 | 0.0522 | 0.0580 | 0.0696 | 0.0812 | 0.0928 | 0.1044 | 0.1160 | |
| 300 | 0.0540 | 0.0600 | 0.0720 | 0.0840 | 0.0960 | 0.1080 | 0.1200 | |

**续表 4-3**

| 材长/m | 4.2 | | | | | | | |
|---|---|---|---|---|---|---|---|---|
| 材宽/mm | 材厚/mm | | | | | | | |
| | 12 | 15 | 18 | 21 | 25 | 30 | 35 | 40 |
| | 材积/$m^3$ | | | | | | | |
| 30 | 0.0015 | 0.0019 | 0.0023 | 0.0026 | 0.0032 | 0.0038 | 0.0044 | 0.0050 |
| 40 | 0.0020 | 0.0025 | 0.0030 | 0.0035 | 0.0042 | 0.0050 | 0.0059 | 0.0067 |
| 50 | 0.0025 | 0.0032 | 0.0038 | 0.0044 | 0.0053 | 0.0063 | 0.0074 | 0.0084 |
| 60 | 0.0030 | 0.0038 | 0.0045 | 0.0053 | 0.0063 | 0.0076 | 0.0088 | 0.0101 |
| 70 | 0.0035 | 0.0044 | 0.0053 | 0.0062 | 0.0074 | 0.0088 | 0.0103 | 0.0118 |
| 80 | 0.0040 | 0.0050 | 0.0060 | 0.0071 | 0.0084 | 0.0101 | 0.0118 | 0.0134 |
| 90 | 0.0045 | 0.0057 | 0.0068 | 0.0079 | 0.0095 | 0.0113 | 0.0132 | 0.0151 |
| 100 | 0.0050 | 0.0063 | 0.0076 | 0.0088 | 0.0105 | 0.0126 | 0.0147 | 0.0168 |
| 110 | 0.0055 | 0.0069 | 0.0083 | 0.0097 | 0.0116 | 0.0139 | 0.0162 | 0.0185 |
| 120 | 0.0060 | 0.0076 | 0.0091 | 0.0106 | 0.0126 | 0.0151 | 0.0176 | 0.0202 |
| 130 | 0.0066 | 0.0082 | 0.0098 | 0.0115 | 0.0137 | 0.0164 | 0.0191 | 0.0218 |
| 140 | 0.0071 | 0.0088 | 0.0106 | 0.0123 | 0.0147 | 0.0176 | 0.0206 | 0.0235 |
| 150 | 0.0076 | 0.0095 | 0.0113 | 0.0132 | 0.0158 | 0.0189 | 0.0221 | 0.0252 |
| 160 | 0.0081 | 0.0101 | 0.0121 | 0.0141 | 0.0168 | 0.0202 | 0.0235 | 0.0269 |
| 170 | 0.0086 | 0.0107 | 0.0129 | 0.0150 | 0.0179 | 0.0214 | 0.0250 | 0.0286 |

续表 4-3 （普通锯材）

| 材长/m | 4.2 | | | | | | | |
|---|---|---|---|---|---|---|---|---|
| 材宽/mm | 材厚/mm | | | | | | | |
| | 12 | 15 | 18 | 21 | 25 | 30 | 35 | 40 |
| | 材积/$m^3$ | | | | | | | |
| 180 | 0.0091 | 0.0113 | 0.0136 | 0.0159 | 0.0189 | 0.0227 | 0.0265 | 0.0302 |
| 190 | 0.0096 | 0.0120 | 0.0144 | 0.0168 | 0.0200 | 0.0239 | 0.0279 | 0.0319 |
| 200 | 0.0101 | 0.0126 | 0.0151 | 0.0176 | 0.0210 | 0.0252 | 0.0294 | 0.0336 |
| 210 | 0.0106 | 0.0132 | 0.0159 | 0.0185 | 0.0221 | 0.0265 | 0.0309 | 0.0353 |
| 220 | 0.0111 | 0.0139 | 0.0166 | 0.0194 | 0.0231 | 0.0277 | 0.0323 | 0.0370 |
| 230 | 0.0116 | 0.0145 | 0.0174 | 0.0203 | 0.0242 | 0.0290 | 0.0338 | 0.0386 |
| 240 | 0.0121 | 0.0151 | 0.0181 | 0.0212 | 0.0252 | 0.0302 | 0.0353 | 0.0403 |
| 250 | 0.0126 | 0.0158 | 0.0189 | 0.0221 | 0.0263 | 0.0315 | 0.0368 | 0.0420 |
| 260 | 0.0131 | 0.0164 | 0.0197 | 0.0229 | 0.0273 | 0.0328 | 0.0382 | 0.0437 |
| 270 | 0.0136 | 0.0170 | 0.0204 | 0.0238 | 0.0284 | 0.0340 | 0.0397 | 0.0454 |
| 280 | 0.0141 | 0.0176 | 0.0212 | 0.0247 | 0.0294 | 0.0353 | 0.0412 | 0.0470 |
| 290 | 0.0146 | 0.0183 | 0.0219 | 0.0256 | 0.0305 | 0.0365 | 0.0426 | 0.0487 |
| 300 | 0.0151 | 0.0189 | 0.0227 | 0.0265 | 0.0315 | 0.0378 | 0.0441 | 0.0504 |

（普通锯材）

续表 4-3

| 材长/m | 4.2 | | | | | | |
| --- | --- | --- | --- | --- | --- | --- | --- |
| 材宽/mm | 材厚/mm | | | | | | |
| | 45 | 50 | 60 | 70 | 80 | 90 | 100 |
| | 材积/$m^3$ | | | | | | |
| 30 | 0.0057 | 0.0063 | 0.0076 | 0.0088 | 0.0101 | 0.0113 | 0.0126 |
| 40 | 0.0076 | 0.0084 | 0.0101 | 0.0118 | 0.0134 | 0.0151 | 0.0168 |
| 50 | 0.0095 | 0.0105 | 0.0126 | 0.0147 | 0.0168 | 0.0189 | 0.0210 |
| 60 | 0.0113 | 0.0126 | 0.0151 | 0.0176 | 0.0202 | 0.0227 | 0.0252 |
| 70 | 0.0132 | 0.0147 | 0.0176 | 0.0206 | 0.0235 | 0.0265 | 0.0294 |
| 80 | 0.0151 | 0.0168 | 0.0202 | 0.0235 | 0.0269 | 0.0302 | 0.0336 |
| 90 | 0.0170 | 0.0189 | 0.0227 | 0.0265 | 0.0302 | 0.0340 | 0.0378 |
| 100 | 0.0189 | 0.0210 | 0.0252 | 0.0294 | 0.0336 | 0.0378 | 0.0420 |
| 110 | 0.0208 | 0.0231 | 0.0277 | 0.0323 | 0.0370 | 0.0416 | 0.0462 |
| 120 | 0.0227 | 0.0252 | 0.0302 | 0.0353 | 0.0403 | 0.0454 | 0.0504 |
| 130 | 0.0246 | 0.0273 | 0.0328 | 0.0382 | 0.0437 | 0.0491 | 0.0546 |
| 140 | 0.0265 | 0.0294 | 0.0353 | 0.0412 | 0.0470 | 0.0529 | 0.0588 |
| 150 | 0.0284 | 0.0315 | 0.0378 | 0.0441 | 0.0504 | 0.0567 | 0.0630 |
| 160 | 0.0302 | 0.0336 | 0.0403 | 0.0470 | 0.0538 | 0.0605 | 0.0672 |
| 170 | 0.0321 | 0.0357 | 0.0428 | 0.0500 | 0.0571 | 0.0643 | 0.0714 |

续表 4-3 （普通锯材）

| 材长/m | 4.2 | | | | | | |
|---|---|---|---|---|---|---|---|
| 材宽/mm | 材厚/mm | | | | | | |
| | 45 | 50 | 60 | 70 | 80 | 90 | 100 |
| | 材积/$m^3$ | | | | | | |
| 180 | 0.0340 | 0.0378 | 0.0454 | 0.0529 | 0.0605 | 0.0680 | 0.0756 |
| 190 | 0.0359 | 0.0399 | 0.0479 | 0.0559 | 0.0638 | 0.0718 | 0.0798 |
| 200 | 0.0378 | 0.0420 | 0.0504 | 0.0588 | 0.0672 | 0.0756 | 0.0840 |
| 210 | 0.0397 | 0.0441 | 0.0529 | 0.0617 | 0.0706 | 0.0794 | 0.0882 |
| 220 | 0.0416 | 0.0462 | 0.0554 | 0.0647 | 0.0739 | 0.0832 | 0.0924 |
| 230 | 0.0435 | 0.0483 | 0.0580 | 0.0676 | 0.0773 | 0.0869 | 0.0966 |
| 240 | 0.0454 | 0.0504 | 0.0605 | 0.0706 | 0.0806 | 0.0907 | 0.1008 |
| 250 | 0.0473 | 0.0525 | 0.0630 | 0.0735 | 0.0840 | 0.0945 | 0.1050 |
| 260 | 0.0491 | 0.0546 | 0.0655 | 0.0764 | 0.0874 | 0.0983 | 0.1092 |
| 270 | 0.0510 | 0.0567 | 0.0680 | 0.0794 | 0.0907 | 0.1021 | 0.1134 |
| 280 | 0.0529 | 0.0588 | 0.0706 | 0.0823 | 0.0941 | 0.1058 | 0.1176 |
| 290 | 0.0548 | 0.0609 | 0.0731 | 0.0853 | 0.0974 | 0.1096 | 0.1218 |
| 300 | 0.0567 | 0.0630 | 0.0756 | 0.0882 | 0.1008 | 0.1134 | 0.1260 |

**续表 4-3**

| 材长/m | 4.4 | | | | | | | |
|---|---|---|---|---|---|---|---|---|
| 材宽/mm | 材厚/mm | | | | | | | |
| | 12 | 15 | 18 | 21 | 25 | 30 | 35 | 40 |
| | 材积/m$^3$ | | | | | | | |
| 30 | 0.0016 | 0.0020 | 0.0024 | 0.0028 | 0.0033 | 0.0040 | 0.0046 | 0.0053 |
| 40 | 0.0021 | 0.0026 | 0.0032 | 0.0037 | 0.0044 | 0.0053 | 0.0062 | 0.0070 |
| 50 | 0.0026 | 0.0033 | 0.0040 | 0.0046 | 0.0055 | 0.0066 | 0.0077 | 0.0088 |
| 60 | 0.0032 | 0.0040 | 0.0048 | 0.0055 | 0.0066 | 0.0079 | 0.0092 | 0.0106 |
| 70 | 0.0037 | 0.0046 | 0.0055 | 0.0065 | 0.0077 | 0.0092 | 0.0108 | 0.0123 |
| 80 | 0.0042 | 0.0053 | 0.0063 | 0.0074 | 0.0088 | 0.0106 | 0.0123 | 0.0141 |
| 90 | 0.0048 | 0.0059 | 0.0071 | 0.0083 | 0.0099 | 0.0119 | 0.0139 | 0.0158 |
| 100 | 0.0053 | 0.0066 | 0.0079 | 0.0092 | 0.0110 | 0.0132 | 0.0154 | 0.0176 |
| 110 | 0.0058 | 0.0073 | 0.0087 | 0.0102 | 0.0121 | 0.0145 | 0.0169 | 0.0194 |
| 120 | 0.0063 | 0.0079 | 0.0095 | 0.0111 | 0.0132 | 0.0158 | 0.0185 | 0.0211 |
| 130 | 0.0069 | 0.0086 | 0.0103 | 0.0120 | 0.0143 | 0.0172 | 0.0200 | 0.0229 |
| 140 | 0.0074 | 0.0092 | 0.0111 | 0.0129 | 0.0154 | 0.0185 | 0.0216 | 0.0246 |
| 150 | 0.0079 | 0.0099 | 0.0119 | 0.0139 | 0.0165 | 0.0198 | 0.0231 | 0.0264 |
| 160 | 0.0084 | 0.0106 | 0.0127 | 0.0148 | 0.0176 | 0.0211 | 0.0246 | 0.0282 |
| 170 | 0.0090 | 0.0112 | 0.0135 | 0.0157 | 0.0187 | 0.0224 | 0.0262 | 0.0299 |

续表 4-3 （普通锯材）

| 材长/m | 4.4 | | | | | | | |
|---|---|---|---|---|---|---|---|---|
| 材宽/mm | 材厚/mm | | | | | | | |
| | 12 | 15 | 18 | 21 | 25 | 30 | 35 | 40 |
| | 材积/m³ | | | | | | | |
| 180 | 0.0095 | 0.0119 | 0.0143 | 0.0166 | 0.0198 | 0.0238 | 0.0277 | 0.0317 |
| 190 | 0.0100 | 0.0125 | 0.0150 | 0.0176 | 0.0209 | 0.0251 | 0.0293 | 0.0334 |
| 200 | 0.0106 | 0.0132 | 0.0158 | 0.0185 | 0.0220 | 0.0264 | 0.0308 | 0.0352 |
| 210 | 0.0111 | 0.0139 | 0.0166 | 0.0194 | 0.0231 | 0.0277 | 0.0323 | 0.0370 |
| 220 | 0.0116 | 0.0145 | 0.0174 | 0.0203 | 0.0242 | 0.0290 | 0.0339 | 0.0387 |
| 230 | 0.0121 | 0.0152 | 0.0182 | 0.0213 | 0.0253 | 0.0304 | 0.0354 | 0.0405 |
| 240 | 0.0127 | 0.0158 | 0.0190 | 0.0222 | 0.0264 | 0.0317 | 0.0370 | 0.0422 |
| 250 | 0.0132 | 0.0165 | 0.0198 | 0.0231 | 0.0275 | 0.0330 | 0.0385 | 0.0440 |
| 260 | 0.0137 | 0.0172 | 0.0206 | 0.0240 | 0.0286 | 0.0343 | 0.0400 | 0.0458 |
| 270 | 0.0143 | 0.0178 | 0.0214 | 0.0249 | 0.0297 | 0.0356 | 0.0416 | 0.0475 |
| 280 | 0.0148 | 0.0185 | 0.0222 | 0.0259 | 0.0308 | 0.0370 | 0.0431 | 0.0493 |
| 290 | 0.0153 | 0.0191 | 0.0230 | 0.0268 | 0.0319 | 0.0383 | 0.0447 | 0.0510 |
| 300 | 0.0158 | 0.0198 | 0.0238 | 0.0277 | 0.0330 | 0.0396 | 0.0462 | 0.0528 |

（普通锯材）

**续表 4-3**

| 材长/m | 4.4 | | | | | | |
|---|---|---|---|---|---|---|---|
| 材宽/mm | 材厚/mm | | | | | | |
| | 45 | 50 | 60 | 70 | 80 | 90 | 100 |
| | 材积/$m^3$ | | | | | | |
| 30 | 0.0059 | 0.0066 | 0.0079 | 0.0092 | 0.0106 | 0.0119 | 0.0132 |
| 40 | 0.0079 | 0.0088 | 0.0106 | 0.0123 | 0.0141 | 0.0158 | 0.0176 |
| 50 | 0.0099 | 0.0110 | 0.0132 | 0.0154 | 0.0176 | 0.0198 | 0.0220 |
| 60 | 0.0119 | 0.0132 | 0.0158 | 0.0185 | 0.0211 | 0.0238 | 0.0264 |
| 70 | 0.0139 | 0.0154 | 0.0185 | 0.0216 | 0.0246 | 0.0277 | 0.0308 |
| 80 | 0.0158 | 0.0176 | 0.0211 | 0.0246 | 0.0282 | 0.0317 | 0.0352 |
| 90 | 0.0178 | 0.0198 | 0.0238 | 0.0277 | 0.0317 | 0.0356 | 0.0396 |
| 100 | 0.0198 | 0.0220 | 0.0264 | 0.0308 | 0.0352 | 0.0396 | 0.0440 |
| 110 | 0.0218 | 0.0242 | 0.0290 | 0.0339 | 0.0387 | 0.0436 | 0.0484 |
| 120 | 0.0238 | 0.0264 | 0.0317 | 0.0370 | 0.0422 | 0.0475 | 0.0528 |
| 130 | 0.0257 | 0.0286 | 0.0343 | 0.0400 | 0.0458 | 0.0515 | 0.0572 |
| 140 | 0.0277 | 0.0308 | 0.0370 | 0.0431 | 0.0493 | 0.0554 | 0.0616 |
| 150 | 0.0297 | 0.0330 | 0.0396 | 0.0462 | 0.0528 | 0.0594 | 0.0660 |
| 160 | 0.0317 | 0.0352 | 0.0422 | 0.0493 | 0.0563 | 0.0634 | 0.0704 |
| 170 | 0.0337 | 0.0374 | 0.0449 | 0.0524 | 0.0598 | 0.0673 | 0.0748 |

续表 4-3　　（普通锯材）

| 材长/m | 4.4 | | | | | | |
|---|---|---|---|---|---|---|---|
| 材宽/mm | 材厚/mm | | | | | | |
| | 45 | 50 | 60 | 70 | 80 | 90 | 100 |
| | 材积/m³ | | | | | | |
| 180 | 0.0356 | 0.0396 | 0.0475 | 0.0554 | 0.0634 | 0.0713 | 0.0792 |
| 190 | 0.0376 | 0.0418 | 0.0502 | 0.0585 | 0.0669 | 0.0752 | 0.0836 |
| 200 | 0.0396 | 0.0440 | 0.0528 | 0.0616 | 0.0704 | 0.0792 | 0.0880 |
| 210 | 0.0416 | 0.0462 | 0.0554 | 0.0647 | 0.0739 | 0.0832 | 0.0924 |
| 220 | 0.0436 | 0.0484 | 0.0581 | 0.0678 | 0.0774 | 0.0871 | 0.0968 |
| 230 | 0.0455 | 0.0506 | 0.0607 | 0.0708 | 0.0810 | 0.0911 | 0.1012 |
| 240 | 0.0475 | 0.0528 | 0.0634 | 0.0739 | 0.0845 | 0.0950 | 0.1056 |
| 250 | 0.0495 | 0.0550 | 0.0660 | 0.0770 | 0.0880 | 0.0990 | 0.1100 |
| 260 | 0.0515 | 0.0572 | 0.0686 | 0.0801 | 0.0915 | 0.1030 | 0.1144 |
| 270 | 0.0535 | 0.0594 | 0.0713 | 0.0832 | 0.0950 | 0.1069 | 0.1188 |
| 280 | 0.0554 | 0.0616 | 0.0739 | 0.0862 | 0.0986 | 0.1109 | 0.1232 |
| 290 | 0.0574 | 0.0638 | 0.0766 | 0.0893 | 0.1021 | 0.1148 | 0.1276 |
| 300 | 0.0594 | 0.0660 | 0.0792 | 0.0924 | 0.1056 | 0.1188 | 0.1320 |

（普通锯材）

**续表 4-3**

| 材长/m | 4.6 | | | | | | | |
|---|---|---|---|---|---|---|---|---|
| 材宽 /mm | 材厚/mm | | | | | | | |
| | 12 | 15 | 18 | 21 | 25 | 30 | 35 | 40 |
| | 材积/$m^3$ | | | | | | | |
| 30 | 0.0017 | 0.0021 | 0.0025 | 0.0029 | 0.0035 | 0.0041 | 0.0048 | 0.0055 |
| 40 | 0.0022 | 0.0028 | 0.0033 | 0.0039 | 0.0046 | 0.0055 | 0.0064 | 0.0074 |
| 50 | 0.0028 | 0.0035 | 0.0041 | 0.0048 | 0.0058 | 0.0069 | 0.0081 | 0.0092 |
| 60 | 0.0033 | 0.0041 | 0.0050 | 0.0058 | 0.0069 | 0.0083 | 0.0097 | 0.0110 |
| 70 | 0.0039 | 0.0048 | 0.0058 | 0.0068 | 0.0081 | 0.0097 | 0.0113 | 0.0129 |
| 80 | 0.0044 | 0.0055 | 0.0066 | 0.0077 | 0.0092 | 0.0110 | 0.0129 | 0.0147 |
| 90 | 0.0050 | 0.0062 | 0.0075 | 0.0087 | 0.0104 | 0.0124 | 0.0145 | 0.0166 |
| 100 | 0.0055 | 0.0069 | 0.0083 | 0.0097 | 0.0115 | 0.0138 | 0.0161 | 0.0184 |
| 110 | 0.0061 | 0.0076 | 0.0091 | 0.0106 | 0.0127 | 0.0152 | 0.0177 | 0.0202 |
| 120 | 0.0066 | 0.0083 | 0.0099 | 0.0116 | 0.0138 | 0.0166 | 0.0193 | 0.0221 |
| 130 | 0.0072 | 0.0090 | 0.0108 | 0.0126 | 0.0150 | 0.0179 | 0.0209 | 0.0239 |
| 140 | 0.0077 | 0.0097 | 0.0116 | 0.0135 | 0.0161 | 0.0193 | 0.0225 | 0.0258 |
| 150 | 0.0083 | 0.0104 | 0.0124 | 0.0145 | 0.0173 | 0.0207 | 0.0242 | 0.0276 |
| 160 | 0.0088 | 0.0110 | 0.0132 | 0.0155 | 0.0184 | 0.0221 | 0.0258 | 0.0294 |
| 170 | 0.0094 | 0.0117 | 0.0141 | 0.0164 | 0.0196 | 0.0235 | 0.0274 | 0.0313 |

**续表 4-3** （普通锯材）

| 材长/m | 4.6 | | | | | | | |
|---|---|---|---|---|---|---|---|---|
| 材宽/mm | 材厚/mm | | | | | | | |
| | 12 | 15 | 18 | 21 | 25 | 30 | 35 | 40 |
| | 材积/$m^3$ | | | | | | | |
| 180 | 0.0099 | 0.0124 | 0.0149 | 0.0174 | 0.0207 | 0.0248 | 0.0290 | 0.0331 |
| 190 | 0.0105 | 0.0131 | 0.0157 | 0.0184 | 0.0219 | 0.0262 | 0.0306 | 0.0350 |
| 200 | 0.0110 | 0.0138 | 0.0166 | 0.0193 | 0.0230 | 0.0276 | 0.0322 | 0.0368 |
| 210 | 0.0116 | 0.0145 | 0.0174 | 0.0203 | 0.0242 | 0.0290 | 0.0338 | 0.0386 |
| 220 | 0.0121 | 0.0152 | 0.0182 | 0.0213 | 0.0253 | 0.0304 | 0.0354 | 0.0405 |
| 230 | 0.0127 | 0.0159 | 0.0190 | 0.0222 | 0.0265 | 0.0317 | 0.0370 | 0.0423 |
| 240 | 0.0132 | 0.0166 | 0.0199 | 0.0232 | 0.0276 | 0.0331 | 0.0386 | 0.0442 |
| 250 | 0.0138 | 0.0173 | 0.0207 | 0.0242 | 0.0288 | 0.0345 | 0.0403 | 0.0460 |
| 260 | 0.0144 | 0.0179 | 0.0215 | 0.0251 | 0.0299 | 0.0359 | 0.0419 | 0.0478 |
| 270 | 0.0149 | 0.0186 | 0.0224 | 0.0261 | 0.0311 | 0.0373 | 0.0435 | 0.0497 |
| 280 | 0.0155 | 0.0193 | 0.0232 | 0.0270 | 0.0322 | 0.0386 | 0.0451 | 0.0515 |
| 290 | 0.0160 | 0.0200 | 0.0240 | 0.0280 | 0.0334 | 0.0400 | 0.0467 | 0.0534 |
| 300 | 0.0166 | 0.0207 | 0.0248 | 0.0290 | 0.0345 | 0.0414 | 0.0483 | 0.0552 |

(普通锯材)

**续表 4-3**

| 材长/m | 4.6 | | | | | | |
|---|---|---|---|---|---|---|---|
| 材宽/mm | 材厚/mm | | | | | | |
| | 45 | 50 | 60 | 70 | 80 | 90 | 100 |
| | 材积/$m^3$ | | | | | | |
| 30 | 0.0062 | 0.0069 | 0.0083 | 0.0097 | 0.0110 | 0.0124 | 0.0138 |
| 40 | 0.0083 | 0.0092 | 0.0110 | 0.0129 | 0.0147 | 0.0166 | 0.0184 |
| 50 | 0.0104 | 0.0115 | 0.0138 | 0.0161 | 0.0184 | 0.0207 | 0.0230 |
| 60 | 0.0124 | 0.0138 | 0.0166 | 0.0193 | 0.0221 | 0.0248 | 0.0276 |
| 70 | 0.0145 | 0.0161 | 0.0193 | 0.0225 | 0.0258 | 0.0290 | 0.0322 |
| 80 | 0.0166 | 0.0184 | 0.0221 | 0.0258 | 0.0294 | 0.0331 | 0.0368 |
| 90 | 0.0186 | 0.0207 | 0.0248 | 0.0290 | 0.0331 | 0.0373 | 0.0414 |
| 100 | 0.0207 | 0.0230 | 0.0276 | 0.0322 | 0.0368 | 0.0414 | 0.0460 |
| 110 | 0.0228 | 0.0253 | 0.0304 | 0.0354 | 0.0405 | 0.0455 | 0.0506 |
| 120 | 0.0248 | 0.0276 | 0.0331 | 0.0386 | 0.0442 | 0.0497 | 0.0552 |
| 130 | 0.0269 | 0.0299 | 0.0359 | 0.0419 | 0.0478 | 0.0538 | 0.0598 |
| 140 | 0.0290 | 0.0322 | 0.0386 | 0.0451 | 0.0515 | 0.0580 | 0.0644 |
| 150 | 0.0311 | 0.0345 | 0.0414 | 0.0483 | 0.0552 | 0.0621 | 0.0690 |
| 160 | 0.0331 | 0.0368 | 0.0442 | 0.0515 | 0.0589 | 0.0662 | 0.0736 |
| 170 | 0.0352 | 0.0391 | 0.0469 | 0.0547 | 0.0626 | 0.0704 | 0.0782 |

续表 4-3 （普通锯材）

| 材长/m | 4.6 | | | | | | |
| --- | --- | --- | --- | --- | --- | --- | --- |
| 材宽/mm | 材厚/mm | | | | | | |
| | 45 | 50 | 60 | 70 | 80 | 90 | 100 |
| | 材积/$m^3$ | | | | | | |
| 180 | 0.0373 | 0.0414 | 0.0497 | 0.0580 | 0.0662 | 0.0745 | 0.0828 |
| 190 | 0.0393 | 0.0437 | 0.0524 | 0.0612 | 0.0699 | 0.0787 | 0.0874 |
| 200 | 0.0414 | 0.0460 | 0.0552 | 0.0644 | 0.0736 | 0.0828 | 0.0920 |
| 210 | 0.0435 | 0.0483 | 0.0580 | 0.0676 | 0.0773 | 0.0869 | 0.0966 |
| 220 | 0.0455 | 0.0506 | 0.0607 | 0.0708 | 0.0810 | 0.0911 | 0.1012 |
| 230 | 0.0476 | 0.0529 | 0.0635 | 0.0741 | 0.0846 | 0.0952 | 0.1058 |
| 240 | 0.0497 | 0.0552 | 0.0662 | 0.0773 | 0.0883 | 0.0994 | 0.1104 |
| 250 | 0.0518 | 0.0575 | 0.0690 | 0.0805 | 0.0920 | 0.1035 | 0.1150 |
| 260 | 0.0538 | 0.0598 | 0.0718 | 0.0837 | 0.0957 | 0.1076 | 0.1196 |
| 270 | 0.0559 | 0.0621 | 0.0745 | 0.0869 | 0.0994 | 0.1118 | 0.1242 |
| 280 | 0.0580 | 0.0644 | 0.0773 | 0.0902 | 0.1030 | 0.1159 | 0.1288 |
| 290 | 0.0600 | 0.0667 | 0.0800 | 0.0934 | 0.1067 | 0.1201 | 0.1334 |
| 300 | 0.0621 | 0.0690 | 0.0828 | 0.0966 | 0.1104 | 0.1242 | 0.1380 |

续表 4-3

| 材长/m | 4.8 | | | | | | | |
|---|---|---|---|---|---|---|---|---|
| 材宽/mm | 材厚/mm | | | | | | | |
| | 12 | 15 | 18 | 21 | 25 | 30 | 35 | 40 |
| | 材积/m³ | | | | | | | |
| 30 | 0.0017 | 0.0022 | 0.0026 | 0.0030 | 0.0036 | 0.0043 | 0.0050 | 0.0058 |
| 40 | 0.0023 | 0.0029 | 0.0035 | 0.0040 | 0.0048 | 0.0058 | 0.0067 | 0.0077 |
| 50 | 0.0029 | 0.0036 | 0.0043 | 0.0050 | 0.0060 | 0.0072 | 0.0084 | 0.0096 |
| 60 | 0.0035 | 0.0043 | 0.0052 | 0.0060 | 0.0072 | 0.0086 | 0.0101 | 0.0115 |
| 70 | 0.0040 | 0.0050 | 0.0060 | 0.0071 | 0.0084 | 0.0101 | 0.0118 | 0.0134 |
| 80 | 0.0046 | 0.0058 | 0.0069 | 0.0081 | 0.0096 | 0.0115 | 0.0134 | 0.0154 |
| 90 | 0.0052 | 0.0065 | 0.0078 | 0.0091 | 0.0108 | 0.0130 | 0.0151 | 0.0173 |
| 100 | 0.0058 | 0.0072 | 0.0086 | 0.0101 | 0.0120 | 0.0144 | 0.0168 | 0.0192 |
| 110 | 0.0063 | 0.0079 | 0.0095 | 0.0111 | 0.0132 | 0.0158 | 0.0185 | 0.0211 |
| 120 | 0.0069 | 0.0086 | 0.0104 | 0.0121 | 0.0144 | 0.0173 | 0.0202 | 0.0230 |
| 130 | 0.0075 | 0.0094 | 0.0112 | 0.0131 | 0.0156 | 0.0187 | 0.0218 | 0.0250 |
| 140 | 0.0081 | 0.0101 | 0.0121 | 0.0141 | 0.0168 | 0.0202 | 0.0235 | 0.0269 |
| 150 | 0.0086 | 0.0108 | 0.0130 | 0.0151 | 0.0180 | 0.0216 | 0.0252 | 0.0288 |
| 160 | 0.0092 | 0.0115 | 0.0138 | 0.0161 | 0.0192 | 0.0230 | 0.0269 | 0.0307 |
| 170 | 0.0098 | 0.0122 | 0.0147 | 0.0171 | 0.0204 | 0.0245 | 0.0286 | 0.0326 |

续表 4-3　　(普通锯材)

| 材长/m | 4.8 | | | | | | | |
|---|---|---|---|---|---|---|---|---|
| 材宽/mm | 材厚/mm | | | | | | | |
| | 12 | 15 | 18 | 21 | 25 | 30 | 35 | 40 |
| | 材积/$m^3$ | | | | | | | |
| 180 | 0.0104 | 0.0130 | 0.0156 | 0.0181 | 0.0216 | 0.0259 | 0.0302 | 0.0346 |
| 190 | 0.0109 | 0.0137 | 0.0164 | 0.0192 | 0.0228 | 0.0274 | 0.0319 | 0.0365 |
| 200 | 0.0115 | 0.0144 | 0.0173 | 0.0202 | 0.0240 | 0.0288 | 0.0336 | 0.0384 |
| 210 | 0.0121 | 0.0151 | 0.0181 | 0.0212 | 0.0252 | 0.0302 | 0.0353 | 0.0403 |
| 220 | 0.0127 | 0.0158 | 0.0190 | 0.0222 | 0.0264 | 0.0317 | 0.0370 | 0.0422 |
| 230 | 0.0132 | 0.0166 | 0.0199 | 0.0232 | 0.0276 | 0.0331 | 0.0386 | 0.0442 |
| 240 | 0.0138 | 0.0173 | 0.0207 | 0.0242 | 0.0288 | 0.0346 | 0.0403 | 0.0461 |
| 250 | 0.0144 | 0.0180 | 0.0216 | 0.0252 | 0.0300 | 0.0360 | 0.0420 | 0.0480 |
| 260 | 0.0150 | 0.0187 | 0.0225 | 0.0262 | 0.0312 | 0.0374 | 0.0437 | 0.0499 |
| 270 | 0.0156 | 0.0194 | 0.0233 | 0.0272 | 0.0324 | 0.0389 | 0.0454 | 0.0518 |
| 280 | 0.0161 | 0.0202 | 0.0242 | 0.0282 | 0.0336 | 0.0403 | 0.0470 | 0.0538 |
| 290 | 0.0167 | 0.0209 | 0.0251 | 0.0292 | 0.0348 | 0.0418 | 0.0487 | 0.0557 |
| 300 | 0.0173 | 0.0216 | 0.0259 | 0.0302 | 0.0360 | 0.0432 | 0.0504 | 0.0576 |

（普通锯材） 续表 4-3

| 材长/m | 4.8 | | | | | | |
|---|---|---|---|---|---|---|---|
| 材宽/mm | 材厚/mm | | | | | | |
| | 45 | 50 | 60 | 70 | 80 | 90 | 100 |
| | 材积/$m^3$ | | | | | | |
| 30 | 0.0065 | 0.0072 | 0.0086 | 0.0101 | 0.0115 | 0.0130 | 0.0144 |
| 40 | 0.0086 | 0.0096 | 0.0115 | 0.0134 | 0.0154 | 0.0173 | 0.0192 |
| 50 | 0.0108 | 0.0120 | 0.0144 | 0.0168 | 0.0192 | 0.0216 | 0.0240 |
| 60 | 0.0130 | 0.0144 | 0.0173 | 0.0202 | 0.0230 | 0.0259 | 0.0288 |
| 70 | 0.0151 | 0.0168 | 0.0202 | 0.0235 | 0.0269 | 0.0302 | 0.0336 |
| 80 | 0.0173 | 0.0192 | 0.0230 | 0.0269 | 0.0307 | 0.0346 | 0.0384 |
| 90 | 0.0194 | 0.0216 | 0.0259 | 0.0302 | 0.0346 | 0.0389 | 0.0432 |
| 100 | 0.0216 | 0.0240 | 0.0288 | 0.0336 | 0.0384 | 0.0432 | 0.0480 |
| 110 | 0.0238 | 0.0264 | 0.0317 | 0.0370 | 0.0422 | 0.0475 | 0.0528 |
| 120 | 0.0259 | 0.0288 | 0.0346 | 0.0403 | 0.0461 | 0.0518 | 0.0576 |
| 130 | 0.0281 | 0.0312 | 0.0374 | 0.0437 | 0.0499 | 0.0562 | 0.0624 |
| 140 | 0.0302 | 0.0336 | 0.0403 | 0.0470 | 0.0538 | 0.0605 | 0.0672 |
| 150 | 0.0324 | 0.0360 | 0.0432 | 0.0504 | 0.0576 | 0.0648 | 0.0720 |
| 160 | 0.0346 | 0.0384 | 0.0461 | 0.0538 | 0.0614 | 0.0691 | 0.0768 |
| 170 | 0.0367 | 0.0408 | 0.0490 | 0.0571 | 0.0653 | 0.0734 | 0.0816 |

| 材长/m | 4.8 | | | | | | | |
|---|---|---|---|---|---|---|---|---|
| 材宽/mm | 材厚/mm | | | | | | | |
| | 45 | 50 | 60 | 70 | 80 | 90 | 100 | |
| | 材积/$m^3$ | | | | | | | |
| 180 | 0.0389 | 0.0432 | 0.0518 | 0.0605 | 0.0691 | 0.0778 | 0.0864 | |
| 190 | 0.0410 | 0.0456 | 0.0547 | 0.0638 | 0.0730 | 0.0821 | 0.0912 | |
| 200 | 0.0432 | 0.0480 | 0.0576 | 0.0672 | 0.0768 | 0.0864 | 0.0960 | |
| 210 | 0.0454 | 0.0504 | 0.0605 | 0.0706 | 0.0806 | 0.0907 | 0.1008 | |
| 220 | 0.0475 | 0.0528 | 0.0634 | 0.0739 | 0.0845 | 0.0950 | 0.1056 | |
| 230 | 0.0497 | 0.0552 | 0.0662 | 0.0773 | 0.0883 | 0.0994 | 0.1104 | |
| 240 | 0.0518 | 0.0576 | 0.0691 | 0.0806 | 0.0922 | 0.1037 | 0.1152 | |
| 250 | 0.0540 | 0.0600 | 0.0720 | 0.0840 | 0.0960 | 0.1080 | 0.1200 | |
| 260 | 0.0562 | 0.0624 | 0.0749 | 0.0874 | 0.0998 | 0.1123 | 0.1248 | |
| 270 | 0.0583 | 0.0648 | 0.0778 | 0.0907 | 0.1037 | 0.1166 | 0.1296 | |
| 280 | 0.0605 | 0.0672 | 0.0806 | 0.0941 | 0.1075 | 0.1210 | 0.1344 | |
| 290 | 0.0626 | 0.0696 | 0.0835 | 0.0974 | 0.1114 | 0.1253 | 0.1392 | |
| 300 | 0.0648 | 0.0720 | 0.0864 | 0.1008 | 0.1152 | 0.1296 | 0.1440 | |

（普通锯材）　　续表 4-3

| 材长/m | 5.0 | | | | | | | |
|---|---|---|---|---|---|---|---|---|
| 材宽/mm | 材厚/mm | | | | | | | |
| | 12 | 15 | 18 | 21 | 25 | 30 | 35 | 40 |
| | 材积/$m^3$ | | | | | | | |
| 30 | 0.0018 | 0.0023 | 0.0027 | 0.0032 | 0.0038 | 0.0045 | 0.0053 | 0.0060 |
| 40 | 0.0024 | 0.0030 | 0.0036 | 0.0042 | 0.0050 | 0.0060 | 0.0070 | 0.0080 |
| 50 | 0.0030 | 0.0038 | 0.0045 | 0.0053 | 0.0063 | 0.0075 | 0.0088 | 0.0100 |
| 60 | 0.0036 | 0.0045 | 0.0054 | 0.0063 | 0.0075 | 0.0090 | 0.0105 | 0.0120 |
| 70 | 0.0042 | 0.0053 | 0.0063 | 0.0074 | 0.0088 | 0.0105 | 0.0123 | 0.0140 |
| 80 | 0.0048 | 0.0060 | 0.0072 | 0.0084 | 0.0100 | 0.0120 | 0.0140 | 0.0160 |
| 90 | 0.0054 | 0.0068 | 0.0081 | 0.0095 | 0.0113 | 0.0135 | 0.0158 | 0.0180 |
| 100 | 0.0060 | 0.0075 | 0.0090 | 0.0105 | 0.0125 | 0.0150 | 0.0175 | 0.0200 |
| 110 | 0.0066 | 0.0083 | 0.0099 | 0.0116 | 0.0138 | 0.0165 | 0.0193 | 0.0220 |
| 120 | 0.0072 | 0.0090 | 0.0108 | 0.0126 | 0.0150 | 0.0180 | 0.0210 | 0.0240 |
| 130 | 0.0078 | 0.0098 | 0.0117 | 0.0137 | 0.0163 | 0.0195 | 0.0228 | 0.0260 |
| 140 | 0.0084 | 0.0105 | 0.0126 | 0.0147 | 0.0175 | 0.0210 | 0.0245 | 0.0280 |
| 150 | 0.0090 | 0.0113 | 0.0135 | 0.0158 | 0.0188 | 0.0225 | 0.0263 | 0.0300 |
| 160 | 0.0096 | 0.0120 | 0.0144 | 0.0168 | 0.0200 | 0.0240 | 0.0280 | 0.0320 |
| 170 | 0.0102 | 0.0128 | 0.0153 | 0.0179 | 0.0213 | 0.0255 | 0.0298 | 0.0340 |

续表 4-3 （普通锯材）

| 材长/m | 5.0 | | | | | | | |
|---|---|---|---|---|---|---|---|---|
| 材宽/mm | 材厚/mm | | | | | | | |
| | 12 | 15 | 18 | 21 | 25 | 30 | 35 | 40 |
| | 材积/$m^3$ | | | | | | | |
| 180 | 0.0108 | 0.0135 | 0.0162 | 0.0189 | 0.0225 | 0.0270 | 0.0315 | 0.0360 |
| 190 | 0.0114 | 0.0143 | 0.0171 | 0.0200 | 0.0238 | 0.0285 | 0.0333 | 0.0380 |
| 200 | 0.0120 | 0.0150 | 0.0180 | 0.0210 | 0.0250 | 0.0300 | 0.0350 | 0.0400 |
| 210 | 0.0126 | 0.0158 | 0.0189 | 0.0221 | 0.0263 | 0.0315 | 0.0368 | 0.0420 |
| 220 | 0.0132 | 0.0165 | 0.0198 | 0.0231 | 0.0275 | 0.0330 | 0.0385 | 0.0440 |
| 230 | 0.0138 | 0.0173 | 0.0207 | 0.0242 | 0.0288 | 0.0345 | 0.0403 | 0.0460 |
| 240 | 0.0144 | 0.0180 | 0.0216 | 0.0252 | 0.0300 | 0.0360 | 0.0420 | 0.0480 |
| 250 | 0.0150 | 0.0188 | 0.0225 | 0.0263 | 0.0313 | 0.0375 | 0.0438 | 0.0500 |
| 260 | 0.0156 | 0.0195 | 0.0234 | 0.0273 | 0.0325 | 0.0390 | 0.0455 | 0.0520 |
| 270 | 0.0162 | 0.0203 | 0.0243 | 0.0284 | 0.0338 | 0.0405 | 0.0473 | 0.0540 |
| 280 | 0.0168 | 0.0210 | 0.0252 | 0.0294 | 0.0350 | 0.0420 | 0.0490 | 0.0560 |
| 290 | 0.0174 | 0.0218 | 0.0261 | 0.0305 | 0.0363 | 0.0435 | 0.0508 | 0.0580 |
| 300 | 0.0180 | 0.0225 | 0.0270 | 0.0315 | 0.0375 | 0.0450 | 0.0525 | 0.0600 |

（普通锯材）

**续表 4-3**

| 材长/m | 5.0 | | | | | | |
|---|---|---|---|---|---|---|---|
| 材宽/mm | 材厚/mm | | | | | | |
| | 45 | 50 | 60 | 70 | 80 | 90 | 100 |
| | 材积/$m^3$ | | | | | | |
| 30 | 0.0068 | 0.0075 | 0.0090 | 0.0105 | 0.0120 | 0.0135 | 0.0150 |
| 40 | 0.0090 | 0.0100 | 0.0120 | 0.0140 | 0.0160 | 0.0180 | 0.0200 |
| 50 | 0.0113 | 0.0125 | 0.0150 | 0.0175 | 0.0200 | 0.0225 | 0.0250 |
| 60 | 0.0135 | 0.0150 | 0.0180 | 0.0210 | 0.0240 | 0.0270 | 0.0300 |
| 70 | 0.0158 | 0.0175 | 0.0210 | 0.0245 | 0.0280 | 0.0315 | 0.0350 |
| 80 | 0.0180 | 0.0200 | 0.0240 | 0.0280 | 0.0320 | 0.0360 | 0.0400 |
| 90 | 0.0203 | 0.0225 | 0.0270 | 0.0315 | 0.0360 | 0.0405 | 0.0450 |
| 100 | 0.0225 | 0.0250 | 0.0300 | 0.0350 | 0.0400 | 0.0450 | 0.0500 |
| 110 | 0.0248 | 0.0275 | 0.0330 | 0.0385 | 0.0440 | 0.0495 | 0.0550 |
| 120 | 0.0270 | 0.0300 | 0.0360 | 0.0420 | 0.0480 | 0.0540 | 0.0600 |
| 130 | 0.0293 | 0.0325 | 0.0390 | 0.0455 | 0.0520 | 0.0585 | 0.0650 |
| 140 | 0.0315 | 0.0350 | 0.0420 | 0.0490 | 0.0560 | 0.0630 | 0.0700 |
| 150 | 0.0338 | 0.0375 | 0.0450 | 0.0525 | 0.0600 | 0.0675 | 0.0750 |
| 160 | 0.0360 | 0.0400 | 0.0480 | 0.0560 | 0.0640 | 0.0720 | 0.0800 |
| 170 | 0.0383 | 0.0425 | 0.0510 | 0.0595 | 0.0680 | 0.0765 | 0.0850 |

续表 4-3　　（普通锯材）

| 材长/m | 5.0 | | | | | | | |
|---|---|---|---|---|---|---|---|---|
| 材宽 /mm | 材厚/mm | | | | | | | |
| | 45 | 50 | 60 | 70 | 80 | 90 | 100 | |
| | 材积/m³ | | | | | | | |
| 180 | 0.0405 | 0.0450 | 0.0540 | 0.0630 | 0.0720 | 0.0810 | 0.0900 | |
| 190 | 0.0428 | 0.0475 | 0.0570 | 0.0665 | 0.0760 | 0.0855 | 0.0950 | |
| 200 | 0.0450 | 0.0500 | 0.0600 | 0.0700 | 0.0800 | 0.0900 | 0.1000 | |
| 210 | 0.0473 | 0.0525 | 0.0630 | 0.0735 | 0.0840 | 0.0945 | 0.1050 | |
| 220 | 0.0495 | 0.0550 | 0.0660 | 0.0770 | 0.0880 | 0.0990 | 0.1100 | |
| 230 | 0.0518 | 0.0575 | 0.0690 | 0.0805 | 0.0920 | 0.1035 | 0.1150 | |
| 240 | 0.0540 | 0.0600 | 0.0720 | 0.0840 | 0.0960 | 0.1080 | 0.1200 | |
| 250 | 0.0563 | 0.0625 | 0.0750 | 0.0875 | 0.1000 | 0.1125 | 0.1250 | |
| 260 | 0.0585 | 0.0650 | 0.0780 | 0.0910 | 0.1040 | 0.1170 | 0.1300 | |
| 270 | 0.0608 | 0.0675 | 0.0810 | 0.0945 | 0.1080 | 0.1215 | 0.1350 | |
| 280 | 0.0630 | 0.0700 | 0.0840 | 0.0980 | 0.1120 | 0.1260 | 0.1400 | |
| 290 | 0.0653 | 0.0725 | 0.0870 | 0.1015 | 0.1160 | 0.1305 | 0.1450 | |
| 300 | 0.0675 | 0.0750 | 0.0900 | 0.1050 | 0.1200 | 0.1350 | 0.1500 | |

**续表 4-3**

| 材长/m | 5.2 | | | | | | | |
|---|---|---|---|---|---|---|---|---|
| 材宽/mm | 材厚/mm | | | | | | | |
| | 12 | 15 | 18 | 21 | 25 | 30 | 35 | 40 |
| | 材积/m³ | | | | | | | |
| 30 | 0.0019 | 0.0023 | 0.0028 | 0.0033 | 0.0039 | 0.0047 | 0.0055 | 0.0062 |
| 40 | 0.0025 | 0.0031 | 0.0037 | 0.0044 | 0.0052 | 0.0062 | 0.0073 | 0.0083 |
| 50 | 0.0031 | 0.0039 | 0.0047 | 0.0055 | 0.0065 | 0.0078 | 0.0091 | 0.0104 |
| 60 | 0.0037 | 0.0047 | 0.0056 | 0.0066 | 0.0078 | 0.0094 | 0.0109 | 0.0125 |
| 70 | 0.0044 | 0.0055 | 0.0066 | 0.0076 | 0.0091 | 0.0109 | 0.0127 | 0.0146 |
| 80 | 0.0050 | 0.0062 | 0.0075 | 0.0087 | 0.0104 | 0.0125 | 0.0146 | 0.0166 |
| 90 | 0.0056 | 0.0070 | 0.0084 | 0.0098 | 0.0117 | 0.0140 | 0.0164 | 0.0187 |
| 100 | 0.0062 | 0.0078 | 0.0094 | 0.0109 | 0.0130 | 0.0156 | 0.0182 | 0.0208 |
| 110 | 0.0069 | 0.0086 | 0.0103 | 0.0120 | 0.0143 | 0.0172 | 0.0200 | 0.0229 |
| 120 | 0.0075 | 0.0094 | 0.0112 | 0.0131 | 0.0156 | 0.0187 | 0.0218 | 0.0250 |
| 130 | 0.0081 | 0.0101 | 0.0122 | 0.0142 | 0.0169 | 0.0203 | 0.0237 | 0.0270 |
| 140 | 0.0087 | 0.0109 | 0.0131 | 0.0153 | 0.0182 | 0.0218 | 0.0255 | 0.0291 |
| 150 | 0.0094 | 0.0117 | 0.0140 | 0.0164 | 0.0195 | 0.0234 | 0.0273 | 0.0312 |
| 160 | 0.0100 | 0.0125 | 0.0150 | 0.0175 | 0.0208 | 0.0250 | 0.0291 | 0.0333 |
| 170 | 0.0106 | 0.0133 | 0.0159 | 0.0186 | 0.0221 | 0.0265 | 0.0309 | 0.0354 |

续表 4-3 （普通锯材）

| 材长/m | 5.2 | | | | | | | |
|---|---|---|---|---|---|---|---|---|
| 材宽/mm | 材厚/mm | | | | | | | |
| | 12 | 15 | 18 | 21 | 25 | 30 | 35 | 40 |
| | 材积/$m^3$ | | | | | | | |
| 180 | 0.0112 | 0.0140 | 0.0168 | 0.0197 | 0.0234 | 0.0281 | 0.0328 | 0.0374 |
| 190 | 0.0119 | 0.0148 | 0.0178 | 0.0207 | 0.0247 | 0.0296 | 0.0346 | 0.0395 |
| 200 | 0.0125 | 0.0156 | 0.0187 | 0.0218 | 0.0260 | 0.0312 | 0.0364 | 0.0416 |
| 210 | 0.0131 | 0.0164 | 0.0197 | 0.0229 | 0.0273 | 0.0328 | 0.0382 | 0.0437 |
| 220 | 0.0137 | 0.0172 | 0.0206 | 0.0240 | 0.0286 | 0.0343 | 0.0400 | 0.0458 |
| 230 | 0.0144 | 0.0179 | 0.0215 | 0.0251 | 0.0299 | 0.0359 | 0.0419 | 0.0478 |
| 240 | 0.0150 | 0.0187 | 0.0225 | 0.0262 | 0.0312 | 0.0374 | 0.0437 | 0.0499 |
| 250 | 0.0156 | 0.0195 | 0.0234 | 0.0273 | 0.0325 | 0.0390 | 0.0455 | 0.0520 |
| 260 | 0.0162 | 0.0203 | 0.0243 | 0.0284 | 0.0338 | 0.0406 | 0.0473 | 0.0541 |
| 270 | 0.0168 | 0.0211 | 0.0253 | 0.0295 | 0.0351 | 0.0421 | 0.0491 | 0.0562 |
| 280 | 0.0175 | 0.0218 | 0.0262 | 0.0306 | 0.0364 | 0.0437 | 0.0510 | 0.0582 |
| 290 | 0.0181 | 0.0226 | 0.0271 | 0.0317 | 0.0377 | 0.0452 | 0.0528 | 0.0603 |
| 300 | 0.0187 | 0.0234 | 0.0281 | 0.0328 | 0.0390 | 0.0468 | 0.0546 | 0.0624 |

（普通锯材）

续表 4-3

| 材长/m | 5.2 | | | | | | |
|---|---|---|---|---|---|---|---|
| 材宽/mm | 材厚/mm | | | | | | |
| | 45 | 50 | 60 | 70 | 80 | 90 | 100 |
| | 材积/$m^3$ | | | | | | |
| 30 | 0.0070 | 0.0078 | 0.0094 | 0.0109 | 0.0125 | 0.0140 | 0.0156 |
| 40 | 0.0094 | 0.0104 | 0.0125 | 0.0146 | 0.0166 | 0.0187 | 0.0208 |
| 50 | 0.0117 | 0.0130 | 0.0156 | 0.0182 | 0.0208 | 0.0234 | 0.0260 |
| 60 | 0.0140 | 0.0156 | 0.0187 | 0.0218 | 0.0250 | 0.0281 | 0.0312 |
| 70 | 0.0164 | 0.0182 | 0.0218 | 0.0255 | 0.0291 | 0.0328 | 0.0364 |
| 80 | 0.0187 | 0.0208 | 0.0250 | 0.0291 | 0.0333 | 0.0374 | 0.0416 |
| 90 | 0.0211 | 0.0234 | 0.0281 | 0.0328 | 0.0374 | 0.0421 | 0.0468 |
| 100 | 0.0234 | 0.0260 | 0.0312 | 0.0364 | 0.0416 | 0.0468 | 0.0520 |
| 110 | 0.0257 | 0.0286 | 0.0343 | 0.0400 | 0.0458 | 0.0515 | 0.0572 |
| 120 | 0.0281 | 0.0312 | 0.0374 | 0.0437 | 0.0499 | 0.0562 | 0.0624 |
| 130 | 0.0304 | 0.0338 | 0.0406 | 0.0473 | 0.0541 | 0.0608 | 0.0676 |
| 140 | 0.0328 | 0.0364 | 0.0437 | 0.0510 | 0.0582 | 0.0655 | 0.0728 |
| 150 | 0.0351 | 0.0390 | 0.0468 | 0.0546 | 0.0624 | 0.0702 | 0.0780 |
| 160 | 0.0374 | 0.0416 | 0.0499 | 0.0582 | 0.0666 | 0.0749 | 0.0832 |
| 170 | 0.0398 | 0.0442 | 0.0530 | 0.0619 | 0.0707 | 0.0796 | 0.0884 |

续表 4-3 （普通锯材）

| 材长/m | 5.2 | | | | | | |
|---|---|---|---|---|---|---|---|
| 材宽/mm | 材厚/mm | | | | | | |
| | 45 | 50 | 60 | 70 | 80 | 90 | 100 |
| | 材积/$m^3$ | | | | | | |
| 180 | 0.0421 | 0.0468 | 0.0562 | 0.0655 | 0.0749 | 0.0842 | 0.0936 |
| 190 | 0.0445 | 0.0494 | 0.0593 | 0.0692 | 0.0790 | 0.0889 | 0.0988 |
| 200 | 0.0468 | 0.0520 | 0.0624 | 0.0728 | 0.0832 | 0.0936 | 0.1040 |
| 210 | 0.0491 | 0.0546 | 0.0655 | 0.0764 | 0.0874 | 0.0983 | 0.1092 |
| 220 | 0.0515 | 0.0572 | 0.0686 | 0.0801 | 0.0915 | 0.1030 | 0.1144 |
| 230 | 0.0538 | 0.0598 | 0.0718 | 0.0837 | 0.0957 | 0.1076 | 0.1196 |
| 240 | 0.0562 | 0.0624 | 0.0749 | 0.0874 | 0.0998 | 0.1123 | 0.1248 |
| 250 | 0.0585 | 0.0650 | 0.0780 | 0.0910 | 0.1040 | 0.1170 | 0.1300 |
| 260 | 0.0608 | 0.0676 | 0.0811 | 0.0946 | 0.1082 | 0.1217 | 0.1352 |
| 270 | 0.0632 | 0.0702 | 0.0842 | 0.0983 | 0.1123 | 0.1264 | 0.1404 |
| 280 | 0.0655 | 0.0728 | 0.0874 | 0.1019 | 0.1165 | 0.1310 | 0.1456 |
| 290 | 0.0679 | 0.0754 | 0.0905 | 0.1056 | 0.1206 | 0.1357 | 0.1508 |
| 300 | 0.0702 | 0.0780 | 0.0936 | 0.1092 | 0.1248 | 0.1404 | 0.1560 |

（普通锯材）

**续表 4-3**

| 材长/m | 5.4 | | | | | | | |
|---|---|---|---|---|---|---|---|---|
| 材宽/mm | 材厚/mm | | | | | | | |
| | 12 | 15 | 18 | 21 | 25 | 30 | 35 | 40 |
| | 材积/$m^3$ | | | | | | | |
| 30 | 0.0019 | 0.0024 | 0.0029 | 0.0034 | 0.0041 | 0.0049 | 0.0057 | 0.0065 |
| 40 | 0.0026 | 0.0032 | 0.0039 | 0.0045 | 0.0054 | 0.0065 | 0.0076 | 0.0086 |
| 50 | 0.0032 | 0.0041 | 0.0049 | 0.0057 | 0.0068 | 0.0081 | 0.0095 | 0.0108 |
| 60 | 0.0039 | 0.0049 | 0.0058 | 0.0068 | 0.0081 | 0.0097 | 0.0113 | 0.0130 |
| 70 | 0.0045 | 0.0057 | 0.0068 | 0.0079 | 0.0095 | 0.0113 | 0.0132 | 0.0151 |
| 80 | 0.0052 | 0.0065 | 0.0078 | 0.0091 | 0.0108 | 0.0130 | 0.0151 | 0.0173 |
| 90 | 0.0058 | 0.0073 | 0.0087 | 0.0102 | 0.0122 | 0.0146 | 0.0170 | 0.0194 |
| 100 | 0.0065 | 0.0081 | 0.0097 | 0.0113 | 0.0135 | 0.0162 | 0.0189 | 0.0216 |
| 110 | 0.0071 | 0.0089 | 0.0107 | 0.0125 | 0.0149 | 0.0178 | 0.0208 | 0.0238 |
| 120 | 0.0078 | 0.0097 | 0.0117 | 0.0136 | 0.0162 | 0.0194 | 0.0227 | 0.0259 |
| 130 | 0.0084 | 0.0105 | 0.0126 | 0.0147 | 0.0176 | 0.0211 | 0.0246 | 0.0281 |
| 140 | 0.0091 | 0.0113 | 0.0136 | 0.0159 | 0.0189 | 0.0227 | 0.0265 | 0.0302 |
| 150 | 0.0097 | 0.0122 | 0.0146 | 0.0170 | 0.0203 | 0.0243 | 0.0284 | 0.0324 |
| 160 | 0.0104 | 0.0130 | 0.0156 | 0.0181 | 0.0216 | 0.0259 | 0.0302 | 0.0346 |
| 170 | 0.0110 | 0.0138 | 0.0165 | 0.0193 | 0.0230 | 0.0275 | 0.0321 | 0.0367 |

| 材长/m | 5.4 | | | | | | | |
|---|---|---|---|---|---|---|---|---|
| 材宽/mm | 材厚/mm | | | | | | | |
| | 12 | 15 | 18 | 21 | 25 | 30 | 35 | 40 |
| | 材积/$m^3$ | | | | | | | |
| 180 | 0.0117 | 0.0146 | 0.0175 | 0.0204 | 0.0243 | 0.0292 | 0.0340 | 0.0389 |
| 190 | 0.0123 | 0.0154 | 0.0185 | 0.0215 | 0.0257 | 0.0308 | 0.0359 | 0.0410 |
| 200 | 0.0130 | 0.0162 | 0.0194 | 0.0227 | 0.0270 | 0.0324 | 0.0378 | 0.0432 |
| 210 | 0.0136 | 0.0170 | 0.0204 | 0.0238 | 0.0284 | 0.0340 | 0.0397 | 0.0454 |
| 220 | 0.0143 | 0.0178 | 0.0214 | 0.0249 | 0.0297 | 0.0356 | 0.0416 | 0.0475 |
| 230 | 0.0149 | 0.0186 | 0.0224 | 0.0261 | 0.0311 | 0.0373 | 0.0435 | 0.0497 |
| 240 | 0.0156 | 0.0194 | 0.0233 | 0.0272 | 0.0324 | 0.0389 | 0.0454 | 0.0518 |
| 250 | 0.0162 | 0.0203 | 0.0243 | 0.0284 | 0.0338 | 0.0405 | 0.0473 | 0.0540 |
| 260 | 0.0168 | 0.0211 | 0.0253 | 0.0295 | 0.0351 | 0.0421 | 0.0491 | 0.0562 |
| 270 | 0.0175 | 0.0219 | 0.0262 | 0.0306 | 0.0365 | 0.0437 | 0.0510 | 0.0583 |
| 280 | 0.0181 | 0.0227 | 0.0272 | 0.0318 | 0.0378 | 0.0454 | 0.0529 | 0.0605 |
| 290 | 0.0188 | 0.0235 | 0.0282 | 0.0329 | 0.0392 | 0.0470 | 0.0548 | 0.0626 |
| 300 | 0.0194 | 0.0243 | 0.0292 | 0.0340 | 0.0405 | 0.0486 | 0.0567 | 0.0648 |

（普通锯材） 续表 4-3

| 材长/m | 5.4 | | | | | | | |
|---|---|---|---|---|---|---|---|---|
| 材宽/mm | 材厚/mm | | | | | | | |
| | 45 | 50 | 60 | 70 | 80 | 90 | 100 | |
| | 材积/$m^3$ | | | | | | | |
| 30 | 0.0073 | 0.0081 | 0.0097 | 0.0113 | 0.0130 | 0.0146 | 0.0162 | |
| 40 | 0.0097 | 0.0108 | 0.0130 | 0.0151 | 0.0173 | 0.0194 | 0.0216 | |
| 50 | 0.0122 | 0.0135 | 0.0162 | 0.0189 | 0.0216 | 0.0243 | 0.0270 | |
| 60 | 0.0146 | 0.0162 | 0.0194 | 0.0227 | 0.0259 | 0.0292 | 0.0324 | |
| 70 | 0.0170 | 0.0189 | 0.0227 | 0.0265 | 0.0302 | 0.0340 | 0.0378 | |
| 80 | 0.0194 | 0.0216 | 0.0259 | 0.0302 | 0.0346 | 0.0389 | 0.0432 | |
| 90 | 0.0219 | 0.0243 | 0.0292 | 0.0340 | 0.0389 | 0.0437 | 0.0486 | |
| 100 | 0.0243 | 0.0270 | 0.0324 | 0.0378 | 0.0432 | 0.0486 | 0.0540 | |
| 110 | 0.0267 | 0.0297 | 0.0356 | 0.0416 | 0.0475 | 0.0535 | 0.0594 | |
| 120 | 0.0292 | 0.0324 | 0.0389 | 0.0454 | 0.0518 | 0.0583 | 0.0648 | |
| 130 | 0.0316 | 0.0351 | 0.0421 | 0.0491 | 0.0562 | 0.0632 | 0.0702 | |
| 140 | 0.0340 | 0.0378 | 0.0454 | 0.0529 | 0.0605 | 0.0680 | 0.0756 | |
| 150 | 0.0365 | 0.0405 | 0.0486 | 0.0567 | 0.0648 | 0.0729 | 0.0810 | |
| 160 | 0.0389 | 0.0432 | 0.0518 | 0.0605 | 0.0691 | 0.0778 | 0.0864 | |
| 170 | 0.0413 | 0.0459 | 0.0551 | 0.0643 | 0.0734 | 0.0826 | 0.0918 | |

| 材长/m | 5.4 | | | | | | | |
|---|---|---|---|---|---|---|---|---|
| 材宽/mm | 材厚/mm | | | | | | | |
| | 45 | 50 | 60 | 70 | 80 | 90 | 100 | |
| | 材积/$m^3$ | | | | | | | |
| 180 | 0.0437 | 0.0486 | 0.0583 | 0.0680 | 0.0778 | 0.0875 | 0.0972 | |
| 190 | 0.0462 | 0.0513 | 0.0616 | 0.0718 | 0.0821 | 0.0923 | 0.1026 | |
| 200 | 0.0486 | 0.0540 | 0.0648 | 0.0756 | 0.0864 | 0.0972 | 0.1080 | |
| 210 | 0.0510 | 0.0567 | 0.0680 | 0.0794 | 0.0907 | 0.1021 | 0.1134 | |
| 220 | 0.0535 | 0.0594 | 0.0713 | 0.0832 | 0.0950 | 0.1069 | 0.1188 | |
| 230 | 0.0559 | 0.0621 | 0.0745 | 0.0869 | 0.0994 | 0.1118 | 0.1242 | |
| 240 | 0.0583 | 0.0648 | 0.0778 | 0.0907 | 0.1037 | 0.1166 | 0.1296 | |
| 250 | 0.0608 | 0.0675 | 0.0810 | 0.0945 | 0.1080 | 0.1215 | 0.1350 | |
| 260 | 0.0632 | 0.0702 | 0.0842 | 0.0983 | 0.1123 | 0.1264 | 0.1404 | |
| 270 | 0.0656 | 0.0729 | 0.0875 | 0.1021 | 0.1166 | 0.1312 | 0.1458 | |
| 280 | 0.0680 | 0.0756 | 0.0907 | 0.1058 | 0.1210 | 0.1361 | 0.1512 | |
| 290 | 0.0705 | 0.0783 | 0.0940 | 0.1096 | 0.1253 | 0.1409 | 0.1566 | |
| 300 | 0.0729 | 0.0810 | 0.0972 | 0.1134 | 0.1296 | 0.1458 | 0.1620 | |

（普通锯材）

**续表 4-3**

| 材长/m | 5.6 | | | | | | | |
|---|---|---|---|---|---|---|---|---|
| 材宽/mm | 材厚/mm | | | | | | | |
| | 12 | 15 | 18 | 21 | 25 | 30 | 35 | 40 |
| | 材积/m³ | | | | | | | |
| 30 | 0.0020 | 0.0025 | 0.0030 | 0.0035 | 0.0042 | 0.0050 | 0.0059 | 0.0067 |
| 40 | 0.0027 | 0.0034 | 0.0040 | 0.0047 | 0.0056 | 0.0067 | 0.0078 | 0.0090 |
| 50 | 0.0034 | 0.0042 | 0.0050 | 0.0059 | 0.0070 | 0.0084 | 0.0098 | 0.0112 |
| 60 | 0.0040 | 0.0050 | 0.0060 | 0.0071 | 0.0084 | 0.0101 | 0.0118 | 0.0134 |
| 70 | 0.0047 | 0.0059 | 0.0071 | 0.0082 | 0.0098 | 0.0118 | 0.0137 | 0.0157 |
| 80 | 0.0054 | 0.0067 | 0.0081 | 0.0094 | 0.0112 | 0.0134 | 0.0157 | 0.0179 |
| 90 | 0.0060 | 0.0076 | 0.0091 | 0.0106 | 0.0126 | 0.0151 | 0.0176 | 0.0202 |
| 100 | 0.0067 | 0.0084 | 0.0101 | 0.0118 | 0.0140 | 0.0168 | 0.0196 | 0.0224 |
| 110 | 0.0074 | 0.0092 | 0.0111 | 0.0129 | 0.0154 | 0.0185 | 0.0216 | 0.0246 |
| 120 | 0.0081 | 0.0101 | 0.0121 | 0.0141 | 0.0168 | 0.0202 | 0.0235 | 0.0269 |
| 130 | 0.0087 | 0.0109 | 0.0131 | 0.0153 | 0.0182 | 0.0218 | 0.0255 | 0.0291 |
| 140 | 0.0094 | 0.0118 | 0.0141 | 0.0165 | 0.0196 | 0.0235 | 0.0274 | 0.0314 |
| 150 | 0.0101 | 0.0126 | 0.0151 | 0.0176 | 0.0210 | 0.0252 | 0.0294 | 0.0336 |
| 160 | 0.0108 | 0.0134 | 0.0161 | 0.0188 | 0.0224 | 0.0269 | 0.0314 | 0.0358 |
| 170 | 0.0114 | 0.0143 | 0.0171 | 0.0200 | 0.0238 | 0.0286 | 0.0333 | 0.0381 |

续表 4-3　　（普通锯材）

| 材长/m | 5.6 | | | | | | | |
|---|---|---|---|---|---|---|---|---|
| 材宽/mm | 材厚/mm | | | | | | | |
| | 12 | 15 | 18 | 21 | 25 | 30 | 35 | 40 |
| | 材积/m³ | | | | | | | |
| 180 | 0.0121 | 0.0151 | 0.0181 | 0.0212 | 0.0252 | 0.0302 | 0.0353 | 0.0403 |
| 190 | 0.0128 | 0.0160 | 0.0192 | 0.0223 | 0.0266 | 0.0319 | 0.0372 | 0.0426 |
| 200 | 0.0134 | 0.0168 | 0.0202 | 0.0235 | 0.0280 | 0.0336 | 0.0392 | 0.0448 |
| 210 | 0.0141 | 0.0176 | 0.0212 | 0.0247 | 0.0294 | 0.0353 | 0.0412 | 0.0470 |
| 220 | 0.0148 | 0.0185 | 0.0222 | 0.0259 | 0.0308 | 0.0370 | 0.0431 | 0.0493 |
| 230 | 0.0155 | 0.0193 | 0.0232 | 0.0270 | 0.0322 | 0.0386 | 0.0451 | 0.0515 |
| 240 | 0.0161 | 0.0202 | 0.0242 | 0.0282 | 0.0336 | 0.0403 | 0.0470 | 0.0538 |
| 250 | 0.0168 | 0.0210 | 0.0252 | 0.0294 | 0.0350 | 0.0420 | 0.0490 | 0.0560 |
| 260 | 0.0175 | 0.0218 | 0.0262 | 0.0306 | 0.0364 | 0.0437 | 0.0510 | 0.0582 |
| 270 | 0.0181 | 0.0227 | 0.0272 | 0.0318 | 0.0378 | 0.0454 | 0.0529 | 0.0605 |
| 280 | 0.0188 | 0.0235 | 0.0282 | 0.0329 | 0.0392 | 0.0470 | 0.0549 | 0.0627 |
| 290 | 0.0195 | 0.0244 | 0.0292 | 0.0341 | 0.0406 | 0.0487 | 0.0568 | 0.0650 |
| 300 | 0.0202 | 0.0252 | 0.0302 | 0.0353 | 0.0420 | 0.0504 | 0.0588 | 0.0672 |

(普通锯材) **续表 4-3**

| 材长/m | 5.6 | | | | | | |
|---|---|---|---|---|---|---|---|
| 材宽/mm | 材厚/mm | | | | | | |
| | 45 | 50 | 60 | 70 | 80 | 90 | 100 |
| | 材积/$m^3$ | | | | | | |
| 30 | 0.0076 | 0.0084 | 0.0101 | 0.0118 | 0.0134 | 0.0151 | 0.0168 |
| 40 | 0.0101 | 0.0112 | 0.0134 | 0.0157 | 0.0179 | 0.0202 | 0.0224 |
| 50 | 0.0126 | 0.0140 | 0.0168 | 0.0196 | 0.0224 | 0.0252 | 0.0280 |
| 60 | 0.0151 | 0.0168 | 0.0202 | 0.0235 | 0.0269 | 0.0302 | 0.0336 |
| 70 | 0.0176 | 0.0196 | 0.0235 | 0.0274 | 0.0314 | 0.0353 | 0.0392 |
| 80 | 0.0202 | 0.0224 | 0.0269 | 0.0314 | 0.0358 | 0.0403 | 0.0448 |
| 90 | 0.0227 | 0.0252 | 0.0302 | 0.0353 | 0.0403 | 0.0454 | 0.0504 |
| 100 | 0.0252 | 0.0280 | 0.0336 | 0.0392 | 0.0448 | 0.0504 | 0.0560 |
| 110 | 0.0277 | 0.0308 | 0.0370 | 0.0431 | 0.0493 | 0.0554 | 0.0616 |
| 120 | 0.0302 | 0.0336 | 0.0403 | 0.0470 | 0.0538 | 0.0605 | 0.0672 |
| 130 | 0.0328 | 0.0364 | 0.0437 | 0.0510 | 0.0582 | 0.0655 | 0.0728 |
| 140 | 0.0353 | 0.0392 | 0.0470 | 0.0549 | 0.0627 | 0.0706 | 0.0784 |
| 150 | 0.0378 | 0.0420 | 0.0504 | 0.0588 | 0.0672 | 0.0756 | 0.0840 |
| 160 | 0.0403 | 0.0448 | 0.0538 | 0.0627 | 0.0717 | 0.0806 | 0.0896 |
| 170 | 0.0428 | 0.0476 | 0.0571 | 0.0666 | 0.0762 | 0.0857 | 0.0952 |

续表 4-3 （普通锯材）

| 材长/m | 5.6 | | | | | | | |
|---|---|---|---|---|---|---|---|---|
| 材宽/mm | 材厚/mm | | | | | | | |
| | 45 | 50 | 60 | 70 | 80 | 90 | 100 | |
| | 材积/$m^3$ | | | | | | | |
| 180 | 0.0454 | 0.0504 | 0.0605 | 0.0706 | 0.0806 | 0.0907 | 0.1008 | |
| 190 | 0.0479 | 0.0532 | 0.0638 | 0.0745 | 0.0851 | 0.0958 | 0.1064 | |
| 200 | 0.0504 | 0.0560 | 0.0672 | 0.0784 | 0.0896 | 0.1008 | 0.1120 | |
| 210 | 0.0529 | 0.0588 | 0.0706 | 0.0823 | 0.0941 | 0.1058 | 0.1176 | |
| 220 | 0.0554 | 0.0616 | 0.0739 | 0.0862 | 0.0986 | 0.1109 | 0.1232 | |
| 230 | 0.0580 | 0.0644 | 0.0773 | 0.0902 | 0.1030 | 0.1159 | 0.1288 | |
| 240 | 0.0605 | 0.0672 | 0.0806 | 0.0941 | 0.1075 | 0.1210 | 0.1344 | |
| 250 | 0.0630 | 0.0700 | 0.0840 | 0.0980 | 0.1120 | 0.1260 | 0.1400 | |
| 260 | 0.0655 | 0.0728 | 0.0874 | 0.1019 | 0.1165 | 0.1310 | 0.1456 | |
| 270 | 0.0680 | 0.0756 | 0.0907 | 0.1058 | 0.1210 | 0.1361 | 0.1512 | |
| 280 | 0.0706 | 0.0784 | 0.0941 | 0.1098 | 0.1254 | 0.1411 | 0.1568 | |
| 290 | 0.0731 | 0.0812 | 0.0974 | 0.1137 | 0.1299 | 0.1462 | 0.1624 | |
| 300 | 0.0756 | 0.0840 | 0.1008 | 0.1176 | 0.1344 | 0.1512 | 0.1680 | |

**续表 4-3**

| 材长/m | 5.8 | | | | | | | |
|---|---|---|---|---|---|---|---|---|
| 材宽/mm | 材厚/mm | | | | | | | |
| | 12 | 15 | 18 | 21 | 25 | 30 | 35 | 40 |
| | 材积/m³ | | | | | | | |
| 30 | 0.0021 | 0.0026 | 0.0031 | 0.0037 | 0.0044 | 0.0052 | 0.0061 | 0.0070 |
| 40 | 0.0028 | 0.0035 | 0.0042 | 0.0049 | 0.0058 | 0.0070 | 0.0081 | 0.0093 |
| 50 | 0.0035 | 0.0044 | 0.0052 | 0.0061 | 0.0073 | 0.0087 | 0.0102 | 0.0116 |
| 60 | 0.0042 | 0.0052 | 0.0063 | 0.0073 | 0.0087 | 0.0104 | 0.0122 | 0.0139 |
| 70 | 0.0049 | 0.0061 | 0.0073 | 0.0085 | 0.0102 | 0.0122 | 0.0142 | 0.0162 |
| 80 | 0.0056 | 0.0070 | 0.0084 | 0.0097 | 0.0116 | 0.0139 | 0.0162 | 0.0186 |
| 90 | 0.0063 | 0.0078 | 0.0094 | 0.0110 | 0.0131 | 0.0157 | 0.0183 | 0.0209 |
| 100 | 0.0070 | 0.0087 | 0.0104 | 0.0122 | 0.0145 | 0.0174 | 0.0203 | 0.0232 |
| 110 | 0.0077 | 0.0096 | 0.0115 | 0.0134 | 0.0160 | 0.0191 | 0.0223 | 0.0255 |
| 120 | 0.0084 | 0.0104 | 0.0125 | 0.0146 | 0.0174 | 0.0209 | 0.0244 | 0.0278 |
| 130 | 0.0090 | 0.0113 | 0.0136 | 0.0158 | 0.0189 | 0.0226 | 0.0264 | 0.0302 |
| 140 | 0.0097 | 0.0122 | 0.0146 | 0.0171 | 0.0203 | 0.0244 | 0.0284 | 0.0325 |
| 150 | 0.0104 | 0.0131 | 0.0157 | 0.0183 | 0.0218 | 0.0261 | 0.0305 | 0.0348 |
| 160 | 0.0111 | 0.0139 | 0.0167 | 0.0195 | 0.0232 | 0.0278 | 0.0325 | 0.0371 |
| 170 | 0.0118 | 0.0148 | 0.0177 | 0.0207 | 0.0247 | 0.0296 | 0.0345 | 0.0394 |

续表 4-3 （普通锯材）

| 材长/m | 5.8 | | | | | | | |
|---|---|---|---|---|---|---|---|---|
| 材宽/mm | 材厚/mm | | | | | | | |
| | 12 | 15 | 18 | 21 | 25 | 30 | 35 | 40 |
| | 材积/$m^3$ | | | | | | | |
| 180 | 0.0125 | 0.0157 | 0.0188 | 0.0219 | 0.0261 | 0.0313 | 0.0365 | 0.0418 |
| 190 | 0.0132 | 0.0165 | 0.0198 | 0.0231 | 0.0276 | 0.0331 | 0.0386 | 0.0441 |
| 200 | 0.0139 | 0.0174 | 0.0209 | 0.0244 | 0.0290 | 0.0348 | 0.0406 | 0.0464 |
| 210 | 0.0146 | 0.0183 | 0.0219 | 0.0256 | 0.0305 | 0.0365 | 0.0426 | 0.0487 |
| 220 | 0.0153 | 0.0191 | 0.0230 | 0.0268 | 0.0319 | 0.0383 | 0.0447 | 0.0510 |
| 230 | 0.0160 | 0.0200 | 0.0240 | 0.0280 | 0.0334 | 0.0400 | 0.0467 | 0.0534 |
| 240 | 0.0167 | 0.0209 | 0.0251 | 0.0292 | 0.0348 | 0.0418 | 0.0487 | 0.0557 |
| 250 | 0.0174 | 0.0218 | 0.0261 | 0.0305 | 0.0363 | 0.0435 | 0.0508 | 0.0580 |
| 260 | 0.0181 | 0.0226 | 0.0271 | 0.0317 | 0.0377 | 0.0452 | 0.0528 | 0.0603 |
| 270 | 0.0188 | 0.0235 | 0.0282 | 0.0329 | 0.0392 | 0.0470 | 0.0548 | 0.0626 |
| 280 | 0.0195 | 0.0244 | 0.0292 | 0.0341 | 0.0406 | 0.0487 | 0.0568 | 0.0650 |
| 290 | 0.0202 | 0.0252 | 0.0303 | 0.0353 | 0.0421 | 0.0505 | 0.0589 | 0.0673 |
| 300 | 0.0209 | 0.0261 | 0.0313 | 0.0365 | 0.0435 | 0.0522 | 0.0609 | 0.0696 |

（普通锯材） **续表 4-3**

| 材长/m | 5.8 | | | | | | |
|---|---|---|---|---|---|---|---|
| 材宽/mm | 材厚/mm | | | | | | |
| | 45 | 50 | 60 | 70 | 80 | 90 | 100 |
| | 材积/$m^3$ | | | | | | |
| 30 | 0.0078 | 0.0087 | 0.0104 | 0.0122 | 0.0139 | 0.0157 | 0.0174 |
| 40 | 0.0104 | 0.0116 | 0.0139 | 0.0162 | 0.0186 | 0.0209 | 0.0232 |
| 50 | 0.0131 | 0.0145 | 0.0174 | 0.0203 | 0.0232 | 0.0261 | 0.0290 |
| 60 | 0.0157 | 0.0174 | 0.0209 | 0.0244 | 0.0278 | 0.0313 | 0.0348 |
| 70 | 0.0183 | 0.0203 | 0.0244 | 0.0284 | 0.0325 | 0.0365 | 0.0406 |
| 80 | 0.0209 | 0.0232 | 0.0278 | 0.0325 | 0.0371 | 0.0418 | 0.0464 |
| 90 | 0.0235 | 0.0261 | 0.0313 | 0.0365 | 0.0418 | 0.0470 | 0.0522 |
| 100 | 0.0261 | 0.0290 | 0.0348 | 0.0406 | 0.0464 | 0.0522 | 0.0580 |
| 110 | 0.0287 | 0.0319 | 0.0383 | 0.0447 | 0.0510 | 0.0574 | 0.0638 |
| 120 | 0.0313 | 0.0348 | 0.0418 | 0.0487 | 0.0557 | 0.0626 | 0.0696 |
| 130 | 0.0339 | 0.0377 | 0.0452 | 0.0528 | 0.0603 | 0.0679 | 0.0754 |
| 140 | 0.0365 | 0.0406 | 0.0487 | 0.0568 | 0.0650 | 0.0731 | 0.0812 |
| 150 | 0.0392 | 0.0435 | 0.0522 | 0.0609 | 0.0696 | 0.0783 | 0.0870 |
| 160 | 0.0418 | 0.0464 | 0.0557 | 0.0650 | 0.0742 | 0.0835 | 0.0928 |
| 170 | 0.0444 | 0.0493 | 0.0592 | 0.0690 | 0.0789 | 0.0887 | 0.0986 |

续表 4-3　　（普通锯材）

| 材长/m | 5.8 | | | | | | |
|---|---|---|---|---|---|---|---|
| 材宽/mm | 材厚/mm | | | | | | |
| | 45 | 50 | 60 | 70 | 80 | 90 | 100 |
| | 材积/$m^3$ | | | | | | |
| 180 | 0.0470 | 0.0522 | 0.0626 | 0.0731 | 0.0835 | 0.0940 | 0.1044 |
| 190 | 0.0496 | 0.0551 | 0.0661 | 0.0771 | 0.0882 | 0.0992 | 0.1102 |
| 200 | 0.0522 | 0.0580 | 0.0696 | 0.0812 | 0.0928 | 0.1044 | 0.1160 |
| 210 | 0.0548 | 0.0609 | 0.0731 | 0.0853 | 0.0974 | 0.1096 | 0.1218 |
| 220 | 0.0574 | 0.0638 | 0.0766 | 0.0893 | 0.1021 | 0.1148 | 0.1276 |
| 230 | 0.0600 | 0.0667 | 0.0800 | 0.0934 | 0.1067 | 0.1201 | 0.1334 |
| 240 | 0.0626 | 0.0696 | 0.0835 | 0.0974 | 0.1114 | 0.1253 | 0.1392 |
| 250 | 0.0653 | 0.0725 | 0.0870 | 0.1015 | 0.1160 | 0.1305 | 0.1450 |
| 260 | 0.0679 | 0.0754 | 0.0905 | 0.1056 | 0.1206 | 0.1357 | 0.1508 |
| 270 | 0.0705 | 0.0783 | 0.0940 | 0.1096 | 0.1253 | 0.1409 | 0.1566 |
| 280 | 0.0731 | 0.0812 | 0.0974 | 0.1137 | 0.1299 | 0.1462 | 0.1624 |
| 290 | 0.0757 | 0.0841 | 0.1009 | 0.1177 | 0.1346 | 0.1514 | 0.1682 |
| 300 | 0.0783 | 0.0870 | 0.1044 | 0.1218 | 0.1392 | 0.1566 | 0.1740 |

（普通锯材） 续表 4-3

| 材长/m | 6.0 | | | | | | | |
|---|---|---|---|---|---|---|---|---|
| 材宽/mm | 材厚/mm | | | | | | | |
| | 12 | 15 | 18 | 21 | 25 | 30 | 35 | 40 |
| | 材积/$m^3$ | | | | | | | |
| 30 | 0.0022 | 0.0027 | 0.0032 | 0.0038 | 0.0045 | 0.0054 | 0.0063 | 0.0072 |
| 40 | 0.0029 | 0.0036 | 0.0043 | 0.0050 | 0.0060 | 0.0072 | 0.0084 | 0.0096 |
| 50 | 0.0036 | 0.0045 | 0.0054 | 0.0063 | 0.0075 | 0.0090 | 0.0105 | 0.0120 |
| 60 | 0.0043 | 0.0054 | 0.0065 | 0.0076 | 0.0090 | 0.0108 | 0.0126 | 0.0144 |
| 70 | 0.0050 | 0.0063 | 0.0076 | 0.0088 | 0.0105 | 0.0126 | 0.0147 | 0.0168 |
| 80 | 0.0058 | 0.0072 | 0.0086 | 0.0101 | 0.0120 | 0.0144 | 0.0168 | 0.0192 |
| 90 | 0.0065 | 0.0081 | 0.0097 | 0.0113 | 0.0135 | 0.0162 | 0.0189 | 0.0216 |
| 100 | 0.0072 | 0.0090 | 0.0108 | 0.0126 | 0.0150 | 0.0180 | 0.0210 | 0.0240 |
| 110 | 0.0079 | 0.0099 | 0.0119 | 0.0139 | 0.0165 | 0.0198 | 0.0231 | 0.0264 |
| 120 | 0.0086 | 0.0108 | 0.0130 | 0.0151 | 0.0180 | 0.0216 | 0.0252 | 0.0288 |
| 130 | 0.0094 | 0.0117 | 0.0140 | 0.0164 | 0.0195 | 0.0234 | 0.0273 | 0.0312 |
| 140 | 0.0101 | 0.0126 | 0.0151 | 0.0176 | 0.0210 | 0.0252 | 0.0294 | 0.0336 |
| 150 | 0.0108 | 0.0135 | 0.0162 | 0.0189 | 0.0225 | 0.0270 | 0.0315 | 0.0360 |
| 160 | 0.0115 | 0.0144 | 0.0173 | 0.0202 | 0.0240 | 0.0288 | 0.0336 | 0.0384 |
| 170 | 0.0122 | 0.0153 | 0.0184 | 0.0214 | 0.0255 | 0.0306 | 0.0357 | 0.0408 |

续表 4-3　　（普通锯材）

| 材长/m | 6.0 | | | | | | | |
|---|---|---|---|---|---|---|---|---|
| 材宽/mm | 材厚/mm | | | | | | | |
| | 12 | 15 | 18 | 21 | 25 | 30 | 35 | 40 |
| | 材积/m³ | | | | | | | |
| 180 | 0.0130 | 0.0162 | 0.0194 | 0.0227 | 0.0270 | 0.0324 | 0.0378 | 0.0432 |
| 190 | 0.0137 | 0.0171 | 0.0205 | 0.0239 | 0.0285 | 0.0342 | 0.0399 | 0.0456 |
| 200 | 0.0144 | 0.0180 | 0.0216 | 0.0252 | 0.0300 | 0.0360 | 0.0420 | 0.0480 |
| 210 | 0.0151 | 0.0189 | 0.0227 | 0.0265 | 0.0315 | 0.0378 | 0.0441 | 0.0504 |
| 220 | 0.0158 | 0.0198 | 0.0238 | 0.0277 | 0.0330 | 0.0396 | 0.0462 | 0.0528 |
| 230 | 0.0166 | 0.0207 | 0.0248 | 0.0290 | 0.0345 | 0.0414 | 0.0483 | 0.0552 |
| 240 | 0.0173 | 0.0216 | 0.0259 | 0.0302 | 0.0360 | 0.0432 | 0.0504 | 0.0576 |
| 250 | 0.0180 | 0.0225 | 0.0270 | 0.0315 | 0.0375 | 0.0450 | 0.0525 | 0.0600 |
| 260 | 0.0187 | 0.0234 | 0.0281 | 0.0328 | 0.0390 | 0.0468 | 0.0546 | 0.0624 |
| 270 | 0.0194 | 0.0243 | 0.0292 | 0.0340 | 0.0405 | 0.0486 | 0.0567 | 0.0648 |
| 280 | 0.0202 | 0.0252 | 0.0302 | 0.0353 | 0.0420 | 0.0504 | 0.0588 | 0.0672 |
| 290 | 0.0209 | 0.0261 | 0.0313 | 0.0365 | 0.0435 | 0.0522 | 0.0609 | 0.0696 |
| 300 | 0.0216 | 0.0270 | 0.0324 | 0.0378 | 0.0450 | 0.0540 | 0.0630 | 0.0720 |

续表 4-3

| 材长/m | 6.0 | | | | | | |
|---|---|---|---|---|---|---|---|
| 材宽/mm | 材厚/mm | | | | | | |
| | 45 | 50 | 60 | 70 | 80 | 90 | 100 |
| | 材积/$m^3$ | | | | | | |
| 30 | 0.0081 | 0.0090 | 0.0108 | 0.0126 | 0.0144 | 0.0162 | 0.0180 |
| 40 | 0.0108 | 0.0120 | 0.0144 | 0.0168 | 0.0192 | 0.0216 | 0.0240 |
| 50 | 0.0135 | 0.0150 | 0.0180 | 0.0210 | 0.0240 | 0.0270 | 0.0300 |
| 60 | 0.0162 | 0.0180 | 0.0216 | 0.0252 | 0.0288 | 0.0324 | 0.0360 |
| 70 | 0.0189 | 0.0210 | 0.0252 | 0.0294 | 0.0336 | 0.0378 | 0.0420 |
| 80 | 0.0216 | 0.0240 | 0.0288 | 0.0336 | 0.0384 | 0.0432 | 0.0480 |
| 90 | 0.0243 | 0.0270 | 0.0324 | 0.0378 | 0.0432 | 0.0486 | 0.0540 |
| 100 | 0.0270 | 0.0300 | 0.0360 | 0.0420 | 0.0480 | 0.0540 | 0.0600 |
| 110 | 0.0297 | 0.0330 | 0.0396 | 0.0462 | 0.0528 | 0.0594 | 0.0660 |
| 120 | 0.0324 | 0.0360 | 0.0432 | 0.0504 | 0.0576 | 0.0648 | 0.0720 |
| 130 | 0.0351 | 0.0390 | 0.0468 | 0.0546 | 0.0624 | 0.0702 | 0.0780 |
| 140 | 0.0378 | 0.0420 | 0.0504 | 0.0588 | 0.0672 | 0.0756 | 0.0840 |
| 150 | 0.0405 | 0.0450 | 0.0540 | 0.0630 | 0.0720 | 0.0810 | 0.0900 |
| 160 | 0.0432 | 0.0480 | 0.0576 | 0.0672 | 0.0768 | 0.0864 | 0.0960 |
| 170 | 0.0459 | 0.0510 | 0.0612 | 0.0714 | 0.0816 | 0.0918 | 0.1020 |

续表 4-3　　（普通锯材）

| 材长/m | 6.0 | | | | | | | |
| --- | --- | --- | --- | --- | --- | --- | --- | --- |
| 材宽/mm | 材厚/mm | | | | | | | |
| | 45 | 50 | 60 | 70 | 80 | 90 | 100 | |
| | 材积/$m^3$ | | | | | | | |
| 180 | 0.0486 | 0.0540 | 0.0648 | 0.0756 | 0.0864 | 0.0972 | 0.1080 | |
| 190 | 0.0513 | 0.0570 | 0.0684 | 0.0798 | 0.0912 | 0.1026 | 0.1140 | |
| 200 | 0.0540 | 0.0600 | 0.0720 | 0.0840 | 0.0960 | 0.1080 | 0.1200 | |
| 210 | 0.0567 | 0.0630 | 0.0756 | 0.0882 | 0.1008 | 0.1134 | 0.1260 | |
| 220 | 0.0594 | 0.0660 | 0.0792 | 0.0924 | 0.1056 | 0.1188 | 0.1320 | |
| 230 | 0.0621 | 0.0690 | 0.0828 | 0.0966 | 0.1104 | 0.1242 | 0.1380 | |
| 240 | 0.0648 | 0.0720 | 0.0864 | 0.1008 | 0.1152 | 0.1296 | 0.1440 | |
| 250 | 0.0675 | 0.0750 | 0.0900 | 0.1050 | 0.1200 | 0.1350 | 0.1500 | |
| 260 | 0.0702 | 0.0780 | 0.0936 | 0.1092 | 0.1248 | 0.1404 | 0.1560 | |
| 270 | 0.0729 | 0.0810 | 0.0972 | 0.1134 | 0.1296 | 0.1458 | 0.1620 | |
| 280 | 0.0756 | 0.0840 | 0.1008 | 0.1176 | 0.1344 | 0.1512 | 0.1680 | |
| 290 | 0.0783 | 0.0870 | 0.1044 | 0.1218 | 0.1392 | 0.1566 | 0.1740 | |
| 300 | 0.0810 | 0.0900 | 0.1080 | 0.1260 | 0.1440 | 0.1620 | 0.1800 | |

**续表 4-3**

| 材长/m | 6.2 | | | | | | | |
|---|---|---|---|---|---|---|---|---|
| 材宽/mm | 材厚/mm | | | | | | | |
| | 12 | 15 | 18 | 21 | 25 | 30 | 35 | 40 |
| | 材积/$m^3$ | | | | | | | |
| 30 | 0.0022 | 0.0028 | 0.0033 | 0.0039 | 0.0047 | 0.0056 | 0.0065 | 0.0074 |
| 40 | 0.0030 | 0.0037 | 0.0045 | 0.0052 | 0.0062 | 0.0074 | 0.0087 | 0.0099 |
| 50 | 0.0037 | 0.0047 | 0.0056 | 0.0065 | 0.0078 | 0.0093 | 0.0109 | 0.0124 |
| 60 | 0.0045 | 0.0056 | 0.0067 | 0.0078 | 0.0093 | 0.0112 | 0.0130 | 0.0149 |
| 70 | 0.0052 | 0.0065 | 0.0078 | 0.0091 | 0.0109 | 0.0130 | 0.0152 | 0.0174 |
| 80 | 0.0060 | 0.0074 | 0.0089 | 0.0104 | 0.0124 | 0.0149 | 0.0174 | 0.0198 |
| 90 | 0.0067 | 0.0084 | 0.0100 | 0.0117 | 0.0140 | 0.0167 | 0.0195 | 0.0223 |
| 100 | 0.0074 | 0.0093 | 0.0112 | 0.0130 | 0.0155 | 0.0186 | 0.0217 | 0.0248 |
| 110 | 0.0082 | 0.0102 | 0.0123 | 0.0143 | 0.0171 | 0.0205 | 0.0239 | 0.0273 |
| 120 | 0.0089 | 0.0112 | 0.0134 | 0.0156 | 0.0186 | 0.0223 | 0.0260 | 0.0298 |
| 130 | 0.0097 | 0.0121 | 0.0145 | 0.0169 | 0.0202 | 0.0242 | 0.0282 | 0.0322 |
| 140 | 0.0104 | 0.0130 | 0.0156 | 0.0182 | 0.0217 | 0.0260 | 0.0304 | 0.0347 |
| 150 | 0.0112 | 0.0140 | 0.0167 | 0.0195 | 0.0233 | 0.0279 | 0.0326 | 0.0372 |
| 160 | 0.0119 | 0.0149 | 0.0179 | 0.0208 | 0.0248 | 0.0298 | 0.0347 | 0.0397 |
| 170 | 0.0126 | 0.0158 | 0.0190 | 0.0221 | 0.0264 | 0.0316 | 0.0369 | 0.0422 |

| 材长/m | 6.2 | | | | | | | |
|---|---|---|---|---|---|---|---|---|
| 材宽/mm | 材厚/mm | | | | | | | |
| | 12 | 15 | 18 | 21 | 25 | 30 | 35 | 40 |
| | 材积/m³ | | | | | | | |
| 180 | 0.0134 | 0.0167 | 0.0201 | 0.0234 | 0.0279 | 0.0335 | 0.0391 | 0.0446 |
| 190 | 0.0141 | 0.0177 | 0.0212 | 0.0247 | 0.0295 | 0.0353 | 0.0412 | 0.0471 |
| 200 | 0.0149 | 0.0186 | 0.0223 | 0.0260 | 0.0310 | 0.0372 | 0.0434 | 0.0496 |
| 210 | 0.0156 | 0.0195 | 0.0234 | 0.0273 | 0.0326 | 0.0391 | 0.0456 | 0.0521 |
| 220 | 0.0164 | 0.0205 | 0.0246 | 0.0286 | 0.0341 | 0.0409 | 0.0477 | 0.0546 |
| 230 | 0.0171 | 0.0214 | 0.0257 | 0.0299 | 0.0357 | 0.0428 | 0.0499 | 0.0570 |
| 240 | 0.0179 | 0.0223 | 0.0268 | 0.0312 | 0.0372 | 0.0446 | 0.0521 | 0.0595 |
| 250 | 0.0186 | 0.0233 | 0.0279 | 0.0326 | 0.0388 | 0.0465 | 0.0543 | 0.0620 |
| 260 | 0.0193 | 0.0242 | 0.0290 | 0.0339 | 0.0403 | 0.0484 | 0.0564 | 0.0645 |
| 270 | 0.0201 | 0.0251 | 0.0301 | 0.0352 | 0.0419 | 0.0502 | 0.0586 | 0.0670 |
| 280 | 0.0208 | 0.0260 | 0.0312 | 0.0365 | 0.0434 | 0.0521 | 0.0608 | 0.0694 |
| 290 | 0.0216 | 0.0270 | 0.0324 | 0.0378 | 0.0450 | 0.0539 | 0.0629 | 0.0719 |
| 300 | 0.0223 | 0.0279 | 0.0335 | 0.0391 | 0.0465 | 0.0558 | 0.0651 | 0.0744 |

（普通锯材） **续表 4-3**

| 材长/m | 6.2 | | | | | | |
|---|---|---|---|---|---|---|---|
| 材宽/mm | 材厚/mm | | | | | | |
| | 45 | 50 | 60 | 70 | 80 | 90 | 100 |
| | 材积/$m^3$ | | | | | | |
| 30 | 0.0084 | 0.0093 | 0.0112 | 0.0130 | 0.0149 | 0.0167 | 0.0186 |
| 40 | 0.0112 | 0.0124 | 0.0149 | 0.0174 | 0.0198 | 0.0223 | 0.0248 |
| 50 | 0.0140 | 0.0155 | 0.0186 | 0.0217 | 0.0248 | 0.0279 | 0.0310 |
| 60 | 0.0167 | 0.0186 | 0.0223 | 0.0260 | 0.0298 | 0.0335 | 0.0372 |
| 70 | 0.0195 | 0.0217 | 0.0260 | 0.0304 | 0.0347 | 0.0391 | 0.0434 |
| 80 | 0.0223 | 0.0248 | 0.0298 | 0.0347 | 0.0397 | 0.0446 | 0.0496 |
| 90 | 0.0251 | 0.0279 | 0.0335 | 0.0391 | 0.0446 | 0.0502 | 0.0558 |
| 100 | 0.0279 | 0.0310 | 0.0372 | 0.0434 | 0.0496 | 0.0558 | 0.0620 |
| 110 | 0.0307 | 0.0341 | 0.0409 | 0.0477 | 0.0546 | 0.0614 | 0.0682 |
| 120 | 0.0335 | 0.0372 | 0.0446 | 0.0521 | 0.0595 | 0.0670 | 0.0744 |
| 130 | 0.0363 | 0.0403 | 0.0484 | 0.0564 | 0.0645 | 0.0725 | 0.0806 |
| 140 | 0.0391 | 0.0434 | 0.0521 | 0.0608 | 0.0694 | 0.0781 | 0.0868 |
| 150 | 0.0419 | 0.0465 | 0.0558 | 0.0651 | 0.0744 | 0.0837 | 0.0930 |
| 160 | 0.0446 | 0.0496 | 0.0595 | 0.0694 | 0.0794 | 0.0893 | 0.0992 |
| 170 | 0.0474 | 0.0527 | 0.0632 | 0.0738 | 0.0843 | 0.0949 | 0.1054 |

续表 4-3 （普通锯材）

| 材长/m | 6.2 | | | | | | |
|---|---|---|---|---|---|---|---|
| 材宽/mm | 材厚/mm | | | | | | |
| | 45 | 50 | 60 | 70 | 80 | 90 | 100 |
| | 材积/$m^3$ | | | | | | |
| 180 | 0.0502 | 0.0558 | 0.0670 | 0.0781 | 0.0893 | 0.1004 | 0.1116 |
| 190 | 0.0530 | 0.0589 | 0.0707 | 0.0825 | 0.0942 | 0.1060 | 0.1178 |
| 200 | 0.0558 | 0.0620 | 0.0744 | 0.0868 | 0.0992 | 0.1116 | 0.1240 |
| 210 | 0.0586 | 0.0651 | 0.0781 | 0.0911 | 0.1042 | 0.1172 | 0.1302 |
| 220 | 0.0614 | 0.0682 | 0.0818 | 0.0955 | 0.1091 | 0.1228 | 0.1364 |
| 230 | 0.0642 | 0.0713 | 0.0856 | 0.0998 | 0.1141 | 0.1283 | 0.1426 |
| 240 | 0.0670 | 0.0744 | 0.0893 | 0.1042 | 0.1190 | 0.1339 | 0.1488 |
| 250 | 0.0698 | 0.0775 | 0.0930 | 0.1085 | 0.1240 | 0.1395 | 0.1550 |
| 260 | 0.0725 | 0.0806 | 0.0967 | 0.1128 | 0.1290 | 0.1451 | 0.1612 |
| 270 | 0.0753 | 0.0837 | 0.1004 | 0.1172 | 0.1339 | 0.1507 | 0.1674 |
| 280 | 0.0781 | 0.0868 | 0.1042 | 0.1215 | 0.1389 | 0.1562 | 0.1736 |
| 290 | 0.0809 | 0.0899 | 0.1079 | 0.1259 | 0.1438 | 0.1618 | 0.1798 |
| 300 | 0.0837 | 0.0930 | 0.1116 | 0.1302 | 0.1488 | 0.1674 | 0.1860 |

（普通锯材）

**续表 4-3**

| 材长/m | 6.4 | | | | | | | |
|---|---|---|---|---|---|---|---|---|
| 材宽/mm | 材厚/mm | | | | | | | |
| | 12 | 15 | 18 | 21 | 25 | 30 | 35 | 40 |
| | 材积/$m^3$ | | | | | | | |
| 30 | 0.0023 | 0.0029 | 0.0035 | 0.0040 | 0.0048 | 0.0058 | 0.0067 | 0.0077 |
| 40 | 0.0031 | 0.0038 | 0.0046 | 0.0054 | 0.0064 | 0.0077 | 0.0090 | 0.0102 |
| 50 | 0.0038 | 0.0048 | 0.0058 | 0.0067 | 0.0080 | 0.0096 | 0.0112 | 0.0128 |
| 60 | 0.0046 | 0.0058 | 0.0069 | 0.0081 | 0.0096 | 0.0115 | 0.0134 | 0.0154 |
| 70 | 0.0054 | 0.0067 | 0.0081 | 0.0094 | 0.0112 | 0.0134 | 0.0157 | 0.0179 |
| 80 | 0.0061 | 0.0077 | 0.0092 | 0.0108 | 0.0128 | 0.0154 | 0.0179 | 0.0205 |
| 90 | 0.0069 | 0.0086 | 0.0104 | 0.0121 | 0.0144 | 0.0173 | 0.0202 | 0.0230 |
| 100 | 0.0077 | 0.0096 | 0.0115 | 0.0134 | 0.0160 | 0.0192 | 0.0224 | 0.0256 |
| 110 | 0.0084 | 0.0106 | 0.0127 | 0.0148 | 0.0176 | 0.0211 | 0.0246 | 0.0282 |
| 120 | 0.0092 | 0.0115 | 0.0138 | 0.0161 | 0.0192 | 0.0230 | 0.0269 | 0.0307 |
| 130 | 0.0100 | 0.0125 | 0.0150 | 0.0175 | 0.0208 | 0.0250 | 0.0291 | 0.0333 |
| 140 | 0.0108 | 0.0134 | 0.0161 | 0.0188 | 0.0224 | 0.0269 | 0.0314 | 0.0358 |
| 150 | 0.0115 | 0.0144 | 0.0173 | 0.0202 | 0.0240 | 0.0288 | 0.0336 | 0.0384 |
| 160 | 0.0123 | 0.0154 | 0.0184 | 0.0215 | 0.0256 | 0.0307 | 0.0358 | 0.0410 |
| 170 | 0.0131 | 0.0163 | 0.0196 | 0.0228 | 0.0272 | 0.0326 | 0.0381 | 0.0435 |

续表 4-3 （普通锯材）

| 材长/m | 6.4 | | | | | | | |
|---|---|---|---|---|---|---|---|---|
| 材宽/mm | 材厚/mm | | | | | | | |
| | 12 | 15 | 18 | 21 | 25 | 30 | 35 | 40 |
| | 材积/$m^3$ | | | | | | | |
| 180 | 0.0138 | 0.0173 | 0.0207 | 0.0242 | 0.0288 | 0.0346 | 0.0403 | 0.0461 |
| 190 | 0.0146 | 0.0182 | 0.0219 | 0.0255 | 0.0304 | 0.0365 | 0.0426 | 0.0486 |
| 200 | 0.0154 | 0.0192 | 0.0230 | 0.0269 | 0.0320 | 0.0384 | 0.0448 | 0.0512 |
| 210 | 0.0161 | 0.0202 | 0.0242 | 0.0282 | 0.0336 | 0.0403 | 0.0470 | 0.0538 |
| 220 | 0.0169 | 0.0211 | 0.0253 | 0.0296 | 0.0352 | 0.0422 | 0.0493 | 0.0563 |
| 230 | 0.0177 | 0.0221 | 0.0265 | 0.0309 | 0.0368 | 0.0442 | 0.0515 | 0.0589 |
| 240 | 0.0184 | 0.0230 | 0.0276 | 0.0323 | 0.0384 | 0.0461 | 0.0538 | 0.0614 |
| 250 | 0.0192 | 0.0240 | 0.0288 | 0.0336 | 0.0400 | 0.0480 | 0.0560 | 0.0640 |
| 260 | 0.0200 | 0.0250 | 0.0300 | 0.0349 | 0.0416 | 0.0499 | 0.0582 | 0.0666 |
| 270 | 0.0207 | 0.0259 | 0.0311 | 0.0363 | 0.0432 | 0.0518 | 0.0605 | 0.0691 |
| 280 | 0.0215 | 0.0269 | 0.0323 | 0.0376 | 0.0448 | 0.0538 | 0.0627 | 0.0717 |
| 290 | 0.0223 | 0.0278 | 0.0334 | 0.0390 | 0.0464 | 0.0557 | 0.0650 | 0.0742 |
| 300 | 0.0230 | 0.0288 | 0.0346 | 0.0403 | 0.0480 | 0.0576 | 0.0672 | 0.0768 |

续表 4-3

| 材长/m | 6.4 | | | | | | | |
|---|---|---|---|---|---|---|---|---|
| 材宽/mm | 材厚/mm | | | | | | | |
| | 45 | 50 | 60 | 70 | 80 | 90 | 100 | |
| | 材积/m³ | | | | | | | |
| 30 | 0.0086 | 0.0096 | 0.0115 | 0.0134 | 0.0154 | 0.0173 | 0.0192 | |
| 40 | 0.0115 | 0.0128 | 0.0154 | 0.0179 | 0.0205 | 0.0230 | 0.0256 | |
| 50 | 0.0144 | 0.0160 | 0.0192 | 0.0224 | 0.0256 | 0.0288 | 0.0320 | |
| 60 | 0.0173 | 0.0192 | 0.0230 | 0.0269 | 0.0307 | 0.0346 | 0.0384 | |
| 70 | 0.0202 | 0.0224 | 0.0269 | 0.0314 | 0.0358 | 0.0403 | 0.0448 | |
| 80 | 0.0230 | 0.0256 | 0.0307 | 0.0358 | 0.0410 | 0.0461 | 0.0512 | |
| 90 | 0.0259 | 0.0288 | 0.0346 | 0.0403 | 0.0461 | 0.0518 | 0.0576 | |
| 100 | 0.0288 | 0.0320 | 0.0384 | 0.0448 | 0.0512 | 0.0576 | 0.0640 | |
| 110 | 0.0317 | 0.0352 | 0.0422 | 0.0493 | 0.0563 | 0.0634 | 0.0704 | |
| 120 | 0.0346 | 0.0384 | 0.0461 | 0.0538 | 0.0614 | 0.0691 | 0.0768 | |
| 130 | 0.0374 | 0.0416 | 0.0499 | 0.0582 | 0.0666 | 0.0749 | 0.0832 | |
| 140 | 0.0403 | 0.0448 | 0.0538 | 0.0627 | 0.0717 | 0.0806 | 0.0896 | |
| 150 | 0.0432 | 0.0480 | 0.0576 | 0.0672 | 0.0768 | 0.0864 | 0.0960 | |
| 160 | 0.0461 | 0.0512 | 0.0614 | 0.0717 | 0.0819 | 0.0922 | 0.1024 | |
| 170 | 0.0490 | 0.0544 | 0.0653 | 0.0762 | 0.0870 | 0.0979 | 0.1088 | |

| 材长/m | 6.4 | | | | | | |
|---|---|---|---|---|---|---|---|
| 材宽/mm | 材厚/mm | | | | | | |
| | 45 | 50 | 60 | 70 | 80 | 90 | 100 |
| | 材积/$m^3$ | | | | | | |
| 180 | 0.0518 | 0.0576 | 0.0691 | 0.0806 | 0.0922 | 0.1037 | 0.1152 |
| 190 | 0.0547 | 0.0608 | 0.0730 | 0.0851 | 0.0973 | 0.1094 | 0.1216 |
| 200 | 0.0576 | 0.0640 | 0.0768 | 0.0896 | 0.1024 | 0.1152 | 0.1280 |
| 210 | 0.0605 | 0.0672 | 0.0806 | 0.0941 | 0.1075 | 0.1210 | 0.1344 |
| 220 | 0.0634 | 0.0704 | 0.0845 | 0.0986 | 0.1126 | 0.1267 | 0.1408 |
| 230 | 0.0662 | 0.0736 | 0.0883 | 0.1030 | 0.1178 | 0.1325 | 0.1472 |
| 240 | 0.0691 | 0.0768 | 0.0922 | 0.1075 | 0.1229 | 0.1382 | 0.1536 |
| 250 | 0.0720 | 0.0800 | 0.0960 | 0.1120 | 0.1280 | 0.1440 | 0.1600 |
| 260 | 0.0749 | 0.0832 | 0.0998 | 0.1165 | 0.1331 | 0.1498 | 0.1664 |
| 270 | 0.0778 | 0.0864 | 0.1037 | 0.1210 | 0.1382 | 0.1555 | 0.1728 |
| 280 | 0.0806 | 0.0896 | 0.1075 | 0.1254 | 0.1434 | 0.1613 | 0.1792 |
| 290 | 0.0835 | 0.0928 | 0.1114 | 0.1299 | 0.1485 | 0.1670 | 0.1856 |
| 300 | 0.0864 | 0.0960 | 0.1152 | 0.1344 | 0.1536 | 0.1728 | 0.1920 |

（普通锯材）

**续表 4-3**

| 材长/m | 6.6 | | | | | | | |
|---|---|---|---|---|---|---|---|---|
| 材宽/mm | 材厚/mm | | | | | | | |
| | 12 | 15 | 18 | 21 | 25 | 30 | 35 | 40 |
| | 材积/m³ | | | | | | | |
| 30 | 0.0024 | 0.0030 | 0.0036 | 0.0042 | 0.0050 | 0.0059 | 0.0069 | 0.0079 |
| 40 | 0.0032 | 0.0040 | 0.0048 | 0.0055 | 0.0066 | 0.0079 | 0.0092 | 0.0106 |
| 50 | 0.0040 | 0.0050 | 0.0059 | 0.0069 | 0.0083 | 0.0099 | 0.0116 | 0.0132 |
| 60 | 0.0048 | 0.0059 | 0.0071 | 0.0083 | 0.0099 | 0.0119 | 0.0139 | 0.0158 |
| 70 | 0.0055 | 0.0069 | 0.0083 | 0.0097 | 0.0116 | 0.0139 | 0.0162 | 0.0185 |
| 80 | 0.0063 | 0.0079 | 0.0095 | 0.0111 | 0.0132 | 0.0158 | 0.0185 | 0.0211 |
| 90 | 0.0071 | 0.0089 | 0.0107 | 0.0125 | 0.0149 | 0.0178 | 0.0208 | 0.0238 |
| 100 | 0.0079 | 0.0099 | 0.0119 | 0.0139 | 0.0165 | 0.0198 | 0.0231 | 0.0264 |
| 110 | 0.0087 | 0.0109 | 0.0131 | 0.0152 | 0.0182 | 0.0218 | 0.0254 | 0.0290 |
| 120 | 0.0095 | 0.0119 | 0.0143 | 0.0166 | 0.0198 | 0.0238 | 0.0277 | 0.0317 |
| 130 | 0.0103 | 0.0129 | 0.0154 | 0.0180 | 0.0215 | 0.0257 | 0.0300 | 0.0343 |
| 140 | 0.0111 | 0.0139 | 0.0166 | 0.0194 | 0.0231 | 0.0277 | 0.0323 | 0.0370 |
| 150 | 0.0119 | 0.0149 | 0.0178 | 0.0208 | 0.0248 | 0.0297 | 0.0347 | 0.0396 |
| 160 | 0.0127 | 0.0158 | 0.0190 | 0.0222 | 0.0264 | 0.0317 | 0.0370 | 0.0422 |
| 170 | 0.0135 | 0.0168 | 0.0202 | 0.0236 | 0.0281 | 0.0337 | 0.0393 | 0.0449 |

续表 4-3 （普通锯材）

| 材长/m | 6.6 | | | | | | | |
|---|---|---|---|---|---|---|---|---|
| 材宽/mm | 材厚/mm | | | | | | | |
| | 12 | 15 | 18 | 21 | 25 | 30 | 35 | 40 |
| | 材积/m³ | | | | | | | |
| 180 | 0.0143 | 0.0178 | 0.0214 | 0.0249 | 0.0297 | 0.0356 | 0.0416 | 0.0475 |
| 190 | 0.0150 | 0.0188 | 0.0226 | 0.0263 | 0.0314 | 0.0376 | 0.0439 | 0.0502 |
| 200 | 0.0158 | 0.0198 | 0.0238 | 0.0277 | 0.0330 | 0.0396 | 0.0462 | 0.0528 |
| 210 | 0.0166 | 0.0208 | 0.0249 | 0.0291 | 0.0347 | 0.0416 | 0.0485 | 0.0554 |
| 220 | 0.0174 | 0.0218 | 0.0261 | 0.0305 | 0.0363 | 0.0436 | 0.0508 | 0.0581 |
| 230 | 0.0182 | 0.0228 | 0.0273 | 0.0319 | 0.0380 | 0.0455 | 0.0531 | 0.0607 |
| 240 | 0.0190 | 0.0238 | 0.0285 | 0.0333 | 0.0396 | 0.0475 | 0.0554 | 0.0634 |
| 250 | 0.0198 | 0.0248 | 0.0297 | 0.0347 | 0.0413 | 0.0495 | 0.0578 | 0.0660 |
| 260 | 0.0206 | 0.0257 | 0.0309 | 0.0360 | 0.0429 | 0.0515 | 0.0601 | 0.0686 |
| 270 | 0.0214 | 0.0267 | 0.0321 | 0.0374 | 0.0446 | 0.0535 | 0.0624 | 0.0713 |
| 280 | 0.0222 | 0.0277 | 0.0333 | 0.0388 | 0.0462 | 0.0554 | 0.0647 | 0.0739 |
| 290 | 0.0230 | 0.0287 | 0.0345 | 0.0402 | 0.0479 | 0.0574 | 0.0670 | 0.0766 |
| 300 | 0.0238 | 0.0297 | 0.0356 | 0.0416 | 0.0495 | 0.0594 | 0.0693 | 0.0792 |

（普通锯材）

**续表 4-3**

| 材长/m | 6.6 | | | | | | |
|---|---|---|---|---|---|---|---|
| 材宽/mm | 材厚/mm | | | | | | |
| | 45 | 50 | 60 | 70 | 80 | 90 | 100 |
| | 材积/m³ | | | | | | |
| 30 | 0.0089 | 0.0099 | 0.0119 | 0.0139 | 0.0158 | 0.0178 | 0.0198 |
| 40 | 0.0119 | 0.0132 | 0.0158 | 0.0185 | 0.0211 | 0.0238 | 0.0264 |
| 50 | 0.0149 | 0.0165 | 0.0198 | 0.0231 | 0.0264 | 0.0297 | 0.0330 |
| 60 | 0.0178 | 0.0198 | 0.0238 | 0.0277 | 0.0317 | 0.0356 | 0.0396 |
| 70 | 0.0208 | 0.0231 | 0.0277 | 0.0323 | 0.0370 | 0.0416 | 0.0462 |
| 80 | 0.0238 | 0.0264 | 0.0317 | 0.0370 | 0.0422 | 0.0475 | 0.0528 |
| 90 | 0.0267 | 0.0297 | 0.0356 | 0.0416 | 0.0475 | 0.0535 | 0.0594 |
| 100 | 0.0297 | 0.0330 | 0.0396 | 0.0462 | 0.0528 | 0.0594 | 0.0660 |
| 110 | 0.0327 | 0.0363 | 0.0436 | 0.0508 | 0.0581 | 0.0653 | 0.0726 |
| 120 | 0.0356 | 0.0396 | 0.0475 | 0.0554 | 0.0634 | 0.0713 | 0.0792 |
| 130 | 0.0386 | 0.0429 | 0.0515 | 0.0601 | 0.0686 | 0.0772 | 0.0858 |
| 140 | 0.0416 | 0.0462 | 0.0554 | 0.0647 | 0.0739 | 0.0832 | 0.0924 |
| 150 | 0.0446 | 0.0495 | 0.0594 | 0.0693 | 0.0792 | 0.0891 | 0.0990 |
| 160 | 0.0475 | 0.0528 | 0.0634 | 0.0739 | 0.0845 | 0.0950 | 0.1056 |
| 170 | 0.0505 | 0.0561 | 0.0673 | 0.0785 | 0.0898 | 0.1010 | 0.1122 |

**续表 4-3** （普通锯材）

| 材长/m | 6.6 | | | | | | |
|---|---|---|---|---|---|---|---|
| 材宽/mm | 材厚/mm | | | | | | |
| | 45 | 50 | 60 | 70 | 80 | 90 | 100 |
| | 材积/m³ | | | | | | |
| 180 | 0.0535 | 0.0594 | 0.0713 | 0.0832 | 0.0950 | 0.1069 | 0.1188 |
| 190 | 0.0564 | 0.0627 | 0.0752 | 0.0878 | 0.1003 | 0.1129 | 0.1254 |
| 200 | 0.0594 | 0.0660 | 0.0792 | 0.0924 | 0.1056 | 0.1188 | 0.1320 |
| 210 | 0.0624 | 0.0693 | 0.0832 | 0.0970 | 0.1109 | 0.1247 | 0.1386 |
| 220 | 0.0653 | 0.0726 | 0.0871 | 0.1016 | 0.1162 | 0.1307 | 0.1452 |
| 230 | 0.0683 | 0.0759 | 0.0911 | 0.1063 | 0.1214 | 0.1366 | 0.1518 |
| 240 | 0.0713 | 0.0792 | 0.0950 | 0.1109 | 0.1267 | 0.1426 | 0.1584 |
| 250 | 0.0743 | 0.0825 | 0.0990 | 0.1155 | 0.1320 | 0.1485 | 0.1650 |
| 260 | 0.0772 | 0.0858 | 0.1030 | 0.1201 | 0.1373 | 0.1544 | 0.1716 |
| 270 | 0.0802 | 0.0891 | 0.1069 | 0.1247 | 0.1426 | 0.1604 | 0.1782 |
| 280 | 0.0832 | 0.0924 | 0.1109 | 0.1294 | 0.1478 | 0.1663 | 0.1848 |
| 290 | 0.0861 | 0.0957 | 0.1148 | 0.1340 | 0.1531 | 0.1723 | 0.1914 |
| 300 | 0.0891 | 0.0990 | 0.1188 | 0.1386 | 0.1584 | 0.1782 | 0.1980 |

（普通锯材） 续表 4-3

| 材长/m | 6.8 | | | | | | | |
|---|---|---|---|---|---|---|---|---|
| 材宽/mm | 材厚/mm | | | | | | | |
| | 12 | 15 | 18 | 21 | 25 | 30 | 35 | 40 |
| | 材积/$m^3$ | | | | | | | |
| 30 | 0.0024 | 0.0031 | 0.0037 | 0.0043 | 0.0051 | 0.0061 | 0.0071 | 0.0082 |
| 40 | 0.0033 | 0.0041 | 0.0049 | 0.0057 | 0.0068 | 0.0082 | 0.0095 | 0.0109 |
| 50 | 0.0041 | 0.0051 | 0.0061 | 0.0071 | 0.0085 | 0.0102 | 0.0119 | 0.0136 |
| 60 | 0.0049 | 0.0061 | 0.0073 | 0.0086 | 0.0102 | 0.0122 | 0.0143 | 0.0163 |
| 70 | 0.0057 | 0.0071 | 0.0086 | 0.0100 | 0.0119 | 0.0143 | 0.0167 | 0.0190 |
| 80 | 0.0065 | 0.0082 | 0.0098 | 0.0114 | 0.0136 | 0.0163 | 0.0190 | 0.0218 |
| 90 | 0.0073 | 0.0092 | 0.0110 | 0.0129 | 0.0153 | 0.0184 | 0.0214 | 0.0245 |
| 100 | 0.0082 | 0.0102 | 0.0122 | 0.0143 | 0.0170 | 0.0204 | 0.0238 | 0.0272 |
| 110 | 0.0090 | 0.0112 | 0.0135 | 0.0157 | 0.0187 | 0.0224 | 0.0262 | 0.0299 |
| 120 | 0.0098 | 0.0122 | 0.0147 | 0.0171 | 0.0204 | 0.0245 | 0.0286 | 0.0326 |
| 130 | 0.0106 | 0.0133 | 0.0159 | 0.0186 | 0.0221 | 0.0265 | 0.0309 | 0.0354 |
| 140 | 0.0114 | 0.0143 | 0.0171 | 0.0200 | 0.0238 | 0.0286 | 0.0333 | 0.0381 |
| 150 | 0.0122 | 0.0153 | 0.0184 | 0.0214 | 0.0255 | 0.0306 | 0.0357 | 0.0408 |
| 160 | 0.0131 | 0.0163 | 0.0196 | 0.0228 | 0.0272 | 0.0326 | 0.0381 | 0.0435 |
| 170 | 0.0139 | 0.0173 | 0.0208 | 0.0243 | 0.0289 | 0.0347 | 0.0405 | 0.0462 |

续表 4-3　　（普通锯材）

| 材长/m | 6.8 | | | | | | | |
|---|---|---|---|---|---|---|---|---|
| 材宽/mm | 材厚/mm | | | | | | | |
| | 12 | 15 | 18 | 21 | 25 | 30 | 35 | 40 |
| | 材积/$m^3$ | | | | | | | |
| 180 | 0.0147 | 0.0184 | 0.0220 | 0.0257 | 0.0306 | 0.0367 | 0.0428 | 0.0490 |
| 190 | 0.0155 | 0.0194 | 0.0233 | 0.0271 | 0.0323 | 0.0388 | 0.0452 | 0.0517 |
| 200 | 0.0163 | 0.0204 | 0.0245 | 0.0286 | 0.0340 | 0.0408 | 0.0476 | 0.0544 |
| 210 | 0.0171 | 0.0214 | 0.0257 | 0.0300 | 0.0357 | 0.0428 | 0.0500 | 0.0571 |
| 220 | 0.0180 | 0.0224 | 0.0269 | 0.0314 | 0.0374 | 0.0449 | 0.0524 | 0.0598 |
| 230 | 0.0188 | 0.0235 | 0.0282 | 0.0328 | 0.0391 | 0.0469 | 0.0547 | 0.0626 |
| 240 | 0.0196 | 0.0245 | 0.0294 | 0.0343 | 0.0408 | 0.0490 | 0.0571 | 0.0653 |
| 250 | 0.0204 | 0.0255 | 0.0306 | 0.0357 | 0.0425 | 0.0510 | 0.0595 | 0.0680 |
| 260 | 0.0212 | 0.0265 | 0.0318 | 0.0371 | 0.0442 | 0.0530 | 0.0619 | 0.0707 |
| 270 | 0.0220 | 0.0275 | 0.0330 | 0.0386 | 0.0459 | 0.0551 | 0.0643 | 0.0734 |
| 280 | 0.0228 | 0.0286 | 0.0343 | 0.0400 | 0.0476 | 0.0571 | 0.0666 | 0.0762 |
| 290 | 0.0237 | 0.0296 | 0.0355 | 0.0414 | 0.0493 | 0.0592 | 0.0690 | 0.0789 |
| 300 | 0.0245 | 0.0306 | 0.0367 | 0.0428 | 0.0510 | 0.0612 | 0.0714 | 0.0816 |

（普通锯材）　　　　　　　　**续表 4-3**

| 材长/m | 6.8 | | | | | | |
|---|---|---|---|---|---|---|---|
| 材宽/mm | 材厚/mm | | | | | | |
| | 45 | 50 | 60 | 70 | 80 | 90 | 100 |
| | 材积/m³ | | | | | | |
| 30 | 0.0092 | 0.0102 | 0.0122 | 0.0143 | 0.0163 | 0.0184 | 0.0204 |
| 40 | 0.0122 | 0.0136 | 0.0163 | 0.0190 | 0.0218 | 0.0245 | 0.0272 |
| 50 | 0.0153 | 0.0170 | 0.0204 | 0.0238 | 0.0272 | 0.0306 | 0.0340 |
| 60 | 0.0184 | 0.0204 | 0.0245 | 0.0286 | 0.0326 | 0.0367 | 0.0408 |
| 70 | 0.0214 | 0.0238 | 0.0286 | 0.0333 | 0.0381 | 0.0428 | 0.0476 |
| 80 | 0.0245 | 0.0272 | 0.0326 | 0.0381 | 0.0435 | 0.0490 | 0.0544 |
| 90 | 0.0275 | 0.0306 | 0.0367 | 0.0428 | 0.0490 | 0.0551 | 0.0612 |
| 100 | 0.0306 | 0.0340 | 0.0408 | 0.0476 | 0.0544 | 0.0612 | 0.0680 |
| 110 | 0.0337 | 0.0374 | 0.0449 | 0.0524 | 0.0598 | 0.0673 | 0.0748 |
| 120 | 0.0367 | 0.0408 | 0.0490 | 0.0571 | 0.0653 | 0.0734 | 0.0816 |
| 130 | 0.0398 | 0.0442 | 0.0530 | 0.0619 | 0.0707 | 0.0796 | 0.0884 |
| 140 | 0.0428 | 0.0476 | 0.0571 | 0.0666 | 0.0762 | 0.0857 | 0.0952 |
| 150 | 0.0459 | 0.0510 | 0.0612 | 0.0714 | 0.0816 | 0.0918 | 0.1020 |
| 160 | 0.0490 | 0.0544 | 0.0653 | 0.0762 | 0.0870 | 0.0979 | 0.1088 |
| 170 | 0.0520 | 0.0578 | 0.0694 | 0.0809 | 0.0925 | 0.1040 | 0.1156 |

续表 4-3 （普通锯材）

| 材长/m | 6.8 | | | | | | |
|---|---|---|---|---|---|---|---|
| 材宽/mm | 材厚/mm | | | | | | |
| | 45 | 50 | 60 | 70 | 80 | 90 | 100 |
| | 材积/m³ | | | | | | |
| 180 | 0.0551 | 0.0612 | 0.0734 | 0.0857 | 0.0979 | 0.1102 | 0.1224 |
| 190 | 0.0581 | 0.0646 | 0.0775 | 0.0904 | 0.1034 | 0.1163 | 0.1292 |
| 200 | 0.0612 | 0.0680 | 0.0816 | 0.0952 | 0.1088 | 0.1224 | 0.1360 |
| 210 | 0.0643 | 0.0714 | 0.0857 | 0.1000 | 0.1142 | 0.1285 | 0.1428 |
| 220 | 0.0673 | 0.0748 | 0.0898 | 0.1047 | 0.1197 | 0.1346 | 0.1496 |
| 230 | 0.0704 | 0.0782 | 0.0938 | 0.1095 | 0.1251 | 0.1408 | 0.1564 |
| 240 | 0.0734 | 0.0816 | 0.0979 | 0.1142 | 0.1306 | 0.1469 | 0.1632 |
| 250 | 0.0765 | 0.0850 | 0.1020 | 0.1190 | 0.1360 | 0.1530 | 0.1700 |
| 260 | 0.0796 | 0.0884 | 0.1061 | 0.1238 | 0.1414 | 0.1591 | 0.1768 |
| 270 | 0.0826 | 0.0918 | 0.1102 | 0.1285 | 0.1469 | 0.1652 | 0.1836 |
| 280 | 0.0857 | 0.0952 | 0.1142 | 0.1333 | 0.1523 | 0.1714 | 0.1904 |
| 290 | 0.0887 | 0.0986 | 0.1183 | 0.1380 | 0.1578 | 0.1775 | 0.1972 |
| 300 | 0.0918 | 0.1020 | 0.1224 | 0.1428 | 0.1632 | 0.1836 | 0.2040 |

（普通锯材） 续表 4-3

| 材长/m | 7.0 | | | | | | | |
|---|---|---|---|---|---|---|---|---|
| 材宽/mm | 材厚/mm | | | | | | | |
| | 12 | 15 | 18 | 21 | 25 | 30 | 35 | 40 |
| | 材积/$m^3$ | | | | | | | |
| 30 | 0.0025 | 0.0032 | 0.0038 | 0.0044 | 0.0053 | 0.0063 | 0.0074 | 0.0084 |
| 40 | 0.0034 | 0.0042 | 0.0050 | 0.0059 | 0.0070 | 0.0084 | 0.0098 | 0.0112 |
| 50 | 0.0042 | 0.0053 | 0.0063 | 0.0074 | 0.0088 | 0.0105 | 0.0123 | 0.0140 |
| 60 | 0.0050 | 0.0063 | 0.0076 | 0.0088 | 0.0105 | 0.0126 | 0.0147 | 0.0168 |
| 70 | 0.0059 | 0.0074 | 0.0088 | 0.0103 | 0.0123 | 0.0147 | 0.0172 | 0.0196 |
| 80 | 0.0067 | 0.0084 | 0.0101 | 0.0118 | 0.0140 | 0.0168 | 0.0196 | 0.0224 |
| 90 | 0.0076 | 0.0095 | 0.0113 | 0.0132 | 0.0158 | 0.0189 | 0.0221 | 0.0252 |
| 100 | 0.0084 | 0.0105 | 0.0126 | 0.0147 | 0.0175 | 0.0210 | 0.0245 | 0.0280 |
| 110 | 0.0092 | 0.0116 | 0.0139 | 0.0162 | 0.0193 | 0.0231 | 0.0270 | 0.0308 |
| 120 | 0.0101 | 0.0126 | 0.0151 | 0.0176 | 0.0210 | 0.0252 | 0.0294 | 0.0336 |
| 130 | 0.0109 | 0.0137 | 0.0164 | 0.0191 | 0.0228 | 0.0273 | 0.0319 | 0.0364 |
| 140 | 0.0118 | 0.0147 | 0.0176 | 0.0206 | 0.0245 | 0.0294 | 0.0343 | 0.0392 |
| 150 | 0.0126 | 0.0158 | 0.0189 | 0.0221 | 0.0263 | 0.0315 | 0.0368 | 0.0420 |
| 160 | 0.0134 | 0.0168 | 0.0202 | 0.0235 | 0.0280 | 0.0336 | 0.0392 | 0.0448 |
| 170 | 0.0143 | 0.0179 | 0.0214 | 0.0250 | 0.0298 | 0.0357 | 0.0417 | 0.0476 |

**续表 4-3** （普通锯材）

| 材长/m | 7.0 | | | | | | | |
|---|---|---|---|---|---|---|---|---|
| 材宽/mm | 材厚/mm | | | | | | | |
| | 12 | 15 | 18 | 21 | 25 | 30 | 35 | 40 |
| | 材积/$m^3$ | | | | | | | |
| 180 | 0.0151 | 0.0189 | 0.0227 | 0.0265 | 0.0315 | 0.0378 | 0.0441 | 0.0504 |
| 190 | 0.0160 | 0.0200 | 0.0239 | 0.0279 | 0.0333 | 0.0399 | 0.0466 | 0.0532 |
| 200 | 0.0168 | 0.0210 | 0.0252 | 0.0294 | 0.0350 | 0.0420 | 0.0490 | 0.0560 |
| 210 | 0.0176 | 0.0221 | 0.0265 | 0.0309 | 0.0368 | 0.0441 | 0.0515 | 0.0588 |
| 220 | 0.0185 | 0.0231 | 0.0277 | 0.0323 | 0.0385 | 0.0462 | 0.0539 | 0.0616 |
| 230 | 0.0193 | 0.0242 | 0.0290 | 0.0338 | 0.0403 | 0.0483 | 0.0564 | 0.0644 |
| 240 | 0.0202 | 0.0252 | 0.0302 | 0.0353 | 0.0420 | 0.0504 | 0.0588 | 0.0672 |
| 250 | 0.0210 | 0.0263 | 0.0315 | 0.0368 | 0.0438 | 0.0525 | 0.0613 | 0.0700 |
| 260 | 0.0218 | 0.0273 | 0.0328 | 0.0382 | 0.0455 | 0.0546 | 0.0637 | 0.0728 |
| 270 | 0.0227 | 0.0284 | 0.0340 | 0.0397 | 0.0473 | 0.0567 | 0.0662 | 0.0756 |
| 280 | 0.0235 | 0.0294 | 0.0353 | 0.0412 | 0.0490 | 0.0588 | 0.0686 | 0.0784 |
| 290 | 0.0244 | 0.0305 | 0.0365 | 0.0426 | 0.0508 | 0.0609 | 0.0711 | 0.0812 |
| 300 | 0.0252 | 0.0315 | 0.0378 | 0.0441 | 0.0525 | 0.0630 | 0.0735 | 0.0840 |

（普通锯材）

**续表 4-3**

| 材长/m | 7.0 | | | | | | |
|---|---|---|---|---|---|---|---|
| 材宽/mm | 材厚/mm | | | | | | |
| | 45 | 50 | 60 | 70 | 80 | 90 | 100 |
| | 材积/$m^3$ | | | | | | |
| 30 | 0.0095 | 0.0105 | 0.0126 | 0.0147 | 0.0168 | 0.0189 | 0.0210 |
| 40 | 0.0126 | 0.0140 | 0.0168 | 0.0196 | 0.0224 | 0.0252 | 0.0280 |
| 50 | 0.0158 | 0.0175 | 0.0210 | 0.0245 | 0.0280 | 0.0315 | 0.0350 |
| 60 | 0.0189 | 0.0210 | 0.0252 | 0.0294 | 0.0336 | 0.0378 | 0.0420 |
| 70 | 0.0221 | 0.0245 | 0.0294 | 0.0343 | 0.0392 | 0.0441 | 0.0490 |
| 80 | 0.0252 | 0.0280 | 0.0336 | 0.0392 | 0.0448 | 0.0504 | 0.0560 |
| 90 | 0.0284 | 0.0315 | 0.0378 | 0.0441 | 0.0504 | 0.0567 | 0.0630 |
| 100 | 0.0315 | 0.0350 | 0.0420 | 0.0490 | 0.0560 | 0.0630 | 0.0700 |
| 110 | 0.0347 | 0.0385 | 0.0462 | 0.0539 | 0.0616 | 0.0693 | 0.0770 |
| 120 | 0.0378 | 0.0420 | 0.0504 | 0.0588 | 0.0672 | 0.0756 | 0.0840 |
| 130 | 0.0410 | 0.0455 | 0.0546 | 0.0637 | 0.0728 | 0.0819 | 0.0910 |
| 140 | 0.0441 | 0.0490 | 0.0588 | 0.0686 | 0.0784 | 0.0882 | 0.0980 |
| 150 | 0.0473 | 0.0525 | 0.0630 | 0.0735 | 0.0840 | 0.0945 | 0.1050 |
| 160 | 0.0504 | 0.0560 | 0.0672 | 0.0784 | 0.0896 | 0.1008 | 0.1120 |
| 170 | 0.0536 | 0.0595 | 0.0714 | 0.0833 | 0.0952 | 0.1071 | 0.1190 |

### 续表 4-3（普通锯材）

| 材长/m | 7.0 | | | | | | |
|---|---|---|---|---|---|---|---|
| 材宽/mm | 材厚/mm | | | | | | |
| | 45 | 50 | 60 | 70 | 80 | 90 | 100 |
| | 材积/$m^3$ | | | | | | |
| 180 | 0.0567 | 0.0630 | 0.0756 | 0.0882 | 0.1008 | 0.1134 | 0.1260 |
| 190 | 0.0599 | 0.0665 | 0.0798 | 0.0931 | 0.1064 | 0.1197 | 0.1330 |
| 200 | 0.0630 | 0.0700 | 0.0840 | 0.0980 | 0.1120 | 0.1260 | 0.1400 |
| 210 | 0.0662 | 0.0735 | 0.0882 | 0.1029 | 0.1176 | 0.1323 | 0.1470 |
| 220 | 0.0693 | 0.0770 | 0.0924 | 0.1078 | 0.1232 | 0.1386 | 0.1540 |
| 230 | 0.0725 | 0.0805 | 0.0966 | 0.1127 | 0.1288 | 0.1449 | 0.1610 |
| 240 | 0.0756 | 0.0840 | 0.1008 | 0.1176 | 0.1344 | 0.1512 | 0.1680 |
| 250 | 0.0788 | 0.0875 | 0.1050 | 0.1225 | 0.1400 | 0.1575 | 0.1750 |
| 260 | 0.0819 | 0.0910 | 0.1092 | 0.1274 | 0.1456 | 0.1638 | 0.1820 |
| 270 | 0.0851 | 0.0945 | 0.1134 | 0.1323 | 0.1512 | 0.1701 | 0.1890 |
| 280 | 0.0882 | 0.0980 | 0.1176 | 0.1372 | 0.1568 | 0.1764 | 0.1960 |
| 290 | 0.0914 | 0.1015 | 0.1218 | 0.1421 | 0.1624 | 0.1827 | 0.2030 |
| 300 | 0.0945 | 0.1050 | 0.1260 | 0.1470 | 0.1680 | 0.1890 | 0.2100 |

（普通锯材）

**续表 4-3**

| 材长/m | 7.2 | | | | | | | |
|---|---|---|---|---|---|---|---|---|
| 材宽/mm | 材厚/mm | | | | | | | |
| | 12 | 15 | 18 | 21 | 25 | 30 | 35 | 40 |
| | 材积/m³ | | | | | | | |
| 30 | 0.0026 | 0.0032 | 0.0039 | 0.0045 | 0.0054 | 0.0065 | 0.0076 | 0.0086 |
| 40 | 0.0035 | 0.0043 | 0.0052 | 0.0060 | 0.0072 | 0.0086 | 0.0101 | 0.0115 |
| 50 | 0.0043 | 0.0054 | 0.0065 | 0.0076 | 0.0090 | 0.0108 | 0.0126 | 0.0144 |
| 60 | 0.0052 | 0.0065 | 0.0078 | 0.0091 | 0.0108 | 0.0130 | 0.0151 | 0.0173 |
| 70 | 0.0060 | 0.0076 | 0.0091 | 0.0106 | 0.0126 | 0.0151 | 0.0176 | 0.0202 |
| 80 | 0.0069 | 0.0086 | 0.0104 | 0.0121 | 0.0144 | 0.0173 | 0.0202 | 0.0230 |
| 90 | 0.0078 | 0.0097 | 0.0117 | 0.0136 | 0.0162 | 0.0194 | 0.0227 | 0.0259 |
| 100 | 0.0086 | 0.0108 | 0.0130 | 0.0151 | 0.0180 | 0.0216 | 0.0252 | 0.0288 |
| 110 | 0.0095 | 0.0119 | 0.0143 | 0.0166 | 0.0198 | 0.0238 | 0.0277 | 0.0317 |
| 120 | 0.0104 | 0.0130 | 0.0156 | 0.0181 | 0.0216 | 0.0259 | 0.0302 | 0.0346 |
| 130 | 0.0112 | 0.0140 | 0.0168 | 0.0197 | 0.0234 | 0.0281 | 0.0328 | 0.0374 |
| 140 | 0.0121 | 0.0151 | 0.0181 | 0.0212 | 0.0252 | 0.0302 | 0.0353 | 0.0403 |
| 150 | 0.0130 | 0.0162 | 0.0194 | 0.0227 | 0.0270 | 0.0324 | 0.0378 | 0.0432 |
| 160 | 0.0138 | 0.0173 | 0.0207 | 0.0242 | 0.0288 | 0.0346 | 0.0403 | 0.0461 |
| 170 | 0.0147 | 0.0184 | 0.0220 | 0.0257 | 0.0306 | 0.0367 | 0.0428 | 0.0490 |

## 续表 4-3

（普通锯材）

| 材长/m | 7.2 | | | | | | | |
|---|---|---|---|---|---|---|---|---|
| 材宽/mm | 材厚/mm | | | | | | | |
| | 12 | 15 | 18 | 21 | 25 | 30 | 35 | 40 |
| | 材积/m³ | | | | | | | |
| 180 | 0.0156 | 0.0194 | 0.0233 | 0.0272 | 0.0324 | 0.0389 | 0.0454 | 0.0518 |
| 190 | 0.0164 | 0.0205 | 0.0246 | 0.0287 | 0.0342 | 0.0410 | 0.0479 | 0.0547 |
| 200 | 0.0173 | 0.0216 | 0.0259 | 0.0302 | 0.0360 | 0.0432 | 0.0504 | 0.0576 |
| 210 | 0.0181 | 0.0227 | 0.0272 | 0.0318 | 0.0378 | 0.0454 | 0.0529 | 0.0605 |
| 220 | 0.0190 | 0.0238 | 0.0285 | 0.0333 | 0.0396 | 0.0475 | 0.0554 | 0.0634 |
| 230 | 0.0199 | 0.0248 | 0.0298 | 0.0348 | 0.0414 | 0.0497 | 0.0580 | 0.0662 |
| 240 | 0.0207 | 0.0259 | 0.0311 | 0.0363 | 0.0432 | 0.0518 | 0.0605 | 0.0691 |
| 250 | 0.0216 | 0.0270 | 0.0324 | 0.0378 | 0.0450 | 0.0540 | 0.0630 | 0.0720 |
| 260 | 0.0225 | 0.0281 | 0.0337 | 0.0393 | 0.0468 | 0.0562 | 0.0655 | 0.0749 |
| 270 | 0.0233 | 0.0292 | 0.0350 | 0.0408 | 0.0486 | 0.0583 | 0.0680 | 0.0778 |
| 280 | 0.0242 | 0.0302 | 0.0363 | 0.0423 | 0.0504 | 0.0605 | 0.0706 | 0.0806 |
| 290 | 0.0251 | 0.0313 | 0.0376 | 0.0438 | 0.0522 | 0.0626 | 0.0731 | 0.0835 |
| 300 | 0.0259 | 0.0324 | 0.0389 | 0.0454 | 0.0540 | 0.0648 | 0.0756 | 0.0864 |

**续表 4-3**

| 材长/m | 7.2 | | | | | | | |
|---|---|---|---|---|---|---|---|---|
| 材宽/mm | 材厚/mm | | | | | | | |
| | 45 | 50 | 60 | 70 | 80 | 90 | 100 | |
| | 材积/$m^3$ | | | | | | | |
| 30 | 0.0097 | 0.0108 | 0.0130 | 0.0151 | 0.0173 | 0.0194 | 0.0216 | |
| 40 | 0.0130 | 0.0144 | 0.0173 | 0.0202 | 0.0230 | 0.0259 | 0.0288 | |
| 50 | 0.0162 | 0.0180 | 0.0216 | 0.0252 | 0.0288 | 0.0324 | 0.0360 | |
| 60 | 0.0194 | 0.0216 | 0.0259 | 0.0302 | 0.0346 | 0.0389 | 0.0432 | |
| 70 | 0.0227 | 0.0252 | 0.0302 | 0.0353 | 0.0403 | 0.0454 | 0.0504 | |
| 80 | 0.0259 | 0.0288 | 0.0346 | 0.0403 | 0.0461 | 0.0518 | 0.0576 | |
| 90 | 0.0292 | 0.0324 | 0.0389 | 0.0454 | 0.0518 | 0.0583 | 0.0648 | |
| 100 | 0.0324 | 0.0360 | 0.0432 | 0.0504 | 0.0576 | 0.0648 | 0.0720 | |
| 110 | 0.0356 | 0.0396 | 0.0475 | 0.0554 | 0.0634 | 0.0713 | 0.0792 | |
| 120 | 0.0389 | 0.0432 | 0.0518 | 0.0605 | 0.0691 | 0.0778 | 0.0864 | |
| 130 | 0.0421 | 0.0468 | 0.0562 | 0.0655 | 0.0749 | 0.0842 | 0.0936 | |
| 140 | 0.0454 | 0.0504 | 0.0605 | 0.0706 | 0.0806 | 0.0907 | 0.1008 | |
| 150 | 0.0486 | 0.0540 | 0.0648 | 0.0756 | 0.0864 | 0.0972 | 0.1080 | |
| 160 | 0.0518 | 0.0576 | 0.0691 | 0.0806 | 0.0922 | 0.1037 | 0.1152 | |
| 170 | 0.0551 | 0.0612 | 0.0734 | 0.0857 | 0.0979 | 0.1102 | 0.1224 | |

续表 4-3

| 材长/m | 7.2 | | | | | | |
|---|---|---|---|---|---|---|---|
| 材宽/mm | 材厚/mm | | | | | | |
| | 45 | 50 | 60 | 70 | 80 | 90 | 100 |
| | 材积/$m^3$ | | | | | | |
| 180 | 0.0583 | 0.0648 | 0.0778 | 0.0907 | 0.1037 | 0.1166 | 0.1296 |
| 190 | 0.0616 | 0.0684 | 0.0821 | 0.0958 | 0.1094 | 0.1231 | 0.1368 |
| 200 | 0.0648 | 0.0720 | 0.0864 | 0.1008 | 0.1152 | 0.1296 | 0.1440 |
| 210 | 0.0680 | 0.0756 | 0.0907 | 0.1058 | 0.1210 | 0.1361 | 0.1512 |
| 220 | 0.0713 | 0.0792 | 0.0950 | 0.1109 | 0.1267 | 0.1426 | 0.1584 |
| 230 | 0.0745 | 0.0828 | 0.0994 | 0.1159 | 0.1325 | 0.1490 | 0.1656 |
| 240 | 0.0778 | 0.0864 | 0.1037 | 0.1210 | 0.1382 | 0.1555 | 0.1728 |
| 250 | 0.0810 | 0.0900 | 0.1080 | 0.1260 | 0.1440 | 0.1620 | 0.1800 |
| 260 | 0.0842 | 0.0936 | 0.1123 | 0.1310 | 0.1498 | 0.1685 | 0.1872 |
| 270 | 0.0875 | 0.0972 | 0.1166 | 0.1361 | 0.1555 | 0.1750 | 0.1944 |
| 280 | 0.0907 | 0.1008 | 0.1210 | 0.1411 | 0.1613 | 0.1814 | 0.2016 |
| 290 | 0.0940 | 0.1044 | 0.1253 | 0.1462 | 0.1670 | 0.1879 | 0.2088 |
| 300 | 0.0972 | 0.1080 | 0.1296 | 0.1512 | 0.1728 | 0.1944 | 0.2160 |

**续表 4-3**

| 材长/m | 7.4 | | | | | | | |
|---|---|---|---|---|---|---|---|---|
| 材宽/mm | 材厚/mm | | | | | | | |
| | 12 | 15 | 18 | 21 | 25 | 30 | 35 | 40 |
| | 材积/$m^3$ | | | | | | | |
| 30 | 0.0027 | 0.0033 | 0.0040 | 0.0047 | 0.0056 | 0.0067 | 0.0078 | 0.0089 |
| 40 | 0.0036 | 0.0044 | 0.0053 | 0.0062 | 0.0074 | 0.0089 | 0.0104 | 0.0118 |
| 50 | 0.0044 | 0.0056 | 0.0067 | 0.0078 | 0.0093 | 0.0111 | 0.0130 | 0.0148 |
| 60 | 0.0053 | 0.0067 | 0.0080 | 0.0093 | 0.0111 | 0.0133 | 0.0155 | 0.0178 |
| 70 | 0.0062 | 0.0078 | 0.0093 | 0.0109 | 0.0130 | 0.0155 | 0.0181 | 0.0207 |
| 80 | 0.0071 | 0.0089 | 0.0107 | 0.0124 | 0.0148 | 0.0178 | 0.0207 | 0.0237 |
| 90 | 0.0080 | 0.0100 | 0.0120 | 0.0140 | 0.0167 | 0.0200 | 0.0233 | 0.0266 |
| 100 | 0.0089 | 0.0111 | 0.0133 | 0.0155 | 0.0185 | 0.0222 | 0.0259 | 0.0296 |
| 110 | 0.0098 | 0.0122 | 0.0147 | 0.0171 | 0.0204 | 0.0244 | 0.0285 | 0.0326 |
| 120 | 0.0107 | 0.0133 | 0.0160 | 0.0186 | 0.0222 | 0.0266 | 0.0311 | 0.0355 |
| 130 | 0.0115 | 0.0144 | 0.0173 | 0.0202 | 0.0241 | 0.0289 | 0.0337 | 0.0385 |
| 140 | 0.0124 | 0.0155 | 0.0186 | 0.0218 | 0.0259 | 0.0311 | 0.0363 | 0.0414 |
| 150 | 0.0133 | 0.0167 | 0.0200 | 0.0233 | 0.0278 | 0.0333 | 0.0389 | 0.0444 |
| 160 | 0.0142 | 0.0178 | 0.0213 | 0.0249 | 0.0296 | 0.0355 | 0.0414 | 0.0474 |
| 170 | 0.0151 | 0.0189 | 0.0226 | 0.0264 | 0.0315 | 0.0377 | 0.0440 | 0.0503 |

续表 4-3　　　　（普通锯材）

| 材长/m | 7.4 | | | | | | | |
|---|---|---|---|---|---|---|---|---|
| 材宽/mm | 材厚/mm | | | | | | | |
| | 12 | 15 | 18 | 21 | 25 | 30 | 35 | 40 |
| | 材积/m³ | | | | | | | |
| 180 | 0.0160 | 0.0200 | 0.0240 | 0.0280 | 0.0333 | 0.0400 | 0.0466 | 0.0533 |
| 190 | 0.0169 | 0.0211 | 0.0253 | 0.0295 | 0.0352 | 0.0422 | 0.0492 | 0.0562 |
| 200 | 0.0178 | 0.0222 | 0.0266 | 0.0311 | 0.0370 | 0.0444 | 0.0518 | 0.0592 |
| 210 | 0.0186 | 0.0233 | 0.0280 | 0.0326 | 0.0389 | 0.0466 | 0.0544 | 0.0622 |
| 220 | 0.0195 | 0.0244 | 0.0293 | 0.0342 | 0.0407 | 0.0488 | 0.0570 | 0.0651 |
| 230 | 0.0204 | 0.0255 | 0.0306 | 0.0357 | 0.0426 | 0.0511 | 0.0596 | 0.0681 |
| 240 | 0.0213 | 0.0266 | 0.0320 | 0.0373 | 0.0444 | 0.0533 | 0.0622 | 0.0710 |
| 250 | 0.0222 | 0.0278 | 0.0333 | 0.0389 | 0.0463 | 0.0555 | 0.0648 | 0.0740 |
| 260 | 0.0231 | 0.0289 | 0.0346 | 0.0404 | 0.0481 | 0.0577 | 0.0673 | 0.0770 |
| 270 | 0.0240 | 0.0300 | 0.0360 | 0.0420 | 0.0500 | 0.0599 | 0.0699 | 0.0799 |
| 280 | 0.0249 | 0.0311 | 0.0373 | 0.0435 | 0.0518 | 0.0622 | 0.0725 | 0.0829 |
| 290 | 0.0258 | 0.0322 | 0.0386 | 0.0451 | 0.0537 | 0.0644 | 0.0751 | 0.0858 |
| 300 | 0.0266 | 0.0333 | 0.0400 | 0.0466 | 0.0555 | 0.0666 | 0.0777 | 0.0888 |

（普通锯材）

续表 4-3

| 材长/m | 7.4 | | | | | | |
|---|---|---|---|---|---|---|---|
| 材宽/mm | 材厚/mm | | | | | | |
| | 45 | 50 | 60 | 70 | 80 | 90 | 100 |
| | 材积/$m^3$ | | | | | | |
| 30 | 0.0100 | 0.0111 | 0.0133 | 0.0155 | 0.0178 | 0.0200 | 0.0222 |
| 40 | 0.0133 | 0.0148 | 0.0178 | 0.0207 | 0.0237 | 0.0266 | 0.0296 |
| 50 | 0.0167 | 0.0185 | 0.0222 | 0.0259 | 0.0296 | 0.0333 | 0.0370 |
| 60 | 0.0200 | 0.0222 | 0.0266 | 0.0311 | 0.0355 | 0.0400 | 0.0444 |
| 70 | 0.0233 | 0.0259 | 0.0311 | 0.0363 | 0.0414 | 0.0466 | 0.0518 |
| 80 | 0.0266 | 0.0296 | 0.0355 | 0.0414 | 0.0474 | 0.0533 | 0.0592 |
| 90 | 0.0300 | 0.0333 | 0.0400 | 0.0466 | 0.0533 | 0.0599 | 0.0666 |
| 100 | 0.0333 | 0.0370 | 0.0444 | 0.0518 | 0.0592 | 0.0666 | 0.0740 |
| 110 | 0.0366 | 0.0407 | 0.0488 | 0.0570 | 0.0651 | 0.0733 | 0.0814 |
| 120 | 0.0400 | 0.0444 | 0.0533 | 0.0622 | 0.0710 | 0.0799 | 0.0888 |
| 130 | 0.0433 | 0.0481 | 0.0577 | 0.0673 | 0.0770 | 0.0866 | 0.0962 |
| 140 | 0.0466 | 0.0518 | 0.0622 | 0.0725 | 0.0829 | 0.0932 | 0.1036 |
| 150 | 0.0500 | 0.0555 | 0.0666 | 0.0777 | 0.0888 | 0.0999 | 0.1110 |
| 160 | 0.0533 | 0.0592 | 0.0710 | 0.0829 | 0.0947 | 0.1066 | 0.1184 |
| 170 | 0.0566 | 0.0629 | 0.0755 | 0.0881 | 0.1006 | 0.1132 | 0.1258 |

续表 4-3　（普通锯材）

| 材长/m | 7.4 | | | | | | | |
|---|---|---|---|---|---|---|---|---|
| 材宽/mm | 材厚/mm | | | | | | | |
| | 45 | 50 | 60 | 70 | 80 | 90 | 100 | |
| | 材积/m³ | | | | | | | |
| 180 | 0.0599 | 0.0666 | 0.0799 | 0.0932 | 0.1066 | 0.1199 | 0.1332 | |
| 190 | 0.0633 | 0.0703 | 0.0844 | 0.0984 | 0.1125 | 0.1265 | 0.1406 | |
| 200 | 0.0666 | 0.0740 | 0.0888 | 0.1036 | 0.1184 | 0.1332 | 0.1480 | |
| 210 | 0.0699 | 0.0777 | 0.0932 | 0.1088 | 0.1243 | 0.1399 | 0.1554 | |
| 220 | 0.0733 | 0.0814 | 0.0977 | 0.1140 | 0.1302 | 0.1465 | 0.1628 | |
| 230 | 0.0766 | 0.0851 | 0.1021 | 0.1191 | 0.1362 | 0.1532 | 0.1702 | |
| 240 | 0.0799 | 0.0888 | 0.1066 | 0.1243 | 0.1421 | 0.1598 | 0.1776 | |
| 250 | 0.0833 | 0.0925 | 0.1110 | 0.1295 | 0.1480 | 0.1665 | 0.1850 | |
| 260 | 0.0866 | 0.0962 | 0.1154 | 0.1347 | 0.1539 | 0.1732 | 0.1924 | |
| 270 | 0.0899 | 0.0999 | 0.1199 | 0.1399 | 0.1598 | 0.1798 | 0.1998 | |
| 280 | 0.0932 | 0.1036 | 0.1243 | 0.1450 | 0.1658 | 0.1865 | 0.2072 | |
| 290 | 0.0966 | 0.1073 | 0.1288 | 0.1502 | 0.1717 | 0.1931 | 0.2146 | |
| 300 | 0.0999 | 0.1110 | 0.1332 | 0.1554 | 0.1776 | 0.1998 | 0.2220 | |

**续表 4-3**

| 材长/m | 7.6 | | | | | | | |
|---|---|---|---|---|---|---|---|---|
| 材宽/mm | 材厚/mm | | | | | | | |
| | 12 | 15 | 18 | 21 | 25 | 30 | 35 | 40 |
| | 材积/m³ | | | | | | | |
| 30 | 0.0027 | 0.0034 | 0.0041 | 0.0048 | 0.0057 | 0.0068 | 0.0080 | 0.0091 |
| 40 | 0.0036 | 0.0046 | 0.0055 | 0.0064 | 0.0076 | 0.0091 | 0.0106 | 0.0122 |
| 50 | 0.0046 | 0.0057 | 0.0068 | 0.0080 | 0.0095 | 0.0114 | 0.0133 | 0.0152 |
| 60 | 0.0055 | 0.0068 | 0.0082 | 0.0096 | 0.0114 | 0.0137 | 0.0160 | 0.0182 |
| 70 | 0.0064 | 0.0080 | 0.0096 | 0.0112 | 0.0133 | 0.0160 | 0.0186 | 0.0213 |
| 80 | 0.0073 | 0.0091 | 0.0109 | 0.0128 | 0.0152 | 0.0182 | 0.0213 | 0.0243 |
| 90 | 0.0082 | 0.0103 | 0.0123 | 0.0144 | 0.0171 | 0.0205 | 0.0239 | 0.0274 |
| 100 | 0.0091 | 0.0114 | 0.0137 | 0.0160 | 0.0190 | 0.0228 | 0.0266 | 0.0304 |
| 110 | 0.0100 | 0.0125 | 0.0150 | 0.0176 | 0.0209 | 0.0251 | 0.0293 | 0.0334 |
| 120 | 0.0109 | 0.0137 | 0.0164 | 0.0192 | 0.0228 | 0.0274 | 0.0319 | 0.0365 |
| 130 | 0.0119 | 0.0148 | 0.0178 | 0.0207 | 0.0247 | 0.0296 | 0.0346 | 0.0395 |
| 140 | 0.0128 | 0.0160 | 0.0192 | 0.0223 | 0.0266 | 0.0319 | 0.0372 | 0.0426 |
| 150 | 0.0137 | 0.0171 | 0.0205 | 0.0239 | 0.0285 | 0.0342 | 0.0399 | 0.0456 |
| 160 | 0.0146 | 0.0182 | 0.0219 | 0.0255 | 0.0304 | 0.0365 | 0.0426 | 0.0486 |
| 170 | 0.0155 | 0.0194 | 0.0233 | 0.0271 | 0.0323 | 0.0388 | 0.0452 | 0.0517 |

**续表 4-3**　　　　（普通锯材）

| 材长/m | 7.6 | | | | | | | |
|---|---|---|---|---|---|---|---|---|
| 材宽/mm | 材厚/mm | | | | | | | |
| | 12 | 15 | 18 | 21 | 25 | 30 | 35 | 40 |
| | 材积/$m^3$ | | | | | | | |
| 180 | 0.0164 | 0.0205 | 0.0246 | 0.0287 | 0.0342 | 0.0410 | 0.0479 | 0.0547 |
| 190 | 0.0173 | 0.0217 | 0.0260 | 0.0303 | 0.0361 | 0.0433 | 0.0505 | 0.0578 |
| 200 | 0.0182 | 0.0228 | 0.0274 | 0.0319 | 0.0380 | 0.0456 | 0.0532 | 0.0608 |
| 210 | 0.0192 | 0.0239 | 0.0287 | 0.0335 | 0.0399 | 0.0479 | 0.0559 | 0.0638 |
| 220 | 0.0201 | 0.0251 | 0.0301 | 0.0351 | 0.0418 | 0.0502 | 0.0585 | 0.0669 |
| 230 | 0.0210 | 0.0262 | 0.0315 | 0.0367 | 0.0437 | 0.0524 | 0.0612 | 0.0699 |
| 240 | 0.0219 | 0.0274 | 0.0328 | 0.0383 | 0.0456 | 0.0547 | 0.0638 | 0.0730 |
| 250 | 0.0228 | 0.0285 | 0.0342 | 0.0399 | 0.0475 | 0.0570 | 0.0665 | 0.0760 |
| 260 | 0.0237 | 0.0296 | 0.0356 | 0.0415 | 0.0494 | 0.0593 | 0.0692 | 0.0790 |
| 270 | 0.0246 | 0.0308 | 0.0369 | 0.0431 | 0.0513 | 0.0616 | 0.0718 | 0.0821 |
| 280 | 0.0255 | 0.0319 | 0.0383 | 0.0447 | 0.0532 | 0.0638 | 0.0745 | 0.0851 |
| 290 | 0.0264 | 0.0331 | 0.0397 | 0.0463 | 0.0551 | 0.0661 | 0.0771 | 0.0882 |
| 300 | 0.0274 | 0.0342 | 0.0410 | 0.0479 | 0.0570 | 0.0684 | 0.0798 | 0.0912 |

（普通锯材）

**续表 4-3**

| 材长/m | 7.6 | | | | | | |
|---|---|---|---|---|---|---|---|
| 材宽/mm | 材厚/mm | | | | | | |
| | 45 | 50 | 60 | 70 | 80 | 90 | 100 |
| | 材积/m³ | | | | | | |
| 30 | 0.0103 | 0.0114 | 0.0137 | 0.0160 | 0.0182 | 0.0205 | 0.0228 |
| 40 | 0.0137 | 0.0152 | 0.0182 | 0.0213 | 0.0243 | 0.0274 | 0.0304 |
| 50 | 0.0171 | 0.0190 | 0.0228 | 0.0266 | 0.0304 | 0.0342 | 0.0380 |
| 60 | 0.0205 | 0.0228 | 0.0274 | 0.0319 | 0.0365 | 0.0410 | 0.0456 |
| 70 | 0.0239 | 0.0266 | 0.0319 | 0.0372 | 0.0426 | 0.0479 | 0.0532 |
| 80 | 0.0274 | 0.0304 | 0.0365 | 0.0426 | 0.0486 | 0.0547 | 0.0608 |
| 90 | 0.0308 | 0.0342 | 0.0410 | 0.0479 | 0.0547 | 0.0616 | 0.0684 |
| 100 | 0.0342 | 0.0380 | 0.0456 | 0.0532 | 0.0608 | 0.0684 | 0.0760 |
| 110 | 0.0376 | 0.0418 | 0.0502 | 0.0585 | 0.0669 | 0.0752 | 0.0836 |
| 120 | 0.0410 | 0.0456 | 0.0547 | 0.0638 | 0.0730 | 0.0821 | 0.0912 |
| 130 | 0.0445 | 0.0494 | 0.0593 | 0.0692 | 0.0790 | 0.0889 | 0.0988 |
| 140 | 0.0479 | 0.0532 | 0.0638 | 0.0745 | 0.0851 | 0.0958 | 0.1064 |
| 150 | 0.0513 | 0.0570 | 0.0684 | 0.0798 | 0.0912 | 0.1026 | 0.1140 |
| 160 | 0.0547 | 0.0608 | 0.0730 | 0.0851 | 0.0973 | 0.1094 | 0.1216 |
| 170 | 0.0581 | 0.0646 | 0.0775 | 0.0904 | 0.1034 | 0.1163 | 0.1292 |

续表 4-3 （普通锯材）

| 材长/m | 7.6 | | | | | | |
|---|---|---|---|---|---|---|---|
| 材宽/mm | 材厚/mm | | | | | | |
| | 45 | 50 | 60 | 70 | 80 | 90 | 100 |
| | 材积/$m^3$ | | | | | | |
| 180 | 0.0616 | 0.0684 | 0.0821 | 0.0958 | 0.1094 | 0.1231 | 0.1368 |
| 190 | 0.0650 | 0.0722 | 0.0866 | 0.1011 | 0.1155 | 0.1300 | 0.1444 |
| 200 | 0.0684 | 0.0760 | 0.0912 | 0.1064 | 0.1216 | 0.1368 | 0.1520 |
| 210 | 0.0718 | 0.0798 | 0.0958 | 0.1117 | 0.1277 | 0.1436 | 0.1596 |
| 220 | 0.0752 | 0.0836 | 0.1003 | 0.1170 | 0.1338 | 0.1505 | 0.1672 |
| 230 | 0.0787 | 0.0874 | 0.1049 | 0.1224 | 0.1398 | 0.1573 | 0.1748 |
| 240 | 0.0821 | 0.0912 | 0.1094 | 0.1277 | 0.1459 | 0.1642 | 0.1824 |
| 250 | 0.0855 | 0.0950 | 0.1140 | 0.1330 | 0.1520 | 0.1710 | 0.1900 |
| 260 | 0.0889 | 0.0988 | 0.1186 | 0.1383 | 0.1581 | 0.1778 | 0.1976 |
| 270 | 0.0923 | 0.1026 | 0.1231 | 0.1436 | 0.1642 | 0.1847 | 0.2052 |
| 280 | 0.0958 | 0.1064 | 0.1277 | 0.1490 | 0.1702 | 0.1915 | 0.2128 |
| 290 | 0.0992 | 0.1102 | 0.1322 | 0.1543 | 0.1763 | 0.1984 | 0.2204 |
| 300 | 0.1026 | 0.1140 | 0.1368 | 0.1596 | 0.1824 | 0.2052 | 0.2280 |

（普通锯材）　　　　　　　　　　　　　**续表 4-3**

| 材长/m | 7.8 | | | | | | | |
|---|---|---|---|---|---|---|---|---|
| 材宽/mm | 材厚/mm | | | | | | | |
| | 12 | 15 | 18 | 21 | 25 | 30 | 35 | 40 |
| | 材积/m³ | | | | | | | |
| 30 | 0.0028 | 0.0035 | 0.0042 | 0.0049 | 0.0059 | 0.0070 | 0.0082 | 0.0094 |
| 40 | 0.0037 | 0.0047 | 0.0056 | 0.0066 | 0.0078 | 0.0094 | 0.0109 | 0.0125 |
| 50 | 0.0047 | 0.0059 | 0.0070 | 0.0082 | 0.0098 | 0.0117 | 0.0137 | 0.0156 |
| 60 | 0.0056 | 0.0070 | 0.0084 | 0.0098 | 0.0117 | 0.0140 | 0.0164 | 0.0187 |
| 70 | 0.0066 | 0.0082 | 0.0098 | 0.0115 | 0.0137 | 0.0164 | 0.0191 | 0.0218 |
| 80 | 0.0075 | 0.0094 | 0.0112 | 0.0131 | 0.0156 | 0.0187 | 0.0218 | 0.0250 |
| 90 | 0.0084 | 0.0105 | 0.0126 | 0.0147 | 0.0176 | 0.0211 | 0.0246 | 0.0281 |
| 100 | 0.0094 | 0.0117 | 0.0140 | 0.0164 | 0.0195 | 0.0234 | 0.0273 | 0.0312 |
| 110 | 0.0103 | 0.0129 | 0.0154 | 0.0180 | 0.0215 | 0.0257 | 0.0300 | 0.0343 |
| 120 | 0.0112 | 0.0140 | 0.0168 | 0.0197 | 0.0234 | 0.0281 | 0.0328 | 0.0374 |
| 130 | 0.0122 | 0.0152 | 0.0183 | 0.0213 | 0.0254 | 0.0304 | 0.0355 | 0.0406 |
| 140 | 0.0131 | 0.0164 | 0.0197 | 0.0229 | 0.0273 | 0.0328 | 0.0382 | 0.0437 |
| 150 | 0.0140 | 0.0176 | 0.0211 | 0.0246 | 0.0293 | 0.0351 | 0.0410 | 0.0468 |
| 160 | 0.0150 | 0.0187 | 0.0225 | 0.0262 | 0.0312 | 0.0374 | 0.0437 | 0.0499 |
| 170 | 0.0159 | 0.0199 | 0.0239 | 0.0278 | 0.0332 | 0.0398 | 0.0464 | 0.0530 |

续表 4-3 （普通锯材）

| 材长/m | 7.8 | | | | | | | |
|---|---|---|---|---|---|---|---|---|
| 材宽/mm | 材厚/mm | | | | | | | |
| | 12 | 15 | 18 | 21 | 25 | 30 | 35 | 40 |
| | 材积/m³ | | | | | | | |
| 180 | 0.0168 | 0.0211 | 0.0253 | 0.0295 | 0.0351 | 0.0421 | 0.0491 | 0.0562 |
| 190 | 0.0178 | 0.0222 | 0.0267 | 0.0311 | 0.0371 | 0.0445 | 0.0519 | 0.0593 |
| 200 | 0.0187 | 0.0234 | 0.0281 | 0.0328 | 0.0390 | 0.0468 | 0.0546 | 0.0624 |
| 210 | 0.0197 | 0.0246 | 0.0295 | 0.0344 | 0.0410 | 0.0491 | 0.0573 | 0.0655 |
| 220 | 0.0206 | 0.0257 | 0.0309 | 0.0360 | 0.0429 | 0.0515 | 0.0601 | 0.0686 |
| 230 | 0.0215 | 0.0269 | 0.0323 | 0.0377 | 0.0449 | 0.0538 | 0.0628 | 0.0718 |
| 240 | 0.0225 | 0.0281 | 0.0337 | 0.0393 | 0.0468 | 0.0562 | 0.0655 | 0.0749 |
| 250 | 0.0234 | 0.0293 | 0.0351 | 0.0410 | 0.0488 | 0.0585 | 0.0683 | 0.0780 |
| 260 | 0.0243 | 0.0304 | 0.0365 | 0.0426 | 0.0507 | 0.0608 | 0.0710 | 0.0811 |
| 270 | 0.0253 | 0.0316 | 0.0379 | 0.0442 | 0.0527 | 0.0632 | 0.0737 | 0.0842 |
| 280 | 0.0262 | 0.0328 | 0.0393 | 0.0459 | 0.0546 | 0.0655 | 0.0764 | 0.0874 |
| 290 | 0.0271 | 0.0339 | 0.0407 | 0.0475 | 0.0566 | 0.0679 | 0.0792 | 0.0905 |
| 300 | 0.0281 | 0.0351 | 0.0421 | 0.0491 | 0.0585 | 0.0702 | 0.0819 | 0.0936 |

（普通锯材）

**续表 4-3**

| 材长/m | 7.8 | | | | | | |
|---|---|---|---|---|---|---|---|
| 材宽/mm | 材厚/mm | | | | | | |
| | 45 | 50 | 60 | 70 | 80 | 90 | 100 |
| | 材积/m³ | | | | | | |
| 30 | 0.0105 | 0.0117 | 0.0140 | 0.0164 | 0.0187 | 0.0211 | 0.0234 |
| 40 | 0.0140 | 0.0156 | 0.0187 | 0.0218 | 0.0250 | 0.0281 | 0.0312 |
| 50 | 0.0176 | 0.0195 | 0.0234 | 0.0273 | 0.0312 | 0.0351 | 0.0390 |
| 60 | 0.0211 | 0.0234 | 0.0281 | 0.0328 | 0.0374 | 0.0421 | 0.0468 |
| 70 | 0.0246 | 0.0273 | 0.0328 | 0.0382 | 0.0437 | 0.0491 | 0.0546 |
| 80 | 0.0281 | 0.0312 | 0.0374 | 0.0437 | 0.0499 | 0.0562 | 0.0624 |
| 90 | 0.0316 | 0.0351 | 0.0421 | 0.0491 | 0.0562 | 0.0632 | 0.0702 |
| 100 | 0.0351 | 0.0390 | 0.0468 | 0.0546 | 0.0624 | 0.0702 | 0.0780 |
| 110 | 0.0386 | 0.0429 | 0.0515 | 0.0601 | 0.0686 | 0.0772 | 0.0858 |
| 120 | 0.0421 | 0.0468 | 0.0562 | 0.0655 | 0.0749 | 0.0842 | 0.0936 |
| 130 | 0.0456 | 0.0507 | 0.0608 | 0.0710 | 0.0811 | 0.0913 | 0.1014 |
| 140 | 0.0491 | 0.0546 | 0.0655 | 0.0764 | 0.0874 | 0.0983 | 0.1092 |
| 150 | 0.0527 | 0.0585 | 0.0702 | 0.0819 | 0.0936 | 0.1053 | 0.1170 |
| 160 | 0.0562 | 0.0624 | 0.0749 | 0.0874 | 0.0998 | 0.1123 | 0.1248 |
| 170 | 0.0597 | 0.0663 | 0.0796 | 0.0928 | 0.1061 | 0.1193 | 0.1326 |

续表 4-3 （普通锯材）

| 材长/m | 7.8 | | | | | | | |
|---|---|---|---|---|---|---|---|---|
| 材宽/mm | 材厚/mm | | | | | | | |
| | 45 | 50 | 60 | 70 | 80 | 90 | 100 | |
| | 材积/$m^3$ | | | | | | | |
| 180 | 0.0632 | 0.0702 | 0.0842 | 0.0983 | 0.1123 | 0.1264 | 0.1404 | |
| 190 | 0.0667 | 0.0741 | 0.0889 | 0.1037 | 0.1186 | 0.1334 | 0.1482 | |
| 200 | 0.0702 | 0.0780 | 0.0936 | 0.1092 | 0.1248 | 0.1404 | 0.1560 | |
| 210 | 0.0737 | 0.0819 | 0.0983 | 0.1147 | 0.1310 | 0.1474 | 0.1638 | |
| 220 | 0.0772 | 0.0858 | 0.1030 | 0.1201 | 0.1373 | 0.1544 | 0.1716 | |
| 230 | 0.0807 | 0.0897 | 0.1076 | 0.1256 | 0.1435 | 0.1615 | 0.1794 | |
| 240 | 0.0842 | 0.0936 | 0.1123 | 0.1310 | 0.1498 | 0.1685 | 0.1872 | |
| 250 | 0.0878 | 0.0975 | 0.1170 | 0.1365 | 0.1560 | 0.1755 | 0.1950 | |
| 260 | 0.0913 | 0.1014 | 0.1217 | 0.1420 | 0.1622 | 0.1825 | 0.2028 | |
| 270 | 0.0948 | 0.1053 | 0.1264 | 0.1474 | 0.1685 | 0.1895 | 0.2106 | |
| 280 | 0.0983 | 0.1092 | 0.1310 | 0.1529 | 0.1747 | 0.1966 | 0.2184 | |
| 290 | 0.1018 | 0.1131 | 0.1357 | 0.1583 | 0.1810 | 0.2036 | 0.2262 | |
| 300 | 0.1053 | 0.1170 | 0.1404 | 0.1638 | 0.1872 | 0.2106 | 0.2340 | |

(普通锯材)

**续表 4-3**

| 材长/m | 8.0 | | | | | | | |
|---|---|---|---|---|---|---|---|---|
| 材宽/mm | 材厚/mm | | | | | | | |
| | 12 | 15 | 18 | 21 | 25 | 30 | 35 | 40 |
| | 材积/$m^3$ | | | | | | | |
| 30 | 0.0029 | 0.0036 | 0.0043 | 0.0050 | 0.0060 | 0.0072 | 0.0084 | 0.0096 |
| 40 | 0.0038 | 0.0048 | 0.0058 | 0.0067 | 0.0080 | 0.0096 | 0.0112 | 0.0128 |
| 50 | 0.0048 | 0.0060 | 0.0072 | 0.0084 | 0.0100 | 0.0120 | 0.0140 | 0.0160 |
| 60 | 0.0058 | 0.0072 | 0.0086 | 0.0101 | 0.0120 | 0.0144 | 0.0168 | 0.0192 |
| 70 | 0.0067 | 0.0084 | 0.0101 | 0.0118 | 0.0140 | 0.0168 | 0.0196 | 0.0224 |
| 80 | 0.0077 | 0.0096 | 0.0115 | 0.0134 | 0.0160 | 0.0192 | 0.0224 | 0.0256 |
| 90 | 0.0086 | 0.0108 | 0.0130 | 0.0151 | 0.0180 | 0.0216 | 0.0252 | 0.0288 |
| 100 | 0.0096 | 0.0120 | 0.0144 | 0.0168 | 0.0200 | 0.0240 | 0.0280 | 0.0320 |
| 110 | 0.0106 | 0.0132 | 0.0158 | 0.0185 | 0.0220 | 0.0264 | 0.0308 | 0.0352 |
| 120 | 0.0115 | 0.0144 | 0.0173 | 0.0202 | 0.0240 | 0.0288 | 0.0336 | 0.0384 |
| 130 | 0.0125 | 0.0156 | 0.0187 | 0.0218 | 0.0260 | 0.0312 | 0.0364 | 0.0416 |
| 140 | 0.0134 | 0.0168 | 0.0202 | 0.0235 | 0.0280 | 0.0336 | 0.0392 | 0.0448 |
| 150 | 0.0144 | 0.0180 | 0.0216 | 0.0252 | 0.0300 | 0.0360 | 0.0420 | 0.0480 |
| 160 | 0.0154 | 0.0192 | 0.0230 | 0.0269 | 0.0320 | 0.0384 | 0.0448 | 0.0512 |
| 170 | 0.0163 | 0.0204 | 0.0245 | 0.0286 | 0.0340 | 0.0408 | 0.0476 | 0.0544 |

续表 4-3　　（普通锯材）

| 材长/m | 8.0 | | | | | | | |
|---|---|---|---|---|---|---|---|---|
| 材宽/mm | 材厚/mm | | | | | | | |
| | 12 | 15 | 18 | 21 | 25 | 30 | 35 | 40 |
| | 材积/$m^3$ | | | | | | | |
| 180 | 0.0173 | 0.0216 | 0.0259 | 0.0302 | 0.0360 | 0.0432 | 0.0504 | 0.0576 |
| 190 | 0.0182 | 0.0228 | 0.0274 | 0.0319 | 0.0380 | 0.0456 | 0.0532 | 0.0608 |
| 200 | 0.0192 | 0.0240 | 0.0288 | 0.0336 | 0.0400 | 0.0480 | 0.0560 | 0.0640 |
| 210 | 0.0202 | 0.0252 | 0.0302 | 0.0353 | 0.0420 | 0.0504 | 0.0588 | 0.0672 |
| 220 | 0.0211 | 0.0264 | 0.0317 | 0.0370 | 0.0440 | 0.0528 | 0.0616 | 0.0704 |
| 230 | 0.0221 | 0.0276 | 0.0331 | 0.0386 | 0.0460 | 0.0552 | 0.0644 | 0.0736 |
| 240 | 0.0230 | 0.0288 | 0.0346 | 0.0403 | 0.0480 | 0.0576 | 0.0672 | 0.0768 |
| 250 | 0.0240 | 0.0300 | 0.0360 | 0.0420 | 0.0500 | 0.0600 | 0.0700 | 0.0800 |
| 260 | 0.0250 | 0.0312 | 0.0374 | 0.0437 | 0.0520 | 0.0624 | 0.0728 | 0.0832 |
| 270 | 0.0259 | 0.0324 | 0.0389 | 0.0454 | 0.0540 | 0.0648 | 0.0756 | 0.0864 |
| 280 | 0.0269 | 0.0336 | 0.0403 | 0.0470 | 0.0560 | 0.0672 | 0.0784 | 0.0896 |
| 290 | 0.0278 | 0.0348 | 0.0418 | 0.0487 | 0.0580 | 0.0696 | 0.0812 | 0.0928 |
| 300 | 0.0288 | 0.0360 | 0.0432 | 0.0504 | 0.0600 | 0.0720 | 0.0840 | 0.0960 |

（普通锯材）　　　　　　　　　续表 4-3

| 材长/m | 8.0 | | | | | | |
|---|---|---|---|---|---|---|---|
| 材宽/mm | 材厚/mm | | | | | | |
| | 45 | 50 | 60 | 70 | 80 | 90 | 100 |
| | 材积/$m^3$ | | | | | | |
| 30 | 0.0108 | 0.0120 | 0.0144 | 0.0168 | 0.0192 | 0.0216 | 0.0240 |
| 40 | 0.0144 | 0.0160 | 0.0192 | 0.0224 | 0.0256 | 0.0288 | 0.0320 |
| 50 | 0.0180 | 0.0200 | 0.0240 | 0.0280 | 0.0320 | 0.0360 | 0.0400 |
| 60 | 0.0216 | 0.0240 | 0.0288 | 0.0336 | 0.0384 | 0.0432 | 0.0480 |
| 70 | 0.0252 | 0.0280 | 0.0336 | 0.0392 | 0.0448 | 0.0504 | 0.0560 |
| 80 | 0.0288 | 0.0320 | 0.0384 | 0.0448 | 0.0512 | 0.0576 | 0.0640 |
| 90 | 0.0324 | 0.0360 | 0.0432 | 0.0504 | 0.0576 | 0.0648 | 0.0720 |
| 100 | 0.0360 | 0.0400 | 0.0480 | 0.0560 | 0.0640 | 0.0720 | 0.0800 |
| 110 | 0.0396 | 0.0440 | 0.0528 | 0.0616 | 0.0704 | 0.0792 | 0.0880 |
| 120 | 0.0432 | 0.0480 | 0.0576 | 0.0672 | 0.0768 | 0.0864 | 0.0960 |
| 130 | 0.0468 | 0.0520 | 0.0624 | 0.0728 | 0.0832 | 0.0936 | 0.1040 |
| 140 | 0.0504 | 0.0560 | 0.0672 | 0.0784 | 0.0896 | 0.1008 | 0.1120 |
| 150 | 0.0540 | 0.0600 | 0.0720 | 0.0840 | 0.0960 | 0.1080 | 0.1200 |
| 160 | 0.0576 | 0.0640 | 0.0768 | 0.0896 | 0.1024 | 0.1152 | 0.1280 |
| 170 | 0.0612 | 0.0680 | 0.0816 | 0.0952 | 0.1088 | 0.1224 | 0.1360 |

续表 4-3 （普通锯材）

| 材长/m | 8.0 | | | | | | | |
|---|---|---|---|---|---|---|---|---|
| 材宽/mm | 材厚/mm | | | | | | | |
| | 45 | 50 | 60 | 70 | 80 | 90 | 100 | |
| | 材积/$m^3$ | | | | | | | |
| 180 | 0.0648 | 0.0720 | 0.0864 | 0.1008 | 0.1152 | 0.1296 | 0.1440 | |
| 190 | 0.0684 | 0.0760 | 0.0912 | 0.1064 | 0.1216 | 0.1368 | 0.1520 | |
| 200 | 0.0720 | 0.0800 | 0.0960 | 0.1120 | 0.1280 | 0.1440 | 0.1600 | |
| 210 | 0.0756 | 0.0840 | 0.1008 | 0.1176 | 0.1344 | 0.1512 | 0.1680 | |
| 220 | 0.0792 | 0.0880 | 0.1056 | 0.1232 | 0.1408 | 0.1584 | 0.1760 | |
| 230 | 0.0828 | 0.0920 | 0.1104 | 0.1288 | 0.1472 | 0.1656 | 0.1840 | |
| 240 | 0.0864 | 0.0960 | 0.1152 | 0.1344 | 0.1536 | 0.1728 | 0.1920 | |
| 250 | 0.0900 | 0.1000 | 0.1200 | 0.1400 | 0.1600 | 0.1800 | 0.2000 | |
| 260 | 0.0936 | 0.1040 | 0.1248 | 0.1456 | 0.1664 | 0.1872 | 0.2080 | |
| 270 | 0.0972 | 0.1080 | 0.1296 | 0.1512 | 0.1728 | 0.1944 | 0.2160 | |
| 280 | 0.1008 | 0.1120 | 0.1344 | 0.1568 | 0.1792 | 0.2016 | 0.2240 | |
| 290 | 0.1044 | 0.1160 | 0.1392 | 0.1624 | 0.1856 | 0.2088 | 0.2320 | |
| 300 | 0.1080 | 0.1200 | 0.1440 | 0.1680 | 0.1920 | 0.2160 | 0.2400 | |

### 4.2.2 枕木锯材材积速查表

按 GB 154 对铁路标准轨(轨距 1435mm)普通枕木、道岔枕木和桥梁枕木的尺寸规格规定,制定枕木锯材材积表。枕木锯材材积速查表见表 4-4。

表 4-4 枕木锯材材积速查表

| 宽×厚/(mm×mm) | 材长/m | | | | | | | | | | | | |
|---|---|---|---|---|---|---|---|---|---|---|---|---|---|
| | 2.5 | 2.6 | 2.8 | 3.0 | 3.2 | 3.4 | 3.6 | 3.8 | 4.0 | 4.2 | 4.4 | 4.6 | 5.0 |
| | 材积/$m^3$ | | | | | | | | | | | | |
| 200×145 | 0.0725 | — | — | — | — | — | — | — | — | — | — | — | — |
| 200×220 | — | — | — | 0.1320 | — | — | — | — | — | 0.1848 | — | — | 0.2112 |
| 200×240 | — | — | — | 0.1440 | — | — | — | — | — | 0.2016 | — | — | 0.2304 |
| 220×160 | 0.0880 | — | — | — | — | — | — | — | — | — | — | — | — |
| 220×260 | — | — | — | 0.1716 | — | — | — | — | — | 0.2402 | — | — | 0.2746 |
| 220×280 | — | — | — | — | 0.1971 | — | — | — | — | 0.2587 | — | — | 0.2957 |
| 240×160 | — | 0.0998 | 0.1075 | 0.1152 | 0.1229 | 0.1306 | 0.1382 | 0.1459 | 0.1536 | 0.1613 | 0.1690 | 0.1766 | 0.1843 |
| 240×300 | — | — | — | — | 0.2304 | 0.2448 | — | — | — | 0.3024 | — | — | 0.3456 |

### 4.2.3 铁路货车锯材材积速查表

按 LY/T 1295 对铁路货车车厢维修用的锯材的尺寸规定,制定铁路货车锯材材积表。铁路货车锯材材积速查表见表 4-5。

**表 4-5 铁路货车锯材材积速查表**

| 材宽/mm | 材长/m | | | | | |
|---|---|---|---|---|---|---|
| | 3.0 | 5.0 | 6.0 | 2.5 | 5.0 | 6.0 |
| | 材厚/mm | | | | | |
| | 52.0 | | | 57.0 | | |
| | 材积/$m^3$ | | | | | |
| 120 | 0.0187 | 0.0312 | 0.0374 | 0.0171 | 0.0342 | 0.0410 |
| 130 | 0.0203 | 0.0338 | 0.0406 | 0.0185 | 0.0371 | 0.0445 |
| 140 | 0.0218 | 0.0364 | 0.0437 | 0.0200 | 0.0399 | 0.0479 |
| 150 | 0.0234 | 0.0390 | 0.0468 | 0.0214 | 0.0428 | 0.0513 |
| 160 | 0.0250 | 0.0416 | 0.0499 | 0.0228 | 0.0456 | 0.0547 |
| 170 | 0.0265 | 0.0442 | 0.0530 | 0.0242 | 0.0485 | 0.0581 |
| 180 | 0.0281 | 0.0468 | 0.0562 | 0.0257 | 0.0513 | 0.0616 |
| 190 | 0.0296 | 0.0494 | 0.0593 | 0.0271 | 0.0542 | 0.0650 |
| 200 | 0.0312 | 0.0520 | 0.0624 | 0.0285 | 0.0570 | 0.0684 |
| 210 | 0.0328 | 0.0546 | 0.0655 | 0.0299 | 0.0599 | 0.0718 |
| 220 | 0.0343 | 0.0572 | 0.0686 | 0.0314 | 0.0627 | 0.0752 |

**续表 4-5**

| 材宽/mm | 材长/m | | | | | |
|---|---|---|---|---|---|---|
| | 3.0 | 5.0 | 6.0 | 2.5 | 5.0 | 6.0 |
| | 材厚/mm | | | | | |
| | 52.0 | | | 57.0 | | |
| | 材积/$m^3$ | | | | | |
| 230 | 0.0359 | 0.0598 | 0.0718 | 0.0328 | 0.0656 | 0.0787 |
| 240 | 0.0374 | 0.0624 | 0.0749 | 0.0342 | 0.0684 | 0.0821 |
| 250 | 0.0390 | 0.0650 | 0.0780 | 0.0356 | 0.0713 | 0.0855 |
| 260 | 0.0406 | 0.0676 | 0.0811 | 0.0371 | 0.0741 | 0.0889 |
| 270 | 0.0421 | 0.0702 | 0.0842 | 0.0385 | 0.0770 | 0.0923 |
| 280 | 0.0437 | 0.0728 | 0.0874 | 0.0399 | 0.0798 | 0.0958 |
| 290 | 0.0452 | 0.0754 | 0.0905 | 0.0413 | 0.0827 | 0.0992 |
| 300 | 0.0468 | 0.0780 | 0.0936 | 0.0428 | 0.0855 | 0.1026 |

### 4.2.4 载重汽车锯材材积速查表

按 LY/T 1296 对载重汽车车厢所用梁材、板材和栏板条的尺寸规定，制定载重汽车锯材材积表。载重汽车锯材材积表见表 4-6。

**表 4-6 载重汽车锯材材积速查表**

| 材长/m | 2.5 | | | | | | | |
|---|---|---|---|---|---|---|---|---|
| 材宽/mm | 材厚/mm | | | | | | | |
| | 30 | 35 | 40 | 45 | 50 | 60 | 70 | 80 |
| | 材积/m³ | | | | | | | |
| 80 | 0.0060 | 0.0070 | 0.0080 | 0.0090 | 0.0100 | 0.0120 | 0.0140 | 0.0160 |
| 90 | 0.0068 | 0.0079 | 0.0090 | 0.0101 | 0.0113 | 0.0135 | 0.0158 | 0.0180 |
| 120 | 0.0090 | 0.0105 | 0.0120 | 0.0135 | 0.0150 | 0.0180 | 0.0210 | 0.0240 |
| 130 | 0.0098 | 0.0114 | 0.0130 | 0.0146 | 0.0163 | 0.0195 | 0.0228 | 0.0260 |
| 140 | 0.0105 | 0.0123 | 0.0140 | 0.0158 | 0.0175 | 0.0210 | 0.0245 | 0.0280 |
| 150 | 0.0113 | 0.0131 | 0.0150 | 0.0169 | 0.0188 | 0.0225 | 0.0263 | 0.0300 |
| 160 | 0.0120 | 0.0140 | 0.0160 | 0.0180 | 0.0200 | 0.0240 | 0.0280 | 0.0320 |
| 170 | 0.0128 | 0.0149 | 0.0170 | 0.0191 | 0.0213 | 0.0255 | 0.0298 | 0.0340 |
| 180 | 0.0135 | 0.0158 | 0.0180 | 0.0203 | 0.0225 | 0.0270 | 0.0315 | 0.0360 |
| 200 | 0.0150 | 0.0175 | 0.0200 | 0.0225 | 0.0250 | 0.0300 | 0.0350 | 0.0400 |
| 210 | 0.0158 | 0.0184 | 0.0210 | 0.0236 | 0.0263 | 0.0315 | 0.0368 | 0.0420 |
| 220 | 0.0165 | 0.0193 | 0.0220 | 0.0248 | 0.0275 | 0.0330 | 0.0385 | 0.0440 |

（载重汽车锯材）　　　　　　　　**续表 4-6**

| 材长/m | 3.0 | | | | | | | |
|---|---|---|---|---|---|---|---|---|
| 材宽/mm | 材厚/mm | | | | | | | |
| | 30 | 35 | 40 | 45 | 50 | 60 | 70 | 80 |
| | 材积/m³ | | | | | | | |
| 80 | 0.0072 | 0.0084 | 0.0096 | 0.0108 | 0.0120 | 0.0144 | 0.0168 | 0.0192 |
| 90 | 0.0081 | 0.0095 | 0.0108 | 0.0122 | 0.0135 | 0.0162 | 0.0189 | 0.0216 |
| 120 | 0.0108 | 0.0126 | 0.0144 | 0.0162 | 0.0180 | 0.0216 | 0.0252 | 0.0288 |
| 130 | 0.0117 | 0.0137 | 0.0156 | 0.0176 | 0.0195 | 0.0234 | 0.0273 | 0.0312 |
| 140 | 0.0126 | 0.0147 | 0.0168 | 0.0189 | 0.0210 | 0.0252 | 0.0294 | 0.0336 |
| 150 | 0.0135 | 0.0158 | 0.0180 | 0.0203 | 0.0225 | 0.0270 | 0.0315 | 0.0360 |
| 160 | 0.0144 | 0.0168 | 0.0192 | 0.0216 | 0.0240 | 0.0288 | 0.0336 | 0.0384 |
| 170 | 0.0153 | 0.0179 | 0.0204 | 0.0230 | 0.0255 | 0.0306 | 0.0357 | 0.0408 |
| 180 | 0.0162 | 0.0189 | 0.0216 | 0.0243 | 0.0270 | 0.0324 | 0.0378 | 0.0432 |
| 200 | 0.0180 | 0.0210 | 0.0240 | 0.0270 | 0.0300 | 0.0360 | 0.0420 | 0.0480 |
| 210 | 0.0189 | 0.0221 | 0.0252 | 0.0284 | 0.0315 | 0.0378 | 0.0441 | 0.0504 |
| 220 | 0.0198 | 0.0231 | 0.0264 | 0.0297 | 0.0330 | 0.0396 | 0.0462 | 0.0528 |

| 材长/m | 3.4 | | | | | | | |
|---|---|---|---|---|---|---|---|---|
| 材宽/mm | 材厚/mm | | | | | | | |
| | 30 | 35 | 40 | 45 | 50 | 60 | 70 | 80 |
| | 材积/$m^3$ | | | | | | | |
| 80 | 0.0082 | 0.0095 | 0.0109 | 0.0122 | 0.0136 | 0.0163 | 0.0190 | 0.0218 |
| 90 | 0.0092 | 0.0107 | 0.0122 | 0.0138 | 0.0153 | 0.0184 | 0.0214 | 0.0245 |
| 120 | 0.0122 | 0.0143 | 0.0163 | 0.0184 | 0.0204 | 0.0245 | 0.0286 | 0.0326 |
| 130 | 0.0133 | 0.0155 | 0.0177 | 0.0199 | 0.0221 | 0.0265 | 0.0309 | 0.0354 |
| 140 | 0.0143 | 0.0167 | 0.0190 | 0.0214 | 0.0238 | 0.0286 | 0.0333 | 0.0381 |
| 150 | 0.0153 | 0.0179 | 0.0204 | 0.0230 | 0.0255 | 0.0306 | 0.0357 | 0.0408 |
| 160 | 0.0163 | 0.0190 | 0.0218 | 0.0245 | 0.0272 | 0.0326 | 0.0381 | 0.0435 |
| 170 | 0.0173 | 0.0202 | 0.0231 | 0.0260 | 0.0289 | 0.0347 | 0.0405 | 0.0462 |
| 180 | 0.0184 | 0.0214 | 0.0245 | 0.0275 | 0.0306 | 0.0367 | 0.0428 | 0.0490 |
| 200 | 0.0204 | 0.0238 | 0.0272 | 0.0306 | 0.0340 | 0.0408 | 0.0476 | 0.0544 |
| 210 | 0.0214 | 0.0250 | 0.0286 | 0.0321 | 0.0357 | 0.0428 | 0.0500 | 0.0571 |
| 220 | 0.0224 | 0.0262 | 0.0299 | 0.0337 | 0.0374 | 0.0449 | 0.0524 | 0.0598 |

**续表 4-6**

| 材长/m | 4.0 | | | | | | | |
|---|---|---|---|---|---|---|---|---|
| 材宽/mm | 材厚/mm | | | | | | | |
| | 30 | 35 | 40 | 45 | 50 | 60 | 70 | 80 |
| | 材积/$m^3$ | | | | | | | |
| 80 | 0.0096 | 0.0112 | 0.0128 | 0.0144 | 0.0160 | 0.0192 | 0.0224 | 0.0256 |
| 90 | 0.0108 | 0.0126 | 0.0144 | 0.0162 | 0.0180 | 0.0216 | 0.0252 | 0.0288 |
| 120 | 0.0144 | 0.0168 | 0.0192 | 0.0216 | 0.0240 | 0.0288 | 0.0336 | 0.0384 |
| 130 | 0.0156 | 0.0182 | 0.0208 | 0.0234 | 0.0260 | 0.0312 | 0.0364 | 0.0416 |
| 140 | 0.0168 | 0.0196 | 0.0224 | 0.0252 | 0.0280 | 0.0336 | 0.0392 | 0.0448 |
| 150 | 0.0180 | 0.0210 | 0.0240 | 0.0270 | 0.0300 | 0.0360 | 0.0420 | 0.0480 |
| 160 | 0.0192 | 0.0224 | 0.0256 | 0.0288 | 0.0320 | 0.0384 | 0.0448 | 0.0512 |
| 170 | 0.0204 | 0.0238 | 0.0272 | 0.0306 | 0.0340 | 0.0408 | 0.0476 | 0.0544 |
| 180 | 0.0216 | 0.0252 | 0.0288 | 0.0324 | 0.0360 | 0.0432 | 0.0504 | 0.0576 |
| 200 | 0.0240 | 0.0280 | 0.0320 | 0.0360 | 0.0400 | 0.0480 | 0.0560 | 0.0640 |
| 210 | 0.0252 | 0.0294 | 0.0336 | 0.0378 | 0.0420 | 0.0504 | 0.0588 | 0.0672 |
| 220 | 0.0264 | 0.0308 | 0.0352 | 0.0396 | 0.0440 | 0.0528 | 0.0616 | 0.0704 |

续表 4-6　　（载重汽车锯材）

| 材长/m | 4.4 | | | | | | | |
|---|---|---|---|---|---|---|---|---|
| 材宽/mm | 材厚/mm | | | | | | | |
| | 30 | 35 | 40 | 45 | 50 | 60 | 70 | 80 |
| | 材积/m³ | | | | | | | |
| 80 | 0.0106 | 0.0123 | 0.0141 | 0.0158 | 0.0176 | 0.0211 | 0.0246 | 0.0282 |
| 90 | 0.0119 | 0.0139 | 0.0158 | 0.0178 | 0.0198 | 0.0238 | 0.0277 | 0.0317 |
| 120 | 0.0158 | 0.0185 | 0.0211 | 0.0238 | 0.0264 | 0.0317 | 0.0370 | 0.0422 |
| 130 | 0.0172 | 0.0200 | 0.0229 | 0.0257 | 0.0286 | 0.0343 | 0.0400 | 0.0458 |
| 140 | 0.0185 | 0.0216 | 0.0246 | 0.0277 | 0.0308 | 0.0370 | 0.0431 | 0.0493 |
| 150 | 0.0198 | 0.0231 | 0.0264 | 0.0297 | 0.0330 | 0.0396 | 0.0462 | 0.0528 |
| 160 | 0.0211 | 0.0246 | 0.0282 | 0.0317 | 0.0352 | 0.0422 | 0.0493 | 0.0563 |
| 170 | 0.0224 | 0.0262 | 0.0299 | 0.0337 | 0.0374 | 0.0449 | 0.0524 | 0.0598 |
| 180 | 0.0238 | 0.0277 | 0.0317 | 0.0356 | 0.0396 | 0.0475 | 0.0554 | 0.0634 |
| 200 | 0.0264 | 0.0308 | 0.0352 | 0.0396 | 0.0440 | 0.0528 | 0.0616 | 0.0704 |
| 210 | 0.0277 | 0.0323 | 0.0370 | 0.0416 | 0.0462 | 0.0554 | 0.0647 | 0.0739 |
| 220 | 0.0290 | 0.0339 | 0.0387 | 0.0436 | 0.0484 | 0.0581 | 0.0678 | 0.0774 |

**续表 4-6**

| 材长/m | 5.0 | | | | | | | |
|---|---|---|---|---|---|---|---|---|
| 材宽/mm | 材厚/mm | | | | | | | |
| | 30 | 35 | 40 | 45 | 50 | 60 | 70 | 80 |
| | 材积/$m^3$ | | | | | | | |
| 80 | 0.0120 | 0.0140 | 0.0160 | 0.0180 | 0.0200 | 0.0240 | 0.0280 | 0.0320 |
| 90 | 0.0135 | 0.0158 | 0.0180 | 0.0203 | 0.0225 | 0.0270 | 0.0315 | 0.0360 |
| 120 | 0.0180 | 0.0210 | 0.0240 | 0.0270 | 0.0300 | 0.0360 | 0.0420 | 0.0480 |
| 130 | 0.0195 | 0.0228 | 0.0260 | 0.0293 | 0.0325 | 0.0390 | 0.0455 | 0.0520 |
| 140 | 0.0210 | 0.0245 | 0.0280 | 0.0315 | 0.0350 | 0.0420 | 0.0490 | 0.0560 |
| 150 | 0.0225 | 0.0263 | 0.0300 | 0.0338 | 0.0375 | 0.0450 | 0.0525 | 0.0600 |
| 160 | 0.0240 | 0.0280 | 0.0320 | 0.0360 | 0.0400 | 0.0480 | 0.0560 | 0.0640 |
| 170 | 0.0255 | 0.0298 | 0.0340 | 0.0383 | 0.0425 | 0.0510 | 0.0595 | 0.0680 |
| 180 | 0.0270 | 0.0315 | 0.0360 | 0.0405 | 0.0450 | 0.0540 | 0.0630 | 0.0720 |
| 200 | 0.0300 | 0.0350 | 0.0400 | 0.0450 | 0.0500 | 0.0600 | 0.0700 | 0.0800 |
| 210 | 0.0315 | 0.0368 | 0.0420 | 0.0473 | 0.0525 | 0.0630 | 0.0735 | 0.0840 |
| 220 | 0.0330 | 0.0385 | 0.0440 | 0.0495 | 0.0550 | 0.0660 | 0.0770 | 0.0880 |

续表 4-6　　（载重汽车锯材）

| 材长/m | 5.4 | | | | | | | |
|---|---|---|---|---|---|---|---|---|
| 材宽/mm | 材厚/mm | | | | | | | |
| | 30 | 35 | 40 | 45 | 50 | 60 | 70 | 80 |
| | 材积/$m^3$ | | | | | | | |
| 80 | 0.0130 | 0.0151 | 0.0173 | 0.0194 | 0.0216 | 0.0259 | 0.0302 | 0.0346 |
| 90 | 0.0146 | 0.0170 | 0.0194 | 0.0219 | 0.0243 | 0.0292 | 0.0340 | 0.0389 |
| 120 | 0.0194 | 0.0227 | 0.0259 | 0.0292 | 0.0324 | 0.0389 | 0.0454 | 0.0518 |
| 130 | 0.0211 | 0.0246 | 0.0281 | 0.0316 | 0.0351 | 0.0421 | 0.0491 | 0.0562 |
| 140 | 0.0227 | 0.0265 | 0.0302 | 0.0340 | 0.0378 | 0.0454 | 0.0529 | 0.0605 |
| 150 | 0.0243 | 0.0284 | 0.0324 | 0.0365 | 0.0405 | 0.0486 | 0.0567 | 0.0648 |
| 160 | 0.0259 | 0.0302 | 0.0346 | 0.0389 | 0.0432 | 0.0518 | 0.0605 | 0.0691 |
| 170 | 0.0275 | 0.0321 | 0.0367 | 0.0413 | 0.0459 | 0.0551 | 0.0643 | 0.0734 |
| 180 | 0.0292 | 0.0340 | 0.0389 | 0.0437 | 0.0486 | 0.0583 | 0.0680 | 0.0778 |
| 200 | 0.0324 | 0.0378 | 0.0432 | 0.0486 | 0.0540 | 0.0648 | 0.0756 | 0.0864 |
| 210 | 0.0340 | 0.0397 | 0.0454 | 0.0510 | 0.0567 | 0.0680 | 0.0794 | 0.0907 |
| 220 | 0.0356 | 0.0416 | 0.0475 | 0.0535 | 0.0594 | 0.0713 | 0.0832 | 0.0950 |

（载重汽车锯材）

续表 4-6

| 材长/m | 6.0 | | | | | | | |
|---|---|---|---|---|---|---|---|---|
| 材宽/mm | 材厚/mm | | | | | | | |
| | 30 | 35 | 40 | 45 | 50 | 60 | 70 | 80 |
| | 材积/$m^3$ | | | | | | | |
| 80 | 0.0144 | 0.0168 | 0.0192 | 0.0216 | 0.0240 | 0.0288 | 0.0336 | 0.0384 |
| 90 | 0.0162 | 0.0189 | 0.0216 | 0.0243 | 0.0270 | 0.0324 | 0.0378 | 0.0432 |
| 120 | 0.0216 | 0.0252 | 0.0288 | 0.0324 | 0.0360 | 0.0432 | 0.0504 | 0.0576 |
| 130 | 0.0234 | 0.0273 | 0.0312 | 0.0351 | 0.0390 | 0.0468 | 0.0546 | 0.0624 |
| 140 | 0.0252 | 0.0294 | 0.0336 | 0.0378 | 0.0420 | 0.0504 | 0.0588 | 0.0672 |
| 150 | 0.0270 | 0.0315 | 0.0360 | 0.0405 | 0.0450 | 0.0540 | 0.0630 | 0.0720 |
| 160 | 0.0288 | 0.0336 | 0.0384 | 0.0432 | 0.0480 | 0.0576 | 0.0672 | 0.0768 |
| 170 | 0.0306 | 0.0357 | 0.0408 | 0.0459 | 0.0510 | 0.0612 | 0.0714 | 0.0816 |
| 180 | 0.0324 | 0.0378 | 0.0432 | 0.0486 | 0.0540 | 0.0648 | 0.0756 | 0.0864 |
| 200 | 0.0360 | 0.0420 | 0.0480 | 0.0540 | 0.0600 | 0.0720 | 0.0840 | 0.0960 |
| 210 | 0.0378 | 0.0441 | 0.0504 | 0.0567 | 0.0630 | 0.0756 | 0.0882 | 0.1008 |
| 220 | 0.0396 | 0.0462 | 0.0528 | 0.0594 | 0.0660 | 0.0792 | 0.0924 | 0.1056 |

### 4.2.5 罐道木和机台木锯材材积速查表

按 GB 4820 对矿山竖井罐道木尺寸的规定，制定罐道木材积表。按 LY 1200 对机台木尺寸的规定，制定机台木材积表。罐道木和机台木材积表见表 4-7。

表 4-7 罐道木和机台木锯材材积速查表

| 材长/m | 宽×厚/(mm×mm) | | | | | | | | | | | |
|---|---|---|---|---|---|---|---|---|---|---|---|---|
| | 210×210 | 220×220 | 230×230 | 240×240 | 250×250 | 260×260 | 270×270 | 280×280 | 290×290 | 300×300 | 310×310 | 320×320 |
| | 材积/$m^3$ | | | | | | | | | | | |
| 4.0 | 0.176 | 0.194 | 0.212 | 0.230 | 0.250 | 0.270 | 0.292 | 0.314 | 0.336 | 0.360 | 0.384 | 0.410 |
| 4.5 | 0.198 | 0.218 | 0.238 | 0.259 | 0.281 | 0.304 | 0.328 | 0.353 | 0.378 | 0.405 | 0.432 | 0.461 |
| 5.0 | 0.221 | 0.242 | 0.265 | 0.288 | 0.313 | 0.338 | 0.365 | 0.392 | 0.421 | 0.450 | 0.481 | 0.512 |
| 5.2 | 0.229 | 0.252 | 0.275 | 0.300 | 0.325 | 0.352 | 0.379 | 0.408 | 0.437 | 0.468 | 0.500 | 0.532 |
| 5.4 | 0.238 | 0.261 | 0.286 | 0.311 | 0.338 | 0.365 | 0.394 | 0.423 | 0.454 | 0.486 | 0.519 | 0.553 |
| 5.5 | 0.243 | 0.266 | 0.291 | 0.317 | 0.344 | 0.372 | 0.401 | 0.431 | 0.463 | 0.495 | 0.529 | 0.563 |
| 5.6 | 0.247 | 0.271 | 0.296 | 0.323 | 0.350 | 0.379 | 0.408 | 0.439 | 0.471 | 0.504 | 0.538 | 0.573 |
| 5.8 | 0.256 | 0.281 | 0.307 | 0.334 | 0.363 | 0.392 | 0.423 | 0.455 | 0.488 | 0.522 | 0.557 | 0.594 |
| 6.0 | 0.265 | 0.290 | 0.317 | 0.346 | 0.375 | 0.406 | 0.437 | 0.470 | 0.505 | 0.540 | 0.577 | 0.614 |

（罐道木和机台木） **续表 4-7**

| 材长 /m | 宽×厚/(mm×mm) | | | | | | | | | | | |
|---|---|---|---|---|---|---|---|---|---|---|---|---|
| | 210×210 | 220×220 | 230×230 | 240×240 | 250×250 | 260×260 | 270×270 | 280×280 | 290×290 | 300×300 | 310×310 | 320×320 |
| | 材积/m³ | | | | | | | | | | | |
| 6.2 | 0.273 | 0.300 | 0.328 | 0.357 | 0.388 | 0.419 | 0.452 | 0.486 | 0.521 | 0.558 | 0.596 | 0.635 |
| 6.4 | 0.282 | 0.310 | 0.339 | 0.369 | 0.400 | 0.433 | 0.467 | 0.502 | 0.538 | 0.576 | 0.615 | 0.655 |
| 6.5 | 0.287 | 0.315 | 0.344 | 0.374 | 0.406 | 0.439 | 0.474 | 0.510 | 0.547 | 0.585 | 0.625 | 0.666 |
| 6.6 | 0.291 | 0.319 | 0.349 | 0.380 | 0.413 | 0.446 | 0.481 | 0.517 | 0.555 | 0.594 | 0.634 | 0.676 |
| 6.8 | 0.300 | 0.329 | 0.360 | 0.392 | 0.425 | 0.460 | 0.496 | 0.533 | 0.572 | 0.612 | 0.653 | 0.696 |
| 7.0 | 0.309 | 0.339 | 0.370 | 0.403 | 0.438 | 0.473 | 0.510 | 0.549 | 0.589 | 0.630 | 0.673 | 0.717 |
| 7.2 | 0.318 | 0.348 | 0.381 | 0.415 | 0.450 | 0.487 | 0.525 | 0.564 | 0.606 | 0.648 | 0.692 | 0.737 |
| 7.4 | 0.326 | 0.358 | 0.391 | 0.426 | 0.463 | 0.500 | 0.539 | 0.580 | 0.622 | 0.666 | 0.711 | 0.758 |
| 7.5 | 0.331 | 0.363 | 0.397 | 0.432 | 0.469 | 0.507 | 0.547 | 0.588 | 0.631 | 0.675 | 0.721 | 0.768 |
| 7.6 | 0.335 | 0.368 | 0.402 | 0.438 | 0.475 | 0.514 | 0.554 | 0.596 | 0.639 | 0.684 | 0.730 | 0.778 |
| 7.8 | 0.344 | 0.378 | 0.413 | 0.449 | 0.488 | 0.527 | 0.569 | 0.612 | 0.656 | 0.702 | 0.750 | 0.799 |
| 8.0 | 0.353 | 0.387 | 0.423 | 0.461 | 0.500 | 0.541 | 0.583 | 0.627 | 0.673 | 0.720 | 0.769 | 0.819 |

### 4.2.6 部分方材材积速查表

部分方材材积速查表是对表 4-1 普通锯材材积表内容的补充，适用于部分方材材积的查定。部分方材材积速查表见表 4-8。

表 4-8 部分方材材积速查表

| 材长/m | 宽×厚/(mm×mm) | | | | | | | | |
|---|---|---|---|---|---|---|---|---|---|
| | 25×20 | 25×25 | 35×50 | 35×60 | 45×60 | 45×70 | 45×80 | 60×110 | 100×55 |
| | 材积/m³ | | | | | | | | |
| 0.3 | 0.00015 | 0.00019 | 0.00053 | 0.00063 | 0.00081 | 0.00095 | 0.00108 | 0.00198 | 0.00165 |
| 0.4 | 0.00020 | 0.00025 | 0.00070 | 0.00084 | 0.00108 | 0.00126 | 0.00144 | 0.00264 | 0.00220 |
| 0.5 | 0.00025 | 0.00031 | 0.00088 | 0.00105 | 0.00135 | 0.00158 | 0.00180 | 0.00330 | 0.00275 |
| 0.6 | 0.00030 | 0.00038 | 0.00105 | 0.00126 | 0.00162 | 0.00189 | 0.00216 | 0.00396 | 0.00330 |
| 0.7 | 0.00035 | 0.00044 | 0.00123 | 0.00147 | 0.00189 | 0.00221 | 0.00252 | 0.00462 | 0.00385 |
| 0.8 | 0.00040 | 0.00050 | 0.00140 | 0.00168 | 0.00216 | 0.00252 | 0.00288 | 0.00528 | 0.00440 |
| 0.9 | 0.00045 | 0.00056 | 0.00158 | 0.00189 | 0.00243 | 0.00284 | 0.00324 | 0.00594 | 0.00495 |
| 1.0 | 0.00050 | 0.00063 | 0.00175 | 0.00210 | 0.00270 | 0.00315 | 0.00360 | 0.00660 | 0.00550 |
| 1.1 | 0.00055 | 0.00069 | 0.00193 | 0.00231 | 0.00297 | 0.00347 | 0.00396 | 0.00726 | 0.00605 |
| 1.2 | 0.00060 | 0.00075 | 0.00210 | 0.00252 | 0.00324 | 0.00378 | 0.00432 | 0.00792 | 0.00660 |
| 1.3 | 0.00065 | 0.00081 | 0.00228 | 0.00273 | 0.00351 | 0.00410 | 0.00468 | 0.00858 | 0.00715 |
| 1.4 | 0.00070 | 0.00088 | 0.00245 | 0.00294 | 0.00378 | 0.00441 | 0.00504 | 0.00924 | 0.00770 |
| 1.5 | 0.00075 | 0.00094 | 0.00263 | 0.00315 | 0.00405 | 0.00473 | 0.00540 | 0.00990 | 0.00825 |

（部分方材）

续表 4-8

| 材长/m | 宽×厚/(mm×mm) | | | | | | | | |
|---|---|---|---|---|---|---|---|---|---|
| | 25×20 | 25×25 | 35×50 | 35×60 | 45×60 | 45×70 | 45×80 | 60×110 | 100×55 |
| | 材积/m³ | | | | | | | | |
| 1.6 | 0.00080 | 0.00100 | 0.00280 | 0.00336 | 0.00432 | 0.00504 | 0.00576 | 0.01056 | 0.00880 |
| 1.7 | 0.00085 | 0.00106 | 0.00298 | 0.00357 | 0.00459 | 0.00536 | 0.00612 | 0.01122 | 0.00935 |
| 1.8 | 0.00090 | 0.00113 | 0.00315 | 0.00378 | 0.00486 | 0.00567 | 0.00648 | 0.01188 | 0.00990 |
| 1.9 | 0.00095 | 0.00119 | 0.00333 | 0.00399 | 0.00513 | 0.00599 | 0.00684 | 0.01254 | 0.01045 |
| 2.0 | 0.0010 | 0.0013 | 0.0035 | 0.0042 | 0.0054 | 0.0063 | 0.0072 | 0.0132 | 0.0110 |
| 2.2 | 0.0011 | 0.0014 | 0.0039 | 0.0046 | 0.0059 | 0.0069 | 0.0079 | 0.0145 | 0.0121 |
| 2.4 | 0.0012 | 0.0015 | 0.0042 | 0.0050 | 0.0065 | 0.0076 | 0.0086 | 0.0158 | 0.0132 |
| 2.5 | 0.0013 | 0.0016 | 0.0044 | 0.0053 | 0.0068 | 0.0079 | 0.0090 | 0.0165 | 0.0138 |
| 2.6 | 0.0013 | 0.0016 | 0.0046 | 0.0055 | 0.0070 | 0.0082 | 0.0094 | 0.0172 | 0.0143 |
| 2.8 | 0.0014 | 0.0018 | 0.0049 | 0.0059 | 0.0076 | 0.0088 | 0.0101 | 0.0185 | 0.0154 |
| 3.0 | 0.0015 | 0.0019 | 0.0053 | 0.0063 | 0.0081 | 0.0095 | 0.0108 | 0.0198 | 0.0165 |
| 3.2 | 0.0016 | 0.0020 | 0.0056 | 0.0067 | 0.0086 | 0.0101 | 0.0115 | 0.0211 | 0.0176 |
| 3.4 | 0.0017 | 0.0021 | 0.0060 | 0.0071 | 0.0092 | 0.0107 | 0.0122 | 0.0224 | 0.0187 |
| 3.6 | 0.0018 | 0.0023 | 0.0063 | 0.0076 | 0.0097 | 0.0113 | 0.0130 | 0.0238 | 0.0198 |
| 3.8 | 0.0019 | 0.0024 | 0.0067 | 0.0080 | 0.0103 | 0.0120 | 0.0137 | 0.0251 | 0.0209 |
| 4.0 | 0.0020 | 0.0025 | 0.0070 | 0.0084 | 0.0108 | 0.0126 | 0.0144 | 0.0264 | 0.0220 |
| 4.2 | 0.0021 | 0.0026 | 0.0074 | 0.0088 | 0.0113 | 0.0132 | 0.0151 | 0.0277 | 0.0231 |

续表 4-8 （部分方材）

| 材长/m | 宽×厚/(mm×mm) | | | | | | | | |
|---|---|---|---|---|---|---|---|---|---|
| | 25×20 | 25×25 | 35×50 | 35×60 | 45×60 | 45×70 | 45×80 | 60×110 | 100×55 |
| | 材积/m³ | | | | | | | | |
| 4.4 | 0.0022 | 0.0028 | 0.0077 | 0.0092 | 0.0119 | 0.0139 | 0.0158 | 0.0290 | 0.0242 |
| 4.6 | 0.0023 | 0.0029 | 0.0081 | 0.0097 | 0.0124 | 0.0145 | 0.0166 | 0.0304 | 0.0253 |
| 4.8 | 0.0024 | 0.0030 | 0.0084 | 0.0101 | 0.0130 | 0.0151 | 0.0173 | 0.0317 | 0.0264 |
| 5.0 | 0.0025 | 0.0031 | 0.0088 | 0.0105 | 0.0135 | 0.0158 | 0.0180 | 0.0330 | 0.0275 |
| 5.2 | 0.0026 | 0.0033 | 0.0091 | 0.0109 | 0.0140 | 0.0164 | 0.0187 | 0.0343 | 0.0286 |
| 5.4 | 0.0027 | 0.0034 | 0.0095 | 0.0113 | 0.0146 | 0.0170 | 0.0194 | 0.0356 | 0.0297 |
| 5.6 | 0.0028 | 0.0035 | 0.0098 | 0.0118 | 0.0151 | 0.0176 | 0.0202 | 0.0370 | 0.0308 |
| 5.8 | 0.0029 | 0.0036 | 0.0102 | 0.0122 | 0.0157 | 0.0183 | 0.0209 | 0.0383 | 0.0319 |
| 6.0 | 0.0030 | 0.0038 | 0.0105 | 0.0126 | 0.0162 | 0.0189 | 0.0216 | 0.0396 | 0.0330 |
| 6.2 | 0.0031 | 0.0039 | 0.0109 | 0.0130 | 0.0167 | 0.0195 | 0.0223 | 0.0409 | 0.0341 |
| 6.4 | 0.0032 | 0.0040 | 0.0112 | 0.0134 | 0.0173 | 0.0202 | 0.0230 | 0.0422 | 0.0352 |
| 6.6 | 0.0033 | 0.0041 | 0.0116 | 0.0139 | 0.0178 | 0.0208 | 0.0238 | 0.0436 | 0.0363 |
| 6.8 | 0.0034 | 0.0042 | 0.0119 | 0.0143 | 0.0184 | 0.0214 | 0.0245 | 0.0449 | 0.0374 |
| 7.0 | 0.0035 | 0.0044 | 0.0123 | 0.0147 | 0.0189 | 0.0221 | 0.0252 | 0.0462 | 0.0385 |
| 7.2 | 0.0036 | 0.0045 | 0.0126 | 0.0151 | 0.0194 | 0.0227 | 0.0259 | 0.0475 | 0.0396 |
| 7.4 | 0.0037 | 0.0046 | 0.0130 | 0.0155 | 0.0200 | 0.0233 | 0.0266 | 0.0488 | 0.0407 |
| 7.6 | 0.0038 | 0.0047 | 0.0133 | 0.0160 | 0.0205 | 0.0239 | 0.0274 | 0.0502 | 0.0418 |
| 7.8 | 0.0039 | 0.0049 | 0.0137 | 0.0164 | 0.0211 | 0.0246 | 0.0281 | 0.0515 | 0.0429 |
| 8.0 | 0.0040 | 0.0050 | 0.0140 | 0.0168 | 0.0216 | 0.0252 | 0.0288 | 0.0528 | 0.0440 |

# 参考文献


[1] GB/T 144—2003.

[2] GB 4814—1984.

[3] LY/T 1506—2008.

[4] GB/T 4815—2009.

[5] LY/T 1293—1999.

[6] LY/T 1158—2008.

[7] GB/T 4822—1999.

[8] GB/T 449—2009.